ECTRICITY AND
ELECTRONICS
R AIRCRAFT ENGINEERS

항공
AVIONICS
저
ELECTRICITY
기
저
ELECTRONICS
자

이상종 지음

BM (주)도서출판 성안당

■ 도서 A/S 안내

머리말

ONE CAN MAKE A DIFFERENCE IN THE WORLD.
THE ONE IS YOU!

일반적으로 항공공학 및 기계공학을 전공하는 사람들은 움직이는 실체가 보이지 않는 전기·전자 분야를 어려워합니다. 말로는 표현하기 어렵지만 뭔가 넘어서기가 어려운 장벽이 존재하는 것 같은 느낌을 받습니다. 필자도 대학교 2학년 1학기 때 처음 접한 기초전기전자라는 과목을 어렵게 배운 기억이 있습니다. 많은 시간이 흐른 뒤 비행제어를 전공하고 강단에 서서 항공전기전자 과목을 가르치리라곤 꿈에도 생각하지 못했습니다.

비록 전기·전자공학을 전공하지는 않았지만, 기계 및 항공공학을 전공한 사람으로서 전기·전자 분야의 가장 기본적이고 핵심이 되는 지식을 하나씩 이해하고 습득하는 과정과 함께 강의실에서 얻은 경험을 이 책에 담아내려고 많은 노력을 기울였습니다.

항공기는 다양한 분야의 기술과 지식이 적용되는 첨단 시스템입니다. 이전에는 기계식으로 작동하던 많은 장치와 계통이 항공전자기술을 통해 신뢰성이 높아지고 성능이 향상되었으며 이전에는 불가능했던 기능도 실현이 가능하게 되었습니다. 이제는 전기·전자기술이 사용되지 않는 항공기시스템은 찾아보기 힘들게 되었으며, 이러한 기술환경의 변화는 다른 기계 및 자동차 산업에서도 마찬가지입니다. 따라서 기계분야 및 항공분야에서 종사하고자 꿈을 키우는 공학도 및 미래의 정비사들은 최소한 이 책에 담겨 있는 전기·전자 분야의 기본적이고 핵심적인 이론과 지식을 잘 알고 있어야 변화된 산업현장에 대비할 수 있습니다.

"세계 12번째 초음속 항공기 개발", "세계 8위권의 항공 여객·화물 운송량", "세계 최고의 인천국제공항" 등은 대한민국이 보유하고 있는 항공분야에 대한 칭호들입니다. 항공기를 보면 가슴이 뛰는 여러분들이 새롭게 만들어 나갈 항공의 미래를 기대하며, 이 책이 그 여정에 도움이 되기를 소망합니다.

2019년 1월
인하공업전문대학 연구실에서
이상종

차례

1.1 들어가며

1.2 단위계

1.3 숫자의 표기

AVIONICS
ELECTRICITY AND ELECTRONICS
FOR AIRCRAFT ENGINEERS

AVIONICS
ELECTRICITY AND ELECTRONICS

1.1 들어가며

먼저 몇 가지 질문을 던져봅니다. "자전거를 구성하는 데 필요한 부품의 개수는 몇 개일까요?" 어느 범위까지를 부품으로 생각하는가에 따라 다르겠지만, 일반적으로 자전거의 부품 수는 약 100개 정도로 얘기합니다. 자동차의 경우는 어떨까요? 자동차의 경우는 일반적으로 수만 개의 부품으로 구성되어 있고, 약 25,000개 정도로 생각합니다. 그렇다면 항공기의 경우는 어떨까요? 항공기는 약 200만~450만 개의 부품으로 구성되어 있습니다. 자전거의 45,000배, 자동차의 약 200배 정도 더 많은 부품이 들어갑니다. 이와 함께 항공기는 지상에서만 이동하는 자동차에 비해 매우 다양한 분야의 장치와 부품이 사용됩니다. 항공산업을 시스템 산업의 최정점에 있는 첨단기술의 집약체라고 정의하는 이유가 여기에 있습니다.

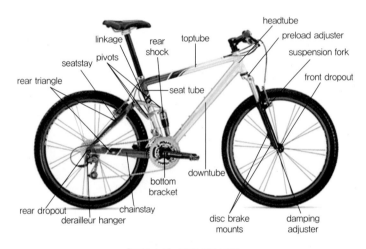

[그림 1.1] 자전거의 구성

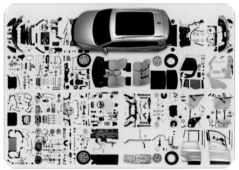

[그림 1.2] 자동차의 구성

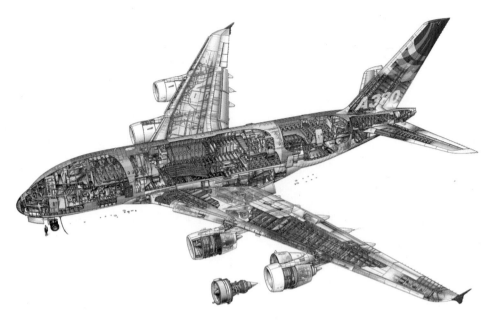

[그림 1.3] 항공기의 구성(Airbus A380)

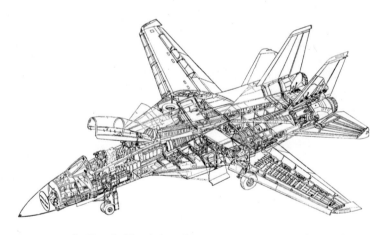

[그림 1.4] 항공기의 구성(Grumman F-14 TOMCAT)

'항공전자'를 'Avionics'라는 멋진 용어를 사용하여 지칭하는데 용어의 유래는 다음과 같습니다.

> **핵심 Point 항공전자(AVIONICS)**
>
> 항공(AVIation)과 전자(electONICS)'의 합성어로 1930년대 후반부터 사용하기 시작하였다.

항공기에는 굉장히 많은 분야의 기술과 부품이 사용되고 있습니다. 특히 전자 IT기술의 발전은 항공기의 운용성, 안정성, 정밀성, 편의성 및 성능 향상을 위한 항공기 탑재장치의 디지털화와 첨단화를 이끌고 있으며, 항공전자기술과 항공전자장치 및 부품이 차지하는 비중이 점점 더 높아지고 있습니다. 우리가 고전적으로 기계계통으로 인식하고 있는 착륙장치, 조종계통 등에도 전자제어장치, 센서 등의 항공전자장치들이 추가되어 기계계통의 운용 최적화와 디지털화를 추구하고 있는 것이 좋은 예가 될 것입니다.

항공전자 부품 및 장치는 항공계기시스템(aircraft instrument system), 통신시스템(communication system), 항법시스템(navigation system), 비행제어시스템(automatic flight control system), 임무 및 무장시스템(mission and weapon system) 등 모든 계통에서 핵심적으로 사용되고 있으며, 항공기 탑재장치뿐 아니라 계기착륙장치(ILS, Instrument Landing System), VOR[1], DME[2] 등 지상 무선항법시설(radio navigation system)에서도 중요한 기술로 적용되고 있습니다. 항공전자 부품과 장치는 [그림 1.5]와 같이 일반 민간 여객기에서는 전체 가격의 30% 이상, 최신 전투기의 경우는 50% 이상의 비중을 차지하고 있으며, 최근 들어 급속도로 발전하고 있는 무인기(UAV, Unmanned Air Vehicle)나 멀티콥터 등의 드론(drone) 시스템에서는 70~90%를 차지할 정도로 중요성이 높습니다.

1 초단파 전방향 무선 표지(VHF Omnidirectional Radio Range)

2 거리측정장치 (Distance Measuring Equipment)

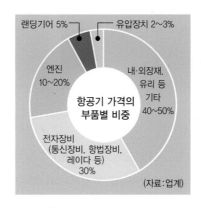

[그림 1.5] 항공산업의 부가가치 및 항공전자 부품 비중(출처: 한국항공우주산업진흥협회)

[그림 1.6]은 한국항공우주연구원(KARI)[3]에서 개발한 정밀자동이착륙 소형 무인기인 EAV-1 AL을 보여주고 있습니다. 무인기(UAV) 및 드론 시스템은 조종사가 비행체에 탑승하지 않고, 자동비행제어 및 유도항법 알고리즘 등의 자율비행기술에 의해 비행하고 임무를 수행하므로, 비행제어컴퓨터(FCC, Flight Control Computer), 각종 비행정보를 획득하기 위한 각종 전자센서 및 비행모니터링과 원격제어를 위한 지상관제장치

3 Korea Aerospace Research Institute

GPS 안테나

EAV-1 AL

서보모터
(servo motor)

통신 안테나
탑재통신장치

비행제어컴퓨터
(FCC, Flight Control Computer)

항법장치

지상관제장치
(GCS, Ground Control System)

지상통신장치

[그림 1.6] EAV-1 AL 무인기 시스템(한국항공우주연구원)

(GCS, Ground Control System) 등의 항공전자장치로 거의 모든 시스템이 구성됩니다.

따라서 항공전자 및 전기분야에 대한 지식은 항공기 개발 분야뿐 아니라 항공기 정비 분야에서도 그 중요도와 활용도가 높으므로 이를 준비하는 여러분들도 항공전자에 대한 기본적인 지식을 쌓고 실력을 기르는 노력과 준비가 필요하다 하겠습니다.

1.2 단위계

앞으로 공부할 항공전기전자뿐만 아니라 유체역학, 공기역학, 열역학, 재료역학 등의 모든 공학 분야에서 가장 먼저 이해해야 하는 것이 단위계(system of units)입니다. 단위계는 전세계 도량형의 표준으로 1960년 제11차 국제도량형총회(CGPM)[4]에서 결정되었고 '국제단위계', 'SI 단위계', 'MKS(Meter-Kilogram-Second) 단위계'라고도 합니다. 단위계는 크게 기본단위(base unit), 보조단위(supplement unit), 조립단위(또는 유도단위, derived unit)로 이루어지는데, 우선 다음 [표 1.1]과 같이 7개의 기본량을 기본단위로 정의하여 사용하고, 2개의 보조단위는 무차원(non-dimension)의 단위로 주로 각도(angle) 표기에 사용합니다.

4 Conference Generale des Poids et Mesures. 영어로는 General Conference of Weights and Measures

[표 1.1] 기본단위(base unit)

물리량	단위(기호)	명칭	정의
길이 (length)	m	미터 (meter)	1미터는 빛이 진공에서 1/299,792,458초 동안 진행한 경로의 길이
질량 (mass)	kg	킬로그램 (kilogram)	국제 킬로그램 원기(백금 90%, 이리듐 10%)의 질량
시간 (time)	sec (또는 s)	세컨드 (second)	세슘(Cs)-133 원자가 9,192,631,770번 진동하는 시간
전류 (current)	A	암페어 (ampere)	무한히 길고 무시할 수 있을 만큼 작은 원형 단면적을 가진 두 개의 평행한 직선 도체가 진공 중에서 1 m의 간격으로 유지될 때, 두 도체 사이에 미터당 2×10^{-7} N의 힘을 생기게 하는 일정한 전류
온도 (temperature)	K	켈빈 (Kelvin degree)	절대온도로 물의 삼중점의 열역학적 온도로 $0°C = 273.16$ K
물질량 (amount of substance)	mol	몰 (mole)	탄소(C)-12 원자의 0.012 kg에 있는 원자의 개수와 같은 수의 구성요소를 포함한 어떤 계의 물질량
조도 (luminous intensity)	cd	칸델라 (candela)	진동수 540×10^{12} Hz인 단색광을 방출하는 광원의 복사도가 어떤 주어진 방향으로 스테라디안당 1/683 W일 때 이 방향에 대한 광도

[표 1.2] 보조단위(supplement unit)

물리량	단위(기호)	명칭	정의
각도 (평면각)	rad	라디안 (radian)	한 원의 원둘레에서 그 원의 반지름과 같은 길이를 가지는 호의 길이에 대한 중심각. $90° = \pi/2$ rad, $180° = \pi$ rad, $360° = 2\pi$ rad이 됨
입체각	sr	스테라디안 (steradian)	반지름이 r인 구의 표면에서 r^2인 면적에 해당하는 입체각. 구 전체의 입체각은 4π sr이 됨

이 중 가장 중요한 것은 유도단위입니다. 모든 공학 분야 학문에서 우리가 배우는 이론이나 법칙들은 최종적으로 수식을 통해 표현되고 유도단위로 나타나게 되므로 물리법칙을 구성하는 가장 중요한 핵심요소들의 관계를 나타내게 됩니다. 예를 들어 여러분들이 가장 잘 알고 있는 뉴턴의 제2법칙(Newton's 2nd law)을 통해 수식의 의미를 분석해 보겠습니다.

$$F = ma \qquad (1.1)$$

여기서 m은 물체의 질량(mass)을 나타내며 단위는 기본단위인 kg이 사용됩니다. a는 가속도(acceleration)를 나타내는데 시간(sec)에 따라 속도(v, m/s)가 변하는 정도를 나타내는 물리량이므로 다음과 같이 단위를 유도할 수 있습니다.

$$a = \frac{v}{t} \ \Rightarrow \ \frac{[\text{m/s}]}{[\text{s}]} = \left[\frac{\text{m}}{\text{s}^2}\right] = [\text{m/s}^2] \qquad (1.2)$$

속도는 기본단위(길이와 시간)로부터 유도된 유도단위이며, 가속도는 유도단위(속도)와 기본단위(시간)의 조합으로 유도되는 유도단위라는 것을 알 수 있습니다. 이제 마지막으로 힘(force) F의 단위 kg·m/s²를 다음 식과 같이 유도할 수 있습니다.

$$F = ma \ \Rightarrow \ [\text{kg}] \cdot \left[\frac{\text{m}}{\text{s}^2}\right] = [\text{kg} \cdot \text{m/s}^2]\,^{[5]} \qquad (1.3)$$

5 수식 사이에 사용되는 '·'은 곱하기를 의미함.

최종적으로 유도된 수식 (1.3)에는 다음과 같은 의미가 포함되어 있습니다.

 수식의 의미 (예 : $F = ma$)

- 수식은 물리계의 이론과 법칙을 형상화시킨 것으로, 물리법칙 내의 가장 중요한 핵심요소 사이의 상관관계를 나타낸다.
- 힘(F)은 질량(m)과 가속도(a)의 영향을 받는다.
  - 힘에 가장 큰 영향을 미치는 물리량은 질량과 가속도라는 의미임.
- 좌변에는 힘(F), 우변에는 질량(m)과 가속도(a)가 곱해지므로 힘은 질량과 가속도와 비례관계가 성립된다.
  - 질량이 커지면 좌변의 힘도 비례하여 커지고, 마찬가지로 가속도가 증가하면 힘도 증가함.
  - 영향을 미치는 물리량 사이의 증가 또는 감소 관계가 파악됨.

수식은 이론(theory)과 현상(phenomenon)을 연결시켜 주는 가장 중요한 매개체 역할을 수행하므로, 뉴턴의 제2법칙을 배우고 나서 식 (1.1)만 이해하고 기억한다면, 바로 앞에서 설명한 여러 가지 기술식 설명은 굳이 외울 필요가 없습니다. 또한 수식에는

[표 1.3] 유도단위(derived unit)

물리량	단위(기호)	명칭
넓이(area)	m^2	제곱미터
부피(volume)	m^3	세제곱미터
속도(speed)	m/s	
가속도(acceleration)	m/s^2	
밀도(density)	kg/m^3	
농도(concentration)	mol/m^3	
힘(force)	N	뉴턴(Newton), $kg \cdot m/s^2$
압력(pressure)	Pa	파스칼(Pascal), $N/m^2 = kg/(m \cdot s^2)$
에너지(energy)	J	줄(Joule), $N \cdot m = kg \cdot m^2/s^2$
전력(동력)(power)	W	와트(Watt), $J/s = kg \cdot m^2/s^3$
전압(전위차, 기전력)(voltage)	V	볼트(Volt)
전기저항(resistance)	Ω	옴(Ohm), V/A
전도율(conductivity)	S	지멘스(Siemens)
정전용량(capacitance)	F	패럿(Farad), C/V
인덕턴스(inductance)	H	헨리(Henry), Wb/A
자속(magnetic flux)	Wb	웨버(Webber)
자속밀도(magnetic flux density)	T	테슬라(Tesla), Wb/m^2

물리법칙을 이루는 가장 중요한 요소들이 포함되어 있기 때문에 저희가 정비과정에서 수행하는 고장탐구(trouble shooting) 과정에서도 막강한 힘을 발휘하게 됩니다. 즉 어떤 문제점이 현상으로 발생했을 때 어느 부분에서 원인이 존재하는지는 수식과정에서 포함된 요소들에 영향을 주는 부품이나 장치들을 따라가며 찾아낼 수 있게 되는 것이죠. 앞으로 공부하면서 하나씩 배워나갈 주요 유도단위를 [표 1.3]에 정리하였습니다.

1.3 숫자의 표기

물리량은 일반 영문자 외에 그리스 문자(Greek Symbol)를 사용하여 표기하는데 이를 [표 1.4]에 정리하였으니 관련 문자가 나올 때마다 보면서 익혀두면 좋겠습니다.
　마지막으로 숫자의 표기법과 단위변환방법을 설명하겠습니다. 물리량에 따라서는

[표 1.4] 그리스 문자(Greek Symbol)

그리스 대문자	그리스 소문자	이름	발음
A	α	alpha	알파
B	β	beta	베타
Γ	γ	gamma	감마
Δ	δ	delta	델타
E	ε	epsilon	엡실론(입실론)
Z	ζ	zeta	제타
H	η	eta	에타(이타)
Θ	θ	theta	세타
I	ι	iota	요타(이오타)
K	κ	kappa	카파
Λ	λ	lambda	람다
M	μ	mu	뮤
N	ν	nu	뉴
Ξ	ξ	xi	크시(크사이)
O	o	omicron	오미크론
Π	π	pi	파이
P	ρ	rho	로
Σ	σ	sigma	시그마
T	τ	tau	타우
Y	υ	upsilon	입실론(업실론)
Φ	ϕ	phi	피(파이)
X	χ	chi	키(카이)
Ψ	ψ	psi	프시(프사이)
Ω	ω	omega	오메가

값이 0.00000001처럼 작은 단위를 기본적으로 갖는 것도 있으며 1,000,000,000처럼 매우 큰 단위를 갖는 것도 있습니다. 이렇게 큰 숫자와 작은 숫자를 표기할 때 [표 1.5]에 정리한 접두사를 사용하여 10의 승수(multiplier)로 표기하면 편리합니다. 아래 두 가지 숫자의 단위를 상기 접두사를 사용하여 표현해 보겠습니다.

- $384{,}000{,}000 \text{ Hz} = 3.84 \times 10^8 \text{ Hz} = 384 \times 10^6 \text{ Hz} = 384 \text{ MHz}$
- $0.000384 \text{ m} = 3.84 \times 10^{-4} \text{ m} = 0.384 \times 10^{-3} \text{ m} = 0.384 \text{ mm}$

[표 1.5] 단위계 접두어

10^n(10의 승수)	접두어	기호	십진수
10^{18}	엑사(exa)	E	1,000,000,000,000,000,000
10^{15}	페타(peta)	P	1,000,000,000,000,000
10^{12}	테라(tera)	T	1,000,000,000,000
10^9	기가(giga)	G	1,000,000,000
10^6	메가(mega)	M	1,000,000
10^3	킬로(kilo)	k	1,000
10^2	헥토(hecto)	h	100
10^1	데카(deca)	da	10
10^0			1
10^{-1}	데시(deci)	d	0.1
10^{-2}	센티(centi)	c	0.01
10^{-3}	밀리(milli)	m	0.001
10^{-6}	마이크로(micro)	μ	0.000 001
10^{-9}	나노(nano)	n	0.000 000 001
10^{-12}	피코(pico)	p	0.000 000 000 001
10^{-15}	펨토(femto)	f	0.000 000 000 000 001
10^{-18}	아토(atto)	a	0.000 000 000 000 000 001

문제를 풀 때 가장 빈번하게 나오는 것이 단위변환입니다. 이때 가장 유용하게 이용할 수 있는 방법은 분수계산을 이용하는 것으로, 258,000 m를 km 단위로 변경해 보겠습니다.

$$258{,}000 \ \cancel{m} \times \frac{1 \ km}{1{,}000 \ \cancel{m}} = 258 \ km \tag{1.4}$$

① 두 단위의 관계 중 가장 손쉽게 기억할 수 있는 1개의 단위관계를 사용합니다. 위의 예제에서는 1 km = 1,000 m라는 관계가 1 m = 0.001 km보다 기억하기 편합니다.[6]

② m를 km로 변경하는 것이므로 분모에 m를 놓고 분수에 km를 놓습니다.

③ 단위 사이의 주어진 관계를 숫자로 적은 후 분수계산을 수행하면, 주어진 수 258,000 은 분모의 1,000으로 나눠지고,

④ 단위 m는 분모의 m로 나뉘어 제거되고 단위 km만 남게 되므로 단위변환을 손쉽게

[6] m를 km로 변환한다고 1 m = 0.001 km의 관계를 적용하지 않아도 됨.

수행할 수 있습니다. 단위변환을 반대로 하는 경우에도 같은 방법을 적용하면 식 (1.5)와 같이 됩니다.

$$258{,}000 \; \cancel{\text{km}} \times \frac{1{,}000 \; \text{m}}{1 \; \cancel{\text{km}}} = 258{,}000{,}000 \; \text{m} \tag{1.5}$$

단위변환 예제를 풀어보고 1장을 마치겠습니다.

예제 1.1

48°는 몇 rad인가?

| 풀이 | $180° = \pi$ 이므로

$$48 \; \cancel{\text{deg}} \times \frac{\pi \; \text{rad}}{180 \; \cancel{\text{deg}}} = 0.838 \; \text{rad}$$

예제 1.2

고도계의 압력 28.56 inHg는 몇 lb/ft²인가?
(29.92 inHg = 2,116.22 lb/ft²임)

| 풀이 | 29.92 inHg = 2,116.22 lb/ft²로 주어졌으므로

$$28.56 \; \cancel{\text{inHg}} \times \frac{2{,}116.22 \; \text{lb/ft}^2}{29.92 \; \cancel{\text{inHg}}} = 2{,}020.03 \; \text{lb/ft}^2$$

AVIONICS
ELECTRICITY AND ELECTRONICS
FOR AIRCRAFT ENGINEERS

AVIONICS
ELECTRICITY AND ELECTRONICS

자, 그럼 본격적으로 공부를 시작해보겠습니다. 2장에서는 전기 및 전자분야에서 사용되는 가장 기초적인 개념과 정의에 대해서 설명하고 관련 수식을 살펴보겠습니다. 3장의 회로이론(circuit theory) 및 다른 장에서도 사용되는 중요한 내용들이니 잘 이해해 두는 것이 중요합니다.

2.1 전기의 성질

2.1.1 전기회로의 구성

일반적으로 전기와 전자의 양을 측정하고 계산과 분석을 통해 전기의 특성과 물리적인 법칙을 파악하는 공학 분야는 전기공학(electrical engineering)과 전자공학(electronics)으로 나누어집니다. 두 분야 모두 전기적 에너지와 신호(signal)의 발생, 변환, 전송 및 이용을 다루는 학문으로, 항공전자(avionics) 분야에서는 이 두 학문에 걸친 내용들을 두루 다루게 됩니다.

전기를 사용하기 위해서는 [그림 2.1]과 같이 여러 요소들을 사용하여 전기회로를 구성하여야 합니다. 전기회로를 구성하는 이유는 외부로부터 공급된 전기에너지를 다른 형태의 에너지로 변환하여 일(work)을 하기 위한 것으로 아래 전기회로에서는 공급된 전기에너지를 전구에 공급하여 빛을 내는 데 사용합니다. 이외에도 모터(motor) 등을 통해 기계적인 일을 할 수도 있으며, 에어컨이나 히터와 같이 열에너지로 이용할 수도 있습니다. 이때 공급된 전기에너지를 사용하여 일을 하는 전기회로의 요소를

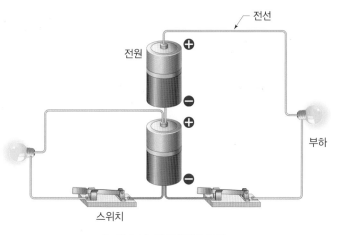

[그림 2.1] 전기회로의 구성

부하(load)라고 합니다. 이외에도 전기회로를 구성하는 주요 요소로는 전기에너지의 원천인 전압(voltage)과 전류(current)를 회로에 공급하는 전원(electric power source)이 있으며, 배터리(battery)나 발전기(generator) 등이 여기에 해당됩니다. 전기에너지를 전기회로에 공급하기 위해서는 전선을 통해 전기가 흘러야 하므로, 여러분이 잘 알고 있는 바와 같이 전류는 전원의 (+)극에서 나와 (−)극으로 흘러들어가게 되고, 전기회로는 폐회로(closed loop)로 구성됩니다. 전기회로는 회로의 전기 흐름을 On/Off 할 수 있는 스위치(switch), 릴레이(relay) 등과 같은 회로제어장치(circuit control device)와 전기회로에 공급되는 과전류나 과전압으로부터 회로를 보호하는 퓨즈(fuse), 회로차단기(circuit breaker)와 같은 회로보호장치(circuit protection device)가 부가적으로 추가되어 구성됩니다.

핵심 Point 전기회로의 구성요소

- 전원: 전압/전류(전기에너지)를 공급. 예 건전지, 배터리, 발전기 등
- 전선(도선): 전기를 이동시키는 통로
- 부하(저항): 전기를 사용하여 일을 하는 요소. 예 전구, LED, 전열기, 모터, 센서 등
- 회로제어장치: 전기의 흐름을 제어. 예 스위치, 릴레이 등
- 회로보호장치: 과전압/과전류로부터 회로를 보호. 예 퓨즈, 회로차단기 등

2.1.2 전기회로의 표현

간단한 전기회로를 하나 더 보겠습니다. [그림 2.2(a)]는 1.5 V 건전지에 0.1 W[1] 꼬마전구를 연결한 실물 전기회로입니다. 그림처럼 실제 사용되는 꼬마전구나 건전지의

1 Watt(와트): 전기에너지를 나타내는 전력(power)의 단위임.
전력 = 전압 × 전류
$P = V \times I$

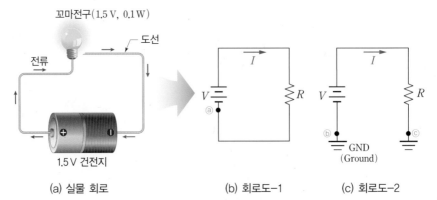

(a) 실물 회로   (b) 회로도−1   (c) 회로도−2

[그림 2.2] 전기회로의 회로도 표현

실물 모양을 사용하여 전기회로를 표현하면 직접적으로 이해하기가 쉽겠지만, 대부분의 전기회로는 많은 종류의 부품과 소자로 구성되므로 이러한 방법은 복잡한 전기회로를 표현할 때 효율적이지 않습니다. 따라서 앞으로 전기회로를 나타낼 때는 [그림 2.2(b), (c)]와 같이 약속된 회로 기호와 해당 표기를 사용하여 표현하고, 전선은 90°의 직사각형 형태로 각 회로요소를 연결하기로 합니다. 이처럼 전기부품이나 요소를 약속된 기호를 사용하여 그린 전기회로를 회로도(circuit diagram)라고 합니다.

[그림 2.2(c)] 회로도에서 전원 V의 끝점과 저항 R의 끝단은 안테나처럼 생긴 기호에 연결되어 있는데요, 이를 접지(ground)라고 정의하고 GND로 표시합니다. 회로 내에서 전압이 가장 낮은 점을 의미하는 것으로 이상적인 0 V 기준점을 나타냅니다.[2] 한 가지 주의할 점은 회로도에서 접지점으로 표현된 ⓑ와 ⓒ점은 연결되지 않고 끊어져 있는 것처럼 보이지만 서로 연결되어 있는 같은 점이라고 생각해야 합니다.[3] 또 한 가지 기억해야 할 것은 전기에너지를 받아 일을 하는 부하(load)는 일반적으로 회로도 내에서 저항(resistor)으로 바꾸어 표현한다는 점입니다. 저항은 전류의 흐름을 방해하는 특성을 정량화한 개념으로, 전기에너지를 소비하여 빛, 열, 운동 등과 같은 다른 형태의 에너지로 변환시켜 일을 하는 기능을 수행합니다. 즉, 공급된 에너지를 저항에서 소모하면서 외부에 일(work)을 하는 것으로 생각하면 됩니다.

조금 복잡해 보이는 전기회로도를 하나 더 보겠습니다. [그림 2.3]의 전기회로는 교류(AC, Alternating Current)를 직류(DC, Direct Current)로 바꿔주는 기능을 하는 전파 정류회로(full-wave rectifying circuit)라고 합니다. 우리가 스마트폰을 충전할 때 충전기를 교류 220 V에 꼽고 충전하는데, 스마트폰은 직류 5 V에서 작동하는 전자장치로 충전기 내부에는 그림과 같은 정류회로가 내장되어 있어 교류를 직류로 변경하여 전원을 공급하게 됩니다. 이와 같이 전기회로는 여러 가지 종류의 다양한 소자(element)를 사용하여 특별한 기능을 수행할 수 있게 만들 수 있습니다. 이러

2 2.3.3절의 '(2) 전압의 상대개념 및 접지'에서 상세히 설명함.

3 회로도-1은 접지(GND)되지 않았기 때문에 전원의 (−)극은 0 V가 아닐 수 있고, 회로도-2는 접지되었으므로 전원의 (−)극은 0 V임.

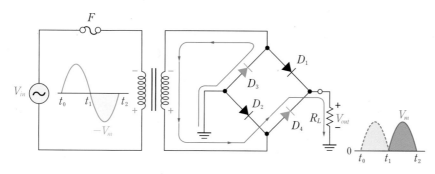

[그림 2.3] 전파 정류회로(full-wave rectifying circuit)

한 관점에서 전기회로에 사용되는 소자는 전기회로나 장치를 구성하는 개개의 부품을 의미하며, 능동소자(active element)와 수동소자(passive element)로 나눌 수 있습니다.

① 능동소자(active element)
  - 회로 내에서 에너지를 발생시키는 소자를 말함.
  - 실제로 에너지를 만들어내는 것이 아니라 전원[4]을 통해 공급된 전기에너지를 변환하여 신호에너지(증폭이나 발진)를 발생시키거나 에너지를 변환(주파수 변환)하는 기능을 함.
  - 진공관(vacuum-tube), 연산증폭기(OP amp, Operating Amplifier), 트랜지스터(transistor), LED(Light Emitting Diode), 집적회로(IC, Integrated Circuit) 등의 반도체(semi-conductor) 소자가 해당됨.

② 수동소자(passive element)
  - 능동소자와는 반대로 에너지를 소비하는 부품들로 전원을 공급받아 일을 수행하는 소자를 말함.
  - 저항(resistance), 커패시터(capacitor, 콘덴서), 인덕터(inductor, 코일)가 대표적인 수동소자임.

위에서 예를 든 여러 가지 소자들은 개별적인 특성을 지니고, 각각 고유의 기능을 수행하지만, 서로 함께 사용되면 부가적인 다양한 기능을 구현할 수 있게 됩니다. 예를 들면, [그림 2.3]의 정류회로에서 사용된 다이오드(diode)란 반도체 소자는 한쪽 방향으로만 전류를 흐르게 하는 역전류 차단작동을 하는 개별소자이지만 상기 전자회로도 내에서

[그림 2.4] 전기회로에 사용되는 각종 소자

4 전원은 에너지를 만들어낸다기보다는 에너지를 공급하여 회로를 구동시키는 요소이므로 능동소자에 포함시키지 않음.

다른 소자들과 함께 조합되어 교류를 직류로 변환하는 정류기능을 수행하게 됩니다.

　이외에도 반도체 소자인 트랜지스터는 스위칭(switching) 및 증폭(amplifying) 기능을, LED는 전기에너지를 빛에너지로 발산하는 기능을, OP 앰프는 신호를 증폭하는 기능을 수행합니다. 수동소자인 저항은 전류 흐름을 방해하며 전압을 강하시키는 기능을, 콘덴서라고도 불리는 커패시터는 주파수가 높아지면 저항값이 작아지며 전기에너지를 저장하는 기능을, 코일이라 불리는 인덕터는 주파수에 비례하여 저항값이 커지며 유도기전력(induced electromotive force)을 발생시켜 유도전류를 흐르게 하는 기능을 각각 수행합니다. 앞으로 이러한 개개 소자들의 특성과 기능 및 원리에 대해서 차근차근 배워 나갈 것이므로 지금은 너무 걱정할 필요가 없습니다.

2.1.3 전기회로의 작동

우리가 전기 및 전자회로를 어렵게 생각하는 이유는 기계시스템과는 달리 작동되는 모습이나 현상이 눈에 보이지 않기 때문일 것입니다. 전기회로로 구성되는 전기시스템은 일반적으로 [그림 2.5]와 같이 수류시스템과 비교하여 작동원리를 설명해볼 수 있습니다.

　수류시스템에서 물을 이용하여 무언가 일을 해주기 위해서는 펌프를 통해 수압을 가해주어 물의 흐름을 만들어 내야 합니다. 전기시스템에서도 이와 마찬가지로 눈에는 보이지 않지만 전기의 흐름을 만들기 위해서 전기의 압력에 해당하는 전압을 가해주어야 합니다. 이 전압에 의해서 전기의 흐름인 전류가 회로 내에서 전압이 높은 (+)극에서 전압이 낮은 (−)극으로 흘러나가게 되는 것이지요.

　수류시스템에서 물은 전기시스템에서 전기의 성질을 갖는 전하(또는 전자)에 해당

[그림 2.5] 수류시스템과 전기시스템의 비교

하고, 물의 흐름은 전기의 흐름인 전류가 되며, 파이프와 같은 통로는 전기시스템에서 전류가 흐르기 위한 통로인 전선에 해당됩니다. 물의 흐름을 조절하기 위한 밸브는 전기시스템에서 스위치와 같은 역할을 수행하게 되며, 노즐은 일을 하는 저항(부하)에 해당됩니다.

 핵심 Point 전기의 3요소

- 전류(current), 전압(voltage), 저항(resistance)을 전기의 3요소라 한다.
- 위의 3가지 요소의 값을 모두 알면 전기회로 및 장치에 대한 성능분석이 가능하다.
- 또한 문제 발생 시 고장탐구를 통해 원인을 찾아낼 수도 있다.

2.1.4 전하와 전자

전하와 전자는 서로 비슷한 개념으로 혼용되어 사용되고 있는데, 명확히 정의하면 다음과 같이 구분됩니다.

전하(electric charge, 電荷)는 어떤 물체가 가지고 있는 전기적 성질을 지칭하며, 전자(electron, 電子)는 물질의 구성요소인 원자를 이루는 구성요소 중의 하나로 전기를 지닌 채 원자핵 주위를 돌고 있는 작은 입자를 말합니다. 즉, 물질을 이루는 이 조그마한 전자가 전하라는 전기적 성질을 띠고 물질 내에서 이동함으로써 전기가 흐르는 특성이 나타나게 된다고 생각하면 됩니다.

모든 물질은 분자(molecule)로 구성됩니다. 분자는 어떤 물질이 그 특성을 유지하도록 화학적 성질을 지키며 분해할 수 있는 최소단위를 말하며, 원자(atom)들의 집합으로 이루어져 있습니다. [그림 2.6]과 같이 분자를 쪼개면 원자핵(atomic nucleus)

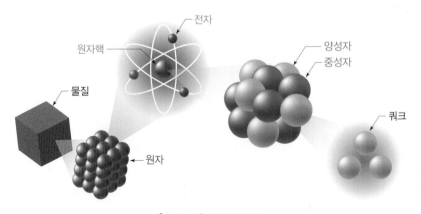

[그림 2.6] 물질의 구성

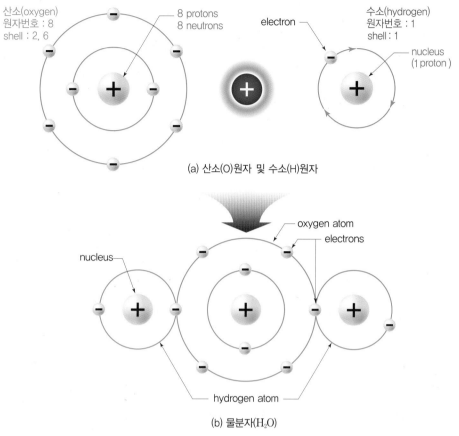

(a) 산소(O)원자 및 수소(H)원자

(b) 물분자(H_2O)

[그림 2.7] 산소(O)원자, 수소(H)원자 및 물분자(H_2O)의 구조

과 전자의 집합으로 이루어진 원자가 나타나게 되며, 원자핵은 다시 양성자(proton)
와 중성자(neutron)로 분해되고, 양성자를 더 쪼개면 쿼크(quark)로 분해됩니다.

원자는 원자핵과 전자로 이루어져 있으며, 원자핵은 전기적으로 (+)전기의 성질을
가지고 있고, 전자는 (−)전기의 성질을 띠고 있습니다.[5] 원자핵은 다시 양성자와 중성
자로 구성되어 있는데 양성자는 전자와 동일 양의 (+)전하를 가지고 있으며, 중성자는
양성자와 크기와 무게가 동일합니다.[6]

예를 들어, [그림 2.7]과 같이 H_2O로 표시되는 물분자는 수소(H)원자 2개와 산소
(O)원자 1개가 결합되어 이루어져 있고, 산소원자는 원자핵 1개와 주위에 8개의 전자
로 구성되어 있으며, 수소원자는 원자핵 1개와 전자 1개로 구성되어 있어, 수소와 산
소원자가 전자 1개씩을 공유하며 결합하여 물 분자를 구성하게 됩니다.

그러면 원자에 대해 좀 더 자세히 알아보도록 하겠습니다. 원자의 모형은 마치 태

[5] (+)/(−)전기의 성질
을 앞에서 전하라고 정
의함.

[6] 양성자 수 = 전자 수 =
원자번호(주기율표)

양 주위를 지구와 같은 행성들이 돌고 있는 것과 비슷합니다. [그림 2.7(a)]와 같이 원자에 포함된 전자가 각각 궤도면 위에서 자전하면서 원자핵을 중심으로 돌고 있습니다. 이 궤도면을 각(shell)이라 부르는데, 각마다 최대 전자 수가 정해져 있어 원자핵과 가까운 순서로 K각은 2개, L각은 8개, M각은 18개, N각은 32개의 전자가 각각 위치할 수 있습니다.[7]

원자가 가지고 있는 전자 수는 주기율표(the periodic table of the elements)의 원자번호와 동일하며, [그림 2.7(a)]와 같이 산소원자는 원자번호가 8번이기 때문에 8개의 전자를 가지게 되며, 제일 안쪽 K각에 2개의 전자가 배치되고, 나머지 6개는 L각에 배치됩니다. 이 전자 중 제일 바깥쪽 각에 위치한 전자를 최외각 전자(valence electron) 또는 가전자(價電子)라고 정의하며, 자유전자(free electron)는 최외각 전자가 1개만 있는 경우를 말합니다. 자유전자는 원자핵으로부터 제일 바깥쪽에 위치하므로 구속력이 약해 외부로부터 에너지를 가해주면 궤도에서 튀어나와 물질 안에서 이동할 수 있게 되며, (−)전기를 띠고 있기 때문에 결국 이러한 자유전자의 이동을 통해 물질은 전기가 흐르게 됩니다.

2.2 정전기와 동전기

2.2.1 대전현상

일반적으로 전기는 시간에 대해 전기량(전압, 전류)이 변화하는 동전기(dynamic electricity)를 가리키며, 우리가 말하는 전기는 동전기를 지칭합니다. 동전기는 물체 내의 전자가 움직이고 있는 상태로 시간에 대해 전자의 이동이 계속 발생하고 있는 전기로 [그림 2.8]과 같이 시간에 대해 전압과 전류가 일정한 직류(DC, Direct Current)와 시간에 대해 전압과 전류값이 계속 변화하는 교류(AC, Alternating Current) 및

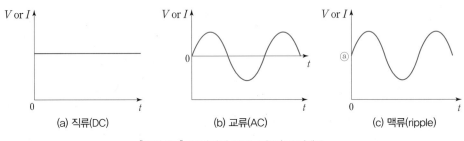

[그림 2.8] 동전기의 종류−직류/교류/맥류

[그림 2.9] 정전기

맥류(ripple current)로 크게 구분할 수 있습니다. 맥류는 교류와 직류를 합친 것으로, 교류가 0을 중심으로 값이 변화하는 데 비해 맥류는 [그림 2.8(c)]와 같이 직류 성분값 ⓐ[8]를 기준으로 변화하는 교류를 말합니다.

8 옵셋(offset). 바이어스 (bias)라고도 함.

　정전기(static electricity)는 일상생활에서 우리가 많이 경험하고 있는 전기입니다. [그림 2.9]처럼 건조한 겨울철에 털이 많은 스웨터를 벗다가 따끔한 정전기를 느끼거나, 자동차나 금속으로 된 문고리를 잡다가 전기가 통해 놀란 경험이 한 번쯤 있을 겁니다.

　정전기는 물체 내에 머물러 있는 전기를 가리키며, 전하가 정지 상태로 있기 때문에 전하의 분포가 시간적으로 변화하지 않는 전기를 말합니다. 순간적으로 수만 V 이상이 발생하기도 하는데 전압은 높지만 전류가 작고 아주 짧은 순간에만 흐르기 때문에 정전기로 인해 큰 부상을 입는 경우는 극히 드물게 되지요.

　우리가 불편하게만 생각하는 정전기를 공학적으로 응용한 대표적인 사례가 복사기입니다. 전류에 의해 음(−)전하를 띤 토너(toner) 입자들은 정전기에 의해 상이 비친 곳에만 달라붙게 되는 원리를 이용하여, 종이를 밀착시킨 다음 종이 뒤에서 강한 양전하를 쪼여 음전하의 토너 입자들이 종이 쪽으로 다시 옮겨 붙게 만든 장치입니다. 이 밖에도 공기 속의 먼지를 모으는 장치인 집진기(dust collector) 등도 정전기의 원리를 이용한 장치의 대표적인 예입니다.

　정전기는 마찰(friction), 접촉(contact), 유도(induction)에 의해 발생하고 축적되는데, 이와 같은 현상을 대전현상(electrification)이라고 합니다. 즉, 물체 내의 전자가 마찰이나 접촉 및 유도에 의해 다른 물체로 이동하거나 중성이던 전기적 성질이 (+)나 (−)의 전기적 성질을 띠게 되는 것이죠. 첫 번째로 마찰의 예를 보면, [그림 2.10]과 같이 유리막대를 명주헝겊으로 문지르면 유리막대가 (+)의 전기적 성질을 갖는 현상을 통해 이해할 수 있습니다. 여기서 유리막대와 명주헝겊 같이 전기적 평형상태였다가 전기를 띠게 되는 물체를 대전체(electrified body)라고 하며, 대전체가 띠고 있는 전기를 전하(electric charge) 또는 이온(ion)이라고 합니다.

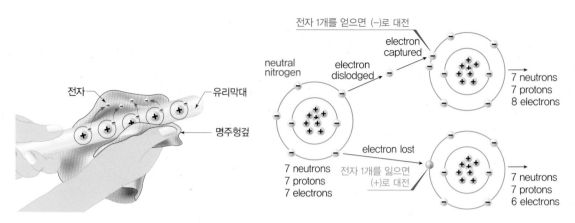

전자 1개를 얻으면 (−)로 대전

electron
captured

neutral
nitrogen

electron
dislodged

7 neutrons
7 protons
8 electrons

전자

유리막대

명주헝겊

7 neutrons
7 protons
7 electrons

electron lost

전자 1개를 잃으면
(+)로 대전

7 neutrons
7 protons
6 electrons

[그림 2.10] 마찰에 의한 대전현상

[그림 2.10]과 같이 전자를 얻게 되는 대전체는 (−)전기 성질을 갖는 전자가 증가하여 (−)전기를 띠게 되고, 전자를 잃게 되는 대전체는 (+)전기를 띠게 됩니다.

두 번째는 접촉에 의한 대전으로, [그림 2.11(a)]와 같이 (+)로 대전된 막대를 물체에 접촉시키면 물체에 있던 전자가 막대 쪽으로 넘어오게 되는 현상입니다. 마지막으로 유도에 의한 대전은 접촉 없이 비슷한 현상이 발생하는 것을 가리키는데, [그림

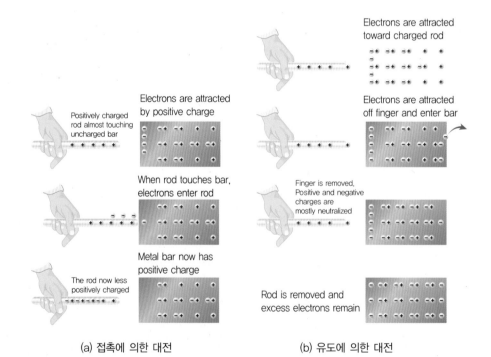

Electrons are attracted
toward charged rod

Positively charged
rod almost touching
uncharged bar

Electrons are attracted
by positive charge

Electrons are attracted
off finger and enter bar

When rod touches bar,
electrons enter rod

Finger is removed.
Positive and negative
charges are
mostly neutralized

The rod now less
positively charged

Metal bar now has
positive charge

Rod is removed and
excess electrons remain

(a) 접촉에 의한 대전

(b) 유도에 의한 대전

[그림 2.11] 접촉 및 유도에 의한 대전

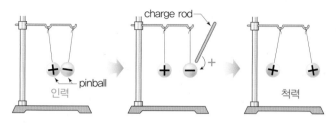

[그림 2.12] 대전체의 척력과 인력

2.11(b)]와 같이 막대와 물체가 접촉하지 않았기 때문에 전자가 막대로 이동은 할 수 없게 되고, 물체 내에서 (+)전기를 띠는 막대 쪽으로 전자가 모이게 되어 (−)전기를 띠게 되고, 반대편은 (+)전기를 띠게 됩니다. 이때 물체의 우측에 손가락을 갖다 댄다면 접촉에 의해 전자가 손가락에서 물체 쪽으로 이동하게 됩니다.

[그림 2.12]와 같이 전기는 자석과 마찬가지로 같은 전기적 성질을 가지면 척력(repulsive force)이 작용하고 서로 다른 전기적 성질을 가지면 인력(attractive force)이 작용하게 됩니다.

2.2.2 정전기가 항공기에 미치는 현상

그렇다면 이러한 정전기가 항공기에는 어떤 영향을 미칠까요? 다음과 같이 대표적인 사례들이 있습니다.

 핵심 Point 정전기가 항공기에 미치는 영향

- 항공기 연료 보급 시 연료의 마찰에 의해 대전되는 경우 항공기 표면에 축적된 정전기에 의한 폭발위험성이 존재한다.
- 항공기 표면에 축적된 정전기는 펄스파로 방전하며 통신장치에 잡음을 발생시킨다.
- 분리된 항공기 기체 구조물에 정전기가 누적되는 현상이 발생한다.
- 대부분의 항공전자 장치는 반도체 소자를 사용하므로 역내압성[9]이 약해 항공기 표면에 축적된 정전기의 높은 전압으로 인해 파손의 위험성이 존재한다.

9 역방향으로 전압이 발생하여 일정 전압에 이르면 통전되면서 반도체가 파괴되는 특성을 말함.

(1) 항공기 연료보급 시의 3점 접지

항공기 연료로 사용되는 AV GAS(AViation GASoline)와 제트연료(jet fuel)는 휘발성과 가연성이 높기 때문에 화재나 폭발방지에 주의를 기울여야 합니다. 따라서, 항공기 연료보급 시에 정전기에 의한 폭발위험성을 방지하기 위해, 연료에 적당한 대전

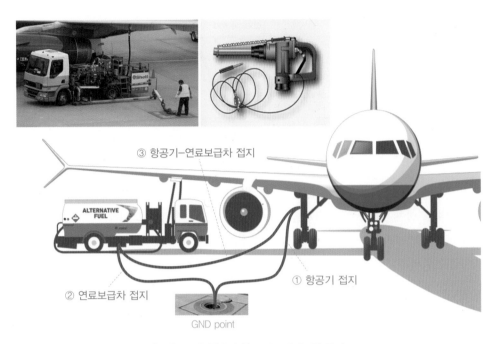

[그림 2.13] 항공기 연료보급 시의 3점 접지

방지제를 섞거나 급유 시 속도를 줄여 연료의 대전을 방지하고 있습니다. 더불어 항공기와 연료보급차 및 주유기를 접지선을 사용하여 지상에 접지시켜 전위가 가장 낮은 땅속으로 정전기가 빠져나가도록 하여 정전기에 의한 전위차를 제거하고 폭발을 방지합니다. 이를 3점 접지라고 합니다.

 Point **3점 접지**

① 항공기를 지상에 접지시킨다.
② 연료보급차를 지상에 접지시킨다.
③ 항공기와 연료보급차를 접지시킨다.

(2) 정전기 방전장치

항공기가 고속으로 비행하면 공기 중에 있는 먼지나 비, 눈, 얼음 등과 마찰하여 기체 표면에 정전기가 발생하여 축적됩니다. 표면에 누적된 정전기는 매우 짧은 간격으로 펄스(pulse)형태의 코로나 방전(corona discharge)이 일어나는데, 이러한 방전은 항공기의 무선통신장치에 잡음방해를 일으키게 되고 심한 경우에는 통신이 두절되기도 합

[그림 2.14] 낙뢰에 의한 항공기 파손

니다. 또한 항공기가 번개를 맞으면 번개가 갖는 굉장한 전기에너지를 공기 중으로 방출해주어야 항공기가 파손되지 않습니다. 번개와 천둥을 동반한 급격한 방전현상을 낙뢰(thunderbolt)라고 하는데 1,000만~20억 V의 전압과 10~20만 A의 전류량을 가진 직류 전기입니다. [그림 2.14]는 2016년도 6월 낙뢰에 의해 항공기 레이돔(radome)이 파손된 아시아나항공기의 모습입니다.

이렇게 정전기와 낙뢰로부터 항공기 및 항공전자장비를 보호하는 기능을 가진 장치가 [그림 2.15]의 정전기 방전장치(static discharger)입니다. 정전기 방전장치는 정전기가 뾰족한 부분에 많이 모이는 특성을 이용하여 날개 끝(wing tip)이나 수평 꼬리 날개(horizontal tail) 끝에 설치한 10 cm 정도의 뾰족한 핀을 지칭하는 것으로, 항공기 표면에 누적된 정전기가 공기 중으로 방전되도록 합니다. 항공기 표면의 정전기가 코로나 방전 시 항공기 안테나에 영향을 주지 않도록 정전기 방전장치는 정교하게 배치되어 설치되고, 항공기가 낙뢰를 맞았을 때에도 낙뢰의 엄청난 전기에너지가 공기 중으로 빠져나가 지상으로 내려가도록 하는 출구기능을 수행하는 중요한 장치입니다.

(3) 본딩

분리된 항공기 기체 구조물에는 정전기가 누적되는 현상이 발생하는데, 이러한 분리된 구조물 사이의 전위차를 없애기 위해 [그림 2.16]과 같이 본딩(bonding)을 하게 됩니다.

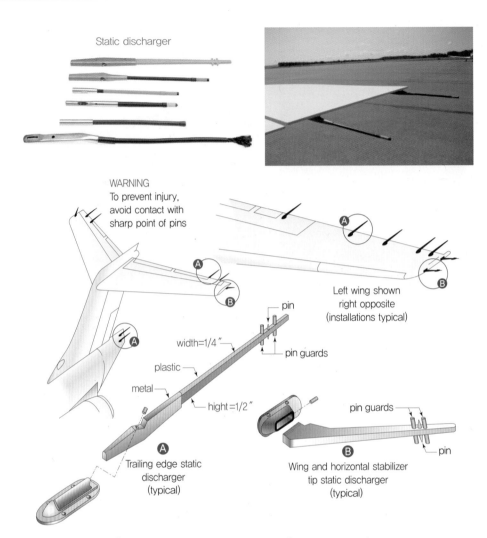

[그림 2.15] 항공기의 정전기 방전장치(static discharger)

> ### 핵심 Point **본딩(bonding)**
>
> - 본딩이란 2개 이상의 분리된 금속구조물을 전기적으로 완전히 접속시켜 양단 간의 전위차를 없애는 것을 가리킨다.
> - 본딩을 통해 구조물 양단 간의 전위차를 제거하여 정전기 발생과 이로 인한 화재위험을 방지할 수 있다.
> - 본딩에 사용되는 전선을 본딩선(bonding wire) 또는 본딩 점퍼(bonding jumper)[10]라고 하며 여러 가닥의 알루미늄선이나 구리선을 넓게 짜서 연결하는 형태로 사용한다.

10 저항이 작아야 축적된 정전기가 잘 흐를 수 있으므로 본딩선은 되도록 짧아야 하고, 접속저항은 0.003Ω을 초과하지 않아야 함.

본딩을 통해 전기회로 및 장치를 기체 구조물에 접지 시 저저항(low resistance)을 도모하고, 전위차에 의해 발생하는 미세 전류를 차단하여 정전기의 코로나 방전에 의한 무선장비의 전파 방해 및 잡음을 감소시키고, 계기 오차를 없애는 역할도 합니다. 본딩은 항공기 플랩(flap)이나 조종면(control surface) 등의 가동부분과 고정부분의 접속에 많이 사용되며, 탑재된 전기·전자장치의 섀시접지 시에도 사용됩니다.

[그림 2.16] 항공기의 본딩 및 본딩 점퍼

(4) Lightning Diverter

현대의 항공기는 무게를 줄이기 위해 기체 구조물 제작 시 복합재료(composite materials)를 많이 사용하고 있는데, 이러한 비전도성 재료의 기체구조물에는 표면에 전도성 페인트를 바르거나 lightning diverter strip이라고 하는 얇은 금속을 삽입하여 표면의 정전기가 금속재의 기체부위와 접촉하여 흐르도록 해줍니다. 대표적인 사례로 [그림 2.17]에 나타낸 항공기 기수(nose)의 레이돔(radome)[11]은 내부에 설치된 레이다의 전파 투과를 좋게 하기 위해서 레이돔의 재질로 나일론을 바탕으로 한 유리

11 항공기 기수에 설치되는 기상 레이다(weather radar)를 보호하기 위한 기수(nose) 구조물

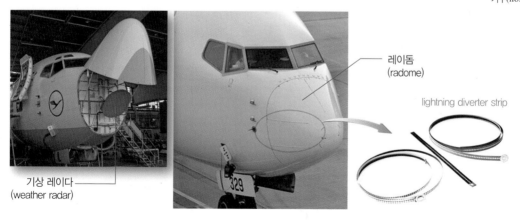

[그림 2.17] 항공기 레이돔(radome)의 lightning diverter strip

섬유 등의 전기 절연체가 사용됩니다. 따라서, 전기 전도성이 나쁘기 때문에 lightning diverter strip을 삽입하여 레이돔의 전위를 기체 쪽 금속부로 연결하여 전위차를 제거하는 기능을 수행합니다.

(5) 정전기 취약장치(ESDS)

다음은 ESDS(Electro Static Discharge Sensitive) 장치에 대해 알아보겠습니다. ESDS 장치는 정전기에 민감하거나 취약한 항공기 부품 및 현장교환품목(LRU, Line Replaceable Unit)[12] 장치를 말합니다. 주로 역내압성이 낮은 반도체 부품으로 이루어진 장치들이 해당되며, PCB(Printed Circuit Board), 하드디스크, 메모리 등의 일반 전자장치와 [그림 2.18]과 같이 항공기에 장착되는 관성항법장치(INS, Inertial Navigation System), 비행관리시스템(FMS, Flight Management System) 등의 항공전자장치 LRU 대부분이 대표적인 ESDS 장치에 해당합니다.

앞에서 잠깐 언급하였지만 반도체는 높은 전압에 약한 특성(역내압성이 낮음)을 갖는 단점이 있어 순간적으로 발생하는 높은 전압의 정전기에 취약합니다. 놀라운 사실은 바닥에 깔린 카펫 위에서 단순히 걷는 동작만으로도 바닥재질에 따라 1,500~35,000 V

12 일선교환품목이라고도 하며 결함 시에 전체를 탈거하고 교환하여 장착할 수 있도록 만든 장치를 가리킴.

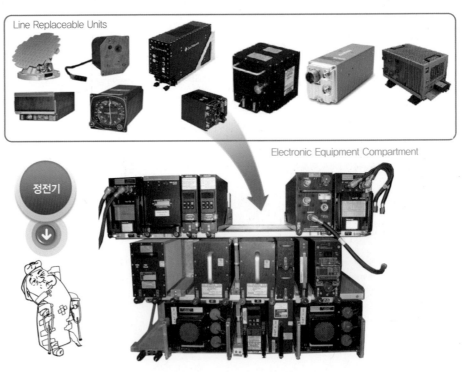

[그림 2.18] ESDS 장치 및 LRU

[그림 2.19] ESDS 표식(decal)

이상의 정전기가 발생하게 되는데, 이렇게 발생된 5,000 V 이상의 정전기는 전자제품이나 장치에 영향을 미치게 됩니다. 따라서, 이러한 ESDS 장치들에는 [그림 2.19]와 같은 ESDS 표식(decal 또는 label)을 붙이고 정비작업을 위한 취급시 주의를 기울여야 합니다.

ESDS 장치의 정비작업 시에 작업자는 해당 부품이 ESDS 부품인지 ESDS 표식을 필히 확인해야 하고, 만약 표식 확인이 안 될 경우를 대비해서 사전에 ESDS 아이템을 숙지해야 합니다. 또한, 작업 시에는 [그림 2.20]에 나타낸 정전기 방지장치를 착용하고 방지환경에서 작업수행에 주의를 기울여야 합니다.

 ESDS 보호장치

① Wrist strap
　– 작업자 손목에 착용하고 접지시키면 작업자의 몸 동작에 의해 발생되는 정전기를 제거한다.
　– 정비작업 시에 전자장치로부터 역으로 흘러들어오는 전류를 막아 작업자의 안전을 확보하기 위해 1 MΩ의 저항이 부착된다.
② Floor mat/Table mat : 작업자 및 작업대에 놓인 ESDS 장치의 정전기를 제거한다.
③ Ionized air blower : 서류, 작업도면 혹은 작업자의 작업복과 같은 비도전체에서 발생된 정전기를 중화시켜 주기 위해 이온화된 양과 음의 공기를 일정한 속도로 방출하는 장치이다.
④ Conductive bag(antistatic bag)/Container
　– ESDS 장치 및 장비를 보관하거나 이동 시 사용하는 도전성 운반상자, 차폐투명 bag 및 부품상자를 가리킨다.
　– ESDS 장치의 보호를 위해 포장재료[13]에 대전방지제 등의 화학약품이나 도전성 카본, 금속 입자 등을 첨가하여 대전 방지효과와 함께 외부의 전기적 충격으로부터 내용물을 보호하는 전자기 차폐(EMI shield) 기능을 수행한다.
⑤ Ground cord
　– wrist strap, table mat, floor mat의 접지선을 설치된 접지점으로 연결하는 선을 말한다.
　– 모든 접지선에는 작업의 안전을 위하여 1 MΩ의 저항이 연결되어 있다.

13 포장재질로는 폴리에틸렌(polyethylene) 고분자화합물이 사용되는데, 정전기를 축적하여 전자장치를 손상시킬 가능성이 높은 재료임.

[그림 2.21]은 ESDS 방지장치를 사용하여 작업하는 모습을 보여주고 있습니다.

(a) wrist strap   (b) conductive bag   (c) ESD floor mat   (d) ionized blower

[그림 2.20] ESDS 보호장치

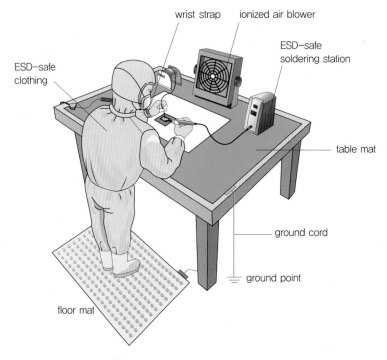

[그림 2.21] ESDS 보호환경 및 작업모습

2.3 전류/전압/저항

2.3.1 전하량

전기량 또는 전하량(quantity of electric charge)은 대전체가 가지고 있는 전기의 양을 말합니다.

전하량(quantity of electric charge)

- 전하량의 단위는 쿨롱(coulomb, [C])을 사용한다.
- 수식 내에서의 표기는 q 또는 Q를 대표문자로 사용한다.

노벨 물리학상을 수상한 미국의 물리학자인 밀리컨(R. A. Millikan, 1868~1953)이 기름방울 실험을 통해 물질의 전하량(전기량)은 항상 기본전하량 $e = 1.602 \times 10^{-19}$ C의 정수배라는 사실을 밝혀냈습니다. 따라서, 전하의 최소단위인 전자 1개(e)가 지니고 있는 전기의 양은 1.602×10^{-19} C으로 정의됩니다.

예제 2.1

1 C이 되기 위한 전자의 개수는?

|풀이| 전자 1개(e)는 1.602×10^{-19} C이므로 다음 식과 같이 계산하면, 전자 6.24×10^{18}개의 전자가 모여야 한다.

$$1 \text{ C} \times \frac{1e}{1.602 \times 10^{-19} \text{C}} = 0.6242 \times 10^{19} e$$
$$= 6.24 \times 10^{18} e$$

예제 2.2

전자(e) 1조 개의 전하량은 몇 μC인가?

|풀이| 1조는 10^{12}이므로 10^{12}개의 전자가 가지는 전하량은 다음 식과 같이 계산하면, 0.1602μC이 된다.

$$10^{12} e \times \frac{1.602 \times 10^{-19} \text{C}}{1e} = 1.602 \times 10^{-7} \text{C}$$
$$= 0.1602 \times 10^{-6} \text{C} = 0.1602 \ \mu\text{C}$$

2.3.2 전류

전류(current, 電流)는 음(−)전하를 띤 전자의 흐름, 즉 전하[14]의 움직임을 말합니다. 이때 도선을 지나가는 전자들이 가진 전기의 양인 전하량(Q)을 측정하면 전류가 많이 흐르는지 적게 흐르는지 판단할 수 있습니다. 전류 크기를 상호 비교하기 위해서는 단순히 지나가는 총전하량만을 생각하면 안 되고, 시간 개념을 포함시켜 일정 시

14 전하는 물질이 갖는 (+)/(−)의 전기적 성질을 의미하며, 전기의 흐름인 전류는 (−)전기인 전자의 움직임에 의해 나타나므로, 전하 = 전자의 개념을 사용함.

간 동안 지나가는 전하량으로 비교하면 정확하게 전류의 크기를 알 수 있습니다. 따라서, 전류는 단위시간(즉, 일정시간의 단위로 1 sec를 사용) 동안 지나간 전하량으로 정의하게 되며, 수식으로 나타내면 1 A는 1초 동안 1 C의 전하가 이동하는 것으로 다음 식과 같이 정의됩니다.

$$i \triangleq \frac{dq}{dt} \ [\text{C/sec}] \ \rightarrow \ q = \int_{t_0}^{t} i \, dt$$
$$\Rightarrow \ I = \frac{Q}{t} \rightarrow Q = It \tag{2.1}$$

여기서, 소문자로 표현된 식은 교류에서 표현하는 방식이며, 대문자로 표현된 식은 직류에서 표현하는 방식이 됩니다.[15]

 핵심 Point 전류(current)

- 전류의 단위[16]는 암페어(Ampere, [A])를 사용한다.
- 전류의 표기는 대문자 I 로 표기한다.

전류는 일반적으로 양(+)극에서 음(-)극 방향으로 흐르는 것으로 알려져 있지만, 실제로는 음(-)극에서 양(+)극으로 이동하는 전자의 이동에 의해 전류가 흐르게 된다는 것이 밝혀졌습니다. 따라서, [그림 2.22]와 같이 전기회로를 구성하면 전류는 배터

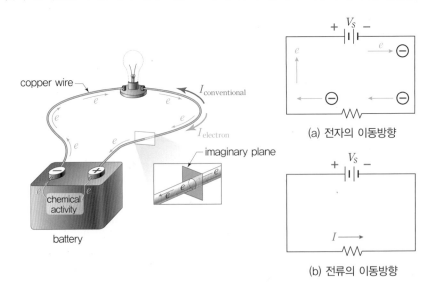

(a) 전자의 이동방향

(b) 전류의 이동방향

[그림 2.22] 전자 및 전류의 이동방향

리의 양(+)극에서 음(−)극 방향으로 흐르게 되며, 전자는 음(−)극에서 양(+)극 방향
으로 이동하게 됩니다.

2.3.3 전압

(1) 전압의 정의

전압(voltage, 電壓)은 전기적인 압력으로 전하(전자)의 흐름을 연속적으로 만들어
주는 힘, 즉 기전력(EMF, ElectroMotive Force, 起電力)이라고도 합니다. 기전력은
전위차(voltage difference)가 다른 두 점 사이에서 전위가 높은 쪽에서 낮은 쪽으로
전하를 이동시키는 힘을 의미하며, 결국 전위차에 의해 전압강하(voltage drop)가 발
생하게 됩니다. 앞에서도 물의 흐름과 비교를 해 보았지만, 전류의 흐름을 만들어 내
기 위해서는 압력을 가해 주어 전자를 움직이게 하여야 하므로, 전압을 이러한 전류의
흐름을 만들어 내는 전기의 압력이라고 이해하면 됩니다.

즉, 전자가 움직여 전류가 흐르게 하려면 전자에 힘을 가해 일정 길이를 움직이도록
해주어야 하는데, 힘과 거리의 곱은 에너지(energy)인 일(work)이 되므로 결국 전압
은 전류가 흐르도록 일을 해주는 것과 같은 개념이 됩니다.[17]

> [17] 일(work) = 에너지 (energy) = 힘 × 거리

따라서, 전압은 단위 전하(Q)가 한 일(W)의 양으로 정의할 수 있게 되어 식 (2.2)
와 같이 유도됩니다.

$$v \triangleq \frac{dw}{dq}\,[\text{J/C}] \;\Rightarrow\; V = \frac{W}{Q} \to W = VQ \tag{2.2}$$

상기 식을 보면 분자는 일(W)이 되고 분모는 전하량(Q)이 되므로, 1 C의 전하가 회
로의 두 점 사이를 이동할 때 잃거나 얻는 에너지로 정의되며, 1 C의 전하가 이동하여
1 J[18]의 일을 할 수 있는 에너지를 의미하게 됩니다.

> [18] SI 단위계에서 일 (work)의 기본단위는 줄(joule)임.

 전압(voltage)

- 전압의 단위는 볼트(Volt, [V])를 사용한다.[19]
- 전압의 표기는 대문자 V를 사용한다(기전력의 경우는 E를 사용하여 표기).

> [19] 전압의 정의 수식 (2.2)에서 결국 [V] = [J/C]이 됨.

전압을 전기/전자장치에 공급하는 회로 요소를 전압원(전원, electric power source)
이라고 하며, 교류 전압원이냐 직류 전압원이냐에 따라 [그림 2.23]과 같은 회로기호
를 구분하여 사용합니다.

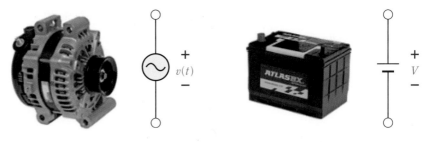

(a) 교류(AC) 전압원　　　　　　　　　(b) 직류(DC) 전압원

[그림 2.23]　전압원(전원)의 회로기호

(2) 전압의 상대개념 및 접지

전압을 이해할 때 꼭 기억해 두어야 할 중요한 개념은 전류와 달리 전압은 절대값(absolute value)이 아닌 상대적인 값(relative value)이라는 점입니다. 예를 들어, 폭이 1 m인 책상을 미국이나 일본에 보내어 측정하여도 그 값은 항상 1 m가 됩니다. 왜냐하면 줄자(ruler)의 0 m라는 기준점을 중심으로 길이를 측정하기 때문이지요. 반면에 전압은 어떤 임의의 기준점에 대한 상대적으로 높고 낮은 값을 나타내게 되는데, 전압의 기준점(전위 기준면)은 전압이 가장 낮은 전원의 (−)극이 사용됩니다. 즉, 우리가 지칭하는 전압 +5 V, +28 V라고 하는 값은 (−)극의 전압값을 기준으로 상대적으로 +5 V, +28 V가 높음을 의미합니다. 문제는 이 전원의 기준점인 (−)극이 항상 0 V가 아니라는 것입니다. 직류전원의 소스원으로 가장 많이 사용하는 축전지(battery)는 자동차에서는 +15 V, 항공기에서는 +28 V 축전지가 표준 직류전압으로 사용됩니다. 이때 축전지의 (−)극은 항상 0 V이고 (+)극은 +15 V 또는 +28 V라는 의미가 아님을 주의해야합니다. 거의 대부분의 장치나 회로의 (−)극 전압은 0 V가 아닌 다른 값을 가질 확률이 높습니다. 만약 축전지 (−)극의 전압이 +1 V[20]이거나 −1 V라면, (+)극의 전압값은 각기 +29 V, +27 V가 되어 (−)극을 기준으로 (+)극이 상대적으로 +28 V가 높다라는 의미가 됩니다.

 접지(ground)

- 전기전자 시스템에서는 접지(GND) 또는 어스(earth)[21]라는 이상적으로 전압이 0 V가 되는 기준점을 표시하고 사용한다.
- 전압을 공급하거나 측정 시에 회로나 장치의 전압기준점을 접지시키면 가장 정확하게 0 V 전위면을 기준으로 전압을 안정적으로 공급하거나 측정할 수 있다.

[20] (−)극의 전압이 0 V보다 높은 경우는 "전압이 떠 있다."라는 표현을 사용하기도 함.

[21] 단어 뜻 그대로 전위가 이상적으로 0 V인 곳은 대지(땅속)임.

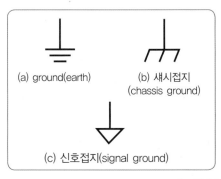

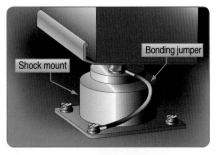

(d) 섀시접지 예

[그림 2.24] 접지 회로기호

접지 회로기호로는 [그림 2.24]와 같은 종류의 기호가 많이 사용됩니다. 섀시접지 (chassis ground)는 외함접지라고도 하며 전기장치의 외곽 케이스(case)에 본딩선을 연결시켜 접지시키는 것을 의미하고 전기장치 외부 케이스에 축적되는 정전기나 내부 전자회로와의 전위차를 접지점과 연결시켜 제거하므로 감전이나 안전사고의 위험을 제거해 줍니다.

항공전자 장치 및 일반 전자기기들은 동작전압과 전류가 안정되어 있어야 하므로 각장치의 (−)단자들을 모두 연결시켜 동일한 기준점(전위 기준면)에 대한 전압을 사용하도록 합니다. 이때 모두 연결된 (−)단자의 접지 기준점이 0 V인 경우의 전압을 정격전압(rating voltage)이라고 하며, 전기공학 측면에서는 접지점, 전자공학 측면에서는 케이스 섀시(chassis), 인쇄회로기판(PCB)의 그라운드 면(ground plate) 등이 활용됩니다.

항공기의 경우는 비행 중에 대지와 연결된 접지점을 사용하기가 불가능하므로 (−)극을 0 V의 이상적인 전위값으로 만들어 줄 수 없기 때문에 항공기 내에 접지라인(ground line)을 설치하고 설치된 모든 항공전자 장치 및 전기장치의 (−)단자를 이 접지라인에 접지시켜 사용하는 방식을 채용합니다. 이러한 방식을 채용하면, 실제 (−)단자들의 전압이 0 V가 되지 않고 각기 다른 값을 갖더라도, 동일한 전압값을 기준점으로 전압을 공통으로 사용하여 전압을 공급하거나 측정하게 되므로 항공전자 장치나 전기장치 작동에 무리가 없게 됩니다. 따라서 접지(GND)는 전압이 가장 낮은 (−)단자들을 모두 연결하여 공통(common)으로 사용한다는 개념으로 'COM'으로 표현하기도 합니다.

예를 들어, [그림 2.25]와 같이 항공기 내 Unit A와 Unit B 장치가 모두 직류 +28 V 에서 작동하는 장치라면, +28 V의 배터리를 연결하여 전원을 공급하고 (−)단자를 모두 공통으로 접지라인에 접지시킵니다. 만약 항공기 접지라인의 (−)극이 +0.5 V이더라도 배터리의 (+)극은 (−)극(접지라인)을 기준으로 +28.5 V가 되어 +28 V를 공급하게 되고, 이 전력을 공급받는 항공전자 장치 Unit A와 B도 0.5 V인 (−)극을 기준으로 (+)극

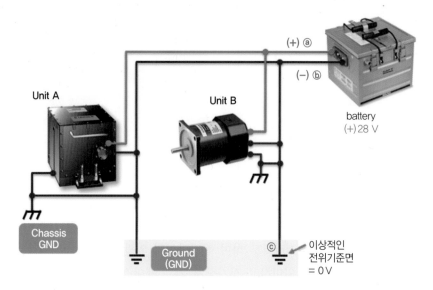

[그림 2.25] 접지(ground)

에 +28.5 V가 공급되게 되므로 +28 V의 전압이 공급되어 작동에 문제가 없게 됩니다. 다음 예제를 통해 지금까지 설명한 전압의 개념을 정리해보겠습니다.

예제 2.3

그림 (a), (b)에서 소자 양단 전압 $V_0 = +5$ V인 경우, A점에서의 전압 V_A는 몇 볼트인가?

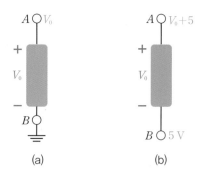

|풀이| 전압은 어떤 기준점에 대한 상대적으로 높고 낮은 값을 의미하므로, 그림 (a), (b) 모두 A점에서의 전압이 B점보다 +5 V가 높다. 그림 (a)에서 B점은 접지되어 있기 때문에 0 V가 되어 A점에서의 전압은 5 V가 된다. 이에 반해 그림 (b)에서는 B점의 전위가 +5 V이기 때문에 A점의 전압은 5 V가 높아져 10 V가 된다.

(a) $V_A = 5$ V (b) $V_A = (V_0 + 5) = 10$ V

예제 2.4

다음 회로에서 단자 A, B, C점의 전압을 구하시오.

(1) B점을 기준으로 측정한 A점의 전압(V_{AB})

(2) A점을 기준으로 측정한 B점의 전압(V_{BA})

(3) A, B, C점의 point 전압값

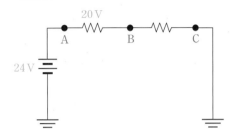

|**풀이**| (1) A점이 전원의 (+)극에 연결되어 있고 B점보다 전위가 높은 상태이므로 B점을 기준으로 한 전압 V_{AB} = +20 V가 된다.

(2) 반대로 전위가 높은 A점을 기준점으로 측정한 B점의 전압 V_{BA} = −20 V가 된다.

(3) point 전압은 0 V인 접지(GND)점을 기준으로 측정한 전압이므로, V_A = 24 V, V_B = 4 V, V_C = 0 V가 된다.

2.3.4 저항

(1) 저항의 정의

저항(resistance, 抵抗)은 전류의 흐름을 방해하는 성질을 숫자로 정량화시킨 개념입니다. 즉, 저항이 작으면 전류가 잘 흐르고, 저항이 크면 전류는 적게 흐르게 되는 것이지요.

 핵심 Point **저항(resistance)**

- 저항의 단위는 옴(Ohm, [Ω])을 사용한다.
- 회로 내에서 표기는 대표문자 R을 사용한다.

회로도에서 저항은 [그림 2.26]과 같은 기호를 사용하므로 회로기호도 꼭 기억하기 바랍니다.

저항은 재료의 종류(저항률, ρ), 길이(ℓ), 단면적(A), 온도 등에 의해 결정되는데, 서로간의 관계를 수식으로 나타내면 식 (2.3)과 같이 정의됩니다.

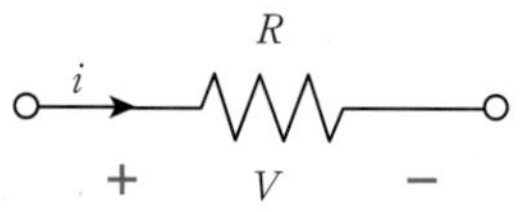

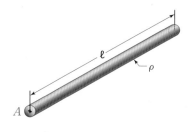

[그림 2.26] 저항의 회로기호

$$R = \rho \frac{\ell}{A} \tag{2.3}$$

[그림 2.27] 도선의 저항

식 (2.3)에서 분자인 도선의 길이(ℓ)가 길어지면 저항값(R)은 비례하여 커지고, 분모인 면적(A)이 커지면 전류는 많이 흐르게 되어 저항값(R)은 면적에 반비례하여 작아지게 됩니다.

(2) 저항률(고유저항)

저항률(resistivity)은 고유저항이라고도 하며 물질에 따라 정해지는 상수값으로 전류의 흐름을 방해하는 고유성질을 나타냅니다. [표 2.1]에서 보여지는 것과 같이, 은(Ag), 구리(Cu), 알루미늄(Al)순으로 저항값이 커지므로 은(Ag)이 구리(Cu), 알루미늄(Al)

[표 2.1] 물질의 저항률

종류	저항률 @ 20°C
은(silver)	1.64×10^{-8}
구리(copper)	1.72×10^{-8}
알루미늄(aluminum)	2.83×10^{-8}
텅스텐(tungsten)	5.50×10^{-8}
니켈(nickel)	7.8×10^{-8}
철(iron)	12.0×10^{-8}
콘스탄탄(constantan)	49.0×10^{-8}

보다 전류가 더 잘 흐르는 성질을 갖는 것을 나타냅니다. 만약 길이(ℓ)와 면적(A)이 같은 은과 알루미늄으로 만든 두 도선에 식 (2.3)을 저항률을 제외하고 적용하면($R = \ell/A$), 두 도선의 저항값은 같게 되므로 이치에 맞지 않습니다. 따라서 물질에 따른 저항률을 식 (2.3)에 포함시키면 물질에 따라 각기 다른 저항값을 반영할 수 있게 됩니다.

저항의 정의식 (2.3)에서 저항률(ρ)을 우변으로 이항시키고 차원해석을 수행하면 저항률의 단위는 Ω·m가 됨을 알 수 있습니다.

$$R = \rho \frac{\ell}{A} \rightarrow \rho = R\frac{A}{\ell} = \left[\frac{\Omega \cdot m^2}{m}\right] = [\Omega \cdot m]$$

항공기 도선으로는 구리(Cu) 또는 알루미늄(Al)선을 사용합니다. 구리가 알루미늄에 비해 저항률이 작아 전기가 더 잘 흐르고, 가격도 저렴하여 가장 많이 사용되지만, 항공기에서는 무게를 줄이는 것이 중요하기 때문에 두꺼운 동력선(power line)은 알루미늄선을 주로 사용하고 있습니다.

예제 2.5

그림과 같이 2 ft 길이 전선의 저항값이 2 Ω이고, 전류 0.5 A가 흐른다고 할 때, 단면적이 같고 전선의 길이가 반으로 줄어든 전선에서의 저항값과 전류값을 구하시오.

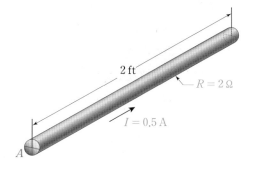

| **풀이** | 식 (2.3)에서 주어진 도선의 값을 대입하면 저항은 다음 식과 같이 정리된다.

$$R = \rho \times \frac{2\,ft}{A} = 2\,\Omega$$

길이가 반으로 줄어든 도선의 저항값(R')은 다음과 같이 기존 도선의 저항값(R)을 이용하여 다음과 같이 유도할 수 있다.

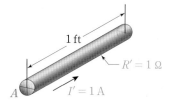

$$R' = \rho \times \frac{1\,\text{ft}}{A} = 0.5\left(\rho \times \frac{2\,\text{ft}}{A}\right) = 0.5 \times R = 1\,\Omega$$

따라서, 단면적이 같고 전선의 길이가 반으로 줄어든 도선의 저항값은 길이에 비례하여 반으로 준 1 Ω이 되며, 옴의 법칙에 의해 전류는 저항값에 반비례하므로 기존 전류값의 2배가 되어 1 A가 흐르게 된다.

(3) 저항의 색띠

[그림 2.28]과 같이 전기회로에서 사용되는 실물 저항소자는 원통형 몸체에 저항값을 색띠(color code)[22]로 표시합니다. 색띠는 3개(3-band), 4개, 5개, 6개가 사용되는데 여러분들이 가장 많이 접하게 되는 4색과 5색띠 저항값을 읽는 방법에 대해 설명하겠습니다.

22 색띠가 많을수록 보다 정밀한 저항을 나타냄.

색 상	제1색띠	제2색띠		제3색띠	제4색띠
	유효숫자			승수	허용오차
흑 색	0	0	0	×10^0	
갈 색	1	1	1	×10^1	±1%
빨 강	2	2	2	×10^2	±2%
주 황	3	3	3	×10^3	
노 랑	4	4	4	×10^4	
녹 색	5	5	5	×10^5	±0.5%
파 랑	6	6	6	×10^6	±0.25%
보 라	7	7	7	×10^7	±0.1%
회 색	8	8	8		±0.05%
백 색	9	9	9		
금 색				×10^{-1}	±5%
은 색				×10^{-2}	±10%
무 색					±20%
색 상	유효숫자			승수	허용오차
	제1색띠	제2색띠	제3색띠	제4색띠	제5색띠

[그림 2.28] 저항 및 저항의 color code 표기법

 [그림 2.28]과 같이 각 색띠의 색상은 해당 숫자를 의미합니다. 예를 들어 빨강색은 숫자 2를, 보라색은 숫자 7을 대표하는 것이지요. 0~9까지의 숫자를 흑색부터 백색으로 색이 밝아지는 순서로 할당합니다. 흑색, 갈색 다음의 빨강색부터는 무지개색의 순서를 따라가는데, '남색'은 '파랑색'과 혼동할 수 있으므로 사용하지 않습니다. 이제 각각의 색띠는 다음과 같은 규칙을 적용하여 저항값을 표현합니다.

 저항의 color code 읽는 법

- 4색띠 저항(4-band resistor)의 1~2번째 색띠: 저항값의 유효숫자(significant number)를 의미한다.
  - 5색띠 저항(5-band resistor)은 1~3번째 색띠가 유효숫자를 표시한다.
- 4색띠 저항(4-band resistor)의 3번째 색띠: 승수(multiplier)를 의미한다.
  - 5색띠 저항(5-band resistor)은 4번째 색띠가 승수를 나타낸다.
- 4색띠 저항(4-band resistor)의 4번째 색띠: 허용오차(tolerance)를 의미한다.
  - 5색띠 저항(5-band resistor)은 5번째 색띠가 허용오차를 나타낸다.

 예를 들어 보겠습니다. [그림 2.29]의 좌측 4색띠 저항은 '갈색(1)−빨강(2)−주황(3)−금색'으로 색띠가 표기되어 있으므로 저항값은 '$12 \times 10^3\,\Omega \pm 5\%$'가 됩니다. 따라서 저항값은 $12,000\,\Omega = 12\,k\Omega$이고, 오차는 $12,000\,\Omega$의 $\pm 5\%$이므로 공장에서 생산한 동일 저항들 중에 여러분이 갖고 있는 저항은 $11,400 \sim 12,600\,\Omega$ 내의 값을 갖습니다.

 우측의 5색띠 저항도 같은 방법을 적용하면 되는데, '초록(5)−갈색(1)−흑색(0)−노랑(4)−갈색'으로 표기되어 있으므로 저항값은 '$510 \times 10^4\,\Omega \pm 1\%$'가 됩니다. 따라서 저항값은 $5,100,000\,\Omega = 5.1\,M\Omega$이고, 오차는 $5,100,000\,\Omega$의 $\pm 1\%$이므로 공장에서 생산한 동일 저항들은 $5,049,000 \sim 5,151,000\,\Omega$ 내의 값을 갖습니다.

갈색−빨강−주황−금색
$12\,k\Omega \pm 5\%$

녹색−갈색−흑색−노랑−갈색
$5.1\,M\Omega \pm 1\%$

[그림 2.29] 4색 및 5색 저항의 color code

(4) 컨덕턴스

 마지막으로 저항과 관련된 컨덕턴스(conductance)와 전도율을 알아보고 본 절을 마치겠습니다.

G는 컨덕턴스로 저항의 역수를 나타냅니다. 단위는 저항의 역수이므로 $[\Omega^{-1}]$, $[\mho]$ (모) 또는 지멘스(Siemens, [S])를 사용하며, 전류가 얼마나 흐르기 쉬운가를 나타냅니다. 저항의 역수이기 때문에 다음 식 (2.4)와 같이 정의되고, 컨덕턴스가 커지면 저항이 작아지게 되어 전류는 잘 흐르게 됩니다.[23]

23 3장 저항 병렬회로에서 합성저항을 구할 때 저항의 역수의 합을 계산하게 되는데, 이때 저항 대신에 컨덕턴스를 사용하면 합성저항 계산이 편해지므로 이때 주로 사용함.

$$G = \frac{1}{R} \ [\Omega^{-1}] \ \text{또는} \ [\mho] \ \text{또는} \ [S] \tag{2.4}$$

(5) 전도율

전도율(conductivity) 또는 도전율은 저항률(ρ)의 역수로, 전류가 잘 흐르는 정도를 나타내며 σ로 표기하고 다음 식 (2.5)와 같이 정의됩니다. 저항률의 단위가 $[\Omega \cdot m]$이므로, 역수를 취하게 되면 단위길이당 컨덕턴스의 단위를 갖게 됩니다. 전도율이 물질재료에 따라 값이 달라지므로 전도율도 물질에 따라 각기 다른 값을 갖게 됩니다.

$$\sigma = \frac{1}{\rho} \ [\Omega^{-1}/m] \ \text{또는} \ [\mho/m] \ \text{또는} \ [S/m] \tag{2.5}$$

2.4 전력/전력량

앞에서 전기회로나 장치에 전류가 흐르게 하기 위해서는 일을 해주어야 한다고 했습니다. 결국 우리가 원하는 일을 하기 위해서는 전기에너지를 공급해주어야 하는데, 이 전기에너지를 전력량(electric energy)이나 전력(power)으로 정의합니다.

(1) 전력량 및 전력의 정의

전압의 정의식 (2.2)에서 일 W는 전압 V와 전하량 Q의 곱으로 표현되었고, 전류의 정의 식 (2.1)에서 전하량 Q는 전류 I와 시간 t의 곱으로 정의되므로, 식 (2.1)을 식 (2.2)에 대입하면 일 W는 전압 V와 전류 I 및 시간 t의 곱으로 다음과 같이 정의됩니다.[24]

24 전력량의 표기 W(Work)와 전력의 단위([W], Watt)가 혼동될 수 있으므로 여기서부터는 전력량(일)의 표기는 W_E를 사용함.

$$V = \frac{W_E}{Q} \quad \rightarrow \quad W_E = VQ = V \cdot It = Pt \ [J] \tag{2.6}$$

여기서, 전압 V와 전류 I의 곱을 전력 P로 정의합니다.

$$P = VI = I^2 R = \frac{V^2}{R} \ [W(watt)] \tag{2.7}$$

전력 P는 옴의 법칙($V = IR$)에 의해 식 (2.7)과 같이 저항 R이 포함된 다른 형태로 표현될 수 있다는 것도 꼭 기억하기 바랍니다.

(2) 전력량 및 전력의 차이

그럼 전력량과 전력의 차이를 알아보겠습니다. 앞에서 유도한 식 (2.6)을 전력량과 전력에 대해 각각 나타내면 다음 식 (2.8)과 같이 정리됩니다.

$$W_E = Pt \text{ [J] 또는 [W·sec]} \quad \Leftrightarrow \quad P = \frac{W_E}{t} \text{ [W(watt)]} \qquad (2.8)$$

식 (2.8)에서 전력량 W_E는 전력 P 곱하기 시간 t가 되므로, 회로에 전압이 걸리고 전류가 흐르는 t초(sec) 동안에 하는 일(전기에너지)의 양을 나타내게 됩니다.

 전력량(electric energy)

- 전력량의 단위는 줄(Joule, [J]) 또는 와트·초(W·sec)를 사용한다.
- 전력량의 표기는 W_E로 나타낸다.

같은 식 (2.8)에서 전력 P는 시간 t로 일 W_E를 나누게 되므로, 전력 P는 단위시간 1초(sec) 동안에 하는 일(전기에너지)의 양을 의미합니다.

 전력(power)

- 전력의 단위는 와트(Watt, [W])[25]를 사용한다.
- 전력의 표기는 P를 사용한다.

정리하면, 전력 P는 개개의 전기장치에서 사용하는 전기에너지의 양을 일괄적으로 비교할 때 사용하면 편리한 전기에너지의 개념이고, 전력량 W_E는 특정 전기장치가 일정 시간 동안 작동할 때 소모하는 총전기에너지의 양을 계산할 때 사용됩니다. 예를 들어, 항공기에 장착된 관성항법장치(INS)의 전력은 $P_{INS} = 28\,W$이고, 항법등(navigation light)의 전력이 $P_{light} = 56\,W$로 주어졌다면, 항법등이 관성항법장치보다 2배의 전기에너지를 더 필요로 하는 장비로 에너지 소모가 더 크다는 것을 알 수 있습니다. 반면에 2시간 비행시에 소모되는 총전기에너지의 양은 $W_E = P_{INS} \times t + P_{light} \times t = 28W \times 2h + 56W \times 2h = 168\,W \cdot h$가 되므로 전력량을 사용하여 계산합니다.

다시 정리하면, 전력량은 식 (2.9)와 같이 여러 가지 형태로 표현될 수 있고 이에 따

25 국제단위계에서 일 (에너지)의 단위는 [J] (joule)이므로 전력의 단위인 [W(watt)]는 [J/s]가 됨.

2.4 전력/전력량 · **45**

라 단위도 각기 달리 사용될 수 있습니다.

$$W_E = Pt \, [\text{W} \cdot \text{sec}] = \frac{1}{3,600} Pt \, [\text{W} \cdot \text{h}]$$

$$= VIt = VQ \, [\text{V} \cdot \text{A} \cdot \text{sec}] \qquad (2.9)$$

$$= I^2 Rt \, [\text{J}]$$

앞에서 설명한 바와 같이 전력량은 어떤 장치를 일정 시간 동안 사용 시에 필요로 하는 전기에너지의 총량을 나타내므로, 기본단위인 W·sec보다 시간의 단위인 hour를 적용하여 W·h가 더 유용하게 사용됩니다. 따라서 초(sec)를 시간(h)으로 변환하기 위해서는 식 (2.9)와 같이 Pt를 3,600으로 나누면 됩니다.[26]

26 식 (2.9)에서 시간 t의 단위는 초(sec)임.

또한 전기에너지의 개념을 열에너지인 열량(calorie) H로 변환하기 위해서는 1 J = 0.24 cal의 관계를 이용하여 단위변환을 하면 열역학에서 사용하는 열에너지의 법칙인 줄의 법칙(Joule's law)으로 변환이 가능합니다. 줄의 법칙은 t초 동안 도체에 전류 I를 흘렸을 때 발생하는 열량 H는 전류의 제곱과 도체 저항 R의 곱에 비례한다는 법칙으로, 단위는 칼로리(cal)가 사용됩니다.

$$W_E = Pt \, [\text{W} \cdot \text{sec}] = I^2 Rt \, [\text{J}] \quad \Leftrightarrow \quad H = 0.24 \, I^2 Rt \, [\text{cal}] \qquad (2.10)$$

가장 많이 사용되는 에너지 단위들의 관계는 아래와 같습니다.

 에너지 단위의 관계

- 1 hp(horse power) = 746 W
- 1 W·h(watt·hour) = 3,600 W·s = 3,600 J
- 1 cal(calorie, 열량) = 4.2 J ⇔ 1 J = 0.24 cal

---

(3) 에너지의 효율

효율(efficiency, 效率)은 투입된 전체 에너지(P_T) 중에서 열이나 마찰 등에 의해 손실되는 에너지를 제외하고 실제 사용할 수 있는 에너지(P)의 비율을 의미하며 식 (2.11)과 같이 정의됩니다. 만약 효율이 90%인 전기장치에 1,000 W의 전기에너지를 공급한다면 90%인 900 W만 사용할 수 있고, 나머지 10%인 100 W는 손실되는 전기에너지가 된다는 의미입니다.

$$\eta = \frac{P}{P_T} \qquad (2.11)$$

CHAPTER SUMMARY

이것만은 꼭 기억하세요!

2.1 전기의 성질

① 전기의 3요소: 전류(current), 전압(volt), 저항(resistance)

② 전하(electric charge): 어떤 물체가 가지고 있는 전기적 성질을 가리킴.

③ 전자(electron): 물질의 구성요소인 원자를 이루는 작은 입자 중의 하나로 전기를 지닌 채 원자핵 주위를 돌고 있는 작은 입자

④ 분자(molecule): 어떤 물질이 그 특성을 유지하도록 화학적 성질을 지키며 분해할 수 있는 최소단위로 원자(atom)들의 집합

- 원자는 (+)전기를 띠는 원자핵(atomic nucleus)과 (−)전기를 띠는 전자(electron)로 이루어짐.
- 원자핵은 다시 양성자(proton)와 중성자(neutron)로 구성됨.
- 원자가 가지고 있는 전자 수는 주기율표(the periodic table of the elements)의 원자번호와 동일함.

⑤ 최외각 전자(가전자, valence electron): 제일 바깥쪽 각(shell)에 위치한 전자

2.2 정전기와 동전기

① 대전현상(electrification): 마찰(friction), 접촉(contact), 유도(induction)에 의해 물체에 전기가 발생되고 축적되는 현상

② 정전기 방전장치(static discharger)
- 항공기 비행 중에 표면에 축적된 정전기가 뾰족한 부분에 많이 모이는 특성을 이용하여 날개 끝(wing tip)이나 수평 꼬리날개(horizontal tail) 끝에 설치한 10cm 정도의 뾰족한 핀을 가리킴.
- 항공기 표면에 누적된 정전기를 공기 중으로 방전시킴.

③ 본딩(bonding)
- 2개 이상의 분리된 금속구조물을 전기적으로 완전히 접속시켜 구조물 양단 간의 전위차를 없애 코로나 방전에 의한 무선간섭과 화재발생 가능성을 낮춤.

④ Lightning Diverter
- 복합재료(composite materials)와 같이 비전도성 기체구조물에는 표면에 전도성 페인트를 바르거나 Lightning Diverter Strip이라고 부르는 얇은 금속을 삽입표면의 정전기가 금속재의 기체부위와 접촉하여 흐르도록 해줌.

⑤ 정전기 취약장치(ESDS, Electro Static Discharge Sensitive)
- 정전기에 민감하거나 취약한 항공기 부품, LRU(Line Replaceable Unit) 및 장치를 가리킴.
- ESDS 장치에 대한 정비작업 시 정전기 방지장치를 착용하고 방지환경에서 작업을 수행해야 함.

2.3 전류/전압/저항

① 전하량(quantity of electric charge): 대전체가 가지고 있는 전기의 양
- 전하량의 단위는 쿨롱(Coulomb, [C])을 사용, 표기는 q 또는 Q를 사용

② 전류(current): 음(−)전하를 띤 전자의 흐름, 즉 전하의 움직임을 말함.
- 단위 시간 동안 지나간 전기량으로 정의(1 A는 1초 동안 1 C의 전하가 이동)
- 전류의 단위는 암페어(ampere, [A])를 사용, 대문자 I 로 표기

$$I = \frac{Q}{t} \rightarrow Q = It$$

③ 전압(voltage): 전기적인 압력으로 전하(전자)의 흐름을 연속적으로 만들어 주는 힘, 기전력(EMF, ElectroMotive Force)이라고도 함.
- 단위 전하(Q)가 한 일(W)의 양으로 정의되며, 어떤 기준점에 대한 상대적으로 높고 낮은 값을 나타내는 상대적 개념임
- 전압의 단위는 볼트(volt, [V])를 사용, 표기는 대문자 V를 사용

$$V = \frac{W}{Q} \rightarrow W = VQ$$

④ 저항(resistance): 전류의 흐름을 방해하는 성질을 숫자로 정량화시킨 개념
- 저항이 작으면 전류가 잘 흐르고, 저항이 크면 전류는 적게 흐름
- 저항의 단위는 옴(ohm, [Ω])을 사용, 표기는 R을 사용
- 저항은 재료의 종류(저항률)(ρ), 길이(ℓ), 단면적(A), 온도 등에 의해 결정

$$R = \rho \frac{\ell}{A}$$

⑤ 저항률(resistivity): 고유저항이라고도 하며 물질에 따라 정해지는 상수값으로 전류의 흐름을 방해하는 고유성질을 나타냄.
⑥ 컨덕턴스(conductance): 저항의 역수를 지칭하며, G로 표기
⑦ 전도율(conductivity): 저항률(ρ)의 역수

2.4 전력/전력량

① 전력(power): 전압 V와 전류 I의 곱으로, 단위시간 1초(sec) 동안에 하는 일(전기에너지)의 양
- 단위는 와트(watt, [W])를 사용, 전력의 표기는 P를 사용

$$P = VI = I^2 R = \frac{V^2}{R} \ [\text{W(watt)}]$$

① 전력량(electric energy): 전력량 W_E는 특정 전기장치가 일정시간 동안 작동할 때 소모하는 총전기에너지의 양
- 단위는 줄(joule, [J]) 또는 와트·초(W·sec), 전력량의 표기는 W_E를 사용

$$W_E = VQ = V \cdot It = Pt \ [\text{J}]$$

▶ 연습문제

01. 다음 중 수동소자에 속하지 않는 것은?

① 저항   ② LED
③ 코일   ④ 커패시터

해설 수동소자는 전기에너지를 소비하여 일을 하는 부품들로 저항(resistance), 커패시터(capacitor, 콘덴서), 인덕터 (inductor, 코일)가 대표적인 수동소자이다.

02. 전기회로를 구성하는 요소 중 전기에너지를 소비하여 일(work)을 하는 요소를 무엇이라 하는가?

① 부하(load)   ② 전원
③ 퓨즈   ④ 전선

해설 공급된 전기에너지를 사용하여 일을 하는 전기회로의 요소를 부하(load)라고 한다.

03. 다음 설명 중 틀린 것은?

① 원자는 원자핵과 전자로 구성된다.
② 전기를 띠지 않는 상태에서 양성자와 전자는 동일한 전기량을 가진다.
③ (+)전기를 띠는 것은 중성자이다.
④ 원자핵은 양성자와 중성자로 구성된다.

해설 원자는 원자핵과 전자로 구성되며, 원자핵은 다시 양성자와 중성자로 이루어져 있다. 양성자는 (+)전기를 띠고, 전자는(−)전기를 띤다.

04. 구리(Cu)원자는 주기율표상에서 원자번호가 29번이다. 다음 중 틀린 것은?

① 구리는 29개의 전자를 가지고 있다.
② 최외각 전자는 2개이다.
③ 전자는 M각(shell)에 최대 18개가 위치한다.
④ 구리는 원자핵이 1개이다.

해설 전자는 원자핵을 중심으로 돌고 있으며, K, L, M, N각 (shell)에 위치함. 원자번호는 전자 수와 동일하며, 원자번호가 29번이므로 K(2개)＋L(8개)＋M(18개)＋N(1개)으로 분포하므로 최외각 전자는 N각에 위치한 전자 1개가 된다.

05. 대전현상(electrification)에 대한 설명 중 틀린 것은?

① 마찰, 접촉, 유도 등에 의해 발생한다.
② 전기를 띠게 된 물체를 대전체라 한다.
③ 대전체가 띠고 있는 전기를 전하라 한다.
④ (+)대전체끼리는 인력이 작용한다.

해설 자석과 같이 같은 전기적 성질을 가지면 척력(repulsive force)이 작용하고 서로 다른 전기적 성질을 가지면 인력(attractive force)이 작용한다.

06. 높은 전압의 정전기에 취약한 장치를 무엇이라 하는가?

① PCB 장치   ② ESDS 장치
③ INS 장치   ④ Static Discharger

해설 ESDS(Electro Static Discharge Sensitive) 장치는 정전기에 민감하거나 취약한 항공기 부품, LRU(Line Replaceable Unit) 및 장치를 지칭하며, 특별히 취급에 주의하여야 한다.

07. 어느 도체의 단면에 1시간 동안 9,000C의 전하가 흘렀다면 전류는 몇 A인가?

① 2.5   ② 5   ③ 30   ④ 180

해설 전류 1A는 1초 동안 1C의 전하가 이동하는 양이므로

$$I = \frac{Q}{t} = \frac{9,000 \text{ C}}{3,600 \text{ sec}} = 2.5 \text{ A}$$

08. 다음 장치 중 항공기의 정전기 방지대책을 위한 장치와 가장 연관성이 없는 것은?

① circuit breaker   ② lightning diverter
③ bonding jumper   ④ static discharger

해설 비전도성 기체구조물에는 표면에 전도성 페인트를 바르거나 Lightning Diverter Strip이라고 부르는 얇은 금속을 삽입하여 표면의 정전기가 금속재의 기체부위와 접촉하여 흐르도록 해준다. 또한 본딩을 통해 분리된 구조물의 정전기를 동체 쪽으로 통과시키고, 날개 끝단에 정전기 방전장치(static discharger)를 통해 공기 중으로 방전되도록 한다.

정답 1. ②   2. ①   3. ③   4. ②   5. ④   6. ②   7. ①   8. ①

09. 항공기 전기·전자 장비품을 전기적으로 본딩하는 이유로 옳은 것은?

① 이·착륙 시 진동을 흡수하게 하기 위하여

② 정전하의 축적을 허용하기 위하여

③ 항공기 장비품의 구조를 보완하고 진동을 줄이기 위해

④ 전기·전자 장비품에 대전되어 있는 정전기를 방전하기 위하여

해설 본딩(bonding): 분리된 구조물 사이의 정전기를 제거하여 무선 간섭과 화재발생 가능성을 줄여주는 것을 가리킨다.

10. 50 W·h 모터에 6,000 C의 전하가 흘렀다면 전압은 몇 V인가?

① 10　　② 20　　③ 30　　④ 40

해설 모터가 가진 에너지(일)는

$$W_E = 50 \text{ W·h} \times \frac{3,600 \text{ sec}}{1 \text{ h}}$$

$$= 180,000 \text{ W·s} = 180,000 \text{ J}$$

따라서 전압은 단위전하(Q)가 한 일(W_E)의 양이므로

$$V = \frac{W_E}{Q} = \frac{180,000 \text{ J}}{6,000 \text{ C}} = 30 \text{ V}$$

11. 다음 설명 중 틀린 것은?

① 접지(ground)는 이상적으로 0 V가 되는 기준점이다.

② 전압은 기전력이라고도 한다.

③ 전압은 절대값으로 어디서나 전압은 같다.

④ 전류는 단위시간 동안 이동한 전하량으로 정의된다.

해설 전압은 상대적인 값으로 기준점에 대한 높고 낮음을 나타낸다.

12. 다음 중 단위가 올바르게 연결된 것은?

① 전류–쿨롱 [C]

② 전력량–[W·sec]

③ 전도율–모오 [Ω^{-1}]

④ 컨턱턴스–줄 [J]

해설 전류는 암페어[A], 전도율은 저항률의 역수이므로 [Ω^{-1}/m], 컨덕턴스는 지멘스[S], 전력량은 줄[J] 또는 [W·sec]

13. 도체의 저항을 감소시키는 방법은?

① 길이를 줄이거나 단면적을 증가시킨다.

② 길이나 단면적을 줄인다.

③ 길이를 늘이거나 단면적을 증가시킨다.

④ 길이나 단면적을 늘인다.

해설 저항은 길이에 비례하고 단면적에 반비례한다.

14. 어떤 도체에 10초 동안 12.49×10^{18}개의 전자(e)가 이동하고 있을 때 전류를 구하시오.(단, 전자 1개(e)가 지니고 있는 기본전하량은 1.602×10^{-19} C)

해설 전체 전하량은

$$Q = \frac{1.602 \times 10^{-19} \text{ C}}{1e} \times 12.49 \times 10^{18} (e)$$

$$= 20 \times 10^{-1} = 2 \text{ C}$$

따라서, 전류 $I = \frac{Q}{t} = \frac{2 \text{ C}}{10 \text{ sec}} = 0.2 \text{ A}$

15. 5색 저항의 색띠가(빨강–초록–주황–노랑–은색)인 경우 저항값은?

① 2.53 kΩ±10%　　② 2.35 MΩ±5%

③ 2.35 MΩ±5%　　④ 2.53 MΩ±10%

해설 빨강(2)–녹색(5)–주황(3)–노랑(4)–은색(±10%)이므로
$R = 253 \times 10^4 \ \Omega = 253 \times 10^{-2} \times 10^6 \ \Omega = 2.53 \text{ M}\Omega$
따라서, $R = 2.53 \text{ M}\Omega \pm 10\%$

16. 도선의 단면적이 0.01 m²이고 길이가 0.2 m인 경우에 저항값이 10 Ω이 측정되었다. 도선의 고유저항은 얼마인가?

해설 도선의 고유저항(저항률)은

정답 9. ④　10. ③　11. ③　12. ②　13. ①　14. 0.2 A　15. ④

$$R = \rho \frac{\ell}{A} \rightarrow \rho = \frac{RA}{\ell} = \frac{10\ \Omega \times 0.01\ \text{m}^2}{0.2\ \text{m}}$$
$$= 0.5\ \Omega \cdot \text{m}$$

17. A도선의 저항률은 1.72×10^{-8}이고 B도선의 전도율은 5×10^7인 경우 다음 설명 중 틀린 것은? (단, 길이와 도선 단면적은 동일)

① A도선이 B도선보다 전류가 잘 흐른다.
② 전도율의 단위는 S/m이다.
③ B도선의 전도율은 A도선보다 작다.
④ B도선의 저항률이 A도선보다 작다.

해설 B도선의 저항률은 주어진 전도율의 역수이므로

$$\rho = \frac{1}{\sigma} = \frac{1}{5 \times 10^7} = 0.2 \times 10^{-7} = 2.0 \times 10^{-8}\ \Omega \cdot \text{m}$$

따라서 A도선의 저항률이 B도선보다 작다(A도선의 전도율은 B도선보다 크다).

18. 효율이 0.82인 0.4 hp 모터의 정격전압이 28 V인 경우에 작동 전류를 계산하시오. (단, 1 hp = 746 W)

해설 효율(efficiency)은 전체 입력에너지에 대해 출력으로 사용할 수 있는 에너지의 비로 정의된다. 따라서 사용할 수 있는 출력은 0.4 hp × 0.82 = 0.328 hp가 된다.

$$P = 0.328\ \text{hp} \times \frac{746\ \text{W}}{1\ \text{hp}} = 244.688\ \text{W}$$

$$P = V \cdot I \rightarrow I = \frac{P}{V} = \frac{244.688\ \text{W}}{28\ \text{V}} = 8.739\ \text{A}$$

19. 정격 15 V, 2 A의 히터를 2시간 사용하는 경우에 전력, 전력량 및 열량을 계산하시오.(1 cal = 4.2 J이고, 전력은 W, 전력량은 W·s, 열량은 cal 단위를 사용하여 기술)

해설 • 전력: $P = V \cdot I = 15 \times 2 = 30\ \text{W}$

• 전력량: $W_E = P \cdot t = 30\ \text{W} \times 2\ \text{h} \times \dfrac{3,600\ \text{s}}{1\ \text{h}}$
$$= 216,000\ \text{W} \cdot \text{s}$$

• 열량: 216,000 W·s = 216,000 J

$$\therefore H = 216,000\ \text{J} \times \frac{1\ \text{cal}}{4.2\ \text{J}} = 51,428.57\ \text{cal}$$

20. 저항률과 전도율의 정의를 기술하고 각각의 단위를 Ω을 사용하여 유도하시오.

해설 저항률(resistivity)은 고유저항이라고도 하며 물질에 따라 정해지는 상수값으로 전류의 흐름을 방해하는 고유성질을 나타낸다.

• 저항률의 단위:
$$R = \rho \frac{\ell}{A} \rightarrow \rho = \frac{RA}{\ell} = \frac{[\Omega]\,[\text{m}^2]}{[\text{m}]} = [\Omega \cdot \text{m}]$$

전도율(conductivity)은 저항률(ρ)의 역수로 전류가 잘 통하는 정도를 나타낸다.

• 전도율의 단위:
$$\sigma = \frac{1}{\rho} = \frac{1}{[\Omega \cdot \text{m}]} = \frac{[\Omega^{-1}]}{[\text{m}]} = \left[\frac{\Omega^{-1}}{\text{m}}\right]$$

▶ 기출문제

21. 100 V, 1,000 W의 전열기에서 80 V를 가하였을 때의 전력은 몇 W인가? (항공산업기사 2013년 2회)

① 1,000 ② 640 ③ 400 ④ 320

해설 전압이 주어진 경우의 전력식은

$$P = V \cdot I = \frac{V^2}{R} \rightarrow R = \frac{V^2}{P} = \frac{100^2}{1,000} = 10\ \Omega$$

$$\therefore P = \frac{V^2}{R} = \frac{80^2}{10} = 640\ \text{W}$$

22. 정전기 방전장치(static discharger)에 대한 설명으로 틀린 것은? (항공산업기사 2014년 2회)

① 무선 수신기의 간섭 현상을 줄여주기 위해 동체 끝에 장착한다.
② 비닐이 씌워진 방전장치는 비닐 커버에서 1 inch 나와 있어야 한다.
③ null-field 방전장치의 저항은 0.1 Ω을 초과해서는 안 된다.
④ 항공기에 충전된 정전기가 코로나 방전을 일으킴으로써 무선통신기에 잡음 방해를 발생시킨다.

정답 17. ④ 21. ② 22. ②

해설 정전기 방전장치는 정전기가 뾰족한 부분에 많이 모이는 특성을 이용하여 날개 끝(wing tip)이나 수평 꼬리날개(horizontal tail) 끝에 설치한 10 cm 정도의 뾰족한 핀을 말하며, 항공기 표면에 누적된 정전기를 공기 중으로 방전시키는 기능을 수행한다.

23. 모든 부품을 항공기 구조에 전기적으로 연결하는 방법으로 고전압 정전기의 방전을 도와 스파크 현상을 방지시키는 역할을 하는 것은?

(항공산업기사 2014년 2회)

① 접지(earth) ② 본딩(bonding)
③ 공전(static) ④ 절제(temperance)

해설 • 본딩은 구조물 양단 간의 전위차를 제거하여 정전기 발생과 이로 인한 화재 위험을 방지하며 전기회로의 접지 시 저저항(low resistance)을 도모한다.
• 전위차에 의해 발생하는 미세 전류를 차단하여 이로 인한 무선장비의 전파방해 및 잡음을 감소시키고 계기오차를 없애는 기능을 한다.

24. 길이가 L인 도선에 1 V의 전압을 가했더니 1 A의 전류가 흐르고 있었다. 이때 도선의 단면적을 $\frac{1}{2}$로 줄이고 대신 길이를 2배로 늘리면 도선의 저항은 원래보다 몇 배가 되는가?(단, 도선 고유의 저항 및 전압은 변함이 없다고 본다.)

(항공산업기사 2016년 1회)

① $\frac{1}{4}$ ② $\frac{1}{2}$ ③ 2배 ④ 4배

해설 • 원래 도선의 길이(L)와 단면적(A)에서 가지는 고유저항(저항률)값은 $R = \rho\frac{L}{A}$이 된다.
• 길이가 $2L$, 단면적이 $A/2$로 변경되면 변경된 저항값 R'은 아래와 같이 계산되어 4배가 된다.

$$R_a = \rho\frac{2L}{\left(\frac{A}{2}\right)} = 4 \cdot \rho\frac{L}{A} = 4R$$

25. 20 hp의 펌프를 작동시키기 위해 몇 kW의 전동기가 필요한가?(단, 펌프의 효율은 80%이다.)

(항공산업기사 2016년 4회)

① 8 ② 10 ③ 12 ④ 19

해설 • 1 hp = 746 W이므로 Watt로 환산하면

$$P = 20\ \text{hp} \times \frac{746\ \text{W}}{1\ \text{hp}} = 14{,}920\ \text{W}$$

• 효율(efficiency)은 전체 입력에너지(P_T)에 대해 출력으로 사용할 수 있는 에너지(P)의 비로 정의되는데 펌프효율이 80%이므로

$$\eta = \frac{P}{P_T} \rightarrow P_T = \frac{P}{\eta} = \frac{14{,}920\ \text{W}}{0.8}$$
$$= 18{,}650\ \text{W} \approx 19\ \text{kW}$$

▶ 필답문제

26. 본딩 점퍼에 관하여 서술하시오.

(항공산업기사 2006년 2회)

정답 • 본딩(bonding)이란 2개 이상의 분리된 금속구조물을 전기적으로 완전히 접속시켜 전위차를 없애는 것을 말하며, 항공기 플랩(flap)이나 조종면(control surface) 등의 가동부분과 고정부분의 접속에 많이 사용한다.
• 이때 사용되는 전선을 본딩 점퍼(bonding jumper)라 한다. 본딩 점퍼는 전도체로 구조물과 구조물 사이의 전기적 접촉을 확실히 하기 위해 여러 가닥의 구리선을 넓게 짜서 연결하는 형태의 전선을 사용한다.
• 본딩은 구조물 양단 간의 전위차를 제거하여 정전기 발생과 이로 인한 화재 위험을 방지하며 전기회로의 접지 시 저저항(low resistance)을 도모한다.
• 전위차에 의해 발생하는 미세 전류를 차단하여 이로 인한 무선장비의 전파방해 및 잡음을 감소시키고 계기오차를 없애는 기능을 한다.

27. 도체의 전기저항을 결정하는 4가지 요소에 대하여 기술하시오. (항공산업기사 2009년 4회)

정답 저항(resistance, 抵抗)은 전류의 흐름을 방해하는 성질을 숫자로 정량화시킨 개념으로 도체의 전기저항은 도체의 고유성질인 저항률(ρ), 도체의 단면적(A), 도체의 길이(L) 및 온도에 의해 결정된다.

정답 **23.** ② **24.** ④ **25.** ④

CHAPTER

03 | Circuit Theory
회로이론

AVIONICS
ELECTRICITY AND ELECTRONICS
FOR AIRCRAFT ENGINEERS

AVIONICS
ELECTRICITY AND ELECTRONICS

3장에서는 회로이론(circuit theory) 중 가장 기본이 되는 옴의 법칙(Ohm's law)과 키르히호프의 법칙(Kirchhoff's law)에 대해 공부하고, 이를 통해 저항의 직렬·병렬 연결회로의 특성을 알아보겠습니다. 전기 및 전자분야에서 배우는 기초 회로이론에는 이 밖에도 중첩의 원리(superposition principle), 테브난의 정리(Thevenin's theorem), 노턴의 정리(Norton's theorem) 등이 있지만, 옴의 법칙과 키르히호프의 법칙만 알아 두어도 웬만한 전기회로나 장치의 작동원리를 이해할 수 있습니다. 또한 내용이 그리 복잡하지 않기 때문에 잘 이해하고 공부해 놓으면 추후 여러 가지 회로나 장치의 설명에서 매우 유용하게 활용할 수 있는 강력한 무기가 될 것입니다.

3.1 옴의 법칙

3.1.1 옴의 법칙

전기·전자 회로를 해석하기 위해서는 전기의 3요소인 전류(current), 전압(volt), 저항(resistance)의 값을 아는 것이 중요합니다. [그림 3.1]의 베토벤처럼 생긴 독일의 물리학자 옴(Georg Simon Ohm)은 1827년에 전류, 전압, 저항 사이의 상관관계를 정립하였는데, 이를 옴의 법칙(Ohm's law)이라 하고, 식 (3.1)과 같이 아주 간단한 수식으로 정의됩니다. 전기회로에서 "옴의 법칙만 알면 끝난다."라고 표현할 정도로 매우 중요한 법칙입니다.

[그림 3.1] 옴(Georg Simon Ohm, 독일, 1789~1854)

$$V = IR \quad \Leftrightarrow \quad I = \frac{V}{R} \quad \Leftrightarrow \quad R = \frac{V}{I} \qquad (3.1)$$

옴의 법칙이 나타내는 의미는 다음과 같습니다.

> **핵심 Point 옴의 법칙(Ohm's law)**
>
> - 전압 V는 전류 I와 저항 R의 크기에 비례한다.
>   - ➡ 저항에 전류 I가 흐르면 저항 양단에는 $V = IR$만큼의 전압(전위차)이 발생한다.
> - 전류를 좌변에 놓으면, 전류 I는 전압 V에 비례하고, 저항 R에는 반비례한다.
>   - ➡ 저항 R 양단에 전압 V를 인가하면 $I = V/R$만큼의 전류가 흐른다.
> - 저항을 좌변에 놓으면, 저항 R은 전압 V에 비례하고, 전류 I에 반비례한다.
>   - ➡ 어떤 저항에 전압 V를 인가했을 때 전류 I가 흐른다면 저항값은 $R = V/I$가 된다.

옴의 법칙을 2장에서 배운 저항의 역수인 컨덕턴스(conductance) G로 표현하면 다음 식과 같이 전류는 컨덕턴스 G와 전압 V의 곱으로 표현할 수도 있습니다.

$$V = IR = \frac{I}{G} \quad \Leftrightarrow \quad I = VG \tag{3.2}$$

컨덕턴스로 표현한 옴의 법칙은 저항의 병렬회로 해석 시에 유용하게 사용할 수 있습니다. 저항의 병렬회로에서 합성저항은 각 저항의 역수들의 합으로 구할 수 있기 때문에 각 저항들을 컨덕턴스로 바꾸어 회로에 적용하면 위의 식 (3.2)를 통해 옴의 법칙을 조금 더 쉽게 적용할 수 있습니다.

옴의 법칙에 대한 예를 몇 가지 살펴보겠습니다. [그림 3.2]와 같이 어떤 회로에서 전압, 전류, 저항 중 2개의 값을 알고 있고, 나머지 1개의 값을 모르는 경우에 옴의 법칙을 적용하여 모르는 값을 찾아낼 수 있습니다.

옴의 법칙은 직류(DC)회로에서만 적용할 수 있는 유효한 법칙이 아니라 앞으로 배울 교류(AC)회로에서도 적용이 가능합니다.[1] 보다 자세한 내용은 9장에서 교류를

---

1 교류회로에서는 실효값(RMS, Root Mean Square)을 사용하여 옴의 법칙을 적용함.

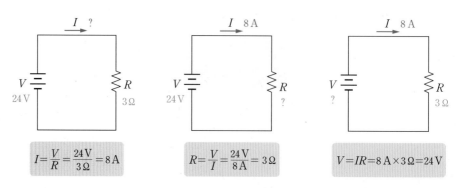

[그림 3.2] 옴의 법칙(Ohm's law)

공부할 때 설명하기로 하겠습니다.

3.1.2 개방과 단락

전기회로의 개방(open)과 단락(short)에 대해 알아보겠습니다.

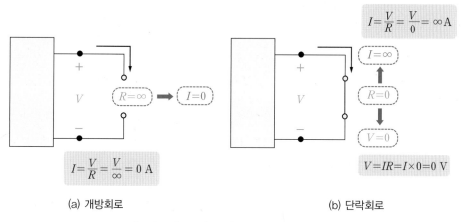

[그림 3.3] 개방(open)회로와 단락(short)회로

　개방은 단선 또는 open이라고 하며, [그림 3.3(a)]와 같이 회로 내의 도선이 끊어져 전류가 흐르지 않는 상태를 말합니다. 전기회로 내의 전류가 흐르는 통로인 도선이 끊어졌기 때문에 전류는 흐르지 않는 상태가 되어 회로의 전류 $I = 0\,A$가 됩니다. 옴의 법칙에서 $I = 0\,A$가 되기 위한 조건은 $V = 0\,V$ 또는 $R = \infty\,\Omega$인 경우이며, 전압은 단선인 상태에서도 회로에 가해지기 때문에 $V = 0\,V$의 조건은 타당하지 않습니다. 따라서 전류가 $0\,A$라는 것은 옴의 법칙에 의해 저항(R)이 엄청나게 큰 값인 무한대(∞)인 경우를 의미합니다. 전기회로나 전기장치에 전류가 흐르지 않기 때문에 단선상태가 되면 전기회로나 장치는 작동이 중지됩니다.

　단락은 [그림 3.3(b)]와 같이 (+)전압이 걸리는 도선과 (−)전압이 걸리는 도선이 합쳐진(붙은) 상태를 말하며, 합선 또는 short라고 합니다. 합쳐진 상태의 두 도선은 길이가 0이 되므로 저항 $R = 0\,\Omega$인 상태가 되고, 옴의 법칙에 의해 $V = 0\,V$가 되어 전위차가 발생하지 않게 됩니다. 또한 전류 관점에서는 저항 $R = 0\,\Omega$이므로 전류가 매우 잘 흐르는 상태가 되고, $I = V/0\,\Omega = \infty$가 되어 회로에는 매우 큰 전류가 흐르게 됩니다.

　단락도 개방과 마찬가지로 전압이 $0\,V$이기 때문에 장비 작동이 중지되지만, 단락 상태에서는 회로에 매우 큰 전류[2]가 흐르게 되어 전류의 제곱에 비례하는[3] 전기에너지가 합선된 곳에 집중되어 열이 발생하고 화재로 발전하기 때문에 개방보다 위험한

---

[2] 이러한 전류를 단락전류라고 함.

[3] 2장 전력(power)의 정의식에서 $P = VI = I^2 R$이 됨.

상태가 되어버립니다. 전기회로나 전기장치에서는 가장 주의하여야 하는 상태가 단락임을 꼭 기억해야 합니다.

> **핵심 Point 개방과 단락**
>
> • 개방(open) = 단선: $R = \infty$, $I = 0$
> • 단락(short) = 합선: $R = 0$, $V = 0$, $I = \infty$ (매우 큰 전류가 회로에 흐름)

3.2 키르히호프의 법칙

키르히호프의 법칙(Kirchhoff's law)은 1847년 키르히호프에 의해 정립된 법칙으로 제1법칙인 전류법칙과 제2법칙인 전압법칙으로 구성되며, 전류와 전압관점에서의 보존법칙이라고 이해하면 됩니다.

[그림 3.4] 키르히호프(Gustav Rovert Kirchhoff, 독일, 1824~1887)

옴의 법칙은 회로 전체 및 개별 소자에도 적용이 가능하지만, 키르히호프의 법칙은 연결된 소자 상호 간에 적용이 가능하고, 닫혀 있는 폐회로에 적용이 가능하므로 개별 소자가 아닌 회로관점에서 적용이 가능하다는 차이점이 있습니다.

3.2.1 회로의 구성

키르히호프의 법칙에 대해 알아보기 전에 먼저 회로구성에 대한 몇 가지 정의에 대해 알아보겠습니다.

단자(terminal, 端子)는 회로소자의 양 끝을 말합니다. [그림 3.5(a)]에서 네모로 표

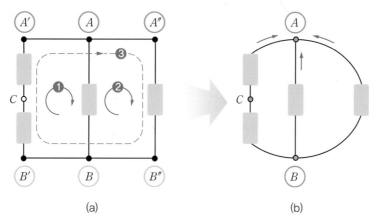

[그림 3.5] 단자(terminal), 노드(node) 및 폐회로(closed circuit)

시된 것은 저항, 콘덴서 등의 회로소자를 형상화한 것으로, A', A, A'', C, B', B, B''들은 모두 단자에 해당되고, 반면에 노드(node)는 회로소자가 연결된 단자를 말합니다. 따라서 [그림 3.5(b)]와 같이 회로에는 3개의 노드 A, B, C가 존재하게 됩니다.

여기서, A', A, A'' 단자들은 모두 연결되어 있기 때문에 같은 단자이며, 마찬가지로 B', B, B''도 같은 단자임을 주의하기 바랍니다.

폐회로(closed circuit)는 닫혀 있는 회로를 가리키며, 폐루프(closed loop), 루프(loop)라고도 합니다. [그림 3.5(a)]의 회로에서 전류가 시계방향으로 흐른다고 가정하면, 안쪽에 각각 1개씩의 폐회로가 존재하며(①, ②) 회로 외각으로 1개의 폐회로(③)가 존재하여 전체 폐회로는 3개가 됩니다.

[그림 3.6]의 트랜지스터 등가회로에서는 B와 D가 연결되어 있지 않기 때문에 (B-C-D)는 폐회로가 아닌 개방회로(open loop)가 되며, 따라서 전체 등가회로는 폐회로가 되지 않지만 왼쪽 루프 (A-B-C-A)와 오른쪽 루프 (D-C-D)는 폐회로가 됩니다.

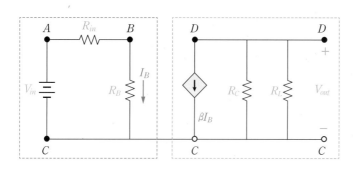

[그림 3.6] 폐회로와 개방회로

이와 같이 단자, 노드 및 폐회로의 정의에 대해 먼저 알아본 이유는, 키르히호프의 법칙은 노드와 폐회로에 적용되기 때문입니다.

3.2.2 키르히호프의 제1법칙(전류의 법칙)

그러면 키르히호프의 법칙에 대해 알아보겠습니다. 우선 제1법칙은 키르히호프의 전류법칙(Kirchhoff's current law)으로 KCL이라고 부릅니다. 전기회로에서 도선이 분기되는 접합점(노드)에서 그 점에 들어오는 전류와 나가는 전류의 합은 같다는 전류 보존법칙을 의미합니다.

[그림 3.7]과 같이 회로도 내의 노드 A는 3개의 전류가 만나고 분기되는 접합점입니다. 키르히호프의 법칙은 다음과 같이 3가지 관점으로 표현할 수 있습니다.

핵심 Point 키르히호프의 제1법칙(전류법칙, KCL)

(a) 노드 A로 유입되는 전류의 합은 유출되는 전류의 합과 같다.
(b) 노드 A로 흘러들어오는 전류의 총합은 0이다.
(c) 노드 A에서 흘러나오는 전류의 총합은 0이다.

앞에서 설명한 3가지 관점에서 KCL은 결국 전하 보존법칙(conservation of charge)으로 다음과 같이 일반화된 수식으로 정의할 수 있습니다.

$$\sum_k i_k = 0 \tag{3.3}$$

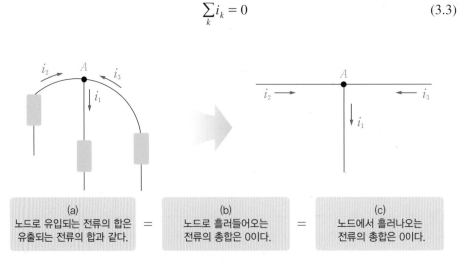

[그림 3.7] 키르히호프의 제1법칙(전류의 법칙)

각각의 관점 (a), (b), (c)를 수식으로 나타내면 다음과 같습니다.

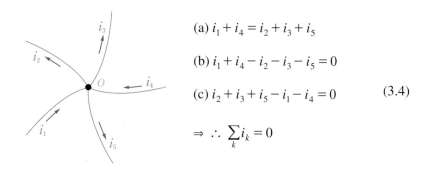

(a) $i_1 + i_4 = i_2 + i_3 + i_5$

(b) $i_1 + i_4 - i_2 - i_3 - i_5 = 0$

(c) $i_2 + i_3 + i_5 - i_1 - i_4 = 0$ (3.4)

$\Rightarrow \therefore \sum_k i_k = 0$

그림에서 노드 O에 흘러들어오는 전류는 i_1, i_4이고, 흘러나가는 전류는 i_2, i_3, i_5로 총 5개입니다. "흘러들어오는 전류의 합과 흘러나가는 전류의 합은 같다."라는 첫 번째 관점 (a)는 식 (3.4)(a)와 같이 표현할 수 있으며, 우측 항들을 좌변으로 이항하면 식 (3.4)(b)가 되며 두 번째 관점 (b)에서의 키르히호프의 법칙을 나타내는 수식이 됩니다. 즉, 유입되는 전류를 (+)로 가정하면 흘러나가는 전류는 모두 (−)가 되어 흘러들어오는 전류의 합은 모두 0이 됩니다. 마지막 식 (3.4)(c)는 식 (3.4)(a)의 좌변 항들을 우변으로 이항하여 정리한 식으로, 유출되는 전류관점 (c)에서의 키르히호프의 법칙을 나타내며, 유출되는 전류를 (+)로 가정하면 식 (3.4)(c)와 같이 흘러나가는 전류의 합은 모두 0이 됩니다. 이 3가지 방식 중에서 편한 방식을 선택하여 키르히호프의 제1법칙을 적용하면 됩니다.

그림 키르히호프의 제1법칙을 예제를 통해 적용해보겠습니다.

예제 3.1

다음 그림에서 KCL을 이용하여 전류 i를 구하시오.

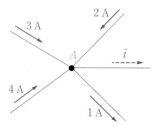

| 풀이 | 노드 A로 흘러들어오는 전류는 2 A, 3 A, 4 A이고, 흘러나가는 전류는 1 A이며 구하고자 하는 전류는 i이다. (그림에서 구하고자 하는 전류를 i로 표기하고, 방향은 임의로 가정한다.)

유입되는 전류를 (+)로 잡고 두 번째 관점의 키르히호프의 제1법칙을 적용하면, 흘러들어오는 전류의 합은 0이므로, $2\,A + 3\,A + 4\,A - 1\,A - i\,[A] = 0$이 되고, 따라서 $i = 8\,A$가 구해진다. 만약, 모르는 전류 i의 방향을 아래 그림과 같이 반대방향으로 가정하고 문제를 풀면,

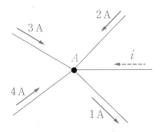

$2\,A + 3\,A + 4\,A - 1\,A + i\,[A] = 0$이 되므로 $i = -8\,A$가 된다. 여기서, (−)는 흘러들어오는 방향을 (+)로 잡았기 때문에 흘러나가는 방향을 의미하고, 그림에서 초기에 가정한 전류 i의 방향이 반대방향이 됨을 의미한다.

3.2.3 키르히호프의 제2법칙(전압의 법칙)

제2법칙은 키르히호프의 전압법칙(Kirchhoff's voltage law)으로 KVL이라고 부르며, 전기회로 내의 전원을 공급하는 기전력의 합(전압상승)과 부하로 소비되는 전압강하의 합은 같다는 법칙입니다. KCL은 회로 내의 한 점인 노드에만 적용하고, 키르히호프의 전압법칙 KVL은 폐회로에만 적용이 가능함을 주의해야 합니다.

[그림 3.8]과 같이 폐회로 (*A-B-C-D*)에는 3개의 전압요소가 존재하는데, 시계방향으로 한 바퀴를 도는 경우에 v_1은 전압을 상승[4]시키는 요소가 되고, v_2와 v_3는 전압을 강하시키는 요소가 됩니다. 따라서, 키르히호프의 제2법칙은 다음과 같이 3가지 관점에서 표현할 수 있습니다.

 키르히호프의 제2법칙(전압법칙, KVL)

(a) 임의의 폐루프(폐회로)를 일주하며 계산한 전압상승의 합과 전압강하의 합은 같다.
(b) 임의의 폐루프(폐회로)를 일주하며 계산한 전압상승의 합은 0이다.
(c) 임의의 폐루프(폐회로)를 일주하며 계산한 전압강하의 합은 0이다.

앞에서 설명한 3가지 관점에서 KVL은 결국 에너지 보존법칙(conservation of

[4] 그림에 표시된 (+)가 높은 전압이므로 v_1은 시계방향으로 전압을 높이는 요소가 됨.

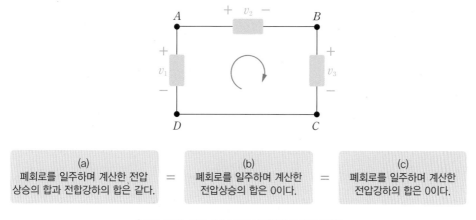

| (a)
폐회로를 일주하며 계산한 전압
상승의 합과 전합강하의 합은 같다. | = | (b)
폐회로를 일주하며 계산한
전압상승의 합은 0이다. | = | (c)
폐회로를 일주하며 계산한
전압강하의 합은 0이다. |

[그림 3.8] 키르히호프의 제2법칙(전압의 법칙)

energy)으로 다음과 같이 일반화된 수식으로 정의될 수 있으며,

$$\sum_k v_k = 0 \qquad (3.5)$$

각각의 관점 (a), (b), (c)를 수식으로 나타내면 다음과 같습니다.

(a) $v_1 = v_2 + v_3$

(b) $-v_2 - v_3 + v_1 = 0$

(c) $v_2 + v_3 - v_1 = 0$ $\qquad (3.6)$

$\Rightarrow \therefore \sum_k v_k = 0$

따라서, "전압상승과 전압강하의 합은 같다."라는 첫 번째 관점 (a)로 표현하면 식 (3.6)(a)와 같은 수식으로 정의할 수 있고, 전압상승을 (+)로 가정한 후 전압상승의 합은 0이라는 두 번째 관점 (b)로 수식을 기술하면 식 (3.6)(b)와 같이 표현할 수 있습니다. 마지막 관점 (c)에서는 전압강하를 (+)로 가정하고 전압강하의 합은 0이라는 표현을 적용하면 식 (3.6)(c)가 됩니다. 제1법칙과 마찬가지로 위의 3가지 식은 모두 같은 식임을 알 수 있고, 이 3가지 방식 중에서 여러분이 편한 방식을 선택하여 키르히호프의 제2법칙을 적용하면 됩니다. 그럼 예제를 통해 키르히호프의 제2법칙을 적용해보겠습니다.

예제 3.2

다음 회로에서 전압 V_3를 구하시오.

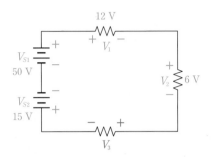

|**풀이**| 폐회로를 V_{S2}에서 시작하여 시계방향으로 일주하며, 전압상승 요소를 (+)로 가정하면 전압상승은 V_{S1}만 해당되고, 나머지는 전압강하 요소가 된다. (그림에서 구하고자 하는 전압 V_3의 (+)/(−)의 방향은 임의로 가정한다.)

KVL을 적용하여 전압상승의 합은 0이 된다는 두 번째 관점을 적용하면

$$-15\ \text{V} + 50\ \text{V} - 12\ \text{V} - 6\ \text{V} - V_3\ [\text{V}] = 0$$

이 된다. 따라서, $V_3 = 17\ \text{V}$가 되어 전압강하 요소가 된다.

예제 3.3

다음 회로에서 저항 R의 양단 전압 V_R의 크기와 극성을 구하시오.

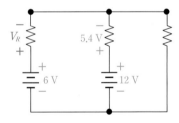

|**풀이**| 그림과 같이 전압요소들의 (+)/(−) 방향을 가정한 후, 6 V에서 시작하여 폐회로를 시계방향으로 일주하며 전압상승 요소를 (+)로 가정하고 KVL을 적용하면

$$6\ \text{V} - V_R\ [\text{V}] + 5.4\ \text{V} - 12\ \text{V} = 0$$

이 된다. 따라서, 구하고자 하는 $V_R = -0.6\ \text{V}$가 되므로, 초기 가정의 (+)/(−)의 극성 방향이 바뀌어 전압상승 요소가 된다.

3.3 저항의 접속-직렬 연결

회로의 해석은 어떤 방법을 통해 수행하면 좋을까요? 직류(DC)가 공급되고 저항만 포함된 회로를 대상으로 각 소자(저항)에 걸리는 전류와 전압을 계산해 보고, 회로의 특성을 분석해보겠습니다. 대상이 되는 직류회로에는 여러 개의 저항이 포함되는데, [그림 3.9(a)]와 같이 저항들이 직렬로 연결되는 직렬회로(series circuit)와 [그림 3.9(b)]처럼 병렬로 연결되는 병렬회로(parallel circuit)로 나눌 수 있습니다.

[그림 3.9(c)]와 같이 여러 개의 저항이 연결된 복잡한 회로를 단순화하여 등가회로를 만들면 저항이 1개인 회로로 표현할 수 있으며, 이때의 저항을 합성저항(combined resistance) 또는 등가저항(equivalent resistance)이라고 합니다. 이처럼 여러 개의 저항으로 이루어진 복잡한 회로를 1개의 등가저항회로로 단순화시킨 후, 앞에서 배운 옴의 법칙과 키르히호프의 법칙을 적용하면 손쉽게 회로해석을 할 수 있습니다.

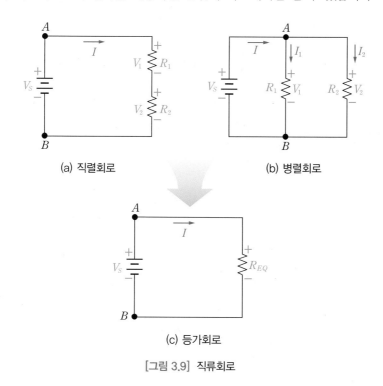

(a) 직렬회로

(b) 병렬회로

(c) 등가회로

[그림 3.9] 직류회로

3.3.1 저항이 2개인 직렬회로

그럼 먼저 저항의 직렬 연결(series connection)에 대해 알아볼까요? [그림 3.10]과 같이 2개의 저항이 직렬로 연결된 회로에 대해 합성저항(R_{EQ})을 구해보겠습니다. 직렬회

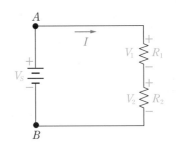

[그림 3.10] 저항이 2개인 직류 직렬회로

로이므로 회로에 흐르는 전류 I는 회로 내 어느 곳에서나 모두 같습니다.

대상 회로에 제일 먼저 키르히호프 제2법칙(KVL)을 적용하면 아래와 같이 유도되고,

$$V_S - V_1 - V_2 = 0 \quad \Rightarrow \quad V_S = V_1 + V_2 \tag{3.7}$$

저항소자 R_1과 R_2에 각각 옴의 법칙을 적용하면 다음과 같이 구해집니다.

$$V_1 = IR_1, \quad V_2 = IR_2 \tag{3.8}$$

식 (3.8)을 식 (3.7)에 대입하여 정리하고, 합성저항이 1개인 등가회로는 옴의 법칙에 의해 $V_S = IR_{EQ}$가 성립하므로 두 식을 비교하면 전체 합성저항 R_{EQ}는 다음 식과 같이 정리됩니다.

$$V_S = IR_1 + IR_2 = I(R_1 + R_2) = IR_{EQ} \quad \Rightarrow \quad \therefore R_{EQ} = R_1 + R_2 \tag{3.9}$$

따라서, 직렬회로에서 전체 합성저항 R_{EQ}는 개별 저항 R_1과 R_2의 값을 합한 것과 같게 됩니다.

그러면 직류 직렬회로의 특성을 알아보기 위해 조금 더 수식을 전개해 보겠습니다. 합성저항 1개로 이루어진 회로에서 전체 전류 $I = V_S/R_{EQ}$가 되고, 합성저항 R_{EQ}를 식 (3.9)에서 구한 개별 저항으로 대체하면 전체 전류는 다음 식으로 정리됩니다.

$$I = \frac{V_S}{R_{EQ}} = \frac{V_S}{R_1 + R_2} \tag{3.10}$$

이제 식 (3.10)의 전체 전류 I를 각 저항의 식 (3.8)에 각각 대입하면 저항 R_1과 R_2에 걸리는 전압은 다음과 같이 구할 수 있습니다.

$$\begin{cases} V_1 = IR_1 = \dfrac{R_1}{R_{EQ}} V_S \quad \Rightarrow \quad \therefore V_1 = \left(\dfrac{R_1}{R_1 + R_2} \right) V_S \\[3mm] V_2 = IR_2 = \dfrac{R_2}{R_{EQ}} V_S \quad \Rightarrow \quad \therefore V_2 = \left(\dfrac{R_2}{R_1 + R_2} \right) V_S \end{cases} \tag{3.11}$$

식 (3.11)을 해석해 보면, 각 저항에 걸리는 전압은 전체 합성저항에 대한 자기 저항 값에 해당되는 비율만큼 전체 전압이 분배되어 걸린다는 것을 알 수 있습니다. 즉, 저항의 직렬회로에서는 저항값이 크면 그만큼 더 많은 전압이 걸리게 됩니다.[5] 이를 '전압 분배의 법칙' 또는 '분압의 법칙'이라고 합니다.

지금까지 유도한 과정을 살펴보면, 회로해석을 위해 앞에서 배운 옴의 법칙과 키르히호프의 제2법칙을 적용하였는데, "왜 키르히호프의 제1법칙인 전류의 법칙은 적용하지 않는가?" 하는 의문이 들 것입니다. 그래서 키르히호프의 전류법칙을 상기 회로에 적용해보겠습니다.

[그림 3.10]의 A점과 B점 노드에 키르히호프의 전류법칙을 각각 적용해보면, 유입되는 전류와 유출되는 전류는 각각 1개이므로 들어오는 전류와 나가는 전류는 값이 같게 됩니다. 이처럼 직렬회로 내의 어떤 노드에 키르히호프의 제1법칙을 적용하더라도 들어오고 나가는 전류는 1개이므로 모든 노드에서 전류는 같게 됩니다. 결국 KCL을 적용하지 않은 것이 아니라, 적용을 해보니 "직류회로에서는 전류값이 회로 내의 어느 곳에서나 모두 같다."라는 특성으로 나타나기 때문에 적용을 하지 않은 것처럼 보이는 것입니다.

3.3.2 저항이 3개인 직렬회로

[그림 3.11]과 같이 3개의 저항이 직렬로 연결된 회로에 대해서도 앞 절의 유도과정을 그대로 적용하여 합성저항(R_{EQ})을 구하고 회로의 특성을 알아볼 수 있습니다.

대상 회로에 키르히호프 제2법칙(KVL)을 적용하고, 저항소자 R_1, R_2, R_3에 각각 옴의 법칙을 적용합니다.

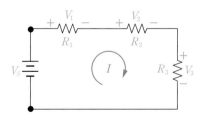

[그림 3.11] 저항이 3개인 직류 직렬회로

5 큰 저항에서 더 큰 전압강하가 발생하는 것을 의미함.

$$V_S - V_1 - V_2 - V_3 = 0 \quad \Rightarrow \quad V_S = V_1 + V_2 + V_3 \tag{3.12}$$

$$V_1 = IR_1, \quad V_2 = IR_2, \quad V_3 = IR_3 \tag{3.13}$$

식 (3.13)을 식 (3.12)에 대입하여 정리한 식은, 합성저항 등가회로의 $V_S = IR_{EQ}$와 같으므로 합성저항 R_{EQ}는 다음과 같이 유도됩니다.

$$V_S = IR_1 + IR_2 + IR_3 = I(R_1 + R_2 + R_3) = IR_{EQ} \tag{3.14}$$
$$\Rightarrow R_{EQ} = R_1 + R_2 + R_3$$

따라서, 저항이 3개인 직렬회로에서도 전체 합성저항 R_{EQ}는 개별 저항 R_1, R_2, R_3의 값을 모두 합한 것과 같다는 것을 알 수 있습니다. 또한 각 저항에 걸리는 전압은 다음 식과 같이 정리됩니다.

$$\begin{cases} V_1 = IR_1 = \dfrac{V_S}{R_{EQ}}R_1 = \dfrac{R_1}{R_{EQ}}V_S = \left(\dfrac{R_1}{R_1 + R_2 + R_3}\right)V_S \\[3mm] V_2 = IR_2 = \dfrac{V_S}{R_{EQ}}R_2 = \dfrac{R_2}{R_{EQ}}V_S = \left(\dfrac{R_2}{R_1 + R_2 + R_3}\right)V_S \\[3mm] V_3 = IR_3 = \dfrac{V_S}{R_{EQ}}R_3 = \dfrac{R_3}{R_{EQ}}V_S = \left(\dfrac{R_3}{R_1 + R_2 + R_3}\right)V_S \end{cases} \tag{3.15}$$

결론적으로 저항 3개가 연결된 직렬회로에서도 저항이 2개인 직렬회로와 동일하게 각 저항에 걸리는 전압은 전체 합성저항에 대한 자기 저항값에 해당되는 비율만큼 전체 전압이 분배되어 걸린다는 것을 확인할 수 있습니다.

3.3.3 저항의 직렬회로 정리

지금까지 살펴본 저항의 직렬회로 특성에 대해 정리하면 다음과 같습니다.

 직렬회로(전압 분배)

- 직렬회로에서 전류는 어느 곳에서나 모두 같다.
- N개의 저항이 연결된 직렬회로에서 합성저항은 식 (3.16)과 같이 모든 저항을 더하여 구할 수 있다.
  - 즉, 저항의 직렬회로에서는 합성저항(등가저항)이 증가하게 된다.

- 직렬회로에서는 전압분배의 법칙(분압의 법칙)이 적용되므로 직렬회로는 전압분배기(voltage divider)의 역할을 한다.
  - 입력된 전체 전압은 전체 합성저항에 대해 자기 저항값에 해당되는 비율로 각 저항에 분배된다.
  - 각 저항의 전압강하는 저항값에 비례하므로 직렬회로에서는 큰 저항에 전압이 더 많이 걸린다(전압강하가 큼).

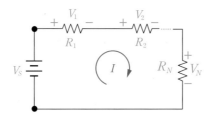

[그림 3.12] 저항이 N개인 직류 직렬회로

$$R_{EQ} = \sum_{k=1}^{N} R_k = R_1 + R_2 + \cdots + R_N \qquad (3.16)$$
$$\Rightarrow \quad V_S = IR_{EQ}$$

저항의 직렬 연결 회로와 관련된 예제는 저항의 병렬연결 회로를 먼저 공부한 후 3.5절에서 설명하도록 하겠습니다.

3.4 저항의 접속–병렬 연결

3.4.1 저항이 2개인 병렬회로

다음으로 저항의 병렬 연결(parallel connection)에 대해 알아보겠습니다. [그림 3.13]과 같이 저항 2개가 병렬로 연결된 회로($R_1 \parallel R_2$)를 가정합니다.[6] 직렬회로와 마찬가지로 여러 개의 저항으로 이루어진 회로를 1개의 합성저항(R_{EQ})으로 이루어진 등가회로로 간략화하여 합성저항(R_{EQ})을 구해보겠습니다. 우선 병렬회로에서는 병렬로 연결된 회로 내의 저항에 걸리는 전압은 모두 같게 됩니다.

대상 회로 내 노드 a점에 키르히호프 제1법칙(KCL)을 적용하면 유입되는 전류 I_S와 유출되는 전류 I_1, I_2의 합이 같게 되므로 다음과 같이 유도됩니다.

6 병렬회로는 기호 '∥'를 사용하여 ($R_1 \parallel R_2$)로 표기하기도 함.

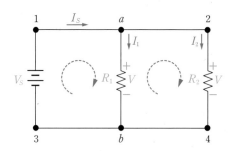

[그림 3.13] 저항이 2개인 직류 병렬회로

$$I_S - I_1 - I_2 = 0 \quad \Rightarrow \quad I_S = I_1 + I_2 \tag{3.17}$$

저항소자 R_1과 R_2에 각각 옴의 법칙을 적용하면 전체 전압 V_S는 병렬회로 각각의 저항에 걸리는 전압 V가 되므로 다음과 같이 정리할 수 있습니다.

$$V_1 = I_1 R_1, \ V_2 = I_2 R_2 \quad \Rightarrow \quad V_S = V = I_1 R_1 = I_2 R_2 \tag{3.18}$$

식 (3.18)을 I_1과 I_2에 대해 정리한 후 식 (3.17)에 대입하고, 저항이 1개인 등가저항 회로는 옴의 법칙에 의해 $V_S = I_S R_{EQ}$가 성립하므로, 두 식을 비교하면 전체 합성저항 R_{EQ}는 다음과 같이 정리됩니다.

$$I_S = \frac{V}{R_1} + \frac{V}{R_2} = V\left(\frac{1}{R_1} + \frac{1}{R_2}\right) = \frac{V}{R_{EQ}} \quad \Rightarrow \quad \therefore \ \frac{1}{R_{EQ}} = \left(\frac{1}{R_1} + \frac{1}{R_2}\right) \tag{3.19}$$

따라서, 병렬회로에서 전체 합성저항 R_{EQ}의 역수는 각 저항의 역수를 더한 것과 같게 되고, 1개의 합성저항으로 표현된 등가회로가 됩니다. 여기서 한 가지 주의할 점은 병렬회로의 합성저항 R_{EQ}는 식 (3.19)에서 정의된 수식의 역수값이므로 다음 식 (3.20)과 같이 다시 한 번 역수를 취해서 구해야 한다는 사실입니다. 일반적으로 많이 나오는 저항 2개가 연결된 병렬회로에서는 합성저항을 구하는 데 공식처럼 사용할 수 있어 매우 유용한 식이니 꼭 기억하기 바랍니다.

$$R_{EQ} = \frac{1}{\left(\dfrac{1}{R_1} + \dfrac{1}{R_2}\right)} = \frac{1}{\left(\dfrac{R_1 + R_2}{R_1 R_2}\right)} \quad \Rightarrow \quad \therefore \ R_{EQ} = \frac{R_1 R_2}{R_1 + R_2} \tag{3.20}$$

이제 직류 병렬회로의 특성을 알아보기 위해 조금 더 수식을 전개해 보겠습니다. 합성저항 1개로 이루어진 회로에 옴의 법칙을 적용하면 $V = I_S R_{EQ}$가 되고, 식 (3.20)에서 구한 합성저항을 대입하여 정리하면 전체 전압은 다음과 같은 식으로 유도됩니다.

$$V = I_S R_{EQ} = \frac{I_S}{\left(\dfrac{1}{R_1} + \dfrac{1}{R_2}\right)} = \frac{I_S}{\left(\dfrac{R_1 + R_2}{R_1 R_2}\right)} = \left(\frac{R_1 R_2}{R_1 + R_2}\right) I_S \qquad (3.21)$$

각 저항에 옴의 법칙을 적용한 식 (3.18)을 전류 I_1과 I_2에 대해 정리한 후 식 (3.21)에서 구한 전체 전압 V를 대입하면 식 (3.22)로 정리됩니다.

$$\begin{cases} I_1 = \dfrac{V}{R_1} = \dfrac{1}{R_1}\left(\dfrac{R_1 R_2}{R_1 + R_2}\right) I_S & \Rightarrow & \therefore I_1 = \left(\dfrac{R_2}{R_1 + R_2}\right) I_S \propto R_2 \\[4mm] I_2 = \dfrac{V}{R_2} = \dfrac{1}{R_2}\left(\dfrac{R_1 R_2}{R_1 + R_2}\right) I_S & \Rightarrow & \therefore I_2 = \left(\dfrac{R_1}{R_1 + R_2}\right) I_S \propto R_1 \end{cases} \qquad (3.22)$$

식 (3.22)를 분석해 보면, 병렬회로 각 저항에 흐르는 전류는 전체 합성저항에 대해 상대 저항값에 해당되는 비율만큼 전체 전류가 분배되어 흐른다는 것을 알 수 있습니다. 즉, 저항의 병렬회로에서는 저항값이 크면 그만큼 더 적은 전류가 흐르게 됩니다. 이것은 저항이 크면 전류는 작아진다는 옴의 법칙과도 일치하며, 2장에서 배운 저항의 정의가 전류의 흐름을 막는 정도라는 개념과도 일치합니다. 이와 같은 병렬회로의 특성을 '전류 분배의 법칙' 또는 '분류의 법칙'이라고 합니다.

상기 유도과정에서는 회로해석을 위해 앞에서 배운 옴의 법칙과 키르히호프의 제1법칙만을 적용하였는데, 적용하지 않은 키르히호프의 제2법칙인 전압의 법칙을 상기 회로에 적용해보겠습니다.

[그림 3.13]의 폐회로 (1-a-b-3)에 키르히호프의 전압법칙을 적용하면 전압상승 요소인 V_S와 전압강하 요소인 $V_1 = V$는 같아야 하므로 $V_S = V_1 = V$가 됩니다. 이번에는 전체 폐회로 (1-2-4-3)에 키르히호프의 전압법칙을 적용하면 마찬가지로 $V_S = V_2 = V$가 되고, 마지막 폐회로인 (a-2-4-b)에 키르히호프의 전압법칙을 적용하면 $V_1 = V_2 = V$가 되므로 병렬회로 저항 각각에 걸리는 전압은 모두 V_S로 같게 됩니다. 결국 키르히호프의 제2법칙인 KVL의 적용결과는 "병렬회로에 걸리는 전압은 모두 같다."라는 특성으로 나타납니다.

3.4.2 저항이 3개인 병렬회로

[그림 3.14]와 같이 3개의 저항이 병렬로 연결된 회로($R_1 \| R_2 \| R_3$)에 대해서도 앞 절

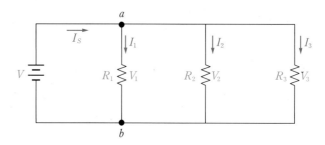

[그림 3.14] 저항이 3개인 직류 병렬회로

의 유도과정을 그대로 적용하여 합성저항(R_{EQ})을 구하고 회로의 특성을 해석해 볼 수 있습니다.

대상 회로 노드 a점에 키르히호프 제1법칙(KCL)을 적용하고, 저항소자 R_1, R_2, R_3에 각각 옴의 법칙을 적용합니다.

$$I_S - I_1 - I_2 - I_3 = 0 \quad \Rightarrow \quad I_S = I_1 + I_2 + I_3 \tag{3.23}$$

$$V_1 = I_1 R_1, V_2 = I_2 R_2, V_3 = I_3 R_3 \quad \Rightarrow \quad V = I_1 R_1 = I_2 R_2 = I_3 R_3 \tag{3.24}$$

식 (3.24)를 I_1, I_2, I_3에 대해 정리한 후 식 (3.23)에 대입하면, 합성저항 등가회로의 $V_S = IR_{EQ}$와 같으므로 합성저항 R_{EQ}는 다음과 같이 유도됩니다.

$$I_S = \frac{V}{R_1} + \frac{V}{R_2} + \frac{V}{R_3} = V \left(\frac{1}{R_1} + \frac{1}{R_2} + \frac{1}{R_3} \right) = \frac{V}{R_{EQ}}$$
$$\Rightarrow \quad \therefore \quad \frac{1}{R_{EQ}} = \left(\frac{1}{R_1} + \frac{1}{R_2} + \frac{1}{R_3} \right) \tag{3.25}$$

따라서, 저항이 3개인 병렬회로에서도 전체 합성저항 R_{EQ}의 역수는 각 저항의 역수를 더한 후 다시 한 번 역수를 취한 것이 되며, 정리하면 다음과 같은 수식으로 표현됩니다.

$$R_{EQ} = \frac{1}{\left(\dfrac{1}{R_1} + \dfrac{1}{R_2} + \dfrac{1}{R_3} \right)} = \frac{1}{\left(\dfrac{R_2 R_3 + R_1 R_3 + R_1 R_2}{R_1 R_2 R_3} \right)} \tag{3.26}$$
$$= \frac{R_1 R_2 R_3}{R_2 R_3 + R_1 R_3 + R_1 R_2}$$

저항이 2개인 병렬회로에서의 합성저항 R_{EQ}는 간단하여 식 (3.20)으로 정리하여 공식처럼 기억하였는데, 저항이 3개인 병렬회로부터는 식 (3.25)를 사용하여 역수를 취하는 방법으로 합성저항을 구합니다. 물론, 식 (3.26)을 공식처럼 외워도 무방하지만,

복잡한 수식을 외울 필요없이 순차적으로 계산하면 됩니다.

마지막으로 각 저항에 흐르는 전류는 다음 식과 같이 유도되어 정리됩니다.

$$
\begin{cases}
I_1 = \dfrac{V}{R_1} = \dfrac{1}{R_1}\left(\dfrac{R_1 R_2 R_3}{R_2 R_3 + R_1 R_3 + R_1 R_2}\right)I_S = \left(\dfrac{R_2 R_3}{R_2 R_3 + R_1 R_3 + R_1 R_2}\right)I_S \propto R_2 R_3 \\[3ex]
I_2 = \dfrac{V}{R_2} = \dfrac{1}{R_2}\left(\dfrac{R_1 R_2 R_3}{R_2 R_3 + R_1 R_3 + R_1 R_2}\right)I_S = \left(\dfrac{R_1 R_3}{R_2 R_3 + R_1 R_3 + R_1 R_2}\right)I_S \propto R_1 R_3 \quad (3.27) \\[3ex]
I_3 = \dfrac{V}{R_3} = \dfrac{1}{R_3}\left(\dfrac{R_1 R_2 R_3}{R_2 R_3 + R_1 R_3 + R_1 R_2}\right)I_S = \left(\dfrac{R_1 R_2}{R_2 R_3 + R_1 R_3 + R_1 R_2}\right)I_S \propto R_1 R_2
\end{cases}
$$

수식이 매우 복잡해 보이지만, 저항이 2개인 병렬회로와 마찬가지로 전류분배의 법칙이 적용되어 작은 저항에는 더 큰 전류가 흐르고, 큰 저항에는 작은 전류가 흐르게 되는 특성은 동일합니다.

3.4.3 저항의 병렬회로 정리

저항의 병렬회로 특성에 대해 정리하면 다음과 같습니다.

 병렬회로(전류 분배)

- 병렬회로에서 각 저항에 걸리는 전압은 모두 같다.
- N개의 저항이 병렬로 연결된 병렬회로의 합성저항은 식 (3.28)과 같이 각 저항의 역수를 모두 더한 후 다시 한 번 역수를 취하여 구할 수 있다.
  - 즉, 저항의 병렬회로에서는 합성저항(등가저항)이 감소하게 된다.
- 병렬회로에서는 전류분배의 법칙(분류의 법칙)이 적용되므로 병렬회로는 전류분배기(current divider)의 역할을 한다.
  - 입력된 전체 전류는 병렬회로에 분류되어 흐른다.
  - 저항 크기에 반비례하여 분류되므로, 큰 저항에 더 작은 전류가 흐르게 된다.

$$
\begin{aligned}
&\frac{1}{R_{EQ}} = \frac{1}{R_1} + \frac{1}{R_2} + \frac{1}{R_3} + \cdots + \frac{1}{R_N} = \sum_{k=1}^{N} \frac{1}{R_k} \\
&\Rightarrow \ R_{EQ} \qquad\qquad\qquad\qquad\qquad\qquad (3.28) \\
&\Rightarrow \ I = \frac{V}{R_{EQ}}
\end{aligned}
$$

3.5 저항의 직렬·병렬 회로 문제 해법

그러면 이제 저항의 직렬·병렬 연결 회로를 푸는 방법과 절차에 대해 정리해보겠습니다. 이 방법은 저자가 개발한 방법으로, 웬만한 수준의 저항 직렬·병렬 회로 문제를 풀어낼 수 있으며, 직렬 및 병렬 회로 모두에 동일한 방식으로 적용할 수 있습니다.

저항의 직렬·병렬 회로 문제를 푸는 방법은 동일함

1 전체 합성저항 구하기
N개 저항 ▶ 1개 저항(등가저항)이 될 때까지 회로를 줄여 나감

2 전체 등가저항 회로에 옴의 법칙 적용
V, I, R 중 모르는 값을 구함

3 반대순서로 합쳐지기 바로 전 회로로 돌아가서, 각 소자에 옴의 법칙 적용
V, I, R 중 모르는 값을 구함

[그림 3.15] 저항의 직렬·병렬 회로 해법 순서

① 우선 주어진 N개의 저항을 1개의 합성저항이 되도록 계속 회로를 줄여 나갑니다.
② 1개의 합성저항이 된 전체 등가회로에 옴의 법칙을 적용하고, 전압(V), 전류(I), 저항(R) 중 모르는 값을 구합니다.
③ 이후 회로를 줄여 나간 반대순서로 돌아가서, 각 소자에 옴의 법칙을 적용하고, 각 소자의 전압, 전류, 저항값을 구합니다[이전 회로로 돌아갈 때는 방금 회로에서 구한 값들(전압이나 전류값)을 가지고 돌아갑니다.].

다음 그림과 같이 여러 개의 저항으로 연결된 회로에 위의 해법을 적용해 보겠습니다.

(1) 먼저 안쪽 6 Ω 2개로 이루어진 병렬회로(①)부터 합성저항을 구하여[7] 전체 합성저항이 1개로 표현될 때까지 회로를 간략하게 만듭니다.

---

7 저항이 2개인 병렬회로이므로 식 (3.20)을 적용하여 합성저항을 구함.

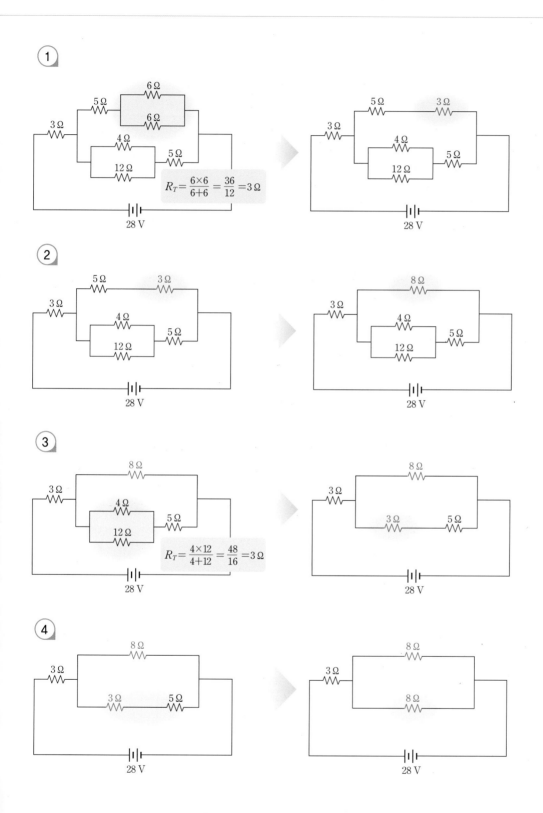

$$R_T = \frac{6 \times 6}{6+6} = \frac{36}{12} = 3\,\Omega$$

$$R_T = \frac{4 \times 12}{4+12} = \frac{48}{16} = 3\,\Omega$$

⑤

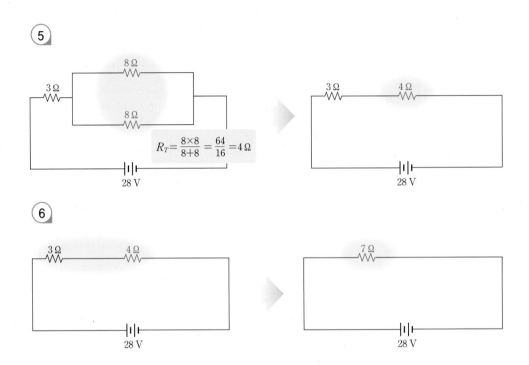

$$R_T = \frac{8 \times 8}{8+8} = \frac{64}{16} = 4\,\Omega$$

⑥

(2) 이제 1개의 합성저항으로 이루어진 등가회로(⑥번 회로)로 정리되었습니다. 옴의 법칙을 적용하면 전체 전류는 $I = 4\,A$가 됩니다.

$$I = \frac{V}{R_{EQ}} = \frac{28\mathrm{V}}{7\,\Omega} = 4\,A$$

(3) 전압, 전류, 저항값 중 모르는 값이 없으므로 등가회로에 대한 해석은 끝났습니다. 이제 마지막으로 합쳐지기 전 회로(⑥번 회로)로 돌아가서 각 소자에 옴의 법칙을 적용하여 전압, 전류, 저항을 구합니다.[8]

8 이때 전체 전류 $I = 4\,A$의 정보를 함께 가지고 돌아가서 활용함.

$$V_1 = IR_1 \\ = 4\,A \times 3\,\Omega = 12\mathrm{V}$$

$$V_2 = IR_2 \\ = 4\,A \times 4\,\Omega = 16\mathrm{V}$$

$I = 4\,A$

(4) ⑥번 회로 각 소자의 전류, 전압, 저항값을 모두 구했으므로, 합쳐지기 바로 전의 회로(⑤번 회로)로 돌아가서 각 소자에 옴의 법칙을 또 적용합니다.[9]

[9] 이때 전체 전류 $I = 4\,\mathrm{A}$의 정보와 각 소자의 전압 $V_1 = 12\,\mathrm{V}$, $V_2 = 16\,\mathrm{V}$의 정보도 함께 가지고 돌아가서 활용함.

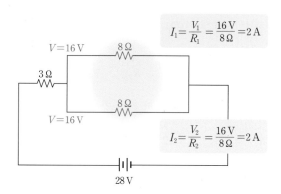

(5) 각 소자의 전압, 전류, 저항값을 모두 구했으므로, 합쳐지기 바로 전 ④번 회로로 돌아가서 원래 회로(①번 회로)를 만날 때까지 위의 과정을 반복하여 적용합니다.

그럼 이 방법을 다음 예제들을 통해 직렬·병렬 회로 문제에 적용해보겠습니다.

예제 3.4

다음 회로에서 전체 전류 I와 저항 R_2에 걸리는 전압 V_2를 구하시오.

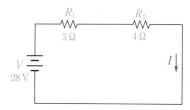

| 풀이 1 | ① 먼저 2개의 저항을 1개의 저항으로 이루어진 등가회로로 변환하고 합성저항을 구한다. 직렬회로에서 합성저항은 개개 저항을 대수적으로 합하면 되므로, R_{EQ}는 아래 그림과 같이 $7\,\Omega$이 된다.

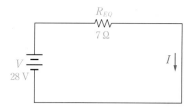

$$R_{EQ} = R_1 + R_2 = 3\,\Omega + 4\,\Omega = 7\,\Omega$$

② 전체 회로에 옴의 법칙을 적용하면 다음과 같이 전체 전류 4 A를 계산할 수 있고, 등 가회로의 전압, 전류, 저항값을 모두 구하게 된다.

$$V = IR_{EQ} \quad \Rightarrow \quad I = \frac{V}{R_{EQ}} = \frac{28\,\text{V}}{7\,\Omega} = 4\,\text{A}$$

③ 이제 합쳐지기 바로 전 회로로 돌아가서 각 소자에 옴의 법칙을 적용한다.

$$V_1 = IR_1 = 4\,\text{A} \times 3\,\Omega = 12\,\text{V}, \quad V_2 = IR_2 = 4\,\text{A} \times 4\,\Omega = 16\,\text{V}$$

입력전압 28 V는 전압분배법칙에 따라 저항크기에 비례하여 분배되므로 12 V + 16 V = 28 V가 됨을 확인할 수 있고, 저항값이 더 큰 R_2에서 16 V가 걸리고, 저항이 작은 R_1 에는 12 V가 걸리게 된다.

|풀이 2| 옴의 법칙과 저항 직렬회로의 특성을 잘 이해하고 있다면, 위의 문제는 다음 과 같이 간단히 풀 수도 있다.

직렬회로에서는 전압분배법칙에 따라 각 저항에 걸리는 전압은 전체 합성저항에 대해 개별 저항값이 갖는 비율에 따라 분압되므로 다음과 같이 구할 수 있다.

$$V_1 = \frac{R_1}{R_{EQ}}[\text{V}] = \frac{3\,\Omega}{7\,\Omega} \times 28\,\text{V} = 12\,\text{V}$$

$$V_2 = \frac{R_2}{R_{EQ}}[\text{V}] = \frac{4\,\Omega}{7\,\Omega} \times 28\,\text{V} = 16\,\text{V}$$

예제 3.5

다음 회로를 보고 물음에 답하시오.

(1) 전체 합성저항을 구하시오.

(2) 회로에 흐르는 전체 전류 I를 구하시오.

(3) 저항 R_1에 흐르는 전류 I_1을 구하시오.

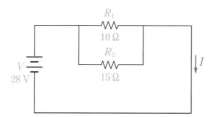

|풀이 1| (1) 먼저 2개의 병렬저항 회로를 저항 1개의 등가회로로 변환하기 위해 합성저항을 구한다. 병렬회로의 합성저항은 개개 저항의 역수의 합을 구한 후 다시 한번 역수를 취하면 구할 수 있다.

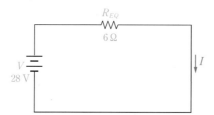

$$\frac{1}{R_{EQ}} = \frac{1}{R_1} + \frac{1}{R_2} \quad \Rightarrow \quad R_{EQ} = \frac{R_1 R_2}{R_1 + R_2} = \frac{10 \ \Omega \times 15 \ \Omega}{10 \ \Omega + 15 \ \Omega} = 6 \ \Omega$$

(2) 전체 회로에 옴의 법칙을 적용하면 다음과 같이 전체 전류 4.67 A를 구할 수 있고, 등가회로의 전압, 전류, 저항값을 모두 구하게 된다.

$$V = IR_{EQ} \quad \Rightarrow \quad I = \frac{V}{R_{EQ}} = \frac{28 \ \text{V}}{6 \ \Omega} = 4.67 \ \text{A}$$

(3) 이제 합쳐지기 바로 전 회로로 돌아가서 각 소자에 옴의 법칙을 적용한다. 병렬회로에 걸리는 전압은 같으므로 각 저항에는 전체 전압 28 V가 걸리게 되어 전류값은 다음과 같이 계산된다.

$$I_1 = \frac{V}{R_1} = \frac{28 \ \text{V}}{10 \ \Omega} = 2.8 \ \text{A}, \quad I_2 = \frac{V}{R_2} = \frac{28 \ \text{V}}{15 \ \Omega} = 1.87 \ \text{A}$$

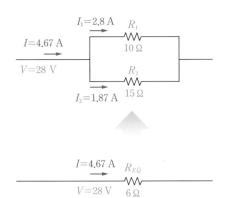

병렬회로에서는 전류분배 법칙에 의해 입력전류 4.67 A가 2개의 저항에 각각 나뉘어 흐르게 되므로 2.8 A + 1.87 A = 4.67 A가 됨을 확인할 수 있고, 저항값이 더 큰 R_2에는 더 작은 전류 1.87 A가 흐르고, 저항값이 작은 R_1에는 더 많은 전류 2.8 A가 흐르게 된다.

|풀이 2| 옴의 법칙과 저항 병렬회로의 특성을 잘 이해하고 있다면, 위의 문제는 다음과 같이 간단히 풀 수도 있다.

병렬회로에서는 전류분배 법칙에 따라 각 저항에 흐르는 전류는 전체 저항에 대해 상대 저항값이 갖는 비율에 따라 흐르므로 다음과 같이 구할 수 있다.

$$I_1 = \left(\frac{R_2}{R_1 + R_2}\right)I = \frac{15\ \Omega}{25\ \Omega} \times 4.67\ \text{A} = 2.8\ \text{A}$$

$$I_2 = \left(\frac{R_1}{R_1 + R_2}\right)I = \frac{10\ \Omega}{25\ \Omega} \times 4.67\ \text{A} = 1.87\ \text{A}$$

위의 예제들은 전체 전류를 미지수로 놓고 값을 구하는 문제이기 때문에 앞에서 설명한 직렬·병렬 회로 해법을 적용하면 등가회로에서 자연스럽게 전체 전류값이 구해지고, 다시 원래 회로로 돌아오면서 모든 소자의 전압, 전류값이 순차적으로 수치로 구해집니다. 만약 문제에서 미지수가 전압이나 저항으로 주어져도 제시한 해법을 적용하면 명확한 수치가 아닌 변수들로 구성된 수식으로 조건들이 정리되므로, 정리된 수식들을 사용하여 연립방정식을 풀면 모든 미지수값을 구할 수 있습니다.

그럼 이런 종류의 문제에 대해 앞의 〈예제 3.4〉를 변형한 문제를 풀어보겠습니다.

예제 3.6

다음 회로에서 전체 전류 I와 저항 R_1에 걸리는 전압 V_1을 구하시오.

(단, 저항 R_2에는 16 V가 걸림)

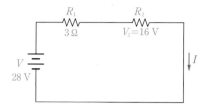

|풀이| ① 먼저 2개의 저항을 1개 저항으로 이루어진 등가회로로 변환하고 합성저항을 구한다. 직렬회로에서 합성저항은 개개 저항을 대수적으로 합하면 되므로,

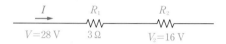

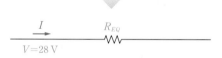

$$R_{EQ} = 3\ \Omega + R_2 \quad\cdots\cdots\cdots\cdots\cdots\cdots\cdots\cdots\cdots\cdots\ (1)$$

② 전체 회로에 옴의 법칙을 적용하면, 다음 식 (2)와 같이 전체 전류 I를 구할 수 있고, 등가회로의 전압, 전류, 저항값을 모두 구하게 된다.

$$V = IR_{EQ} \quad\Rightarrow\quad I = \frac{28}{3 + R_2} \quad\cdots\cdots\cdots\cdots\cdots\cdots\cdots\cdots\ (2)$$

③ 이제 합쳐지기 바로 전 회로로 돌아가서 각 소자에 옴의 법칙을 적용한다.

$$V_1 = IR_1 \quad\Rightarrow\quad V_1 = \frac{28}{3 + R_2} \times 3 \quad\cdots\cdots\cdots\cdots\cdots\cdots\ (3)$$

$$V_2 = IR_2 \quad\Rightarrow\quad 16 = \frac{28}{3 + R_2} \times R_2 \quad\cdots\cdots\cdots\cdots\cdots\ (4)$$

식 (4)에서 $R_2 = 4\ \Omega$이 구해지고, 나머지 식 (1), (2), (3)에 구해진 $R_2 = 4\ \Omega$의 값을 입력하면 모든 변수값 $R_{EQ} = 7\ \Omega$, $I = 4$ A, $V_1 = 12$ V를 구할 수 있다.

3.6 회로이론의 응용

지금까지 살펴본 회로이론이 적용되는 대표적인 실용 회로 예를 몇 가지 공부해 보겠습니다.

3.6.1 휘트스톤 브리지 회로

휘트스톤 브리지 회로(Wheatstone bridge circuit)는 [그림 3.16]과 같이 4개의 저항을 마름모 모양으로 연결한 회로로, 저항값을 알고 있는 3개의 저항을 이용하여 값을 모르는 1개의 저항값을 정밀하게 측정하기 위해서 사용합니다. 연결된 4개의 저항 중에서 값을 알고 있는 저항은 R_1, R_2, R_3이고, R_x는 값을 모르는 저항이라고 가정합니다. c점과 d점 사이에는 전류를 측정하는 전류계(검류계, galvanometer)를 연결시켜 놓았고, R_2 저항은 가변저항(variable resistor)이므로 c점과 d점 사이에 전류가 흐르지 않도록 가변저항(R_2)을 조절하여 검류계의 지시치가 0이 되도록 합니다.

검류계(G) 수치가 0이 되어 전류가 흐르지 않는 상태는 결국 c점과 d점 사이의 전압 차가 없기 때문에 c점과 d점의 전압은 크기가 같게 되고 다음 조건을 만족시킵니다.

$$V_c = V_d \quad \Rightarrow \quad \begin{cases} V_{ac} = V_{ad} \\ V_{cb} = V_{db} \end{cases} \tag{3.29}$$

회로 상단 (a-c-b) 사이의 저항 R_1과 R_x는 직렬로 연결되어 있으므로 각 저항에 흐르는 전류값은 I_1으로 같고, 마찬가지로 하단 회로의 (a-d-b) 사이 저항 R_2와 R_3도 직렬로 연결되어 있으므로 각 저항에 흐르는 전류값은 I_2로 같게 됩니다. 따라서, 옴의 법칙을 적용하여 각 저항에 걸리는 전압을 구한 후 식 (3.29)에 대입하고 I_1에

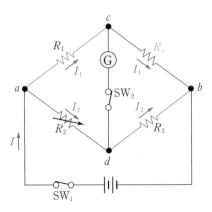

[그림 3.16] 휘트스톤 브리지 회로(Wheatstone bridge circuit)

대해 정리하면 식 (3.29)는 다음과 같이 정리됩니다.

$$V_{ac} = V_{ad} \;\rightarrow\; I_1 R_1 = I_2 R_2 \;\rightarrow\; I_1 = \frac{I_2 R_2}{R_1} \tag{3.30}$$

$$V_{cb} = V_{db} \;\rightarrow\; I_1 R_x = I_2 R_3 \;\rightarrow\; I_1 = \frac{I_2 R_3}{R_x} \tag{3.31}$$

식 (3.30)과 (3.31)은 같은 값(I_1)이므로,

$$\frac{I_2 R_2}{R_1} = \frac{I_2 R_3}{R_x} \;\Rightarrow\; R_x R_2 = R_1 R_3 \tag{3.32}$$

최종적으로 저항값 R_x를 계산할 수 있습니다.[10]

$$\therefore R_x = \frac{R_1 R_3}{R_2} \tag{3.33}$$

휘트스톤 브리지 회로는 아주 다양하게 활용됩니다. 한 예로 항공계기에서 사용하는 온도측정 센서 중 전기저항식 온도계(electric resistance temperature gauge)는 온도에 따른 저항값을 측정하여 회로에 흐르는 전류량을 구해 온도를 측정하며, 이때 온도에 따라 변화하는 저항값을 정확히 알아내기 위해 휘트스톤 브리지 회로를 구성하여 활용합니다.

10 R_x를 계산할 때 식 (3.33)을 사용하기보다는 식 (3.32)를 사용함. 즉, 대각선 방향으로 마주보는 저항값의 곱은 같다는 개념으로 기억함.

예제 3.7

다음 휘트스톤 브리지 회로가 평형이 되기 위한 저항 R_4의 값은?

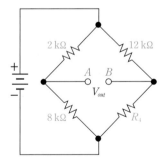

| 풀이 | 휘트스톤 브리지 회로는 대각선으로 마주보는 저항의 곱이 같으므로

$$2\,\text{k}\Omega \times R_4 = 8\,\text{k}\Omega \times 12\,\text{k}\Omega$$

$$\therefore R_4 = \frac{96}{2} = 48\,\text{k}\Omega$$

3.6.2 계측회로

(1) 다르송발 계기

전류, 전압 및 저항을 측정하는 기본 전기계기로 다르송발 계기(d'Arsonval instrument)라고 불리는 가동코일형 계기(moving-coil type instrument)가 사용됩니다. 전압계(voltmeter), 검류계(galvanometer) 등과 같이 독립적인 계기로도 사용되며 한번쯤은 들어봤을 멀티미터(multimeter)처럼 통합된 계측기로도 사용됩니다.

가동코일형 계기는 [그림 3.17]과 같이 외각에 영구자석을 위치시켜 자기장을 생성시키고, 이 자기장 내에 위치한 원통형 철심(iron cylinder)에 코일을 감아 놓은 구조를 갖습니다. 이 가동코일에 측정하고자 하는 전류를 흘리면 전류와 자기장(영구자석) 사이에 힘(전자력)이 발생하고,[11] 이 전자력이 구동 토크(torque)가 되어 전류크기에 비례하여 지침을 움직여 값을 지시하도록 작동합니다.

11 이 원리를 플레밍의 왼손법칙(Fleming's left-hand rule)이라고 하는데 전자유도 현상에 의해 나타나며 4장에서 설명함.

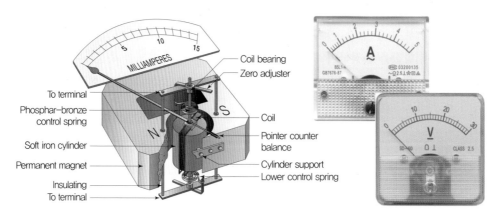

[그림 3.17] 다르송발 계기(가동코일형 계기)

(2) 분류기

가동코일형 계기는 기본적으로 가동코일에 흐를 수 있는 전류가 수십 mA로 매우 작기 때문에 크기가 큰 전류를 측정하는 데 한계가 있습니다. 따라서 하나의 계측기(전류계)로 측정범위를 변화시켜 값이 큰 전류를 측정하기 위해서는 [그림 3.18]과 같이 가동코일과 병렬로 분류저항(shunt resistance) R_S를 접속시켜 사용하는데 이를 분류기(shunt)라고 합니다. 분류기의 작동원리를 이해하기 위해, [그림 3.18]과 같이 기본적으로 장착된 다르송발 계기의 가동코일이 기본 전류(10 mA)를 측정할 수 있고 내부저항은 5 Ω이라고 가정합니다.[12]

12 이를 표준전류계라고 함.

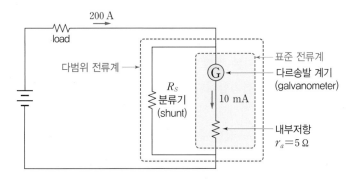

[그림 3.18] 분류기와 분류저항

이때 그림과 같이 기본 전류값보다 큰 200 A의 전류를 측정하려면 전류 대부분을 분류저항 쪽으로 흐르게 하고, 측정할 수 있는 10 mA만 가동코일로 흘려 보내면 됩니다.[13] 그러면 몇 Ω의 분류저항을 병렬로 붙이느냐하는 문제가 남습니다.

가동코일의 내부저항(r_a)은 5 Ω이고, 측정할 수 있는 기본 전류값은 10 mA (= 0.01 A) 입니다. 이를 계기감도 또는 전류계 감도(sensitivity) I_a라고 정의하며, 입력된 전류 200 A 중 기본 전류를 제외한 나머지 전류 199.99 A(= 200 A − 0.01 A)가 분류저항 쪽으로 흐르게 됩니다. 이를 션트전류(shunt current) I_S라고 합니다. 그림을 자세히 보면 분류저항은 병렬로 연결되어 있어서 분류저항(R_S) 쪽에 걸리는 전압과 기본 가동코일 쪽에 걸리는 전압은 같게 되므로 옴의 법칙을 적용하면 식 (3.34)를 유도할 수 있습니다.

$$0.01 \text{ A} \times 5 \text{ } \Omega = (200 - 0.01) \text{ A} \times R_S \qquad (3.34)$$

따라서 식 (3.34)를 정리하면 R_S는 다음과 같이 구할 수 있습니다.

$$R_S = \frac{0.01 \text{ A} \times 5 \text{ } \Omega}{(200 - 0.01) \text{ A}} = 0.00025 \text{ } \Omega \qquad (3.35)$$

위의 식 (3.35)는 다음 식 (3.36)과 같이 공식으로 만들어질 수 있는데, 식 (3.36)을 암기하기보다는 앞에서 배운 병렬회로의 특성과 옴의 법칙을 이용하여 식 (3.34)로 유도하여 푸는 것이 좋습니다. (외울 내용을 되도록 줄여야 되겠죠~~!)

$$R_S = \frac{\text{계기감도}(I_a) \times \text{계기 내부저항}(r_a)}{\text{션트 전류}(I_S)} \qquad (3.36)$$

(3) 배율기

전압계도 비슷한 방식을 적용하여 측정전압(V_m)의 범위를 확장할 수 있습니다. 전압계에서는 측정할 수 있는 기본 전압보다 큰 전압을 측정하기 위하여 가동코일과 직렬로 배율기(multiplier)를 접속합니다. 이때 접속하는 저항을 배율저항(multiplier resistance) R_M이라고 하며, 직렬로 접속되기 때문에 측정하려는 전압 대부분을 배율저항에서 전압을 강하시키고 측정할 수 있는 전압만을 가동코일에 걸리게 만듭니다.

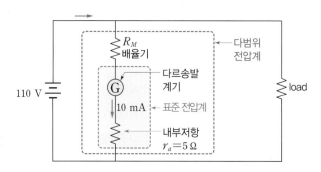

[그림 3.19] 배율기와 배율저항

앞의 분류기에서 설명한 전류계 감도의 역수를 전압계 감도라고 합니다. [그림 3.18]과 같이 다르송발 계기의 전류계 감도가 $I_a = 10\,\mathrm{mA}$로 주어졌으므로 전압계 감도 V_a는 다음과 같이 계산됩니다.

$$I_a = 10\,[\mathrm{mA}] = \frac{1}{100}\,[\mathrm{A}] = \frac{1}{100}\left[\frac{\mathrm{V}}{\Omega}\right] \Rightarrow V_a = \frac{1}{I_a} = \frac{1}{\dfrac{1}{100}\left[\dfrac{\mathrm{V}}{\Omega}\right]} = 100\left[\frac{\Omega}{\mathrm{V}}\right] \quad (3.37)$$

전압계의 내부저항(r_a)이 $5\,\Omega$으로 주어졌으므로, 식 (3.37)의 전압계 감도로 계산해보면 기본적으로 측정 가능한 전압은 다음과 같이 0.05 V가 됨을 알 수 있습니다.

$$\frac{1}{100}\left[\frac{\mathrm{V}}{\Omega}\right] \times 5\,[\Omega] = 0.05\,\mathrm{V}$$

이제 0.05 V보다 큰 전압 110 V를 측정하기 위한 배율저항 R_M을 구해보겠습니다. 목표는 배율저항에서 대부분의 전압을 강하시키고, 측정 가능한 0.05 V만 가동코일 내부저항에 걸리도록 배율저항의 크기를 구하는 것입니다.

배율저항 R_M(배율기)과 내부저항 r_a가 직렬로 연결되어 있으므로 저항의 직렬 연결 특성에서 배운 바와 같이 두 저항에 흐르는 전류는 동일합니다. 따라서 전체 저항은 $(R_M + r_a) = (R_M + 5\,\Omega)$이 되므로 옴의 법칙을 적용하면,

$$110 \text{ V} = 0.01 \text{ A} \times (R_M + 5) \ \Omega \qquad (3.38)$$

이 되고 배율저항 R_M은 다음과 같이 구할 수 있습니다.

$$R_M = \frac{110 \text{ V}}{0.01 \text{ A}} - 5 \ \Omega = 10{,}995 \ \Omega \qquad (3.39)$$

위의 식 (3.39)도 앞에서 정의한 변수들을 사용하면 식 (3.40)의 공식으로 나타낼 수 있습니다.

$$
\begin{aligned}
R_M &= \frac{\text{측정전압}\,(V_m)}{\text{전류계감도}\,(I_a)} - \text{계기 내부저항}\,(r_a) \\[2mm]
&= \frac{\text{측정전압}\,(V_m)}{\left[\dfrac{1}{\text{전압계감도}\,(V_a)}\right]} - \text{계기 내부저항}\,(r_a)
\end{aligned}
\qquad (3.40)
$$

마찬가지로 식 (3.40)을 암기하는 것보다는 옴의 법칙을 적용한 식 (3.38)로 이해하고 문제를 푸는 것이 현명한 방법입니다.

분류저항과 배율저항의 특성을 정리하면 다음과 같습니다.

 분류저항과 배율저항

- 분류저항(shunt resistance)
- – 병렬로 접속되어 전류를 담당하므로 크기가 내부 저항값보다 아주 작아야 한다.
  - ➡ 측정전류가 대부분 분류저항 쪽으로 흐르게 된다.
- 배율저항(multiplier resistance)
- – 직렬로 접속되어 전압을 담당하므로 크기가 내부 저항값보다 아주 커야 한다.
  - ➡ 측정전압 대부분이 배율저항에서 강하된다.

3.6.3 전압 및 전류의 측정

옴의 법칙과 회로이론은 전압과 전류의 측정 시에도 가장 기본적인 원리로 이용됩니다. [그림 3.20]과 같은 직류회로에서 저항 R 양단의 전압이 +9 V이고 회로에 흐르는 전류가 0.2 A라고 가정합니다. 이때 저항 R 양단의 전압을 측정할 때는 멀티미터를 회로에 병렬로 연결하고, 전류를 측정하는 경우에는 회로를 끊고 직렬로 연결합니다.

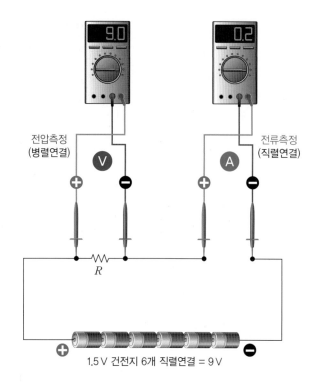

전압측정
(병렬연결)

전류측정
(직렬연결)

R

1.5 V 건전지 6개 직렬연결 = 9 V

[그림 3.20] 전압/전류 측정 시 멀티미터 연결방법

14 전기전자분야에서는
일반적으로 검정색은 (−)
를, 빨강색은 (+)를 대표
하는 색으로 사용함.

여러분이 이미 잘 알고 있는 내용입니다. 그럼 왜 이렇게 연결하는지 알아보겠습니다. 멀티미터는 [그림 3.20]과 같이 검정색과 빨강색 리드봉(lead)[14]을 측정하고자 하는 회로에 접촉시켜 측정전류를 받아들입니다. 만약 검정색과 빨강색 리드봉을 그림과 반대로 접촉시키면 전압은 부호가 바뀌어 −9 V가 측정됩니다. 앞에서도 설명한 바와 같이 전압은 상대값으로 멀티미터의 검정색(−) 리드봉이 접촉한 점의 전압을 기준으로 빨강색(+) 리드봉이 접촉된 곳의 상대 전압값을 측정하기 때문입니다.

저항 R의 양단 전압을 측정하기 위해 빨강색(+) 리드봉을 회로에서 전압이 높은 쪽에 접촉하고 검정색(−) 리드봉은 전압이 낮은 쪽에 병렬로 접촉시키면, 측정하고자 하는 전압이 멀티미터에도 동일하게 걸리기 때문에 같은 전압값을 측정할 수 있습니다. 저항의 병렬 연결회로에서 배웠던 전압이 일정하다는 특성이 적용된 것입니다.

전류를 측정할 때에는 [그림 3.20]과 같이 회로를 끊고 직렬로 멀티미터를 연결합니다. 직렬회로에서는 전류가 일정하기 때문에 멀티미터를 직렬로 연결시키면 회로에 흐르는 전류가 멀티미터에도 동일하게 흐르게 되므로 같은 전류값을 측정할 수 있습니다.

앞의 3.6.2절에서 분류저항과 배율저항 및 내부저항 등을 배웠습니다. 이처럼 전기계측기 내부에는 다양한 저항값들이 사용되는데, 다음과 같이 측정값의 종류에 따라 적절한 내부저항값들이 사용되어야 멀티미터를 추가로 연결하였을 때 원래 회로의 값에 미치는 영향을 최소화시킬 수 있습니다.

 전압계 및 전류계의 연결방법

- 전압 측정 시
  - 전압계를 측정하고자 하는 양단에 병렬(parallel)로 연결한다.
  - 전압계의 내부저항은 되도록 커야 한다.
    - ➡ 멀티미터 연결로 인해 회로에 흐르는 전류에 미치는 영향이 작아진다.
- 전류 측정 시
  - 전류계를 측정하고자 하는 회로를 끊고 직렬(series)로 연결한다.
  - 전류계의 내부저항은 되도록 작아야 한다.
    - ➡ 멀티미터 연결로 인해 회로에 걸리는 전압에 미치는 영향이 작아진다.

이것만은 꼭 기억하세요!

3.1 옴의 법칙(Ohm's law)

① 옴의 법칙: 전류, 전압, 저항 사이의 상관관계를 정립한 법칙

- 전압 V는 전류 I와 저항 R의 크기에 비례함.

$$V = IR \iff I = \frac{V}{R} \iff R = \frac{V}{I}$$

② 단락(short)과 개방(open)

- 단락 = 합선: (+)와 (−)극이 합쳐진 상태(➡ 저항 $R = 0$, 전압 $V = 0$, 전류 $I = \infty$인 상태가 됨)
- 개방 = 단선: 도선이 끊어진 상태(➡ 저항 $R = \infty$, 전류 $I = 0$인 상태가 됨)
- 특히 단락은 전류가 단락된 곳에 집중되어 열이 발생하고 화재로 이어질 위험성이 높음.

3.2 키르히호프의 법칙(Kirchhoff's law)

① 키르히호프의 제1법칙(= 키르히호프의 전류법칙 = KCL)

- 전기회로에서 도선이 분기되는 접합점(노드)에서 그 점에 들어오는 전류와 나가는 전류의 합은 같음.

$$\sum_k i_k = 0$$

② 키르히호프의 제2법칙(= 키르히호프의 전압법칙 = KVL)

- 전기회로 내 폐회로에서 전원을 공급하는 기전력의 합(전압상승)과 부하로 소비되는 전압강하의 합은 같음.

$$\sum_k v_k = 0$$

3.3 저항의 접속-직렬 연결

① N개 저항이 직렬 연결(series connection)된 경우의 합성저항(R_{EQ})

- 모든 저항을 더하여 합성저항을 구함.

$$R_{EQ} = \sum_{k=1}^{N} R_k = R_1 + R_2 + \cdots + R_N$$

② 저항 직렬회로의 특성(전압분배의 법칙 적용)

- 직렬회로에 흐르는 전류는 일정함.
- 입력된 전체 전압은 전체 합성저항에 대해 자기 저항값에 해당되는 비율만큼 각 저항에 분압됨.
  (➡ 큰 저항에 전압이 더 많이 걸림)

3.4 저항의 접속-병렬 연결

① N개 저항이 병렬 연결(parallel connection)된 경우의 합성저항(R_{EQ})

- 각 저항의 역수를 더하여 합을 구하고 그 합의 역수를 취하여 구함.

$$\frac{1}{R_{EQ}} = \frac{1}{R_1} + \frac{1}{R_2} + \frac{1}{R_3} + \cdots = \sum_{k=1}^{N} \frac{1}{R_k} \quad \Rightarrow \quad R_{EQ} = \frac{1}{\left(\sum\limits_{k=1}^{N} \frac{1}{R_k}\right)}$$

② 저항 병렬회로의 특성(전류분배의 법칙 적용)

- 병렬회로에 걸리는 전압은 같음.

- 입력된 전체 전류는 병렬회로에 분배되어 흐르게 되는데 저항 크기에 반비례하여 분배됨.

  (➡ 큰 저항에 더 적은 전류가 흐름)

3.5 회로이론의 응용

① 휘트스톤 브리지 회로(Wheatstone bridge circuit)

- 4개의 저항을 마름모 모양으로 연결한 회로로 저항값을 알고 있는 3개의 저항을 이용하여 값을 모르는 1개의 저항값을 정밀하게 측정하기 위해서 사용함.

- 대각선 방향으로 마주보는 저항값의 곱이 같음을 이용

$$R_x R_2 = R_1 R_3 \quad \Rightarrow \quad R_x = \frac{R_1 R_3}{R_2}$$

② 다르송발 계기(d'Arsonval instrument)

- 가동코일형 계기(moving-coil type instrument)로 전압계(voltmeter), 검류계(galvanometer)에 사용되는 전기계기

- 가동코일(moving-coil)에 측정하고자 하는 전류를 흘리면 전류와 자기장(영구자석) 사이에 힘(전자력)이 발생하고 이 전자력이 구동 토크(torque)가 되어, 전류 크기에 비례하여 지침을 움직여 값을 지시하는 원리로 작동함.

③ 분류기(shunt)

- 전류계에서 기본 측정전류 이상의 큰 전류를 측정하기 위해 병렬로 장착하는 저항으로, 분류저항(션트저항, shunt resistance)이라 하고 R_S로 표기함.

- 기본 전류값보다 큰 전류를 분류저항 쪽으로 흐르게 하므로 크기가 매우 작음.

$$R_S = \frac{\text{계기감도}(I_a) \times \text{계기 내부저항}(r_a)}{\text{션트전류}(I_S)}$$

④ 배율기(multiplier)

- 전압계에서 기본 측정전압 이상의 큰 전압을 측정하기 위해 직렬로 장착하는 저항으로 배율저항(multiplier resistance)이라 하고 R_M으로 표기함.

- 기본 전압값보다 큰 전압을 배율저항에서 대부분 전압강하시키므로 값이 매우 큼.

$$R_M = \frac{\text{측정전압}(V)}{\text{전류계 감도}(I_a)} - \text{계기 내부저항}(r_a)$$

⑤ 전압 및 전류의 측정

- 전압 측정 시: 전압계를 측정하고자 하는 양단에 병렬(parallel)로 연결, 전압계의 내부저항은 되도록 커야 함.

- 전류 측정 시: 전류계를 측정하고자 하는 회로를 끊고 직렬(series)로 연결, 전류계의 내부저항은 되도록 작아야 함.

연습문제

01. 다음 중 올바르지 않은 설명은?

① 전류는 전압을 증가시키면 증가한다.
② 키르히호프의 1법칙은 KCL이다.
③ 키르히호프의 2법칙은 전압에 관련된 법칙이다.
④ 개회로에서 전압상승과 전압강하의 합은 0이다.

해설 키르히호프의 2법칙인 전압법칙(KVL)은 폐회로에 적용되는 법칙으로 개회로에는 적용하지 못한다.

02. 다음 설명 중 잘못된 것은?

① 단락은 합선이라고도 한다.
② 단락회로에서 전류는 0이 된다.
③ 개방회로에서 저항은 ∞가 된다.
④ 개방회로에서 전기장치는 작동하지 않는다.

해설 단락(short)회로에서 전압 $V = 0$, 저항 $R = 0$이 되므로 전류 $I = \infty$가 되고, 개방(open)회로에서는 저항 $R = \infty$, 전류 $I = 0$이 된다.

03. 다음 중 3 Ω의 저항 3개를 서로 직렬 또는 병렬로 연결하여 얻을 수 있는 가장 작은 저항값은 몇 Ω 인가?

① $\dfrac{1}{3}$ ② $\dfrac{2}{3}$ ③ 1   ④ 3

해설 병렬회로에서 합성저항이 감소하므로

$$R_{EQ} = \cfrac{1}{\cfrac{1}{R_1} + \cfrac{1}{R_2} + \cfrac{1}{R_3}} = \cfrac{1}{\cfrac{1}{3\,\Omega} + \cfrac{1}{3\,\Omega} + \cfrac{1}{3\,\Omega}}$$
$$= 1\,\Omega$$

04. 저항이 6 Ω이고 입력전압이 24 V인 회로에서 흐르는 전류를 3배 증가시키고 싶다. 사용해야 할 저항값은?

① 0.5 Ω   ② 2 Ω   ③ 3 Ω   ④ 12 Ω

해설 원래 회로에 흐르는 전류는 $I = \dfrac{V}{R} = \dfrac{24\,\text{V}}{6\,\Omega} = 4\,\text{A}$이므로 전류를 3배 증가시키면 12 A가 된다.

따라서 대체 저항값은 $R_A = \dfrac{V}{I} = \dfrac{24\,\text{V}}{12\,\text{A}} = 2\,\Omega$

05. 다음 회로에서 저항을 통과하여 흐르는 전류는 A, B, C 각 점에서 어떻게 나타나는가?

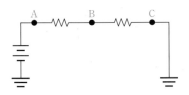

① A에서 전류가 가장 크고 B, C로 갈수록 전류가 작아진다.
② B에서 전류가 가장 크고 A, C는 같다.
③ A에서 전류가 가장 작고 B, C로 갈수록 전류가 커진다.
④ A, B, C의 전류는 모두 같다.

해설 병렬회로는 전압이 같고, 직렬회로는 전류가 같다.

06. 다음 전기회로에서 총저항과 축전지가 부담하는 전류는 각각 얼마인가?

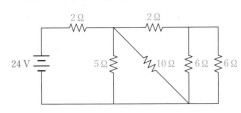

① 2 Ω, 12 A   ② 4 Ω, 8 A
③ 4 Ω, 6 A   ④ 6 Ω, 4 A

해설 상기 회로는 다음과 같이 연결된 회로로 표기가 가능함.

$$R_1 + \{[R_2 + (R_5 \parallel R_6)] \parallel R_3 \parallel R_4\}$$

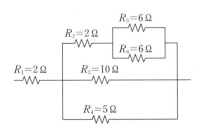

정답 1. ④ 2. ② 3. ③ 4. ② 5. ④ 6. ③

전류값을 구하기 위해 합성저항을 먼저 구한다.

- R_5, R_6 저항이 병렬로 연결되어 있으므로 합성저항은

$$R_A = \frac{R_5 R_6}{R_5 + R_6} = \frac{6 \times 6}{6 + 6} = 3\,\Omega$$

- R_2, R_A 저항이 직렬로 연결되어 있으므로 합성저항은

$$R_B = R_2 + R_A = 3 + 2 = 5\,\Omega$$

- R_B, R_3, R_4 저항이 병렬로 연결되어 있으므로 합성저항은

$$\frac{1}{R_C} = \frac{1}{\frac{1}{R_B} + \frac{1}{R_3} + \frac{1}{R_4}} = \frac{1}{\frac{1}{5} + \frac{1}{10} + \frac{1}{5}} = 2\,\Omega$$

- R_1, R_C 저항이 직렬로 연결되어 있으므로 마지막 합성저항은

$$R_T = R_1 + R_C = 2 + 2 = 4\,\Omega$$

- 전체 회로에 옴의 법칙을 적용하면 축전지가 부담하는 전체 전류는

$$I = \frac{V}{R_T} = \frac{24\,V}{4\,\Omega} = 6\,A$$

07. 6 Ω과 9 Ω으로 이루어진 병렬회로에서 6 Ω에 흐르는 전류가 0.5 A라면 전체 전류는 얼마인가?

① 1.3 A   ② 2.3 A

③ 0.83 A   ④ 0.63 A

해설 · 6 Ω에 걸리는 전압은 $V = IR = 0.5 \times 6 = 3\,V$이므로 병렬 저항 9 Ω에도 같은 전압이 걸린다.

· 9 Ω에 흐르는 전류는 $I = \dfrac{V}{R} = \dfrac{3\,V}{9\,\Omega} = 0.333\,A$

따라서 전체 전류는 0.5 A + 0.333 A = 0.833 A

08. 저항 양단에 걸리는 전압이 3배가 되면 전류는 몇 배가 되는가?

① 0.5배   ② 변하지 않음

③ 2배   ④ 3배

해설 옴의 법칙에 의해 $I = \dfrac{V}{R}$이고, 저항값은 변하지 않았으므로 전류는 전압에 비례한다.

09. 저항의 색띠가 주황–녹색–빨강–은색으로 주어졌다. 사용한 저항이 (+)오차가 가장 큰 것이라

면 28 V 전원을 연결할 때 전류값은 얼마인가?

① 3.5 mA   ② 7.3 mA

③ 8.0 mA   ④ 9.0 mA

해설 · 4색띠 저항이 주황(3)–녹색(5)–빨강(2)–은색이므로 저항값은 $35 \times 10^2 \pm 10\%$임. 따라서 오차가 가장 큰 저항값은 $3,500\,\Omega \times 1.1 = 3,850\,\Omega$

· 옴의 법칙을 적용하면 전류는

$$I = \frac{V}{R} = \frac{28\,V}{3,850\,\Omega} = 0.00727\,A = 7.3\,mA$$

10. 다음 회로에서 미지 전류 I_1과 I_2를 구하고 표기된 전류방향의 옳고 그림을 판단하시오.

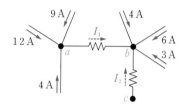

해설 · 노드 a에 키르히호프의 1법칙(KCL)을 적용

$$-I_1 + 4 + 12 + 9 = 0 \rightarrow \therefore I_1 = 25\,A \cdots ①$$

· 노드 b에 키르히호프의 1법칙(KCL)을 적용

$$I_1 + 4 + 6 + 3 + I_2 = 0 \cdots\cdots\cdots\cdots ②$$

· 식 ①의 결과를 식 ②에 대입하면

$$\therefore I_2 = -13 - I_1 = -13 - 25 = -38\,A$$

따라서 I_2는 전류의 방향이 반대가 되어야 한다.

11. 다음 회로에서 $R_1 = 100\,\Omega$, $R_2 = 50\,\Omega$, $R_3 = 150\,\Omega$의 저항을 직렬로 30 V의 전원에 연결하였다. 각 저항에 흐르는 전류와 전압을 구하시오.

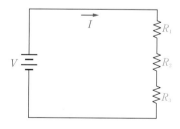

정답   **7.** ③   **8.** ④   **9.** ②

해설 • 전체 합성저항은

$$R_T = R_1 + R_2 + R_3 = 100 + 50 + 150 = 300 \ \Omega$$

• 전체 회로에 옴의 법칙을 적용하면

$$I = \frac{V}{R_T} = \frac{30 \ V}{300 \ \Omega} = 0.1 \ A$$

• 각 저항소자에 옴의 법칙을 적용하면

$$V_1 = I_1 R_1 = 0.1 \ A \times 100 \ \Omega = 10 \ V$$

$$V_2 = I_2 R_2 = 0.1 \ A \times 50 \ \Omega = 5 \ V$$

$$V_3 = I_3 R_3 = 0.1 \ A \times 150 \ \Omega = 15 \ V$$

12. 다음 회로에서 12 kΩ의 저항에 흐르는 전류를 구하시오.

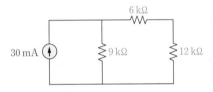

해설 회로는 $[(R_1 + R_2) \| R_3]$로 표기 가능하며 다음과 같이 구성되어 있다.

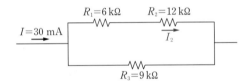

• 병렬회로 상단 회로의 합성저항은 $(R_1 + R_2)$

$$R_A = R_1 + R_2 = 6 + 12 = 18 \ k\Omega$$

• 따라서 회로는 $(R_A \| R_3)$로 표기되며, 2개 저항으로 이루어진 병렬회로가 된다.

• 전압이 주어지지 않았기 때문에 바로 옴의 법칙을 적용하기 어려우므로 병렬회로의 특성인 전류분배 특성으로 문제를 푼다.

• 따라서 위쪽 R_A 합성저항 쪽으로 흐르는 전류는 전체 합성저항값 분의 상대 저항값이 되므로

$$I_A = I \times \frac{R_3}{R_A + R_3} = 30 \ mA \times \frac{9 \ k\Omega}{9 \ k\Omega + 18 \ k\Omega}$$

$$= 10 \ mA$$

따라서 R_1과 R_2는 직렬 연결이므로 전류값이 같다.

$$\therefore \ I_1 = I_2 = 10 \ mA$$

13. 다음과 같이 주어진 회로에서 전류 I_A와 I_2를 구하시오. (단, A점의 전압은 12 V, B점의 전압은 −12 V임)

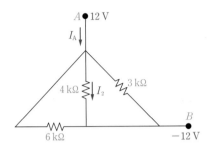

해설 상기 회로는 다음과 같이 연결된 회로이며,

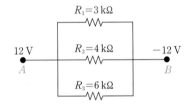

• 노드 A와 B 사이의 전위차는 24 V[=12 V − (−)12 V]이다.

• 병렬회로이므로 전위차 24 V는 각 저항에 걸리는 전압이 되며, I_2는 저항 R_2에 흐르는 전류이므로

$$I_2 = \frac{V_2}{R_2} = \frac{24 \ V}{4 \ k\Omega} = 6 \ mA$$

• 나머지 저항에 흐르는 전류를 구하면

$$I_1 = \frac{V_1}{R_1} = \frac{24 \ V}{3 \ k\Omega} = 8 \ mA$$

$$I_3 = \frac{V_3}{R_3} = \frac{24 \ V}{6 \ k\Omega} = 4 \ mA$$

• 따라서 전체 전류 $I_A = 8 + 6 + 4 = 18 \ mA$

기출문제

14. 병렬회로에 대한 설명으로 틀린 것은?

(항공산업기사 2012년 1회)

① 전체 저항은 가장 작은 1개의 저항값보다 작다.

② 전체의 전류는 각 회로로 흐르는 전류의 합과 같다.

③ 1개의 저항을 제거하면 전체의 저항값은 증가한다.

④ 병렬로 접속되어 있는 저항 중에서 1개의 저항을 제거하면 남아 있는 저항의 전압강하는 증가한다.

해설 2개 저항 병렬회로의 합성저항과 옴의 법칙은 다음과 같다.

$$R_{EQ} = \frac{1}{\frac{1}{R_1} + \frac{1}{R_2}} = \frac{R_1 R_2}{R_1 + R_2} \rightarrow I = \frac{V}{R_{EQ}}$$

- $R_1 = 3\ \Omega$, $R_2 = 6\ \Omega$이라 가정하면 $R_{EQ} = 2\ \Omega$이 되고, $V = 12\ V$라면 $I = 6\ A$가 된다. 따라서 전체 저항은 가장 작은 1개의 저항값(3 Ω)보다 작다.
- 병렬회로에 걸리는 전압은 12 V로 동일하므로 전압강하는 동일하다.

15. 그림과 같은 회로에서 a, b 간에 전류가 흐르지 않도록 하기 위해서는 저항 R은 몇 Ω으로 해야 하는가? (항공산업기사 2012년 2회, 2015년 1회)

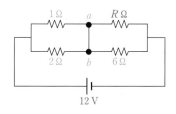

① 1　　② 2　　③ 3　　④ 4

해설 a, b 사이에 전류가 흐르지 않으면 두 점의 전압이 같게 되므로 주어진 회로는 휘트스톤 브리지 회로가 된다. 휘트스톤 브리지 회로에서는 대각선 방향의 저항곱이 같다.

$$R_x \times R_2 = R_1 \times R_3 \rightarrow 1\ \Omega \times 6\ \Omega = R \times 2\ \Omega$$

$$\therefore R = 3\ \Omega$$

16. 그림과 같이 브리지(Bridge)회로가 평형이 되었을 때 R의 값은? (단, 저항의 단위는 모두 Ω이다.)

(항공산업기사 2013년 1회)

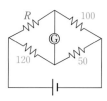

① 60　　② 80　　③ 120　　④ 240

해설 휘트스톤 브리지 회로에서

$$R_x \times R_2 = R_1 \times R_3 \rightarrow R \times 50\ \Omega = 100\ \Omega \times 120\ \Omega$$

$$\therefore R = 240\ \Omega$$

17. 그림과 같은 Wheatstone bridge가 평형이 되려면 X의 저항은 몇 Ω이 되어야 하는가?

(항공산업기사 2013년 2회)

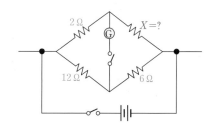

① 1　　② 2　　③ 3　　④ 4

해설 휘트스톤 브리지 회로에서 검류계의 값은 0 A가 되므로 평형상태가 되어 미지의 저항값을 구할 수 있다.

$$R_x \times R_2 = R_1 \times R_3 \rightarrow X \times 12\ \Omega = 2\ \Omega \times 6\ \Omega$$

$$\therefore X = 1\ \Omega$$

18. 9A의 전류가 흐르고 있는 4 Ω 저항의 양 끝 사이의 전압은 몇 V인가? (항공산업기사 2013년 4회)

① 12　　　　　② 23

③ 32　　　　　④ 36

해설 옴의 법칙을 적용하면 $V = IR = 9\ A \times 4\ \Omega = 36\ V$

정답 14. ④　15. ③　16. ④　17. ①　18. ④

19. 그림과 같은 회로에서 B와 C단자 사이가 단선되었다면 저항계(Ohm-meter)에 측정된 저항값은 몇 Ω인가? (항공산업기사 2014년 2회)

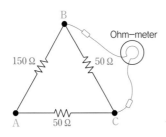

① 0　　　② 50　　　③ 150　　　④ 200

해설 B－C가 단선되었으므로 회로는 150 Ω과 50 Ω의 직렬연결이 되므로 합성저항은 (150 Ω + 50 Ω)이 된다.

20. 항공기 가스터빈기관의 온도를 측정하기 위해 1개의 저항값이 0.79 Ω인 열전쌍이 병렬로 6개가 연결되어 있다. 기관의 온도가 500°C일 때 1개의 열전쌍에서 출력되는 기전력이 20.64 mV라면 이 회로에 흐르는 전체 전류는 약 몇 mA인가? (단, 전선의 저항 24.87 Ω, 계기 내부저항 23 Ω이다.) (항공산업기사 2015년 2회)

① 0.163　　② 0.392　　③ 0.430　　④ 0.526

해설 · 같은 값을 갖는 열전쌍 6개 병렬회로의 합성저항은

$$R_{EQ} = \cfrac{1}{\cfrac{1}{R_1} + \cdots + \cfrac{1}{R_6}} = \cfrac{1}{\cfrac{1}{0.79} \times 6} = \frac{0.79}{6}$$

$$= 0.132\ \Omega$$

· 회로에 포함된 열전쌍 병렬회로, 전선 및 계기 내부저항을 모두 합하면 전체 회로의 저항값을 구할 수 있다. 따라서 $R_T = 0.132 + 24.87 + 23 = 48\ \Omega$

· 열전쌍이 병렬회로이므로 1개 열전쌍에서 출력되는 기전력(전압)이 전체 회로의 전압과 동일하므로 옴의 법칙을 적용하면

$$I = \frac{V}{R_T} = \frac{20.64 \times 10^{-3}\ \text{V}}{48\ \Omega} = 0.00043\ \text{A}$$

$$= 0.43\ \text{mA}$$

21. 그림과 같은 회로에서 20 Ω에 흐르는 전류 I_1은 몇 A인가? (항공산업기사 2015년 4회)

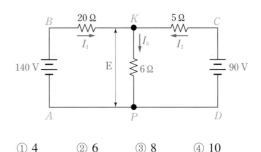

① 4　　　② 6　　　③ 8　　　④ 10

해설 · 노드 K에 키르히호프의 1법칙(KCL)을 적용

$I_1 + I_2 = I_3$ ·············①

· 폐회로 (B-K-P-A)에 키르히호프의 2법칙(KVL)을 적용

$140 - 20I_1 - 6I_3 = 0 \rightarrow 10I_1 + 3I_3 = 70$ ·············②

· 폐회로 (C-K-P-D)에 키르히호프의 2법칙(KVL)을 적용

$90 - 5I_2 - 6I_3 = 0$ ·············③

· 식 ①, ②, ③을 연립하여 풀면

식 ②에서 $I_1 = 7 - 0.3I_3$ ·············④

식 ③에서 $I_2 = 18 - 1.2I_3$ ·············⑤

식 ④, ⑤를 식 ①에 대입하여 정리하면

$(7 - 0.3I_3) + (18 - 1.2I_3) = I_3 \rightarrow 2.5I_3 = 25$

$\therefore I_3 = 10\ \text{A}$

· 식 ②, ③에서 $I_1 = 4\ \text{A}$, $I_2 = 6\ \text{A}$

22. 그림과 같은 회로에서 저항 6 Ω의 양단전압 E는 몇 V인가? (항공산업기사 2017년 1회)

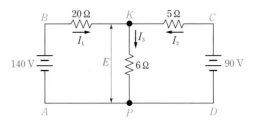

① 20　　　② 60　　　③ 80　　　④ 120

해설 21번의 해설 참고

$I_3 = 10\ \text{A}$이므로 $E = I_3 R_3 = 10\ \text{A} \times 6\ \Omega = 60\ \text{V}$

정답 **19.** ④　**20.** ③　**21.** ①　**22.** ②

23. $R_1 = 10\ \Omega$, $R_2 = 5\ \Omega$의 저항이 연결된 직렬회로에서 R_2의 양단전압 V_2가 10 V를 지시하고 있을 때 전체 전압은 몇 V인가? (항공산업기사 2016년 1회)

① 10 ② 20
③ 30 ④ 40

해설 • R_2 저항에 흐르는 전류는 옴의 법칙에 의해

$$I_2 = \frac{V_2}{R_2} = \frac{10\ \text{V}}{5\ \Omega} = 2\ \text{A}$$

• R_1, R_2 저항이 직렬로 연결되어 있으므로 흐르는 전류는 같다. 따라서 R_1 저항에 옴의 법칙을 적용하면

$$V_1 = I_1 R_1 = 2\ \text{A} \times 10\ \Omega = 20\ \text{V}$$

따라서 전체 전압은 $V_1 + V_2 = 10\ \text{V} + 20\ \text{V} = 30\ \text{V}$가 된다.

24. 그림과 같은 회로에서 합성저항은 몇 Ω인가? (항공산업기사 2017년 2회)

1 Ω 1 Ω
1 Ω 1 Ω

① 1 ② 2
③ 3 ④ 4

해설 • 병렬회로 상단과 하단은 동일하게 1 Ω 저항 2개가 직렬로 연결되어 있으므로 합성저항은 2 Ω이고, 2 Ω 합성저항이 병렬로 연결되므로

$$R_{EQ} = \frac{R_1 R_2}{R_1 + R_2} = \frac{2 \times 2}{2 + 2} = 1\ \Omega$$

▶ 필답문제

25. 항공기 전자장비 전기계측에 사용되는 장비는 배율기와 분류기가 있다. 이 전기계측기 각각의 목적 및 기본 계기에 대한 연결방법에 대하여 기술하시오. (항공산업기사 2005년 4회)

정답 • 배율기(multiplier)
– 전압계에서 기본 측정전압 이상의 큰 전압을 측정하기 위해 직렬로 장착하는 저항으로 배율저항(multiplier resistance)이라 한다.
– 기본 전압값보다 큰 전압을 배율저항 쪽에서 전압강하시키므로 값이 매우 크다.
• 분류기(shunt)
– 전류계에서 기본 측정전류 이상의 큰 전류를 측정하기 위해 병렬로 장착하는 저항으로 분류저항(shunt resistance)이라 한다.
– 기본 전류값보다 큰 전류를 대부분 분류저항 쪽으로 흐르게 하므로 크기가 매우 작다.

26. 항공기 전기계통에서 배율기와 분류기의 기능과 연결방법에 대하여 기술하시오. (항공산업기사 2006년 2회, 2008년 1회)

정답 문제 25번 참조.

27. 항공기용 전압계의 연결방법에 대해 기술하시오. (항공산업기사 2006년 4회)

정답 • 전압계는 측정할 전원이나 부하와 병렬로 연결한다.
• 전류계는 측정할 전원이나 부하와 직렬로 연결한다.

28. 항공기 전기계통에 사용되는 전압계, 전류계의 전원 및 부하와 연결하는 방법을 기술하시오. (항공산업기사 2009년 1회)

정답 문제 27번 참조.

29. 다음 그림의 등가저항을 구하시오. (항공산업기사 2008년 2회, 2011년 2회)

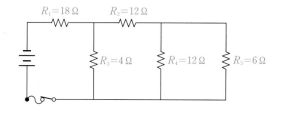

$R_1 = 18\ \Omega$ $R_2 = 12\ \Omega$ $R_3 = 4\ \Omega$ $R_4 = 12\ \Omega$ $R_5 = 6\ \Omega$

정답 상기 회로는 다음과 같이 연결된 회로이다.

정답 **23.** ③ **24.** ①

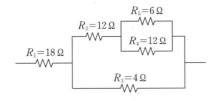

- R_4, R_5 저항이 병렬로 연결되어 있으므로 합성저항은

$$R_A = \frac{R_4 R_5}{R_4 + R_5} = \frac{12 \times 6}{12 + 6} = 4\ \Omega$$

- R_2, R_A 저항이 직렬로 연결되어 있으므로 합성저항은

$$R_B = R_2 + R_A = 12 + 4 = 16\ \Omega$$

- R_B, R_3 저항이 병렬로 연결되어 있으므로 합성저항은

$$R_C = \frac{R_B R_3}{R_B + R_3} = \frac{16 \times 4}{16 + 4} = 3.2\ \Omega$$

- R_1, R_C 저항이 직렬로 연결되어 있으므로 마지막 합성저항은

$$R_T = R_1 + R_C = 18 + 3.2 = 21.2\ \Omega$$

30. 전기의 폐회로에서 키르히호프의 제2법칙에 의해 유도할 수 있는 전류의 관계식을 기술하시오.

(항공산업기사 2011년 4회, 2014년 1회)

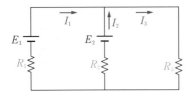

정답 • 좌측 폐회로에 키르히호프의 2법칙(KVL)을 적용

$$E_1 - E_2 - I_2 R_2 - I_1 R_1 = 0 \quad\text{······················} ①$$

• 우측 폐회로에 키르히호프의 2법칙(KVL)을 적용

$$E_2 - I_3 R_3 - I_2 R_2 = 0 \quad\text{·······························} ②$$

31. 다음 그림과 같은 전류계의 션트저항을 구하시오.

(항공산업기사 2012년 2회)

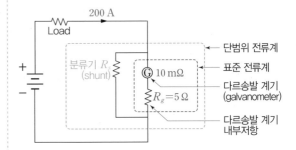

정답 • 다르송발 계기 내부저항과 분류기가 병렬로 연결되어 있으므로 양쪽에 걸리는 전압은 동일하다.

• 내부저항에는 10 mA가 흐르므로 측정대상 전류 200 A 중 나머지 전류 199.99 A는 분류기 쪽으로 흐르는 션트전류가 된다.

• 따라서 옴의 법칙을 적용하면

$$0.01\ A \times 5\ \Omega = (200 - 0.01)\ A \times R_s$$

$$\therefore\ R_s = 0.00025\ \Omega = 0.25\ m\Omega$$

32. 다음과 같이 $R_1 = 3\ k\Omega$, $R_2 = 5\ k\Omega$, $R_3 = 10\ k\Omega$ 으로 주어진 회로의 전체 저항을 구하시오.

(항공산업기사 2014년 4회)

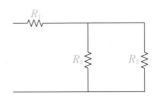

정답 • R_2, R_3 저항이 병렬로 연결되어 있으므로 합성저항은

$$R_A = \frac{R_2 R_3}{R_2 + R_3} = \frac{5 \times 10}{5 + 10} = 3.33\ k\Omega$$

• R_1, R_A 저항이 직렬로 연결되어 있으므로 마지막 합성저항은

$$R_T = R_1 + R_A = 3\ k\Omega + 3.33\ k\Omega = 6.33\ k\Omega$$

AVIONICS

ELECTRICITY AND ELECTRONICS

FOR AIRCRAFT ENGINEERS

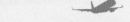

AVIONICS
ELECTRICITY AND ELECTRONICS

4장에서는 전자유도 현상(electromagnetic induction)에 관련된 기본 법칙을 배우게 됩니다. 관련된 기본 법칙은 크게 앙페르의 법칙(Ampere's rule), 패러데이의 법칙(Faraday's law), 플레밍의 법칙(Fleming's rule)으로 분류할 수 있으며, 더 세분화하면 총 6개의 법칙으로 분류할 수 있습니다.

전기는 전기장(electric field)으로 존재하게 되는데 전기 자체에 의해 수행할 수 있는 기능보다 자기장(magnetic field)과 함께 작용함으로써 보다 유용하고 다양한 기능을 수행할 수 있습니다. 가장 많이 사용하는 전기장치인 모터, 발전기 및 변압기 등이 이러한 전기와 자기의 상호작용을 이용한 대표적인 장치입니다. 또한 여러분이 항상 휴대하는 스마트폰과 같은 모바일(mobile) 기기들도 전기와 자기의 상호작용을 통해 전파를 주고받습니다. 책의 후반부에서 배울 이러한 장치들의 기본적인 원리와 기능을 이해하는 데 전자유도 현상은 매우 중요하게 활용됩니다.

4.1 전기장(전계)

4.1.1 전기장의 개념

전기장이란 무엇일까요? 전기를 띤 물체를 대전체(electrified body)라고 하는데, 대전체 주위에는 전기에 의한 힘의 장(field)이 존재하게 됩니다. 이 전기에 의한 힘이 미치는 공간을 전계(electrostatic field, 電界), 즉 전기장(electric field, 電氣場)이라고 합니다. 공상과학 애니메이션이나 SF 영화를 보면 눈에는 보이지 않지만 어떤 보호막이나 힘의 영역이 펼쳐지는 장면이 나오는데, 이러한 장면을 생각하면 이해가 쉬울 것입니다.

눈에 보이지는 않지만 전기장이 미치는 힘의 방향을 선(line)으로 나타낸 것을 전기력선(line of electric force)이라고 합니다. [그림 4.1]과 같이 (+)와 (−)의 전기적 극성을 띤 대전체 주위에 양(+)의 시험전하(test charge)를 놓게 되면 같은 극성을 갖는 (+)대전체와는 척력(repulsive force)이 작용하고, 다른 극성을 갖는 (−)대전체와는 인력(attractive force)이 작용하여 움직이게 됩니다. 이 움직이는 방향에 따라 선을 그은 것이 전기력선이며, 이 전기력선은 항상 (+)전기의 성질을 갖는 양전하(positive electric charge)에서 (−)전기의 성질을 갖는 음전하(negative electric charge)로 향하게 됩니다. 결국 전기력선의 방향이 전기장의 방향이 되며, 전기력선의 밀도는 전기장의 세기를 나타냅니다.[1]

[1] 전기장이 센 곳에서는 전기력선이 많아져 촘촘하게 그려지고, 전기장이 약한 곳에서는 전기력선의 수가 적어져 듬성듬성 그려짐.

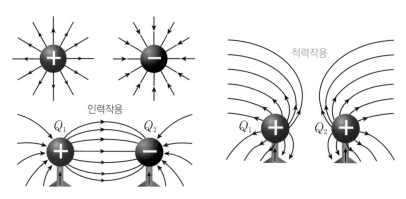

핵심 Point **전기장(electric field)의 방향**

· 같은 극성을 가진 전하(Q)의 전기력선은 서로 반발한다. ➡ 척력 작용
· 다른 극성을 가진 전하(Q)의 전기력선은 서로 끌어당긴다. ➡ 인력 작용

[그림 4.1] 대전체 사이의 전기력선 방향

4.1.2 쿨롱의 법칙

그러면 이 전기장에서 나타나는 힘의 크기를 정의해 보겠습니다. 앞에서 설명한 바와 같이 대전체 주위에 시험전하로 (+)의 양전하(Q)를 놓으면 이 전하는 대전체로부터 힘을 받습니다. 전하 사이에 작용하는 이러한 힘에 대한 정량적인 법칙을 알아낸 사람은 프랑스의 샤를-쿨롱[2]으로, 쿨롱의 법칙(Coulomb's law)으로 잘 알려져 있습니다.

쿨롱의 법칙은 [그림 4.2]와 같이 두 전하 Q_1과 Q_2가 거리 R만큼 떨어져 있는 경우에, 두 전하 사이에 작용하는 전기력(F)은 만유인력의 법칙(law of universal gravitation)과 같이 거리의 제곱에 반비례하고 전기량의 곱에는 비례한다는 법칙입니다. 이를 수식으로 나타내면 식 (4.1)과 같습니다.

2 재미있는 사실은 쿨롱은 원래 전기분야 전문가가 아니고 군에서 진지를 구축하는 토목기술자였다고 함.

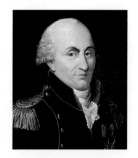
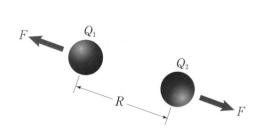

[그림 4.2] 쿨롱(Charles-Augustin de Coulomb, 프랑스,1736~1806)과 쿨롱의 법칙(Coulomb's law)

$$F = K\frac{Q_1 Q_2}{R^2} \text{ [N]} \quad \text{여기서, } K = \frac{1}{4\pi\varepsilon_0} \tag{4.1}$$

여기서, K는 쿨롱 상수(Coulomb constant)[3]라 합니다. 예를 들어 1 C의 전하를 가진 물체가 1 m 떨어져 있다고 가정하면, 두 전하 사이에 작용하는 전기력은 약 90억 N(뉴턴)이 되며, 거리가 10 cm로 줄어들면 힘의 크기는 100배가 커져서 9,000억 N이 됩니다. 따라서, 전자를 가진 원자핵과 전자 사이에 작용하는 힘은 만유인력보다 전기력이 훨씬 크므로 만유인력은 무시하고 쿨롱의 법칙을 적용하여 계산합니다.

결론적으로, 전기를 띤 어떤 대전체 주위에는 전기장이 존재하게 됩니다. 이 전기장의 세기(E)는 식 (4.1)에서 대전체가 가진 전하를 Q_1이라 하고 Q_2를 (+)의 단위 양전하(+1 C)의 시험전하로 대체하면, 대전체 Q_1에 의해 이 단위 전하(unit charge)가 받는 전기력의 크기로 식 (4.2)와 같이 정의할 수 있습니다.

$$E = K\frac{Q_1}{R^2} \text{ [N]} \quad \text{여기서, } K = \frac{1}{4\pi\varepsilon_0} \tag{4.2}$$

이제 전기장이 가지는 성질에 대해 알아보겠습니다. 금속표면 위의 전하는 균일하게 분포하는 성질을 가지며, 이 표면에 분포된 전하에 의해서 물체는 정전기(static electricity)가 발생하게 됩니다. [그림 4.3]과 같이 속이 빈 금속공에서는 바깥쪽 표면에만 일정하게 전하가 분포하기 때문에 금속공 내부에는 전계가 생기지 않습니다. 이러한 현상을 정전차폐(electrostatic screening)라고 합니다.

반면에 불균등한 형체를 갖는 물체에서는 물체의 뾰족한 부분이나 끝 쪽에 더 많이 전하가 분포하게 됩니다. 2장에서 배운 정전기 방전장치(static discharger)를 날개 끝(wing tip)이나 수평 꼬리날개(horizontal tail) 끝에 설치하는 이유가 바로 정전기가 뾰족한 부분에 많이 모이는 특성 때문입니다.

[3] 진공에서의 유전율(ε_0)과 원주율(π)에 의해 결정되며 $K = 8.988 \times 10^9 \approx 9 \times 10^9 \text{ N·m}^2/\text{C}^2$의 값을 가짐.

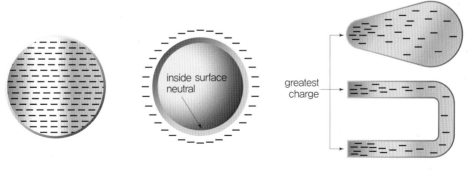

(a) 금속표면 위의 균일한 전하분포

(b) 금속구의 정전차폐

(c) 불균등한 물체의 전하분포

[그림 4.3] 전하의 분포특성

4.2 자기장(자계)

4.2.1 자기

4 자기는 2,500년경 그리스 사람이 에게해의 마그네시아 섬에서 자철광을 발견하면서 자기의 존재를 알게 되었다고 함.

자기(magnetism)[4]란 금속물질을 끌어당기는 물체의 성질을 말합니다. 자석으로 문지른 못은 자석처럼 금속물체를 끌어당기게 되는데, 이처럼 어떤 물체가 자성(자기력)을 갖게 되는 현상을 자화현상(magnetization)이라고 하며, 자성체(magnetic material)는 자석(또는 외부 자기장)에 의해 자화되는 물체를 가리킵니다.

[그림 4.4]와 같이 자화되기 전의 물체는 내부 원자들이 불규칙하게 정렬되어 있어 자석과 같은 효과를 내지 못하다가, 외부에서 자석을 갖다 대면 그 원자들이 외부 자기장의 방향으로 배열하기 때문에 자석에 달라붙게 됩니다.

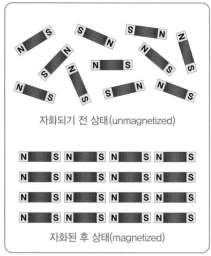

[그림 4.4] 자화현상

물체는 자기에 반응하는 정도에 따라 다음과 같이 강자성체, 비자성체, 반자성체로 구분됩니다.

5 자화 정도가 매우 강해 자석(또는 외부 자기장)을 없애도 자성이 남아 있게 됨.

① 강자성체(ferromagnetic or magnetic material)
  – 자기에 강하게 반응하여 자석에 달라붙는 성질을 갖는 물질[5]
  – 연철(wrought iron), 강철(steel), 니켈(nickel), 코발트(cobalt) 및 그 합금 등
② 비자성체(nonmagnetic material)
  – 자계에 의해 자화되지 않으므로 자기에 거의 반응하지 않는 물질

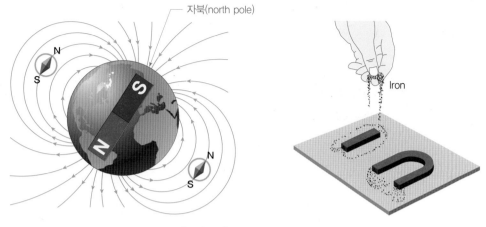

[그림 4.5] 지구의 자기장

　　– 알루미늄(aluminum), 황동(brass), 백금(platinum), 주석(tin) 등

③ 반자성체(diamagnetic material)

　　– 자석의 N극과 S극, 양극에 모두 반발하는 성질을 가진 물질[6]

　　– 금속과 산소를 제외한 기체와 물, 유리, 비스무스(bismuth) 등

　지구도 거대한 자기장을 가진 자석입니다. 즉, 지구의 북극[7]은 자석의 S극의 성질을 가지며, 남극은 자석의 N극이 되어 지구 주위에서 나침반을 들고 있으면 [그림 4.5]와 같이 나침반의 N극이 지구 북극을 가리키게 됩니다.

4.2.2 자기의 성질

자기는 어떻게 나타나게 되는 것일까요? 물질을 이루는 원자(atom)는 원자핵(atomic nucleus)과 원자핵 주위를 돌고 있는 전자(electron)의 집합임을 배웠습니다. 전자는 원자핵 주위의 궤도를 돌면서 [그림 4.6]과 같이 자기 자신도 회전하는 운동을 하는데 이를 스핀(spin) 운동이라 합니다. 이 회전운동에 의해서 전류가 만들어지고, 전류가 생기면 그 주위에는 자기장이 만들어지므로, 이로 인해 자기적 성질을 띠게 됩니다. 스핀 운동의 회전방향에 따라 N극과 S극이 만들어지는데, 비자성체는 한 쌍의 전자가 각기 반대방향으로 스핀 운동을 하므로 비자성체가 됩니다.

　자기력(magnetic force, 磁氣力)은 자기가 미치는 힘을 나타내고, 자기장(magnetic field, 磁氣場)은 자기력이 작용하는 공간을 의미하며 자계(磁界)라고도 부릅니다. 자기력선(line of magnetic force)은 전기력선과 마찬가지로 자기장의 방향과 모양을 나타

6 강자성체는 외부 자기장에 의해서 자기장과 같은 극으로 자화되며, 반자성체는 다른 극으로 자화됨.

7 자북(magnetic north)이라고 함.

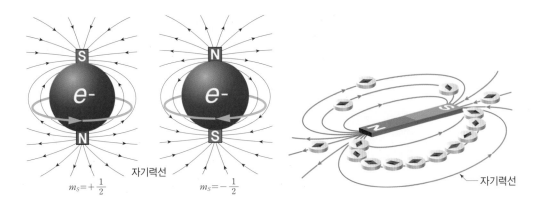

$m_S = +\dfrac{1}{2}$ 　　자기력선　　$m_S = -\dfrac{1}{2}$ 　　자기력선

[그림 4.6] 전자의 스핀(spin) 운동과 자기력선

내는 가상의 선을 말합니다.

　자기가 가지는 다양한 특성과 성질을 알아보겠습니다. 우선 자기는 N극과 S극의 두 자극(magnetic pole)을 갖습니다. 자석의 양 끝에서 자기력이 가장 세며, [그림 4.7]과 같이 자기장의 방향은 자석 내부에서는 S극에서 N극으로 향하고, 자석 외부에서는 N극에서 S극으로 향합니다. 우리가 잘 알고 있듯이 자기장은 같은 극끼리는 척력이 작용하고, 서로 다른 극끼리는 인력이 작용합니다.

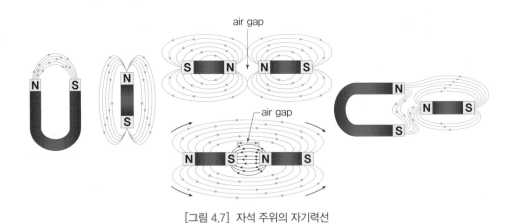

[그림 4.7] 자석 주위의 자기력선

　그렇다면 자석을 절단해도 자기가 유지될까요? [그림 4.8]과 같이 자석을 계속 절단해도 각 절단면에는 각기 N/S극이 생깁니다. N극 쪽을 잘랐다고 N극만 있고, S극 쪽을 잘랐다고 S극만 존재하지 않는다는 것이죠. 이는 자기가 분자모양의 쌍극자(dipole,

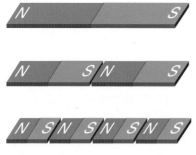

[그림 4.8] 절단된 자석에 생긴 자극

雙極子)로 존재하기 때문인데, 자기는 N극과 S극으로 각각 분리하는 것이 불가능하고 항상 N극과 S극이 쌍으로 존재합니다.

앞서 배운 전기장은 속이 빈 둥근 도체 내부에는 형성되지 않는 정전차폐 특성을 가지는 것에 반해, 자기력선은 모든 물질을 통과하기 때문에 완전한 차폐가 불가능합니다. 특히, 자성체 중에 연철(soft iron)은 자계가 쉽게 통과하는 대표적인 물질로 [그림 4.9]와 같이 자기장 근처에 연철을 놓아 두면 연철 쪽으로 자기장이 집중됩니다. 이러한 연철의 자기장 통과 특성은 항공계기 중에 지구 자기장을 측정하여 항공기의 비행방향을 자북[8](magnetic pole, 磁北)에 대해 지시하는 자기 컴퍼스(magnetic compass)[9]와 라디오 컴퍼스(radio compass)에 활용됩니다. 이러한 자기계기들은 약한 지구 자기장을 측정하기 때문에 주위에 자기장을 발생시키는 장치나 요소가 존재하면 지구자기장이 변형되어 계기에 오차가 발생하므로, 외부 케이스를 연철로 둘러싸서 외부 자기장이 일정하게 통과하도록 하여 계기 오차를 감소시키는 데 이용합니다.

8 지구 자전축인 진북(true north)과 달리 지구 자기장의 북극을 자북이라고 함.

9 지구 자기장을 측정하기 때문에 자기계기(magnetic instrument)라고 함.

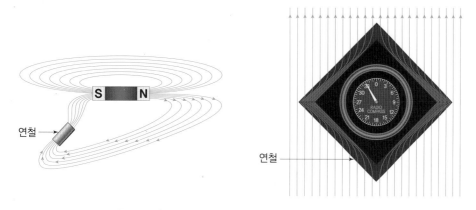

[그림 4.9] 연철에 의한 자계의 변형과 magnetic shield

4.2.3 자기장의 세기 및 자화곡선

(1) 자기장의 세기

자기장(자계)의 세기는 자속밀도(magnetic flux density) B 또는 자화력(magnetizing force) H로 나타냅니다. 자화력은 외부에서 가해주는 자기장의 세기를 나타낼 때 사용하고, 자속밀도는 자화된 자성체 자체의 자기장의 세기를 나타내는 데 사용됩니다.

먼저 자속(magnetic flux, 磁束)의 개념에 대해 알아보고 나서 자속밀도를 설명하겠습니다. 자속이란 자성체 내부 자기력선의 묶음을 나타내는데, 자기력선의 수가 많으면 그만큼 자기장의 세기가 강해집니다. 따라서 자기장의 세기는 자기력선의 개수로 표현하는데, 자기력선이 많을수록 자속이 증가하고 자기장이 더 세집니다.

 자속(magnetic flux)

- 자속의 단위는 웨버(Weber, [Wb])를 사용한다.
- 자속의 표기는 대문자 Φ를 사용한다.

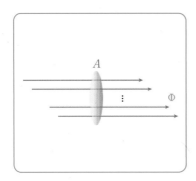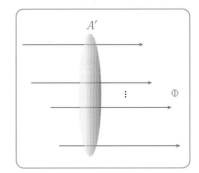

[그림 4.10] 면적에 따른 자속의 비교

자속을 사용하여 자기장의 세기를 표현하는 방식에는 한 가지 문제점이 있습니다. [그림 4.10]과 같이 자속이 Φ인 자기장의 자기력선 수가 1,000개라고 가정해보겠습니다. 왼쪽 그림의 면적 A에서는 매우 촘촘한 자기력선에 의해 자기장이 큰 것처럼 보이지만, 같은 수의 자기력선을 면적이 큰 A'에서 보게 되면 상대적으로 자기장의 세기는 약해집니다. 따라서, 자속은 자기력선의 개수를 세기 위한 공간면적의 크기를 어떻게 지정하느냐에 따라 값이 달라지므로, 자기장의 세기를 비교하기 위해서는 단위 면적당 통과하는 자기력선의 총개수(자속)를 사용하는 것이 보다 합당합니다. 이를 자속밀도라고 하는데, 식 (4.3)과 같이 단위면적당 자기력선의 개수(자속)로 정의합니다.

 자속밀도(magnetic flux density)

- 자속방향의 수직인 단위면적 $1m^2$를 통과하는 자기력선의 총개수(자속)로 정의한다.
- 자속밀도의 단위는 테슬라(Tesla, [T]) = $[Wb/m^2]$를 사용한다.
- 자속밀도의 표기는 대문자 B로 나타낸다.

$$B = \frac{\Phi}{A} \, [Wb/m^2] \text{ 또는 } [T] \tag{4.3}$$

물체를 자화시키는 외부자계의 세기인 자화력은 1Wb의 자극에 1 N의 힘이 작용하는 자계의 세기를 나타내며, 단위는 A/m(암페어/미터)이고 표기는 H를 사용합니다. 자화력과 자속밀도는 다음 식과 같이 진공상태에서의 투자율[10](magnetic permeability, 透磁率) μ_0를 통해 상호관계를 맺습니다.

$$B = \mu_0 H \, [Wb/m^2] \text{ 또는 } [T] \tag{4.4}$$

여기서, $\mu_0 = 4\pi \times 10^{-7} \approx 1.26 \times 10^{-6}$ H/m로 진공상태에서의 공기의 투자율을 사용합니다[단위의 H는 인덕턴스의 단위인 헨리(Henry)입니다.].

10 자화될 때 생기는 자속밀도(B)와 진공 중에서 나타나는 자기장 세기의 비를 말하며, 물질의 종류에 따라 자화가 잘되는 정도를 나타냄. 철 등의 강자성체일수록 값이 커짐.

(2) 자화곡선

자화곡선(magnetization curve 또는 hysteresis curve)은 외부에서 가해주는 자화력(H)을 x축에 표시하고 물체가 자화되어 갖는 자속밀도(B)를 y축에 표시하여 자화과정의 특성을 나타낸 곡선으로 B-H 곡선, 자기이력곡선(magnetic hysteresis)이라고도 합니다. [그림 4.11]을 통해 외부에서 자화력(H)을 가해 비자성체인 철을 자화시키는 과정을 살펴보겠습니다.

① [O → ⓐ 구간] 자기포화(saturation)

[그림 4.11]의 시작점 O에서 ⓐ점까지의 구간은 자기포화 구간으로, 철에 가하는 외부 자화력 H가 커질수록 철의 자속밀도 B가 증가되어 철은 점점 자화됩니다. 자화력을 계속 증가시키면 철의 자속밀도가 계속 증가하다가 더 이상 자속밀도의 세기가 커지지 않게 되는데, 이때의 자속밀도를 포화자속밀도(saturation magnetic flux density)라 하고 B_s로 나타냅니다.

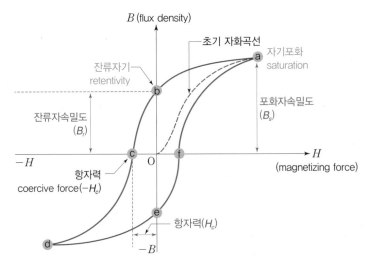

[그림 4.11] 자기이력곡선(자화곡선, B-H 곡선)

② [ⓐ → ⓑ 구간] 잔류자기(retentivity)

이제 자화력(H)을 줄여서 자화된 철의 자속밀도를 줄여 보겠습니다. 자화력을 줄이면 철의 자속밀도는 ⓐ점에서 ⓑ점으로 줄어들게 되는데, 외부에서 가해주는 자화력이 0이 되어도 철은 완전히 자기장을 잃지 않고 일정 자속밀도를 가지게 됩니다. 이때 남아 있는 자속밀도를 잔류자속밀도(residual magnetic flux density) 또는 잔류자기(retentivity) B_r이라고 합니다.

③ [ⓑ → ⓒ 구간] 항자력(보자력, coercive force)

자속밀도(B)가 ⓑ점에서 ⓒ점으로 움직여 0이 되도록 하려면 계속해서 자화력을 줄여 (−)방향[11]으로 가해주어야 합니다. 물체의 자속밀도가 0이 되는 순간의 자화력을 항자력(抗磁力) 또는 보자력(coercive force, 保磁力) H_c라고 합니다.

④ [ⓒ → ⓓ → ⓔ → ⓕ 구간]

자화력(H)을 계속 줄이면 철의 자속밀도(B)는 계속 (−)방향으로 줄어들게 되어 ⓐ점에서의 자기포화와 같이 반대 방향의 자속밀도(−B)에 이르게 되어 자기포화상태가 됩니다. 이후 자화력을 다시 증가시키게 되면 ⓔ점을 지나 ⓕ점으로 이동되어 자속밀도도 다시 0인 상태가 됩니다.

자화이력곡선은 자성체의 재질에 따라 곡선의 기울기나 크기 및 곡선으로 둘러싸인 면적이 달라지게 됩니다. 비자성체인 어떤 금속을 자화시켜 영구자석을 만드는 목적이라면 잔류자기 B_r은 크기가 클수록 좋고, 자화된 후 오랜 시간 동안 자기장을 유지하

11 여기서 (−)H란 초기 O−ⓐ 구간에서 가해준 자화력을 (+)H로 가정했을 때의 반대 자기장을 가해주는 것을 의미함. 만약 (+)H가 N극이라면 (−)H는 S극이 됨.

는 관점에서는 항자력 H_c가 클수록 좋은 영구자석을 만들 수 있습니다.

(3) 히스테리시스 현상

자화과정의 1사이클이 끝난 후 마지막 위치인 [그림 4.11]의 ⓕ점은 초기 시작점인 O점과 다른 점이 되고, 상기 자화과정을 다시 반복하면 초기 자화곡선 O-ⓐ 구간에서 이동한 경로와는 다른 ⓕ-ⓐ 이동경로를 따라 자속밀도가 증가하게 되어 최종적으로 자화곡선은 사이클 ⓐ-ⓑ-ⓒ-ⓓ-ⓔ-ⓕ-ⓐ 경로를 따라 반복적으로 나타나게 됩니다. 이러한 형태의 사이클 곡선을 히스테리시스 곡선(hysteresis curve)이라고 하며, 이러한 현상을 히스테리시스 현상이라고 합니다.

기본적으로 어떤 물리 시스템을 대상으로 외부에서 힘을 가하거나 자극을 주었을 때 이에 반응하는 변위(변화)는 직선을 따라 선형적(linear)으로 움직이는 것이 이상적이며, 물리 시스템을 이해하고 제어하기에도 가장 좋습니다. 따라서, 히스테리시스 현상과 같이 외부 자극에 대해 선형적인 변화가 발생되지 않고 비선형적(nonlinear)으로 이동변위가 서로 다르게 되는 현상은 시스템의 성능을 저해하는 요소로 작용하게 됩니다.

5장, 12장, 13장에서 배울 변압기, 발전기, 모터 등과 같은 전기장치에는 철심(iron-core)이 많이 들어가 있고 내부에서 자기장이 계속 변화되는 상태가 만들어지는데, 이때 철심은 자화되었다가 다시 원상태로 돌아오는 현상이 반복적으로 일어나 히스테리시스 현상이 발생하게 됩니다. 이러한 현상이 발생하면 철심에서 나타나는 히스테리시스 곡선 내부의 면적에 비례하여 열이 발생하고 전력이 소모되므로, 공급된 에너지의 손실이 커져 전기장치의 효율이 저하됩니다. 따라서, 자화현상에서 히스테리시스 곡선은 폭(면적)이 작고 크기가 작을수록 좋습니다.

참고로 히스테리시스 현상은 자기장의 자화곡선에서만 나타나는 것이 아니라 자화곡선과 같이 이동변위가 서로 다르게 나타나는 물리 시스템에서도 나타납니다. 가장 대표적인 것이 [그림 4.12]에 나타낸 기어(gear)의 백래시(backlash)[12] 현상입니다.

---

12 2개의 기어가 맞물렸을 때 톱니 사이에 존재하는 간격에 의해서 기어의 회전방향이 변화하면 히스테리시스 현상이 발생하게 됨.

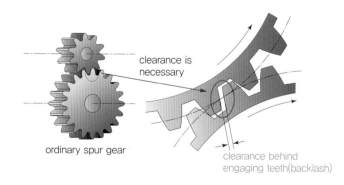

ordinary spur gear

clearance is necessary

clearance behind engaging teeth(backlash)

[그림 4.12] 기어의 백래시 (backlash)

4.3 전자기 유도 현상

자기와 전기를 각각 사용하는 것보다 함께 사용하면 유용한 상호작용을 전기장치에 활용할 수 있습니다. 이 상호작용을 전자기 유도 현상(electromagnetic induction)이라 하는데, 우선 [그림 4.13]에 정리한 자기와 전기 관련 총 6개의 중요법칙을 분류하고 간략히 알아보겠습니다.

① 도선에 전류가 흐르면 그 주위에는 자기장이 발생한다

도선이나 금속에 전류가 흐르면 그 주위에는 항상 자기장(자계)이 발생하게 되는데, 앙페르의 오른나사법칙(Ampere's right-handed screw rule)과 앙페르의 오른손 엄지손가락법칙(Ampere's right-handed thumb rule)을 적용하여 생성되는 자기장의 방향을 확인할 수 있습니다.

② 자기장이 움직이면(변화하면) 도선에는 전압/전류가 유도되어 발생한다

반대로 자기장이 변화하면 자기장 내에 위치한 도선에는 전압, 전류가 유도되어 발생하게 되는데, 유도되는 전압의 크기와 흐르는 전류의 방향을 패러데이의 전자유도법칙(Faraday's electromagnetic induction law)과 렌츠의 법칙(Lenz's law)으로 확인할 수 있습니다.

③ 전기장과 자기장 사이에는 힘이 발생한다

전기장과 자기장 사이에는 힘이 발생하는데, 자기장 속에서 도선에 전류가 흐르는 경우는 플레밍의 왼손법칙(Fleming's left-hand rule)으로 힘의 방향을 알아낼 수 있고, 자기장 속에서 도선을 먼저 움직이면 플레밍의 오른손법칙(Fleming's right-hand

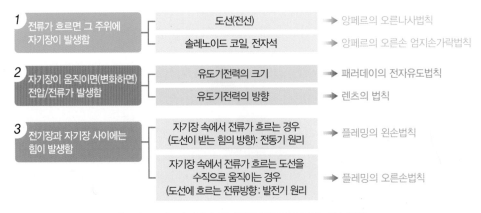

[그림 4.13] 자기장과 전기장의 상호작용 관련 기본 법칙

rule)으로 유도되는 전류의 방향을 알아낼 수 있습니다.

그럼 각각의 기본 법칙에 대해 상세히 살펴보겠습니다.

4.3.1 전류에 의한 자기장 발생에 관한 법칙

(1) 앙페르의 오른나사법칙

1820년 덴마크의 물리학자 외르스테드(Hans C. Oersted)는 도선에 전류가 흐를 때 그 주위에 자기력이 발생하는 현상을 발견합니다. [그림 4.14]는 외르스테드가 전류의 자기작용을 밝혀내는 데 사용한 실험장치 모습입니다. 그 유명한 볼타전지(Volta cell)를 철사의 양쪽에 연결하고 전류를 흘려주었더니 나침반의 바늘이 움직이는 현상이 발생하였고, 나침반의 바늘은 만유인력이나 정전기력에 의한 것이 아니라 전류에 의해 생성된 자기력에 의해 움직인다는 것을 알아냈습니다.[13]

13 항공기의 주재료인 알루미늄을 발견한 것도 외르스테드임.

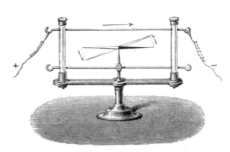

[그림 4.14] 외르스테드(Hans C. Oersted, 덴마크, 1777~1851)와 실험장치
(18세기에도 뽀샵이~~, 같은 사람임)

또한 [그림 4.15]와 같이 전류가 흐르는 도선 주위에 철가루를 뿌려 놓으면 전류에 의해 생성되는 동심원의 자기장을 확인할 수 있습니다. 또한 주변에 나침반을 놓으면

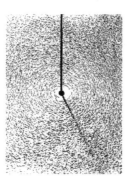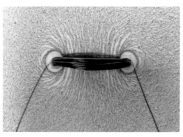

[그림 4.15] 앙페르(André-Marie Ampère, 프랑스, 1777~1836)와 전류 주변의 자기장

자기장의 방향을 따라 나침반이 돌아가는 현상을 통해 전류가 흐르는 도선 주위 평면에는 동심원의 자기장이 발생됨을 알 수 있습니다.

전류와 자기력선 방향 사이의 관계를 규명한 법칙이 앙페르의 오른나사법칙이며, 1822년 프랑스의 물리학자 앙페르에 의해 정립되었습니다.

 핵심 Point **앙페르의 오른나사법칙(Ampere's right-handed screw rule)**

- 도선 주위에 생기는 자기장의 방향을 알아내는 법칙이다.
- [그림 4.16]과 같이 도선의 전류가 흐르는 방향으로 오른손 엄지손가락을 맞추고 나머지 손가락들이 감기는 방향으로 자기장의 방향이 결정된다.
- 오른나사의 진행 방향과 같기 때문에 오른나사법칙이라고도 한다.

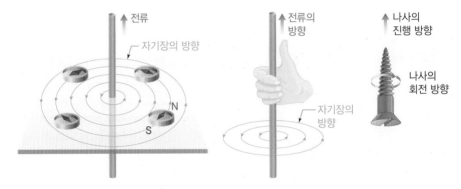

[그림 4.16] 앙페르의 오른나사법칙(직선 도선 주위의 자기장의 방향)

원형 도선의 경우에도 [그림 4.17]과 같이 동일한 방식을 적용하면 자기장의 생성 방향을 알아낼 수 있습니다.

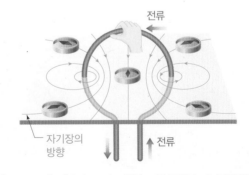

[그림 4.17] 전류가 흐르는 원형 도선 주위의 자기장의 방향

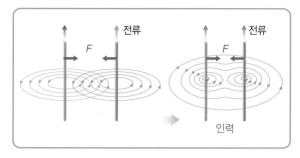
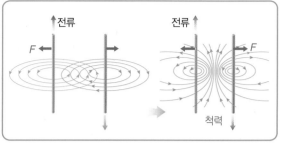

(a) 도선에 같은 방향으로 전류가 흐를 때   (b) 도선에 서로 다른 방향으로 전류가 흐를 때

[그림 4.18] 전류가 흐르는 평행 도선 사이의 힘의 방향

이번에는 서로 평행한 도선에 전류가 흐를 때 두 도선 사이에 작용하는 힘의 방향을 앙페르의 오른나사법칙을 적용하여 알아보겠습니다. [그림 4.18(a)]와 같이 두 도선에 같은 방향으로 전류가 흐르면 바깥쪽 자기력선의 방향은 동일 방향이 되어 강화되지만 안쪽 자기력선은 서로 반대방향으로 상쇄되므로 인력이 작용하게 되고, [그림 4.18(b)] 와 같이 평행한 도선에 서로 다른 방향으로 전류가 흐를 때는 안쪽 자기력선이 강화되어 두 도선 사이에는 척력이 작용하게 됨을 확인할 수 있습니다.

(2) 앙페르의 오른손 엄지손가락법칙

이번에는 [그림 4.19]와 같이 감겨 있는 솔레노이드 코일(solenoid coil)이나 전자석 (electromagnet)에 전류가 흐르는 경우에 생성되는 자기장의 방향을 알아보도록 하겠습니다. 솔레노이드 코일은 원형 모양으로 여러 번 도선을 감아 놓은 장치로, 즉 원형으로 감아 놓은 코일을 말합니다. 이와 달리 전자석은 솔레노이드 코일 내부에 철심을 삽입하여 형성되는 자장의 세기를 강화시킨 것으로, 코일에 전류가 흐르는 동안 철심은 강력한 자석이 됩니다.[14]

14 전자석의 자기장 세기는 전자석의 감은 코일수, 흐르는 전류 및 철심의 투과율에 따라 그 세기가 결정됨.

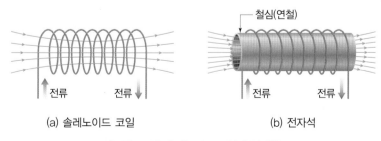

(a) 솔레노이드 코일   (b) 전자석

[그림 4.19] 솔레노이드 코일과 전자석

> ◆핵심 Point 앙페르의 오른손 엄지손가락법칙(Ampere's right handed thumb rule)
>
> • 코일과 같이 원형 도선에 생성되는 자기장의 방향을 알아내는 법칙이다.
> • [그림 4.20]과 같이 코일에 흐르는 전류의 방향으로 손바닥을 감싸 안으면 오른손 엄지손
>   가락이 가리키는 방향이 자기장의 방향을 나타낸다.
>   ➡ 엄지손가락이 가리키는 방향이 자기장의 N극이 된다.

[그림 4.20] 앙페르의 오른손 엄지손가락법칙(코일 주위의 자기장의 방향)

앙페르의 오른손 엄지손가락법칙을 적용할 때는 [그림 4.21]과 같이 코일의 감긴 방향과 전류가 흐르는 방향을 잘 확인하여 법칙을 적용해야 합니다.

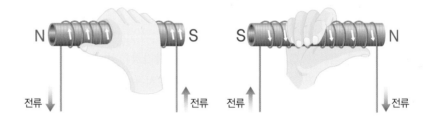

[그림 4.21] 앙페르의 오른손 엄지손가락법칙(코일 주위의 자기장 방향)

4.3.2 자기장에 의한 전압/전류 발생에 관한 법칙

(1) 패러데이의 전자유도법칙

전자기 유도(또는 전자유도)의 두 번째는 자기장이 변화하면(움직이면) 자기장 내에 위치한 도선에 전압과 전류가 유도되어 발생한다는 현상으로, 1831년 영국의 물리학자인 패러데이가 발견한 전자기 유도법칙을 통해 설명할 수 있습니다.[15]

15 패러데이는 어린 시절 정식 교육을 거의 받지 못하여 간단한 대수(log) 계산만 가능했으며, 삼각함수는 다루지도 못하였다고 하므로 여러분들도 자신감을 가지세요.^^

[그림 4.22] 패러데이(Michael Faraday, 영국, 1791~1867)와 렌츠(Emil Lenz, 독일, 1804~1865)

[그림 4.23]과 같이 코일의 양 끝단을 검류계[16](galvanometer)에 연결시켜 놓습니다. 당연히 코일에는 전류가 흐르지 않으므로 검류계의 지침은 0을 가리킬 것입니다. 이제 막대자석을 코일 쪽으로 움직여 보겠습니다. 막대자석을 ①의 방향으로 코일 끝단에 점점 가까이 갖다 대면 코일에는 전류가 ①'의 방향으로 흘러 검류계의 지침이 움직이게 되고, 자석을 멈추면 전류가 흐르지 않아서 검류계는 다시 0을 가리킵니다.

이번에는 자석을 반대 방향 ②로 움직여 코일로부터 멀어지게 하면, 코일에는 전류가 ②'의 방향으로 흐르게 되어 검류계 지침은 ①의 상황에서 가리켰던 방향의 반대방향을 가리키게 됩니다. 유도전류가 ①'의 방향이나 ②'의 방향으로 흐르는지는 다음에

16 전류를 측정하기 위한 전기계측기

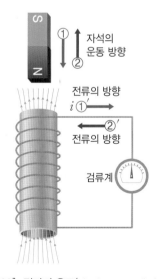

[그림 4.23] 전자기 유도(electromagnetic induction)

바로 설명할 렌츠의 법칙에서 알아보기로 하고, 우선은 자석이 움직이면(자기장의 변화가 생기면) 코일에 전류가 흐른다는 것이 중요합니다.

이처럼 코일과 같은 도선 주위에 자기장의 변화가 생기면 코일에 전압이 유도되고, 유도된 전압에 의해 코일에 전류가 흐르는 현상을 전자유도 현상이라고 합니다. 이때 코일에 흐르는 전류를 유도전류(induced current, 誘導電流)라 하고, 코일에 유도되는 전압을 유도기전력(induced electromotive force, 誘導起電力)이라 합니다.[17]

17 도선에 전류가 흐르기 위해서는 당연히 전압이 먼저 생성(유도)되어야 함.

패러데이의 전자유도법칙(Faraday's electromagnetic induction law)

• 자기장 변화에 따라 유도된 유도기전력의 크기를 나타내는 법칙이다.
• 유도기전력의 크기는 코일을 지나는 자속의 시간 변화율[18]과 코일의 감은 수에 비례한다.

18 자속의 시간 변화율이란 코일을 지나는 자기장의 변화 정도를 표현한 것으로, 막대자석을 빠르게 움직이면 유도기전력은 더 크게 발생함.

패러데이의 전자유도법칙에 따르면 유도기전력은 자속의 시간변화율에 비례합니다. 앞에서 설명한 자석을 코일에 빠르게 움직여 다가가게 하거나 멀어지게 하면, 일정 시간에 대한 자기장의 변화(자속의 변화)가 커지는 것이므로 유도기전력은 더 크게 발생하게 되고, 코일을 많이 감을수록 유도기전력은 더 크게 발생한다는 의미입니다.

(2) 렌츠의 법칙

렌츠의 법칙(Lenz's law)은 유도기전력에 의해 코일에 흐르는 전류의 방향을 알아내는 법칙으로, 유도전류가 만드는 자계가 원래의 자계의 변화를 방해하는 방향으로 발생한다고 하여 "청개구리 법칙"이라고도 합니다.

렌츠의 법칙(Lenz's law)

• 자기장 변화에 따라 유도된 유도기전력의 방향을 알아내는 법칙이다.
• 코일에서 발생하는 유도기전력은 그 기전력에 의해 흐르는 유도전류가 만드는 자계가 원래 자계의 변화를 방해하는 방향으로 유도전류(유도기전력)를 발생시킨다.

위에 기술한 설명이 이해하기가 쉽지 않을 것입니다. 그러면 렌츠의 법칙이 어떻게 적용되는지 [그림 4.24]에 나타낸 실험과정을 통해 알아보겠습니다. [그림 4.24]와 같이 코일 양 끝에 검류계를 연결하고 막대자석을 코일에 가까이 이동시켰다가 반대방향으로 멀리 이동시킵니다.

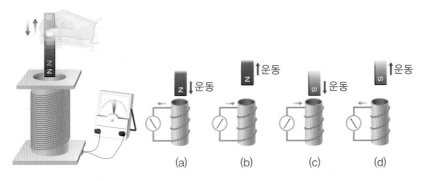

[그림 4.24] 렌츠의 법칙에 의한 유도기전력의 방향

① 자석의 N극이 코일에 가까워지는 경우

[그림 4.24(a)]처럼 자석의 N극을 코일에 가깝게 이동시키면, 코일의 입장에서는 0이었던 자속(자기장) N극이 증가되는 상태가 됩니다.[19] 렌츠의 법칙에 의해 코일은 증가하려는 자속 N극(원래 자계의 변화)을 감소시키기 위해서 자석 쪽의 코일 끝단에는 N극의 자기장이 발생하도록 유도전류(유도기전력)를 발생시킵니다. 당연히 코일의 반대편 끝에는 자속의 S극이 생성됩니다. 이러한 방향으로 자기장이 생기도록 앙페르의 오른손 엄지손가락법칙을 코일이 감긴 방향에 맞추어 적용하면, [그림 4.24(a)]와 같이 왼쪽 방향(검류계 쪽)으로 전류가 흘러나가게 되고 검류계의 바늘이 왼쪽으로 움직입니다.

② 자석의 N극이 코일에서 멀어지는 경우

이번에는 반대로 자석의 N극을 코일로부터 멀리 떨어지도록 움직여 보겠습니다. 코일의 입장에서는 자속 N극의 크기가 점차 작아지는 것이 느껴질 것입니다. 따라서, 감소하는 N극(원래 자계의 변화)을 방해하기 위해서 자석 쪽 코일 끝단에서는 S극이 생겨 멀어지는 N극을 끌어당기려 하게 되고, 이러한 방향으로 코일에 자기장이 생기도록 앙페르의 오른손 엄지손가락법칙을 적용하면 유도전류는 [그림 4.24(b)]와 같이 오른쪽 방향으로 흐르게 됩니다.[20]

자석의 S극이 다가오거나 멀어지는 [그림 4.24(c), (d)]의 경우도 같은 원리를 적용해서 이해하면 됩니다.

정리하면, 자석(자기장)이 코일에 가까워지면 자속(N 또는 S극)이 증가하므로, 이 증가하는 자속을 방해하기 위해 반발하는 같은 종류의 극이 코일에 생성되도록 유도전류가 흐르고(유도기전력이 발생하고), 반대로 자석이 코일에서 멀어지면 자속(N 또는

19 0이었다가 N극이 증가되는 코일의 이 상태 변화가 렌츠의 법칙에서 가리키는 "원래의 자계 변화"를 의미함.

20 [그림 4.24(a)]의 경우와 전류의 방향이 정반대이므로 검류계의 바늘 역시 반대방향으로 움직인다는 것을 그림에서 확인할 수 있음.

S극)이 줄어들게 되므로, 이를 막기 위해 멀어지는 자속을 끌어당기는 반대 극이 코일에 만들어지도록 유도전류가 생성됩니다.

예제 4.1

코일 주변에서 움직이는 자석이 아래와 같은 상태일 때, 코일 끝단에 생성되는 자극(N 또는 S극)과 유도되는 전류의 방향을 기입하시오.

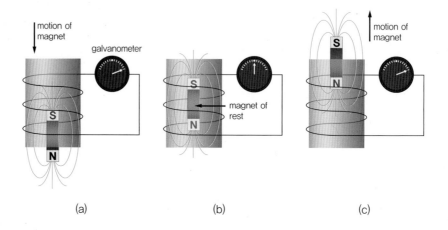

(a)   (b)   (c)

|풀이| ① 그림 (a)와 같이 자석의 N극이 코일 아래쪽에서 빠져나와 움직이는 경우에는 코일 끝단에서 자기장의 N극이 멀어지는 방향이므로, 원래 자계인 N극이 감소하게 됩니다. 따라서, 코일의 끝단에는 원래 자계의 반대 자속인 S극이 생기고, 이렇게 자기장이 생기도록 앙페르의 오른손 엄지손가락법칙을 적용하면 전류는 다음 그림과 같은 방향으로 흐르게 됩니다.

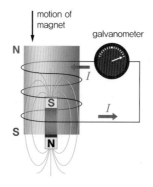

② 그림 (b)는 자석이 멈추어 있는 경우로, 이 경우에는 자기장(자속)의 변화가 생기지 않으므로 코일에는 유도기전력과 전류가 생성되지 않습니다.

③ 그림 (c)의 경우는 자석을 다시 위쪽 방향으로 꺼내게 되므로 코일 끝단에는 감소하는 자극 S의 반대 극성인 N극이 생성되어 전류는 그림과 같은 방향으로 흐르게 됩니다.

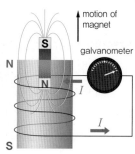

4.3.3 자기장과 전기장 사이의 힘에 관한 법칙

(1) 플레밍의 왼손법칙

마지막으로 전기장과 자기장 사이의 힘의 관계를 알아보겠습니다. [그림 4.25]와 같이 자기장 내에 도선이 위치하고 있고, 이 도선에 전류가 흐르면 도선 주위에는 앙페르의 오른나사법칙에 의해 자기장이 발생합니다.

현재 자기장은 왼쪽의 N극에서 오른쪽의 S극 방향으로 자기력선이 존재하고, 왼쪽 도선은 전류가 페이지 앞쪽으로 흘러나오기 때문에 앙페르의 오른나사법칙을 적용하면 그림과 같이 도선 주위에 반시계방향으로 자기장이 나타납니다. 따라서 도선의 위쪽 방향의 자기력선은 서로 상쇄되고, 아래쪽에서는 서로 방향이 같으므로 자기력선이 촘촘해져 자기장이 강해지게 되므로, 도선은 위쪽 방향으로 움직이는 힘을 받게 됩니다. 마찬가지 방식을 적용해보면 오른쪽에 위치한 도선은 전류가 페이지 뒤쪽으로 흘러들어가므로 아래쪽 방향으로 움직이는 힘을 받게 됩니다.

결론적으로, 전류가 자기장(자계) 내에 위치한 도체(도선)에 흐르면, 이 도체는 힘

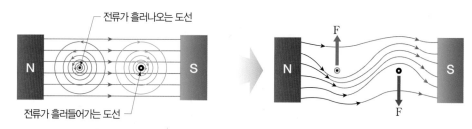

[그림 4.25] 자기장 내의 도선이 받는 힘의 방향

(전자력)을 받게 되어 움직이며 플레밍의 왼손법칙이 적용됩니다.

핵심 Point **플레밍의 왼손법칙(Fleming's left-hand rule)**

- 자기장 내 도체에 전류가 흐르는 경우에 생기는 힘(F [N])은 자기장(B [T])과 전류의 세기 (I [A])에 비례한다는 법칙이다.
- 도체가 받는 힘(전자력)의 방향을 알아낼 수 있다.

[그림 4.26] 플레밍의 법칙 실험장면과 플레밍(John Ambrose Fleming, 영국, 1849~1945)
(왼쪽 사진에서 누가 플레밍 할아버지일까요?)

21 순서대로 첫글자를 따면 F, B, I로 표현할 수 있으므로 미국 연방 수사국 'FBI'로 기억함.

플레밍의 왼손법칙은 [그림 4.27]과 같이 적용합니다. 자기장(B)의 방향(N→S극 방향)으로 왼손 검지를 향하게 하고, 도체에 흐르는 전류(I)의 방향으로 왼손 장지를 일치시키면, 도체가 받는 힘(전자력, F)의 방향은 왼손 엄지가 가리키게 됩니다.[21]

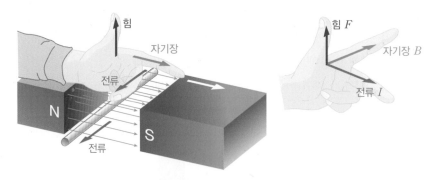

[그림 4.27] 플레밍의 왼손법칙

플레밍의 왼손법칙은 자기장 속에 위치한 도체에 전류가 흐를 때 받는 힘의 방향을 알아내기도 하지만 이 힘(전자력)의 크기도 밝혀낸 법칙으로, 전자력의 크기는 자계속의 도체의 길이(ℓ), 자계의 세기(B), 도체를 흐르는 전류(i)에 비례합니다. 이를 수식으로 나타내면 다음과 같습니다.

$$F = B \cdot i \cdot \ell \cdot \sin\theta \ [\text{N}] \tag{4.5}$$

여기서, 자기장의 세기는 자속밀도 B이며 단위는 [T](테슬라)를 사용하고, 전류 i의 단위는 [A](암페어)이고, ℓ은 도선의 길이로 단위는 [m]를 사용합니다. 도체가 받는 힘의 단위는 [N]이며, 각도 θ는 도체의 전류와 자기장이 이루는 각도를 나타냅니다. [그림 4.28(a)]와 같이 도체가 위치하는 경우는 $\theta = 90°$가 되므로 도체가 받는 힘은 최대가 됩니다.[22] 반대로 [그림 4.28(c)]의 경우는 전류와 자기장이 평행이므로 $\theta = 0°$가 되어 도체가 받는 전자력 $F = 0$이 됩니다.[23]

[22] $\sin(90°) = 1$
따라서 도체의 전류 방향과 자기장이 수직이 되면 힘은 최대가 됨.

[23] $\sin(0°) = 0$
따라서 도체의 전류 방향과 자기장은 평행이 되면 안 됨.

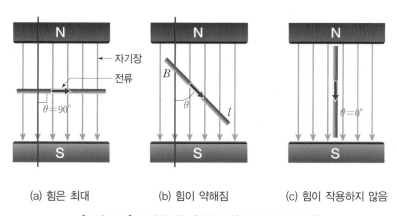

(a) 힘은 최대   (b) 힘이 약해짐   (c) 힘이 작용하지 않음

[그림 4.28] 도선이 받는 힘의 크기(플레밍의 왼손법칙)

그러면 플레밍의 왼손법칙을 적용해보겠습니다. [그림 4.29(a)]와 같이 자기장 내에 위치한 도선에 전류가 B에서 A로 흐르면 N극에서 S극 방향으로 왼손 검지를 맞추고, 전류의 방향으로는 왼손 장지를 맞추게 되면 왼손 엄지손가락은 위로 향하게 되므로 도선은 위쪽 방향으로 힘을 받게 되고 움직이게 됩니다. [그림 4.29(b)]와 같이 전류가 A에서 B로 반대로 흐르면 아랫방향으로 힘을 받게 됩니다.

플레밍의 왼손법칙은 전기장치 중 가장 많이 사용되는 전동기(모터)의 원리로 적용되는 법칙입니다. 전동기는 [그림 4.30]처럼 전동기 외곽에는 자기장을 만들기 위한 자석이나 전자석을 설치하고, 회전축에는 코일 도선을 감아 놓습니다. 외부 전원을 전동기에 연결하여 공급하면 코일 도선에 전류가 흐르기 때문에 외각 자기장 내에서 힘을 받아 돌아가게 됩니다. 전동기에 대해서는 12장에서 자세히 배우게 되므로 이 정도만 설명하고 넘어가겠습니다.

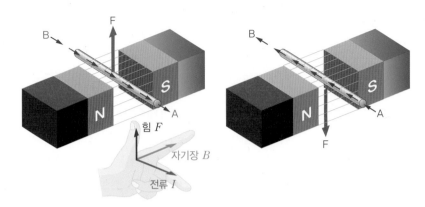

(a) 전류가 B→A로 흐르는 경우   (b) 전류가 A→B로 흐르는 경우

[그림 4.29] 도선이 받는 힘의 방향 예(플레밍의 왼손법칙)

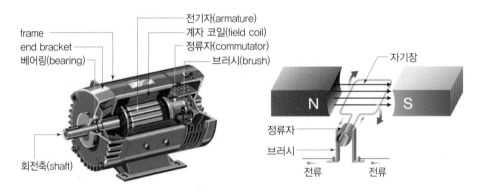

[그림 4.30] 전동기의 구조와 플레밍의 왼손법칙

(2) 플레밍의 오른손법칙

마지막 전자기 유도법칙은 플레밍의 오른손법칙입니다. 플레밍의 왼손법칙과는 반대로 자기장 내에 위치한 도선에 전류를 먼저 흘려주지 않고, 도선을 먼저 움직이면 이 도선에는 유도기전력이 발생하고 발생된 유도기전력에 의해서 전류가 흐르는 것을 밝혀낸 법칙입니다.

> 핵심 Point **플레밍의 오른손법칙(Fleming's right-hand rule)**
> ・자기장 속에 위치한 도체를 움직이면 도체에는 유도기전력이 발생하고 발생된 유도기전력에 의해 도체에는 전류가 흐른다는 법칙이다.
> ・도체에 흐르는 유도전류(유도기전력)의 방향을 알아낼 수 있다.

플레밍의 오른손법칙은 [그림 4.31]과 같이 적용합니다. 오른손 검지는 자기장(B)의 방향(N→S극 방향)을 가리키며, 오른손 장지는 전류(i)의 방향을 나타내고, 도체가 움직이는 방향(F)은 오른손 검지로 표현합니다.[24] 플레밍의 오른손법칙은 발전기(generator)의 원리로 적용되며 발전기는 13장에서 자세히 설명하겠습니다.

24 플레밍의 왼손법칙처럼 각 손가락이 가리키는 방향은 동일하므로 'FBI'로 기억하면 됨.

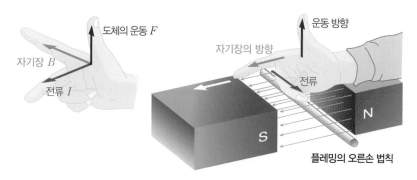

[그림 4.31] 플레밍의 오른손법칙

그럼 플레밍의 오른손법칙을 적용해보겠습니다. [그림 4.32(a)]처럼 자기장 내에 위치한 도선을 F방향으로 움직이면, 자기장은 N극에서 S극으로 향하므로 오른손 검지를 자기장 방향에 맞추고, 도선이 움직이는 방향으로는 오른손 엄지를 향하게 하면 오른손 중지는 A에서 B방향으로 향하게 됩니다. 따라서 도선에 흐르는 전류는 A에서 B로 흐르게 됨을 알 수 있습니다. [그림 4.32(b)]의 경우는 반대가 되어 유도전류의 방향은 B에서 A로 흐르게 됩니다.

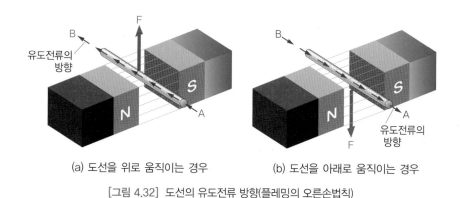

(a) 도선을 위로 움직이는 경우   (b) 도선을 아래로 움직이는 경우

[그림 4.32] 도선의 유도전류 방향(플레밍의 오른손법칙)

플레밍의 오른손법칙에서 유도기전력(e)의 크기는 자계 속 도체의 길이(ℓ), 자계의 세기(B), 도체를 움직이는 속도(v)에 비례합니다. 이를 수식으로 나타내면 플레밍의 왼

손법칙과 비슷하게 다음 식 (4.6)으로 정의됩니다.

$$e = B \cdot v \cdot \ell \cdot \sin\theta \ [\text{V}] \tag{4.6}$$

여기서, 자기장의 세기는 자속밀도 B이며 단위는 [T](테슬라)이고, 도체가 움직이는 속도 v는 [m/s], ℓ은 도선의 길이로 [m]를 사용하며, 발생되는 유도기전력 e는 전압의 단위인 [V]가 사용됩니다. 각도 θ는 도선의 움직이는 방향과 자기장이 이루는 각도를 나타내므로 도선을 자기장과 평행하게 움직이면($\theta = 0°$) 유도기전력은 0 V[25]가 되어 유도전류가 흐르지 않게 됩니다.

정리하면 플레밍의 왼손법칙은 전동기의 원리로 전동기 회전자의 움직이는 방향을 결정하는 데 사용되며, 플레밍의 오른손법칙은 발전기에서 생성되는 유도기전력, 즉 유도전류의 방향을 결정하는 데 사용됩니다.[26] 플레밍의 법칙은 왼손과 오른손의 차이일 뿐 각 손가락이 가리키는 방향은 동일합니다.

[25] $\sin(0°) = 0$

[26] 플레밍의 '오른'손 법칙은 '발'전기에 적용되므로 "오른발"로 기억함. 따라서, 왼손법칙은 모터에 적용됨을 쉽게 기억할 수 있음.

CHAPTER SUMMARY

이것만은 꼭 기억하세요!

4.1 전기장(전계)

① 전기장(electric field, 電氣場)
- 전기를 띤 대전체 주위에 생기는 전기에 의한 힘이 미치는 공간을 말하며 전계(electrostatic field, 電界)라고도 함.
- 같은 전기적 성질을 가지면 척력(repulsive force)이 작용하고 서로 다른 전기적 성질을 가지면 인력(attractive force)이 작용함.
- 금속 표면 위의 전하는 균일하게 분포하는 성질을 가지며, 물체의 뾰족한 부분이나 끝 쪽에 더 많이 모이는 특성을 가짐 → static discharger 장착위치 선정에 이용됨.

② 쿨롱의 법칙(Coulomb's law)
- 전기장에서 나타나는 힘의 크기를 정의한 법칙
- 두 전하 Q_1과 Q_2 사이에 작용하는 전기력(F)은 거리(R)의 제곱에 반비례하고 전기량의 곱에는 비례함.

4.2 자기장(자계)

① 자화현상(magnetization): 어떤 물체가 자성을 갖는 현상
- 자성체(magnetic material): 자석(또는 외부 자기장)에 의해 자화되는 물체

② 자기장(magnetic field, 磁氣場): 자기력이 작용하는 공간을 의미하며 자계(磁界)라고도 함.
- 자기장의 방향과 모양을 나타내는 가상의 선을 자기력선(line of magnetic force)이라 하고, 자기력선의 방향은 N극에서 S극으로 향함.

③ 자기의 성질
- 원자핵 주위를 돌고 있는 전자(electron)의 스핀운동에 의해 발생하는 전류에 의해 자기장이 생성됨.
- 같은 극끼리는 척력이 작용하고, 서로 다른 극끼리는 인력이 작용
- 자기는 분자모양의 쌍극자(dipole, 雙極子)로 존재

④ 자기장의 세기
- 자속밀도(magnetic flux, B) 또는 자화력(magnetizing force, H)으로 세기를 나타냄.
- 자속(magnetic flux, 磁束)
  - 자성체 내부 자기력선의 묶음을 나타냄.
  - 단위는 웨버(Weber) [Wb] 사용, 표기는 대문자 Φ를 사용
- 자속밀도(magnetic flux density)
  - 자속방향의 수직인 단위면적 $1m^2$를 통과하는 자기력선의 총개수(자속)
  - 단위는 $[Wb/m^2]$ = [T](테슬라, Tesla) 사용, 자속밀도의 표기는 B를 사용

$$B = \frac{\Phi}{A} \ [Wb/m^2] \ 또는 \ [T]$$

- 자화력의 표기는 H를 사용하고, 단위는 [A/m](암페어/미터)

⑤ 자화곡선(magnetization curve) = 자기이력곡선(magnetic hysteresis) = B-H 곡선
  • 자화력 H에 대해 물체가 자화되는 정도인 자속밀도 B를 표시한 곡선
  • 히스테리시스(hysteresis) 현상으로 나타남.
    – 반복적으로 자화력을 가할 때 자속밀도의 변화가 선형성(직선경로)을 갖지 않고 이동경로가 다르게 나타나는 현상

4.3 전자기 유도 현상

① 전자기 유도 현상(electromagnetic induction)
  • 자기와 전기의 상호작용에 의해 나타나는 현상
② 전류에 의한 자기장 발생에 관한 법칙
  • 앙페르의 오른나사법칙(Ampere's right-handed screw rule)
    – 전류가 흐르는 도선 주위에는 동심원의 자기장이 발생함.
    – 전류가 흐르는 방향으로 오른손 엄지손가락을 맞추고 나머지 손가락을 감게 되면 이 방향이 자기장의 방향이 됨.
  • 앙페르의 오른손 엄지손가락법칙(Ampere's right-handed thumb rule)
    – 코일과 같이 원형 도선에 생성되는 자기장의 방향을 알아내는 법칙
    – 전류의 방향으로 손바닥을 감싸안으면 오른손 엄지손가락이 가리키는 방향이 자기장의 방향을 가리킴.
③ 자기장에 의한 전압/전류 발생에 관한 법칙
  • 패러데이의 전자유도법칙(Faraday's electromagnetic induction law)
    – 자기장 변화에 따라 유도된 유도기전력의 크기를 나타내는 법칙
    – 유도기전력의 크기는 코일을 지나는 자속의 시간 변화율과 코일의 감은 수에 비례
  • 렌츠의 법칙(Lenz's law)
    – 유도기전력에 의해 코일에 흐르는 전류의 방향을 알아내는 법칙
    – 코일에서 발생하는 유도기전력은 그 기전력에 의해 흐르는 유도전류가 만드는 자계가 원래 자계의 변화를 방해하는 방향으로 유도전류(유도기전력)를 발생시킴.
④ 자기장과 전기장 사이의 힘에 관한 법칙
  • 플레밍의 왼손법칙(Fleming's left-hand rule)
    – 자기장 내 도체에 전류가 흐르는 경우에 생기는 힘(F [N])은 자기장(B [T])과 전류의 세기(I [A])에 비례한다는 법칙
    – 도체가 받는 힘의 방향을 알아낼 수 있는 법칙으로 전동기(모터, motor)의 원리로 적용됨.

$$F = B \cdot i \cdot \ell \cdot \sin\theta \ [\text{N}]$$

  • 플레밍의 오른손법칙(Fleming's right-hand rule)
    – 자기장 내에 위치한 도체를 움직이면 도체에 유도기전력이 유도되어 유도전류가 흐르게 되고 이때 유도전류의 방향과 크기를 알아내는 법칙
    – 발전기(generator)의 원리로 적용됨.

$$e = B \cdot v \cdot \ell \cdot \sin\theta \ [\text{V}]$$

▶ 연습문제

01. 전기장에 대한 다음 설명 중 틀린 것은?

① 전하는 표면에 균일하게 분포한다.
② (+)전하끼리는 서로 끌어당기는 힘이 작용한다.
③ 전류가 흐르면 전기장이 주위에 생성된다.
④ 전류가 흐르면 자기장이 주위에 생성된다.

해설 • 전하는 금속 표면에 균일하게 분포하며 뾰족한 곳으로 모이는 특성이 있다.
• 전류가 흐르면 전기장이 생성되며 이에 의해 자기장도 생성된다.
• 같은 전하끼리는 척력이 작용하고 다른 전하끼리는 인력이 작용한다.

02. 0.15 C의 전하와 −0.003 C의 전하가 10 m 떨어져 있을 때 전기력의 크기와 방향이 맞게 짝지어진 것은? (단, 쿨롱상수 $K = 9 \times 10^9$ N · m²/C²)

① 40,500 N, 인력
② 10,500 N, 인력
③ 81,000 N, 척력
④ 35,000 N, 척력

해설 쿨롱의 법칙에 의해 두 전하 사이의 전기력은

$$E = K\frac{Q_1 Q_2}{R^2} = (9 \times 10^9) \times \frac{0.15 \times (-0.003)}{10^2}$$
$$= -40,500 \text{ N}$$

전기적 성질이 서로 다르므로 인력이 작용한다(−부호는 인력을 나타냄).

03. 자기장에 대한 다음 설명 중 올바른 것은?

① 어떤 물체가 자성을 갖는 현상을 자화현상이라 한다.
② 자기장은 원자의 스핀운동에 의해 생성된다.
③ 자기력선이 촘촘할수록 자기장이 약하다.
④ 자석을 절단해도 N/S극이 절단면에 생성되지 않는다.

해설 자기장은 전자(electron)의 스핀(spin) 운동에 의해 생성되며, 쌍극자(dipole) 형태로 존재하므로 절단면에 각각 N/S극이 만들어진다.

04. 자속밀도의 단위는?

① T
② Wb
③ VAR
④ A/m

해설 자속밀도의 단위는 테슬라 [T] 또는 [Wb/m²]

05. 다음 중 잘못된 설명은?

① 금속 표면의 전하는 뾰족한 부위로 잘 모인다.
② 평행한 두 도선에 전류가 같은 방향으로 흐르면 척력이 작용한다.
③ 속이 빈 금속구 내부에는 전계가 생성되지 않는다.
④ 같은 극으로 자화된 자성체 사이에는 척력이 작용한다.

해설 • 금속 표면에 전하는 고르게 분포하며, 속이 빈 금속구는 정전차폐에 의해 전계가 생성되지 않는다.
• 평행한 두 도선에 전류가 같은 방향으로 흐르면 인력이 작용하고, 서로 다른 방향으로 흐르면 척력이 작용한다.
• 같은 극끼리의 자성체는 척력이 작용하고, 다른 극끼리는 인력이 작용한다.

06. 폭이 10 cm인 사각형 자성체 A는 자속이 50 Wb이고, 자성체 B는 자속밀도가 1,000 T인 경우에 자성체 A의 자속밀도는 B의 몇 배인가?

① 0.5배
② 2배
③ 3배
④ 5배

해설 자성체 A의 자속밀도는

$$B = \frac{\Phi}{A} = \frac{50 \text{ Wb}}{0.1 \text{ m} \times 0.1 \text{ m}} = 5,000 \text{ T}$$

07. 자속밀도가 120 T인 자기장 내에 길이가 30 cm인 도선을 위치시키고, 0.5 A의 전류를 흘려주는 경우에 도선이 받는 전기력의 크기는 얼마인가? (단, 도선과 자기장에 대해 30° 기울어져 있음)

① 18 N
② 15.6 N
③ 9 N
④ 3 N

해설 플레밍의 왼손법칙에 의해 $F = B \cdot i \cdot \ell \sin\theta$이므로 도선이 받는 전기력($F$)은 자기장의 세기($B$), 도선의 흐르는

정답 1. ② 2. ① 3. ① 4. ① 5. ② 6. ④ 7. ③

전류의 크기(i), 도선의 길이(ℓ), 도선의 전류와 자기장이 이루는 각도(θ)에 비례한다.

$$\therefore F = B \cdot i \cdot \ell \sin \theta = 120 \text{ T} \times 0.5 \text{ A} \times 0.3 \text{ m} \times \sin 30°$$
$$= 9 \text{ N}$$

08. 자기이력곡선에서 외부 자화력이 증가되어도 더 이상 자속밀도가 증가하지 않는 자속밀도를 무엇이라 하는가?

① 잔류자기   ② 항자력

③ 잔류자속밀도   ④ 포화자속밀도

해설 비자성체가 자화력에 의해 자속밀도(B)가 증가하다가 더 이상 증가하지 않는 상태를 자기포화(saturation)라 하며 이때의 자속밀도를 포화자속밀도(saturation magnetic flux density)라 한다.

09. 어떤 비자성체 금속을 자화시켜 영구자석을 만들 때 오랜 시간 자력을 유지하기 위해서 중요한 조건은?

① 항자력의 크기   ② 잔류자기의 크기

③ 자속밀도의 크기   ④ 자속의 크기

해설 영구자석이 강한 자성을 갖기 위해서는 잔류자기 B_r이 큰 것이 좋고, 자화된 후 오랜 시간 동안 자기장(자력)을 유지하는 관점에서는 항자력 H_c가 클수록 좋다.

10. 전류와 자기장의 관계에 대한 다음 설명 중 틀린 것은?

① 패러데이의 전자유도법칙을 통해 코일에 유도되는 전류방향을 찾아낼 수 있다.

② 도선에 전류가 흐르면 도선 주위에는 동심원의 자기장이 생성된다.

③ 코일에 전류가 흐르면 전류방향에 따라 자기장의 방향이 정해진다.

④ 자기장의 변화가 생기면 근처에 위치한 코일에는 전류가 유도된다.

해설 패러데이의 법칙은 유도기전력의 크기와 관계된 법칙이고 유도기전력의 방향은 렌츠의 법칙을 통해 알아낼 수 있다.

11. 전자유도에 의해 발생되는 유도전압의 방향은 유도전류가 만드는 자속이 원래 자속의 변화를 방해하는 방향으로 결정됨을 나타내는 법칙은?

① 플레밍의 오른손법칙

② 플레밍의 왼손법칙

③ 렌츠의 법칙

④ 앙페르의 법칙

해설 패러데이의 법칙은 유도기전력의 크기와 관계된 법칙이고, 렌츠의 법칙은 "코일에서 발생하는 유도기전력은 그 기전력에 의해 흐르는 유도전류가 만드는 자계가 원래 자계의 변화를 방해하는 방향으로 유도전류(유도기전력)를 발생시킨다."는 법칙으로 유도기전력의 방향을 나타내는 법칙이다.

12. 다음 그림에서 영구자석을 ①번 방향으로 움직일 때 전자석 위쪽 끝단에 유도되는 자극과 흐르는 전류의 방향이 맞게 연결된 것은?

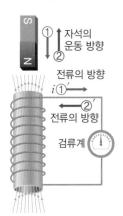

① S극 – ②′

② N극 – ①′

③ S극 – ①′

④ N극 – ②′

해설
• 자석의 N극을 코일에 가깝게 이동시키면, 코일의 입장에서는 0이었던 원래 자속(자기장) N극이 증가되는 상태가 된다.
• 렌츠의 법칙에 의해 증가하려는 자속 N극을 감소시키기 위해서 자석 쪽의 코일의 끝단에는 N극의 자기장이 발생하도록 유도전류(유도기전력)를 발생시킨다.
• 자석 쪽 코일 끝단이 N극이 되도록 앙페르의 오른손 엄지손가락법칙을 적용하면 유도전류의 방향은 ①번 방향이 됨을 찾아낼 수 있다.

정답   **8.** ④   **9.** ①   **10.** ①   **11.** ③   **12.** ②

13. 도선에 전류가 흐를 때 생성되는 자기장의 방향을 찾는 법칙이 맞게 연결된 것은?

① 직선 도선–렌츠의 법칙
② 솔레노이드–플레밍의 왼손법칙
③ 직선 도선–앙페르의 왼손나사법칙
④ 솔레노이드–앙페르의 오른손 엄지손가락법칙

해설 직선 도선은 앙페르의 오른나사법칙, 솔레노이드나 코일은 앙페르의 오른손 엄지손가락법칙을 적용하여 자기장의 방향을 찾아낼 수 있다.

14. 자계 내에 놓인 도선에 전류가 흐르면 어떻게 되는가?

① 도선에 유도전압이 생긴다.
② 도선이 자화된다.
③ 힘이 도선에 작용한다.
④ 자계가 없어진다.

해설 자계 속에 도체를 놓고 전류를 흐르게 하면 도선에는 전자력이라는 힘이 발생한다.

15. 플레밍의 오른손법칙에 대한 설명 중 맞는 것은?

① 집게손가락은 자장 속을 움직이는 도체의 운동방향을 나타낸다.
② 엄지손가락은 자력선의 방향을 나타낸다.
③ 가운뎃손가락은 자기장의 방향을 나타낸다.
④ 가운뎃손가락은 전류의 방향을 나타낸다.

해설 가운뎃손가락은 전류의 방향을 나타낸다.

16. 자기장 속에 놓인 도선을 움직일 때 유도기전력의 크기에 영향을 주는 요인이 아닌 것은?

① 자장 속을 움직이는 도선의 수
② 자기장의 세기
③ 도선이 움직이는 속도
④ 전압의 크기

해설 플레밍의 왼손법칙에 의해 $F = B \cdot i \cdot \ell \cdot \sin\theta$ 이므로 자기장의 세기(B), 도선의 흐르는 전류의 크기(i), 도선의 길이(ℓ), 도선의 전류와 자기장이 이루는 각도(θ)에 비례한다.

17. 도체가 자계 내를 움직일 때 도체에 전압이 발생하는 현상을 전자유도라 한다. 힘과 전류의 방향이 그림과 같을 때 자계의 방향은?

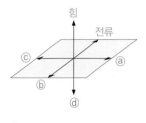

① ⓐ　　② ⓑ　　③ ⓒ　　④ ⓓ

해설 플레밍의 오른손법칙을 적용하면 자기장의 방향은 ⓐ가 된다.

18. 다음 중 연관성이 낮게 연결된 것은?

① 렌츠의 법칙–유도기전력의 방향
② 플레밍의 오른손법칙–발전기에 적용
③ B-H곡선–히스테리시스 현상
④ 플레밍의 왼손법칙–변압기에 적용

해설 플레밍의 오른손법칙은 발전기에 적용되며, 플레밍의 왼손법칙은 모터에 적용되는 법칙이다.

19. 그림과 같이 코일과 전자석을 나란히 설치하고 왼쪽 코일에 먼저 전류를 흘려준다고 가정한다. 이때 왼쪽 코일과 오른쪽 코일의 전류 방향과 적용된 법칙이 올바르게 연결된 것은?

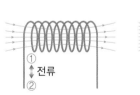 

① ②–④–앙페르의 오른나사법칙
② ②–③–앙페르의 오른손 엄지손가락법칙
③ ①–④–렌츠의 법칙
④ ①–③–렌츠의 법칙

정답　**13.** ④　**14.** ③　**15.** ④　**16.** ④　**17.** ①　**18.** ④　**19.** ④

해설 · 유도된 전류의 방향을 찾기 위해서 앙페르의 오른손 엄지손가락법칙과 렌츠의 법칙이 적용된다.
· 왼쪽 코일에서 전류가 ①번 방향으로 흐르면 오른쪽 전자석에는 ③번 방향으로 유도전류가 생성된다.
· 왼쪽 코일에 ②번 방향으로 전류가 흐르면 오른쪽 전자석에는 ④번 방향으로 유도전류가 생성된다.
※ (5장의 상호유도 원리를 적용하면 좀 더 이해하기 쉬움)

20. 그림과 같이 자기장 내에 길이가 다른 전선을 놓고 전류를 흘려주는 경우에 도선에 발생되는 힘이 가장 큰 경우와 가장 작은 경우가 맞게 연결된 것을 고르시오.

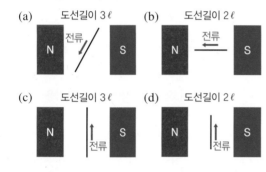

① 최대(c)–최소(b)   ② 최대(c)–최소(a)
③ 최대(d)–최소(a)   ④ 최대(d)–최소(b)

해설 · 플레밍의 왼손법칙에 의해 $F = B \cdot i \cdot \ell \cdot \sin\theta$이므로 자기장의 세기($B$), 도선의 흐르는 전류의 크기($i$), 도선의 길이($\ell$), 도선의 전류와 자기장이 이루는 각도($\theta$)에 비례한다.
· 따라서 도선의 길이가 가장 길고 자기장과 전류의 방향이 직각($\theta = 90°$)인 (c)의 경우가 가장 큰 전기력이 발생하며, 가장 작은 전기력이 발생하는 경우는 전류와 자기장의 방향이 평행($\theta = 0°$)한 (b)의 경우이다.

▶ **기출문제**

21. 도체를 자기장이 있는 공간에 놓고 전류를 흘리면 도체에 힘이 작용하는 것과 같은 전동기 원리에서 작용하는 힘의 방향을 알 수 있는 법칙은?
(항공산업기사 2012년 2회)

① 렌츠의 법칙
② 플레밍의 왼손법칙
③ 패러데이의 법칙
④ 플레밍의 오른손법칙

해설 · 플레밍의 왼손법칙은 자기장 속에 있는 도체에 전류가 흐를 때 자기장 방향과 도체에 흐르는 전류의 방향으로 도체가 받는 힘의 방향을 결정해주는 법칙이다.
· 엄지는 도체가 받는 힘의 방향, 검지는 자기장 방향, 중지는 전류의 방향이 되며, 전동기 원리로 적용된다.

정답 **20.** ① **21.** ②

AVIONICS
ELECTRICITY AND ELECTRONICS
FOR AIRCRAFT ENGINEERS

AVIONICS
ELECTRICITY AND ELECTRONICS

5장에서는 인덕터(inductor)라고 불리는 코일(coil)과 커패시터(capacitor)라고 불리는 콘덴서(condenser)의 기본 특성과 전류·전압 관계에 대해 알아보겠습니다. 코일과 콘덴서는 직류회로(DC circuit)보다 교류회로(AC circuit)에서 강력한 기능을 발휘하여 추후 배울 교류회로 해석에 중요한 역할을 하는 소자이므로, 본 장에서 다룰 전류·전압 관계를 잘 이해해야 합니다.

특히, 코일의 자기유도(self induction) 및 상호유도(mutual induction) 현상은 4장에서 배운 패러데이의 전자유도 법칙과 렌츠의 법칙이 동일하게 적용되며, 모터·발전기와 함께 가장 유용하게 많이 사용되는 변압기(transformer)의 기본 원리로 활용되기 때문에 잘 이해하여야 합니다. 마지막으로, 회로에 코일과 콘덴서가 여러 개 포함되는 경우에는 저항의 직렬·병렬 관계와 마찬가지로 1개의 합성값으로 회로를 축소할 수 있기 때문에 코일/콘덴서의 직렬·병렬 연결에 대해서도 알아보겠습니다.

5.1 코일의 인덕턴스

5.1.1 코일과 인덕턴스

코일(coil)은 전문용어로 인덕터(inductor)라고 부르며, 구리 도선을 나선모양으로 감은 전기부품으로 [그림 5.1]과 같은 회로기호를 사용하고 L을 사용하여 표기합니다.

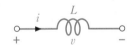

[그림 5.1] 코일의 회로기호 및 표기

(1) 코일의 인덕턴스

인덕턴스(inductance)는 코일(인덕터)의 성질 정도를 정량화시킨 개념으로 단위는 헨리(Henry, [H])[1]를 사용합니다. 도선을 많이 감을수록 코일의 성질이 커지므로 이를 인덕턴스로 나타내며, 전기회로에서 사용되는 코일은 μ H~H까지 폭넓은 크기의 코일이 사용됩니다.

---

1 미국의 과학자 조셉 헨리(Joseph Henry, 1797~1878)의 이름을 땀.

 인덕턴스(inductance)

- 인덕턴스의 단위는 헨리(Henry, [H])를 사용한다.
- 인덕턴스는 대문자 L을 사용하여 표기한다.

코일은 코어(core)와 권선방법에 따라 그 종류가 나뉩니다. 공심 코일(air-core coil)은 고정 코일(fixed coil)이라고도 하며, 구리선만 감은 속이 비어 있는 코일입니다. 높은 인덕턴스를 얻기 어렵고 저항만 커지는 단점이 있으므로 철심에 구리선을 감은 철심 코일(iron-core coil)을 주로 사용합니다. 가변 코일(variable coil)은 인덕턴스값을 변경할 수 있도록 한 코일이며, 가변 철심 코일은 철심을 삽입하고 인덕턴스를 변경할 수 있도록 한 코일입니다. [그림 5.2]에 나타낸 코일의 회로기호도 꼭 기억해야 합니다.

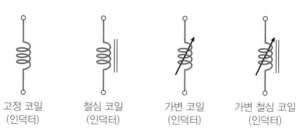

| 고정 코일
(인덕터) | 철심 코일
(인덕터) | 가변 코일
(인덕터) | 가변 철심 코일
(인덕터) |

[그림 5.2] 코일의 회로기호

권선방법에 따른 코일의 종류는 [그림 5.3]과 같이 구리선을 나선형으로 감은 일반적인 솔레노이드(solenoid)형과 구리선의 시작과 끝이 마주보도록 원모양으로 감아 만든 트로이달(troidal)형[2]으로 구분됩니다.

2 트로이달형이 보다 큰 인덕턴스를 가짐.

(a) 솔레노이드(solenoid) 코일 (b) 트로이달(troidal) 코일

[그림 5.3] 권선방법에 따른 코일의 종류

(2) 코일(인덕터)의 기본 특성

4장에서 설명한 것처럼 코일에 직류를 흘리면 자기장을 띤 전자석이 되며, 구리 도선만을 감아서 사용하는 것보다 내부에 철심 또는 철분말을 응고시킨 코어(core)를 사용하면 코일의 특성이 더 강해져 강한 전자석(electromagnet)을 만들 수 있습니다. 즉, [그림 5.4]와 같이 감아놓은 구리선 하나하나에 원형 전류에 의한 자기장이 생성되고, 이 원형 전류에 의한 개개의 자기장들이 합쳐져서 전체 자계를 형성하게 됩니다.[3]

전기회로 내에 코일을 연결하고 전원을 공급하면, 직류회로에서는 특성을 나타내

3 앙페르의 오른손 엄지 손가락법칙에 따라 엄지 손가락 방향이 자극의 N극을 가리킴.

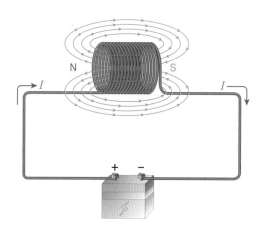

[그림 5.4] 코일에 의한 자기장 형성

지 않고 저항을 가진 도선에 불과하지만, 교류회로에서는 전류변화 억제를 위한 유도 전압이 생성되어 다양한 기능을 수행하게 됩니다. 좀 더 자세한 설명은 뒤에서 하기로 하겠습니다.

5.1.2 자기유도

코일의 중요한 성질인 자기유도(self induction)와 자기인덕턴스(self inductance)에 대해 알아보겠습니다. 먼저 [그림 5.5]와 같이 1개의 코일에 직류가 흐르도록 배터리와 스위치를 연결하고 전류의 흐름을 측정할 수 있도록 검류계(galvanometer)를 연결합니다.

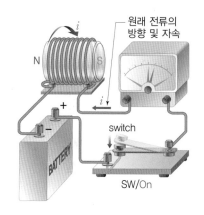

(a) 원래 전류방향과 자속

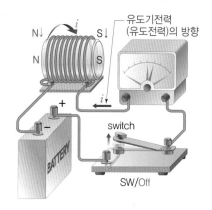

(b) 유도기전력의 방향과 자속

[그림 5.5] 자기유도(self induction) 과정

[그림 5.5(a)]와 같이 스위치를 On 시켜 회로에 전기가 흐르도록 하면 전류(i)는 배터리의 (+)극에서 (−)극으로 그림의 빨간색 화살표 방향으로 흐르게 되고, 코일의 감긴 방향으로 앙페르의 오른손 엄지손가락법칙을 적용하면 코일의 왼쪽에는 자기장의 N극이, 오른쪽에는 자기장의 S극이 생성됨을 확인할 수 있습니다.

전기가 흐르고 있는 이 상태에서 [그림 5.5(b)]와 같이, 다시 스위치를 Off 시키면 흐르던 원래 전류가 차단되고 생성되었던 자계가 사라지게 됩니다. 이때 코일에는 기존 자속을 방해하려는 방향으로 유도기전력이 발생하는 렌츠의 법칙이 적용되며, 코일의 양 끝에서는 각각 감소하는 원래 자계의 N극과 S극을 증가시키기 위해 코일의 왼쪽에는 자기장 N극이, 오른쪽에는 S극이 생성되도록 유도기전력이 발생합니다.[4] 즉, [그림 5.5(b)]에서 파란색으로 표시된 화살표 방향으로 유도전류가 흐르게 됩니다. 이 유도전류는 스위치를 Off 시키는 순간에만 존재하는 전류이며, 코일에는 원래 흐르던 전류가 작아지면서 0으로 전류값이 변화되기 시작하므로 이 방향과 비교하면 전류가 증가되는 반대방향으로 유도전류가 흐르게 됩니다.[5] 따라서, 이 유도전류를 생성하는 유도기전력을 원래 회로에 흐르는 전류와 방향이 반대가 되기 때문에 역방향 유도기전력이라고 하며, 이와 같이 코일에 나타나는 전자유도 현상을 자기유도[6]라고 합니다.

한 가지 꼭 기억해야 하는 점은, 자기유도 현상은 전류가 일정하게 흐를 때는 나타나지 않고, 전류의 변화가 발생하는 순간에만 나타난다는 것입니다. 즉, 전압과 전류가 일정한 직류(DC)를 코일에 공급하는 경우에는 스위치가 On/Off 되는 매우 짧은 순간에만 전류변화가 발생하여 코일에 생성되는 자기장(자계)의 변화가 생기므로 유도기전력과 유도전류가 발생하게 됩니다.

코일의 자기유도 과정에서 발생되는 역방향 유도기전력(e)의 크기는 식 (5.1)과 같이 코일의 인덕턴스(L)와 흐르는 전류(i)에 비례합니다. 기전력은 전압이므로 단위는 볼트 [V]가 사용됩니다.

$$\text{(DC circuit): } E = -LI \text{ [V]} \Leftrightarrow \text{(AC circuit): } e = -L\frac{di}{dt} \text{ [V]} \qquad (5.1)$$

식 (5.1)의 (−)부호는 원래 흐르던 전류와 반대방향으로 흐르는 것을 나타냅니다. 시간에 대해 전류의 크기와 극성이 변하지 않는 직류(DC)를 공급하는 경우는 대문자를 사용하여 표기하고, 시간에 대해 전류의 크기와 극성이 변화하는 교류(AC)를 공급하는 경우에는 소문자를 사용하며, 시간에 대한 전류의 변화율(di/dt)을 반영해야 합니다. 다음 예제를 통해 자기유도 과정을 보다 상세히 살펴보겠습니다.

4 코일 왼쪽에 N극, 오른쪽에 S극이 생기도록 앙페르의 오른손 엄지손가락법칙을 적용하면 전류의 방향을 알아낼 수 있음.

5 렌츠의 법칙에서 '기존 자계를 방해하는 방향'의 의미는 결국 기존 전류의 흐름과 반대방향으로 전류가 흐르도록 유도기전력이 발생한다는 의미가 됨.

6 자기 자신의 코일 1개에 흐르는 전류에 의해 현상이 나타나기 때문에 "자기"유도라고 함.

예제 5.1

다음 그림과 같이 1개의 코일에 전류가 흐르고 있다.

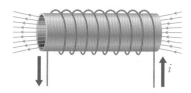

(1) 흐르고 있는 전류를 증가시킬 경우에 발생하는 역기전력의 방향을 구하시오.
(2) 흐르고 있는 전류를 감소시킬 경우에 발생하는 역기전력의 방향을 구하시오.

| 풀이 | 아래 그림과 같이 1개의 코일에 전류가 흐르고 있다면 앙페르의 법칙에 의해 코일 왼쪽에는 N극이, 오른쪽에는 S극이 나타난다.

(1) 흐르고 있는 전류를 증가시키면 아래 그림과 같이 코일의 원래 자기장인 왼쪽의 N극과 오른쪽의 S극이 더 커지게 된다.
    렌츠의 법칙에 의해 기존 자계를 방해하는 방향으로 유도전류가 발생하므로, 왼쪽 코일 끝단에는 S극이, 오른쪽에는 N극이 발생한다. 이 방향으로 자기장이 만들어지려면 코일에는 현재 전류방향과 반대방향으로 전류가 흐르도록 유도기전력이 발생되어야 한다. 즉, 현재 증가된 전류를 감소시키는 반대방향으로 전류가 흐르도록 유도기전력이 발생하여 증가하려는 원래 전류를 감소시키게 된다.

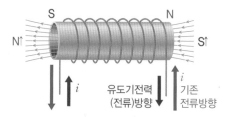

(2) 흐르고 있는 전류를 감소시키는 경우에는 기존 자기장이 감소하므로, 왼쪽 코일 끝단에는 N극이 생기고 오른쪽에는 S극이 생성되도록 유도기전력이 발생하고 전류가 흐르게 된다. 따라서, 유도기전력에 의한 전류는 현재 전류가 줄어들고 있으므로 같은 방향으로 생겨 전체 전류를 증가시킨다.

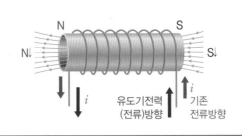

 핵심 Point **자기유도(self inductance)**

• 직류와 같이 일정한 전압, 전류가 코일에 흐르는 경우
  – 코일에 자계변화가 발생하지 않으므로 자기유도와 같은 특성이 나타나지 않고 코일은 저항을 가진 도선에 불과하다.
  – 직류를 On/Off 시켜 전류변화가 생기는 순간에만 유도기전력과 유도전류가 생성된다.
• 교류와 같이 연속적으로 전압·전류의 크기와 극성이 변화하는 경우
  – 전류변화 억제를 위한 유도기전력과 유도전류가 계속해서 생성된다.

5.1.3 상호유도

다음으로 코일의 상호유도(mutual induction)와 상호인덕턴스(mutual inductance)에 대해 알아보겠습니다. 앞에서 살펴본 자기유도는 코일 1개에서 발생하는 현상이며, 상호유도 과정은 명칭에서 알 수 있는 바와 같이 최소 2개의 코일이 연동되어 있는 경우에 발생하는 현상입니다. 즉, 1개 코일의 전류 변화가 이웃한 코일에 영향을 미쳐 유도기전력을 발생시키는 현상으로, [그림 5.6]과 같이 1차 코일의 스위치를 열고 닫을 때에만 2차 코일에 유도전류가 흘러 연결된 검류계의 지침이 움직이게 됩니다.

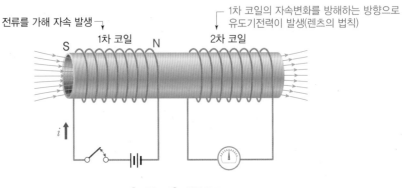

[그림 5.6] 상호유도

1차 코일에 전류를 가해 자기장의 변화를 발생시키면, 2차 코일에서는 1차 코일의 자속변화를 방해하는 방향으로 유도기전력이 발생하는 것을 상호유도라고 합니다. 이 때 2차 코일에서 발생하는 유도기전력은 식 (5.2)와 같이 직류회로에서는 1차 코일에 흐르는 전류(I)와 상수 M에 비례하고, 교류회로에서는 전류의 시간변화율(di/dt)과 상수 M에 비례하게 됩니다. 이때 비례상수 M을 상호인덕턴스라고 합니다.

$$\text{(DC circuit): } E = -MI \text{ [V]} \Leftrightarrow \text{(AC circuit): } e = -M\frac{di}{dt} \text{ [V]} \tag{5.2}$$

상호유도 과정의 진행을 구체적으로 살펴보겠습니다.

① 상호유도 과정 단계-1

1차 코일의 스위치가 눌려져 On 상태가 되면, 1차 코일에는 앙페르의 오른손 엄지손가락법칙에 의해 [그림 5.7①]과 같이 자계 B_1이 발생하고(1차 코일 오른쪽에 N극이 생성), 일정 시간 후에는 직류 전류가 일정하게 흐르게 되어(자계의 변화가 일정하게 유지) 2차 코일에는 유도기전력이 생기지 않아 유도전류가 흐르지 않는 상태가 유지됩니다.

② 상호유도 과정 단계-2

이제 1차 코일의 스위치를 다시 열고 회로를 Off 시켜 1차 코일의 전류를 차단시키면, [그림 5.7②]와 같이 1차 코일의 원래 자계 B_1의 크기가 작아지며 사라지게 됩니다.

③ 상호유도 과정 단계-3

이 순간에 2차 코일에는 렌츠의 법칙에 의해 사라지는 N극을 방해하기 위해 코일 왼쪽 끝단에 S극이 생기게 되며, 이를 자속의 변화관점에서 보면 기존 자속 B_1의 감소를 방해하려는 방향, 즉 오른쪽 방향으로 증가하는 자속 B_2가 생기도록 유도기전력이 발생하여 [그림 5.7③]과 같이 유도전류 i_2가 발생하게 됩니다. 이때 유도전류방향에 의해 전류계의 지침은 그림과 같이 오른쪽을 가리킨다고 가정합니다.

④ 상호유도 과정 단계-4

이제 1차 코일의 스위치를 다시 닫아서 전류 i_1을 흐르게 하면 [그림 5.7④]와 같이 1차 코일의 자속 B_1은 다시 증가하게 됩니다.

⑤ 상호유도 과정 단계-5

이 순간에 2차 코일에는 [그림 5.7⑤]와 같이 렌츠의 법칙에 의해 증가하는 1차 코일의 N극을 방해하기 위해 2차 코일 왼쪽 끝단에 N극이 생기며, 이를 자속의 변화관

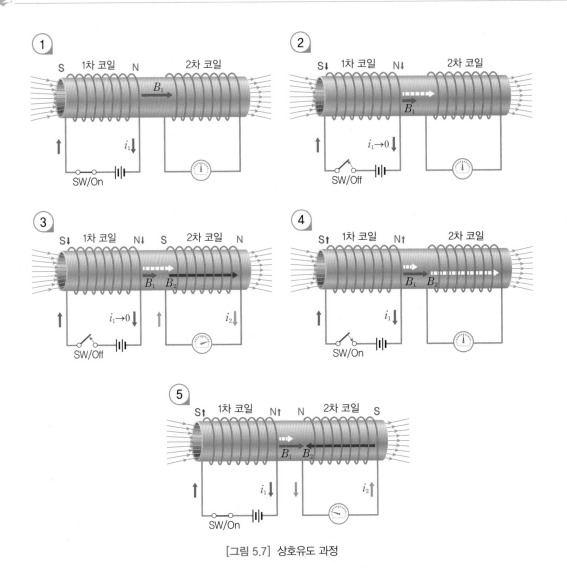

[그림 5.7] 상호유도 과정

점에서 보면 기존 자속 B_1의 증가를 방해하려는 방향, 즉 왼쪽 방향으로 증가하는 자속이 생기도록 유도기전력이 발생하여 유도전류 i_2가 발생합니다. 이때 전류방향에 의해 전류계의 지침은 단계-3과는 반대로 왼쪽을 가리키게 됩니다.

5.1.4 변압기

변압기(transformer)는 코일의 상호유도를 이용한 대표적인 전기장치로, [그림 5.8]과 같이 철심에 1차 코일과 2차 코일을 감아 놓은 구조입니다.

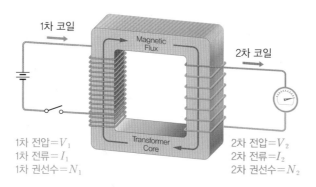

1차 코일

Magnetic
Flux

2차 코일

Transformer
Core

1차 전압＝V_1
1차 전류＝I_1
1차 권선수＝N_1

2차 전압＝V_2
2차 전류＝I_2
2차 권선수＝N_2

[그림 5.8] 변압기(transformer)

1차 코일에 입력되는 전류 변화가 상호유도를 통해 2차 코일에 유도기전력을 변화시키게 되고, 이렇게 유도된 2차 코일 측의 유도기전력을 출력전압으로 사용하는데 1차 코일에 입력된 전압을 높이거나 낮추는 기능을 수행합니다.

[그림 5.8]에서 1차 코일에 감은 코일의 권선수를 N_1, 전압을 V_1, 전류를 I_1이라 하고, 2차 코일에 감은 권선수는 N_2, 전압을 V_2, 전류를 I_2라 합니다. 에너지 보존법칙에 따라 1차측과 2차측의 전력은 같아야 하고,[7] 전력은 전압과 전류의 곱[8]으로 정의되므로, 다음과 같이 식 (5.3)으로 정리됩니다.

$$P_1 = P_2 \ \Rightarrow \ V_1 I_1 = V_2 I_2 \ \Rightarrow \ \frac{V_1}{V_2} = \frac{I_2}{I_1} \tag{5.3}$$

앞의 식 (5.1)과 같이 코일에 걸리는 전압(또는 유도기전력)은 흐르는 전류와 코일의 인덕턴스(L)에 비례합니다. 변압기에 사용된 1차 및 2차 코일의 재료가 같고, 입력 전류가 일정(또는 전류의 변화율이 일정)하므로, 각 코일에 걸리는 전압과 유도기전력은 인덕턴스에만 영향을 받게 됩니다. 따라서 인덕턴스는 코일의 감은 수(권선수)에 비례하므로 결국 코일에 걸리는 전압은 식 (5.4)와 같이 코일의 권선수에 비례하게 됩니다. 이를 권선비(turn ratio)라 하고 소문자 a로 표기합니다.

$$a = \frac{N_1}{N_2} = \frac{V_1}{V_2} = \frac{I_2}{I_1} \tag{5.4}$$

식 (5.4)를 분석해 보면, 1차, 2차 코일의 전압비는 코일을 감은 권선수 N_1과 N_2의 권선비인 a에 비례합니다. 이 권선비를 변압비(transformation ratio)라고도 하며, 1차, 2차 코일의 전압비는 변압비 a에 비례하고, 전류비는 변압비에 반비례하는 관계를

[7] 입력으로 전기에너지를 100 Watt 가해주었다면, 손실이 없는 이상적인 경우에 출력 쪽에서 사용할 수 있는 전기에너지는 최대 100 Watt가 됨.

[8] $P = V \cdot I = I^2 \cdot R$

얻게 됩니다. 따라서, 1차 코일에 입력된 전압을 2배 승압시키기 위해서는 2차 코일은
1차 코일에 감은 권선수의 2배를 감아야 하고, 이때 에너지인 전력은 일정하므로 전압
이 2배 상승되면 전류는 반으로 줄게 됩니다.

예제 5.2

다음 변압기에서 I_1과 V_2를 계산하시오.

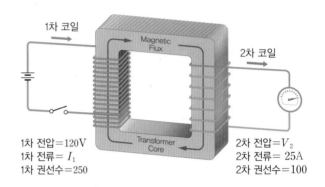

1차 전압=120V   2차 전압=V_2
1차 전류=I_1 2차 전류=25A
1차 권선수=250   2차 권선수=100

| **풀이** | 식 (5.4)에서 1차 코일과 2차 코일의 변압비 a는 2.5이다.

$$a = \frac{N_1}{N_2} = \frac{V_1}{V_2} = \frac{I_2}{I_1} \Rightarrow a = \frac{250}{100} = 2.5 = \frac{120\,\text{V}}{V_2} = \frac{25\,\text{A}}{I_1}$$

$$\therefore V_2 = \frac{120\,\text{V}}{2.5} = 48\,\text{V}, \quad I_1 = \frac{25\,\text{A}}{2.5} = 10\,\text{A}$$

1차, 2차 코일의 전압비에서 V_2를 구하면 48 V이고, 전류비에서 I_1을 구하면 10 A이다.
따라서, 2차 코일에서는 1차 코일에 입력된 전압을 2.5배 감압시켰기 때문에 전류는 최
대 2.5배 더 사용할 수 있다.

변압기에서 마지막으로 중요하게 기억할 점이 한 가지 있습니다. 변압기의 입력전원
으로 직류(DC)를 1차 코일에 입력하는 경우는 전류/전압의 크기와 극성이 일정하기
때문에 1차 코일의 자계(자속) 변화를 유도할 수 없으므로, 2차 코일에서 전압을 승압
시키거나 감압시킬 수가 없습니다(유도기전력을 발생시키지 못합니다). 따라서, 변압
기의 입력전원은 일반적으로 교류(AC)를 사용하여 2차 코일에서 교류전압과 전류를
변화시키는 역할을 합니다. 교류는 1차 코일에 입력되는 전압의 크기 및 방향을 계속
변화시켜서 2차 코일의 유도기전력을 계속해서 발생시킬 수 있습니다.[9]

9 교류의 장점 중 대표
적인 특성이 전압을 높
이거나 낮추는 것이 직
류보다 편하다는 것인
데, 바로 이러한 상호유
도의 원리를 이용할 수
있기 때문임.

5.1.5 상호인덕턴스의 활용 예

변압기의 원리가 적용되는 항공기 장치에는 무엇이 있을까요? 항공기 엔진(engine)
시동 시 고전압(high voltage)을 만드는 엔진 점화장치(ignition system)인 마그네토
(magneto)가 대표적인 장치입니다.

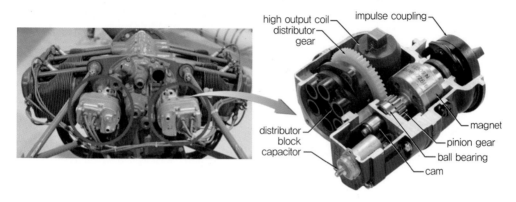

high output coil
distributor gear
impulse coupling
distributor block
capacitor
magnet
pinion gear
ball bearing
cam

[그림 5.9] 왕복엔진의 시동점화장치인 마그네토(magneto)

변압기에 직류(DC)를 입력하는 경우는 전류와 전압의 크기와 극성이 일정하기 때
문에 1차 코일의 자계(자속) 변화를 유도할 수 없으므로, 지속적으로 전압을 승압시키
거나 감압시킬 수가 없습니다. 하지만 전류가 흐르거나 끊어지는 순간에는 2차 코일
에 전압 변화를 유도할 수 있으므로, 배터리와 같은 직류 전원을 사용하는 항공기 엔
진 점화장치에서는 이러한 원리를 사용하여 고전압을 유도합니다.

(1) 시동 바이브레이터

시동 바이브레이터(starting vibrator)는 왕복엔진 항공기에 사용되는 옛날 방식의
점화장치로 요즘은 마그네토가 일반적으로 사용됩니다. [그림 5.10]과 같이 점화 스위
치를 누르면 배터리로부터 공급되는 1차 코일의 전류(I_1)는 브레이커 포인트(breaker
point)가 닫힌 상태에서 접지점을 통해 빠져나가게 되므로 전류가 회로에 흐르게 됩니
다. 1차 코일에 전류가 흐르는 이 순간 상호유도 원리(변압기의 원리)에 의해 2차 코
일에 고전압이 유도되고 배전기(distributor)를 통해 각 실린더의 점화 플러그(spark
plug)에 고전압 전류가 배분되어 실린더 내의 연료가 점화되도록 합니다. 이와 동시에
점화 스위치가 눌리면 스타터(starter)[10]가 회전하게 되고, 스타터 회전축에 연결된 캠
(cam)의 회전을 통해 닫혀 있던 브레이커 포인트가 개방되면서 흐르던 1차 코일의 전

10 시동모터(start
motor)라고도 하며, 엔
진의 fly-wheel ring
gear에 접속되어 시동
시 엔진을 회전시킴.

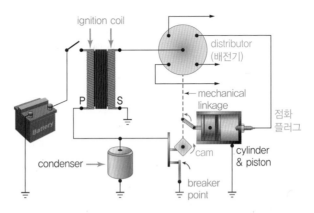

[그림 5.10] 왕복엔진의 시동 바이브레이터

류가 끊어집니다. 이 순간에 1차 코일의 전계 변화가 다시 발생하므로 상호유도 원리에 의해 2차 코일에는 고전압이 유도되고 전류가 흘러 배전기를 통해 각 점화 플러그에 전달됩니다. 점화 스위치가 눌려 있는 동안 상기 과정이 반복되면서 고전압을 계속적으로 유도하게 됩니다.

(2) 마그네토 점화 시스템

마그네토는 저전압 방식과 고전압 방식으로 구분되며, 항공기 왕복엔진의 고전압 마그네토 점화 시스템(high voltage magneto system)은 [그림 5.11]과 같이 마그네토의 1차 코일 상단에 수천 회 감긴 2차 코일이 위치하는 구조입니다. 고전압 유도 원리는 앞에서 설명한 시동 바이브레이터와 거의 비슷합니다. 점화 스위치를 누르면 스타터(starter)가 회전하고 스타터 회전축에 연결된 캠(cam)이 회전하면서 브레이커 포인

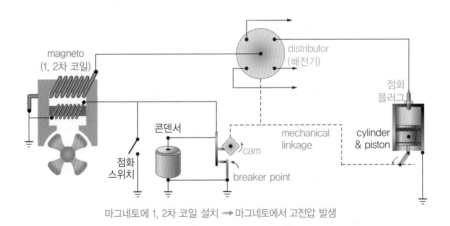

마그네토에 1, 2차 코일 설치 ■➡ 마그네토에서 고전압 발생

[그림 5.11] 고전압 마그네토 점화 시스템

트를 주기적으로 열고 닫게 되며, 이 순간에 흐르는 1차 코일의 전류 변화에 의한 자기장의 변화를 통해 2차 코일에 20,000~25,000 V의 고전압을 유도합니다. 이 고전압은 마그네토에 부착된 배전기를 통하여 각 실린더에 장착된 점화 플러그에 전달됩니다.

저전압 방식의 마그네토 점화장치(low voltage magneto system)는 [그림 5.12]와 같이 고전압 2차 코일을 마그네토에서 분리하여 점화 플러그 앞단에 설치된 변압기에 설치하여 고전압을 발생시키는 방식으로, 작동과정은 고전압 시스템과 동일합니다.

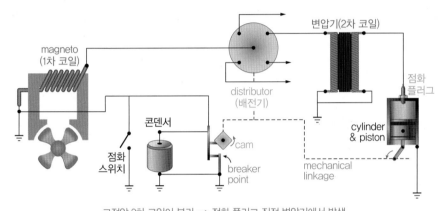

[그림 5.12] 저전압 마그네토 점화 시스템

[그림 5.13]은 마그네토 점화 시스템의 구체적인 내부 구조도를 보여주고 있는데, 마그네토 1차 코일 아래 선풍기 모양의 장치는 회전자석으로 1차 코일에 생성되는 자

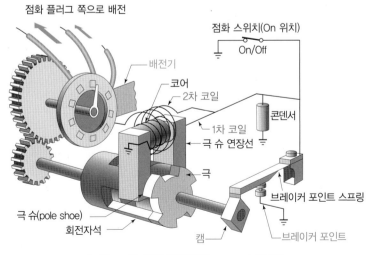

[그림 5.13] 엔진 점화장치(magneto) 구조도

기장에 의해 회전을 하게 되고, 이 회전축에 캠과 배전기를 연결시켜 브레이커 포인트를 주기적으로 열고 닫게 됩니다.

5.2 콘덴서의 커패시턴스

5.2.1 콘덴서(커패시터)

11 배터리와 같이 충전 및 방전을 하는 전기소자

콘덴서(condenser)는 전문용어로 커패시터(capacitor)라고 부르며, 전하(전기)를 자기 몸체에 담는 전기 소자로, 유전체(dielectric substance)를 사이에 두고 (+), (−)전하들이 전극판(금속판)에 대전되어 전기를 축적하는 기능을 합니다.[11]

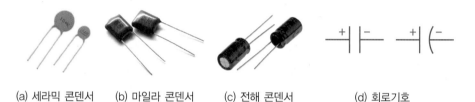

(a) 세라믹 콘덴서   (b) 마일라 콘덴서   (c) 전해 콘덴서   (d) 회로기호

[그림 5.14] 콘덴서(커패시터)의 종류와 회로기호

[그림 5.14]와 같이 다양한 커패시터가 사용되며 회로 내에서 커패시터는 [그림 5.14(d)]와 같은 회로기호를 사용하여 표현합니다. 세라믹 콘덴서(ceramic condenser)와 마일라 콘덴서(mylar condenser)는 극성이 없으므로 회로 내에서 (+)/(−)에 상관없이 커패시터의 두 단자를 연결하면 되고, 전해 콘덴서(electrolytic condenser)는 극성이 있으므로 회로 내 연결 시 주의해야 합니다.[12]

12 전해 콘덴서의 긴 다리는 (+)쪽에, 짧은 다리는 (−)쪽에 연결해야 함.

커패시터를 분해하여 내부구조를 살펴보면, [그림 5.15]와 같이 내부에 2장의 금속판(전극판)을 평행으로 놓고 그 사이에 절연체(insulator)[13]를 삽입한 구조로 되어 있습니다. 전극으로 사용되는 금속판은 얇은 알루미늄박이나 주석박 등이 사용됩니다.

13 물체 내 전자의 이동이 쉽지 않아(저항이 매우 커서) 외부에서 전기장을 가해도 전류가 흐르지 않는 물질

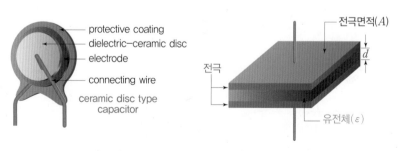

[그림 5.15] 콘덴서(커패시터)의 구조

절연체는 부도체라고 생각하면 됩니다. 커패시터의 절연체로는 유전체(dielectrics)를 사용하는데, 유전체는 외부 전원이 연결되면 전류는 흐르지 않지만 원자핵(+)과 전자(−)가 특정 방향으로 배열되어 내부의 전기적 극성이 분리된 것처럼 작용[14]하므로, 전자가 쉽게 이동할 수 있는 상태의 물질입니다. 유전체로는 종이, 운모, 전해액을 포함한 산화피막 또는 공기 등이 사용되며, 유전체의 종류에 따라 커패시터의 종류가 달라집니다. 1837년에 M. 패러데이가 콘덴서의 극판(極板) 사이에 절연물을 끼우면 전기용량(電氣容量)이 증가하는 것을 발견하였습니다.

5.2.2 커패시턴스

커패시터가 담을 수 있는(충전할 수 있는) 전기용량(정전용량)을 커패시턴스(capacitance)라고 하는데, 다음 식 (5.5)와 같이 유전율(ε)과 전극면적(A)에 비례하며 전극간격(d)에는 반비례합니다.

$$C = \varepsilon \frac{A}{d} \, [\text{F}] \tag{5.5}$$

 핵심 Point 커패시턴스(capacitance)

- 커패시턴스의 단위는 패럿(Farad)[F]을 사용한다.
- 커패시턴스는 대문자 C로 표기한다.

그러면 커패시터가 어떤 과정을 통해 자신의 몸체에 전기를 담는지 충전(charge) 과정을 단계별로 살펴보겠습니다.

① [그림 5.16(a)]에서 현재 커패시터는 (+)와 (−)전하가 평형을 이루는 중성상태로, 충전이 되어 있지 않은 상태라 가정합니다. 따라서, 두 금속판 사이의 전하 $Q = 0\,\text{C}$입니다.

② [그림 5.16(b)]와 같이 커패시터에 배터리를 연결하여 직류전압을 걸고 전류를 흐르게 한 후, (−)극에서 (+)극으로 움직이는 전자의 이동방향을 살펴보겠습니다. 왼쪽 금속판 A에 있던 음(−)전하는 배터리의 음극(−)단자에서 밀려나 배터리의 양극(+)단자로 끌려와 오른쪽 금속판 B로 모이게 됩니다. 이때 왼쪽 금속판 A는 전자가 부족해져 극성이 (+)가 되고, 오른쪽 금속판 B는 전자가 많아져 (−)극성을 가지게 됩니다. 이와 같이 오른쪽 금속판 B로 (−)전하가 이동되면서 그 수가

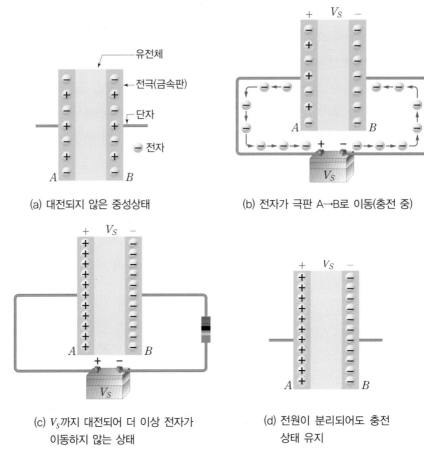

(a) 대전되지 않은 중성상태

(b) 전자가 극판 A→B로 이동(충전 중)

(c) V_S까지 대전되어 더 이상 전자가
이동하지 않는 상태

(d) 전원이 분리되어도 충전
상태 유지

[그림 5.16] 콘덴서(커패시터)의 충전과정

많아지면 커패시터는 점차 대전되어 충전이 됩니다. 이 충전과정은 끝도 없이 계속적으로 일어나는 게 아닙니다.

③ [그림 5.16(c)]와 같이 콘덴서 양단의 전위차가 배터리에서 공급하는 전압인 V_S에 도달할 때까지만 진행됩니다. 즉, 커패시터 크기에 따라 정해진 두 금속판 면적에 전자가 꽉 차거나, 가해주는 전원전압 V_S에 의해 전자가 더 이상 이동하지 못하면 커패시터의 충전과정은 멈추게 됩니다.

④ 마지막으로 커패시터가 충전이 완료되면 [그림 5.16(d)]와 같이 배터리 전원을 제거해도 커패시터는 충전상태를 유지하며, 만약 회로 내에서 커패시터의 전압이 가장 높은 상태가 되면 전압이 낮은 쪽으로 전기를 공급하는 방전(discharge)과정이 진행됩니다.

커패시터의 충전과정을 정리해 보면, 전기가 축적되는 동안에는 전자가 이동하므로 전류가 흐르지만, 완전 충전상태가 되면 전자가 이동하지 않기 때문에 전기가 흐르지 않습니다. 즉, 직류(DC)회로에서는 커패시터가 완전 충전된 후에는 전류가 차단(block) 됩니다. 반대로, 교류(AC)회로의 경우에는 항상 극성이 바뀌고 전압의 크기도 변화하므로 교류는 계속적으로 커패시터를 통과(pass)하여 흐르게 됩니다.

커패시터가 충전할 수 있는 정전용량의 크기를 커패시턴스라 하고, 단위는 [F], 기호는 C로 나타냅니다. 정전용량이 C [F]인 어떤 커패시터에 전압 V [V]를 가했을 때 콘덴서에 축적되는 전하량 Q [C]은 다음 식 (5.6)과 같이 전압과 커패시턴스의 곱으로 구할 수 있습니다. 따라서 커패시턴스는 단위 전압당 전하량(Q/V)으로 정의되며, 커패시턴스의 단위 [F]은 [C/V]와 같음을 알 수 있습니다.

$$Q = CV \text{ [C]} \iff C = \frac{Q}{V} \text{ [F] 또는 [C/V]} \qquad (5.6)$$

인덕턴스와 마찬가지로 커패시턴스에 대한 위 식도 직류에서는 대문자를 사용하여 표현하고, 교류에서는 시간변화율과 소문자를 사용하여 식 (5.7)과 같이 표현합니다.

$$\frac{dq}{dt} = C\frac{dv}{dt} \iff C = \frac{dq}{dv} \text{ [F]} \qquad (5.7)$$

따라서 커패시터에 축적되는 전하의 양 Q는 커패시턴스 C가 클수록, 가하는 전압 V가 클수록 커집니다. 커패시터의 물리적 크기는 다른 모든 요인이 일정하게 유지된다고 가정하면, 감당할 수 있는 전압에 비례하게 되는데 정격전압이 높으면 높을수록 커패시터의 크기는 커지게 됩니다.

예제 5.3

커패시턴스가 470 μF인 콘덴서에 24 V를 인가하는 경우에 축적되는 전하량은 얼마인가?

| 풀이 | $Q = CV = 470\ \mu\text{F} \times 24\text{ V} = (470 \times 10^{-6})\text{ F} \times 24\text{ V} = 0.0113\text{ C}$

5.3 인덕터와 커패시터의 전압-전류 관계

앞에서 정리한 인덕터의 관계식 (5.1)과 커패시터의 관계식 (5.6), (5.7)은 직류와 교류의 경우에 다음 [그림 5.17]과 같이 각각 표현됩니다. 교류는 시간에 따른 전압과 전류가 변화하기 때문에 각 변수의 시간변화율을 고려하여 표현한다는 것이 차이점이 되고, 교류에서 표현된 식은 직류회로의 조건까지도 표현할 수 있는 식이 되므로 교류조

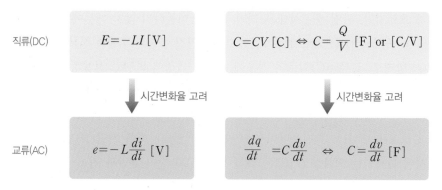

직류(DC)　　　$E = -LI\,[\text{V}]$　　　　　$C = CV\,[\text{C}] \Leftrightarrow C = \dfrac{Q}{V}\,[\text{F}] \text{ or } [\text{C/V}]$

시간변화율 고려　　　　　　　　시간변화율 고려

교류(AC)　　　$e = -L\dfrac{di}{dt}\,[\text{V}]$　　　　$\dfrac{dq}{dt} = C\dfrac{dv}{dt} \Leftrightarrow C = \dfrac{dv}{dt}\,[\text{F}]$

[그림 5.17] 인덕터와 커패시터의 관계식

건에서의 관계식을 통해 인덕터와 커패시터의 전압−전류 관계식을 유도해 보겠습니다.

5.3.1 인덕터의 전압-전류 관계식

인덕터의 관계식 (5.1)에서 유도기전력(e)을 코일(인덕터)에 걸리는 전압 v_L로 표현하고, 원래 전류의 방향과 반대방향임을 나타내는 (−)부호를 없애면 코일(인덕터)의 전압식은 식 (5.8)과 같이 표현됩니다.[15]

$$e = -L\frac{di}{dt}\,[\text{V}] \;\Rightarrow\; v_L = L\frac{di_L}{dt}\,[\text{V}] \tag{5.8}$$

상기 인덕터의 전압식은 미분방정식(differential equation)의 형태이며, 코일에 흐르는 전류를 i_L로 정의하고 전류를 좌변으로 이항하여 정리한 후 일정시간 t에 대해 적분하면, 식 (5.9)와 같이 인덕터의 전류식은 적분방정식(integral equation)으로 정의됩니다.

$$di_L = \frac{1}{L}v_L dt \;\Rightarrow\; i_L(t) = \int_{t_0}^{t} v_L(t)\,dt \tag{5.9}$$

5.3.2 커패시터의 전압-전류 관계식

같은 방식으로 커패시터의 관계식 (5.7)에서 시간에 대한 전하량 변화율(dq/dt)[16]은 이미 배운 전류의 정의가 되므로 커패시터의 전류를 i_C로, 전압을 v_C로 정의하면 다음 식 (5.10)과 같이 커패시터의 전류식을 유도할 수 있습니다.

16 2장의 식 (2.1)

$$\frac{dq}{dt} = i$$

$$\frac{dq}{dt} = C\frac{dv}{dt} \;\Rightarrow\; \frac{dq}{dt} = i_C = C\frac{dv_C}{dt}\,[\text{A}] \tag{5.10}$$

위의 커패시터 전류식은 미분방정식의 형태이며, 전압을 좌변으로 이항하여 정리한 후 일정시간 t에 대해 적분하면 다음 식 (5.11)과 같이 커패시터의 전압식은 적분방정식이 됩니다.

$$dv_C = \frac{1}{C} i_C \, dt \;\Rightarrow\; v_C(t) = \int_{t_0}^{t} \frac{1}{C} i_C(t) \, dt \qquad (5.11)$$

교류에서의 커패시터와 인덕터의 전압–전류 관계를 살펴보면 결국 시간에 대한 미분–적분 관계로 정의됨을 알 수 있습니다. 시간에 대한 미분과 적분 관계는 물리적으로 동일 회로 내에서 전압과 전류 사이의 시간 차가 발생함을 의미합니다. 즉, 직류회로에서는 시간에 대해 전압과 전류가 변화하지 않고 일정하므로, 전압과 전류는 시간 차 없이 즉시 서로 영향을 주는 관계가 됩니다.[17] 이에 비해 교류회로에서는 전압과 전류가 시간에 대해 미분과 적분식으로 표현되기 때문에 어떤 시간 t초에서 코일의 전압값을 변경하면, 이 시간 t초에서 바로 전류값이 변경되는 것이 아니라, 일정 시간 차를 두고 전류에 영향이 미치게 됩니다. 즉, 인덕터에서는 $(t + \Delta t)$초 후에 전류값이 변화하게 되며, 커패시터에서는 이와 반대 현상[18]이 나타나게 되는데, 보다 자세한 설명은 교류회로(10장)에서 하도록 하겠습니다. 여기서는 인덕터와 커패시터의 전압과 전류는 미분방정식과 적분방정식의 상관관계를 가진다는 정도만 이해하고 다음 절로 넘어가기 바랍니다.

17 어떤 시간 t초에서 전압을 변경하면 전류는 옴의 법칙에 의해 t초에서 바로 그 영향성이 나타나 값이 변화함.

18 커패시터에서는 전압이 전류보다 늦게 변화함.

5.3.3 직류(DC)회로에서의 인덕터/커패시터의 전압-전류 관계

지금까지 배운 교류의 전압–전류 관계식을 직류(DC)회로의 인덕터와 커패시터에 적용하여 전압–전류 관계를 살펴보겠습니다. [그림 5.18]과 같이 커패시터(C)에 직류 전압 V_0를 인가하면 커패시터의 전류식 (5.10)에서 직류전압은 V_0로 일정하므로 시간에 대

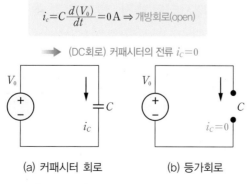

[그림 5.18] 직류회로에서의 커패시터 특성

해 미분한 값 $dv_C/dt = 0$이 되어, 커패시터의 전류 $i_L = 0$이 되므로 그림과 같이 개방회로와 같은 특성을 나타내는 등가회로가 됩니다.

즉, 직류회로에서 '커패시터는 완전 충전 시에 전류를 차단한다'는 설명과 일치하는 특성을 식을 통해 확인할 수 있게 됩니다. 결론적으로 커패시터에 흐르는 전류는 전압이 계속적으로 변해야 0이 아닌 값을 갖게 됩니다.

반대로 인덕터는 전압식 (5.8)에서 직류전류가 I_0로 일정하므로 이를 시간에 대해 미분한 값 $di_L/dt = 0$이 되고, 인덕터의 전압 $v_L = 0$이 되므로 [그림 5.19]의 단락(short)회로와 같은 등가회로가 됩니다. 따라서 인덕터에 걸리는 전압은 회로에 흐르는 전류가 계속적으로 변해야 0이 아닌 값을 갖게 됩니다.

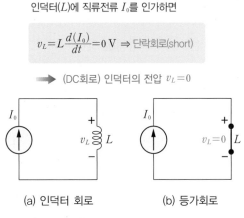

[그림 5.19] 직류회로에서의 인덕터 특성

5.4 인덕터와 커패시터의 시정수

5.4.1 직류회로에서 커패시터의 충전 · 방전 과정 측정

시정수(time constant)를 알아보기 전에 먼저 직류회로에 연결된 커패시터의 충전(charge)과 방전(discharge) 과정을 회로에서 살펴보겠습니다. 5.2.2절의 [그림 5.16]에서 설명한 원리적 과정을 회로에 연결한 멀티미터를 사용하여 전압과 전류를 측정하는 과정으로 다시 설명하는 것입니다. [그림 5.20]과 같이 직류전원으로 배터리를 연결하고 스위치를 통해 커패시터에 전압을 걸어줄 수 있도록 회로를 구성합니다.

[그림 5.20(a)]와 같이 스위치를 눌러 회로에 전원을 가해주는 순간을 먼저 관찰해 보겠습니다.

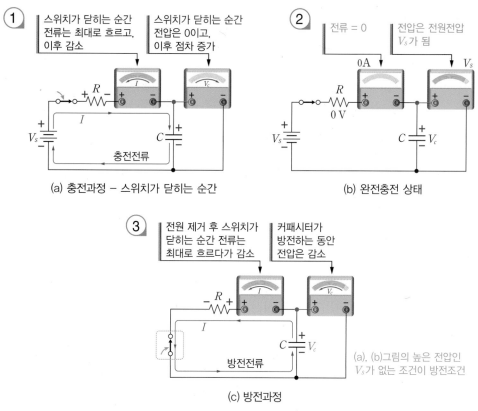

① 스위치가 닫히는 순간 전류는 최대로 흐르고, 이후 감소
스위치가 닫히는 순간 전압은 0이고, 이후 점차 증가

(a) 충전과정 – 스위치가 닫히는 순간

② 전류 = 0
전압은 전원전압 V_s가 됨

(b) 완전충전 상태

③ 전원 제거 후 스위치가 닫히는 순간 전류는 최대로 흐르다가 감소
커패시터가 방전하는 동안 전압은 감소

(a), (b)그림의 높은 전압인 V_s가 없는 조건이 방전조건

(c) 방전과정

[그림 5.20] 직류회로에서의 커패시터 충전 및 방전 과정

① 스위치가 닫히는 순간 커패시터는 전자들의 이동에 의해 충전이 시작되고, 커패시터를 통해 전류가 흐르게 됩니다. 회로에 연결한 멀티미터로 전류를 측정해보면, 그림과 같이 회로에 흐르는 전류는 0 A에서 스위치가 닫히는 순간 최대로 흐르게 되고, 충전에 가까워질수록 흐르는 전류값이 점점 감소하게 됩니다. 반면에 전압은 스위치가 닫히는 순간 0 V였다가 점차 증가하여 충전이 완료되면 배터리 전원에서 가해주는 전압 V_S와 같은 전압값이 측정됩니다.

② 커패시터가 완전 충전이 되면 [그림 5.20(b)]와 같이 커패시터에 걸리는 전압과 전원전압이 V_S로 같아지고, 더 이상 전자의 이동이 없게 되므로 전류는 흐르지 않게 되어 전류측정값은 멀티미터에서 0 A를 나타냅니다. 즉, 직류회로에서 커패시터는 완전 충전 시에 전류를 차단하게 됩니다.

③ 이제 마지막으로 충전된 커패시터의 방전과정을 살펴보겠습니다. [그림 5.20(b)]와 같이 충전상태인 회로에서 전원인 배터리를 제거하고 [그림 5.20(c)]와 같이 만든 후 스위치를 다시 열어 놓습니다. 앞 절에서 설명한 바와 같이 충전된 커패

시터는 전원을 제거해도 충전된 상태를 유지하고 있습니다. 이제 스위치를 다시 닫으면 회로에 전류가 흐르게 되는데, 이때는 전원전압인 배터리를 제거했기 때문에 충전된 커패시터가 회로에서 가장 높은 전압 V_S를 가지고 있습니다. 따라서 전기를 축적한 커패시터로부터 전류가 흘러나가게 되며 이를 방전이라 합니다. 방전 시에도 전류는 처음에 최대전류가 흐르다가 방전이 진행되면서 점차 감소하며, 전압은 충전되어 있는 전압 V_S로부터 점차 감소하게 됩니다. 방전 시에는 충전 시와 달리 전류의 흐르는 방향은 반대가 됩니다.

5.4.2 커패시터의 시정수

방금 설명한 충전·방전 과정은 매우 짧은 순간이기는 하지만 스위치가 닫히는 순간 전압과 전류가 시간에 따라 순간적으로 변화하게 됩니다. 즉, 전압은 초기에 0 V이었다가 점차 증가하여 일정 전압값 V_S [V]로 증가하고, 초기 전류값은 최댓값을 나타내다가 감소하여 0 A가 되는데, 일정 시간 후에는 커패시터의 전자이동이 없으므로 전류가 흐르지 않아서 값이 모두 일정하게 됩니다.

커패시터가 얼마나 빨리 충전·방전되는지 알 수 있는 척도로 시정수(time constant, 時定數)를 정의해서 사용합니다. 커패시터의 시정수는 τ(타우)로 표시하고, 식 (5.12)와 같이 저항(R)과 커패시턴스(C)의 곱으로 정의되므로 RC-시정수라고도 합니다. 시정수는 시간에 따라 변화하는 동적시스템(dynamic system)에서 임의의 평형상태가 다른 평형상태로 변화하는 데 걸리는 천이과정의 시간특성을 나타내며, 시정수가 작을수록 다른 상태로 빠르게 변화할 수 있는 동특성(dynamic characteristics)이 큰 시스템을 의미합니다.

$$\tau_C = R \cdot C \tag{5.12}$$

여기서, τ_C: 시정수(sec), C: 커패시턴스(F), R: 저항(Ω)

시정수의 단위는 시간의 단위인 초(second)가 사용되고, 저항과 커패시턴스에 비례하므로 R, C가 증가하면 시정수가 커져 충전·방전되는 시간이 오래 걸리게 됨을 식 (5.12)에서 알 수 있습니다.

앞에서 커패시터와 인덕터의 전압−전류 관계가 미분방정식과 적분방정식으로 표현됨을 설명했습니다. 전기회로뿐만 아니라 항공기, 자동차, 선박, 기계 메커니즘 등 모든 동적 시스템을 수학적으로 모델링을 하면 미분방정식과 적분방정식으로 표현됩니다. 따라서 시간에 대해서 미분과 적분 방정식을 풀어내면, 매 시간마다 대상 시스템이나 회로가 어떻게 값이 변화하고 특성이 나타나는지를 알 수 있습니다. 이처럼 초기 상태에서 입력이나 조종명령에 의해 다른 상태로 천이되는 과정에서 나타나는 응답특성을 과도응답(transient response)이라 합니다. 다른 상태로 변화된 후 안정화되면 더 이상 값이 변하지 않게 되고, 이렇게 일정값에 도달하여 안정화된 상태를 정상상태 (steady-state)라고 합니다.

현재와 같이 컴퓨터가 놀라울 만큼 빠르게 발전하는 시대에서는 엄청나게 빠른 속도로 미분과 적분방정식을 컴퓨터로 풀어낼 수 있으므로, 항공기와 같은 동특성 시스템을 수학적으로 모델링하면 일일이 하드웨어로 시스템을 만들지 않고도 대상 시스템의 특성과 거동을 파악할 수 있습니다. 그래서 요즘은 각 분야에서 정립된 이론을 구현한 전문화된 공학용 해석 프로그램을 통해 시뮬레이션(simulation)을 수행하고 문제를 풀어낼 수 있습니다. 따라서 새로운 항공기나 전기장치를 설계하고 개발하는 경우에 컴퓨터를 이용한 시뮬레이션을 이용하면, 실제와 가까운 결과를 빠르고 정확하게 얻을 수 있으므로 개발과정에서 소요되는 시간과 비용을 절감할 수 있습니다.

전문대학 과정의 항공정비 분야에서는 전기회로의 수학 모델링을 통해 미적분방정식을 유도하고 풀어내는 것은 다루지 않습니다. 따라서 커패시터의 과도응답 특성을 나타내는 시정수가 왜 저항과 커패시턴스의 곱으로 나타나는지에 대해서도 설명하지 않겠습니다. 다만 과도응답 특성이 정상상태의 특성만큼이나 중요하다는 것을 인식하고, 미적분방정식의 해를 구하면 거의 대부분 지수함수(exponential function) 형태(e^x)로 시간에 대한 과도응답 특성이 나타난다는 정도만 기억하면 됩니다.

[그림 5.20]에서 설명한 직렬 R-C 회로에서도 커패시터는 [그림 5.21]과 같이 지수함수 곡선을 따라 충전·방전 특성이 나타납니다.

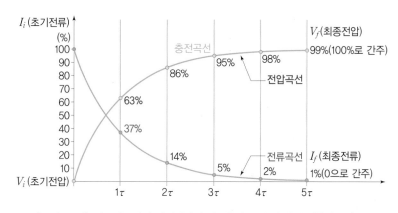

[그림 5.21] 직류회로에서 커패시터의 과도응답 특성 및 시정수(충전과정)

커패시터의 전압은 충전 시에 0 V에서 최댓값 V_S로 증가하고, 전류는 반대로 최댓값 I_i에서 감소하여 0 A로 수렴해 들어갑니다. 이때 전압 최댓값의 63% 값에 도달하는 시간을 시정수(τ)로 정의하는데, 대략 시정수의 5배 되는 시간(5τ초)에 커패시터는 완전 충전 또는 방전되어 정상상태에 도달하게 됩니다.

예를 들어, 항공기의 경우에도 시정수를 알게 되면 조종사의 조종입력에 대해 항공기의 상태변화 특성을 알 수 있습니다. B-747 여객기와 전투기인 F-22의 시정수를 비교해본다면 당연히 F-22의 시정수가 훨씬 작은 값을 가질 것입니다.

방전과정의 과도응답 특성곡선은 [그림 5.21]에서 전압곡선이 전류곡선이 되고 전류곡선은 전압곡선으로 위치가 바뀌면 됩니다.

예제 5.4

커패시턴스가 $47\,\mu$F인 콘덴서에 $3.3\,k\Omega$의 저항을 연결하였다.

(1) 커패시터의 시정수는 얼마인가?

(2) 충전이 완료되는 데 걸리는 시간을 예측하시오.

| **풀이** | (1) 커패시터의 RC 시정수는

$$\tau_C = R \cdot C = 3.3\,k\Omega \times 47\,\mu F$$
$$= (3.3 \times 1,000) \times (47 \times 10^{-6}) = 0.1551 \text{ sec}$$

(2) 정상상태는 시정수의 5배이므로,

$$0.1551 \text{ sec} \times 5 = 0.7755 \text{ sec}$$

5.4.3 인덕터의 시정수

인덕터의 시정수는 RL-시정수라고 합니다. 전류의 변화를 방해하는 전압이 생기는 인덕터의 성질 때문에 전류는 인덕터에서 순간적으로 변화되지 않습니다. 여기서 순간적으로 변화한다는 의미는 0이었던 전류값이 스위치를 눌러 회로에 일정한 전류값이 흐르는 상태로 변하려면 0에서 바로 값이 점프해서 최댓값으로 바뀌는 것이 아니라, 매우 짧은 시간이긴 하지만 최댓값으로 증가하는 데 일정한 시간이 필요하다는 것입니다. 인덕터에서 전류가 이처럼 0에서 최댓값으로 변화하는 비율은 RL-시정수에 의해 결정되며, 다음 식 (5.13)과 같이 정의되어 저항(R)에는 반비례하고, 인덕턴스(L)에는 비례합니다.

$$\tau_L = \frac{L}{R} \qquad\qquad (5.13)$$

여기서, τ_L: 시정수(sec), L: 인덕턴스(F), R: 저항(Ω)

스위치를 눌러 전기가 공급되는 매우 짧은 순간에 나타나는 인덕터의 과도응답 특성도 커패시터와 마찬가지로 [그림 5.22]의 지수함수곡선을 따릅니다. 다만 전류와 전압곡선의 위치가 서로 바뀌게 됩니다. 인덕터도 시정수를 통해 과도응답 특성을 파악할 수 있고 대략 시정수의 5배가 되면 정상상태에 도달합니다.

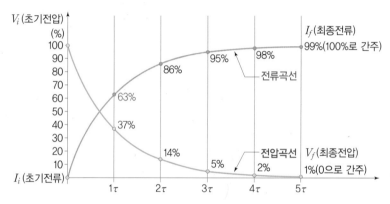

[그림 5.22] 직류회로에서 인덕터의 과도응답 특성 및 시정수(스위치를 누르는 순간)

스위치를 Off 시키는 순간의 과도응답 특성은 [그림 5.22]의 전류와 전압의 위치를 서로 바꿔주면 됩니다.

예제 5.5

다음 직렬 R-L 회로에서 다음을 구하시오.

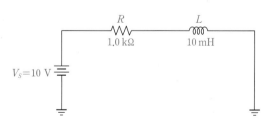

(1) 시정수를 구하시오.
(2) 코일의 저항이 10 Ω인 경우, 회로에 흐르는 전류값을 구하시오.

| **풀이** | (1) 인덕터의 RL-시정수는

$$\tau_L = \frac{L}{R} = \frac{10 \text{ mH}}{1.0 \text{ k}\Omega} = \frac{10 \times 10^{-3} \text{ H}}{1,000 \ \Omega} = 10 \times 10^{-6} \text{ s}$$

$$= 10 \ \mu s$$

(2) 코일의 저항이 $10 \ \Omega$이므로 직렬회로에서의 전체 합성저항은

$$R_E = 1,000 \ \Omega + 10 \ \Omega = 1,010 \ \Omega$$

따라서 옴의 법칙을 적용하면

$$I = \frac{V_S}{R_E} = \frac{10 \text{ V}}{1,010 \ \Omega} = 0.0099 \text{ A} = 9.9 \text{ mA}$$

〈예제 5.5〉의 회로에서 전체 전류 최댓값은 9.9 mA가 되므로 초기에 스위치를 닫은 후 0 A였던 전류가 9.9 mA가 될 때까지 걸리는 시간은 정상상태에 도달하는 시간, 즉 시정수의 5배인 $50 \ \mu s$가 걸리게 됩니다. 회로에 멀티미터를 연결하여 전류값의 변화를 시간에 대해 측정한다고 가정하면 [그림 5.23]과 같이 시간에 따른 과정을 표현할 수 있습니다.

5.5 인덕터와 커패시터의 직렬·병렬 연결

5.5.1 인덕터의 직렬·병렬 연결

(1) 인덕터의 직렬 연결

저항의 직렬·병렬 연결과 같은 개념으로 회로 내에 여러 개의 코일(인덕터)이 존재하는 경우 [그림 5.24]와 같이 1개의 합성 인덕턴스(equivalent inductance)를 가진 등가회로로 간단하게 축소할 수 있습니다.

인덕터를 직렬로 연결할 경우에는 키르히호프 제2법칙(전압법칙, KVL)을 적용하여 인덕터에 걸리는 전압을 구한 후 이를 합성 인덕턴스 1개인 회로와 비교해 보면, 식 (5.14)와 같이 합성 인덕턴스는 각 인덕턴스의 합으로 구할 수 있습니다. 저항의 직렬 연결 시에도 동일한 과정을 거쳐서 유도하였으므로 여기서는 자세한 유도과정을 생략합니다.

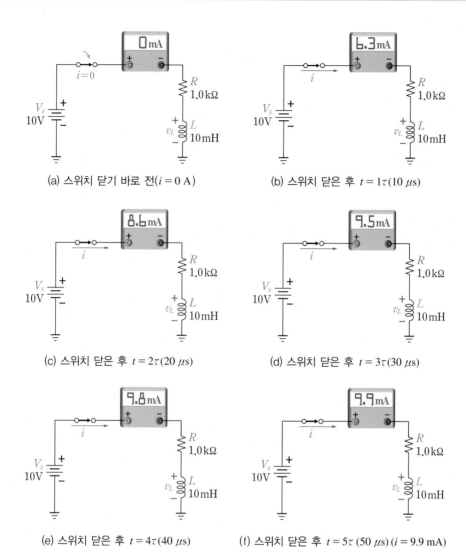

(a) 스위치 닫기 바로 전($i = 0\,\mathrm{A}$)

(b) 스위치 닫은 후 $t = 1\tau(10\,\mu\mathrm{s})$

(c) 스위치 닫은 후 $t = 2\tau(20\,\mu\mathrm{s})$

(d) 스위치 닫은 후 $t = 3\tau(30\,\mu\mathrm{s})$

(e) 스위치 닫은 후 $t = 4\tau(40\,\mu\mathrm{s})$

(f) 스위치 닫은 후 $t = 5\tau(50\,\mu\mathrm{s})\,(i = 9.9\,\mathrm{mA})$

[그림 5.23] 직류 $R\text{-}L$ 회로에서 인덕터의 과도응답 특성

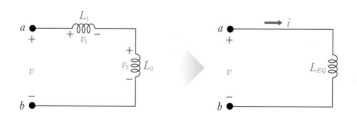

[그림 5.24] 인덕터의 합성 인덕턴스(직렬 연결)

$$v = v_1 + v_2 = L_1 \frac{di}{dt} + L_2 \frac{di}{dt} = (L_1 + L_2) \frac{di}{dt} = L_{EQ} \frac{di}{dt}$$

$$\Rightarrow \therefore L_{EQ} = L_1 + L_2 \tag{5.14}$$

(2) 인덕터의 병렬 연결

인덕터를 병렬로 여러 개 연결할 경우에는 키르히호프 제1법칙(전류법칙, KCL)을 적용하여 인덕터에 흐르는 전류를 구한 후 1개의 합성 인덕턴스 회로와 비교하면 다음 식 (5.15)와 같이 합성 인덕턴스의 역수는 각 인덕턴스의 역수를 더한 합과 같게 됩니다.[19] 최종 합성 인덕턴스는 역수를 1번 더 취하여 계산해야 한다는 것을 주의하기 바랍니다.

19 역시 저항의 병렬 연결에서 합성 저항을 구하는 방법과 유도과정 및 결과가 동일하고, 인덕터 2개가 병렬로 연결된 경우는 식 (5.15)를 공식처럼 사용할 수 있음.

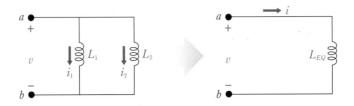

[그림 5.25] 인덕터의 합성 인덕턴스(병렬 연결)

$$i = i_1 + i_2 = \frac{1}{L_1} \int_{t_0}^{t} v \, dt + \frac{1}{L_2} \int_{t_0}^{t} v \, dt = \left(\frac{1}{L_1} + \frac{1}{L_2} \right) \int_{t_0}^{t} v \, dt = \frac{1}{L_{EQ}} \int_{t_0}^{t} v \, dt$$

$$\Rightarrow \frac{1}{L_{EQ}} = \frac{1}{L_1} + \frac{1}{L_2} = \frac{L_1 + L_2}{L_1 L_2} \Rightarrow \therefore L_{EQ} = \frac{L_1 L_2}{L_1 + L_2} \tag{5.15}$$

그러면 예제를 통해 합성 인덕턴스를 구해보겠습니다.

예제 5.6

다음 회로에서 합성 인덕턴스를 구하시오.

(1) L_1 L_2 L_3

$L_1 = L_2 = L_3 = 40 \, \mu H$

(2) $L_1 = 50 \, \mu H$ $L_2 = 20 \, mH$ $L_3 = 40 \, \mu H$

| **풀이** | (1) 코일 3개가 직렬로 연결되어 있고, 각 코일의 인덕턴스는 $40 \, \mu H$이다. 직렬 연결이므로 합성 인덕턴스는 3개의 인덕턴스값을 모두 더하면 $120 \, \mu H$가 된다.

$$L_{EQ} = L_1 + L_2 + L_3$$
$$= 40 \ \mu\text{H} + 40 \ \mu\text{H} + 40 \ \mu\text{H} = 120 \ \mu\text{H}$$

(2) 코일 3개가 병렬로 연결되어 있으므로, 각 인덕턴스의 역수를 더하면 45,050 [1/H]
이다. 이때 각 인덕턴스의 단위를 모두 H로 통일하여 계산한다.

$$\frac{1}{L_{EQ}} = \frac{1}{L_1} + \frac{1}{L_2} + \frac{1}{L_3}$$
$$= \frac{1}{50 \times 10^{-6} \text{ H}} + \frac{1}{20 \times 10^{-3} \text{ H}} + \frac{1}{40 \times 10^{-6} \text{ H}}$$
$$= 20,000 + 50 + 25,000 = 45,050 \text{ [1/H]}$$

45,050 [1/H]의 역수를 다시 한 번 취한 값이 합성 인덕턴스가 되므로 합성 인덕턴스
는 22.197 μH가 된다.

$$\therefore L_{EQ} = \frac{1}{45,050 \text{ [1/H]}} = 0.000022197 \text{ H} = 22.197 \ \mu\text{H}$$

5.5.2 커패시터의 직렬·병렬 연결

(1) 커패시터의 직렬 연결

[그림 5.26]과 같이 커패시터를 직렬로 연결할 경우에는 키르히호프 제2법칙(KVL)
을 적용하여 유도합니다. 따라서, 식 (5.16)과 같이 각 커패시터에 걸리는 전압의 합
($V_1 + V_2 + V_3$)은 전체 전압(배터리의 전원전압) V와 같아집니다.

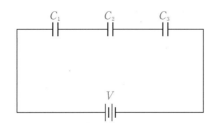

[그림 5.26] 커패시터의 합성 커패시턴스(직렬 연결)

커패시터의 전압은 [전하량(Q)] ÷ [정전용량(C)]이므로 각각의 커패시터의 전압
$V_1 = Q_1/C_1$, $V_2 = Q_2/C_2$, $V_3 = Q_3/C_3$를 대입하여 정리하면, 식 (5.16)과 같이 합성 커
패시턴스는 각 정전용량의 역수를 취해 더한 후 다시 역수를 구하면 됩니다.

$$\begin{cases} V = V_1 + V_2 + V_3 \\ Q = CV \end{cases} \Rightarrow \frac{Q}{C_{EQ}} = \frac{Q}{C_1} + \frac{Q}{C_2} + \frac{Q}{C_3}$$

$$\therefore \frac{1}{C_{EO}} = \frac{1}{C_1} + \frac{1}{C_2} + \frac{1}{C_3}$$

(5.16)

전류의 정의식 (2.1)에서 전류는 단위시간당 전하량 Q로 정의되었습니다.[20] 따라서 전하량 Q는 전류에 비례하며, 커패시터 여러 개를 직렬로 연결한 경우에 직류회로에서는 전류가 일정하므로 각 커패시터에 축적되는 전하량은 동일하게 됨을 알 수 있습니다.

(2) 커패시터의 병렬 연결

커패시터를 [그림 5.27]과 같이 병렬로 연결한 경우에는 키르히호프 제1법칙(KCL)을 적용하여 유도합니다.

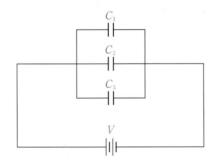

[그림 5.27] 커패시터의 합성 커패시턴스(병렬 연결)

각 병렬회로에 걸리는 전류는 [정전용량(C)] × [전압(V)]이고, 전압은 병렬회로에서 일정하므로, 식 (5.17)과 같이 유도하면 합성 커패시턴스는 각 커패시턴스의 합으로 구해집니다.

$$I = I_1 + I_2 + I_3$$
$$\Rightarrow Q_{EQ} = Q_1 + Q_2 + Q_3 \Rightarrow C_{EQ}V = C_1V + C_2V + C_3V$$
$$\therefore C_{EQ} = C_1 + C_2 + C_3$$

(5.17)

커패시터를 병렬로 연결할 경우 직렬 연결과는 달리 각각의 커패시터에 축적된 전하량은 서로 다릅니다. 왜냐하면, 병렬회로에서는 각 커패시터에 걸리는 전압이 같기 때문에 커패시턴스의 용량에 따라 전하량이 정해지기 때문입니다.

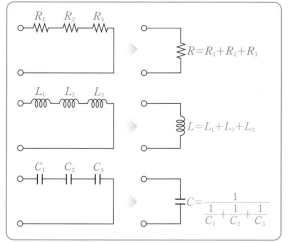

(a) 저항/코일/콘덴서의 직렬 연결

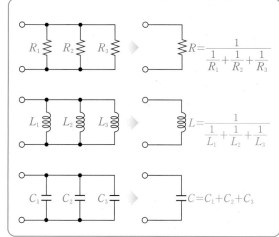

(b) 저항/코일/콘덴서의 병렬 연결

[그림 5.28] 저항/코일/콘덴서의 합성값 구하는 방식 비교

저항, 인덕턴스 및 커패시턴스의 직렬 · 병렬 연결에서의 합성값을 [그림 5.28]에 정리하였습니다. 저항(R)과 인덕터(L)는 합성값을 구하는 방법이 동일하고,[21] 커패시터(C)에서는 저항(R)과 반대 방식으로 구하면 됩니다.

21 이 방식을 '$R = L$'로 기억함.

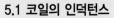

CHAPTER SUMMARY

5.1 코일의 인덕턴스

① 코일(coil) = 인덕터(inductor)

- 인덕턴스(inductance): 코일(인덕터)의 성질 정도를 나타내는 용어
  - 단위는 헨리(Henry)[H], 표기는 대문자 L을 사용함.

② 자기유도(self induction)

- 코일 1개에 나타나는 전자유도 현상으로, 코일에 흐르는 전류의 변화가 생기면 기존 자속을 방해하려는
  방향으로 역방향 유도기전력(유도전류)이 발생함(렌츠의 법칙에 의해 유도전류의 방향이 결정됨).

③ 상호유도(mutual induction)

- 1차 코일에 전류를 가해 자기장의 변화를 발생시키면, 2차 코일에서는 1차 코일의 자속변화를 방해하는 방향으
  로 유도기전력과 유도전류가 발생함.

$$\text{직류(DC)}: \ E = -LI \ \text{[V]}, \qquad \text{교류(AC)}: \ e = -L\frac{di}{dt} \ \text{[V]}$$

④ 변압기(transformer)

- 코일의 상호유도를 이용한 대표적인 전기장치로, 1차 코일과 2차 코일의 권선수에 따라 입력된 전압을 높이거나
  낮추는 기능을 수행함.

$$a = \frac{N_1}{N_2} = \frac{V_1}{V_2} = \frac{I_2}{I_1}$$

5.2 콘덴서의 커패시턴스

① 콘덴서(condenser) = 커패시터(capacitor): 전하(전기)를 축적하는 기능을 수행

- 직류회로에서는 완전 충전 시에 전류를 차단하고, 교류회로에서는 완전 충전 시에도 계속적으로 전류를 통과시킴.
- 커패시턴스(capacitance): 커패시터가 담을 수 있는(충전할 수 있는) 전기용량(정전용량)
  - 단위는 패럿(Farad, [F]), 표기는 C를 사용함.

$$\text{직류(DC)}: \ Q = CV \ \text{[C]}, \qquad \text{교류(AC)}: \ \frac{dq}{dt} = C\frac{dv}{dt} \ \text{[A]}$$

5.3 인덕터와 커패시터의 전압-전류 관계

① 인덕터의 전압-전류 관계식

- 코일에 걸리는 전압 v_L(미분식): $e = -L\frac{di}{dt}$ [V] $\Rightarrow v_L = L\frac{di_L}{dt}$ [V]

- 코일에 흐르는 전류 i_L(적분식): $di_L = \frac{1}{L}v_L \, dt \Rightarrow i_L(t) = \int_{t_0}^{t} v_L(t) \, dt$

② 커패시터의 전압-전류 관계식

- 콘덴서에 흐르는 전류 i_C(미분식): $\dfrac{dq}{dt} = C\dfrac{dv}{dt} \Rightarrow \dfrac{dq}{dt} = i_C = C\dfrac{dv_C}{dt}$ [A]

- 콘덴서에 걸리는 전압 v_C(적분식): $dv_C = \dfrac{1}{C}i_C dt \Rightarrow v_C(t) = \displaystyle\int_{t_0}^{t} \dfrac{1}{C}i_C(t)\,dt$

③ 커패시터와 인덕터의 전압-전류 관계를 살펴보면 결국 시간에 대한 미분, 적분 관계가 됨.
- 교류회로에서는 동일 회로 내에서 전압과 전류 사이의 시간차가 발생함을 의미

5.4 인덕터와 커패시터의 시정수

① 시정수(time constant, 時定數)
- 천이과정의 과도응답(transient response) 특성을 알 수 있는 척도로 최댓값의 63% 값에 도달하는 시간으로 정의함.
- 대략 시정수의 5배 되는 시간(5τ초)에 정상상태(steady-state)에 도달함.

② 커패시터의 시정수(RC-시정수): 저항(R)과 커패시턴스(C)의 곱으로 정의

$$\tau_C = R \cdot C$$

③ 인덕터의 시정수(RL-시정수): 저항(R)에는 반비례하고, 인덕턴스(L)에는 비례

$$\tau_L = \frac{L}{R}$$

5.5 인덕터와 커패시터의 직렬 · 병렬 연결

① 인덕터의 직렬 · 병렬 연결
- 인덕터는 저항의 직렬 · 병렬 연결과 동일 방식으로 합성 인덕턴스를 구함.
- 직렬 연결: $L_{EQ} = L_1 + L_2$

- 병렬 연결: $\dfrac{1}{L_{EQ}} = \dfrac{1}{L_1} + \dfrac{1}{L_2} \Rightarrow L_{EQ} = \dfrac{L_1 L_2}{L_1 + L_2}$

② 커패시터의 직렬 · 병렬 연결
- 커패시터는 저항의 직렬 · 병렬 연결과 반대방식으로 합성 인덕턴스를 구함.
- 직렬 연결: $\dfrac{1}{C_{EQ}} = \dfrac{1}{C_1} + \dfrac{1}{C_2} + \dfrac{1}{C_3}$

- 병렬 연결: $C_{EQ} = C_1 + C_2 + C_3$

▶ 연습문제

01. 다음 중 인덕터의 특성에 대한 설명 중 틀린 것은?

① 직류에서는 완전충전 시에 전류변화 억제를 위한 유도전압을 생성한다.

② 기호는 L로 나타내고, 단위는 헨리[H]이다.

③ 전류의 변화가 생기면 자기장이 발생하는 특성을 이용한다.

④ 코일을 많이 감거나 철심을 넣으면 인덕턴스가 커진다.

해설 인덕터(코일)는 완전충전되면 직류에서는 전류변화가 생기지 않으므로 유도전압과 유도전류가 발생되지 않는다.

02. 변압기와 엔진의 시동 마그네토에 이용되는 코일의 특성은?

① 자기유도 ② 플레밍의 법칙

③ 상호유도 ④ 커패시턴스

해설 변압기와 엔진시동계통의 마그네토는 1차, 2차 코일의 상호유도현상을 이용한 고전압 발생 기능을 활용한다.

03. 1차, 2차 코일의 감은 수가 각각 900회, 600회인 변압기에 150 V 전압을 가하면 2차 코일의 출력전압은 얼마인가?

① 80 V ② 100 V ③ 140 V ④ 320 V

해설 변압기의 전압과 권선수와의 관계에서

$$\frac{N_1}{N_2} = \frac{V_1}{V_2} \rightarrow V_2 = \frac{V_1 N_2}{N_1} = \frac{150 \text{ V} \times 600}{900} = 100 \text{ V}$$

04. 변압기에서 2차 권선의 권선수가 1차 권선의 2배라면 2차 권선의 전압과 전류값의 변화는 어떻게 되는가?

① 전압은 1차 권선보다 커지며 전류는 더 작아진다.

② 전압은 1차 권선보다 커지며 전류도 더 커진다.

③ 전압은 1차 권선보다 작아지며 전류는 더 커진다.

④ 전압은 1차 권선보다 작아지며 전류도 더 작아진다.

해설 1차 코일과 2차 코일의 전기에너지는 보존되어야 하므로 변압기의 전압과 권선수와의 관계에서 전압은 권선수에 비례하며 전류는 반비례한다.

$$a = \frac{N_1}{N_2} = \frac{V_1}{V_2} = \frac{I_2}{I_2}$$

05. 50 mH 코일에 2초 동안 4 A의 전류를 흘려주는 순간에 발생하는 전압값은 얼마인가? (단, 전류는 0 A에서 4 A까지 선형적으로 흐른다고 가정한다.)

① 4.0 V ② 3.5 V ③ 0.5 V ④ 0.1 V

해설 코일의 전압관계식에서

$$v_L = L\frac{di_L}{dt} = (50 \times 10^{-3} \text{ H}) \times \frac{4 \text{ A}}{2 \text{ s}} = 0.1 \text{ V}$$

06. 다음 중 커패시터의 특성에 대한 설명 중 틀린 것은?

① 기호는 C로 나타내고, 단위는 패럿[F]이다.

② 충·방전 특성은 시정수에 의해 결정된다.

③ 내부 금속판(전극판) 사이의 간격이 크면 용량이 커진다.

④ 직류에서는 완전충전 시에 전류가 차단된다.

해설 커패시턴스는 $C = \varepsilon\frac{A}{d}$로 정의되므로 유전율과 극판면적에 비례하고 극판 사이의 간격에 반비례한다.

07. 직류회로에서 커패시터가 충전이 완료되었다. 이상적으로 동일한 회로는?

① 정전압회로 ② 단락회로

③ 개방회로 ④ 정류회로

해설 커패시터는 직류회로에서 완전충전 시에 시간에 대한 전압변화율이 0이 되어 전류가 흐르지 않게 되므로 개방회로가 된다.

$$i_C = C\frac{dv_C}{dt} = C \times 0 = 0 \text{ A}$$

정답 1. ① 2. ③ 3. ② 4. ① 5. ④ 6. ③ 7. ③

08. 8 μF 콘덴서에 150 V의 직류 전압을 가해주면 충전되는 정전용량은 얼마인가?

① 0.001 C
② 0.0012 C
③ 0.0024 C
④ 0.008 C

해설 콘덴서 전압관계식에서

$$Q = CV = (8 \times 10^{-6} \text{ F}) \times 150 \text{ V} = 0.0012 \text{ C}$$

09. RC 충·방전 회로에서 3,500 pF 콘덴서와 800 MΩ의 저항이 직렬로 연결된 경우에 시정수를 구하시오.

① 0.28 s ② 0.5 s ③ 1.6 s ④ 2.8 s

해설 $\tau_C = RC = (800 \times 10^6 \ \Omega) \times (3,500 \times 10^{-12} \text{ F}) = 2.8 \text{ s}$

10. 30 μF인 4개의 커패시터가 직렬로 연결되었을 때 총정전용량은 얼마인가?

① 7.5 μF
② 12.5 μF
③ 25.0 μF
④ 25.4 μF

해설 $C_{EQ} = \dfrac{1}{\dfrac{1}{30} + \dfrac{1}{30} + \dfrac{1}{30} + \dfrac{1}{30}} = \dfrac{30}{4} = 7.5 \ \mu\text{F}$

11. 완전 충전되었던 커패시터가 방전할 때, 커패시터의 전압이 초기전압의 약 37%가 될 때까지 걸리는 시간은? (단, 저항은 5 kΩ, 커패시턴스는 20.0 μF이다.)

① 2 s ② 1 s ③ 0.1 s ④ 0.2 s

해설 커패시터의 시정수는

$$\tau_C = RC = (5 \times 10^3 \ \Omega) \times (20 \times 10^{-6} \text{ F}) = 0.1 \text{ s}$$

12. 600 μH인 3개의 인덕터가 직렬로 연결되어 있다. 회로의 시정수가 0.05 ms인 경우에 함께 연결된 저항값은 얼마인가?

① 12 Ω ② 18 Ω ③ 30 Ω ④ 36 Ω

해설 합성 인덕턴스는 $L_{EQ} = 600 + 600 + 600 = 1,800 \ \mu\text{H}$
따라서 RL-시정수는

$$\tau_L = \frac{L}{R} \rightarrow R = \frac{L}{\tau_L} = \frac{1,800 \times 10^{-6} \text{ H}}{0.05 \times 10^{-3} \text{ s}} = 36 \ \Omega$$

13. RC 직렬회로에 저항 0.01 Ω, 100 F 콘덴서, 400 F 콘덴서가 직렬로 연결되어 있다. 다음 설명 중 틀린 것은?

① 합성 커패시턴스는 80 F이다.
② 회로의 시정수는 0.8초이다.
③ 각 콘덴서에 축적되는 전하량은 동일하다.
④ 400 F 콘덴서에 더 높은 전압이 걸린다.

해설 • 합성 커패시턴스: $C = \dfrac{100 \times 400}{100 + 400} = 80 \text{ F}$

• 시정수: $\tau_C = RC = 0.01 \ \Omega \times 80 \text{ F} = 0.8 \text{ s}$

• 커패시터의 직류 직렬회로에서 전류(i)는 일정하므로 각 커패시터에 동일 전하량(Q)이 축적되고, 각 커패시터의 걸리는 전압은 정전용량(C)에 반비례한다. $\left(V = \dfrac{Q}{C} \right)$

14. 아래와 같이 주어진 커패시터의 직류회로에 대해 다음 물음에 답하시오.

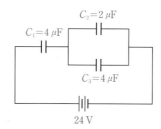

① 전체 합성 커패시턴스를 구하시오.
② 각 커패시터에 걸리는 전압 V_1과 V_2를 구하시오.

정답 ① 우선 병렬로 연결된 콘덴서의 합성 커패시턴스는 $C_A = 2 + 4 = 6 \ \mu\text{F}$ 이고, 4 μF과 직렬로 연결되므로 최종 커패시턴스는

$$C_{EQ} = \frac{1}{\dfrac{1}{4} + \dfrac{1}{6}} = \frac{24}{10} = 2.4 \ \mu\text{F}$$

② 직류 직렬회로에서 전류(i)는 일정하고 각 커패시터에 동일 전하량(Q)이 축적되므로, 각 커패시터의 걸리는 전압은 정전용량(C)에 반비례한다. $\left(V = \dfrac{Q}{C} \right)$

따라서 직렬로 연결된 커패시터 회로에서는 커패시턴스가 클수록 작은 전압이 걸리게 되므로, C_1과 C_A 커패시터에는 다음과 같이 전압이 분배된다.

정답 **8.** ② **9.** ④ **10.** ① **11.** ③ **12.** ④ **13.** ④

$$V_1 = 24 \text{ V} \times \frac{6}{(6+4)} = 14.4 \text{ V}$$

$$V_A = 24 \text{ V} \times \frac{4}{(6+4)} = 9.6 \text{ V}$$

③ C_A에 걸리는 전압이 병렬회로에 동일하게 걸리므로 C_2, C_3 커패시터에 걸리는 전압은 $V_A = V_2 = V_3 = 9.6 \text{ V}$

15. 다음에 주어진 회로는 카메라의 플래시(flash) 회로이다. 다음 물음에 답하시오(단, 정상상태는 시정수의 5배라고 가정한다).

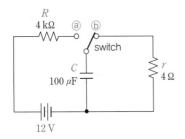

① 플래시의 충전시간을 구하시오.
② 플래시의 방전시간을 구하시오.
③ 방전을 시작할 때의 전류를 구하시오.

정답 카메라 플래시의 스위치가 ⓐ접점에 붙으면 배터리로부터 RC 충전회로가 되고, ⓑ접점으로 스위치가 바뀌면 방전회로가 된다.

① 충전 시 시정수는

$$\tau_C = RC = (4 \times 10^3 \ \Omega) \times (100 \times 10^{-6} \text{ F}) = 0.4 \text{ s}$$

따라서 정상상태가 되면 플래시는 충전이 완료되므로 플래시의 충전시간은 $t_C = 0.4 \text{ s} \times 5 = 2.0 \text{ s}$

② 방전 시는 스위치 접점이 바뀌어 동일 커패시터에 r 저항을 사용하므로 시정수는

$$\tau_D = RC = 4 \ \Omega \times (100 \times 10^{-6} \text{ F}) = 0.4 \times 10^{-3} \text{ s}$$
$$= 0.4 \text{ ms}$$

따라서 방전시간은 $t_D = 0.4 \text{ ms} \times 5 = 2.0 \text{ ms}$

③ 방전 시작 시 커패시터는 충전 시에 연결된 배터리의 전압 12 V로 충전되어 있으므로 흐르는 전류는 옴의 법칙에 의해

$$i_D = \frac{V}{r} = \frac{12 \text{ V}}{4 \ \Omega} = 3 \text{ A}$$

3 A는 최종적으로 방전시간이 경과하면 0 A가 된다.

▶ **기출문제**

16. 변압기는 어떠한 전기력 에너지를 변환시키는 장치인가? (항공산업기사 2015년 1회)

① 전류　　　　　② 전압
③ 전력　　　　　④ 위상

해설 변압기는 인덕터(코일)의 상호유도원리를 이용하여 교류 전압을 높이고 낮추는 전기장치이다.

▶ **필답문제**

17. 다음 그림에 해당하는 부품의 명칭을 기술하시오.
(항공산업기사 2006년 4회)

①　　②

③

정답 ① 공심코일: 고정코일(fixed coil)이라고도 하며, 구리선만 감은 속이 비어 있는 코일이다.
② 가변코일: 인덕턴스값을 변경할 수 있도록 한 코일이다.
③ 변압기: 코일의 상호유도를 이용하여 1차 코일과 2차 코일의 권선수를 통해 전압을 높이거나 낮추는 전기장치이다.

18. 항공기에 쓰이는 전압을 변화시켜주는 장치 및 전류를 변화시켜주는 장치의 명칭을 기술하시오.
(항공산업기사 2009년 1회)

정답 변압기, 변류기
- 변압기(transformer)는 1차, 2차 인덕터(코일)의 상호유도원리를 이용하여 교류전압을 높이고 낮추는 전기장치이며, 1차 코일과 2차 코일의 감은 수인 권선비에 따라 전압의 승압과 감압을 조절할 수 있다.
- 동일한 구조와 원리를 전류값의 조절에도 응용할 수 있으며, 이와 같이 전류값을 조절하는 장치를 변류기(current transformer)라 한다.

정답 **16.** ②

CHAPTER

06 | Semi-conductor
반도체

AVIONICS
ELECTRICITY AND ELECTRONICS
FOR AIRCRAFT ENGINEERS

AVIONICS
ELECTRICITY AND ELECTRONICS

현대의 전기·전자시스템은 아날로그(analog) 기술이 적용된 시스템에서 반도체 소자가 적용된 디지털(digital) 시스템으로 전환되고 있으며, 현재 대부분의 항공전자 시스템은 디지털 기술과 반도체 기술이 적용된 시스템과 장치들이 사용되고 있습니다.

6장에서는 반도체(simi-conductor)의 기본 특성과 작동원리 및 종류에 대해 알아보고 대표적인 반도체 소자인 다이오드(diode), 트랜지스터(transistor)를 중심으로 여러 가지 반도체 소자에 대해 살펴보겠습니다.

항공전자 장치와 시스템에 반도체 소자를 적용하면 아날로그 시스템에서 수행하지 못하는 여러 가지 새로운 기능을 구현할 수 있습니다. 무엇보다도 항공전자 장치를 가동하기 위해 공급되는 항공기의 전력소모를 줄일 수 있고, 크기와 무게를 줄이게 되므로 항공기 성능향상에 기여하는 장점이 있습니다.

6.1 반도체

6.1.1 반도체의 정의 및 개요

물질은 전기적인 특성에 따라 도체(conductor), 반도체(semiconductor), 부도체(insulator)로 분류할 수 있습니다. 도체는 전기가 잘 통하는 물질로 금속을 생각할 수 있는데, 대표적인 물질이 구리(copper, Cu)입니다. 전기가 잘 통하고 상대적으로 매장량이 많아 가격이 저렴하기 때문에 대부분의 전선에는 구리를 사용하고 있습니다. 2장에서 배운 저항의 정의를 적용하면, 전기가 잘 통하는 도체의 저항값은 이상적인 경우에 $0\,\Omega$이 됩니다. 반도체는 전기가 통할 수도 있고, 통하지 않을 수도 있는 물질로 저항값은 $10^{-3} \sim 10^{6}\,\Omega$의 범위를 가지며, 부도체는 전기가 통하지 않는 플라스틱과 같은 물질로 절연체라고도 부르며 $10^{7}\,\Omega$보다 큰 범위의 저항값을 갖습니다.[1]

반도체는 도체와 절연체의 중간 성질을 가집니다. 반도체는 평상시 전기가 통하지 않지만 불순물을 첨가하거나 빛이나 열 등의 에너지를 외부에서 가하면 전기가 통하게 되고, 이를 조절할 수 있는 물질이 됩니다.

그러면 전기가 통하지 않는 상태였다가 어떻게 전기가 통하는 상태가 되는지 알아보겠습니다. 반도체에서 이러한 특성을 나타낼 수 있도록 주도적인 역할을 하는 것이 가전자(價電子)라고 불리는 최외각 전자(valence electron)입니다. 최외각 전자에 대해 설명하기 전에 먼저 주기율표에 대해 간단히 살펴보겠습니다.

[1] 절연상태 측정 시 메거(megger) 또는 메가옴미터(mega ohmmeter)가 사용됨. 저항값의 단위가 메가옴(MΩ)이라서 이와 같은 명칭이 붙음.

(1) 주기율표

"주기율표(periodic table of the elements)", 고등학교 화학시간에 한 번쯤은 들어봤던 이름입니다. 주기율표는 러시아 화학자인 멘델레예프(Dmitri Mendeleev, 1834~1907)가 1869년에 처음 만든 것으로, [그림 6.1]과 같이 원소(element)들을 원자(atom)번호순으로 배열하면서 같은 화학적 성질을 갖는 원소들을 같은 행에 위치하게 한 표를 가리킵니다.[2]

2 주기율표 가장 오른쪽 행에 위치한 헬륨(He), 네온(Ne) 등은 비활성 기체로 비슷한 화학적 성질을 가지고 있음.

[그림 6.1] 원소의 주기율표(periodic table of the elements)

물질을 구성하는 원자(atom)는 원자핵(atomic nucleus)과 전자(electron)로 구성됩니다. 전자는 각(shell)이라 부르는 궤도에 위치하며 원자핵 주위를 돌고 있습니다. 원자가 가지고 있는 전자 수는 양성자 수와 같고 주기율표에서 정의된 원자번호가 됩니다. 각각의 각(shell)마다 품을 수 있는 최대 전자 수가 $2n^2$개이므로 K각에 2개 ($n = 1$, $2 \times 1^2 = 2$개), L각($n = 2$, $2 \times 2^2 = 8$개), M각($n = 3$, $2 \times 3^2 = 18$개), N각($n = 4$, $2 \times 4^2 = 32$개)의 전자가 위치할 수 있습니다. 예를 들어, [그림 6.2]의 실리콘(규소, Si) 원자를 보면 주기율표에서 원자번호가 14번이기 때문에 14개의 전자를 포함하고 있으며, K각에 2개, L각에 8개가 위치하고 나머지 4개는 M각에 분포하게 됩니다.

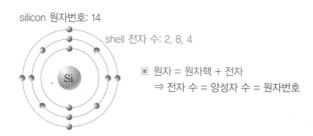

[그림 6.2] 실리콘(Si) 원자

(2) 최외각 전자(가전자)

최외각 전자는 가장 바깥쪽 각(궤도)에 위치한 전자를 가리키며 가전자라고도 합니다. 최외각 전자가 1개만 있는 경우를 자유전자(free electron)라고 하는데, 전기가 흐르는 것은 물질 내에서 전자가 이동을 하기 때문에 나타나는 현상입니다. 반도체가 도체 상태가 되는 것도 이 최외각 전자 중의 1개가 물질 내에서 이동하게 되면서 전기가 흐르는 상태가 되는 것을 의미합니다.

결국 주기율표는 원소의 최외각 전자의 개수에 따라 물질을 분류해 놓은 표로, 최외각 전자의 개수가 같은 원자들끼리 유사한 성질을 가지게 됩니다. 주기율표상에서 반도체의 주성분으로 사용되는 원소인 규소(Si), 게르마늄(Ge)은 최외각 전자가 4개인 4족 원소가 되며, 최외각 전자가 3개인 붕소(B), 알루미늄(Al), 갈륨(Ga), 인듐(In) 등은 3족 원소에 속하고, 5개의 가전자를 갖는 원소들인 안티몬(Sb), 비소(As), 인(P) 등은 5족 원소가 됩니다. 반도체는 4족 원소인 규소와 게르마늄에 3족이나 5족 원소를 불순물로 첨가하여 만듭니다.

6.1.2 반도체의 분류

반도체는 크게 진성 반도체(intrinsic semiconductor)와 불순물 반도체(extrinsic semiconductor)로 구분합니다.

(1) 진성 반도체

 진성 반도체(intrinsic semiconductor)

- 4족 원소인 실리콘(규소, Si)나 게르마늄(Ge)의 단결정과 같이 불순물이 섞이지 않은 순수한 반도체를 말한다.[3]
- 실리콘 원자가 규칙적으로 배열되어 실리콘 단결정(single crystal)을 이룬다.

3 실리콘이 게르마늄보다 온도변화에 강하기 때문에 반도체 제작 시 주재료로 사용됨.

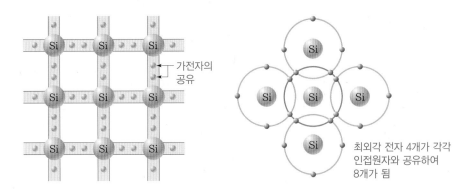

[그림 6.3] 실리콘(Si) 원자의 공유결합

실리콘(규소, Si) 원자로 이루어진 진성 반도체의 구조를 먼저 알아보겠습니다. [그림 6.3]과 같이 1개의 Si 원자는 4개의 가전자를 가지고 있고, 인접해 있는 Si 원자들과 결합할 때 가전자를 1개씩 서로 공유하게 됩니다. 이 결합을 공유결합(covalent bond)이라 하고, 실리콘이나 게르마늄 원자처럼 4족 원소의 경우에는 공유결합에 의해 8개의 전자를 가지므로 결합이 매우 강해서 전자가 이동할 수 없는 안정된 상태가 됩니다.[4] 따라서 진성 반도체보다는 전도성이 좋은 불순물 반도체를 주로 사용하여 반도체를 제작하게 됩니다.

실리콘 진성 반도체의 경우에는 전자가 안정적으로 구속되어 있고, 전자와 양성자의 개수가 같으므로 정상적인 상태에서는 전자가 이동하지 않아 전기적으로 중성인 상태를 유지합니다. 이러한 안정된 상태의 진성 반도체에 열에너지, 빛에너지 또는 전기에너지를 가하면 [그림 6.4]와 같이 공유결합이 일부 깨지며 결합에 구속되었던 8개의 전자 중 1개가 공유결합 밖으로 튀어나와 실리콘 결정 내를 자유롭게 이동할 수 있는

[4] 전자의 구속력이 커져서 전도성이 낮은 특성을 가짐.

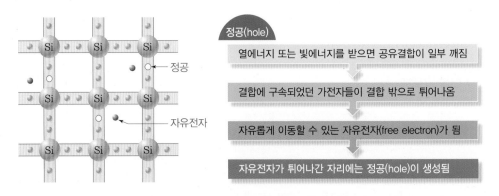

[그림 6.4] 캐리어(자유전자와 정공)의 생성

자유전자(free electron)가 되며,[5] 자유전자가 튀어나간 자리는 공백이 생기고 이 자리에는 정공(hole)이 생성됩니다. 자유전자와 정공은 반도체 결정 내를 자유롭게 이동할 수 있는데, 이 이동에 따라 반도체에는 전기가 흐르게 됩니다. 따라서 자유전자와 정공을 캐리어(carrier)라 하고, 전자는 음(−)의 전기적 극성을 가지므로 음의 캐리어라 부릅니다. 자유전자가 튀어나간 실리콘 원자는 음의 극성을 갖는 전자가 1개 사라졌으므로 양(+)의 전기적 특성을 가지므로 정공은 양의 캐리어라고 합니다. 이후부터는 자유전자를 간단히 전자라고 부르겠습니다.

5 전자 1개가 튀어 나와 자유전자가 되는 현상을 이온화(ionization)라고 함.

(2) 불순물 반도체: P형 반도체

다음은 불순물 반도체(extrinsic semiconductor)에 대해 알아보겠습니다. 불순물 반도체는 외인성 반도체라고도 하며, 진성 반도체에 소량의 불순물을 혼합한 반도체를 말합니다.

불순물은 3족이나 5족의 원자를 주로 사용하며, 불순물을 섞는 과정을 도핑(doping)이라고 합니다. 진성 반도체에 불순물을 혼합하면 전자나 정공의 수가 많아져서 반도체 결정 내에서 이동이 쉬워지므로 전기를 잘 흐르게 하여 진성 반도체보다 전도성이 높아집니다.

 불순물 반도체(extrinsic semiconductor)

- 진성 반도체에 소량의 불순물을 혼합한 반도체를 가리키며, 불순물은 3족이나 5족의 원자를 사용한다.
- 3족 불순물을 첨가하면 P형 반도체, 5족 불순물을 첨가하면 N형 반도체가 된다.

먼저 P형 불순물 반도체에 대해 살펴보겠습니다. [그림 6.5]와 같이 P형 반도체는 4족 원소인 실리콘(규소, Si)으로 이루어진 진성 반도체에 3족의 가전자를 갖는 원소인 붕소(B)/갈륨(Ga)/인듐(In)을 첨가한 반도체로, P형 반도체에서의 정공 생성과정은 다음과 같습니다.

① 실리콘 진성 반도체에 3족 원소인 붕소(B)를 첨가합니다.
② 붕소의 가전자는 3개이므로 1개의 가전자가 주변의 실리콘 원자 3개와 새로운 공유결합을 합니다.
③ 나머지 1개의 실리콘 원자에는 가전자가 1개 남으므로 공유결합을 하기 위해서는 가전자 1개가 부족합니다.

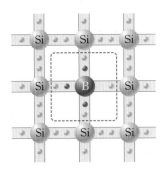
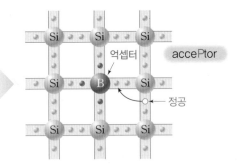

① 붕소 첨가
 → 붕소의 가전자는 3개임

② 새롭게 형성된 공유결합에 필요한
   가전자 1개가 부족한 상태가 됨

③ 붕소 원자가 공유결합을 하기 위해
 → 인접한 Si의 원자로부터 쉽게 1개의 전자를 끌어들임

④ 전자가 빠져나간 자리에는 정공이 생성됨

[그림 6.5] 불순물 반도체(P형 반도체)의 생성과정

④ 이때 붕소 원자는 공유결합을 완성하기 위해 인접한 Si 원자로부터 1개의 전자를 끌어들이게 되고, 1개의 전자를 빼앗긴 주변의 실리콘 원자에서 전자가 빠져나간 자리에는 정공이 생성됩니다.

따라서 P형 반도체는 평형상태에서 전자보다 정공이 많아지게 되고, 정공은 양(+)의 극성을 가지므로 P형 반도체[6]는 양(+)의 극성을 가지는 반도체가 됩니다. 이러한 의미로 P형 반도체에서는 전자보다 정공이 많기 때문에 정공은 다수 캐리어(major carrier)가 되고, 전자는 소수 캐리어(minor carrier)가 됩니다.

또한 붕소(B) 원자 입장에서는 전자 1개를 받아들였기 때문에 붕소 원자를 억셉터(acceptor)[7]라 하고, 평형상태보다 1개의 전자가 더 많은 상태로 이온화되므로 음(−)의 극성을 가지게 됩니다.

(3) 불순물 반도체: N형 반도체

N형 불순물 반도체는 4족 원소인 실리콘(Si)으로 이루어진 진성 반도체에 5개의 가전자를 갖는 5족 원소인 안티몬(Sb)/비소(As)/인(P)을 첨가합니다. P형 반도체와는 달리 N형 반도체에서는 전자가 정공보다 더 많아지게 되므로 전기적으로 양(+)의 극성을 갖게 됩니다. [그림 6.6]과 같이 N형 반도체에서의 자유전자 생성과정은 다음과 같습니다.

① 실리콘 진성 반도체에 5족 원소인 안티몬(Sb)을 첨가합니다.

6 P형 반도체에서 P는 (+)를 의미하는 Positive의 약자임.

7 'AccePtor'에 포함된 P를 P형 반도체와 매치시키면 기억하기 용이함.

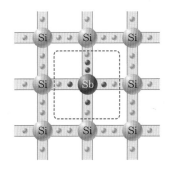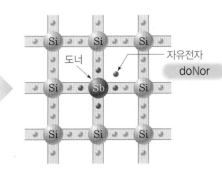

① 안티몬 첨가
  → 안티몬의 가전자는 5개임

② 새롭게 형성된 공유결합에 가전자
  1개가 남는 상태가 됨(잉여전자)

③ 안티몬 원자가 공유결합을 하기 위해
  → 남는 전자 1개를 자유전자로 내보냄

④ 빠져나간 전자는 다른 자리의 전자를
  다시 밀어내어 자유전자를 생성

[그림 6.6] 불순물 반도체(N형 반도체)의 생성과정

② 안티몬의 가전자는 5개이므로 1개의 가전자가 주변의 실리콘 원자 4개와 새로운 공유결합을 하고, 안티몬 원자에는 1개의 전자가 남게 됩니다.

③ 안티몬 원자는 주변의 실리콘 원자와 공유결합을 하기 위해 이 잉여전자 1개를 자유전자로 내보냅니다.

④ 빠져나간 전자는 다른 자리의 전자를 밀어내어 다시 1개의 전자가 튀어 나오게 됩니다.

따라서 N형 반도체는 평형상태에서 정공보다 전자의 수가 많게 되고, 전자는 음(−)의 극성을 가지므로 N형 반도체[8]는 음(−)의 극성을 가지는 반도체가 됩니다. N형 반도체에서는 정공보다 전자가 많아지기 때문에 전자가 다수 캐리어(major carrier)가 되고, 정공은 소수 캐리어(minor carrier)가 됩니다.

또한 안티몬 원자 입장에서는 전자를 내보냈기 때문에 안티몬 원자를 도너(donor)[9]라 하고, 전자를 1개 내보냈기 때문에 평형상태보다 1개의 전자가 부족한 상태로 이온화되어 양(+)의 극성을 가지게 됩니다.

8 N형 반도체에서 N은 (−)를 의미하는 Negative의 약자임.

9 'doNor'에 포함된 N을 N형 반도체와 매치시키면 기억하기 용이함.

6.1.3 대표적인 반도체 소자 및 특성

반도체가 가지고 있는 특성과 성질에 대해 알아보겠습니다. 일반적으로 도체는 온도가 높아지면 저항이 커지는 특성을 갖지만, 반도체는 반대로 온도가 높아지면 저항이 작아집니다. 이를 부성저항(negative resistance, 負性抵抗)이라고 하며, 이 특성을 이용하여 온도를 측정하는 반도체 소자를 서미스터(thermistor)라고 합니다. 반도체는 첨가하는 불순물의 양에 따라 고유저항이 크게 변화하는 특성이 있습니다. 반도체 소자 중 다이오드(diode)는 교류를 직류로 바꾸는 정류기능에 사용되고, 트랜지스터(transistor)는 신호의 증폭(amplifying) 및 회로 내에서 스위칭(switching) 기능을 합니다. 또한 전류를 흘리면 빛을 내는 반도체 소자로, 실생활에서 많이 쓰이는 조명기구인 LED(Light Emitting Diode)라고 부르는 발광 다이오드가 대표적입니다. 반대로 빛을 받으면 저항이 작아지거나 전기를 발생시키는 반도체 소자도 있습니다. 포토 다이오드(photo diode)나 태양전지(solar cell)가 이러한 반도체의 성질을 이용한 소자입니다. 반도체의 성질 중에는 압력을 받으면 전기가 발생하거나 자력을 받으면 전도도가 변화하는 성질이 있는데, 이러한 다양한 성질을 이용하여 용도에 맞는 반도체를 만들어 사용하고 있습니다.

다양한 특성을 갖는 반도체의 장점과 단점에는 무엇이 있을까요? 장점으로는 작고 가벼우며 전력소모가 적다는 점입니다. 예열시간이 필요 없어 동작속도가 빠르고, 기계적 강도가 크며 수명이 깁니다. 형광등과 LED 등을 비교해보면 쉽게 이해할 수 있을 것입니다. 또한 반도체는 고장률이 낮아 신뢰성이 높으며, 외부회로와 연결이 간단하고 무엇보다 대량생산을 통해 단가를 낮출 수 있어 최종적으로 제품의 가격을 낮출 수 있는 장점이 있습니다.

[표 6.1] 반도체의 장·단점

장 점	단 점
• 소형이며 가볍고 전력소모가 적음 • 예열시간이 필요 없어 동작속도가 빠름 • 기계적 강도가 크고, 수명이 긺 • 고장률이 낮아 신뢰도가 높음 • 외부회로와 연결이 간단함 • 대량생산으로 단가가 낮음	• 정격 전류/전압 이상에서 파괴됨 • 열에 약함 • 발진이나 잡음 현상이 발생함 • 마찰에 의한 정전기에 약함 • 역내압이 낮음 (높은 전압이 걸리면 파괴됨)

그에 비해 반도체의 단점은 정격전류 및 정격전압 이상이 걸리면 파괴되기 쉽고, 특히 열에 약한 특성이 있습니다. 또한 발진이나 잡음 현상이 발생하며, 특히 마찰에 의한 정전기에 약하기 때문에 취급에 주의를 요합니다. 그리고 역내압이 낮기 때문에[10] 높은 전압이 걸리는 곳에서는 사용할 수 없는 단점이 있습니다.

10 역방향으로 전압이 발생하여 일정 전압에 이르면 통전되면서 반도체가 파괴됨.

6.2 다이오드

6.2.1 다이오드의 구조

앞에서 살펴본 P형이나 N형 반도체를 개별적으로 사용하는 것보다 P형과 N형 반도체를 함께 사용하면 반도체의 기능과 활용도를 높일 수 있습니다. 이러한 반도체 소자로 다이오드(diode)가 대표적인데, [그림 6.7(a)]의 다이오드 구조에서 보는 바와 같이 P형 반도체와 N형 반도체를 접합시켜 만듭니다. 이를 PN 접합이라고 합니다. 다이오드는 2개의 전극단자로 이루어져 있는데, P형 반도체 쪽에서 나오는 전극단자를 애노드(anode)라고 하며 A로 표기하고 (+)단자를 의미합니다. N형 반도체 쪽에서 나오는 음극 단자는 캐소드(cathode 또는 kathode)라고 하고 K(또는 C)로 표기하고 (−)단자를 가리킵니다.

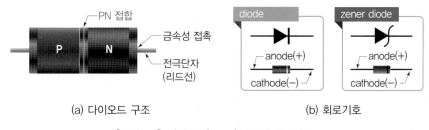

(a) 다이오드 구조   (b) 회로기호

[그림 6.7] 다이오드(diode) 구조와 회로기호

다이오드는 [그림 6.7(b)]에서 나타낸 검정색의 일반 다이오드와 빨간색의 제너 다이오드로 종류가 나뉘는데, 회로기호로 속이 채워진 화살표를 사용하고 한쪽에 직선이나 적분기호와 같은 곡선을 사용하여 구별합니다. 실물 소자에서는 은색이나 검정색 띠가 있는 쪽이 음극단자인 캐소드(K) 단자임을 기억하여야 하고, 회로 내에서 다이오드를 연결하여 사용할 때는 전압이 높은 (+)쪽에 양극 단자인 애노드(A)를 연결하고, 전압이 낮은 쪽에는 (−)단자인 캐소드(K)를 연결하여 사용하여야 함을 꼭 기억해야 합니다.[11]

11 다이오드는 저항과는 달리 (+)/(−) 극성을 갖는 소자임.

6.2.2 다이오드의 전기적 특성

전류는 전압이 높은 (+)극에서 (−)극으로 흐르기 때문에 [그림 6.8]과 같이 다이오드의 양극인 애노드(A) 단자에는 (+)전압을 가해주고(연결해 주고), 음극인 캐소드(K) 단자에는 (−)전압을 가해주어야 양극에서 음극으로 전류가 흐르게 되며 이를 순방향

순방향 바이어스	역방향 바이어스
양극(A)에 (+)전압, 음극(K)에 (−)전압을 가해주면 양극에서 음극으로 전류가 흐름	양극(A)에 (−)전압, 음극(K)에 (+)전압을 가해주면 전류가 흐르지 않음
전류가 흐름 A ▶|— K (+)전압　　　(−)전압	전류가 흐르지 않음 A ▶|✕ K (−)전압　　　(+)전압

다이오드는 항상 양극(+)에서 음극(−)방향으로만 전류가 흐르는 단방향성(uni-directional) 반도체 소자이다.

[그림 6.8] 순방향 바이어스와 역방향 바이어스

바이어스(forward bias) 또는 정방향 바이어스라고 합니다. 이와 반대로 양극인 애노드(A) 단자에 (−)전압을 가해주고, 음극인 캐소드(K) 단자에 (+)전압을 가해주면 전류가 흐르지 않는 역방향 바이어스(reverse bias)를 갖습니다.

 다이오드(diode)

- PN 접합으로 만든 단방향성(uni-directional)의 반도체 소자이다.
- 양극(+)에서 음극(−) 방향으로만 전류를 흘릴 수 있다(순방향 바이어스).
- 역방향 전류(음극에서 양극 방향의 전류)는 차단하는 특성이 있다.[12]

---

(1) 공핍영역

다이오드는 P형 반도체와 N형 반도체가 접합된 면에 공핍영역(depletion region)이라 불리는 전위장벽이 생성되는데, 이에 대해 자세히 알아보겠습니다.

다이오드의 P형 반도체 영역은 앞에서 설명한 바와 같이 양(+)의 특성을 갖는 정공의 개수가 많고(밀도가 높고), N형 반도체 영역 쪽은 음(−)의 특성을 갖는 전자의 개수가 많습니다(밀도가 낮음).[13] 따라서 P형 영역에 첨가된 불순물 3족 원소인 붕소(B)는 전자를 받아들인 입장이므로 음(−)의 극성을 갖는 억셉터(acceptor)[14]가 되고, N형 영역의 불순물인 5족 원소인 안티몬(Sb)은 전자를 내보냈기 때문에 양(+)의 극성을 갖는 도너(donor)[15]가 됩니다.

[그림 6.9]와 같이 P형 반도체와 N형 반도체를 접합하게 되면 P형 반도체의 다수 캐리어인 정공은 확산(diffusion)에 의해 접합면을 넘어 N형 반도체 영역으로 이동합니다. N형 반도체 영역으로 이동한 (+)의 정공들은 그곳에 존재하는 다수 캐리어인 (−)의 전자와 재결합(recombination)하고, 중성 상태가 되어 소멸하게 됩니다. 반면에

---

12 회로기호의 화살표 방향이 순방향 전류흐름을 나타내며, 역방향 전류는 회로기호의 직선에 의해 막힌다고 생각하면 됨.

13 [그림 6.9]에서 흰색 동그라미(○)는 정공(hole), 검정색 동그라미(●)는 전자(electron)를 표현함.

14 [그림 6.9]에서 ⊖가 억셉터(acceptor)임.

15 [그림 6.9]에서 ⊕가 도너(donor)임.

P형 반도체: 정공(+)의 밀도가 높음
P(Positive, +)

N형 반도체: 전자(−)의 밀도가 높음
N(Negative, −)

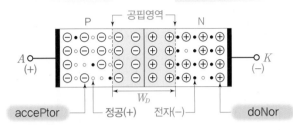

[그림 6.9] 다이오드의 공핍영역(depletion region)

N형 반도체 영역의 다수 캐리어인 전자는 확산에 의해 접합면을 넘어서 P형 반도체 영역으로 이동하며, 그곳에 존재하는 정공들과 재결합하고 소멸하여 P형 반도체 영역 쪽에는 억셉터 이온만 남게 됩니다.

이러한 과정이 진행되다가 평형상태에 이르면 최종적으로 PN 접합면을 중심으로 접합면 부근의 P형 반도체 영역 쪽은 억셉터 이온만 남게 되고, N형 반도체 영역 쪽은 도너 이온만 남게 되는데, 이를 공핍영역이라고 합니다. 전기가 흐르기 위해서는 이 공핍영역을 통과하여 전자와 정공이 이동할 수 있도록 일정 전위차(전압)를 가해주어야 합니다. 이러한 이유로 공핍영역을 전위장벽(barrier potential)이라고도 합니다.

(2) 순방향(정방향) 바이어스

순방향 바이어스(forward bias)에서 다이오드에 전류가 흐르는 과정을 자세히 알아보겠습니다.

 다이오드의 순방향(정방향) 바이어스(forward bias)

- 다이오드 양극(A)이 음극(K)보다 높은 전위가 되도록 전압을 인가한다.[16]
- 이때 (+)애노드(A) 단자에서 (−)캐소드(K) 단자로 전류가 흐르는 상태를 말한다.

[그림 6.10]과 같이 다이오드에 직류전압(V_{FB})을 공급하고 P형 단자(애노드, A)에는 (+)전압을, N형 단자(캐소드, K)에는 (−)전압을 걸어줍니다.

① 이때 P형 반도체의 양의 극성을 갖는 정공은 (+)전압에 반발하여 N형 반도체 영역 쪽으로 이동합니다.

② N형 반도체 영역의 음의 극성을 갖는 전자는 (−)전압에 반발하여 P형 반도체 영

16 애노드(A) 단자에 (+)전압을 가하고, 캐소드(K) 단자에 (−)전압을 걸어줌.

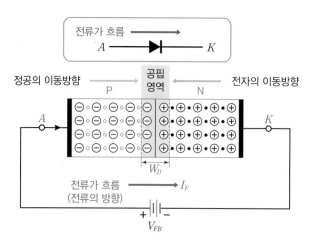

[그림 6.10] 다이오드의 순방향 바이어스

역 쪽으로 이동합니다. 즉, (+)전압 쪽으로 이끌리게 됩니다.

③ 전자와 정공들이 이동하면서 도너 및 억셉터와 결합하여 평형상태에 비해 공핍
영역은 축소되는데, 이때 전위장벽(접합 전위차)이 낮아집니다.

④ 전류의 흐름은 전자의 이동방향과 반대가 되기 때문에 다이오드의 (+)단자인 애
노드(A)에서 (−)단자인 캐소드(K) 방향으로 전류방향이 정해집니다.

이러한 과정을 통해 축소된 공핍영역에서 다수 캐리어들이 확산 이동하게 되므로
작은 전압을 걸어도 다이오드에는 전류가 흐르게 되고, 전류의 흐름은 전자의 이동방
향과 반대가 되기 때문에 다이오드의 (+)단자인 애노드에서 (−)단자인 캐소드 방향으
로 전류방향이 정해집니다. 일반적으로 게르마늄 다이오드는 0.3 V, 실리콘 다이오드
는 0.7 V의 전위장벽이 존재합니다.

(3) 역방향 바이어스

 다이오드의 역방향 바이어스(reverse bias)

• 다이오드 양극(A)이 음극(K)보다 낮은 전위를 가지도록 전압을 인가한다.[17]
• 이때 (−)캐소드(K) 단자에서 (+)애노드(A) 단자로 전류가 흐르지 않는 상태를 말한다.

17 애노드(A) 단자에
(−)전압을 가하고, 캐
소드(K) 단자에 (+)전
압을 걸어줌.

[그림 6.11]과 같이 역방향 바이어스(reverse bias)는 순방향 바이어스와 반대로
N형 쪽 단자인 캐소드에 (+)전압을 걸어주고, P형 쪽 단자인 애노드에 (−)전압을

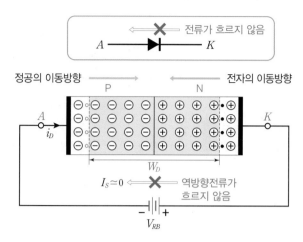

[그림 6.11] 다이오드의 역방향 바이어스

걸어주는 상태를 말합니다.

① 이때 P형 반도체 영역 쪽 양의 극성을 갖는 정공은 (−)전압 쪽으로 이끌립니다.

② N형 반도체 영역의 음의 극성을 갖는 전자는 (+)전압 쪽으로 이끌리게 됩니다.

③ 이렇게 전자와 정공이 이동하면 평형상태의 공핍영역은 점차 더 확대되어 전위장
벽(접합 전위차)이 높아지므로 전류는 다이오드에 흐르지 못하게 됩니다. 이 상
태를 역방향 전류(I_S)는 흐르지 못한다고 표현합니다.

(4) 다이오드의 점검

순방향 바이어스와 역방향 바이어스의 특성을 이용하면 멀티미터를 통해 다이오드
의 이상 유무 및 단자의 극성을 찾아낼 수 있습니다.

멀티미터의 저항측정 기능을 선택하면 빨간색 리드선(+)으로부터 전류가 흘러나와
검정색 리드선 쪽으로 전류가 흐르게 됩니다. [그림 6.12(a)]와 같이 다이오드의 애노
드(A) 단자에 높은 전압이 걸리는 빨간색 리드선을 접촉하고 캐소드(K) 단자에 전압
이 낮은 검정색 리드선을 연결하면 순방향 바이어스 상태가 됩니다. 정상적인 다이오
드는 순방향 전류를 통과시키므로 멀티미터에서 측정된 저항값은 0 또는 낮은 수치가
표시됩니다.[18] 반대로 [그림 6.12(b)]와 같이 단자 방향을 바꾸어 접촉하게 되면, 이
번에는 역방향 바이어스 상태가 되므로 다이오드는 역전류를 차단하고 전류가 흐르지
않게 되어 멀티미터는 저항값을 ∞로 지시하게 됩니다. 이와 같은 점검을 통해 다이
오드의 이상 유무와 다이오드의 애노드(A) 및 캐소드(K) 단자를 찾아낼 수 있습니다.

18 전류가 흐르므로 저
항값은 낮은 수치를 나
타냄.

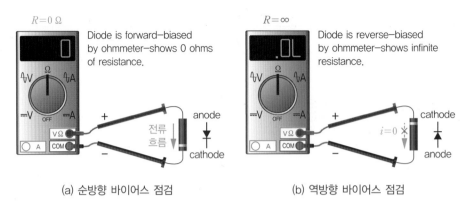

[그림 6.12] 멀티미터를 이용한 다이오드의 점검

(5) 다이오드 특성곡선(전압-전류 특성)

지금까지 설명한 내용을 정리하여 다이오드의 전압-전류 특성을 살펴보겠습니다. 다이오드의 전압-전류 특성을 나타낸 곡선을 다이오드 특성곡선이라고도 하는데, x축에 다이오드에 인가된 전압을 표시하고, y축에는 다이오드에 흐르는 전류를 나타냅니다.

순방향 바이어스 상태에서는 다이오드의 (+)단자인 애노드에 높은 전압을 가하고, (−)단자인 캐소드에 낮은 전압을 가하게 됩니다. 게르마늄 다이오드의 경우는 0.3 V, 실리콘 다이오드는 0.7 V의 전위장벽을 갖게 되므로 [그림 6.13]의 특성곡선에서 나타낸 것과 같이 무조건 전압을 걸어준다고 전류가 흐르는 것이 아니라 V_F = 0.3∼0.7 V

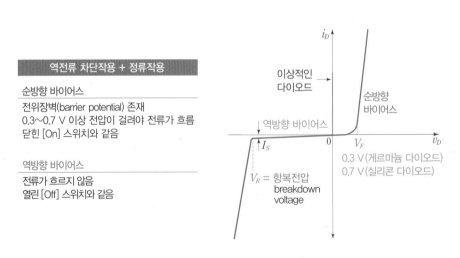

[그림 6.13] 다이오드의 전압-전류 특성(특성곡선)

이상의 전압이 걸려야 전류가 순방향으로 흐르게 됩니다. 이 전압 V_F를 문턱전압 또는 도통전압(threshold voltage)이라 하고, 반대로 역방향 바이어스에서는 다이오드에 전류가 흐르지 않아서 역전류를 차단하므로 특성곡선에서 표시된 것과 같이 전류 $i_D = 0$이 됩니다.

이상적인 다이오드의 전압−전류 특성은 [그림 6.14]와 같이 순방향 바이어스의 경우에는 전류가 흐르므로 도통(On)된 스위치로 비유되며, 역방향 바이어스는 역방향 전류를 차단하여 전류가 흐르지 않으므로 열린(Off) 스위치에 비유할 수 있습니다.

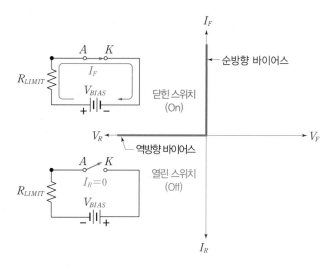

[그림 6.14] 이상적인 다이오드와 스위치의 비교

6.2.3 다이오드의 활용

다이오드가 가지고 있는 순방향 및 역방향 바이어스 특성은 릴레이 코일의 역기전력(counter electromotive force, 逆起電力) 차단 및 정류기능을 구현하는 데 대표적으로 활용됩니다.

(1) 릴레이 코일의 역기전력 차단

릴레이(relay)[19]는 내부에 장착되어 있는 코일(인덕터)에 직류전류를 흘러주면, 코일이 전자석이 되어 내부의 접점을 잡아당겨 다른 접점으로 변경시키는 전기스위치입니다. [그림 6.15]와 같이 릴레이 작동을 위한 전류의 공급과 차단을 수행하는 스위치를 On/Off시킴에 따라 매우 짧은 순간이긴 하지만 코일에는 전류변화에 따른 유도기전력과 유도전류가 생성됩니다. 이때 코일에서 발생되는 역기전력은 식 (5.1)[20]로 정의되

19 릴레이는 14장 회로제어장치에서 설명함.

20 $e = -L\dfrac{di}{dt}$ [V]

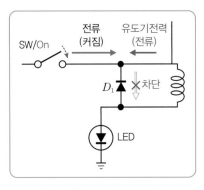
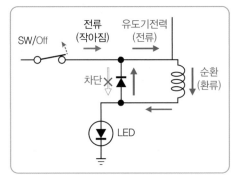

(a) 스위치 On 시 역기전력　　　　　　　　(b) 스위치 Off 시 역기전력

[그림 6.15] 역기전력 차단을 위한 환류 다이오드(free wheeling diode)

는데, 매우 짧은 순간이기 때문에 전류변화율(di/dt)이 크므로 매우 큰 역방향의 기전력이 발생되어 인덕턴스 전압이 반전됩니다.

　이 유도기전력에 의한 유도전류는 원래 흐르는 전류의 반대방향으로 작용하고, 고전압이나 고전류를 사용하는 경우에는 매우 큰 전압값을 가지게 되므로 스위치 접점에 스파크(spark)를 발생시켜 접점을 손상시키고, 잡음을 일으키는 원인이 되며 내부회로를 손상시키게 됩니다.[21] 이때 [그림 6.15]와 같이 다이오드를 역방향 바이어스가 되도록 코일과 병렬로 연결해주면, 역방향 기전력에 의한 전류를 차단하거나 순환(환류)시켜 스위치의 접점 쪽으로 유도전류가 흐르지 않게 되므로 스위치 접점 및 내부회로를 보호할 수 있습니다. 이러한 방식으로 사용되는 다이오드를 환류 다이오드(free wheeling diode)라고 하며 릴레이뿐 아니라 코일이 들어가 있는 솔레노이드, 모터 등에도 장착하여 사용합니다.

(2) 정류기능

　교류(AC)를 직류(DC)로 바꿔주는 전기장치를 정류기(rectifier)라고 하며, 이 정류기에는 다이오드가 필수적으로 사용되어 정류(rectifying)기능을 합니다. 정류회로와 정류장치에 대해서는 13.6절에서 자세히 알아보겠습니다.

6.3 특수 목적 다이오드

다이오드 중 회로 내에서 특정목적의 기능을 수행하는 특수목적 다이오드에 대해 살펴보겠습니다.

21 스위치를 On시킬 때보다 Off시킬 때 역기전력 문제가 심각해짐.

6.3.1 제너 다이오드

앞에서 살펴보았듯이 다이오드는 역방향 전류를 차단하는 기능을 하는데, 앞의 [그림 6.13] 다이오드 특성곡선에서 역방향 바이어스 전압을 계속 증가시켜 큰 전압을 가해주면, 갑자기 다이오드에 역방향 전류가 흐르는 특성이 나타납니다. 이러한 다이오드의 특성을 항복특성(breakdown)이라고 합니다. 이러한 항복특성이 나타나는 원리는 다음과 같습니다. [그림 6.11]에서 역방향 전압을 점점 크게 증가시키면 공핍영역도 점차 확대되다가 일정 크기의 전압(항복전압, V_R)에서 갑자기 공핍영역의 공유결합이 깨지면서 P형 반도체의 정공(hole)이 (−)전압 쪽 애노드 단자로 이동하고, N형 반도체의 전자는 (+)전압 쪽 캐소드 단자로 이동하며 역전류가 흐르게 됩니다. 즉, 전압은 전류가 흐르도록 가해주는 전기적인 압력이므로 다이오드의 역방향으로 큰 전압을 가해주면 이 힘에 밀려서 전자가 역방향으로 움직인다고 이해하면 됩니다.

그림 [6.16]의 다이오드 특성곡선에서 역방향으로 전류가 급격히 증가하는 시점의 전압을 항복전압(V_R, breakdown voltage) 또는 제너전압(V_Z, zener voltage)이라고 합니다. 게르마늄 다이오드의 항복전압은 약 50 V, 실리콘 다이오드의 항복전압은 100 V 정도입니다.[22]

제너 다이오드(zener diode)는 [그림 6.16]과 같이 이런 항복특성을 갖는 일반 다이오드의 큰 항복전압값 V_R(50~100 V)을 낮춘 특수목적 다이오드로, 항복전압(제너전압) V_Z는 일반적인 직류회로에서 사용되는 범위인 5~30 V의 값이 되도록 PN 반도체 안에 들어 있는 불순물의 함량을 조절하여 만든 다이오드입니다. 예를 들어, 5 V 항복

[22] 자동차는 직류 15 V, 항공기의 경우는 28 V를 사용하므로, 직류회로에서 50~100 V는 일반적으로 사용되지 않는 큰 값임.

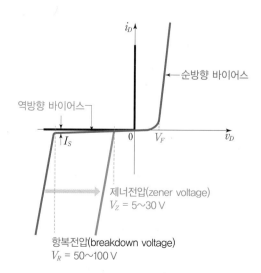

[그림 6.16] 제너 다이오드의 전압−전류 특성(항복특성)

전압을 갖는 제너 다이오드는 역방향으로 5 V 이상을 가해주면 역방향이더라도 전류가 흐르게 됩니다.

 제너 다이오드(zener diode)

- 역방향 바이어스의 제너전압을 이용한 다이오드이다.
- 회로의 직류전압을 일정하게 유지(공급)할 필요가 있는 정전압(constant voltage) 회로[23]에 주로 이용되기 때문에 정전압 다이오드라고도 한다.

23 정전압 회로는 입력 전압이 변화하여도 출력 전압의 변동이 적어 일정한 전압이 유지되는 회로임.

[그림 6.17]에 나타낸 일반 다이오드 회로와 제너 다이오드가 사용된 정전압 회로의 차이점을 비교해보겠습니다.

[그림 6.17(a)]의 일반 다이오드 회로에 입력전압 V_{IN}을 인가하고, 다이오드에는 전압 V_D가 걸린다고 가정하면, 출력전압 V_{OUT}은 저항에 걸리는 전압 V_R이 되고 입력전압에서 다이오드에 걸리는 전압 V_D의 차이가 됩니다.[24] 따라서 만약 입력전압 V_{IN}이 어떤 요인에 의해 변동한다면 저항에 걸리는 출력전압 V_{OUT}도 변동 영향이 그대로 반영되어 값이 변화하게 됩니다.

24 다이오드와 저항이 직렬로 연결되었으므로 전압분배에 의해 $(V_R = V_{IN} - V_D)$이 됨.

이에 반해 [그림 6.17(b)]의 제너 다이오드를 연결한 회로에서는 저항에 걸리는 전압 V_R은 입력전압에서 제너 다이오드에 걸리는 전압 V_Z의 차이가 됩니다.[25] 이때 제너 전압이 V_Z인 제너 다이오드가 사용되었다면, 출력전압은 제너 다이오드의 제너전압이 되므로 입력전압 V_{IN}이 어떤 요인에 의해 변동하더라도 항상 출력전압은 V_Z를 유지하게 됩니다. 따라서 임의의 장치나 회로를 출력전압(V_{OUT}) 쪽에 연결하면 정전압을 공급해 줄 수 있습니다. 정전압 회로에서 한 가지 주의할 점은 제너 다이오드를 항상 역방향으로 연결하여야 한다는 것으로, [그림 6.17(b)]에 나타난 제너 다이오드 연결 상

25 $V_R = V_{IN} - V_Z$

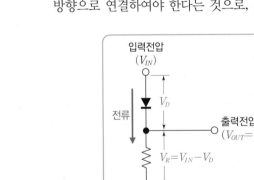

(a) 일반 다이오드 회로

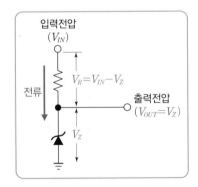

(b) 정전압 회로

[그림 6.17] 제너 다이오드의 정전압 회로 특성

태를 보면 (+)극인 애노드(A) 단자가 그라운드에 접지되어 있으므로 전압이 낮은 상태가 되고, (−)극인 캐소드(K) 단자는 입력전압이 들어오는 쪽에 연결되어 있으므로 높은 전압이 연결된 역방향 바이어스가 됩니다.

다음 예제를 통하여 정전압 회로를 해석해 보겠습니다.

예제 6.1

다음 정전압 회로에서 제너 다이오드의 저항값과 부하저항에 흐르는 전류를 구하시오.

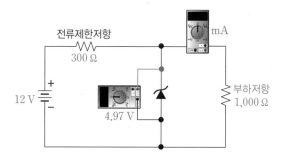

|풀이| 회로의 입력전압은 12 V이며, 전류제한저항은 300 Ω, 부하저항은 1,000 Ω이 사용되었다. 3장 회로이론에서 배운 옴의 법칙을 적용하여 다음과 같이 회로 해석을 수행한다.

① 제너 다이오드에 걸리는 정전압은 4.97 V로 측정되었고, 부하저항과 병렬로 연결되어 있으므로 전류제한저항 300 Ω에 걸리는 전압은

$$V_r = 12\,V - 4.97\,V = 7.03\,V$$

② 옴의 법칙을 적용하여 전류제한저항에 흐르는 전류를 구하면 0.0234 A가 된다.

$$I_r = \frac{7.03\,V}{300\,\Omega} = 0.0234\,A$$

③ 이때 부하저항은 제너 다이오드와 병렬로 연결되어 있으므로 같은 정전압이 걸리게 되고, 옴의 법칙을 적용하면 부하저항에 흐르는 전류는 0.00497 A가 된다.

$$I_L = \frac{4.97\,V}{1,000\,\Omega} = 0.00497\,A$$

④ 전류제한저항에 흐르는 전류는 제너 다이오드와 부하저항으로 이루어진 병렬회로에 나뉘어 흐르게 되므로, 전류제한저항에 걸리는 0.0234 A에서 부하저항으로 흐르는 전류 0.00497 A를 빼면 0.01843 A가 부하저항으로 분류되어 흐르게 된다.

⑤ 따라서 제너 다이오드의 저항값은 옴의 법칙에 의해 다음과 같이 계산된다.

$$R_D = \frac{V_D}{I_D} = \frac{4.97\,V}{0.01843\,A} = 270\,\Omega$$

6.3.2 발광 다이오드(LED)

특수목적 다이오드로 발광 다이오드(light emitting diode)가 있는데, LED로도 잘 알려져 있습니다. 발광 다이오드는 외부에서 전압/전류를 순방향으로 흘려주면 빛을 냅니다. 전기에너지를 빛에너지로 변환하는 반도체소자로 백열전구에 비해 수명이 길어 반영구적이고, 낮은 전압에서도 구동할 수 있기 때문에 소비전력이 작고 응답속도가 빠르며 소형으로도 제작이 가능하여 일상 생활의 많은 장치들이 LED를 활용하고 있습니다.[26]

26 TV, 자동차 제동등/후미등, 실내조명 및 가로등, 건물 광고판 등으로 많이 사용되고 있음.

발광 다이오드도 PN 접합으로 만들기 때문에 2개의 단자가 사용되며, 회로기호는 [그림 6.18]과 같이 다이오드 회로기호에 램프의 회로기호와 같이 동그라미를 치거나, 빛이 나오는 것을 표현하기 위해 화살표를 추가하기도 합니다. 실물소자에서는 긴 다리가 (+)극성의 애노드 단자이고, 짧은 다리는 (−)극성의 캐소드 단자입니다. 순방향 바이어스에서만 작동한다는 점을 기억하기 바랍니다.

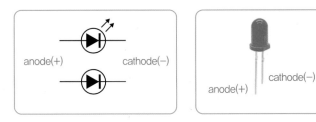

[그림 6.18] 발광 다이오드(LED)의 회로기호 및 실물소자

6.3.3 포토 다이오드

포토 다이오드(photo diode)는 광다이오드라고도 합니다. 빛을 받으면 전류가 흐르는 다이오드로 빛에너지를 전기에너지로 변환시킵니다. 발광 다이오드(LED)와는 반대로

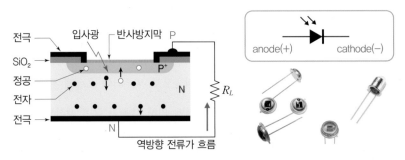

[그림 6.19] 포토 다이오드(photo diode)의 회로기호 및 실물소자

역방향 바이어스에서 동작하는 PN 접합 다이오드로, 역방향 바이어스에서 빛을 받으면 광전효과에 의해 전류(역방향 전류)가 증가합니다.

6.4 트랜지스터

6.4.1 트랜지스터의 구조

다이오드와 함께 가장 기본적이고 중요한 반도체 소자가 트랜지스터(TR, transistor)입니다. 트랜지스터는 'Transfer'와 'Resistor'의 합성어로 명칭이 가진 의미와 같이 저항으로 변신하는 반도체 소자로 TR이라고 부르기도 합니다. 여기서 저항으로 변신한다는 것은 저항값이 0인 상태에서는 전류가 통하는 상태가 되었다가, 저항으로 변신하면 저항값이 굉장히 커져서 전류가 흐르지 않는 상태가 된다는 의미입니다. 이러한 특성을 이용하여 트랜지스터는 입구단자의 전압 또는 전류가 출구단자의 전압 또는 전류를 제어하여, 전류의 증폭 및 스위칭 제어기능을 담당합니다. 트랜지스터는 [그림 6.20]과 같이 여러 종류가 있는데, 입구와 출구를 갖는 3단자 소자로 만들기 때문에 다리(단자)가 3개입니다.[27] 이 중 가장 간단한 형태인 왼쪽의 쌍극성 접합 트랜지스터(BJT[28])는 한쪽 면이 평평하고 반대편은 둥근 형태를 가지고 있습니다.

27 PNP형 트랜지스터: 입구단자(E), 출구단자(B, C)
NPN형 트랜지스터: 입구단자(B, C), 출구단자(E)

28 Bipolar Junction Transistor

[그림 6.20] 트랜지스터(TR) 실물 소자

트랜지스터는 PN 접합의 다이오드에 1개의 반도체 조각을 덧붙이는 방식으로 만듭니다. [그림 6.21(a)]와 같이 PN 접합 다이오드의 왼쪽에 N형 반도체를 붙여 N형−P형−N형 반도체 순서로 접합하고, 이런 구조를 가진 트랜지스터를 NPN형 트랜지스터라고 합니다. 이에 반해 PNP형 트랜지스터는 [그림 6.21(b)]와 같이 PN 접합 다이오드 오른쪽에 P형 반도체를 붙여서 P형−N형−P형 반도체 순서로 접합합니다. 따라서, 트랜지스터는 반도체 조각 3개를 붙여 놓은 구조(3단자 소자)를 가지기 때문에 쌍극성 접합 트랜지스터(BJT)라고도 하며, PNP형과 NPN형의 2종류로 나뉩니다.

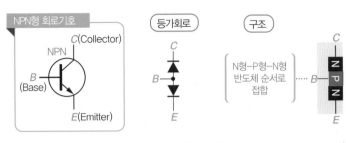

(a) NPN형 트랜지스터

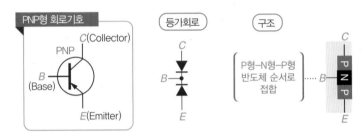

(b) PNP형 트랜지스터

[그림 6.21] 트랜지스터(TR)의 구조 및 회로기호

[그림 6.21]의 등가회로에서 보는 바와 같이 트랜지스터는 다이오드 2개를 사용한 것과 같은 역할을 하는데, 접합된 3개의 반도체 조각에서 각각 단자가 나와서 총 3개의 단자를 갖게 됩니다. 이 3개의 단자를 각각 이미터(E, Emitter), 컬렉터(C, Collector), 베이스(B, Base)라고 합니다.[29] 트랜지스터의 회로기호도 꼭 기억해야 하는데, 다음과 같은 방식으로 이해하고 기억하면 됩니다.

- 동그라미 안에 수직 막대가 붙은 단자가 베이스 B 단자이고,
- 화살표가 붙은 단자는 이미터 E 단자이며,
- 나머지 하나가 컬렉터 C 단자입니다.

NPN형과 PNP형은 회로기호에 붙은 화살표 방향에 따라 다음과 같이 구분합니다.

(1) NPN형 트랜지스터

① 전류는 (+)극에서 (−)극으로 흐르는 것을 이용하여, 다이오드의 순방향 바이어스 처럼 불순물 반도체 P(+)에서 N(−)으로 전류가 흐른다고 생각합니다.

② 예를 들어, NPN형은 [그림 6.21(a)]의 회로기호와 같이 화살표 방향이 베이스 (B)에서 이미터(E)로 향하고 있으므로 베이스가 (+)가 되어 P가 되고, 이미터는

(−)가 되어 N이 됩니다.

③ 나머지 단자인 컬렉터(C)는 반대편 단자인 이미터(E)의 형을 따라 N이 됩니다.

(2) PNP형 트랜지스터

① 마찬가지 방식으로 불순문 반도체 P(+)에서 N(−)으로 전류가 흐른다고 생각합니다.

② PNP형은 화살표 방향이 이미터(E)에서 베이스(B)로 향하고 있으므로 이미터(E)가 (+)가 되어 P가 되고, 베이스(B)는 (−)가 되어 N이 됩니다.

③ 나머지 단자인 컬렉터(C)는 반대 단자인 이미터(E)와 같은 P가 됩니다.

6.4.2 트랜지스터의 기능

트랜지스터는 입구단자의 전압(또는 전류)이 출구단자의 전압(또는 전류)을 제어하여 전류의 증폭 및 스위칭 제어기능을 합니다. 조절밸브가 달린 수도관을 통해 트랜지스터의 기능을 설명하겠습니다.

NPN형 트랜지스터를 가정하고 [그림 6.22]와 같이 수위(전압)가 높은 쪽(C)에서 낮은 쪽(E)으로 물(전류)이 흐른다고 가정합니다. 이때 입구 쪽은 NPN형 트랜지스터의 컬렉터(C) 단자로, 출구는 이미터(E) 단자로 생각하고 조절밸브는 베이스(B) 단자로 대응시켜 생각합니다. C단자에서 E단자로 흐르는 물의 흐름과 수량은 조절밸브(B)를 통해 제어할 수 있는데, 베이스(B) 단자에 흐르는 전류를 통해 컬렉터(C)에서 이미터(E) 단자로 흐르는 전류를 조절할 수 있게 됩니다.

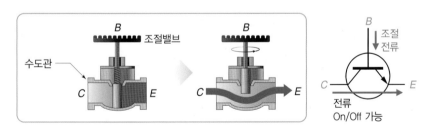

[그림 6.22] 트랜지스터(TR)와 수도관

(1) 스위칭 기능

트랜지스터는 우선 스위칭(switching) 기능을 합니다. 앞에서 수도밸브에 비유한 것처럼 베이스(B)에서 이미터(E)로 전류를 흘려주거나 전압을 조절하면 전류가 흐르지

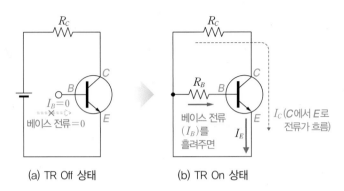

(a) TR Off 상태   (b) TR On 상태

[그림 6.23] 트랜지스터(TR)의 스위칭 기능

않던 컬렉터(C)에서 이미터(E) 쪽으로 전류가 흐르게 됩니다.[30]

[그림 6.23]과 같은 NPN형 트랜지스터 회로 내에서 컬렉터(C)나 이미터(E) 쪽에 동작시킬 회로나 소자를 연결하고 베이스(B) 전류를 통해 컬렉터(C)에서 이미터(E)로 전류를 On/Off하면 연결된 회로나 소자를 동작시킬 수 있습니다. 즉 회로 내에 개별적으로 물리적인 스위치를 달지 않아도 TR의 스위칭 기능을 이용하여 회로 내의 전류 공급 및 흐름을 제어할 수 있습니다.

(2) 증폭기능

트랜지스터의 두 번째 중요한 기능은 증폭(amplifying) 기능입니다. 스위칭 기능을 통해 전류가 흐르지 않던 컬렉터(C)에서 이미터(E)로 베이스(B) 전류를 인가하여 전류가 흐르게 되면, 컬렉터에서 이미터로 흐르는 전류는 베이스(B)에 인가되는 작은 전류보다 크게 증폭되어 흐르게 됩니다. 이를 증폭기능이라고 합니다. 예를 들어 [그림 6.24]와 같이 베이스(B) 단자에 베이스 전류 I_B를 흘리면 NPN형 트랜지스터는 컬렉터(C)에서 이미터(E) 쪽으로 전류 I_C가 흐르기 시작합니다. 이때 증폭하고자 하는 교류의

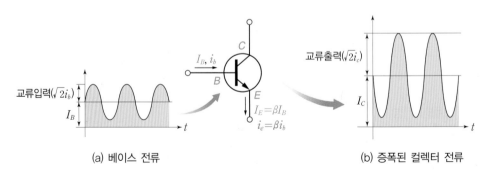

(a) 베이스 전류   (b) 증폭된 컬렉터 전류

[그림 6.24] 트랜지스터(TR)의 증폭기능

소신호(i_b)를 베이스 단자에 더하면 컬렉터에서 이미터로 증폭된 교류신호 출력(i_C)을 얻을 수 있습니다. 증폭되는 전류는 베이스 전류를 변화시켜 수십~수백 배 큰 컬렉터 전류가 출력되도록 조절할 수 있습니다.

6.4.3 트랜지스터의 동작원리

트랜지스터의 이러한 기능들은 어떤 원리로 동작하게 되는지 PNP형 트랜지스터를 대상으로 동작원리를 알아보겠습니다.

① 동작과정-1

먼저 [그림 6.25①]처럼 이미터(E)와 베이스(B) 사이에 순방향 바이어스(전압) V_{BE}[31]를 인가하면 이미터 단자 P형 쪽에 높은 전압이 걸리고, 베이스 단자인 N형 쪽에 낮은 전압이 걸려, 다이오드 1개의 PN 순방향 바이어스와 같아지므로 이미터(E)에서 베이스(B)로 정공이 이동하며 베이스 전류 I_B가 흐릅니다.

31 일반적으로 다이오드의 전위장벽 0.7 V보다 큰 1~2 V를 걸어줌.

② 동작과정-2

이번에는 [그림 6.25②]처럼 컬렉터(C)와 베이스(B) 사이에 더 높은 역방향 바이어스 전압 V_{CB}만을 인가해봅니다. 컬렉터 단자 P형 쪽에는 낮은 전압이, 베이스 단자 N형

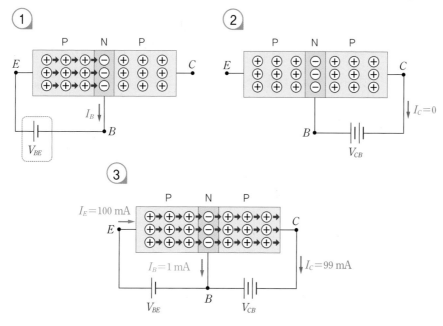

[그림 6.25] 트랜지스터(TR)의 동작원리

쪽에는 높은 전압이 인가되는 경우이므로 다이오드 1개에 역방향 바이어스를 인가한 것과 같은 상태가 되어 컬렉터 전류 I_C는 흐르지 않게 됩니다.

③ 동작과정-3

이번에는 [그림 6.25③]과 같이 앞의 두 조건을 함께 인가하면 전압은 V_{BE}와 V_{CB}가 합쳐진 큰 전압이 이미터(E) 단자 쪽에 인가되므로 이미터(E)에서 베이스(B)로 흐르던 정공 대부분이 이미터 쪽의 높은 전압으로 인해 컬렉터(C) 쪽으로 이동하기 시작하고 일부의 소수 정공만이 베이스(B)로 이동합니다. 따라서 앞의 조건과 비교해보면, 앞에서는 흐르지 않던 컬렉터 쪽의 전류 I_C가 흐르게 되며 트랜지스터에 흐르는 대부분의 전류는 이미터에서 컬렉터 쪽으로 흐르게 되고, 일부는 베이스 단자 쪽의 I_B로 흐르게 됩니다. 이 상태에서 베이스(B)와 이미터(E) 단자 사이의 순방향 전압 V_{BE}를 점차 높여 E로부터 B로 이동하는 정공의 수를 늘려주면 전압 V_{BE}에 비례하여 컬렉터(C) 쪽으로 이동하는 정공의 수도 증가하게 되어 컬렉터(C) 쪽 전류 I_C도 증가하게 됩니다.[32] 즉, 이미터(E)로부터 컬렉터(C)로 흐르는 전류는 베이스(B) 전류를 통해 조절할 수 있고, 베이스(B) 전류를 기준으로 증폭된 전류를 컬렉터(C) 단자로 흐르게 할 수 있습니다.

32 E로부터 C로 흐르는 전류를 베이스(B) 전류 I_B로 조절한다는 의미임.

일반적으로 컬렉터(C) 전류는 베이스(B) 전류보다 수 배에서 수십 배 증가하여 큰 전류가 흐르게 됩니다. 예를 들어, 이미터(E)로 입력되는 전류량이 100이라면 베이스(B)로는 1~2% 정도의 전류가 흐르고, 컬렉터(C) 쪽으로는 98~99%의 전류가 흐르게 됩니다.

트랜지스터에 키르히호프의 제1법칙인 KCL을 적용해보면 증폭작용에 대해 더 쉽게 이해할 수 있습니다. 식 (6.1)과 같이 이미터(E) 전류 I_E는 베이스 전류 I_B와 컬렉터 전류(C) I_C가 합해진 전류량이 됩니다.

$$I_E = I_B + I_C \tag{6.1}$$

따라서, 전류 증폭률은 식 (6.2)와 같이 β로 표기하여 베이스 전류 I_B에 대한 컬렉터 전류 I_C의 비로 정의할 수 있습니다.

$$\beta = \frac{I_C}{I_B} \Leftrightarrow I_C = \beta I_B \tag{6.2}$$

지금까지 PNP형 트랜지스터를 기반으로 동작원리를 설명하였는데, NPN형 트랜지스터도 동일한 원리로 작동합니다. 다만 [그림 6.26]에서 비교한 바와 같이 인가하는 전압의 방향이 **PNP**형 트랜지스터와 반대방향이 되고 전류도 반대방향으로 흐른다는 것을 주의하면 됩니다.

 트랜지스터(transistor)

- 베이스(B) 전류를 통해 출구단자 전류의 증폭 및 스위칭 제어기능을 수행한다.
- PNP형 트랜지스터: 입구단자(E), 출구단자(B, C)
  - 이미터(E)에서 베이스(B)로 흐르는 전류를 통해 이미터(E)에서 컬렉터(C) 방향으로 흐르는 전류를 제어한다.
- NPN형 트랜지스터: 입구단자(B, C), 출구단자(E)
  - 베이스(B)에서 이미터(E)로 흐르는 전류를 통해 컬렉터(C)에서 이미터(E) 방향으로 흐르는 전류를 제어한다.

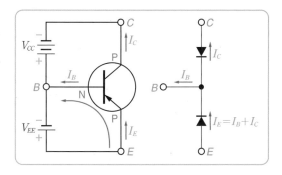

(a) PNP형 트랜지스터　　　　　　　(b) NPN형 트랜지스터

[그림 6.26] 트랜지스터(TR)의 전류방향

6.4.4 트랜지스터의 종류

쌍극성 접합 트랜지스터(**BJT**)를 기본으로 하여 **JFET, MOSFET** 등과 같이 발전된 트랜지스터들이 개발되어 사용되고 있습니다.

지금까지 설명한 트랜지스터는 쌍극성 접합 트랜지스터로 가장 먼저 개발된 트랜지스터입니다. 전자와 정공 모두를 캐리어(carrier)로 사용하는 양극성 소자로, 입력단인 베이스 전류에 의해 출력단인 컬렉터 전류량을 제어하는 전류제어소자(current controlled device)로 주로 이용합니다. 베이스에 입력된 소수 캐리어 확산에 의해 작동하며 가장 먼저 발명된 초기 트랜지스터의 형태로 전력소모가 많은 것이 단점입니다.

FET(Field-Effect Transistor)는 전계효과 트랜지스터로 전자나 정공 중 하나의

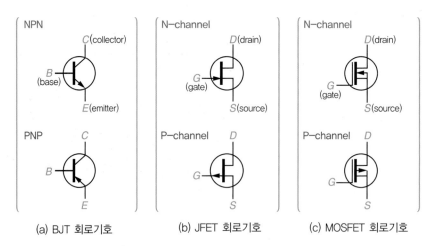

(a) BJT 회로기호

(b) JFET 회로기호

(c) MOSFET 회로기호

[그림 6.27] BJT, FET 및 MOSFET 회로기호의 비교

캐리어에 의해서 동작하는 단극성 소자입니다. FET에서는 BJT에서 사용한 이미터
(emitter), 베이스(base), 컬렉터(collector)의 단자명칭 대신에 소스(source), 드레인
(drain), 게이트(gate)를 사용하고, G, D, S로 표시합니다. [그림 6.27]과 같이 회로기
호도 약간 달라지는데, BJT의 이미터(E) 단자에 해당되는 단자가 소스(S) 단자가 되
고, 컬렉터(C)에 해당되는 단자는 드레인(D)이 되며, 베이스(B)에 해당되는 단자는 게

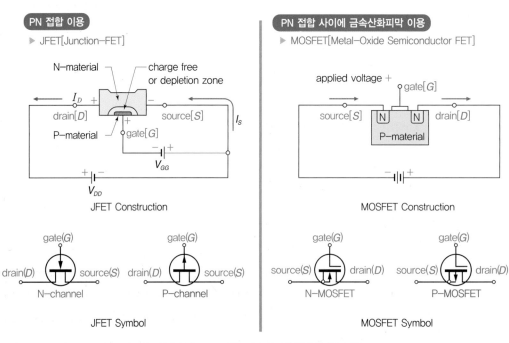

[그림 6.28] JFET 및 MOSFET의 구조와 회로기호

이트(G) 단자가 됩니다.

FET는 입력단인 게이트 단자(G)에 가하는 전압을 이용하여 흐르는 전류량을 제어하는 전압제어소자이며, 소스(S)와 드레인(D) 단자 사이의 전기력에 의해 작동합니다. 입력저항이 매우 높기 때문에 입력전류는 거의 0에 가까워 전력소모는 거의 없는 특성이 있습니다. FET는 [그림 6.28]과 같이 게이 구조에 PN 접합을 이용하면 JPET[33]이 되고, PN 접합 사이에 금속산화 피막을 이용하면 MOSFET[34]으로 종류가 구분됩니다.

[33] Junction FET

[34] Metal-Oxide Semi-conductor FET

6.5 기타 반도체 소자

6.5.1 실리콘 제어 정류기(SCR)

기타 반도체 소자로 실리콘 제어 정류기(Silicon Controlled Rectifier)인 SCR이 있는데, 사이리스터(thyristor)라고도 합니다. [그림 6.29]와 같이 트랜지스터 2개를 합쳐 놓은 P–N–P–N의 4층 구조로 이루어져 있고 형태는 사각형입니다. 6,000 V 이상의 전압과 3,000 A의 전류까지 견딜 수 있는 대전력 스위치용 반도체 소자로 열이 많이 발생하여 위쪽에 금속의 방열판이 장착되어 있습니다. 단자는 양(+)극인 애노드(A), 음(−)극인 캐소드(C) 및 게이트(G)의 3개 단자로 구성됩니다.

SCR은 한 방향으로만 전류를 흘려주는 다이오드에 제어기능을 부가하고 이를 위한 단자를 추가한 것과 같습니다. 즉, 정류기능과 전류흐름을 제어하는 On/Off 제어기능을 동시에 수행할 수 있는 반도체소자로, 게이트(G) 단자에 전류가 흐르지 않으면 어느 방향으로 전압을 걸어 주어도 항상 Off 상태를 유지하고, 게이트(G) 단자에 순방향 바이어스를 걸어 주고 전류를 흘려주면[35] 다이오드에 전류가 흐르기 시작합니다. SCR은 게이트(G) 단자에 신호가 인가되면 지속적인 게이트 전류의 공급이 없어도 주

[35] 트리거(trigger) 신호라 함.

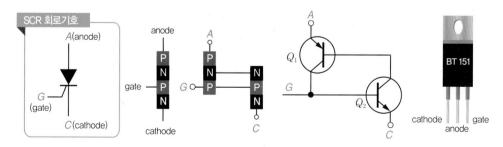

[그림 6.29] SCR의 구조와 회로기호

회로(anode와 cathode 사이)에 역전류가 인가되거나 흐르고 있던 전류값이 유지전류(holding current) 이하로 떨어질 때까지 지속적으로 통전 상태를 유지합니다. 게이트에 입력하는 작은 크기의 트리거(trigger) 신호를 사용하여 애노드(A)에서 캐소드(C)로 흐르는 대전류를 제어할 수 있습니다.

6.5.2 서미스터

'thermal'(온도)과 'resistor'(저항)의 합성어인 서미스터(thermistor)는 반도체의 특성 중 온도가 증가하면 저항이 감소하는 부성저항(negative resistance, 負性抵抗)의 특성을 이용한 반도체 소자입니다. 주로 온도를 측정하는 데 사용되는 반도체 센서(sensor)로 이용됩니다. [그림 6.30]의 그래프에서 나타낸 것처럼 일반적으로 금속은 온도가 증가하면 이에 비례하여 저항이 증가하는 특성이 있지만, 반도체는 온도에 반비례하여 감소하는 부성저항의 특성이 있습니다. 망간, 니켈, 코발트, 철, 동, 티탄 등의 금속산화물을 사용하여 만들며 온도 측정 범위는 −50~300℃ 정도이고, 감도(sensitivity)가 민감하여 정밀온도측정에 적합합니다. 온도계 외에도 유량계, 기압계, 전력계, 분석계 등 폭넓은 분야에 이용되고 있으며, 항공기에서도 서머커플(thermocouple)[36]이라 불리는 열전쌍과 함께 온도측정 센서로 널리 사용되고 있습니다.

36 엔진 배기가스 온도 등 1,000℃ 이상의 고온 측정에는 서머커플이 사용됨.

[그림 6.30] 반도체와 금속의 저항−온도 특성 및 서미스터(thermistor)

CHAPTER SUMMARY

6.1 반도체

① 주기율표(periodic table of the elements)

- 원소(element)들을 원자(atom)번호순으로 배열하고, 화학적 성질이 같은 원소들을 같은 행에 위치시킨 표
- (주기율표의) 원자번호 = 원자가 가진 전자 수 = 양성자 수

② 반도체(semiconductor)

- 평상시 전기가 통하지 않지만 불순물을 첨가하거나 빛이나 열 등의 에너지를 외부에서 가하면 전기가 통하며 이를 조절할 수 있는 특성이 있는 물질
- 공유결합(covalent bond) : 이웃 원자와 전자를 공유하여 구속력이 강한 결합상태를 말함.

③ 진성 반도체(intrinsic semiconductor)

- 불순물이 섞이지 않은 순수한 반도체 : 4족 원소인 실리콘(규소, Si)나 게르마늄(Ge)의 단결정으로 만들어지며 전도성이 낮음.

④ 불순물 반도체(extrinsic semiconductor) : P형 반도체

- 진성 반도체(실리콘, Si)에 3족 원자인 붕소(B)/갈륨(Ga)/인듐(In)을 첨가한 반도체
  - 전자(−)보다 정공(+)의 수가 많아지므로 양(+)의 극성을 가짐(P형 반도체로 불리는 이유).
  - 정공 = 다수 캐리어(major carrier), 전자 = 소수 캐리어(minor carrier)

⑤ 불순물 반도체(extrinsic semiconductor) : N형 반도체

- 진성 반도체(실리콘, Si)에 5족 원자인 안티몬(Sb)/비소(As)/인(P)을 첨가한 반도체
  - 전자(−)가 정공(+)보다 많아지므로 음(−)의 극성을 가짐(N형 반도체로 불리는 이유).
  - 전자 = 다수 캐리어(major carrier), 정공 = 소수 캐리어(minor carrier)

⑥ 반도체의 장·단점

- 장점 : 소형이며 전력소모가 작고, 동작속도가 빠르고, 대량생산으로 가격이 낮음.
- 단점 : 열에 약하고 역내압이 낮으며(고전압이 걸리면 파괴), 발진이나 잡음현상이 발생함.

6.2 다이오드

① 다이오드(diode)

- PN 접합으로 만든 단방향성(uni-directional)의 반도체 소자
  - 양극(+)에서 음극(−) 방향으로만 전류를 흘릴 수 있고 반대 방향의 전류(음극에서 양극방향의 전류)는 차단
  - 정류회로 및 릴레이/모터의 코일 역기전력 차단을 위한 환류 다이오드로 사용
- 순방향(정방향) 바이어스(forward bias)
  - 애노드(+) 단자에 높은 전압, 캐소드(−) 단자에 낮은 전압을 가한 상태로 순방향 전류가 흐름.
- 역방향 바이어스(reverse bias)

- 애노드(+) 단자에 낮은 전압, 캐소드(−) 단자에 높은 전압을 가해준 상태로 역방향 전류가 흐르지 않음
② 다이오드 특성곡선(전압−전류 특성)
  - 공핍영역(depletion region) = 전위장벽(barrier potential, V_F)
    - P형 반도체와 N형 반도체가 접합된 면에 존재하는 중성 상태의 영역
    - 순방향 전류가 흐르도록 전자와 정공이 공핍영역을 넘어갈 수 있게 전위차(전압)를 가해주어야 함(게르마늄 다이오드 = 0.3V, 실리콘 다이오드 = 0.7V).
  - 항복전압(V_R, breakdown voltage) 또는 제너전압(V_Z, zener voltage)
    - 역방향으로 전류가 급격히 증가하는 시점의 전압

6.3 특수 목적 다이오드

① 제너 다이오드(zener diode)
  - 역방향 바이어스의 제너전압을 낮춘 다이오드로 회로의 직류전압을 일정하게 유지(공급)할 필요가 있는 정전압 (constant voltage) 회로에 주로 이용함.
② 발광 다이오드(LED)
  - 순방향 바이어스를 가해주면 빛을 내는 다이오드
③ 포토 다이오드(photo diode) = 광다이오드
  - 빛을 받으면 전류가 흐르는 다이오드로 역방향 바이어스에서 동작함.

6.4 트랜지스터 및 기타 반도체 소자

① 트랜지스터(TR, transistor) = 쌍극성 접합 트랜지스터(BJT, Bipolar Junction Transistor)
  - PN 접합 다이오드에 1개의 반도체 조각(P 또는 N)을 덧붙이는 방식으로 만듦.
    - PNP형과 NPN형의 2종류로 나뉨.
  - 스위칭(switching) 기능과 증폭(amplifying) 기능 수행
    - 스위칭 기능을 통해 전류가 흐르면 베이스(B) 전류를 변화시켜 수십~수백 배 큰 컬렉터(C) 전류가 출력되도록 조절할 수 있음.
    - NPN형: 베이스(B)에서 이미터(E)로 전류를 흘려주거나 전압을 조절하면 전류가 흐르지 않던 컬렉터(C)에서 이미터(E) 쪽으로 전류가 흐름.
    - PNP형: B단자를 통해 E에서 C단자 쪽으로의 전류 흐름을 제어
② 실리콘 제어 정류기(SCR, Silicon Controlled Rectifier) = 사이리스터(thyristor)
  - 트랜지스터 2개를 합쳐 놓은 구조로 P−N−P−N의 4층 구조를 가짐.
  - 6,000 V 이상 전압과 3,000 A의 전류까지 견딜 수 있는 대전력 스위치용 반도체 소자임.
③ 서미스터(thermistor)
  - 반도체의 특성 중 온도가 증가하면 저항이 감소하는 부성저항(負性抵抗, negative resistance) 특성을 이용한 온도측정용 반도체 센서(sensor)임.

연습문제

01. 다음 중 반도체 소자가 아닌 것은?

① 서모커플(thermocouple)
② 서미스터(thermistor)
③ 제너 다이오드(zener diode)
④ 트랜지스터(transistor)

[해설] 서모커플(thermocouple)은 서로 다른 2개의 금속선(lead-line)의 양 끝을 맞붙여 온도 차에 의해 발생하는 전압(기전력)을 통해 온도를 측정하는 온도센서로, 제백효과(Seebeck effect)를 이용한다.

02. 주기율표의 원자번호를 통해 알 수 있는 것이 아닌 것은?

① 전자의 개수
② 최외각 전자의 개수
③ 중성자의 개수
④ 정공의 개수

[해설] 주기율표의 원자번호는 원소가 가진 전자의 개수와 동일하며 양성자의 개수와 중성자의 개수도 원자번호와 동일하다.

03. 비소(As)는 원자번호가 33이다. 최외각 전자의 개수는 몇 개인가?

① 2개 　　　　② 3개
③ 4개 　　　　④ 5개

[해설] 안티몬(Sb), 비소(As), 인(P)은 모두 5족원소로 최외각 전자의 개수는 5개이다. 비소의 원자번호는 33번이므로 전자의 개수는 33개이고, K각(2개), L각(8개), M각(18개), N각(5개) 순서로 전자가 위치한다.

04. 다음 반도체의 종류와 연결이 잘못된 것은?

① N형 반도체-전자가 다수 캐리어가 됨
② P형 반도체-첨가된 불순물이 억셉터가 됨
③ P형 반도체-정공이 소수 캐리어가 됨
④ N형 반도체-불순물로 4족원소가 사용됨

[해설] P형 반도체는 진성 반도체에 3족원소인 붕소(B)/갈륨(Ga)/인듐(In)을 첨가한 반도체로 전자보다 정공이 많기 때문에 정공은 다수 캐리어(major carrier)가 되고, 전자는 소수 캐리어(minor carrier)가 된다.

05. 다음 반도체에 대한 설명 중 틀린 것은?

① 진성 반도체는 순수한 4족의 원자로 이루어진다.
② 도핑되는 불순물로는 3족과 5족원소가 사용된다.
③ 다이오드는 불순물 없는 진성 반도체로만 만들어야 한다.
④ 원자는 원자핵과 전자로 구성된다.

[해설] 다이오드는 진성 반도체에 5가 원자(5족원자)들을 도핑한 N형 반도체와 3가 원자(3족원자)를 도핑한 P형 반도체로 만들어지므로 불순물 반도체이다.

06. P형 반도체에 대한 다음 설명 중 틀린 것은?

① 진성 반도체에 3족의 원자를 도핑하여 만든다.
② 진성 반도체에 불순물을 도핑하면 원자들이 공유결합을 하게 된다.
③ 도핑농도를 높일수록 전자가 많아진다.
④ 다수 캐리어가 정공이다.

[해설] P형 반도체는 진성 반도체에 3가의 불순물(3족원자)을 도핑한 것으로, 농도를 높일수록 다수 캐리어인 정공이 많아져 (+)의 전기적 특성을 지닌다.

07. 진성 반도체에 3족이나 5족의 불순물을 첨가하는 것을 무엇이라 하는가?

① 이온화
② 도핑
③ 공유결합
④ 단결정화

[해설] 진성 반도체에 불순물을 첨가하여 섞는 과정을 도핑(doping)이라 한다.

[정답] 1. ① 　2. ④ 　3. ④ 　4. ③ 　5. ③ 　6. ③ 　7. ②

08. 다음 설명 중 반도체의 특성을 잘못 설명한 것은?

① 소형으로 제작이 가능하며 전력소모가 작음
② 역내압이 높아 정전기에 강함
③ 예열시간이 적고 동작속도가 빠름
④ 발진이나 잡음현상 발생가능성이 있음

해설 반도체는 역내압이 낮기 때문에 높은 전압이 걸리면 파괴되는 단점이 있다. 따라서 정전기에 취약하다.

09. 다이오드에 대한 다음 설명 중 잘못된 것은?

① 정방향 바이어스는 애노드 단자에 높은 전압, 캐소드 단자에 낮은 전압을 가한다.
② PN 접합으로 만든다.
③ 정전압 회로에 주로 이용된다.
④ 전위장벽은 0.3~0.7 V 정도이다.

해설 다이오드는 정류회로와 코일의 역기전력 차단을 위한 환류 다이오드로 주로 사용되고, 정전압 회로에는 제너 다이오드가 사용된다.

10. 다이오드의 역방향 바이어스에 의해 전류가 흐르기 시작하는 전압을 무엇이라 하는가?

① 도통전압(threshold voltage)
② 항복전압(breakdown voltage)
③ 임계전압(critical voltage)
④ 전위장벽(barrier potential)

해설 역방향으로 전류가 급격히 증가하는 시점의 전압을 항복전압(V_R, breakdown voltage) 또는 제너전압(V_Z, zener voltage)이라 한다.

11. 빛을 받으면 전류가 발생하는 다이오드는?

① 제너 다이오드
② 발광 다이오드
③ 일반 다이오드
④ 포토 다이오드

해설 포토 다이오드(photo diode)는 광다이오드라고도 하며, 빛을 받으면 역전류가 흐르는 다이오드로 빛에너지를 전기에너지로 변환시킨다.

12. 다음 중 다이오드가 작동하는 방향이 잘못 연결된 것은?

① 제너 다이오드-역방향 바이어스 이용
② 발광 다이오드-순방향 바이어스 이용
③ 다이오드-순방향 바이어스 이용
④ 포토 다이오드-순방향 바이어스 이용

해설 포토 다이오드(photo diode)는 역방향 바이어스를 이용하는 다이오드로 빛을 받으면 역방향 전류가 증가한다.

13. 다음 다이오드 중 전원전압의 변동을 제거할 수 있는 다이오드는?

① 제너 다이오드
② 발광 다이오드
③ 일반 다이오드
④ 포토 다이오드

해설 제너 다이오드(zener diode)는 역방향 바이어스를 이용하는 다이오드로 정전압 회로에 사용된다.

14. BJT 트랜지스터에 대한 설명이다. 틀린 것은?

① BJT는 증폭기능과 스위칭기능을 수행한다.
② BJT는 NPN, PNP 두 가지 구조를 가지고 있다.
③ BJT 회로기호에서 컬렉터 단자에 화살표가 표기된다.
④ BJT는 이미터, 베이스, 컬렉터의 세 영역으로 나뉜다.

해설 BJT 회로기호는 이미터 쪽에 화살표가 표기된다.

15. PNP형 트랜지스터의 베이스(B)에서 다수 캐리어와 소수 캐리어가 맞게 연결된 것은?

① 전자-정공
② 정공-전자
③ 전자-음이온
④ 양이온-정공

해설 트랜지스터의 베이스 단자는 N형이므로 다수 캐리어는 전자, 소수 캐리어는 정공이다.

정답 8. ② 9. ③ 10. ② 11. ④ 12. ④ 13. ① 14. ③ 15. ①

16. 다음 트랜지스터 회로기호의 형과 ⓐ단자의 명칭이 바르게 연결된 것은?

① NPN형－베이스(B)
② PNP형－이미터(E)
③ NPN형－컬렉터(C)
④ PNP형－컬렉터(C)

해설 주어진 트랜지스터의 회로기호는 NPN형으로 아래 그림과 같이 단자가 3개이다.

17. 온도 보상용으로 쓰일 수 있는 소자로 가장 적합한 것은?

① 바리스터(varister)
② 서미스터(thermistor)
③ 제너 다이오드(zener diode)
④ 버랙터 다이오드(varactor diode)

해설 서미스터(thermistor)는 반도체의 특성 중 온도가 증가하면 저항이 감소하는 부성저항(負性抵抗, negative resistance)의 특성을 이용하여 온도를 측정하는 반도체 센서이다.

18. 대전력 스위치용 반도체 소자의 명칭과 전류제어를 위해 사용되는 단자명칭이 맞게 연결된 것은?

① SCR－게이트(G)   ② FET－게이트(G)
③ MOSFET－소스(S) ④ JFET－드레인(D)

해설 실리콘 제어 정류기(Silicon Controlled Rectifier)인 SCR은 사이리스터(thyristor)라고도 불리며, 트랜지스터 2개를 합쳐 놓은 P−N−P−N의 4층 구조로 이루어져 있다. 6,000 V 이상의 전압과 3,000 A의 전류를 견딜 수 있는 대전력 스위치용 반도체 소자로 사용되며, 게이트(G) 전류를 통해 대전력 전류를 제어한다.

19. 전압제어소자로 이용되는 트랜지스터에 대한 설명 중 틀린 것은?

① 전계효과 트랜지스터라고 한다.
② 소스(S), 드레인(D), 게이트(G) 단자를 갖는다.
③ 게이트(G) 구조에 PN 접합을 이용하면 JFET이 된다.
④ 입력단은 소스(S) 단자를 이용한다.

해설 Field-Effect Transistor인 FET는 전계효과 트랜지스터로, 전자나 정공 중 하나의 캐리어에 의해서 동작하는 단극성 소자이다. 게이트(G) 구조에 PN 접합을 이용하면 JPET이 되고, PN 접합 사이에 금속산화피막을 이용하면 MOSFET으로 종류가 구분된다.

▶ 기출문제

20. 온도 증가에 따라 저항이 감소하는 성질을 갖고 있는 온도계의 재료는? (항공산업기사 2012년 4회)

① 망간
② 크로멜－알루멜
③ 서미스터(thermistor)
④ 서모커플(thermocouple)

해설 서미스터(thermistor)는 반도체의 부성저항 특성을 이용하여 온도를 측정하는 반도체 센서이다.

21. 발전기 출력 제어회로에 사용되는 제너 다이오드(zener diode)의 목적은? (항공산업기사 2013년 2회)

① 정전류제어   ② 역류방지
③ 정전압제어   ④ 과전류방지

해설 제너 다이오드(zener diode)는 역방향 바이어스의 항복전압을 낮추어 회로의 직류전압을 일정하게 유지(공급)할 필요가 있는 정전압(constant voltage) 회로에 주로 이용되는 반도체 소자이다.

정답 **16.** ③ **17.** ② **18.** ① **19.** ④ **20.** ③ **21.** ③

▶ 필답문제

22. 항공기 전자장비에 사용되는 릴레이를 작동할 때 열기전력을 흡수하기 위해 장착되는 것은 무엇인지 기술하시오. (항공산업기사 2007년 2회)

정답 다이오드(diode)

• P형 반도체와 N형 반도체를 접합(PN 접합)시켜 만든 단방향성(uni-directional)의 반도체 소자로 양극(+)에서 음극(−) 방향으로만 전류를 흘릴 수 있고 반대 방향의 전류(음극에서 양극 방향의 전류)는 차단한다.
• 정류회로(rectifying circuit)의 필수 소자로 사용된다.
• 코일의 역기전력 차단을 위한 환류 다이오드(free wheeling diode)로도 사용된다.

23. 릴레이의 계자코일에 역기전력을 흡수하기 위해 설치하는 부품의 명칭을 기술하시오.

(항공산업기사 2011년 1회)

정답 문제 22번 참조

24. 다음 다이오드의 3가지 종류를 보고 각각의 명칭을 기술하시오. (항공산업기사 2009년 2회)

정답 ① 다이오드(diode)
② 제너 다이오드(zener diode)
③ 발광 다이오드(LED, Light Emmiting Diode)

25. 다음 각 기호에 대해서 기술하시오.

(항공산업기사 2013년 2회, 2017년 4회)

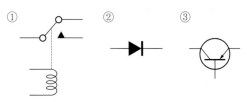

정답 ① 릴레이(relay): 계전기라고도 하며 내부 릴레이 코일에 전류가 흐르면 접점을 바꾸어 회로제어를 수행하는 장치로, 작은 전류로 대전류를 제어할 수 있다.
② 다이오드(diode): PN 접합의 단방향성(uni-directional) 반도체 소자로 양극(+)에서 음극(−) 방향으로만 전류를 흘릴 수 있고 반대 방향의 전류(음극에서 양극 방향의 전류)는 차단하므로 정류회로(rectifying circuit)의 필수 소자로 사용된다.
③ 트랜지스터(transistor): Transfer와 Resistor의 합성어로 TR이라고 하며 이미터(E, Emitter), 컬렉터(C, Collector), 베이스(B, Base)의 3개 단자를 통해 스위칭 기능과 증폭기능을 한다.

CHAPTER

Digital

07 디지털

AVIONICS
ELECTRICITY AND ELECTRONICS
FOR AIRCRAFT ENGINEERS

AVIONICS
ELECTRICITY AND ELECTRONICS

현대 항공기의 항공전자 및 계기 시스템은 반도체, 컴퓨터 및 전자기술의 발전에 힘입어 기존의 아날로그(analog) 방식에서 ICT(Information and Communication Technology) 기술이 적용된 디지털(digital) 시스템과 기술이 적용되고 있습니다.

  항공기계 및 항공정비 분야에서 아쉬운 점은 항공기에 탑재되어 운용되는 많은 장치가 디지털 시스템임에도 불구하고 아직도 교육체계 및 대부분의 이론과 실습이 아날로그 시스템에 집중되어 있다는 점입니다. 물론 아날로그 시스템은 근본적인 전기·전자 시스템의 원리를 이해하기에 기본이 되는 내용이므로 가장 중요합니다. 그러나 미래의 항공정비 분야를 주도할 여러분들은 아날로그 시스템을 기반으로 디지털 관련 이론과 내용을 이해하고 지식도 확장해 나가야 할 것입니다.(여러분들은 공부해야 할 내용이 더 많아지니 싫어할지 모르겠습니다.)

  7장에서는 디지털 이론 중 디지털 신호(digital signal) 체계와 디지털 회로의 가장 기본이 되는 논리회로(logic circuit)에 대해 살펴보겠습니다. 여러분이 익숙한 10진수 체계에서 디지털 신호의 근간이 되는 2진수 체계로 변환하는 진수 변환과 이를 사용하여 디지털 통신에 사용되는 디지털 코드(digital code)에 대해서도 알아봅니다.

7.1 디지털 시스템

7.1.1 디지털 신호 및 시스템

디지털 신호는 어떠한 특징이 있는지 아날로그 신호(analog signal)와 비교해보겠습니다. 자연계에서 일어나는 물리적인 양, 즉 속도, 고도, 압력, 온도, 회전수(rpm), 변위(displacement) 등은 시간에 따라 연속적으로 변화하며 존재합니다. 항공전자 및 계기 시스템에서는 이러한 물리량들을 센서(sensor)를 통해 측정하고 출력값은 물리량에 대응되는 연속적인 전압이나 전류신호를 사용합니다. 따라서 회로의 전압이나 전류도 시간에 따라 연속적으로 변하는 신호가 되며, 이처럼 시간에 따라 연속적으로 변하는 값을 다루는 회로를 아날로그 회로(analog circuit)라 하고, 그 신호를 아날로그 신호라고 합니다. 반면 디지털 신호는 자연계에 존재하는 연속적인 신호를 분명히 구분되는 두 레벨의 신호[1]로 변환하여 처리하는 시스템으로 이산신호(discrete signal)라고도 합니다.

  일반적으로 여러분들이 인식하고 있는 아날로그 시스템과 디지털 시스템의 구분은 [그림 7.1]에 나타낸 2가지 종류의 시계가 대표적입니다. 아날로그 시계는 시(hour),

---

[1] 0과 1의 2진수 체계를 사용

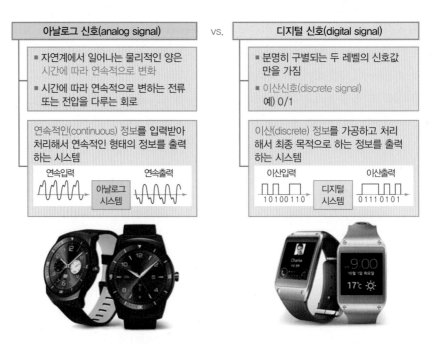

아날로그 신호(analog signal)	vs.	디지털 신호(digital signal)

아날로그 신호(analog signal)
- 자연계에서 일어나는 물리적인 양은 시간에 따라 연속적으로 변화
- 시간에 따라 연속적으로 변하는 전류 또는 전압을 다루는 회로

연속적인(continuous) 정보를 입력받아 처리해서 연속적인 형태의 정보를 출력하는 시스템

연속입력 → 아날로그 시스템 → 연속출력

디지털 신호(digital signal)
- 분명히 구별되는 두 레벨의 신호값만을 가짐
- 이산신호(discrete signal) 예) 0/1

이산(discrete) 정보를 가공하고 처리해서 최종 목적으로 하는 정보를 출력하는 시스템

이산입력 10100110 → 디지털 시스템 → 이산출력 01110101

[그림 7.1] 아날로그 시스템과 디지털 시스템

분(minute), 초(second)의 지침과 숫자판으로 이루어진 시계이며, 디지털 시계는 표시창을 통해 숫자로 표현되는 시계를 말합니다. 앞에서 아날로그 신호는 연속적인 신호라고 설명했습니다. [그림 7.1]의 아날로그 시계에서 현재 시간을 읽어보면 10시 8분 25초를 가리키고 있습니다. 그럼 바로 다음 시간을 읽는다면 얼마가 될까요? 10시 8분 26초일까요? 1초 후의 시간은 10시 8분 26초가 맞을 겁니다. 그렇지만 1초 동안 아날로그 시계의 초침은 25초에서 26초로 계속 움직이고 있습니다. 즉, 우리가 시계를 읽는 순간에는 25초, 26초이지만 1초 사이에도 시간이 연속적으로 흐르고 있습니다.[2]

이에 반해 디지털 시계에서는 10시 8분 25초 다음의 시간은 10시 8분 26초로 25.1초, 25.156초 등과 같은 실제 존재하는 시간을 디지털 시계에서는 구분해 낼 수 없습니다(물론 스톱워치 같은 형식의 시계는 1초 아래의 숫자도 정밀하게 표시할 수 있지만, 일반적인 디지털 시계는 초까지만 표현한다고 가정합니다).

따라서, 시스템 관점에서 아날로그 시스템은 무수히 많은 연속적인 정보를 나타낼 수 있으며, 연속적인 정보(아날로그 신호)를 입력받아 처리하여 연속적인 정보를 출력하는 시스템입니다. 이러한 이유로 아날로그 시스템을 연속 시스템(continuous system)이라고 합니다. 반면에 디지털 시스템은 실제 존재하는 아날로그 신호(정보)를 불연속적인 유한한 정보로 변환하여 처리하고 이를 출력하며, 이산 시스템(discrete system)

[2] 10시 8분 25.1초, 10시 8분 25.156초, 10시 8분 25.156875초 등 무한히 작은 단위로 쪼개도 존재함.

이라고 합니다. 예를 들어 우리가 수를 표현하는 데 친숙한 10진수인 52를 아날로그 신호라고 하면, 10진수 52를 0과 1로 구성된 2진수로 변경한 110100을 신호로 사용하는 것이 디지털 신호입니다.

7.1.2 디지털 시스템의 특징

디지털 시스템의 장점과 단점을 다음과 같이 정리할 수 있습니다.

■ 장점

- 디지털 신호는 아날로그 신호에 비해 내·외부 잡음(noise)에 강하기 때문에 신뢰성(reliability)이 높습니다.
- 디지털 시스템은 하드웨어보다 소프트웨어를 통한 프로그래밍으로 전체 시스템을 제어할 수 있어서 규격이나 사양의 변경에 쉽게 대응할 수 있고, 기능 구현의 유연성을 높일 수 있으며 개발기간을 단축시킬 수 있습니다.
- 디지털 시스템에서는 정보를 저장하거나 가공하기가 용이하며, 아날로그 시스템으로는 다루기 어려운 비선형 처리나 다중화 처리 등도 가능합니다.
- 디지털 시스템은 사용되는 전기·전자 소자가 반도체를 기반으로 대량생산되기 때문에 시스템 구성 시 소형화, 경량화 및 가격을 낮추는 것이 가능합니다.

■ 단점

- 아날로그 신호를 정해진 주기마다 샘플링(sampling)하여 디지털 신호로 변환해 주어야 하며, 고도의 신호처리(signal processing) 기술도 부가적으로 필요합니다.
- 디지털 신호로 변환하여 정확한 정보와 신호의 표현을 위해서는 많은 데이터량이 필요하고 메모리도 함께 용량이 커져야 합니다.[3]
- 디지털 시스템은 정확한 시간 주기로 데이터를 처리하고 저장하기 때문에 각 장치별로 별도의 동기회로(synchronization circuit)가 필요하고, 에러 검출(error detection) 및 보정(correction)에 대한 정의가 별도로 필요합니다.

위의 특징 중에 '디지털 신호는 아날로그 신호에 비해 내·외부 잡음에 강하기 때문에 신뢰성(reliability)이 높다'라는 특성에 대해 좀 더 자세히 알아보겠습니다. [그림 7.2]는 항공기 유압탱크의 압력을 측정하는 아날로그 방식의 압력계와 디지털 방식의 압력계의 신호를 비교한 그림입니다.

−12~+12 psi의 압력을 측정하는 아날로그 압력계의 측정 압력 신호는 −12 V와

----

[3] 컴퓨터 처리속도가 점차 빨라져 대용량 데이터의 처리가 가능하므로 단점이라고 언급할 수가 없게 된 상황임.

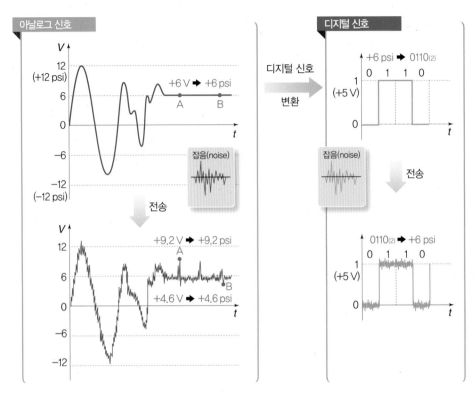

[그림 7.2] 디지털 신호의 신뢰성

+12 V 사이의 전압으로 출력된다고 가정하면, 왼쪽 상단 그림과 같이 특정 시간 A와 B점에서의 압력은 +6 V가 출력되어 +6psi가 측정됩니다. 이 측정신호를 조종석의 계기에 표시하기 위해 전선을 이용하여 전압으로 전송하게 되면, 아날로그 신호인 전압은 전송 중에 잡음(noise)에 영향을 받게 되어 A점에서의 전압은 +9.2 V가 되고 B점에서의 전압은 +4.6 V로 변화됩니다. 따라서 조종석 계기에 전송된 아날로그 신호는 +9.2 psi, +4.6 psi로 나타나게 되므로 오차를 수반하게 되어 참값인 +6 psi가 표시되지 못합니다.

이에 반해 디지털 신호를 통해 압력 신호를 전달하면 데이터의 신뢰성을 높일 수 있게 됩니다. 오른쪽 그림과 같이 A, B점에서 측정된 압력값 +6 psi를 디지털 신호로 변환하면 $0110_{(2)}$[4]이 된다고 하고, 0을 나타내는 신호 전송에는 전압 0 V를, 1을 나타내는 신호는 +5 V를 사용한다고 가정합니다.[5] 수신된 디지털 신호도 전압과 전류를 이용하므로 오른쪽 하단 그림과 같이 전송 중에 잡음에 영향을 받게 되어 신호에 오차가 포함되고 왜곡됩니다. 하지만 수신된 신호는 +4~+6 V 사이의 전압을 1로 인식하고 −1~+2 V 사이의 전압을 0으로 인식한다면, 수신단에 전송된 디지털 신호는 잡음

4 10진수 6을 2진수 4-bit로 변환하면 0110이 됨.

5 디지털 신호도 실제 전선과 전압/전류를 이용하여 전송함.

에 의해 변동이 있더라도 원래 신호인 $0110_{(2)}$으로 전달됩니다. 따라서, 수신된 디지털 신호를 다시 10진수로 변환하면 정확히 $+6\,psi$의 압력값으로 환산할 수 있어 오차가 포함되지 않습니다. 이러한 관점에서 디지털 신호는 아날로그 신호보다 잡음에 강하고 신뢰성이 높은 특성이 있습니다.

7.2 디지털 변환

7.2.1 디지털 신호의 체계

앞에서 설명한 것처럼 디지털 신호는 우리가 친숙한 10진수 체계를 0과 1의 2가지 상태(digit)를 갖는 2진수 체계(binary system)로 변환하는 방식을 사용합니다. 여기서 중요한 사항은 0과 1의 2가지 신호레벨은 회로 내에서 또는 다른 장치로 신호를 전달하는 경우에 아날로그 신호와 동일하게 전선을 사용하여 전압과 전류를 이용한다는 점입니다. 즉, [그림 7.3]과 같이 디지털 장치나 회로는 일반적으로 $+3.3\,V$를 기준으로 0과 1을 구분하는 전압레벨을 이용하므로, 디지털 입력신호의 경우는 $0{\sim}+0.8\,V$ 사이의 전압이 입력되면 0으로 인식하고, $+2{\sim}+5\,V$ 사이의 전압이 입력되면 1로 인식합니다.

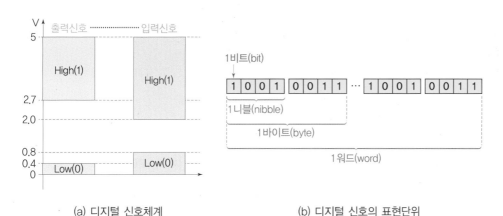

(a) 디지털 신호체계   (b) 디지털 신호의 표현단위

[그림 7.3] 디지털 신호체계와 표현단위

 1비트(bit)와 디지털 신호의 표현단위

- 1 bit: 0과 1의 상태(digit)를 나타내는 디지털 신호의 최소 단위
- 1 nibble = 4 bit, 1 byte = 8 bit, 1 word = 32 bit = 4 byte

전자회로나 장치에서 한꺼번에 처리할 수 있는 디지털 정보의 단위나 데이터의 길이를 해당되는 bit의 개수로 나타내는데, 이때 니블(nibble)(= 4 bit), 바이트(byte)[6](= 8 bit), 워드(word)(= 4 byte = 32 bit)라는 단위가 사용됩니다. 현재 주로 사용되는 노트북이나 PC는 64-bit 컴퓨터입니다. 즉, 한번에 64개의 비트를 저장하거나 처리할 수 있음을 의미하므로 16-bit, 32-bit 컴퓨터보다 처리속도가 빨라집니다.

7.2.2 디지털 신호의 변환

아날로그 신호와 디지털 신호를 상호 변환하기 위해서는 우선 하드웨어 장치로 [그림 7.4]와 같은 AD 변환기(ADC, Analog-to-Digital Converter)와 DA 변환기(DAC, Digital-to-Analog Converter)가 필수적으로 필요합니다.

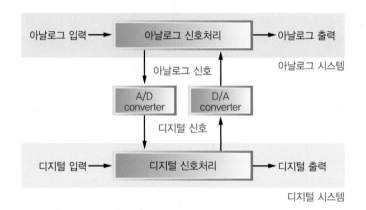

[그림 7.4] 디지털 신호 변환장치

아날로그 신호를 디지털 신호로 변환하는 방식은 크게 PCM(Pulse Code Modulation) 방식과 PWM(Pulse Width Modulation) 방식으로 나뉩니다. PCM 방식은 아날로그 신호의 크기 자체를 디지털로 변환하는 방식이고, PWM 방식은 아날로그 신호의 크기를 펄스 폭(pulse width)에 대응시켜 변환하는 방식입니다. 우선 PCM 방식을 통해 변환과정을 알아보겠습니다. 아날로그 신호의 디지털 변환과정은 [그림 7.5]와 같이 표본화(sampling), 양자화(quantization), 부호화(coding)의 세 단계를 거치게 됩니다.

[그림 7.5] 디지털 신호의 변환과정

(1) 표본화

첫 번째는 표본화(sampling) 과정입니다. 시간 t에 대해 연속적으로 존재하는 아날로그 신호를 일정 시간 간격(T)마다 값을 측정하여 얻는 단계입니다. 이때 일정 시간 T를 샘플링 주기(sampling period)라고 하는데, 디지털 시스템은 이 기준 시간 간격으로 신호나 데이터를 처리하고 저장하게 됩니다. 아래 [그림 7.6(a)]를 보면 첫 번째 시간 T에서는 1.5, 두 번째 시간 $2T$에서는 6.9, 네 번째 시간 $4T$에서는 1.7이라는 값을 얻습니다. 예를 들어 사람의 음성신호(아날로그 신호)를 디지털 신호로 변환하기 위해서는 최소 8,000 Hz[7]로 아날로그 신호를 구해야 되는데, 이때 샘플링 주기 T를 계산해보면 $T = 1/f$[8] $= 1/8,000 = 0.00013$초가 나옵니다. 즉, 0.00013초마다 아날로그 신호값을 얻어야 된다는 의미입니다.

[7] 1초에 최소 8,000개의 아날로그 신호를 구해야 됨.

[8] 주기는 주파수(f, frequency)의 역수임.

(2) 양자화

두 번째는 양자화(quantization) 과정으로, 일정 시간 T에서 얻은 값을 가장 가까운 정수로 변환하는 과정을 말합니다. [그림 7.6(b)]와 같이 시간 T에서 구한 아날로그 신호값은 1.5이었는데 이를 가장 가까운 정수로 변환하기 위해 반올림을 해서 2로, 시간 $2T$에서 구한 6.9는 7로, 시간 $4T$에서 얻은 아날로그 신호값 1.7은 2로 변

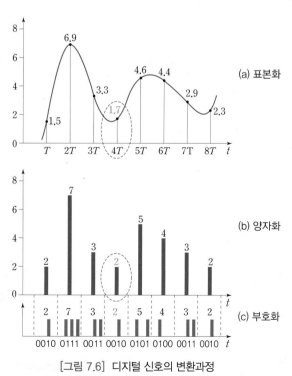

[그림 7.6] 디지털 신호의 변환과정

환합니다. 양자화 과정에서는 필연적으로 오차(error)가 수반됩니다. 즉, 시간 T에서는 0.5(= 2−1.5), $2T$에서는 0.1(= 7−6.9), $4T$에서는 −0.3(= 1.7−2)이 아날로그 신호에서 디지털 신호로 변환되면서 포함되는 오차가 됩니다. 이 오차를 양자화 오차(quantization error)라고 합니다.

(3) 부호화

마지막 단계는 부호화(coding) 과정으로, 부호화는 양자화된 값을 2진수 체계의 디지털값 0과 1로 변환하는 과정을 말합니다. [그림 7.6(c)]와 같이 시간 T에서 구한 아날로그 신호의 양자화된 값은 2인데, 이를 2진수로 변환하면 0010이 되고, 시간 $2T$에서 구한 7은 0111로 변환됩니다.

위의 과정에 대해 몇 가지 궁금증이 생길 것입니다. 첫 번째는 양자화 과정에서 무조건 가까운 정수로 값을 바꾸는데, 그렇다면 "소수 부분을 가진 값이나 숫자는 어떻게 디지털값으로 변환하는가?" 하는 점과, 두 번째는 상기 부호화 과정에서 4-bit만을 사용하여 2진수로 변환하는데,[9] "10이나 256 등 7보다 큰 수들은 어떻게 디지털값으로 표현해야 하는가?" 하는 점입니다. 상기 과정에서 설명한 10진수를 그대로 2진수로 변환하는 방식은 아날로그값을 디지털값으로 변환하는 방식 중 한 가지 방법일 뿐입니다. 나중에 설명할 디지털 코드(digital code)를 배우게 되면 소숫점을 가진 수뿐 아니라 문자나 기호도 디지털 정보로 변환할 수 있으며, 2진수의 자릿수를 늘려서 8-bit, 16-bit, 32-bit, 64-bit를 사용하면 더 넓은 범위의 10진수도 2진수 체계의 디지털 정보로 변환할 수 있습니다.

[9] 4-bit 사용 시는 $0000_{(2)}$ ~$1111_{(2)}$까지의 2진수가 표현되므로 10진수로 0~15까지만 표현됨.

> **핵심 Point 아날로그 신호의 디지털 신호 변환과정**
>
> • 표본화(sampling), 양자화(quantization), 부호화(coding)의 세 단계를 거친다.
> • 양자화 오차가 필연적으로 수반된다.

7.3 수의 체계 및 진수변환

7.3.1 수의 체계 및 10진수로의 변환

우리가 익숙하게 사용하는 10진법(decimal system)을 사용하여 수의 체계를 알아보겠습니다. 10진수는 0~9를 사용하여 각 자리의 수를 표현하며, 1씩 늘어나서 10이 되면 자릿수가 증가되고 다시 0부터 반복됩니다. 이때 기본이 되는 수 10을 기수(base 또는 radix, 基數)라 하고, 이 기수에 각 자릿수를 지수로 사용하여 곱한 후 모두 더하면 10진수를 표현할 수 있습니다. 따라서 2진수(binary number)는 기수로 2를, 0~1을 각 자릿수로 사용하고, 8진수(octal number)는 기수로 8을, 0~7을 각 자릿수로 사용하며, 16진수(hexadecimal number)는 기수로 16을 사용하고 각 자릿수로 0~15를 사용합니다. 한 가지 유의할 점은 16진수의 경우에 10, 11, 12, 13, 14, 15는 알파벳 대문자인 A, B, C, D, E, F를 사용하여 숫자를 대신합니다.[10]

10 12 등 두 자리 숫자를 사용하면 1과 2가 각 자릿수를 의미하는지 12 전체가 한 자리의 값을 의미하는지 혼동되기 때문임.

[표 7.1] 수의 체계

진법	기수	사용 숫자
10진수(decimal number)	10	0, 1, 2, 3, 4, 5, 6, 7, 8, 9 사용
2진수(binary number)	2	0, 1 사용
8진수(octal number)	8	0, 1, 2, 3, 4, 5, 6, 7 사용
16진수(hexadecimal number)	16	0, 1, 2, 3, 4, 5, 6, 7, 8, 9, A, B, C, D, E, F 사용

예를 들어 $2367.95_{(10)}$[11]라는 10진수는 위의 기수와 자릿수를 이용하여 식 (7.1)과 같이 표현할 수 있습니다.

11 이제부터 각 진수 구분을 위해 밑첨자를 사용하여 진수를 표현함.

$$2367.95_{(10)} = 2 \times 10^3 + 3 \times 10^2 + 6 \times 10^1 + 7 \times 10^0 + 9 \times 10^{-1} + 5 \times 10^{-2}$$
$$= 2,000 + 300 + 60 + 7 + 0.9 + 0.05$$

(7.1)

즉, 7은 $1(=10^0)$의 자리 숫자이며, 6은 $10(=10^1)$의 자리, 3은 $100(=10^2)$의 자리, 2는 $1,000(=10^3)$의 자리가 되고, 소숫점 아래의 경우 9는 $0.1(=10^{-1})$의 자리, 5는 $0.01(=10^{-2})$의 자리가 됩니다. 10진수에 적용된 이 방식을 각 진수들에 동일하게 적용하면 다음 식 (7.2)와 같이 일반화시킬 수 있습니다.

$$ABC.DE_{(10)} = A \times 10^2 + B \times 10^1 + C \times 10^0 + D \times 10^{-1} + E \times 10^{-2}$$
$$ABC.DE_{(2)} = A \times 2^2 + B \times 2^1 + C \times 2^0 + D \times 2^{-1} + E \times 2^{-2}$$
$$ABC.DE_{(8)} = A \times 8^2 + B \times 8^1 + C \times 8^0 + D \times 8^{-1} + E \times 8^{-2}$$
$$ABC.DE_{(16)} = A \times 16^2 + B \times 16^1 + C \times 16^0 + D \times 16^{-1} + E \times 16^{-2}$$

(7.2)

식 (7.2)의 방식은 2진수, 8진수, 16진수로 숫자가 주어지는 경우에 이를 10진수로 변환하는 방법으로도 사용됩니다.

예제 7.1

다음과 같이 주어진 각 진수들을 10진수로 표현하시오.

(1) $1010.1011_{(2)}$

(2) $607.36_{(8)}$

(3) $6C7.3A_{(16)}$

| 풀이 |

$$
\begin{aligned}
(1) \ 1010.1011_{(2)} &= 1 \times 2^3 + 0 \times 2^2 + 1 \times 2^1 + 0 \times 2^0 + 1 \times 2^{-1} + 0 \times 2^{-2} \\
&\qquad\qquad\qquad\qquad\qquad\qquad\quad + 1 \times 2^{-3} + 1 \times 2^{-4} \\
&= 1 \times 8 + 1 \times 2 + 1 \times 0.5 + 1 \times 0.125 + 1 \times 0.0625 \\
&= 8 + 2 + 0.5 + 0.125 + 0.0625 = 10.6875_{(10)}
\end{aligned}
$$

$$
\begin{aligned}
(2) \ 607.36_{(8)} &= 6 \times 8^2 + 0 \times 8^1 + 7 \times 8^0 + 3 \times 8^{-1} + 6 \times 8^{-2} \\
&= 6 \times 64 + 7 \times 1 + 3 \times 0.125 + 6 \times 0.015625 \\
&= 384 + 7 + 0.375 + 0.09375 = 391.46875_{(10)}
\end{aligned}
$$

$$
\begin{aligned}
(3) \ 6C7.3A_{(16)} &= 6 \times 16^2 + C \times 16^1 + 7 \times 16^0 + 3 \times 16^{-1} + A \times 16^{-2} \\
&= 6 \times 256 + 12 \times 16 + 7 \times 1 + 3 \times 0.0625 + 10 \times 0.003906 \\
&= 1,536 + 192 + 7 + 0.1875 + 0.03906 = 1,735.22656_{(10)}
\end{aligned}
$$

7.3.2 진수변환

(1) 10진수로의 변환

2진수, 8진수, 16진수로 주어지는 경우에 이를 10진수로 변환하는 방법은 앞에서 설명한 식 (7.2)의 방식을 적용하면 됩니다.

(2) 10진수에서 2진수/8진수/16진수 변환

그럼 이제 10진수를 2진수, 8진수, 16진수로 변환하는 방법에 대해 알아보겠습니다. 방식은 모두 동일하니 겁먹지 않아도 됩니다. 먼저 10진수 $62.25_{(10)}$를 2진수로 변환하는 방법을 살펴보겠습니다.

① 10진수를 2진수로 변환할 때는 정수부분(62)과 소수부분(0.25)으로 나누어 변환합니다.

② 정수부분은 [그림 7.7]과 같이 2진수의 기수인 2로 나누어 더 이상 나눠지지 않

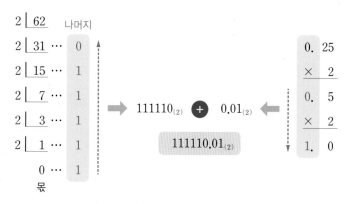

[그림 7.7] 10진수의 2진수 변환방법

을 때까지(몫이 0이 될 때까지) 나누고, 나머지를 역순으로 표기합니다.

③ 소수부분은 [그림 7.7]과 같이 2진수의 기수인 2를 곱하여 0 또는 반복되는 수가 나올 때까지 곱하고, 소수 앞부분을 순차적으로 표기합니다.

④ 변환된 정수부분과 소수부분을 합치면 2진수 $111110.01_{(2)}$을 구하게 됩니다.

그럼 동일한 방법을 적용하여 같은 10진수인 $62.25_{(10)}$를 8진수와 16진수로 변환해 보겠습니다.

[그림 7.8] 10진수의 8진수 변환방법

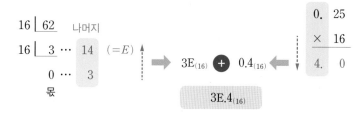

[그림 7.9] 10진수의 16진수 변환방법

익숙해지면 그리 어렵지 않습니다. 그러면 조금 더 복잡한 10진수를 2진수로 변환 해보겠습니다. 10진수 $69.6875_{(10)}$를 2진수로 다음과 같이 변환합니다.

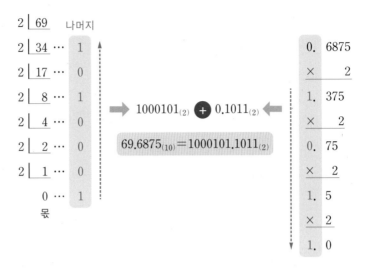

여기서 소수부분 변환 시에 한 가지 주의할 점이 있습니다. 위의 그림에서 1.375 곱하기 2를 계산할 때 일반적인 소수 곱셈에서 하듯이 계산하면 2.75가 되지만 2진수로 변환할 때는 정수부분에는 2를 곱하지 않고 소수 아래 부분에만 2를 곱해야 합니다. 즉, 1.375는 다시 0.375로 생각하고 2를 곱해야 합니다(2.75가 되면 정수부분 2는 2진수 0과 1로 표현이 불가능하고 자릿수가 한 자리 올라가면서 다시 0이 되어야 합니다.). 다음 부분의 1.5 곱하기 2도 마찬가지 방식이 적용됨을 유의하기 바랍니다.

이번에는 $69.6875_{(10)}$에서 소수 둘째 자리에서 버림을 취한 10진수 $69.6_{(10)}$을 2진수로 변환해보겠습니다.

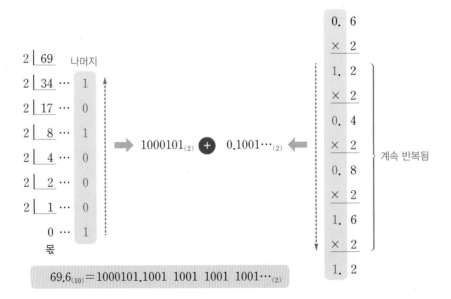

결과에서 나타난 바와 같이 2진수로 변환된 소수부분 1001이 계속해서 무한 반복됨을 알 수 있습니다. 이처럼 10진수의 소수부분은 0으로 끝나는 경우보다는 위의 계산식처럼 무한히 반복되는 경우가 대부분입니다. 이처럼 반복되는 소수부분은 자릿수가 일정하지 않게 되므로 디지털로 변환 시 메모리에 몇 비트(bit)의 자리를 확보해야 하는가라는 문제가 발생합니다. 따라서 앞의 7.2.2절의 디지털 변환과정 중 양자화(quantization) 과정에서 가까운 정수로 변환하는 이유가 여기에 있습니다.

예제 7.2

10진수 $69.6875_{(10)}$를 8진수와 16진수로 변환하시오.

|풀이| ① 8진수로 변환하면 다음과 같이 $69.6875_{(10)}=105.54_{(8)}$가 된다.

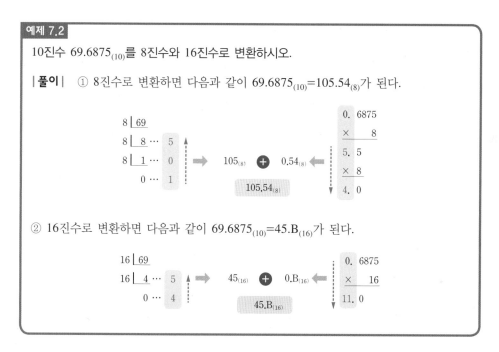

② 16진수로 변환하면 다음과 같이 $69.6875_{(10)}=45.B_{(16)}$가 된다.

---

(3) 진수 상호변환

마지막으로 2진수, 8진수, 16진수 사이의 상호변환관계와 변환방법을 알아보겠습니다. 먼저 10진수 0~15까지의 수를 각 진수로 변환해보겠습니다. 앞에서 설명한 방법을 적용하여 2진수로 변환하면 $0000_{(2)}$~$1111_{(2)}$로 변환되고, 8진수로 변환하면 $00_{(8)}$~$17_{(8)}$까지, 16진수로는 $0_{(16)}$~$F_{(16)}$로 변환됩니다. 이를 정리하여 [그림 7.10]에 나타내었는데, 변환된 결과를 서로 비교해 보면 8진수는 2진수 3자리에 대응되고, 16진수는 2진수 4자리에 대응되는 규칙을 발견할 수 있습니다.

10진수	2진수	8진수	16진수
0	0000	00	0
1	0001	01	1
2	0010	02	2
3	0011	03	3
4	0100	04	4
5	0101	05	5
6	0110	06	6
7	0111	07	7
8	1000	10	8
9	1001	11	9
10	1010	12	A
11	1011	13	B
12	1100	14	C
13	1101	15	D
14	1110	16	E
15	1111	17	F

□ 8진수 상호변환은 최대 수인 7까지 고려
□ 2진수(3자리) ➡ 8진수 1자리에 대응됨

□ 16진수 최대 수인 F까지 고려
□ 2진수(4자리) ➡ 16진수 1자리에 대응됨

[그림 7.10] 10진수와 2진수, 8진수, 16진수 대응관계

> **핵심 Point 진수 상호변환방법**
>
> - 2진수와 8진수 사이의 상호변환
>   - 8진수는 2진수 3자리(3-bit)에 대응되므로, 2진수 3자리를 8진수 1자리로 변환한다.
> - 2진수와 16진수 사이의 상호변환
>   - 16진수는 2진수 4자리(4-bit)에 대응되므로, 2진수 4자리를 16진수 1자리로 변환한다.
> - 8진수와 16진수 사이의 상호변환
>   - 2진수를 매개체로 사용하여 8진수를 2진수로 변환 후 16진수로 변환한다.

따라서 [그림 7.11]과 같이 상호변환방법을 찾아낼 수 있습니다.

① 2진수와 8진수 사이의 상호변환

앞에서 사용했던 10진수 $69.6875_{(10)}$에 해당하는 2진수 $1000101.1011_{(2)}$을 사용하여 2진수를 8진수로 변환하는 방법을 직접 적용해 보겠습니다.

$$69.6875_{(10)} = 1000101.1011_{(2)}$$
$$= \underline{001} \quad \underline{000} \quad \underline{101} \,.\, \underline{101} \quad \underline{100}_{(2)}$$
$$= \quad 1 \quad\quad 0 \quad\quad 5 \,.\, 5 \quad\quad 4_{(8)}$$

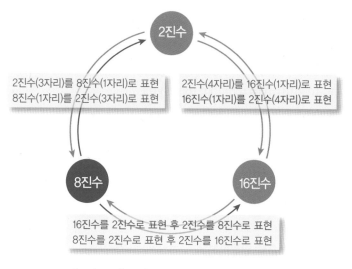

[그림 7.11] 2진수, 8진수, 16진수의 상호변환

소숫점을 기준으로 2진수의 정수와 소수부분을 3자리씩 구분합니다. 이때 정수 최
상단은 1만 남기 때문에 3자리 중 남은 2자리에 0을 기입하여 001로 표기하고 소수
마지막 자리의 1도 남은 자리에 0을 기입하여 100으로 표기합니다. 각 3자리의 2진수
를 대응되는 8진수로 변환합니다.[12]

② 2진수와 16진수 사이의 상호변환

이번에는 16진수로 변환해 보겠습니다. 소숫점을 기준으로 정수와 소수부분을 4자
리씩 구분합니다. 4자리 중 남는 자리는 0을 기입한 후 각 4자리(2진수 4-bit)를 각각
16진수로 변환합니다.

$$69.6875_{(10)} = 1000101.1011_{(2)}$$
$$= \underline{0100} \quad \underline{0101} \quad . \quad \underline{1011}_{(2)}$$
$$= \quad 4 \quad\quad 5 \quad . \quad\quad B_{(16)}$$

다음 예제들을 통해 변환방법을 더 연습해 보겠습니다.

12 결국 대응되는 10진
수로 변환하는 것과 동
일하며, [그림 7.10]의
관계를 이용

예제 7.3

다음 진수를 변환하시오.

(1) $367.75_{(8)}$를 2진수로 변환하시오.

(2) $69.6_{(10)}$을 8진수로 변환하시오.

| **풀이** | (1) $367.75_{(8)}$ = 3   6   7   .   7   5 $_{(8)}$

$\qquad\qquad\qquad\quad$ = 011   110   111   .   111   101 $_{(2)}$

(2) 8진수로 변환하기 위해 우선 2진수로 변환한 후 8진수로 변환한다.

$\quad 69.6_{(10)}$ = 1000101.100110011001100110011 … $_{(2)}$

$\qquad\qquad$ = 001 000 101 . 100 110 011 001 100 110 011 … $_{(2)}$

$\qquad\qquad$ =   1   0   5   .   4   6   3   1   4   6   3 … $_{(8)}$

예제 7.4

다음 진수를 변환하시오.

(1) $9A3.50F3_{(16)}$을 2진수로 변환하시오.

(2) $69.6_{(10)}$을 16진수로 변환하시오.

| **풀이** | (1) $9A3.50F3_{(16)}$ = 9   A   3   .   5   0   F   3 $_{(16)}$

$\qquad\qquad\qquad\qquad$ = 1001   1010   0011   .   0101   0000   1111   0011 $_{(2)}$

(2) 16진수로 변환하기 위해 우선 2진수로 변환한 후 16진수로 변환한다.

$\quad 69.6_{(10)}$ = 1000101.100110011001100110011001 … $_{(2)}$

$\qquad\qquad$ = 0100   0101   .   1001   1001   1001   1001   1001 … $_{(2)}$

$\qquad\qquad$ =   4   5   .   9   9   9   9   9 … $_{(16)}$

마지막으로 8진수와 16진수 사이의 상호변환을 설명하겠습니다. 8진수와 16진수의 상호변환은 중간에 2진수 변환을 통해 다음과 같이 상호변환을 수행합니다.

③ 8진수와 16진수 사이의 상호변환

8진수를 16진수로 변환 시에는 8진수 1자리를 2진수 3자리로 변환 후, 다시 2진수 4자리를 16진수로 변환하고, 반대의 경우는 16진수 1자리를 2진수 4자리로 변환 후, 다시 2진수 3자리를 8진수로 변환합니다.

예제 7.5

다음 진수를 변환하시오.

(1) $367.75_{(8)}$를 16진수로 변환하시오.

(2) $9A3.50F3_{(16)}$을 8진수로 변환하시오.

| **풀이** | (1) $367.75_{(8)}$ = 3   6   7   . 7   5 $_{(8)}$

$\qquad\qquad\qquad\quad$ = 011   110   111   . 111   101 $_{(2)}$

$\qquad\qquad\qquad\quad$ = 0000 1111 0111 . 1111 0100 $_{(2)}$

$\qquad\qquad\qquad\quad$ =   F   7 . F   4 $_{(16)}$

(2) $9A3.50F3_{(16)}$ = 9   A   3   . 5   0   F   3 $_{(16)}$

$\qquad\qquad\qquad\quad$ = 1001   1010   0011   . 0101   0000   1111   0011 $_{(2)}$

$\qquad\qquad\qquad\quad$ = 100   110   100   011 . 010   100   001   111   001   100 $_{(2)}$

$\qquad\qquad\qquad\quad$ = 4   6   4   3 . 2   4   1   7   1   4 $_{(8)}$

7.4 디지털 코드

7.4.1 디지털 코드 개요

(1) 디지털 정보체계

2진수를 사용할 때 각 자리는 0 또는 1이 오게 되고 사용되는 디지털 데이터(또는 2진수)를 몇 자리 사용하느냐에 따라 표현할 수 있는 정보나 수의 범위가 정해집니다. 예를 들어 [표 7.2]와 같이 2진수 1-bit를 사용하면 1-bit의 자리에는 $\boxed{0}$ 또는 $\boxed{1}$이 오는 2가지 조합이 생기므로 경우의 수는 $2^1 = 2$개가 되고, 10진수로는 각각 0과 1까지 2개가 표현됩니다.

[표 7.2] 디지털 정보의 체계

자릿수	경우의 수	2진수 범위	10진수 범위
1-bit	$2^1 = 2$	$\boxed{0}_{(2)} \sim \boxed{1}_{(2)}$	$0\sim1$
2-bit	$2^2 = 4$	$\boxed{0}\boxed{0}_{(2)} \sim \boxed{1}\boxed{1}_{(2)}$	$0\sim3$
3-bit	$2^3 = 8$	$\boxed{0}\boxed{0}\boxed{0}_{(2)} \sim \boxed{1}\boxed{1}\boxed{1}_{(2)}$	$0\sim7$
4-bit	$2^4 = 16$	$\boxed{0}\boxed{0}\boxed{0}\boxed{0}_{(2)} \sim \boxed{1}\boxed{1}\boxed{1}\boxed{1}_{(2)}$	$0\sim15$
5-bit	$2^5 = 32$	$\boxed{0}\boxed{0}\boxed{0}\boxed{0}\boxed{0}_{(2)} \sim \boxed{1}\boxed{1}\boxed{1}\boxed{1}\boxed{1}_{(2)}$	$0\sim31$
6-bit	$2^6 = 64$	$\boxed{0}\boxed{0}\boxed{0}\boxed{0}\boxed{0}\boxed{0}_{(2)} \sim \boxed{1}\boxed{1}\boxed{1}\boxed{1}\boxed{1}\boxed{1}_{(2)}$	$0\sim63$
7-bit	$2^7 = 128$	$\boxed{0}\boxed{0}\boxed{0}\boxed{0}\boxed{0}\boxed{0}\boxed{0}_{(2)} \sim \boxed{1}\boxed{1}\boxed{1}\boxed{1}\boxed{1}\boxed{1}\boxed{1}_{(2)}$	$0\sim127$
8-bit	$2^8 = 256$	$\boxed{0}\boxed{0}\boxed{0}\boxed{0}\boxed{0}\boxed{0}\boxed{0}\boxed{0}_{(2)} \sim \boxed{1}\boxed{1}\boxed{1}\boxed{1}\boxed{1}\boxed{1}\boxed{1}\boxed{1}_{(2)}$	$0\sim255$
16-bit	$2^{16} = 65,536$	$\boxed{0}\boxed{0}\boxed{0}\boxed{0}\cdots\boxed{0}\boxed{0}\boxed{0}\boxed{0}_{(2)} \sim \boxed{1}\boxed{1}\boxed{1}\boxed{1}\cdots\boxed{1}\boxed{1}\boxed{1}\boxed{1}_{(2)}$	$0\sim65,535$

3-bit를 사용하는 경우에는 각 자리에 $\boxed{0}$ 또는 $\boxed{1}$이 오는 2가지 조합이 생기므로 경우의 수는 $2^3 = 8$개가 됩니다. 즉, $000_{(2)}$, $001_{(2)}$, $010_{(2)}$, $011_{(2)}$, $100_{(2)}$, $101_{(2)}$, $110_{(2)}$, $111_{(2)}$의 8가지 수가 표현될 수 있으며, 최대 수는 $111_{(2)}$이므로 10진수로 변환하면 7이 되고($1 \times 2^2 + 1 \times 2^1 + 1 \times 2^0 = 4 + 2 + 1 = 7$), 0~7까지의 10진수가 표현됩니다. 따라서 다음과 같이 정리할 수 있습니다.

 핵심 Point 디지털 정보 체계

- 2진수의 자릿수(bit 수)를 n이라 하면 경우의 수는 2^n이 된다.
- 표현할 수 있는 10진수 범위는 최솟값 0에서 최댓값은 $(2^n - 1)$이 된다.

경우의 수(2^n개)는 결국 표현할 수 있는 숫자의 개수가 되므로 이를 분해능(resolution)이라고 하며 bit가 많을수록 분해능은 향상됩니다.

우리가 컴퓨터를 8-bit, 16-bit, 32-bit 컴퓨터 혹은 64-bit 컴퓨터라고 말하는 것은 이러한 방식으로 2진수 체계를 사용하기 때문이며, 다음 세대 컴퓨터는 분명 128-bit 컴퓨터가 될 것입니다.

앞에서도 잠깐 언급했지만 아날로그 데이터를 디지털 데이터로 변환할 때 이러한 방식으로 10진수를 2진수로 직접 변환하는 방법은 그리 좋은 방법이 아닙니다. 다음의 몇 가지 10진수를 2진수로 변환해 보겠습니다.

① $7_{(2)}\qquad = 111_{(2)}$

② $77_{(10)}\qquad = 1001101_{(2)}$

③ $77777_{(10)} = 0001\ 0010\ 1111\ 1101\ 0001_{(2)} = 12FD1_{(16)}$

위에서 보여진 것처럼 10진수의 크기가 커질수록 요구되는 2진수의 자릿수가 증가하게 되며, 10진수의 범위에 따라 2진수의 자릿수 변동도 심해지므로 디지털 데이터를 정형화시키는 데 불편함이 따르게 되고, 요구되는 메모리의 크기도 커지게 됩니다. 따라서 정보의 효과적인 표현을 위해 디지털 코드(code)를 정의하고 사용하게 됩니다.

(2) 디지털 신호의 활용

우선 디지털 코드를 설명하기 전에 디지털 신호의 직접적인 활용 예를 알아보겠습니다. [그림 7.12]는 한국항공우주연구원(KARI)에서 개발한 4인승 선미익기(canard aircraft) 반디호(Firefly)와 비행시험을 위해 기수(nose)에 부착한 alpha-beta test

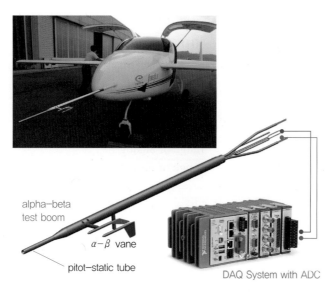

[그림 7.12] alpha-beta test boom과 DAQ 시스템(4인승 반디호, 한국항공우주연구원)

boom[13]의 모습을 보여주고 있습니다. 필자가 한국항공우주연구원에서 연구원으로 근무할 때 반디호의 비행시험을 통한 성능해석 프로젝트를 수행한 경험이 있는데 이때 사용한 장치입니다. 그림에서 보이는 조그마한 vane 2쌍이 항공기에 들어오는 바람에 따라 움직이게 되어 받음각과 옆미끄럼각을 측정하게 되는데, 여기에는 포텐시오미터(potentiometer)라는 각도 측정센서가 회전하는 vane 축에 장착되어 있습니다. 포텐시오미터는 vane이 돌아가는 $-60°\sim+60°$의 각도에 따라 -5 V$\sim+5$ V의 아날로그 전압 신호를 출력합니다. 비행시험 중에 측정되는 모든 데이터를 저장하고 처리하기 위해 항공기 내에는 그림과 같은 자료획득장치(DAQ, Data AcQuisition System)가 설치되어 있고 AD 변환기를 통해 아날로그 신호를 디지털 신호로 변환하여 저장하게 됩니다.

그럼 이제 아날로그 신호를 디지털 신호로 대응시키는 방법에 대해 알아보겠습니다. 사용하는 AD 변환기는 16-bit 분해능을 가지고 있기 때문에 $2^{16} = 65,536$개의 10진수를 대응시킬 수 있으며, [표 7.3]과 같이 아날로그 신호 -5 V$\sim+5$ V$(-60°\sim+60°)$를 디지털 신호 $0\sim65,535$에 대응시킵니다.

[표 7.3] 디지털 정보의 체계

	물리량	아날로그 신호	디지털 신호
최솟값(min)	$-60°$	-5 V	0000 0000 0000 0000$_{(2)}$ $= 0\text{x}0000 = 0_{(10)}$
최댓값(max)	$+60°$	$+5$ V	1111 1111 1111 1111$_{(2)}$ $= 0\text{xFFFF}^{14} = 65,535_{(10)}$

13 항공기 비행시험 시 받음각(angle of attack)과 옆미끄럼각(sideslip angle)을 측정함.

14 '0x'를 앞에 붙여서 16진수임을 나타내기도 함.

따라서 디지털 신호값의 최소단위인 1 bit는 식 (7.3)과 같이 아날로그 신호값 0.00015259 V(또는 물리량 각도 0.0018311°)를 나타낼 수 있습니다. 이 개념을 정밀도(precision)라고 하며 아날로그값의 측정범위(최댓값−최솟값)를 분해능−1(디지털값의 최댓값−최솟값)로 나눈 값이 됩니다. AD 변환기의 bit 수가 많아질수록 점점 더 정밀하게 아날로그 신호를 표현할 수 있으므로 분해능이 올라갑니다.

$$\text{precision} = \frac{\text{range}}{\text{resolution} - 1} = \frac{\text{range of analog}}{\text{range of digital}}$$

$$= \frac{+5 - (-5)}{2^{16} - 1} = \frac{+5 - (-5)}{65,536 - 1} = \frac{10}{65,535} = 0.00015259 \left[\frac{\text{V}}{\text{bit}}\right] \quad (7.3)$$

$$= \frac{+60 - (-60)}{2^{16} - 1} = \frac{120}{65,535} = 0.0018311 \left[\frac{\text{deg}}{\text{bit}}\right]$$

아날로그 신호값(전압값 또는 물리량)을 디지털 신호값으로 변환하는 방법은 [그림 7.13]과 같이 아날로그값(입력 X)과 디지털값(출력 Y)의 최댓값, 최솟값을 대응시켜 기울기(=a)와 절편(=b)을 계산하고, 1차 직선방정식을 식 (7.4)와 같이 구하면 됩니다.

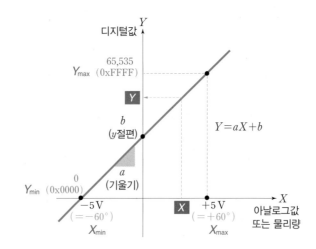

[그림 7.13] 아날로그 신호의 디지털 신호 변환법

$$Y = aX + b = 546.125X + 32,767.5$$

$$\begin{cases} a = \left(\frac{Y_{\max} - Y_{\min}}{X_{\max} - X_{\min}}\right) = \frac{65,535 - 0}{+60 - (-60)} = 546.125 \\ b = \frac{65,535}{2} = 32,767.5 \end{cases} \quad (7.4)$$

만약 측정된 아날로그값이 +60°인 경우, 식 (7.4)에 대입하여 구해보면 디지털 변환값은 $65,535_{(10)}(= \text{0xFFFF})$이 출력되고, $+35°$라면 51881.875가 되어 가장 가까운 정수값인 $51,882_{(10)}(= \text{0xCAAA})$가 출력됩니다(양자화 과정). 반대로 디지털값을 아날로그값으로 역변환하는 방법은 식 (7.4)에서 좌변에 디지털값을 나타내는 Y가 오도록 식을 정리하면 다음 식 (7.5)와 같이 됩니다.

$$X = \frac{1}{a}Y - \frac{b}{a} = \frac{1}{546.125}Y - \frac{32,767.5}{546.125} = 0.001831Y - 60 \tag{7.5}$$

디지털값이 $51,882_{(10)}(=\text{0xCAAA})$인 경우와 1 bit 차이가 나는 $51,881_{(10)}(=\text{0xCAA9})$의 역변환 아날로그값을 비교해 보면 다음 식 (7.6)과 같이 계산되며, 결국 1 bit 차이가 표현하는 아날로그값의 차이가 식 (7.3)에서 정의하고 계산한 정밀도(precision)값이 됨을 확인할 수 있습니다.

$$\begin{cases} 51,882 = 546.125X + 32,767.5 \Rightarrow X = \dfrac{(51,882 - 32,767.5)}{546.125} = 35.00022889° \\ 51,881 = 546.125X + 32,767.5 \Rightarrow X = \dfrac{(51,881 - 32,767.5)}{546.125} = 34.9983978° \end{cases} \tag{7.6}$$

$$\Rightarrow (35.00022889° - 34.9983978°) = 0.0018311 \left[\frac{\text{deg}}{\text{bit}}\right] \Rightarrow \text{precision}$$

역변환 과정은 다음 예제를 통해 정리해보겠습니다.

예제 7.6

비행시험이 끝난 후 DAQ에 저장된 디지털값을 추출하였다. 해당되는 물리량으로 변환하시오.

(1) 0x4AAA를 각도값으로 변환하시오.

(2) 7,645를 각도값으로 변환하시오.

|풀이| (1) 0x4AAA는 10진수로 $19,114_{(10)}$에 해당되는 값이므로 식 (7.5)를 이용하여 해당 물리량으로 변환한다.

$$X = 0.001831 \times 19,114 - 60 = -25°$$

(2) 10진수 7,645를 식 (7.5)를 이용하여 해당되는 물리량으로 변환한다.

$$X = 0.001831 \times 7,465 - 60 = -46.002°$$

이 값을 식 (7.4)를 이용하여 다시 디지털값으로 변환하면

$$Y = 546.125 \times (-46°) + 32767.5 = 7,644.66 \approx 7,645$$

10진수 표현으로 7,645는 실제 DAQ 시스템 메모리에 16진수로는 0x1DDD, 2진수
로는 1110111011101$_{(2)}$로 저장된다.

$$7{,}645_{(10)} = 1 \quad D \quad D \quad D \quad _{(16)}$$
$$= 0001 \ 1101 \ 1101 \ 1101 \ _{(2)}$$

(3) 디지털 코드의 필요성

  항공분야에서 사용되는 항공전자 시스템과 장치들은 IT 기술발전에 따라 디지털 시
스템 및 데이터를 이용하고 있으며, 특히 무인기 시스템들은 거의 대부분 디지털 시스
템을 기반으로 구축되어 운용됩니다. 항법시스템(navigation system) 중 위성항법시스
템(GNSS, Global Navigation Satellite System)인 GPS(Global Positioning System)
는 무인기의 필수적인 핵심 장치로 활용되고 있으며, [그림 7.14]는 무인기용 GPS로
많이 사용되는 스웨덴 Ublox사의 수신기 및 안테나입니다. 이 수신기는 위성으로부
터 신호를 수신하여 비행체의 위치를 계산한 후 여러 가지 항법정보를 디지털 통신방
식인 RS-232를 통해 외부 장치로 제공해주는데, [그림 7.15]와 같은 디지털 메시지
(message)를 5Hz의 갱신율로 주기적으로 출력합니다.

[그림 7.14] 무인기(멀티콥터) GPS 시스템

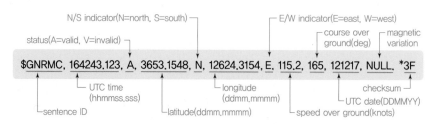

[그림 7.15] 디지털 데이터 메시지의 예(Ublox GPS 수신기)

메시지는 콤마(,)로 구분된 여러 개의 필드(field)로 구성되어 있으며, 각 필드는 데이터를 의미합니다. 예를 들어, 첫 번째 필드는 'GNRMC'라는 메시지 종류를 나타내며, 두 번째 필드인 '164243.123'은 16시 42분 43.123초의 현재 시간 데이터를 나타내고, 네 번째 필드인 '3653.1548'은 위도(longitude) 데이터로 36도 53.1548분임을 나타냅니다. 위도 '3653.1548'을 디지털 신호로 바꾸어 내보내는 경우에 앞에서 설명한 것처럼 10진수 '3653.1548'을 직접 2진수로 변환하는 것은 여러 가지로 불편하고 문제점이 있습니다. 따라서 디지털 코드의 필요성이 제기되고 있으며 다음 절부터 상세히 알아보겠습니다.

(4) 디지털 코드의 분류

디지털 코드는 일반 산업분야에서 많이 사용하는 직렬통신(serial communication) RS-232/RS-422/RS-485 통신이나 민간 항공기에 사용되는 통신방식인 ARINC[15]-429/ARINC-629 및 군용 항공기에 사용되는 MIL-STD-1553B와 같은 디지털 통신방식에서 이용됩니다. 코드는 일반적으로 [표 7.4]와 같이 정보의 종류에 따라 수치 데이터 코드, 문자 코드, 에러 검출 코드로 분류합니다.

15 Aeronautical Radio INCorporated, 항공전자분야의 표준을 정하고 표준기술을 개발하여 미국 내 항공사 등에 서비스를 제공하는 통신사업자

 핵심 Point 디지털 코드(code)

- 디지털 코드(또는 부호)는 10진수나 문자, 기호 등으로 표시된 정보를 디지털 시스템에서 입출력하거나 처리하기 위해 2진수 체계를 이용하여 디지털 정보로 변환할 수 있도록 규정한 체계를 말한다.
- 부호화(coding) : 10진수를 2진수의 디지털 정보(코드)로 변환하는 과정을 가리킨다.
- 복호화(decoding) : 2진수 디지털 정보(코드)를 다시 10진수로 변환하는 과정을 가리킨다.

[표 7.4] 코드의 분류 및 종류

분류	코드 종류
가중치 코드(weighted code)	BCD(8421) 코드, 2421 코드, 5111 코드
비가중치 코드(unweighted code)	Excess-3 코드, Gray 코드
자기 보수 코드(self-complementary code)	Excess-3 코드
오류 검출용 코드	Parity Check Bit, Hamming 코드

가중치 코드(weighted code)는 2진 코드 중 자리의 위치에 따라 일정한 의미를 가지고 있는 코드를 말하며, 비가중치 코드(unweighted code)는 자릿값의 의미가 없는

코드를 말합니다. 오류 검출용 코드는 정보의 변환과 함께 디지털 정보가 제대로 전달 (송·수신)되었는지의 여부를 검사할 수 있는 기능이 부여된 코드를 가리킵니다.

여러 다양한 코드 중 가장 많이 사용하는 BCD 코드, Excess-3 코드, Gray 코드, Parity Check bit 및 Hamming 코드에 대해 알아보겠습니다.

7.4.2 BCD 코드

BCD 코드(Binary-Coded Decimal code)는 "2진화 10진 코드" 또는 "8421 코드"라고 도 하며, 10진수 숫자를 표현하기 위한 대표적 코드입니다. 코딩 방식은 [그림 7.16]과 같이 10진수 각 자릿수에 해당되는 0~9를 각각 4-bit의 2진수로 변환합니다.

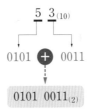

[그림 7.16] BCD 코드 변환방법

따라서 4-bit의 2진수 각 bit가 8(=2^3), 4(=2^2), 2(=2^1), 1(=2^0)의 자릿값을 가지므로 8421 코드라고 불립니다. 각각의 2진수 4-bit가 위치 및 자리에 따라 10진수의 1의 자리, 10의 자리, 100의 자리 등을 의미하므로 대표적인 가중치 코드가 되며, 10진수의 입출력이 간편하기 때문에 민간 항공기의 디지털 데이터 통신방식인 ARINC

[표 7.5] BCD 코드 변환방법

10진수	BCD 코드	10진수	BCD 코드	10진수	BCD 코드
0	0000	10	0001 0000	20	0010 0000
1	0001	11	0001 0001	31	0011 0001
2	0010	12	0001 0010	42	0100 0010
3	0011	13	0001 0011	53	0101 0011
4	0100	14	0001 0100	64	0110 0100
5	0101	15	0001 0101	75	0111 0101
6	0110	16	0001 0110	86	1000 0110
7	0111	17	0001 0111	97	1001 0111
8	1000	18	0001 1000	196	0001 1001 0110
9	1001	19	0001 1001	237	0010 0011 0111

계열 Data Bus에서 정보를 송수신하는 데 주로 사용됩니다. [표 7.5]에 10진수들을
BCD 코드로 변환한 결과를 정리하여 나타냅니다.

예제 7.7

10진수 $956_{(10)}$에 대한 BCD 코드는?

|**풀이**| 100의 자리 9는 2진수 4-bit로 변환하면 $1001_{(2)}$, 10의 자리 5는 $0101_{(2)}$, 1의
자리 6은 $0110_{(2)}$이 된다. 따라서 BCD 코드는 1001 0101 0110이다.

7.4.3 3초과 코드

3초과 코드(Excess-3 code)는 BCD 코드와 마찬가지로 10진수를 표현하기 위한 코드
로 10진수에 3을 더한 후 2진수 4-bit로 변환하는 부호화 방식입니다. 대표적인 자기
보수 코드로 자릿값이 의미가 없는 비가중치 코드입니다.

[그림 7.17]에서 10진수 6의 3초과 코드는 1001이 되는데, 10진수 6에 3을 더하여
9를 만들고 BCD 코드로 변환하면 됩니다.[16] 0~9까지의 10진수를 변환한 결과를 살
펴보면 4와 5 사이를 경계로 하여 4와 5, 3과 6, 2와 7, 1과 8, 0과 9의 3초과 코드는
서로 0과 1을 교환하면 상대값이 됨을 알 수 있습니다. 예를 들어 4의 3초과 코드
0111에서 0과 1을 교환하면 5의 3초과 코드인 1000이 되고, 이때 4와 5, 3과 6, 2와
7, 1과 8, 0과 9는 보수(compliment) 관계가 됩니다. 즉, 더해서 9가 되는 수 9의 보
수가 됩니다.

[16] 3을 먼저 BCD 코드 0011로 변환한 후에 0011(= 3)을 더하여 구해도 됨.

10진수	BCD 코드	3초과 코드
0	0000	+3(0011) → 0011
1	0001	0100
2	0010	0101
3	0011	0110
4	0100	0111
5	0101	1000
6	0110	1001
7	0111	1010
8	1000	1011
9	1001	1100

보수관계

[그림 7.17] 3초과 코드 변환방법

2진수의 덧셈과 뺄셈 연산에서 9의 보수를 사용한 연산을 수행하기 때문에 3초과 코드처럼 9의 보수 관계를 쉽게 구할 수 있는 코드는 연산 시 계산시간 절감 등의 장점이 있습니다.

예제 7.8

10진수 $8_{(10)}$을 3초과 코드로 변환하면?

| 풀이 |

(방법-1) 10진수 $8_{(10)}$에 3을 더하면 11이 되고, 11을 2진수로 변환하면 $1011_{(2)}$이 된다.

(방법-2) 10진수 $8_{(10)}$을 2진수로 변환하면 $1000_{(2)}$이 되고, 3(=0011)을 더하면 $1011_{(2)}$이 된다.

7.4.4 아스키(ASCII) 코드

한번쯤은 들어봤을 ASCII 코드(American Standard Code for Information Interchange)는 1963년도에 미국국립표준협회(ANSI, American National Standards Institute)가 제정한 정보 교환용 미국표준코드입니다. 특히 컴퓨터의 발전에 따라 혼재되어 있던 코드를 통일하여 정보 호환성의 제한이나 불편을 덜고, 통신을 단순화하고 표준화하기 위해 만들어진 코드로, 현재는 데이터 통신 및 컴퓨터에서 정보를 표현하는 데 가장 많이 사용되고 있습니다.

(1) 표준 ASCII 코드

그러면 ASCII 코드는 어떤 방식으로 문자를 부호화하는지 알아보겠습니다. [그림 7.18]에 ASCII 코드 구조를 나타내었는데, ASCII 코드는 7-bit의 2진수를 사용하여 총 128개(= 2^7)의 서로 다른 문자를 표시할 수 있습니다. 이렇게 128종류의 제어문자, 특수문자, 숫자 및 영문자를 표현한 ASCII 코드를 표준 ASCII 코드(standard ASCII code)라고 합니다.

코드의 b_0[17]부터 b_3까지의 하위 4-bit는 디지트(digit)라고 하며, b_4부터 b_6까지의 상위 3-bit는 존(zone)이라고 합니다. 마지막 비트인 b_7[18]은 오류검출을 위한 패리티 비트(parity bit)[19]로 사용합니다. 이제 숫자, 알파벳 대·소문자 및 도량형 기호와 문장기호로 구성된 표준 ASCII표(standard ASCII table)를 대응시킵니다. ASCII표에서 세로줄(0~7)은 zone bit에 해당되며 10진수 0~7까지 사용되므로 2진수 3-bit로 변환하

---

17 최하위 비트(LSB, Least Significant Bit)라고 함.

18 최상위 비트(MSB, Most Significant Bit)라고 함.

19 패리티 비트는 다음 7.4.6절에서 설명함.

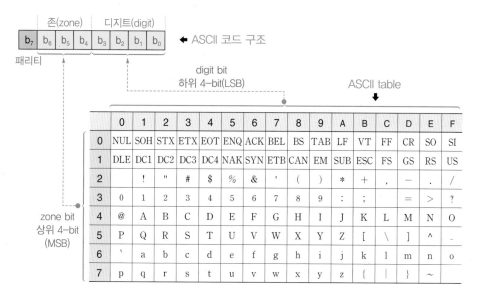

[그림 7.18] ASCII 코드의 구조 및 변환방법

여 zone bit에 대입합니다. 가로줄은 digit bit를 나타내며 10진수 0~16(16진수로는 0~F)까지 사용되므로 2진수 4-bit로 변환하여 digit bit 자리에 대입합니다.

대문자 'A'와 기호 '='를 ASCII 코드로 변환해 보겠습니다.

① 대문자 'A' = 100 $0001_{(2)}$
- zone bit는 4이므로 2진수로 100이 되고, digit bit는 1이므로 0001이 됨.
② 기호 '=' = 011 $1101_{(2)}$
- zone bit는 3이므로 2진수로 011이 되고, digit bit는 D이므로 1101이 됨.

여기서 대문자 'A'의 ASCII 코드 100 $0001_{(2)}$은 16진수로 $41_{(16)}$이 되고 10진수로는 $65_{(10)}$가 됩니다. 따라서 [그림 7.18]에 나타낸 ASCII표는 0~127에 해당되는 10진수에 대응시켜 표현할 수도 있다는 것을 기억하기 바랍니다.

예제 7.9

10진수 $90_{(10)}$에 해당되는 ASCII 문자는?

| 풀이 | 10진수 $90_{(10)}$을 2진수로 변환하면 101 $1010_{(2)}$이 되고, 16진수로는 $5A_{(6)}$가 된다. 따라서 zone bit는 5이고, digit bit는 A이므로 [그림 7.18]의 ASCII표에서 알파벳 대문자 'Z'가 된다.

(2) 확장 ASCII 코드

확장 ASCII 코드(extended ASCII code)는 표준 ASCII 코드 7-bit에 최상위 비트 (MSB)도 포함시킨 총 8-bit를 사용하여 문자 및 기호를 추가한 코드입니다.

7.4.5 그레이 코드

그레이 코드(Gray code)는 숫자를 표기하는 2진 표기법 중 하나이며 주어진 10진수를 2진수 4-bit의 BCD 코드로 만든 후 BCD 코드의 인접하는 비트를 XOR 연산하여 만든 코드입니다. 아래 예를 통해 그레이 코드 변환법을 알아보겠습니다.

(1) Gray 코드 변환법

10진수 $9_{(10)}$를 BCD 코드로 변환하면 $1001_{(2)}$이 됩니다. 우선 최상위 비트(MSB)인 1은 그대로 놓고, 최상위 비트 1과 바로 옆에 오는 0에 대해 XOR 연산을 합니다. XOR 연산에 대해서는 8장의 논리회로(logic circuit)에서 설명하고, 여기서는 우선 2개의 2진수 입력에 대해 [그림 7.19]에 나타낸 진리표와 같이 2개의 입력이 서로 다른 경우(0과 1, 1과 0이 입력되는 경우)에 대해서만 출력이 1이 되고, 2개의 입력이 서로 같으면(0과 0, 1과 1이 입력되는 경우) 출력이 0이 되는 연산이라고 생각하고 활용하겠습니다. 우선 왼쪽의 최상위 비트 1과 인접한 2진수 0의 XOR 연산을 하면 출력은 1이 됩니다. 이어서 0과 0의 XOR 연산결과는 0이 되고 마지막으로 0과 1의 연산결과는 1이 되므로 최종적으로 그레이 코드는 $1101_{(2)}$이 됩니다.

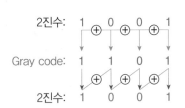

XOR 진리표		
입력		출력
A	B	F
0	0	0
0	1	1
1	0	1
1	1	0

[그림 7.19] Gray 코드의 변환방법

동일한 방법으로 10진수 0~15까지의 BCD 코드와 변환된 그레이 코드를 [그림 7.20]에 정리하였습니다. 그림에서와 같이 10진수가 1씩 증가할 때 2진수 변환 코드인 BCD 코드는 불규칙적으로 코드가 바뀝니다. 즉, 0에서 1로 증가 시에는 $0000_{(2)}$에서 $0001_{(2)}$로 변환되어 0에서 1로(또는 1에서 0으로) 바뀌는 bit는 1개가 나타납니다.

1 증가 시 1 bit만 바뀜

10진수	2진 코드	Gray 코드	10진수	2진 코드	Gray 코드
0	0000	0000	8	1000	1100
1	0001	0001	9	1001	1101
2	0010	0011	10	1010	1111
3	0011	0010	11	1011	1110
4	0100	0110	12	1100	1010
5	0101	0111	13	1101	1011
6	0110	0101	14	1110	1001
7	0111	0100	15	1111	1000

1 증가 시 3 bit 바뀜

[그림 7.20] Gray 코드의 특성

1에서 2로 증가 시에는 $0001_{(2)}$에서 $0010_{(2)}$으로 변환되어 0과 1이 바뀌는 bit는 2개가 나타납니다. 3에서 4로 증가 시에는 $0011_{(2)}$에서 $0100_{(2)}$으로 변환되어 0과 1이 바뀌는 bit는 3개가 나타납니다.

이에 반해 그레이 코드는 10진수가 1씩 증가할 때 0과 1이 서로 바뀌는 bit는 오직 1개만 나타납니다. 예를 들어 10진수 3에서 4로 증가 시에 그레이 코드는 $0010_{(2)}$에서 $0110_{(2)}$으로 변환되어 최하위 비트(LSB)에서만 0과 1이 서로 바뀝니다.

결론적으로 10진수가 1씩 증가할 때 그레이 코드는 단 1개의 bit만이 바뀌는 특성을 가집니다. 따라서 그레이 코드는 연속되는 코드들 간에 1개의 bit만 변화하여 새로운 코드가 되므로, 연속적으로 1씩 증가하는 카운터(counter)와 같은 특징을 지닌 아날로그 자료를 입력받을 때 이전 자료와 다음 자료 사이의 오류를 알 수 있어 많이 사용됩니다.

(2) Gray 코드 환원법

앞의 [그림 7.20]에서 그레이 코드 $1101_{(2)}$을 다시 원래 2진수 코드인 BCD 코드값으로 환원해 보겠습니다. [그림 7.19]에서 최상위 비트(MSB) 1은 그대로 놓고, 최상위 비트 1과 옆의 bit 1을 XOR 연산하면 결과는 0이 됩니다. 새로 생긴 결과값 0과 그레이 코드의 다음 bit 0을 XOR 연산합니다. 결과는 0이 나옵니다(즉, 대각선으로 XOR 연산을 합니다.). 이 결과값 0과 그레이 코드의 다음 bit인 1을 XOR 연산하여 결과 1을 얻습니다. 원래 2진수인 $1001_{(2)}$로 변환되었음을 확인할 수 있습니다.

그레이 코드는 가중치가 없는 비가중치 코드이기 때문에 연산에는 부적당하지만, 아날로그-디지털 변환기나 입출력 장치의 코드로 주로 사용되고 있습니다.

예제 7.10

2진수 $1010_{(2)}$을

(1) Gray 코드로 변환하시오.

(2) 변환된 Gray 코드를 다시 2진수로 환원하시오.

|풀이| (1) 최상위 비트(MSB) 1은 그대로 내려오고 1과 0의 XOR 연산은 1, 0과 1의 XOR 연산은 1, 마지막으로 1과 0의 XOR 연산은 1이 되므로 그레이 코드는 $1111_{(2)}$ 이 된다.

(2) 그레이 코드 $1111_{(2)}$에서 최상위 비트 1은 그대로 놓고, 1과 1의 XOR 연산을 취하면 0, 0과 1의 XOR 연산을 취하면 1, 1과 1의 XOR 연산은 0이 되므로 $1010_{(2)}$이 된다.

7.4.6 패리티 비트

(1) 패리티 비트의 종류

패리티 비트(parity bit)는 대표적인 오류 검출 코드로, 2진수로 만들어진 디지털 데이터의 전송과정에서 코드의 오류를 검사하기 위한 추가 bit를 의미합니다. 앞에서 대문자 'A'의 ASCII 코드는 $100\ 0001_{(2)}$이었습니다. 이 디지털 데이터를 다른 장치로 전송하는 경우에 내부나 외부의 잡음(noise)으로 인해 $100\ 0000_{(2)}$으로 최하위 비트(LSB)가 1에서 0으로 바뀌어 오류가 발생하면, 수신한 장치에서는 대문자 'A'가 아닌 '@'로 인식하게 됩니다. 이러한 오류를 검출하기 위해 데이터에 패리티 비트를 추가하여 송수신된 디지털 데이터가 정상인지를 판단할 수 있습니다. 패리티 비트는 다음과 같이 2가지 종류를 사용합니다.

> **핵심 Point 패리티 비트(parity bit)**
>
> • 오류를 검사하기 위한 bit 1개를 추가한다.
> • Odd parity(홀수 패리티)
>   – 코드에 포함된 bit 중 값이 1인 bit의 수가 홀수(odd)가 되도록 0이나 1을 추가한다.
> • Even parity(짝수 패리티)
>   – 코드에 포함된 bit 중 값이 1인 bit의 수가 짝수(even)가 되도록 0이나 1을 추가한다.

사용법은 간단합니다. 먼저 정보를 교환할 1번과 2번 장치에 홀수 패리티 또는 짝수 패리티를 사용할지 설정해줍니다. 1번 장치에서 대문자 'A'를 ASCII 코드로 변환하여 데이터 $100\ 0001_{(2)}$을 전송하는 경우에 데이터에 포함된 1의 개수를 세어보면

2개이므로 짝수입니다. 홀수 패리티를 사용하기로 설정한 경우에는 최상위 비트(MSB)에 1을 추가하여 홀수의 1이 되도록(1이 3개) 1100 0001$_{(2)}$을 만들어 2번 장치로 전송합니다. 만약 짝수 패리티를 사용하기로 설정하였다면 0100 0001$_{(2)}$을 전송합니다.

앞의 7.4.4절의 ASCII 코드에서 설명한 구조를 보면, 8-bit 중 최상위 비트(MSB)인 b$_7$은 오류검출을 위한 패리티 비트로 사용하였는데, 지금 설명한 방식으로 0이나 1을 최상위 비트에 추가하면 됩니다. 따라서 패리티 비트를 사용하면 1-bit의 오류만 검출 가능하며, 2개 이상의 오류는 검출하지 못하는 특성이 있습니다.

데이터	짝수 패리티	홀수 패리티
...	...	...
A	01000001	11000001
B	01000010	11000010
C	11000011	01000011
D	01000100	11000100
...	...	...

[그림 7.21] ASCII 코드의 패리티 비트 사용 예

일반적으로 디지털 시스템에서는 1워드(word, 8-bit)를 한 묶음으로 하여 데이터를 전송하는데, 단일 워드에서 2개 이상의 bit에 동시에 에러가 발생하는 확률은 매우 낮습니다. 그러므로 1-bit의 오류를 검출할 수 있는 패리티 비트가 매우 유용하게 사용됩니다.

예제 7.11

알파벳 대문자 'Z'의 ASCII 코드에서
(1) 짝수 패리티를 추가한 코드는?
(2) 홀수 패리티를 추가한 코드는?

|풀이| (1) 'Z'의 ASCII 코드는 011 0011$_{(2)}$이므로 1이 4개 포함되어 있다. 따라서 1의 개수가 짝수이므로 패리티 비트는 0을 추가하여 0011 0011$_{(2)}$이 된다.
(2) 홀수 패리티를 사용하면 1의 개수가 홀수가 되도록 패리티 비트는 1이 추가되어 1011 0011$_{(2)}$이 된다.

---

(2) 패리티 비트 사용 예

표준 ASCII 코드는 패리티 비트를 사용하는 대표적인 경우이며, 디지털 시스템이나 장치에 따라서 기존 코드나 데이터의 어디든 패리티 비트를 추가하여 오류 검출에 사용할 수 있습니다. [그림 7.15]에서 설명한 GPS 수신기의 예를 알아보겠습니다. 이

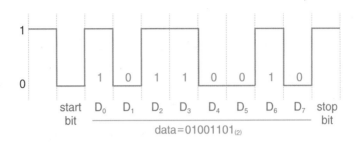

[그림 7.22] RS-232 디지털 데이터 통신 패킷 구조

GPS 수신기는 디지털 데이터 통신을 위해 정보를 ASCII 코딩방식을 적용하여 변환하고, 직렬통신(serial communication)인 RS-232 통신을 사용합니다. RS-232 통신은 정보를 담은 메시지를 [그림 7.22]와 같은 구조로 구성하여 정보를 송수신하게 됩니다.

■ RS-232 통신 패킷(packet)[20] 구조

① start bit/data bit(8-bit)/parity bit/stop bit로 구성됨(총 10-bit 사용).
  일반적으로 parity bit는 "none"으로 설정하여 사용하지 않음.

② start bit = 신호가 high(1)에서 low(0)로 바뀌며 데이터의 시작을 알림.

③ data bit = start bit 후 8개 bit는 전송할 데이터값을 의미함.

④ parity bit = 오류 검출, odd/even/none으로 설정함.

⑤ stop bit = 신호가 high(1)로 바뀌며 데이터의 끝을 알림.

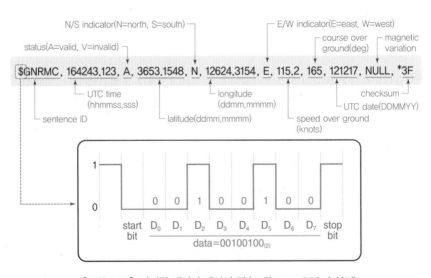

[그림 7.23] 디지털 데이터 메시지 전송 예(Ublox GPS 수신기)

[그림 7.22]에서처럼 start bit=0 이후에 전송할 데이터는 최하위 비트(LSB)부터 시작하여 0100 1101$_{(2)}$을 순차적으로 전송합니다. parity bit는 사용하고 있지 않으므로 바로 start bit=1이 마지막으로 전송되어 총 10-bit가 순차적으로 전송됩니다. 앞에서 본 GPS 데이터에 적용해 보면 [그림 7.23]과 같이 제일 처음에 전송할 데이터는 '$'입니다. '$'는 ASCII 코드에서 $24_{(16)} = 0010\ 0100_{(2)}$이 되므로 이 데이터를 RS-232 10-bit로 구성하여 전송하고, 이후에는 'G', 'N',…순으로 같은 방식이 되풀이됩니다.

7.4.7 해밍 코드

마지막으로 해밍 코드(Hamming code)에 대해 알아보고 7장을 마치겠습니다. 해밍 코드는 미국의 수학자 해밍(Richard Wesley Hamming)이 노키아 벨 연구소(Nokia Bell Labs)에서 개발하여 1950년도에 발간한 논문에 소개한 코드입니다.

앞 절에서 본 parity bit는 1-bit의 오류 검출만 가능하였으며 어느 bit가 잘못되었는지는 찾아낼 수가 없었습니다. 이에 반해 해밍 코드는 오류 검출뿐만 아니라 어느 bit에서 오류가 발생하였는지를 찾아내어 오류를 수정할 수 있는 코드로, 2-bit의 오류를 검출할 수 있고, 1-bit의 오류를 수정할 수 있습니다. 이를 가능하게 하는 방법은 데이터에 1개의 parity bit만을 사용하는 것이 아니라 데이터의 길이에 따라 parity bit를 추가하는 방식을 적용합니다.

(1) 해밍 코드 변환법

해밍 코드를 생성하는 방식과 절차를 순차적으로 알아보겠습니다. 조금 복잡해보일지 모르지만 찬찬히 살펴보면 일정한 규칙이 발견됩니다. 디지털 데이터는 1101$_{(2)}$을 사용하고 짝수 패리티를 사용한다고 가정합니다.

① 첫 번째로 필요한 parity bit의 개수를 계산합니다.

데이터 길이에 따라 몇 개의 추가 parity bit를 사용해야 하는지는 다음 식 (7.7)을 통해 계산합니다.

$$2^P \geq d + P + 1 \qquad (7.7)$$

예를 들어, 데이터 코드 1101$_{(2)}$의 경우에 데이터는 4-bit이므로 $d = 4$로 데이터 bit를 의미하고, P는 패리티 비트의 개수를 말합니다. 식 (7.7)을 만족하기 위해서 $P = 3(2^3 \geq 4 + 3 + 1)$이 되어야 하므로 parity bit는 3개가 추가되어야 합니다. 따라서 해밍 코드는 데이터 비트 4개에 parity bit 3개가 추가되어 총 7-bit로 구성됩니다.

② 2^n 위치에 해당 parity bit를 위치시킵니다.

총 7-bit의 데이터 코드 중에 첫 번째 parity bit인 P_1은 $2^0 = 1$이므로 첫 번째 bit 자리에, 두 번째 parity bit인 P_2는 $2^1 = 2$이므로 두 번째 bit 자리에, 세 번째 parity bit인 P_3는 $2^2 = 4$이므로 네 번째 bit 자리에 위치시킵니다.

7	6	5	4	3	2	1
			P_3		P_2	P_1

③ 나머지 위치에 데이터를 순차적으로 위치시킵니다.

7	6	5	4	3	2	1
D_4	D_3	D_2	P_3	D_1	P_2	P_1

➡

7	6	5	4	3	2	1
1	1	0	P_3	1	P_2	P_1

④ 첫 번째 패리티 비트 P_1을 계산합니다.

첫 번째 parity bit P_1은 자기 위치가 1이므로 자기 자리부터 1개씩 데이터를 묶고 1칸씩 건너뛰면서 데이터를 묶습니다. 즉, (1, 3, 5, 7)자리의 데이터를 사용하여 짝수 패리티가 되도록 계산하면 아래 그림과 같이 1이 2개이므로 $P_1 = 0$이 설정됩니다.

7	6	5	4	3	2	1
D_4	D_3	D_2	P_3	D_1	P_2	P_1

➡

7	6	5	4	3	2	1
1	1	0	P_3	1	P_2	0

⑤ 두 번째 패리티 비트 P_2를 계산합니다.

두 번째 parity bit P_2는 자기 위치가 2이므로 자기 자리부터 2개씩 데이터를 묶고 2칸씩 건너뛰면서 데이터를 묶습니다. 즉, (2, 3, 6, 7)자리의 데이터를 사용하여 짝수 패리티가 되도록 계산하면 아래 그림과 같이 1이 3개이므로 $P_2 = 1$이 설정됩니다.

7	6	5	4	3	2	1
D_4	D_3	D_2	P_3	D_1	P_2	P_1

➡

7	6	5	4	3	2	1
1	1	0	P_3	1	1	0

⑥ 세 번째 패리티 비트 P_3를 계산합니다.

세 번째 parity bit P_3는 자기 위치가 4이므로 자기 자리부터 4개씩 데이터를 묶고 4칸씩 건너뛰면서 데이터를 묶습니다. 즉, (4, 5, 6, 7)자리의 데이터를 사용하여 짝수 패리티가 되도록 계산하면 아래 그림과 같이 1이 2개이므로 $P_3=0$이 설정됩니다.

7	6	5	4	3	2	1
D_4	D_3	D_2	P_3	D_1	P_2	P_1

➡

7	6	5	4	3	2	1
1	1	0	0	1	1	0

이상과 같이 데이터 코드 $1101_{(2)}$을 해밍 코드로 변환하면 110 $0110_{(2)}$이 됩니다.

(2) 해밍 코드의 오류 정정

앞에서 만든 해밍 코드 110 $0110_{(2)}$을 전송하여 다른 디지털 장치에서 이 데이터를 수신한 후에 수신된 데이터의 오류를 검사하고 오류 bit를 찾아내는 방법을 알아보겠습니다. 결론부터 언급하면 수신부에서는 해밍 코드를 만드는 방법과 동일한 방법으로 오류를 검사합니다.

수신한 해밍 코드가 전송 중에 잡음에 의한 오류가 생겨 6번째 데이터 1이 0으로 바뀌는 오류가 생겼다고 가정하고 시작하겠습니다. 즉, 수신된 코드는 100 $0110_{(2)}$이 됩니다.

① 첫 번째 패리티 비트 P_1을 사용하여 오류 검출

해밍 코드를 만드는 방법과 동일하게 첫 번째 parity bit P_1은 자기 위치가 1이므로 자기 자리부터 1개씩 데이터를 묶고 1칸씩 건너뛰면서 데이터를 묶어서 오류를 검사합니다. 즉, (1, 3, 5, 7)자리의 데이터를 사용하여 짝수 패리티 검사를 해보면 아래 그림과 같이 1이 짝수 개(2개)가 되므로 오류가 없습니다.

7	6	5	4	3	2	1
1	0	0	0	1	1	0

➡ P_1 오류 검사: 정상

② 두 번째 패리티 비트 P_2를 사용하여 오류 검출

해밍 코드를 만드는 방법과 동일하게 두 번째 parity bit P_2는 자기 위치가 2이므로 자기 자리부터 2개씩 데이터를 묶고 2칸씩 건너뛰면서 데이터를 묶어서 오류를 검사합니다. 즉, (2, 3, 6, 7)자리의 데이터를 사용하여 짝수 패리티 검사를 해보면 아래 그림과 같이 1이 홀수 개(3개)가 되어 오류가 발생한 것을 검출해 낼 수 있습니다.

7	6	5	4	3	2	1
1	0	0	0	1	1	0

➡ P_2 오류 검사: 오류

③ 세 번째 패리티 비트 P_3를 사용하여 오류 검출

해밍 코드를 만드는 방법과 동일하게 세 번째 parity bit P_3는 자기 위치가 4이므로 자기 자리부터 4개씩 데이터를 묶고 4칸씩 건너뛰면서 데이터를 묶어서 오류를 검사합니다. 즉, (4, 5, 6, 7)자리의 데이터를 사용하여 짝수 패리티 검사를 해보면 아래 그림과 같이 1이 홀수 개(1개)가 되어 오류가 발생한 것을 검출해 낼 수 있습니다.

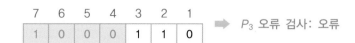

7	6	5	4	3	2	1
1	0	0	0	1	1	0

➡ P_3 오류 검사: 오류

그럼 마지막으로 어느 자리에서 오류가 생겼는지를 찾아내는 방법을 설명하겠습니다. 오류가 생긴 데이터의 위치는 오류가 생긴 parity bit의 자릿값을 모두 더하면 쉽게 찾아낼 수 있습니다. 위의 예에서 오류가 난 parity bit는 P_2와 P_3이므로 위치한 자릿값 2와 4를 더하면 6이 나오고 6번째 자리의 데이터가 오류임을 찾아낼 수 있습니다. 설명한 방법을 활용하여 송신된 코드 $110\ 0110_{(2)}$에서 다른 자리의 데이터가 오류가 있는 경우도 직접 해보기 바랍니다.

 해밍 코드(Hamming code)

- 원본 데이터 오류 검출을 위한 parity bit를 2^n번째 자리(1, 2, 4, 8, 16, …)에 추가하여 오류를 검출해 내는 코드이다.
- 1-bit의 오류를 찾아내고 수정할 수 있다.

해밍 코드는 데이터가 길어질수록 추가적인 parity bit가 필요하므로 많은 양의 데이터 전달이 필요하다는 단점이 있습니다. 하지만 디지털 데이터 전송의 신뢰성을 높일 수 있고, 특히 오류를 수정하기 위해 재전송을 요구하기에는 시간이 많이 걸리는 원거리 데이터 전송의 신뢰도를 높이는 장점을 제공합니다. 해밍 코드는 현재 우리가 사용하는 스마트폰이나 콤팩트디스크 등에서 신호의 오류를 수정하거나, 영상자료 등과 같이 데이터가 긴 자료를 압축해 인터넷 속도를 향상시킬 때 유용하게 사용됩니다.

예제 7.12

8-bit의 디지털 데이터 $01010101_{(2)}$을 해밍 코드로 변환하시오. (홀수 패리티 사용)

| **풀이** | ① 필요한 parity bit의 개수를 계산한다.

데이터가 8-bit이므로 $d=8$이고, $P=4(16=2^4 \geq 8+4+1=13)$가 되어야 하므로 parity bit는 4개가 추가되고, 해밍 코드는 총 12-bit로 구성된다.

② 2^n위치에 해당 parity bit를 위치시킨다.

P_1은 $2^0=1$, P_2는 $2^1=2$, P_3는 $2^2=4$, P_4는 $2^3=8$에 위치한다.

12	11	10	9	8	7	6	5	4	3	2	1
				P_4				P_3		P_2	P_1

③ 첫 번째 패리티 비트 P_1을 계산한다.

P_1은 자기 위치가 1이므로 자기 자리부터 1개씩 데이터를 묶고 1칸씩 건너뛰면서 데이터를 묶는다. 즉, (1, 3, 5, 7, 9, 11)자리의 데이터를 사용하여 홀수 패리티가 되도록 계산하면 $P_1 = 0$이 설정된다.

12	11	10	9	8	7	6	5	4	3	2	1
0	1	0	1	P_4	0	1	0	P_3	1	P_2	0

④ 두 번째 패리티 비트 P_2를 계산한다.

P_2는 자기 위치가 2이므로 자기 자리부터 2개씩 데이터를 묶고 2칸씩 건너뛰면서 데이터를 묶는다. 즉, (2, 3, 6, 7, 10, 11)자리의 데이터를 사용하여 홀수 패리티가 되도록 계산하면 $P_2 = 0$이 설정된다.

12	11	10	9	8	7	6	5	4	3	2	1
0	1	0	1	P_4	0	1	0	P_3	1	0	0

⑤ 세 번째 패리티 비트 P_3를 계산한다.

P_3는 자기 위치가 4이므로 자기 자리부터 4개씩 데이터를 묶고 4칸씩 건너뛰면서 데이터를 묶는다. 즉, (4, 5, 6, 7, 12)자리의 데이터를 사용하여 홀수 패리티가 되도록 계산하면 $P_3 = 0$이 설정된다.

12	11	10	9	8	7	6	5	4	3	2	1
0	1	0	1	P_4	0	1	0	0	1	0	0

⑥ 마지막 패리티 비트 P_4를 계산한다.

P_4는 자기 위치가 8이므로 자기 자리부터 8개씩 데이터를 묶고 8칸씩 건너뛰면서 데이터를 묶는다. 즉, (8, 9, 10, 11, 12)자리의 데이터를 사용하여 홀수 패리티가 되도록 계산하면 $P_4 = 1$이 설정된다.

12	11	10	9	8	7	6	5	4	3	2	1
0	1	0	1	1	0	1	0	0	1	0	0

따라서 변환된 해밍 코드는 $0101\ 1010\ 0100_{(2)}$이 된다.

이것만은 꼭 기억하세요!

7.1 디지털 시스템

① 아날로그 신호 및 시스템(analog signal and system)
- 물리계에 존재하는 시간에 따라 연속적으로 변하는 신호를 입력받아 처리하고 출력하는 연속 시스템 (continuous system)

② 디지털 신호 및 시스템(digital signal and system)
- 연속적인 아날로그 신호를 0과 1의 신호로 변환하여 처리하는 시스템으로, 불연속적인 유한한 정보로 변환하여 처리하고 출력하는 이산 시스템(discrete system)

③ 디지털 시스템의 장·단점
- 디지털 신호는 내·외부 잡음(noise)에 강하며, 신뢰성(reliability)이 높음.
- 소프트웨어를 통한 프로그래밍으로 정보를 저장하거나 가공하기가 용이함.
- 소형화, 경량화 및 가격을 낮추는 것이 가능하나 데이터 양이 증가하는 단점이 있음.

7.2 디지털 변환

① 디지털 신호체계 및 변환
- 10진수 체계를 0과 1의 2가지 상태(digit)를 갖는 2진수 체계(binary system)로 변환
- 변환과정은 표본화(sampling), 양자화(quantization), 부호화(coding)의 3단계를 거침.

7.3 수의 체계 및 진수변환

① 1 비트(bit): 0과 1의 상태(digit)를 나타내는 디지털 신호의 최소 단위
- 1 nibble = 4 bit, 1 byte = 8 bit, 1 word = 32 bit = 4 byte

② 각 진수의 10진수 변환
- 각 진수로 표현된 숫자를 기수(基數, base 또는 radix)에 각 자릿수를 지수로 사용하여 곱한 후 모두 더하면 10 진수로 변환됨.

$$ABC.DE_{(2)} = A \times 2^2 + B \times 2^1 + C \times 2^0 + D \times 2^{-1} + E \times 2^{-2}$$

③ 10진수의 2진수/8진수/16진수 변환
- 정수부분은 변환하고자 하는 진수의 기수로 나누어 더 이상 나눠지지 않을 때까지(몫이 0이 될 때까지) 나누고 나머지를 역순으로 표기함.
- 소수부분은 변환하고자 하는 진수의 기수를 곱하여 0 또는 반복되는 수가 나올 때까지 곱하고 소수 앞부분을 순 차적으로 표기함.

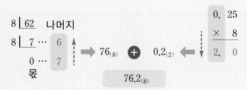

④ 각 진수의 상호변환

- 2진수와 8진수 사이의 상호변환: 2진수 3자리(3-bit)를 8진수 1자리로 변환
- 2진수와 16진수 사이의 상호변환: 2진수 4자리(4-bit)를 16진수 1자리로 변환
- 8진수와 16진수 사이의 상호변환
  - 8진수 1자리를 2진수 3자리로 변환 후, 다시 2진수 4자리를 16진수로 변환(16진수에서 8진수로 변환 시는 반대과정을 거침.)

7.4 디지털 코드

① 디지털 정보의 체계

- 2진수의 자릿수를 n이라 하면 경우의 수는 2^n이 됨.
- 표현할 수 있는 10진수의 최솟값은 0이 되고, 최댓값은 $(2^n - 1)$이 됨.

② 디지털 코드(또는 부호)

- 10진수나 문자, 기호 등으로 표시된 정보를 디지털 시스템에서 입출력하거나 처리하기 위해 2진수 체계를 이용하여 디지털 정보로 변환할 수 있도록 규정한 체계임.
- 부호화(coding): 10진수를 2진수의 디지털 정보로 변환하는 과정
- 복호화(decoding): 부호화된 2진수를 가독성을 위해 다시 10진수로 변환하는 과정

③ BCD(Binary-Coded Decimal code) 코드 = 2진화 10진 코드 = 8421 코드

- 10진수 숫자를 표현하기 위한 대표적 가중치 코드(weighted code)
- 코딩 방식은 10진수 각 자릿수에 해당되는 0~9를 각각 4-bit의 2진수로 변환

④ 3초과 코드(Excess-3 code)

- 10진수를 표현하기 위한 코드로 10진수에 3을 더하고 2진수 4-bit로 변환한 코드
- 자기 보수 코드로 자릿값이 의미가 없는 비가중치 코드(unweighted code)

⑤ 아스키 코드(ASCII code)

- 데이터 통신 및 컴퓨터(PC)에서 정보 표현을 위해 가장 많이 채택되어 사용되는 미국표준코드
- ASCII 코드는 7-bit의 2진수를 사용하여 총 128개(= 2^7)의 서로 다른 문자를 표시함.

⑥ 그레이 코드(Gray code)

- 주어진 10진수를 2진수 4-bit의 BCD 코드로 변환 후 BCD 코드의 인접하는 비트를 XOR 연산하여 만든 코드

⑦ 패리티 비트(parity bit)

- 대표적인 오류(error) 검출 코드로 2진수로 만들어진 디지털 데이터의 전송과정에서의 코드 오류를 검사하기 위한 추가한 bit를 의미
- 1-bit의 오류만 검출 가능하며 어느 bit가 오류인지는 찾아낼 수 없음.

⑧ 해밍 코드(Hamming code)

- 데이터 길이에 따라 추가 parity bit를 2^n 자리에 추가시킨 코드
- 오류 검출뿐만 아니라 어느 bit에서 오류가 발생하였는지를 찾아내어 오류를 수정할 수 있는 코드
- 2-bit의 오류를 검출하고, 1-bit의 오류를 수정할 수 있음.

▶ 연습문제

01. 디지털 시스템에 대한 설명 중 틀린 것은?

① 디지털 시스템은 내·외부 잡음(noise)에 강하다.
② 디지털 시스템은 정보저장과 처리가 용이하다.
③ 디지털 시스템은 연속 시스템이다.
④ 디지털 시스템은 0과 1의 비트(bit) 단위를 가진다.

해설 연속 시스템(continuous system)은 아날로그 시스템이며, 디지털 시스템은 0과 1의 수체계를 가진 이산 시스템(discrete system)이다.

02. 다음 중 잘못 연결된 것은?

① 2 word = 64 bit
② 16 bit = 3 nibble
③ 8 byte = 64 bit
④ 8 byte = 16 nibble

해설 1 nibble = 4 bit이므로 16 bit = 4 nibble이다.

03. 아날로그 신호를 디지털 신호로 변환하기 위해 필요한 장치는?

① AD 변환기
② DA 변환기
③ 정류기
④ 레귤레이터

해설 아날로그 신호를 디지털 신호로 상호변환하기 위해서는 AD 변환기(ADC, Analog-to-Digital Converter)와 DA 변환기(DAC, Digital-to-Analog Converter)가 필요하며, 아날로그 신호를 디지털로 변환 시에는 ADC가 사용된다.

04. 아날로그 신호를 디지털 신호로 변환하기 위해 거치는 필수과정 중 가장 가까운 정수로 변환하는 과정을 무엇이라 하는가?

① 부호화
② 평활화
③ 표본화
④ 양자화

해설 아날로그 신호의 디지털 변환과정은 표본화(sampling), 양자화(quantization), 부호화(coding) 과정을 거치며, 양자화는 일정시간 T에서 표본화를 통해 획득한 값을 가장 가까운 정수로 변환하는 과정이다.

05. 다음 진수들 중 잘못된 것은?

① $1011010_{(2)}$
② $2456914_{(8)}$
③ $6DC3_{(16)}$
④ $524_{(10)}$

해설 8진수는 0∼7까지의 수를 사용하며 기수는 8을 사용한다.

06. 10진수 231을 2진수로 변환하여 표현하기 위해서 필요한 최소 비트(bit) 수는?

① 10bit
② 8bit
③ 7bit
④ 4bit

해설 7bit를 사용하면 $2^7 = 128$이므로 0∼127까지의 10진수를 표현할 수 있고, 8bit를 사용하면 $2^8 = 256$이므로 0∼255까지의 10진수를 표현할 수 있다.

07. 2진수 10101.11을 10진수로 변환하면?

① 42.15
② 22.15
③ 21.75
④ 12.75

해설 $10101.11_{(2)} = 1 \times 2^4 + 0 \times 2^3 + 1 \times 2^2 + 0 \times 2^1$
$\qquad + 1 \times 2^0 + 1 \times 2^{-1} + 1 \times 2^{-2}$
$\qquad = 16 + 4 + 1 + 0.5 + 0.25 = 21.75$

08. $456_{(8)}$과 $2AF_{(16)}$를 더하면 10진수로 얼마인가?

① 324
② 672
③ 885
④ 989

해설 $456_{(8)} = 4 \times 8^2 + 5 \times 8^1 + 6 \times 8^0 = 256 + 40 + 6$
$\qquad = 302$
$2AF_{(16)} = 2 \times 16^2 + 10 \times 16^1 + 15 \times 16^0$
$\qquad = 512 + 160 + 15 = 687$
$\therefore 302 + 687 = 989$

09. 10진수 145.25를 8진수로 변환하면 얼마인가?

① 112.5
② 221.2
③ 324.7
④ 543.1

해설
$$
\begin{array}{ll}
8\,\underline{|\,145} & \quad 0.\,25 \\
\;\;8\,\underline{|\;18} \cdots 1 & \quad\;\; \times\;\; 8 \\
\qquad 2 \cdots 2 & \quad 2.\,0
\end{array}
$$
$\therefore 145.25_{(10)} = 221.2_{(8)}$

정답 1. ③ 2. ② 3. ① 4. ④ 5. ② 6. ② 7. ③ 8. ④ 9. ②

10. 8진수 $724.65_{(8)}$를 2진수로 변환하면?

① $111010100.110_{(2)}$　② $101010100.110_{(2)}$

③ $111010100.100_{(2)}$　④ $111010001.101_{(2)}$

해설 8진수 1자리를 2진수 3자리로 변환한다.

$$724.65_{(8)} = 7 \quad 2 \quad 4 \quad . \quad 6 \quad 5_{(8)}$$
$$= 111 \quad 010 \quad 100 \quad . \quad 110 \quad 101_{(2)}$$

11. 8진수 7652.32를 16진수로 변환하면?

① $DD6.58_{(16)}$　② $FAA.68_{(16)}$

③ $3FA.72_{(16)}$　④ $FAC.72_{(16)}$

해설 8진수 1자리를 2진수 3자리로 변환한 후, 2진수 4자리를 16진수로 변환한다.

$$7652.32_{(8)} = 7 \quad 6 \quad 5 \quad 2 \quad . \quad 3 \quad 2_{(8)}$$
$$= 111 \quad 110 \quad 101 \quad 010 \quad . \quad 011 \quad 010_{(2)}$$
$$= 1111 \quad 1010 \quad 1010 \quad . \quad 0110 \quad 1000_{(2)}$$
$$= F \quad A \quad A \quad . \quad 6 \quad 8_{(16)}$$

$\therefore 7652.32_{(8)} = FAA.68_{(16)}$

12. 디지털 신호의 자릿수로 표현되는 경우의 수가 잘못 연결된 것은?

① 3 bit – 8개　② 6 bit – 64개

③ 8 bit – 254개　④ 12 bit – 4,096개

해설 디지털 신호의 각 자리는 2진수 0 또는 1이 오게 되므로 2진수 1 bit는 2가지의 경우의 수가 발생할 수 있다. 따라서 2진수의 자릿수를 n이라 하면 경우의 수는 2^n이 되므로 8bit의 자릿수인 경우는 $2^8 = 256$개의 경우의 수가 나타난다.

13. 12-bit AD 변환기를 사용하고 있다. 분해능은 얼마인가?

① 324　② 672　③ 1,024　④ 4,096

해설 $2^{12} = 4,096$

14. 다음 중 다른 코딩 방식을 사용하는 코드는 무엇인가?

① 8421 코드　② Excess-3 코드

③ 2진화 10진 코드　④ BCD 코드

해설 BCD 코드(Binary-Coded Decimal code)는 "2진화 10진 코드" 또는 "8421 코드"라고도 불리며, 10진수 숫자를 표현하기 위한 대표적 코드이다.

15. 다음 코드 중 신호의 오류검출기능과 관련이 없는 것은?

① Gray 코드　② Hamming 코드

③ parity bit　④ BCD 코드

해설 Gray 코드는 카운터와 같이 연속적으로 증가하는 숫자를 표시할 수 있으며, 1 bit만 바뀌는 특성을 이용하여 오류를 검출할 수 있다.

16. 10진수 $73_{(10)}$에 대한 BCD 코드는?

① 11100011　② 1100111

③ 1110011　④ 1110101

해설 10의 자리 7은 2진수 4 bit로 변환하면 $0111_{(2)}$, 1의 자리 3은 $0011_{(2)}$이 되므로 BCD 코드는 111 $0011_{(2)}$이 된다.

17. 10진수 $941_{(10)}$에 대한 3초과 코드는?

① 1001 0100 0001

② 1100 0111 0100

③ 1100 0100 0100

④ 1100 0111 0001

해설 먼저 BCD 코드로 변환 후 0011을 더하여 Excess-3 코드로 변환한다.

$$941_{(10)} = 1001 \quad 0100 \quad 0001_{(BCD)}$$
$$= 1100 \quad 0111 \quad 0100_{(Excess-3)}$$

18. 10진수 $58_{(10)}$을 그레이 코드로 변환하면?

① 0101 1101　② 0110 0100

③ 0111 1100　④ 0101 1100

해설 먼저 BCD 코드로 변환한 후 XOR 연산을 통해 그레이 코드로 변환한다.

$$58_{(10)} = 0101 \quad 1000_{(BCD)}$$
$$= 0111 \quad 1100_{(Gray)}$$

정답 **10.** ①　**11.** ②　**12.** ③　**13.** ④　**14.** ②　**15.** ④　**16.** ③　**17.** ②　**18.** ③

19. 문자 'C'를 ASCII 코드로 변환하였더니 1000011이 되었다. 짝수 패리티 비트를 추가한 코드로 맞는 것은?

① 10000111   ② 11000011

③ 10000110   ④ 01000011

해설 코드 1000011에 포함된 1의 개수는 3이므로 짝수 패리티 1이 최상위 비트(MSB)에 추가된다. 따라서 코드는 110000110이 된다.

▶ 기출문제

20. 압력센서의 전압값을 기준전압 5 V의 10-bit 분해능의 A/D 컨버터로 변환하려 한다면 센서의 출력전압이 2.5 V일 때 출력되는 이상적인 디지털 값은?   (항공산업기사 2014년 2회, 2017년 2회)

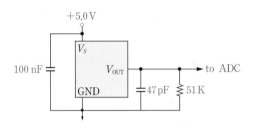

① 128   ② 256

③ 512   ④ 1,024

해설 ※ 문제가 명확하게 기술되지 않아서 실제 시험에서 해답을 구하기가 쉽지 않았을 것 같습니다. 다음 풀이과정을 통해 이해하기 바랍니다.

- A/D 컨버터가 10-bit이므로 $2^{10} = 1,024$개를 표현할 수 있으므로 분해능(resolution)은 1,024가 되고, 0~1,023까지의 디지털 변환값이 압력센서의 전압값에 대응된다.
- 따라서, 전압의 최솟값 0 V는 디지털 변환값 0에 대응되고, 전압 최댓값 +5 V는 디지털 변환값의 최댓값 1,023에 대응시킬 수 있다.
- x축을 전압값(아날로그값), y축을 디지털값으로 설정하고 1차곡선의 기울기와 절편을 구하면 다음과 같이 계산된다.

$$\begin{cases} a = \left(\dfrac{Y_{max} - Y_{min}}{X_{max} - X_{min}}\right) = \dfrac{(1,023 - 0)}{(5 - 0)} = 204.6 \\ b = 0 \end{cases}$$

- 1차곡선은 $Y = aX + b = 204.6X$ 가 구해지므로, 압력센서의 출력전압이 2.5 V인 경우의 디지털 변환값은 512가 된다.

$$Y = 204.6 \times 2.5 = 511.5 \approx 512$$

정답   **19.** ②   **20.** ③

AVIONICS

ELECTRICITY AND ELECTRONICS
FOR AIRCRAFT ENGINEERS

AVIONICS
ELECTRICITY AND ELECTRONICS

8장에서는 디지털 시스템에 이용되는 논리회로(logical circuit)에 대해 알아보겠습니다. 디지털 회로는 논리연산을 수행하는 논리회로와 정보를 저장하는 메모리를 기반으로 구성되어 있으며, 논리회로를 통해 다양한 기능을 수행하는 디지털 회로를 만들어낼 수 있기 때문에 중요합니다. 논리회로란 0과 1로 이루어진 2진 신호 입력에 대해 2진 신호 출력을 내는 회로를 말하며, 논리 게이트(logic gate), 논리 소자(logic element)라고도 부릅니다. 본 장에서는 AND, OR, NOT, NAND 등의 기본 논리회로와 기본 논리회로의 적절한 조합을 통해 연산기능을 구현하는 인코더(encoder), 가산기(adder), 멀티플렉서(multiplexer) 등의 조합 논리회로(combinational logic circuit) 및 메모리 기능을 수행하는 플립플롭(flip-flop)과 같은 순서 논리회로(sequential logic circuit)에 대해 순차적으로 알아보겠습니다.

8.1 불 대수

디지털 시스템에서 사용하는 2진수 체계의 값 0과 1을 불 대수(Boolean algebra)라고 하며, 전자계산기 회로나 디지털 시스템 설계의 기초가 되는 2진 논리학을 수학적 방법으로 해석하기 위하여 적용됩니다. 디지털 회로의 기초가 되는 불 대수는 1847년에 영국의 수학자 불(Reverend George Boole)이 창안하였으며, 대표적인 특성을 정리하면 다음과 같습니다.

- 불 대수는 불 상수(Boolean constant)와 불 변수(Boolean variable)로 나뉘는데, 불 상수는 0과 1의 값 중에 1개의 값으로 고정된 수를 말하며, 불 변수는 시간에 따라 0과 1의 값이 계속적으로 변화하는 수를 가리킵니다.
- 불 대수를 전자회로에서 사용할 때, 그 값은 회로의 입출력 단자나 전선상에 나타나는 특정 전압 레벨을 대표합니다.[1]
- 일반적으로 디지털 시스템과 회로에서는 +3.3~+3.5 V를 기준전압[2]으로 사용하므로 디지털 회로는 +5 V를 공급전압으로 사용합니다.

불 대수(0 또는 1)를 사용하여 논리연산을 수행한다는 것은 인간이 무엇인가를 판단할 때 생각하는 방식과 동일하게 논리학의 참(True)인지, 거짓(False)인지를 판단하는 것과 같습니다. 디지털 논리회로는 최신 항공기의 거의 모든 장비에 장착되어 사용되고 있는데, 장비의 운용 상태를 파악하거나 결함 유무를 판단할 때 유용합니다. 예를 들어 항공기의 관성항법장치(INS)[3]가 결함이 발생했을 때 False(=0) 신호를 내보

[1] 예를 들어 전압이 0~+0.8 V인 경우를 0으로, +2~+5 V인 경우를 1로 표시할 수 있음.

[2] 불 대수 1을 의미함.

[3] Inertial Navigation System

내고, 정상상태일 때는 True(=1) 신호를 내보낸다면, 외부에서 상태를 판단할 수가 있고 그 상태에 대처할 수 있는 기능을 구현할 수도 있습니다.

 불 대수(Boolean algebra)

- True는 참으로 판단하여 디지털 신호 1에 대응시킨다.
- False는 거짓으로 판단하여 디지털 신호 0에 대응시킨다.

8.2 기본 논리회로

기본 논리회로는 Buffer, NOT, AND, OR, NAND, NOR, XOR, XNOR 논리회로의 총 8가지로 구성됩니다. 이 중 NAND, NOR, XOR, XNOR 논리회로를 확장 논리회로라고 합니다. 그럼 기본 논리회로를 하나씩 살펴보겠습니다.

8.2.1 Buffer 회로(버퍼 회로)

논리회로는 크게 다음 3가지 방식으로 표현됩니다.

① 논리기호(logical symbol): 도형을 사용하여 논리회로를 표현
② 진리표(truth table): 논리기호의 입력과 출력을 표(table)로 표현
③ 논리식(logical expression): 불 대수를 사용하여 입력에 대한 출력을 계산할 수 있는 연산식으로 표현

 Buffer 회로(버퍼 회로)

- 입력신호 A를 그대로 출력 Y로 전송하는 논리회로이다.

[그림 8.1]과 같이 버퍼회로는 논리기호로 삼각형을 사용하고, 입력 $A = 0$에 대해 출력 $Y = 0$을, 입력 $A = 1$에 대해 출력 $Y = 1$을 내보냅니다.

논리식은 이러한 진리표를 수식으로 표현한 것으로 입력을 A라 정의하고 출력을 Y라 정의하면, 버퍼회로의 논리식은 식 (8.1)로 표현할 수 있습니다.

$$Y = A \qquad\qquad (8.1)$$

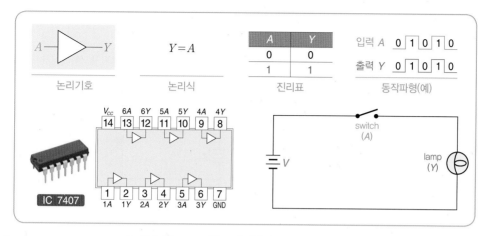

[그림 8.1] Buffer 회로 및 대응되는 아날로그 회로(예)

동작파형은 실제 신호 형태로 0과 1의 상태를 표현한 것이니 따로 설명하지 않아도 어렵지 않게 이해할 수 있을 것입니다. 여러 개의 버퍼회로를 1개의 반도체 집적회로로 만들어 사용하는데, IC 7407은 단일칩 1개에 6개의 버퍼회로를 가지고 있는 대표적인 반도체 소자입니다.

버퍼회로를 배터리, 스위치 및 램프를 사용하여 아날로그 회로로 구성한 예를 살펴보겠습니다. [그림 8.1]과 같이 회로를 구성하면 스위치는 버퍼회로의 입력[4]이 되며, 램프[5]는 출력에 해당됩니다. 스위치 A가 Off된 상태는 입력이 0인 경우로 이때 램프에는 전기가 공급되지 않으므로 불이 들어오지 않아 출력이 0이 됩니다. 실제 사용하는 버퍼회로에서는 출력값은 변하지 않지만 시간지연(time delay)이 발생합니다.

4 switch off = 0,
switch on = 1

5 lamp off = 0,
lamp on = 1

8.2.2 NOT 회로(부정회로)

 NOT 회로(부정회로)

• 입력 A의 반대값이 출력 Y가 되는 논리회로로 인버터 회로(inverter circuit)라고도 한다.

NOT 회로의 논리기호는 [그림 8.2]와 같이 버퍼회로 논리기호의 출력단에 조그만 동그라미를 추가하여 표현합니다.[6] 진리표를 보면 입력신호의 반대값이 출력되므로 입력 $A = 0$에 대해서는 출력 $Y = 1$을, 입력 $A = 1$에 대해 출력 $Y = 0$을 내보내도록 동작합니다.

아날로그 회로로 NOT 회로를 구현한 예를 보면, 그림처럼 릴레이를 구동하는 스위

6 출력단의 조그만 동그라미는 입력의 반대값을 내보내는 기호로 다른 논리기호에서도 사용됨.

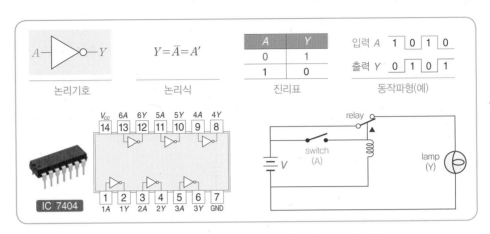

[그림 8.2] NOT 회로(부정회로) 및 대응되는 아날로그 회로(예)

치를 입력 A라 가정하고 램프의 상태를 출력 Y로 생각합니다. 스위치를 누르지 않은 상태($A = 0$)에서 릴레이의 접점은 NC(Normal Close)[7] 접점에 연결되어 있으므로 램프는 불이 들어와 On 상태가 되므로 출력 $Y = 1$이 됩니다. 반대로 스위치를 눌러 입력을 1($A = 1$)로 바꾸면 릴레이가 작동하여 접점이 NO(Normal Open)[8] 접점으로 바뀌므로 램프에 전기가 공급되지 않아 출력 $Y = 0$이 됩니다.

논리식은 진리표를 수식으로 표현하여 입력 A에 바($^-$)를 붙이거나 프라임($'$)을 붙여서 식 (8.2)와 같이 정의합니다.

$$Y = \overline{A} = A' \tag{8.2}$$

6개의 NOT 회로를 1개의 반도체 집적회로로 만들어 사용하는데, IC 7404가 대표적인 소자로 사용됩니다.

8.2.3 AND 회로(논리곱회로)

 Point **AND 회로(논리곱회로)**

• 입력 A, B가 모두 1일 경우에만 출력 Y가 1이 되는 논리회로이다.
• 버퍼회로와 NOT 회로는 입력이 1개인 반면에 AND 회로부터는 입력이 2개 이상이 된다.

입력 A와 B는 각각 0과 1 둘 중에 한 값을 가지므로 7장에서 설명한 것과 같이 전체 조합의 수는 4개($= 2^2$)가 됩니다.

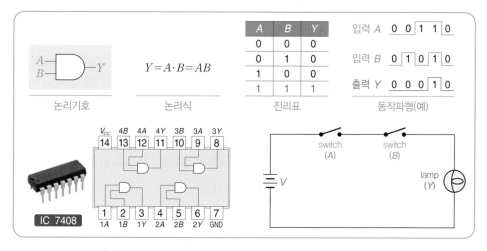

[그림 8.3] AND 회로(논리곱회로) 및 대응되는 아날로그 회로(예)

AND 회로는 [그림 8.3]에서 나타낸 논리기호를 사용하고, 논리식은 2개의 입력 A 와 B를 곱하여 식 (8.3)과 같이 정의됩니다.

$$Y = A \cdot B = AB \qquad (8.3)$$

따라서 진리표 입력의 4가지 경우를 논리식 (8.3)으로 계산하면 동일한 출력결과를 얻을 수 있습니다. 예를 들어, 입력 $A = 1$, $B = 0$인 경우에는 $Y = A \cdot B = 1 \cdot 0 = 0$이 출력됩니다. 이처럼 논리식을 사용하면 일반적인 산술식 계산을 통해 입력에 대한 출력값을 손쉽게 계산할 수 있습니다. AND 회로는 논리식이 곱하기로 표현되기 때문에 논리곱회로라고도 합니다.

4개의 AND 회로를 1개의 반도체 집적회로로 만들어 사용하는 것이 IC 7408이고, 그림과 같이 Pin-1번과 2번은 첫 번째 AND 회로의 입력으로 사용되고, Pin-3번은 출력으로 대응됩니다. IC도 전원을 공급해주어야 작동하므로, 실제 회로에 IC를 사용하는 경우 Pin-14번 V_{CC}에 +5 V를 연결하고 Pin-7번 GND에는 회로의 전원 그라운드(GND)를 연결해주어야 합니다. 버퍼회로 및 NOT 회로의 IC 7407과 7404도 동일하게 적용됩니다.

아날로그 회로로 AND 회로를 구현한 예를 보면, 그림과 같이 2개의 스위치를 직렬로 연결하여 구현할 수 있습니다. 스위치 A와 B가 모두 눌려 On(= 1)이 되어야 램프에 전류가 공급되어 불이 들어오게 되고, 스위치 2개 중 1개만 Off(= 0)가 되어도 램프에 불이 들어오지 않으므로 출력 $Y = 0$이 됩니다.

8.2.4 OR 회로(논리합회로)

> **핵심 Point** **OR 회로(논리합회로)**
>
> • 입력값 A, B 중 1개라도 1일 경우에 출력 Y가 1이 되는 논리회로이다.

OR 회로는 [그림 8.4]에 나타낸 논리기호를 사용하고, 논리식은 2개의 입력 A와 B를 더하여 식 (8.4)와 같이 정의합니다.

$$Y = A + B \tag{8.4}$$

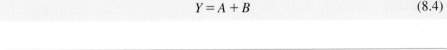

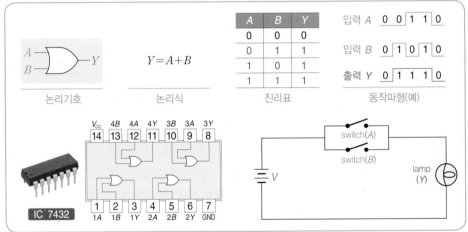

[그림 8.4] OR 회로(논리합회로) 및 대응되는 아날로그 회로(예)

OR 회로도 진리표 입력의 4가지 경우를 식 (8.4)의 논리식으로 계산하면 동일한 출력결과를 얻을 수 있습니다. 예를 들어, 입력 $A = 0$, $B = 1$이라면 $Y = A + B = 0 + 1 = 1$이 계산됩니다. 여기서 주의할 점은 입력 A와 B가 모두 1일 경우의 계산방법입니다. 일반적으로 계산하는 산술법을 사용하면 $Y = A + B = 1 + 1 = 2$가 되지만, 디지털에서는 0 또는 1의 값을 취하므로 이 경우에 $Y = A + B = 1 + 1 = 1$로 계산해야 합니다. 이처럼 OR 회로는 논리식이 더하기로 표현되기 때문에 논리합회로라고도 합니다.

4개의 OR 회로를 1개의 반도체 집적회로로 만들어 사용하는 대표적인 반도체 소자는 IC 7432가 사용됩니다. 아날로그 회로로 OR 회로를 구현해 보겠습니다. 이번에는 [그림 8.4]와 같이 2개의 스위치를 병렬로 연결하여 구현할 수 있습니다. 스위치 A와

B 중 한 개라도 눌러서 On($=1$)이 되면 램프에 전류가 공급되어 불이 들어오게 되므로 출력 $Y=1$이 되고, 스위치 2개가 모두 눌리지 않은 상태로 Off($=0$)가 되는 경우에만 램프에 불이 들어오지 않으므로 출력 $Y=0$이 됩니다.

8.2.5 NAND 회로

NAND 회로부터는 앞에서 설명한 Buffer, NOT, AND 및 OR 회로를 조합하여 기능을 구현하는 확장 논리회로에 해당됩니다.

 Point **NAND 회로**

- 입력 A, B가 모두 1인 경우에만 출력 Y가 0이 되는 논리회로이다.
- AND 회로에 부정(NOT)을 취한 회로가 된다.

NAND[9] 회로는 AND 회로의 부정이기 때문에 [그림 8.5]와 같이 AND 회로 뒷단에 NOT 회로를 직렬로 연결한 회로와 등가회로가 되고, 이를 간략화한 1개의 논리기호로 표현합니다. 논리식은 식 (8.5)와 같이 AND 논리식에 NOT 회로의 논리식을 의미하는 바를 붙여서 정의할 수 있고, 진리표의 4가지 입력조건을 대입하여 계산하면 출력이 진리표대로 계산됨을 확인할 수 있습니다. IC 7400은 입력이 2개짜리인 NAND 회로 4개를, IC 7410은 입력이 3개짜리인 NAND 회로 3개를 구현해 놓은 대표적인 IC입니다.

9 NAND는 'Not AND' 를 의미함.

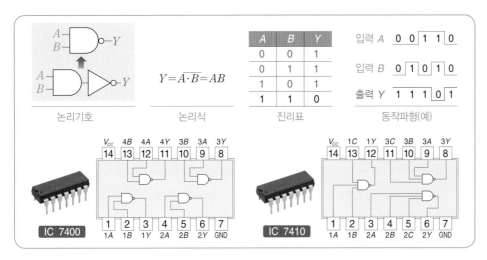

[그림 8.5] NAND 회로

$$Y = \overline{A \cdot B} = \overline{AB} \tag{8.5}$$

아날로그 회로로 NAND 회로를 구현하려면 [그림 8.6]과 같이 2개의 스위치를 병렬로 연결합니다. NAND 회로에서는 앞의 OR 회로에서 사용한 토글 스위치(toggle switch) 대신에 푸시 버튼(push button) 스위치를 사용해보았습니다. 앞의 OR 회로에서처럼 병렬로 스위치 2개가 연결되지만, NAND 회로에서는 스위치 A, B의 초기 접점상태가 틀림을 확인할 수 있습니다. 즉, 그림과 같이 스위치가 눌려지지 않은 초기 상태에서 접점은 On이 되어 있고, 이 상태가 NAND 회로에서 입력값 $A = 0$, $B = 0$을 의미합니다.[10] 스위치의 접점이 붙어 있다고 해서 입력값이 1인 상태로 생각하면 안 되고, 스위치를 누르는 경우가 입력값 $A = 1$, $B = 1$인 상태가 됨을 주의해야 합니다.

10 접점의 On/Off 상태로 입력 0, 1을 따지는 것이 아니라, 스위치를 눌러 작동시키느냐의 관점임.

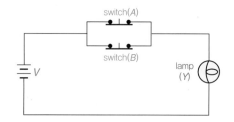

[그림 8.6] NAND 회로에 대응되는 아날로그 회로(예)

진리표의 4가지 조건에 대해서 [그림 8.6]의 회로는 다음과 같이 동작합니다.

① 입력 $A = 0$, $B = 0$(스위치 A와 B를 모두 누르지 않은 경우):
병렬회로를 통해 전원이 모두 공급되므로 램프는 On이 됨(→ 출력 $Y = 1$).

② 입력 $A = 0$, $B = 1$(스위치 B만 누른 경우):
스위치 B의 접점이 떨어지지만, 스위치 A가 연결되어 있으므로 전원이 공급되어 램프는 On이 됨(→ 출력 $Y = 1$).

③ 입력 $A = 1$, $B = 0$(스위치 A만 누른 경우):
스위치 A의 접점이 떨어지지만, 스위치 B가 연결되어 있으므로 전원이 공급되어 램프는 On이 됨(→ 출력 $Y = 1$).

④ 입력 $A = 1$, $B = 1$(스위치 A와 B를 모두 누른 경우):
스위치 모두 접점이 떨어지므로 병렬회로 양쪽을 통해 전원이 공급되지 않게 되므로 램프는 Off가 됨(→ 출력 $Y = 0$).

8.2.6 NOR 회로

 NOR 회로

- 입력 A와 B가 모두 0인 경우에만 출력 Y가 1이 되는 논리회로이다.
- OR 회로에 부정(NOT)을 취한 회로가 된다.

NOR[11] 회로는 OR 회로의 부정이기 때문에 [그림 8.7]과 같이 OR 회로 뒤에 NOT 회로를 직렬로 연결하면 되고, 간략하게 1개의 논리기호로 표현하여 사용합니다. 논리식은 OR 논리식에 NOT을 의미하는 바를 붙여서 식 (8.6)과 같이 정의할 수 있고, 진리표의 4가지 입력조건을 대입하여 계산하면 출력이 진리표 결과대로 계산됨을 확인할 수 있습니다.

$$Y = \overline{A + B} \tag{8.6}$$

IC 7402는 입력이 2개인 NOR 회로 4개를 포함하고 있으며, IC 7427은 입력이 3개인 NOR 회로 3개를 구현해 놓은 대표적 IC입니다.

11 NOR는 'Not OR' 를 의미함.

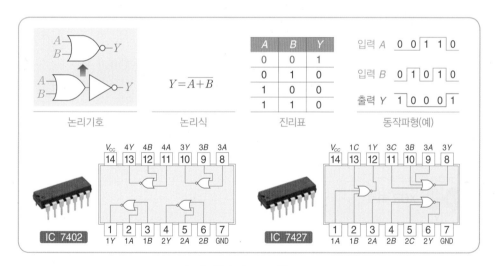

[그림 8.7] NOR 회로

아날로그 회로로 NOR 회로를 나타내려면 [그림 8.8]과 같이 2개의 스위치를 직렬로 연결하여 구현할 수 있습니다. 앞의 NAND 회로와 마찬가지로 접점이 붙어 있다고 해서 입력이 1이라고 생각하면 안 되고, 스위치가 눌리지 않은 상태가 입력 0이 됨을 주의합니다.

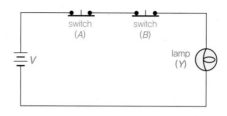

[그림 8.8] NOR 회로에 대응되는 아날로그 회로(예)

NOR 회로는 진리표의 4가지 조건에 대해서 다음과 같이 작동합니다.

① 입력 $A = 0$, $B = 0$(스위치 A와 B를 모두 누르지 않은 경우):
   직렬회로를 통해 전원이 공급되므로 램프는 On이 됨(→ 출력 $Y = 1$).
② 입력 $A = 0$, $B = 1$(스위치 B만 누른 경우):
   스위치(B)의 접점이 떨어져 전원공급이 끊어지므로 램프는 Off가 됨.
   (→ 출력 $Y = 0$)
③ 입력 $A = 1$, $B = 0$(스위치 A만 누른 경우):
   스위치(A)의 접점이 떨어져 전원공급이 끊어지므로 램프는 Off가 됨.
   (→ 출력 $Y = 0$)
④ 입력 $A = 1$, $B = 1$(스위치 A와 B를 모두 누른 경우):
   스위치 접점이 모두 떨어져 전원공급이 끊어지므로 램프는 Off가 됨.
   (→ 출력 $Y = 0$)

8.2.7 XOR 회로

 **Point** **XOR 회로**

- 입력 A, B 중 홀수 개의 1이 입력된 경우만 출력 Y가 1이 되는 논리회로로, 배타적 OR 회로라고도 한다.
- 즉 A, B 입력이 모두 0이거나 1이면(입력값이 같으면) 출력이 0이 되고, 서로 다른(배타적인 경우에는 출력이 1이 된다.

XOR 회로는 [그림 8.9]와 같이 AND, OR, NOT 회로를 이용하여 구성할 수도 있고, 간단히 1개의 논리기호를 사용할 수도 있습니다.

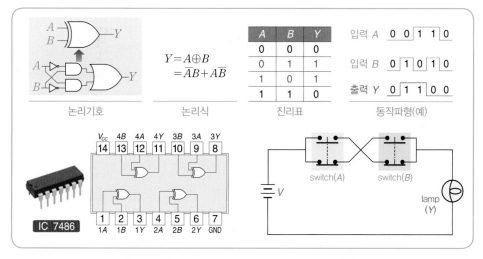

[그림 8.9] XOR 회로 및 대응되는 아날로그 회로(예)

또한 논리식은 식 (8.7)과 같이 기호($\oplus$)를 사용하거나, AND, OR, NOT 회로의 조합을 개별적 논리식으로 구현하여 정의할 수도 있습니다.

$$Y = A \oplus B = \overline{A}B + A\overline{B} \tag{8.7}$$

즉, [그림 8.9]의 논리기호에서 입력 A는 NOT을 취한 후 위쪽 AND 회로의 첫 번째 입력과 아래 AND 회로의 첫 번째 입력으로 동시에 사용됩니다. 입력 B는 NOT을 취한 후 위쪽 AND 회로의 첫 번째 입력으로 사용되면서 아래 AND 회로의 첫 번째 입력으로도 사용됩니다. 따라서 위쪽 AND 회로는 논리곱이므로 $Y_1 = \overline{A}B$가 되고, 아래쪽 AND 회로는 $Y_2 = A\overline{B}$가 됩니다. 이 두 개의 출력이 마지막 OR 회로에서 논리합으로 $Y = Y_1 + Y_2 = \overline{A}B + A\overline{B}$가 되므로 최종적으로 논리식은 식 (8.7)과 같이 계산됩니다. 논리식에 진리표의 4가지 입력조건을 대입하여 계산하면 출력이 진리표와 동일하게 나옴을 확인할 수 있습니다. IC 7486이 대표적으로 사용되는 집적회로 소자입니다.

NOR 회로에 대응되는 아날로그 회로를 구현해 보면, [그림 8.9]와 같이 2개의 푸시 버튼을 1개의 입력스위치로 구성하여 초기 상태에서 위쪽 푸시 버튼은 Off 상태, 아래쪽 푸시 버튼은 On 상태가 되도록 합니다. 이렇게 구현한 스위치 A와 B를 그림과 같이 스위치 내부 푸시 버튼에 교차하여 연결합니다. 그림과 같이 회로의 초기 상태에서 스위치가 눌려지지 않은 경우에 스위치 A와 B는 입력값 $A = 0$, $B = 0$인 상태라고 가정하면 진리표의 4가지 조건에 대해서 구현한 아날로그 회로는 다음과 같이 작동합니다.

① 입력 $A = 0$, $B = 0$(스위치 A와 B를 모두 누르지 않은 경우):

스위치 A의 아래쪽 푸시 버튼 접점이 붙어 전원이 공급되지만, 스위치 B의 위쪽 푸시 버튼 접점이 떨어져 전원공급이 차단되어 램프는 Off가 됨(→ 출력 $Y = 0$).

② 입력 $A = 0$, $B = 1$(스위치 B만 누른 경우):

스위치 A의 아래쪽 푸시 버튼 접점이 붙어 전원이 공급되고, 스위치 B의 위쪽 푸시 버튼 접점도 붙게 되어 전원이 공급되므로 램프는 On이 됨(→ 출력 $Y = 1$).

③ 입력 $A = 1$, $B = 0$(스위치 A만 누른 경우):

스위치 A의 위쪽 푸시 버튼 접점이 붙어 전원이 공급되고, 스위치 B의 아래쪽 푸시 버튼도 접점이 붙어 전원이 공급되므로 램프는 On이 됨(→ 출력 $Y = 1$).

④ 입력 $A = 1$, $B = 1$(스위치 A와 B를 모두 누른 경우):

공급되는 전원이 없으므로 램프는 Off가 됨(→ 출력 $Y = 0$).

8.2.8 XNOR 회로

 XNOR 회로

- 입력 A, B 중 짝수 개의 1이 입력된 경우만 출력 Y가 1이 되는 논리회로로, 배타적 NOR 회로라고도 한다. (즉, 입력이 모두 같은 경우만 1이 출력됨)
- XOR 회로의 부정(NOT)이 되는 회로이다.

12 XNOR는 'NOT XOR'를 의미함.

마지막 기본 논리회로인 XNOR[12] 회로는 [그림 8.10]과 같이 AND, OR, NOT 회로를 이용하여 구성할 수도 있으며, 1개의 논리기호를 사용할 때는 NOR 회로기호에 NOT을 의미하는 조그만 동그라미를 출력단에 붙여 사용합니다.

논리식은 원 안에 점을 표시한 기호(⊙)를 사용하거나 앞의 논리회로의 조합을 개별적 논리식으로 구현하여 다음 식 (8.8)과 같이 정의합니다.

$$Y = \overline{A \oplus B} = A \odot B = \overline{A}\,\overline{B} + AB \tag{8.8}$$

진리표의 4가지 입력조건을 대입하여 계산하면 출력이 진리표와 같이 계산됨을 확인할 수 있으며, IC 74266이 대표적으로 사용되는 집적회로 소자입니다.

아날로그 회로로 XNOR 회로를 구현해 보겠습니다. NOR 회로에서 사용한 스위치를 이용하여 [그림 8.10]과 같이 연결하여 회로를 구현합니다. 이제 어느 정도 이해

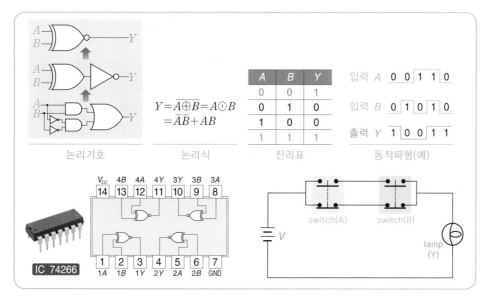

[그림 8.10] XNOR 회로 및 대응되는 아날로그 회로(예)

가 되었을 것으로 생각되어 **XNOR** 회로 진리표의 4가지 조건에 대한 회로 작동 설명
은 생략하겠습니다.

예제 8.1

다음 논리회로에 대해 최종 출력값을 계산하시오.

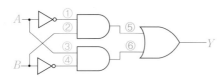

(1) 진리표로 계산하시오.

(2) 논리식으로 계산하시오.

|풀이| (1) 진리표를 이용하여 출력값을 계산하면, 아래 진리표와 같이 입력이 2개이
    므로 4가지 입력조건이 나온다. 각각의 입력에 대해 각 논리기호를 거치면서 진리표
    를 계산하면 쉽게 출력값을 계산할 수 있다.

A	B	①	②	③	④	⑤	⑥	Y
0	0	1	0	0	1	0	0	0
0	1	1	1	0	0	1	0	1
1	0	0	0	1	1	0	1	1
1	1	0	1	1	0	0	0	0

예를 들어 세 번째 조건인 $A = 1$, $B = 0$인 경우에 대한 결과를 구해보면, ①번 위치에서의 결과값은 입력 A의 부정이므로 0이 되고, ②번 위치에서는 입력 $B = 0$의 값이 그대로 들어가므로 0이 된다. 아래 AND 회로의 입력위치 ③번의 결과값은 입력 A가 그대로 들어가므로 1이 되고, 입력위치 ④번은 입력 $B = 0$의 부정이므로 1이 출력된다. ①번과 ②번의 결과값은 다시 위쪽 AND 회로의 입력이 되므로 출력값은 ⑤번에서 0이 되고, ③번과 ④번의 결과값은 아래쪽 AND 회로의 입력이 되므로 출력값은 ⑥번 위치에서 1이 된다. 따라서 마지막으로 OR 회로에서 결과값이 계산되면 $Y = 1$이 출력된다.

문제에서 제시된 논리회로는 [그림 8.9]의 배타적 NOR 회로(XNOR)를 풀어놓은 것과 같다.[13]

(2) 이번에는 논리식을 사용하여 출력값을 계산하기 위해 우선 주어진 회로의 논리식을 유도한다. 위쪽 AND 회로의 입력 ①은 입력 A의 부정이고, 입력 ②는 B이므로 $Y_1 = \overline{A}B$로 표현할 수 있으며, 아래쪽 AND 회로는 $Y_2 = A\overline{B}$로 표현된다. 마지막 OR 회로는 논리합이므로 최종 식은 다음과 같다.

$$Y = Y_1 + Y_2 = \overline{A}B + A\overline{B} = A \oplus B$$

마찬가지로 세 번째 입력조건인 $A = 1$, $B = 0$인 경우에 대한 결과를 논리식으로 계산해 보면 다음과 같이 출력 Y는 1이 됨을 알 수 있다.[14]

$$Y = 1 \oplus 0 = \overline{1} \cdot 0 + 1 \cdot \overline{0} = 0 \cdot 0 + 1 \cdot 1 = 0 + 1 = 1$$

8.3 조합 논리회로

조합 논리회로(combinational logic circuit)는 앞에서 설명한 기본 논리회로들을 이용하여 특수한 목적의 디지털 회로 기능을 구현한 논리회로입니다. 기본 논리회로와 마찬가지로 이전의 입력값(0 또는 1)에 의한 출력값의 결과에 상관없이 현재 시점의 입력값들에 의해 출력이 계산되는 회로입니다. [그림 8.11]과 같이 조합 논리회로는 입력신호, 논리회로, 그리고 출력신호들로 구성되며, 입력신호와 출력신호의 개수는 반드시 1개 또는 2개가 아니라 목적에 따라 여러 개(n 또는 m)로 구성될 수 있습니다. 대표적인 조합 논리회로는 디지털 입력신호의 입력값들의 산술연산을 수행하는 반가산기(half adder), 전가산기(full adder), 감산기(subtractor) 등과 처리순서를 조절할 때 사용하는 비교기(comparator), 디코더(decoder), 인코더(encoder), 멀티플렉서(multiplexer,

[그림 8.11] 조합 논리회로

MUX) 등의 특수한 기능을 수행하는 회로들이 있습니다.

8.3.1 반가산기

반가산기(half adder)는 덧셈 연산을 수행하는 디지털 논리회로로 조합 논리회로를 통해 구현할 수 있습니다. 2개의 2진수 덧셈은 다음과 같이 계산할 수 있습니다.

$$
\begin{array}{cccc}
0 & 0 & 1 & 1 \\
+\,0 & +\,1 & +\,0 & +\,1 \\
\hline
0 & 1 & 1 & 1\,0
\end{array}
$$

이러한 2진수의 덧셈 기능을 수행하기 위해 XOR 논리회로와 AND 논리회로를 각각 1개씩 사용하여 [그림 8.12]와 같이 2개의 입력(A와 B)에 대해 2개의 출력(S[15]와 C[16])을 갖는 조합 논리회로를 구성할 수 있습니다.

각각의 출력값은 XOR 논리회로와 AND 논리회로의 진리표와 동일하므로 [그림 8.12]의 진리표를 쉽게 얻을 수 있습니다. 예를 들어 상기에서 보았던 $1 + 1 = 0$에 대

[15] 출력 S는 'Sum'의 약자로 2진수 덧셈의 합을 나타냄.

[16] 출력 C는 자리올림수로 'Carry'의 약자임.

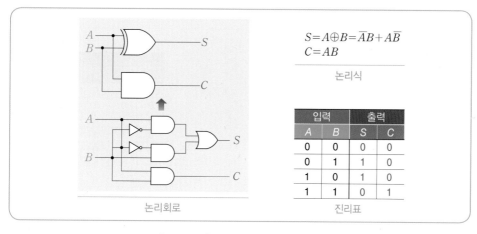

$$S = A \oplus B = \overline{A}B + A\overline{B}$$
$$C = AB$$

논리식

입력		출력	
A	B	S	C
0	0	0	0
0	1	1	0
1	0	1	0
1	1	0	1

논리회로

진리표

[그림 8.12] 반가산기 조합 논리회로

한 연산을 한다면, 입력 $A = 1$, $B = 1$이므로 합(S)은 0이 되고 자리올림(C)은 1이 됨을 진리표에서 확인할 수 있습니다. 논리식 자체도 XOR 논리회로와 AND 논리회로와 동일하므로 어렵지 않게 이해할 수 있을 것입니다.

반가산기는 2개의 입력만을 받아들여 덧셈을 수행하므로 입력값 중에 자리올림수가 있는 경우에는 자리올림수까지 고려한 덧셈을 수행할 수 없는 단점이 있습니다. 이러한 경우에는 조합 논리회로로 전가산기를 사용합니다.

8.3.2 전가산기

2진수 $111_{(2)}$과 $101_{(2)}$을 더해 보겠습니다. 제일 오른쪽 자리인 1과 1을 더하면 합(S)은 0(1 + 1 = 0)이 되며 자리올림수(C) 1이 발생하게 됩니다. 이 자리올림수는 다음 자릿수의 덧셈에 더해져 1 + 0 + 1 = 0이 됩니다. 여기서도 자리올림수가 생겨서 마지막 덧셈은 합이 1 + 1 + 1 = 1이 되고 자리올림수 1이 위쪽 자리에 위치하게 됩니다.

$$
\begin{array}{ccccc}
 &   & 1 & 1 & 1 \\
+ &   & 1 & 0 & 1 \\
\hline
1 & 1 & 0 & 0 &
\end{array}
$$

이와 같이 2진수의 덧셈을 완벽히 수행하려면 앞의 반가산기처럼 2개의 비트를 더해주는 기능에 자리올림수 1-bit를 추가하여 총 3개(3-bit)의 2진수를 계산하는 기능이 필요하며, 이러한 기능을 구현한 것이 전가산기(full adder)입니다.

전가산기는 [그림 8.13]과 같이 2개의 반가산기와 1개의 OR 논리회로를 조합하여 구성할 수 있으며, 입력이 3-bit이므로 총 8($= 2^3$)개의 입력 조합에 대해 진리표를 구할 수 있습니다.

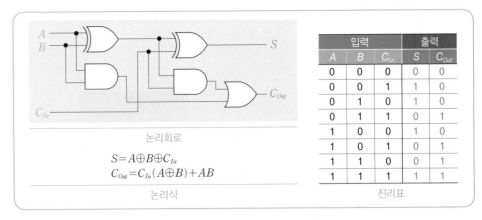

[그림 8.13] 전가산기 조합 논리회로

8.3.3 인코더

인코더(encoder)는 1개의 입력을 여러 개의 신호로 변환하여 출력을 얻는 조합 논리 회로를 말하며, 부호기라고도 합니다. 즉, 2^n개 이하의 입력신호가 존재할 때 이를 n 개의 출력단자 중 1개로 바꿔주는 기능을 수행합니다. 예를 들어 [그림 8.14]와 같이 4개(4-bit)의 입력에 대한 인코더 출력은 $2^2 = 4$이므로 $n = 2$개의 출력을 대응시킬 수 있습니다. 인코더는 [그림 8.14]와 같이 OR 논리회로를 이용하여 구현할 수 있습니다.

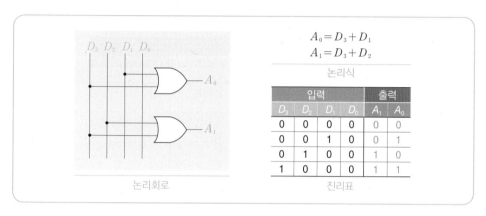

	입력			출력	
D_3	D_2	D_1	D_0	A_1	A_0
0	0	0	0	0	0
0	0	1	0	0	1
0	1	0	0	1	0
1	0	0	0	1	1

$$A_0 = D_3 + D_1$$
$$A_1 = D_3 + D_2$$
논리식

논리회로   진리표

[그림 8.14] 인코더(4 × 2) 조합 논리회로

7장의 디지털 코드에서 배웠던 10진수를 4-bit의 BCD 코드로 부호화하는 인코더 를 구현해보겠습니다. 우리가 키보드 자판에서 0부터 9까지의 숫자를 누르면 컴퓨터 는 이를 인식하여 눌려진 숫자에 해당되는 BCD 코드를 화면에 표시한다고 가정해보 겠습니다. 이때 입력은 0~9까지 10개이고, 출력은 BCD 코드 4-bit가 표현되어야 하 므로 4개가 됩니다. (앞에서 설명한 인코더의 정의를 적용해보면 출력 $n = 4$인 경우이 므로, 실제 최대 입력은 $2^n = 2^4 = 16$개가 되지만, 0~9까지 10개의 키보드 입력만 받 아들이므로 16개의 입력 중에 10개만 사용한다고 생각하면 됩니다.) 이제 [그림 8.15] 와 같이 OR 회로를 사용하여 조합 논리회로를 구성하면 입력에 대한 출력의 진리표 를 구할 수 있습니다.

만약 키보드 자판 '5'를 누르면, 입력 10개 비트 중에 D_5만 1이 되고 나머지 bit는 모두 0이 입력됩니다. 따라서 각각의 출력 $A_0 = D_1 + D_3 + D_5 + D_7 + D_9 = 0 + 0 + 1 + 0 + 0 = 1$, $A_1 = D_2 + D_3 + D_6 + D_7 = 0 + 0 + 0 + 0 = 0$, $A_2 = D_4 + D_5 + D_6 + D_7 = 0 + 1 + 0 + 0 = 1$, $A_3 = D_8 + D_9 = 0 + 0 = 0$이 되어 최종 출력은 10진수 5의 BCD 코 드 4-bit인 $0101_{(2)}$이 출력됩니다. 키보드 자판 '0'을 누른 경우는 입력 bit D_0가 1로 설

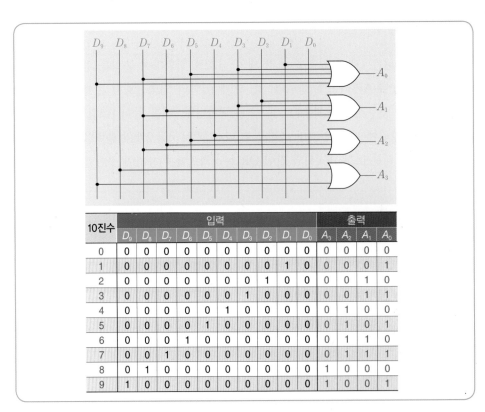

10진수	입력										출력			
	D_9	D_8	D_7	D_6	D_5	D_4	D_3	D_2	D_1	D_0	A_3	A_2	A_1	A_0
0	0	0	0	0	0	0	0	0	0	0	0	0	0	0
1	0	0	0	0	0	0	0	0	1	0	0	0	0	1
2	0	0	0	0	0	0	0	1	0	0	0	0	1	0
3	0	0	0	0	0	0	1	0	0	0	0	0	1	1
4	0	0	0	0	0	1	0	0	0	0	0	1	0	0
5	0	0	0	0	1	0	0	0	0	0	0	1	0	1
6	0	0	0	1	0	0	0	0	0	0	0	1	1	0
7	0	0	1	0	0	0	0	0	0	0	0	1	1	1
8	0	1	0	0	0	0	0	0	0	0	1	0	0	0
9	1	0	0	0	0	0	0	0	0	0	1	0	0	1

[그림 8.15] 10진수를 BCD 코드로 변환하는 인코더 논리회로

정되지는 않지만 출력 OR 회로에 입력되는 다른 bit값들이 모두 0이므로 $0000_{(2)}$으로 출력되는 점도 눈여겨보기 바랍니다.

8.3.4 디코더

디코더(decoder)는 복호기 또는 해독기라고 하며, 여러 개의 입력신호에 대해 대응되는 1개의 출력신호를 얻는 조합 논리회로로 [그림 8.16]은 입력이 2개인 디코더의 논리회로와 진리표 및 논리식을 보여주고 있습니다. 즉, 디코더는 어떤 디지털 코드의 형태를 다른 형태의 코드로 바꾸어야 할 때, 인코더의 반대 변환작업을 수행합니다.

8.3.5 멀티플렉서

마지막 조합 논리회로로 MUX(먹스)라고 불리는 멀티플렉서(multiplexer)를 알아보겠습니다. 멀티플렉서는 [그림 8.17]과 같이 여러 개의 입력 중에서 어떤 1개의 입력을 선택하여 출력으로 내보내주는 기능을 하는 논리회로입니다. 즉, 여러 소스(source)로

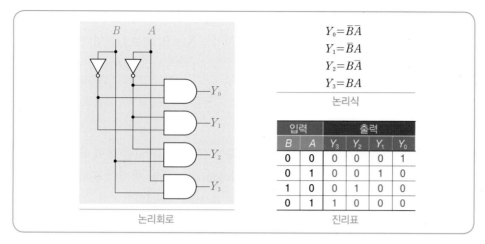

$$Y_0 = \overline{B}\,\overline{A}$$
$$Y_1 = \overline{B}A$$
$$Y_2 = B\overline{A}$$
$$Y_3 = BA$$

논리식

입력		출력			
B	A	Y_3	Y_2	Y_1	Y_0
0	0	0	0	0	1
0	1	0	0	1	0
1	0	0	1	0	0
0	1	1	0	0	0

논리회로 　　　　　　　진리표

[그림 8.16] 디코더 (2×4) 조합 논리회로

부터 입력되는 데이터 중에서 하나를 선택하여 출력단으로 보내는 장치에 사용되므로
데이터 선택기(data selector)라 부르기도 합니다.

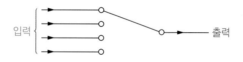

[그림 8.17] 멀티플렉서 개념

4개의 입력(D_0, D_1, D_2, D_3)에 대해 1개의 출력(Y)을 설정하는 멀티플렉서의 예를
보겠습니다. 데이터 선택을 위한 신호로 S_0와 S_1을 사용하고 [그림 8.18]과 같이 논리

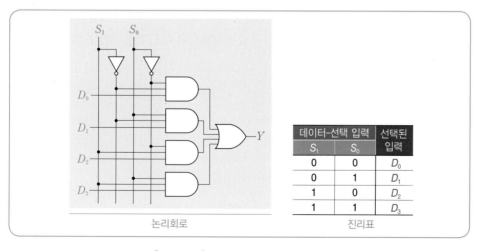

데이터-선택 입력		선택된
S_1	S_0	입력
0	0	D_0
0	1	D_1
1	0	D_2
1	1	D_3

논리회로 　　　　　　　진리표

[그림 8.18] 멀티플렉서 조합 논리회로

회로를 구성합니다. 진리표에서 선택 입력으로 $S_0 = 0$, $S_1 = 0$을 입력하면, 입력 데이터 중에서 D_0가 출력되고, D_1을 출력하기 위해서는 $S_0 = 0$, $S_1 = 1$을 입력하면 됩니다.

8.4 순서 논리회로

앞에서 설명한 기본 논리회로와 조합 논리회로는 현재의 입력값을 통해 출력값을 계산하는 회로입니다. 순서 논리회로(sequential logic circuit)란 현재의 입력값과 이전의 출력값[17]을 동시에 사용하여 새로운 출력값을 계산하는 논리회로로서, 결과값을 기억하는 메모리 기능을 구현합니다. 순서 논리회로가 조합 논리회로와 가장 크게 다른 점은 [그림 8.19]처럼 메모리 요소를 궤환(feedback)시켜 현재 입력값들과 함께 출력을 결정하는 입력요소로 사용한다는 것입니다.

[그림 8.19] 순서 논리회로의 개념

이렇게 기억기능을 수행하는 대표적인 순서 논리회로가 플립플롭(flip-flop)이라는 회로이며, 이 회로가 카운터(counter)나 레지스터(register), CPU[18] 등으로 발전하게 됩니다. 또한 이러한 디지털 논리회로는 디지털 회로 내의 클럭(clock)이라는 시간 펄스(pulse)를 입력값으로 사용하여 일정 시간마다 클럭 신호에 동기시켜 기능을 수행하게 할 수도 있습니다. 이에 대해서는 나중에 자세히 설명하도록 하고 플립플롭에 대해 알아보겠습니다.

8.4.1 플립플롭

 플립플롭(flip-flop)

- 이전 출력을 저장하기 위한 기억소자로 사용되는 순서 논리회로이다.
- 2진수 1-bit를 기억하는 메모리 소자이다.

17 이전 출력값이 메모리 요소가 됨.

18 중앙처리장치(Central Processing Unit)

플립플롭은 크게 동기식과 비동기식으로 구분됩니다. 동기식 플립플롭은 디지털 회로 내의 클럭신호(Clk)에 출력이 동기(synchronization)되어 발생하는 방식이고, 비동기식 플립플롭은 클럭신호 입력단자가 없으며 래치(latch)라고 불리던 초기형태의 플립플롭입니다. 플립플롭은 전원이 공급되고 있는 한, 상태변화를 위한 입력신호가 들어올 때까지 현재의 상태를 그대로 유지하여 메모리 기능을 수행합니다. 플립플롭의 종류로는 RS-플립플롭, JK-플립플롭, D-플립플롭, T-플립플롭 등이 있으며, RS-플립플롭만이 비동기식 방식이고 나머지는 시간 펄스신호인 클럭신호에 동기되는 동기식 플립플롭입니다.

(1) RS-플립플롭

가장 기본이 되는 RS-플립플롭부터 살펴보겠습니다. RS-플립플롭은 SR-플립플롭이라고도 부르며, [그림 8.20]과 같이 2개의 입력(S, R)에 대해 2개의 출력(Q, $\overline{Q}$)[19]이 나오는 구조입니다. RS-플립플롭은 NOR 회로나 NAND 회로를 이용하여 구성할 수 있으며, [그림 8.20]은 NOR 회로를 이용한 RS-플립플롭의 구조와 진리표를 보여주고 있습니다. 여기서 입력 R은 'Reset'을 의미하고 S는 'Set'를 의미합니다. Reset 명령이 입력되면 출력 Q는 현재값에 상관없이 무조건 0으로 초기화되고, Set 명령이 입력되면 출력 Q는 무조건 1로 초기화됩니다.

[19] $\overline{Q}$는 출력 Q의 부정값을 의미함. ($Q = 1$이면 $\overline{Q} = 0$, $Q = 0$이면 $\overline{Q} = 1$)

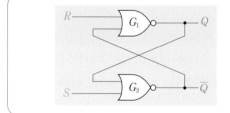

입력		출력	
S	R	$Q(t)$	$\overline{Q}(t)$
0	0	$Q(t-1)$(불변)	$\overline{Q}(t-1)$(불변)
0	1	0	1
1	0	1	0
1	1	부정	부정

[그림 8.20] NOR 회로를 이용한 RS-플립플롭과 진리표

플립플롭은 입력 S와 R 2개를 사용하여 작동하고 임의의 1-bit값을 그대로 유지시키거나, 무조건 0 또는 1로 초기화시키는 기능을 합니다. 즉, 현재 시간을 t초라고 하면 바로 이전 시간 $(t-1)$초에서의 출력값은 $Q(t-1)$이 되고, 현재 출력값은 $Q(t)$로 표현됩니다. 이때 이전 시간에서의 출력값 $Q(t-1)$은 0 또는 1의 값을 가지고 있으므로, 현재 시간 t에서의 새로 계산되는 출력값 $Q(t)$는 입력 S와 R에 따라 이전 시간에서의 값을 기억할 수도 있고 새롭게 값을 지정할 수도 있습니다.

NOR 회로를 사용한 RS-플립플롭의 진리표를 보면서 동작결과를 살펴보겠습니다.

① 입력 $S = 0$, $R = 1$일 경우: Reset 명령이 입력된 것이므로 이전 값 $Q(t-1)$의 값에 상관없이 출력 $Q(t)$는 0으로 초기화되고, $\overline{Q}(t)$는 1이 출력됩니다.

② 입력 $S = 1$, $R = 0$일 경우: Set 명령이 입력된 것이므로 이전 값 $Q(t-1)$의 값에 상관없이 출력 $Q(t)$는 1로 초기화되고, $\overline{Q}(t)$는 0이 출력됩니다.

③ 입력 S와 R이 모두 0인 경우: 출력값 $Q(t)$와 $\overline{Q}(t)$는 이전 값 $Q(t-1)$, $\overline{Q}(t-1)$을 그대로 유지하며, 이 경우 1-bit값이 기억되는 기능이 수행됩니다.

④ 입력 S와 R이 모두 1인 경우: 출력값이 계산되지 않는 부정의 경우가 되어, 회로에서는 절대 사용하지 않아야 합니다.

(2) (NOR 회로로 구성된) RS-플립플롭의 동작원리

NOR 회로를 이용하여 구성한 RS-플립플롭이 각각의 입력조건에 대해 내부적으로 어떻게 동작하는지 자세히 알아보겠습니다.

① 첫 번째 입력조건인 $S = 0$, $R = 1$인 Reset 명령이 입력된 경우는 [그림 8.21(a)]와 같이 동작합니다.

- G_1 게이트의 첫 번째 입력은 $R = 1$이 입력되었으므로 1이 됩니다.
- G_1 게이트의 새로운 출력은 G_1 게이트의 두 번째 입력에 상관없이 무조건 0이 출력되고,[20] 이 출력은 다시 아래 G_2 게이트의 첫 번째 입력으로 피드백되어 들어갑니다.
- G_2 게이트의 두 번째 입력은 $S = 0$이므로 G_2 게이트의 출력은 1이 됩니다.
- 따라서 Reset 명령에 대해 플립플롭의 출력은 $Q = 0$으로 초기화되고, $\overline{Q} = 1$이 되어 앞의 진리표의 결과가 나옴을 확인할 수 있습니다(Q와 $\overline{Q}$의 결과값도 서로 부정이 성립합니다.).

② 두 번째 입력조건인 $S = 1$, $R = 0$인 Set 명령이 입력된 경우는 [그림 8.21(b)]와 같이 동작합니다.

- 아래 G_2 게이트의 두 번째 입력은 $S = 1$이 됩니다.
- 따라서 NOR 회로의 진리표에 의해 G_2 게이트의 새로운 출력은 무조건 0이 되고, 이 출력은 다시 상단 G_1 게이트의 두 번째 입력으로 피드백되어 들어갑니다.
- G_1 게이트의 첫 번째 입력은 $R = 0$이므로 G_1 게이트의 입력은 모두 0이 되어 출력은 1이 됩니다.

20 NOR 게이트는 입력이 모두 0인 경우에만 출력이 1이 됨. 따라서 1이 1개라도 입력되면 출력은 모두 0이 됨.

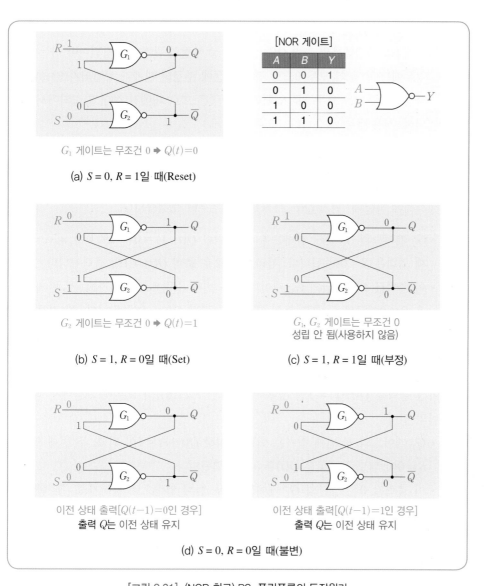

[NOR 게이트]

A	B	Y
0	0	1
0	1	0
1	0	0
1	1	0

G_1 게이트는 무조건 0 ➡ $Q(t)=0$

(a) $S=0, R=1$일 때(Reset)

G_2 게이트는 무조건 0 ➡ $Q(t)=1$

(b) $S=1, R=0$일 때(Set)

G_1, G_2 게이트는 무조건 0
성립 안 됨(사용하지 않음)

(c) $S=1, R=1$일 때(부정)

이전 상태 출력[$Q(t-1)=0$인 경우]
출력 Q는 이전 상태 유지

이전 상태 출력[$Q(t-1)=1$인 경우]
출력 Q는 이전 상태 유지

(d) $S=0, R=0$일 때(불변)

[그림 8.21] (NOR 회로) RS-플립플롭의 동작원리

- 따라서 Set 명령에 대해 플립플롭의 출력은 $Q=1$로 초기화되고, $\overline{Q}=0$이 되어 앞의 진리표의 결과가 나옴을 확인할 수 있습니다.

③ 세 번째 입력조건은 S와 R이 모두 1이 입력되는 경우로, [그림 8.21(c)]와 같이 동작합니다.

- G_1, G_2 게이트 모두 1개의 입력이 1이므로 NOR 회로의 출력은 무조건 0이 됩

니다.

- 이때 RS-플립플롭의 출력 Q와 $\overline{Q}$는 항상 부정의 관계가 성립되어야 하는데, 이 경우에는 두 값이 모두 0으로 같기 때문에 부정의 관계가 성립되지 않습니다.
- 따라서 S와 R을 모두 1로 입력하는 명령은 회로 내에서 절대 입력되어서는 안 되며, 사용할 수 없습니다.

④ 마지막 입력조건은 [그림 8.21(d)]와 같이 S와 R이 모두 0이 입력된 경우입니다. 이 경우에는 Q의 이전 시간($t-1$)에서의 출력값이 0인 경우와 1인 경우로 나누어 생각해야 하는데, 먼저 $Q(t-1) = 0$인 경우부터 보겠습니다.

- G_2 게이트의 첫 번째 입력은 이전 출력값 $Q(t-1) = 0$이므로 0이 되고, 두 번째 입력은 $S = 0$이 됩니다. 따라서 새로운 출력 $Q(t) = 1$이 출력됩니다.
- 이 출력값 1은 상단의 G_1 게이트의 두 번째 입력으로 들어가고, 첫 번째 입력은 $R = 0$이므로 G_1 게이트의 새로운 출력값 $Q(t) = 0$이 됩니다. 이 경우 바로 플립플롭의 기억기능이 수행되어 이전 출력값 $Q(t-1) = 0$이 $Q(t) = 0$으로 그대로 유지됩니다.

이전 출력값 $Q(t-1) = 1$인 경우에는 [그림 8.21(d)]의 오른쪽 그림에서 나타난 바와 같이

- G_2 게이트의 첫 번째 입력은 이전 출력값 $Q(t-1) = 1$이 되고, 두 번째 입력은 $S = 0$이 되므로 새로운 $Q(t) = 0$이 출력됩니다.
- 이 출력값 0은 상단의 G_1 게이트의 두 번째 입력으로 들어가고, 첫 번째 입력은 $R = 0$이므로 G_1 게이트의 새로운 출력값 $Q(t) = 1$이 되어, 이전 출력값 $Q(t-1) = 1$이 그대로 유지되는 기억기능이 수행됩니다.

(3) (NAND 회로로 구성된) RS-플립플롭의 동작원리

NAND 회로를 이용하여 구성한 RS-플립플롭은 입력으로 S와 R의 부정값 $\overline{S}$와 $\overline{R}$를 사용하는데, 논리회로의 구조와 진리표는 [그림 8.22]와 같습니다. 만약 $\overline{S} = 1$, $\overline{R} = 0$[21] 이 입력되면 출력은 $Q = 0$이 되고, $\overline{S} = 0$, $\overline{R} = 1$[22]이 입력되면 출력은 $Q = 1$이 됩니다.

NAND 회로를 이용하여 구성한 RS-플립플롭에 대해서도 동작원리를 살펴보겠습니다. 앞의 NOR 회로로 구성된 RS-플립플롭의 동작원리와 동일한 방식으로 생각하면 되므로, 여기서는 첫 번째 입력조건만 설명합니다. 나머지 입력조건들에 대해서는 [그림 8.22]를 참고하여 각자 공부해보기 바랍니다.

---

21 $\overline{S} = 1$, $\overline{R} = 0$이면 $S = 0$, $R = 1$이므로 Reset 명령이 입력된 것과 같음.

22 $\overline{S} = 0$, $\overline{R} = 1$이면 $S = 1$, $R = 0$이므로 Set 명령이 입력된 것과 같음.

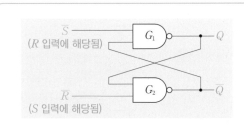

입력		출력	
$\overline{S}$	$\overline{R}$	$Q(t)$	$\overline{Q}(t)$
0	0	부정	부정
0	1	1	0
1	0	0	1
1	1	$Q(t-1)$(불변)	$\overline{Q}(t-1)$(불변)

[그림 8.22] NAND 회로를 이용한 RS-플립플롭과 진리표

첫 번째 입력조건인 $\overline{S}=0$, $\overline{R}=1$인 경우는 $S=1$, $R=0$의 부정이므로 Set 명령이 입력된 경우와 같게 되고 [그림 8.23(a)]처럼 동작합니다. 결국 $\overline{S}$는 R입력에 해당하고, $\overline{R}$는 S입력에 해당됩니다.

- G_1 게이트의 첫 번째 입력은 $\overline{S}=0$이 되므로, G_1게이트의 새로운 출력 Q는 무조건 1이 출력됩니다.[23]
- 이 출력 $Q=1$은 다시 아래 G_2 게이트의 첫 번째 입력으로 피드백되어 들어가고,

[23] NAND 게이트는 0이 1개라도 입력되면 출력은 모두 1이 됨.

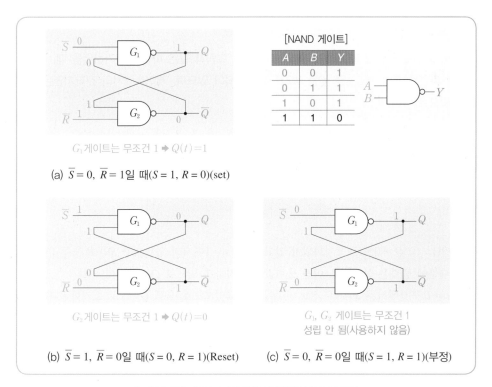

[NAND 게이트]

A	B	Y
0	0	1
0	1	1
1	0	1
1	1	0

(a) $\overline{S}=0$, $\overline{R}=1$일 때($S=1$, $R=0$)(set)

(b) $\overline{S}=1$, $\overline{R}=0$일 때($S=0$, $R=1$)(Reset)

(c) $\overline{S}=0$, $\overline{R}=0$일 때($S=1$, $R=1$)(부정)

[그림 8.23] (NAND 회로) RS-플립플롭의 동작원리

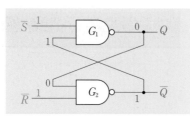 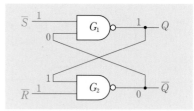

이전 상태 출력[$Q(t-1)=0$인 경우]	이전 상태 출력[$Q(t-1)=1$인 경우]
출력 Q는 이전 상태 유지	**출력 Q는 이전 상태 유지**

(d) $\overline{S}=1$, $\overline{R}=1$일 때($S=0$, $R=0$)(불변)

[그림 8.23] (NAND 회로) RS-플립플롭의 동작원리(계속)

G_2 게이트의 두 번째 입력은 $\overline{R}=1$이므로 출력은 $\overline{Q}=0$이 됩니다.

- 따라서 Set 명령에 대해 새로운 출력은 $Q=1$로 초기화되고, $\overline{Q}=0$이 되어 앞의 진리표의 결과와 같게 나오는 것을 확인할 수 있습니다.

다음 문제를 통해 RS-플립플롭의 동작원리를 정리해보겠습니다.

예제 8.2

NOR 회로로 구성된 RS-플립플롭 회로에 다음 그림과 같은 파형을 인가하였을 때, 출력 Q의 파형을 그리시오. (단, Q는 0으로 초기화되어 있으며, 게이트에서의 전파지연은 없는 것으로 가정한다.)

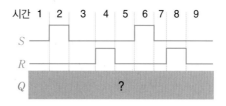

|풀이| ① $Q=0$으로 초기화되어 있고, 시간 $t=1$에서의 입력명령 S와 R 모두 0이기 때문에 출력은 불변으로 이전 출력값을 유지하게 되므로 $Q(1)=0$이 된다.

② $t=2$ 구간에서는 $S=1$로 Set 명령이 인가되었으므로 출력 $Q=1$로 초기화된다.

③ $t=3$ 구간에서는 S와 R 모두 0이 입력되었으므로 출력은 불변으로 이전 출력값을 유지하므로 이전 시간의 출력값 $Q=1$이 기억되어 유지된다.

④ $t=4$ 구간에서는 $R=1$로 Reset 명령이 인가되었으므로, 출력은 이전 값에 상관없이 무조건 $Q=0$으로 초기화된다.

나머지 구간에서도 동일하게 계속 적용하면 RS−플립플롭 회로의 출력 $Q(t)$의 파형은
다음과 같이 출력된다.

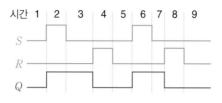

8.4.2 JK-플립플롭

JK-플립플롭은 RS-플립플롭의 입력조건 중 $S = R = 1$일 때 동작되지 않는 결점을 보
완한 것입니다. 입력으로는 J와 K를 사용하며, 디지털 시스템의 시간 클럭신호(Clk)
를 받아들여 Clk = 1인 경우에만 동작하는 동기화 플립플롭의 대표회로로 가장 많이
사용됩니다. 여기서 입력 J는 RS-플립플롭의 Set 명령에 해당하고, K는 Reset 명령에
해당됩니다. RS-플립플롭에서 동작되지 않았던 $S = R = 1$[24]인 경우에도 JK-플립플롭
의 출력은 이전 출력 $Q(t-1)$의 보수 상태를 출력시켜 모든 입력조건에서 사용할 수 있
도록 동작됩니다. JK-플립플롭의 회로기호와 진리표를 [그림 8.24]에 나타내었습니다.

24 JK-플립플롭에서는
$J = K = 1$인 경우가 됨.

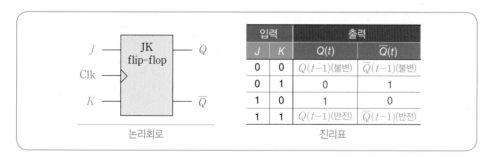

[그림 8.24] JK−플립플롭

JK-플립플롭의 구조는 [그림 8.25]와 같이 NAND형 RS-플립플롭 앞단에 3개의 입
력을 갖는 NAND 회로 2개를 추가하고, 이 중 1개의 입력을 디지털 회로에서 사용하
는 시간 클럭펄스(Clk)를 공통으로 연결해 줍니다.

이전 시간에서의 출력값 $Q(t-1) = 0$으로 가정하고 JK-플립플롭의 동작과정을 살
펴보겠습니다.

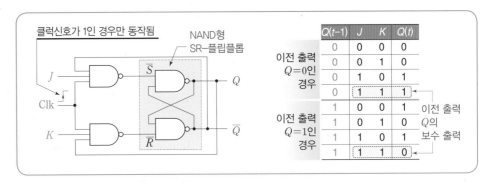

$Q(t-1)$	J	K	$Q(t)$	
0	0	0	0	이전 출력 $Q=0$인 경우
0	0	1	0	
0	1	0	1	
0	1	1	1	
1	0	0	1	이전 출력 $Q=1$인 경우
1	0	1	0	
1	1	0	1	
1	1	1	0	

[그림 8.25] JK-플립플롭의 구조 및 동작방식

① 우선 시간 클럭펄스가 0(Clk = 0)인 경우는 [그림 8.26(a)]와 같이 앞쪽 위아래 NAND 게이트에 0이 입력되므로 G_1과 G_2 게이트의 출력은 모두 1이 됩니다. 따라서 기존 NAND 회로를 이용한 RS-플립플롭의 입력이 모두 $1(\overline{S} = \overline{R} = 1)$ 이 되므로 출력 $Q(t)$는 이전 출력값 $Q(t-1)$을 유지하게 되고 JK-플립플롭은 작

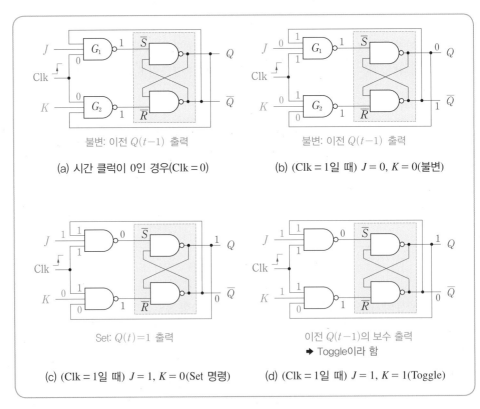

(a) 시간 클럭이 0인 경우(Clk = 0)

(b) (Clk = 1일 때) $J = 0$, $K = 0$(불변)

(c) (Clk = 1일 때) $J = 1$, $K = 0$(Set 명령)

(d) (Clk = 1일 때) $J = 1$, $K = 1$(Toggle)

[그림 8.26] JK-플립플롭의 작동원리

동하지 않습니다.

② 시간 클럭펄스 Clk = 1이 입력되고 $J = 0$, $K = 0$이 입력된 경우는 [그림 8.26(b)]와 같이 G_1 게이트의 입력은 (1, 0, 1)이 되고, G_2 게이트의 입력은 (1, 0, 0)이 되어 모두 1이 출력됩니다. 결국 NAND 회로를 이용한 RS-플립플롭의 입력이 $\overline{S} = 1$, $\overline{R} = 1$인 경우가 되므로, 현재 시간의 최종 출력 $Q(t)$는 이전 시간의 출력 $Q(t-1) = 0$을 유지합니다.

③ 시간 클럭펄스 Clk = 1이 입력되고, Set 명령인 $J = 1$, $K = 0$이 입력된 경우는 [그림 8.26(c)]와 같이 G_1 게이트의 입력은 (1, 1, 1)이 되어 0이 출력되고, G_2 게이트의 입력은 (1, 0, 0)이 되어 1이 출력됩니다. 결국 NAND 회로를 이용한 RS-플립플롭의 입력이 $\overline{S} = 0$, $\overline{R} = 1$이 되어 Set 명령($S = 1$, $R = 0$)이 입력된 경우가 되므로, 현재 시간의 최종 출력 $Q(t) = 1$, $\overline{Q}(t) = 0$이 되어 올바르게 작동함을 확인할 수 있습니다.

④ 마지막으로 시간 클럭펄스 Clk = 1이 입력되면서 $J = 1$, $K = 1$이 입력된 경우는 [그림 8.26(d)]와 같이 G_1 게이트의 입력은 (1, 1, 1)이 되어 0이 출력되고, G_2 게이트의 입력은 (1, 1, 0)이 되어 1이 출력됩니다. 위의 ③항과 동일한 값이 RS-플립플롭의 입력이 되므로 현재 시간의 최종 출력도 동일하게 $Q(t) = 0$, $\overline{Q}(t) = 1$이 출력됩니다. 이전 시간의 출력이 $Q(t-1) = 0$인 경우였으므로 $J = 1$, $K = 1$을 입력하면 새로운 출력 $Q(t)$는 이전 시간의 출력 $Q(t-1)$의 보수인 1이 출력됨을 확인할 수 있고, 기존 RS-플립플롭에서 동작되지 않았던 조건에서도 사용할 수 있는 플립플롭 회로가 됩니다. 참고로 $J = 1$, $K = 1$이 입력된 경우를 토글(toggle)이라고 합니다.

이것만은 꼭 기억하세요!

8.1 불 대수

① 불 대수(Boolean algebra) : 2진수 체계에서 사용되는 값인 0과 1을 가리킴.

 • 0 = Off = False = 거짓, 1 = On = True = 참

8.2 기본 논리회로

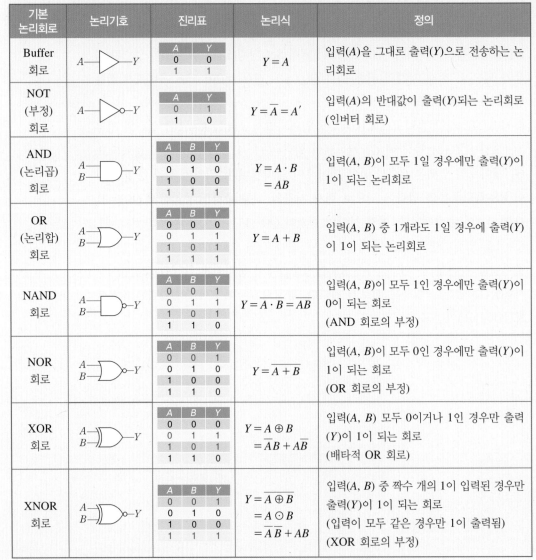

기본 논리회로	논리기호	진리표	논리식	정의
Buffer 회로	A —▷— Y	A Y 0 0 1 1	$Y = A$	입력(A)을 그대로 출력(Y)으로 전송하는 논리회로
NOT (부정) 회로	A —▷○— Y	A Y 0 1 1 0	$Y = \overline{A} = A'$	입력(A)의 반대값이 출력(Y)되는 논리회로 (인버터 회로)
AND (논리곱) 회로	A B —D— Y	A B Y 0 0 0 0 1 0 1 0 0 1 1 1	$Y = A \cdot B$ $= AB$	입력(A, B)이 모두 1일 경우에만 출력(Y)이 1이 되는 논리회로
OR (논리합) 회로	A B —D— Y	A B Y 0 0 0 0 1 1 1 0 1 1 1 1	$Y = A + B$	입력(A, B) 중 1개라도 1일 경우에 출력(Y)이 1이 되는 논리회로
NAND 회로	A B —D○— Y	A B Y 0 0 1 0 1 1 1 0 1 1 1 0	$Y = \overline{A \cdot B} = \overline{AB}$	입력(A, B)이 모두 1인 경우에만 출력(Y)이 0이 되는 회로 (AND 회로의 부정)
NOR 회로	A B —D○— Y	A B Y 0 0 1 0 1 0 1 0 0 1 1 0	$Y = \overline{A + B}$	입력(A, B)이 모두 0인 경우에만 출력(Y)이 1이 되는 회로 (OR 회로의 부정)
XOR 회로	A B —D— Y	A B Y 0 0 0 0 1 1 1 0 1 1 1 0	$Y = A \oplus B$ $= \overline{A}B + A\overline{B}$	입력(A, B) 모두 0이거나 1인 경우만 출력(Y)이 1이 되는 회로 (배타적 OR 회로)
XNOR 회로	A B —D○— Y	A B Y 0 0 1 0 1 0 1 0 0 1 1 1	$Y = \overline{A \oplus B}$ $= A \odot B$ $= \overline{A}\,\overline{B} + AB$	입력(A, B) 중 짝수 개의 1이 입력된 경우만 출력(Y)이 1이 되는 회로 (입력이 모두 같은 경우만 1이 출력됨) (XOR 회로의 부정)

8.3 조합 논리회로

① 조합 논리회로(combinational logic circuit)
- 기본 논리회로들을 이용하여 특수한 목적의 디지털 회로 기능을 구현한 논리회로

② 반가산기(half adder)
- 2진수의 덧셈 연산을 수행하는 조합 논리회로

③ 전가산기(full adder)
- 반가산기처럼 2개의 비트를 더해주는 기능에 자리올림수를 1-bit 추가하여 총 3개(3-bit)의 2진수를 계산하는 조합 논리회로

④ 인코더(encoder) = 부호기
- 1개의 입력을 다수의 신호로 변환하여 출력을 얻는 조합 논리회로
- 2^n개 이하의 입력신호가 존재할 때 이를 n개의 출력단자 중 1개로 바꿔주는 기능을 수행함.

⑤ 디코더(decoder) = 복호기 = 해독기
- 다수의 입력신호에 대해 대응되는 1개의 출력신호를 얻는 조합 논리회로
- 인코더의 반대 변환작업을 수행함.

⑥ 멀티플렉서(multiplexer) = MUX(먹스) = 데이터 선택기(data selector)
- 여러 개의 입력 중에서 1개를 선택하여 출력으로 내보내주는 조합 논리회로

8.4 순서 논리회로

① 기본 논리회로와 조합 논리회로는 현재 값을 입력받을 때마다 새로운 출력값을 계산함.

② 순서 논리회로(sequential logic circuit)
- 현재 입력값과 이전 출력값을 궤환(feedback)시켜 새로운 출력값을 결정하는 논리회로
- 결과값을 기억하는 메모리 기능을 구현함.

③ 플립플롭(flip-flop)
- 이전 출력을 저장하기 위한 기억소자로 사용되는 순서 논리회로로, 2진수 1-bit를 기억하는 메모리 소자

④ RS-플립플롭
- 입력 2개(S, R)에 대해 출력 2개(Q, $\overline{Q}$)가 나오는 구조: $\overline{Q}$는 출력 Q의 부정값
- R은 Reset($Q = 0$ 출력)을 의미하고 S는 Set($Q = 1$ 출력)을 의미함.

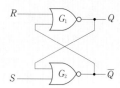

입력		출력	
S	R	$Q(t)$	$\overline{Q}(t)$
0	0	$Q(t-1)$ (불변)	$\overline{Q}(t-1)$ (불변)
0	1	0	1
1	0	1	0
1	1	부정	부정

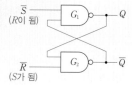

입력		출력	
$\overline{S}$	$\overline{R}$	$Q(t)$	$\overline{Q}(t)$
0	0	부정	부정
0	1	1	0
1	0	0	1
1	1	$Q(t-1)$ (불변)	$\overline{Q}(t-1)$ (불변)

⑤ JK-플립플롭
- 디지털 시스템의 시간 클럭신호인 Clk가 1인 경우에만 동작하는 동기화 플립플롭
- 입력 J는 RS-플립플롭의 Set 명령에 해당하고, K는 Reset 명령에 해당함.
- RS-플립플롭에서 $S = R = 1$인 입력조건일 때 동작되지 않는 결점을 보완

▶ 연습문제

01. 다음 디지털 시스템에 대한 설명 중 올바르지 않은 것은?

① 0과 1을 불 대수라 한다.
② 0은 'False'를 나타낸다.
③ 2진수 체계를 사용한다.
④ 1은 스위치의 Off 상태를 의미한다.

해설 불 대수(Boolean algebra) 1은 '참', 'True', 'On' 상태를 표시한다.

02. 다음 그림은 어떤 논리회로를 나타내는가?

① 논리곱회로　　　② NOR 회로
③ 논리합회로　　　④ XOR 회로

해설 OR 회로를 나타내고 있으며, 입력값 A, B 중 1개라도 1일 경우에 출력 Y가 1이 되는 논리회로이다.

03. 다음 논리회로의 출력값이 0이 아닌 경우는?

① $A = 0$, $B = 1$　　　② $A = 0$, $B = 0$
③ $A = 1$, $B = 1$　　　④ $A = 1$, $B = 0$

해설 NOR 회로는 입력이 모두 0인 경우에만 출력이 1이 된다.

04. 입력값 A와 B가 홀수 개의 1이 입력되는 경우에만 출력값 Y가 1을 갖는 논리회로는?

① XNOR 회로　　　② NOR 회로
③ NAND 회로　　　④ XOR 회로

해설 XOR 회로는 배타적 OR 회로라고도 하며 입력 A, B 중 홀수 개의 1이 입력된 경우만 출력 Y가 1이 된다.

05. 다음 논리회로와 같은 출력값을 제공할 수 있는 회로는 무엇인가?

① OR 회로　　　② NOR 회로
③ NAND 회로　　④ XOR 회로

해설 OR 회로 출력값에 부정(NOT)을 취한 회로는 NOR 회로이다.

06. 다음 논리회로의 명칭과 $A = 0$, $B = 1$을 입력 시 출력값이 맞게 연결된 것은?

① XNOR 회로: $Y = 0$
② NOR 회로: $Y = 0$
③ NOR 회로: $Y = 1$
④ XNOR 회로: $Y = 1$

해설 XOR 회로 출력값에 부정(NOT)을 취한 회로는 XNOR 회로이며, 입력이 모두 같은 경우만 1이 출력된다.

07. A와 B단자에는 +5 V 또는 0 V만을 입력전압으로 가해줄 수 있다고 한다. 같은 출력값을 제공할 수 있는 논리회로는 무엇인가?

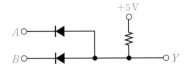

① OR 회로　　　② NOR 회로
③ AND 회로　　　④ XOR 회로

해설
　• 고전압 +5 V는 입력 1, 저전압 0 V는 입력 0에 해당한다.
　• A, B에 +5 V가 입력되는 경우($A = 1$, $B = 1$)는 다이오드에 역방향 바이어스가 걸려 전류가 흐르지 않고 다이오드는 꺼진 상태가 되므로 출력 Y에는 저항 앞단에 걸린 +5 V가 출력된다($Y = 1$).

정답 1. ④　2. ③　3. ②　4. ④　5. ②　6. ①　7. ③

- A에는 +5 V, B에는 저전압 0 V가 입력되면($A = 1$, $B = 0$) 다이오드 A는 꺼진 상태로 전류가 흐르지 않고 다이오드 B에는 저항 쪽 +5 V에 의해 전류가 흘러나오므로 0.3∼0.7 V의 문턱전압(threshold voltage)이 걸리게 된다. 따라서 출력 Y에는 같은 전압인 0.3∼0.7 V가 출력된다.
- A, B 둘 중 어느 하나라도 저전압 0 V(= 0)가 입력되면 출력 Y는 0.3∼0.7 V(= 0)가 출력된다($Y = 0$).
- 따라서 주어진 다이오드 회로는 AND 회로가 된다.

08. 다음 논리회로는 5개의 입력을 넣어줄 수 있다. 출력값이 1이 아닌 입력의 경우는?

① 0, 1, 1, 0, 0 　② 0, 0, 0, 0, 0
③ 1, 1, 1, 1, 1 　④ 1, 0, 1, 0, 1

해설 NAND 회로는 입력이 모두 1인 경우에만 출력이 0이 되므로 입력이 2개 이상이 되더라도 입력이 모두 1이 되어야만 출력이 0이 된다.

09. 다음 논리회로의 입력이 $A = 1$, $B = 0$인 경우의 Y의 결과값과 ⑤의 결과값이 맞게 연결된 것은?

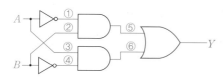

① $Y = 0$, ⑤ = 1 　② $Y = 0$, ⑤ = 0
③ $Y = 1$, ⑤ = 1 　④ $Y = 1$, ⑤ = 0

해설 입력이 $A = 1$, $B = 0$인 경우에 출력값 Y는 1이 되며, ⑤의 결과값은 0이 된다.

10. 다음 중 조합 논리회로가 아닌 것은?

① 멀티플렉서(multiplexer)
② 인코더(encoder)
③ 반가산기(half adder)
④ 플립플롭(flip-flop)

해설 • 조합 논리회로는 디지털 입력신호의 입력값들의 산술 연산을 수행하는 반가산기(half adder), 전가산기(full adder), 감산기(subtractor) 등과 처리순서를 조절할 때 사용하는 비교기(comparator), 디코더(decoder), 인코더(encoder), 멀티플렉서(multiplexer, MUX) 등의 특수한 기능을 수행하는 회로이다.
• 플립플롭(flip-flop)은 순서 논리회로(sequential logic circuit)이다.

11. 플립플롭에 대한 설명 중 틀린 것은?

① 궤환(피드백)신호를 갖는다.
② 회로의 클럭(clock) 신호와 동기화시킬 수 있다.
③ 2-bit의 메모리 기능을 갖는다.
④ 비동기 플립플롭은 래치(latch)라고도 한다.

해설 플립플롭(flip-flop)은 이전 출력을 저장하기 위한 기억소자로 사용되는 순서 논리회로로, 2진수 1-bit를 기억하는 메모리 소자이다.

12. 다음 논리회로의 명칭과 입력이 $R = 1$, $S = 1$인 경우의 출력값(Q)이 맞게 연결된 것은?

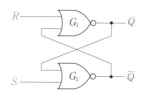

① RS-플립플롭, $Q = 1$
② JK-플립플롭, $Q = $ 불변
③ JK-플립플롭, $Q = 0$
④ RS-플립플롭, $Q = $ 부정

해설 RS-플립플롭(flip-flop)이며, $R = 1$, $S = 1$인 경우의 출력값(Q)은 부정이다.

13. 현재 RS-플립플롭의 출력값은 $Q = 0$이다. 다음 시간에 이 값을 기억하기 위해 입력할 명령의 조합으로 맞는 것은?

① $R = 0$, $S = 0$ 　② $R = 0$, $S = 1$
③ $R = 1$, $S = 1$ 　④ $R = 1$, $S = 0$

정답 8. ③　9. ④　10. ④　11. ③　12. ④　13. ①

14. JK-플립플롭에 대한 설명 중 틀린 것은?

① RS-플립플롭에서 $S = R = 1$인 입력조건일 때 동작되지 않는 결점을 보완한 플립플롭이다.

② 비동기화 플립플롭이다.

③ J는 RS-플립플롭의 Set 명령에 해당한다.

④ 메모리 기능을 수행한다.

해설 • JK-플립플롭은 RS-플립플롭에서 $S = R = 1$인 입력조건일 때 동작되지 않는 결점을 보완한 플립플롭이다.

• 입력으로는 J와 K를 사용하며, 디지털 시스템의 시간 클럭신호인 Clk를 받아들여 Clk가 1인 경우에만 동작하는 동기화 플립플롭의 대표적 소자이다.

15. 여러 개의 입력신호에 대해 대응되는 1개의 출력신호를 얻는 조합 논리회로는?

① 반가산기(half adder)

② 인코더(encoder)

③ 디코더(decoder)

④ 멀티플렉서(multiplexer)

해설 디코더(decoder)는 복호기 또는 해독기라고 하며 여러 입력신호에 대해 대응되는 1개의 출력신호를 얻는 조합 논리회로이다.

16. 조합 논리회로인 인코더(encoder)에서 구현할 수 없는 입력과 출력의 조합은?

① 입력 = 4개, 출력 = 2개

② 입력 = 7개, 출력 = 3개

③ 입력 = 17개, 출력 = 4개

④ 입력 = 30개, 출력 = 5개

해설 • 인코더(encoder)는 1개의 입력을 다수의 신호로 변환하여 출력을 얻는 조합 논리회로를 말하며, '복호기' 또는 '부호기'라고도 한다.

• 즉, 2^n개 이하의 입력신호가 존재할 때 이를 n개의 출력단자 중 1개로 바꿔주는 기능을 수행한다.

• 따라서 출력이 4개이면 입력은 $2^4 = 16$개 이하의 입력을 가져야 한다.

정답 **14.** ② **15.** ③ **16.** ③

AVIONICS
ELECTRICITY AND ELECTRONICS
FOR AIRCRAFT ENGINEERS

AVIONICS
ELECTRICITY AND ELECTRONICS

3장의 회로이론(circuit theory)에서는 직류(DC)와 직류회로(DC circuit)를 공부했습니다. 이제 9장과 10장에서는 교류(AC)와 교류회로(AC circuit)에 대해 알아보는데, 시간에 따라 크기와 극성이 변화하는 교류를 공급하였을 때 회로가 어떠한 특성을 가지고 작동하는지를 분석할 수 있는 기본 이론과 특성을 배우게 됩니다.

시간에 따라 크기와 극성이 변하는 교류는 수학적으로 sin, cos 등의 삼각함수와 복소수 이론을 적용하기 때문에 직류보다 더 내용이 복잡하여 많이 어려워합니다. 하지만 우리 일상생활에서 많이 사용하고 있는 교류를 잘 이해해야 추후에 설명할 발전기, 전동기 등과 같은 항공기의 전기장치를 쉽게 이해할 수 있습니다. 이 고비를 잘 넘길 수 있도록 되도록 쉽게 설명하겠지만, 내용 중에 기술되는 기본적인 수학적 내용들은 여러분이 스스로 공부하고 부족한 부분에 대해 채워나가는 노력이 필요합니다.

본 장에서는 교류의 정의와 관련된 주기, 주파수, 실효값(RMS)[1] 등의 기본적인 특성들을 설명하고 교류회로의 이해를 위한 교류의 복소수 표현법에 대해 다루겠습니다.

[1] Root Mean Square value

9.1 교류(AC)

9.1.1 직류(DC)와 교류(AC)

먼저 직류와 교류의 정의에 대해 알아보겠습니다. 직류는 Direct Current의 약자이며 DC로 표현합니다. [그림 9.1]과 같이 시간 변화에 따라 크기(진폭)와 방향(극성)이 일정한 전압/전류를 말합니다. 직류는 배터리(battery)를 이용하여 저장이 가능하며, 전기에너지인 전력(power)을 모두 활용하여 전자기기를 구동하는 데 사용할 수 있으므로 전기장치나 전자장치의 구동 전력원으로 직접 이용합니다. 전기에너지인 전력을 공급하거나 송전·배전 시에는 전력손실이 높아 교류보다 비효율적입니다.

이에 반해 교류는 [그림 9.2]와 같이 시간 변화에 따라 크기(진폭)와 방향(극성)이 주기적으로 변하는 전압/전류를 말합니다. Alternating Current의 약자인 AC를 사용하

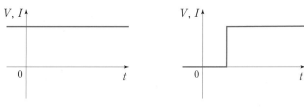

[그림 9.1] 직류(DC)

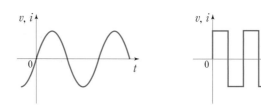

[그림 9.2] 교류(AC)

여 표현하고 시간에 따라 변하기 때문에 사인파(sine wave)나 구형파(사각파)와 같이 주기적인 형태를 갖습니다. 항공기의 주전원(main power)은 엔진에 연결된 교류 발전기[2]로부터 115 V/200 V 400 Hz의 교류가 생성되며, 정류기를 통해 직류(DC) 28 V로 변환하여 제어용 및 전자장치 구동용으로 사용하고, 변압기를 통해 교류(AC) 28 V로 감압하여 주로 항공계기와 센서 신호용 및 조명용으로 공급합니다.

2 AC Generator 또는 발전기와 정속구동장치가 합쳐진 IDG(Integrated Drive Generator)가 사용됨.

 Point 직류(DC)와 교류(AC)

- 직류(DC): 시간 변화에 따라 크기(진폭)와 방향(극성)이 일정한 전압/전류
  - 저장이 가능하고, 전자장치 구동 전력을 공급하나 배전 시에는 전력손실이 높다.
- 교류(DC): 시간 변화에 따라 크기(진폭)와 방향(극성)이 변하는 전압/전류
  - 항공기의 주전원은 엔진에 연결된 교류 발전기로부터 115 V/200 V 400 Hz의 교류가 생성되어 공급된다.
  - 직류로 변환 시 정류기를 사용하고, 승압/감압 시는 변압기를 사용한다.

9.1.2 교류(AC)의 장·단점

교류의 장점과 단점에 대해 알아보겠습니다. 우선 교류는 직류에 비해 생산 및 전송이 편리하고, 변압기(transformer)를 이용하여 쉽게 전압의 크기를 변경하는 것이 가능합니다. 물론 직류도 전압을 높이거나 낮추는 것이 가능하지만, 교류보다는 더 많은 에너지가 필요하기 때문에 비효율적입니다. 무엇보다 교류는 추후에 자세히 배울 교류 발전기를 통해 손쉽게 생산해 낼 수 있습니다. 항공기뿐만 아니라 자동차, 선박 등 독립적인 운송체들은 엔진을 통해 에너지를 생산하는데, 엔진에는 고속의 회전부가 항시 존재하므로 여기에 교류 발전기의 회전축을 연결하면 자연스럽게 교류를 생산해 낼 수 있습니다.

또한 교류는 전기를 공급하거나 배분할 때 전력손실을 줄여 원거리 송전이 가능합

니다. 원거리 송전 시에는 손실되는 전력[3]까지 고려하여 더 많은 전력을 공급해주어야 하는데, 전력을 높이는 방법은 전압을 높이거나 전류를 증가시키는 방식이 있습니다. 다만, 전류를 증가시키는 방법은 굵은 전선을 사용해야 하는 번거로움과 이에 따른 무게가 증가[4]한다는 단점이 있습니다. 따라서 일반적으로 전류를 높이는 방법보다는 전압을 높여서 전기를 공급하는 방법이 이용됩니다.

교류는 원거리 송전이 가능하고, 동일전력 송전 시 변압기를 통해 전압을 높여 전류를 낮추므로 전력손실이 줄어듭니다. 이에 비해 직류는 전압을 높이거나 낮출 수 없어 송전 시에 전력손실이 크므로 근거리에 발전소를 많이 건설해야 하는 단점이 있습니다. 또한 교류는 정류장치(rectifier)를 이용하여 직류로 쉽게 변환이 가능하므로 최종적으로 전기장치나 전자장치 구동에 이용할 수 있습니다. 교류와 직류의 장·단점을 [표 9.1]에 정리하였습니다.

[3] 전력은 전압과 전류의 곱으로 정의됨. $(P = V \cdot I)$

[4] 무게 절감이 중요한 항공기 시스템에서는 성능 저하 및 연료량 증가 등의 문제점이 발생함.

[표 9.1] 교류와 직류의 장·단점

직류(DC)	교류(AC)
저장할 수 있음.	저장할 수 없음.
전압을 높이거나 낮추기가 어려워 전력전송에 비효율적임.	전압을 높이거나 낮출 수 있고 전력전송에 유리
대부분 전기·전자장치의 작동전원으로 사용함.	직류시스템보다 더 큰 에너지를 사용할 수 있음.
공급전력의 손실이 적어 효율이 높음.	사용할 수 없는 무효전력이 존재함.
전압/전류의 크기가 일정하여 통신장치에 장애가 없음.	전압/전류의 변동이 있어 통신장애를 일으킴.

9.2 교류(AC)의 생성

교류의 생성과정을 살펴보겠습니다. 엔진 회전축에 연결된 교류 발전기는 4장에서 배운 플레밍의 오른손법칙(Fleming's right-hand rule)이 적용되는데, 자기장 내에 위치한 도선이나 코일(coil)을 움직이면 이 도선에는 유도기전력이 발생하고 발생된 유도기전력에 의해서 유도전류가 흐르게 되어 전기가 발생됩니다.

[그림 9.3]과 같이 발전기 케이스 내부 외곽에 계자를 설치하여 자기장을 형성시키고, 중앙 회전축에 코일(도선)을 장치하여 엔진 회전축에 맞물려 주면 자기장 내에서 코일은 회전운동을 합니다. 이때 코일의 회전에 따라 전자기 유도현상이 발생하여 코

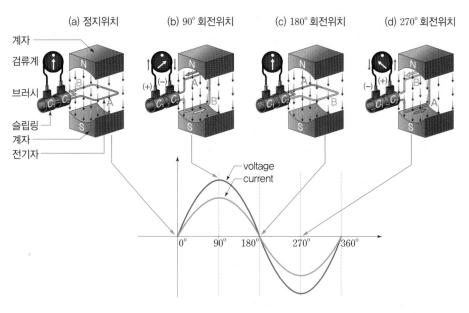

| | (a) 정지위치 | (b) 90° 회전위치 | (c) 180° 회전위치 | (d) 270° 회전위치 |

계자

검류계

브러시

슬립링

계자

전기자

voltage
current

0°　　90°　　180°　　270°　　360°

[그림 9.3] 발전기의 동작과정과 교류의 생성

일에는 유도기전력이 발생됩니다.

　회전하는 코일도체 A의 끝단은 슬립링(slip-ring) C_1에 연결하고 코일도체 B의 끝
단은 슬립링 C_2에 고정시킨 후, 각각의 슬립링을 브러시(brush)에 접촉시켜 코일에서
생성된 교류를 외부로 뽑아냅니다. 코일의 360° 1회전은 교류 1사이클(cycle)을 나타
내는데, 코일의 회전각도를 θ라 하면 회전에 따라 생성되는 전기는 sine 파형의 정현
파(sinusoidal wave) 형태를 갖게 되므로 수학적으로 삼각함수의 사인(sine)이나 코사
인(cosine) 함수로 표시할 수 있습니다.[5]

5 자세한 발전 과정과 원리는 13.1.4절 교류 발전기의 기본 작동원 리에서 설명함.

9.3 교류(AC)의 특성

9.3.1 삼각함수의 정의

삼각함수(trigonometric function)는 [그림 9.4]와 같이 직각을 포함한 삼각형의 3변
(r, x, y)의 비율을 모서리 각도(θ)를 이용하여 나타내는 함수식으로 식 (9.1)로 정
의됩니다.

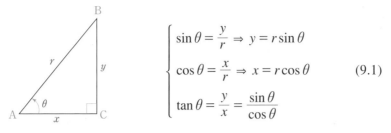

$$\begin{cases} \sin\theta = \dfrac{y}{r} \Rightarrow y = r\sin\theta \\[2mm] \cos\theta = \dfrac{x}{r} \Rightarrow x = r\cos\theta \\[2mm] \tan\theta = \dfrac{y}{x} = \dfrac{\sin\theta}{\cos\theta} \end{cases} \qquad (9.1)$$

[그림 9.4] 삼각함수의 정의

0~360°(0~2π) 범위를 갖는 θ에 따라 x축을 기준으로 반시계방향의 각도 θ를 (+)로 놓고 사분면(quadrant)[6]을 정의하면, [그림 9.5]와 같이 각 사분면에서의 삼각함수는 양(+) 또는 음(−)의 값을 갖게 됩니다.

6 1사분면(0° < θ < 90°), 2사분면(90° < θ < 180°), 3사분면(180° < θ < 270°), 4사분면(270° < θ < 360°)

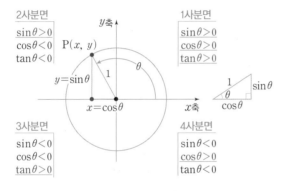

[그림 9.5] 사분면에서의 삼각함수

예제 9.1

$x = 8$, $y = 5$인 삼각형에 대해 다음 값을 구하시오.

(1) $\sin\theta$　　(2) $\cos\theta$　　(3) $\tan\theta$　　(4) θ

|풀이| 직각삼각형에서 빗변의 길이는 $r = \sqrt{x^2 + y^2} = \sqrt{8^2 + 5^2} = 9.434$이므로 삼각함수의 정의식에서

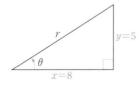

(1) $\sin\theta = \dfrac{y}{r} = \dfrac{5}{9.434} = 0.530$

(2) $\cos\theta = \dfrac{x}{r} = \dfrac{8}{9.434} = 0.848$

(3) $\tan\theta = \dfrac{y}{x} = \dfrac{5}{8} = 0.625$

(4) 따라서 각도 θ는 역삼각함수(inverse function)를 이용하여 다음 중 한 가지 방법으로 구할 수 있다.

$$\tan\theta = 0.625 \Rightarrow \theta = \tan^{-1}(0.625) = 0.5586\ \text{rad} = 32.01°$$
$$\cos\theta = 0.848 \Rightarrow \theta = \tan^{-1}(0.848) = 0.5586\ \text{rad} = 32.01°$$

9.3.2 교류의 정현파 표현

7 라디안(radian)으로 표시하면 2π

[그림 9.6]과 같이 발전기 회전자(회전축)의 회전각도를 θ라고 하면, 360° [7] 회전에 따른 회전각도 각각의 위치에서 출력되는 교류값(전압 또는 전류)의 크기는 삼각형의 수직 높이 부분에 해당되고, 이를 그래프에 표시하면 대응되는 교류파형을 얻을 수 있습니다.

　[그림 9.7]의 오른쪽 sine 그래프에서 360° 회전 시에 나타나는 교류의 크기 중 가장 큰 값이 발생되는 교류전압과 전류의 최댓값을 각각 V_m, I_m으로 표시합니다. 순시

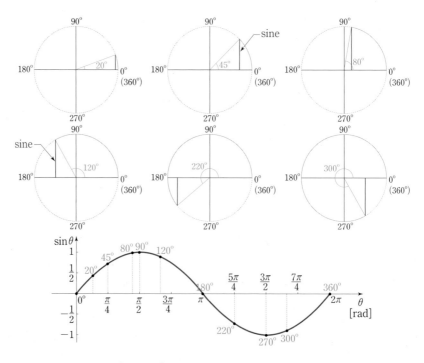

[그림 9.6] 회전각도에 따른 정현파 표현

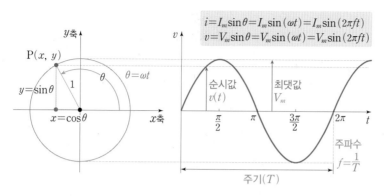

$$i = I_m \sin\theta = I_m \sin(\omega t) = I_m \sin(2\pi f t)$$
$$v = V_m \sin\theta = V_m \sin(\omega t) = V_m \sin(2\pi f t)$$

[그림 9.7] 교류의 정현파 표현

값(instantaneous value)은 임의 시간 t에서의 전압 또는 전류값을 말하는데, 시간 t에 따라 발전기의 회전각도(θ)가 변화하므로 매순간 값의 크기가 변하고 부호도 +/−로 변화합니다. 순시값은 식 (9.2)와 같이 소문자를 사용하고 시간에 따라 변화하는 함수이므로 $v(t)$, $i(t)$[8]로 나타냅니다.

$$\begin{cases} i(t) = I_m \sin\theta(t) \;\Rightarrow\; i = I_m \sin\theta \\ v(t) = V_m \sin\theta(t) \;\Rightarrow\; v = V_m \sin\theta \end{cases} \tag{9.2}$$

8 수식을 간략하게 표현하기 위해 시간 t를 생략하여 소문자 v, i, θ로 표시함.

9.3.3 각속도(ω)

각속도(angular rate)는 코일이 감겨 있는 발전기 내 회전축이 돌아가는 회전속도를 말합니다. 여러분이 잘 알고 있는 속도(speed)라는 개념은 일정 시간 t초 동안 이동한 변위량(거리)을 의미하므로, 각속도는 같은 개념으로 t초 동안 회전축의 각도 θ가 이동한 변위량으로 정의됩니다. 따라서 식 (9.3)과 같이 회전각 θ는 각속도(ω) × 시간(t)으로 표현할 수 있으며, 교류 발전기의 회전 각속도(ω)가 주어지면 해당되는 시간(t)에서의

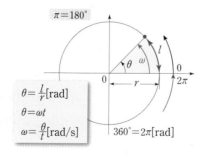

[그림 9.8] 각속도(ω)의 정의

회전각도(θ)를 구할 수 있습니다.

$$\omega = \frac{\theta}{t} \,[\text{rad/s}] \;\Rightarrow\; \theta = \omega t \,[\text{rad}] \qquad (9.3)$$

 각속도(angular rate)

- 회전축이 돌아가는 회전속도를 의미한다.
- 각속도의 단위는 [deg/s] 또는 [rad/s]를 사용하고, 표기는 ω를 사용한다.

9.3.4 주기(T)

앞에서 설명한 것처럼 사이클(cycle)은 발전기 내 코일이 1바퀴 회전하는 것을 의미하며, 이에 따라 교류파형 1개가 출력됩니다.

 주기(period)

- 1사이클이 회전하는 데 걸리는 시간으로 정의하며, 주기적으로 반복되는 신호파형 1개가 출력되는 시간을 의미한다.
- 기호는 T로 표기하고, 단위는 초(second, [sec])를 사용한다.

[그림 9.9]의 교류파형 사인함수 그래프에서 x축은 시간 t를 사용하였는데, 식 (9.3)에서 정의한 각속도(ω)를 사용하여 회전각도(θ)를 표현하면, x축은 회전각도(θ)로도 표현할 수 있고 각도 ωt로도 표현할 수 있습니다. 따라서 교류전압과 전류를 나타내는 식 (9.2)는 다음과 같이 각속도(ω)를 이용하여 표현할 수도 있습니다.[9]

$$\begin{cases} i = I_m \sin\theta = I_m \sin(\omega t) \\ v = V_m \sin\theta = V_m \sin(\omega t) \end{cases} \qquad (9.4)$$

9 x축이 각도 θ인 $\sin\theta$에 익숙하겠지만 시간축으로 변경한 $\sin(\omega t)$에도 익숙해져야 함.

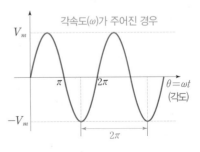

[그림 9.9]
주기(T)의 정의

9.3.5 주파수(f)

 주파수(frequency)

- 1초 동안 교류파형 1개가 반복되는 횟수를 말한다.
- 기호는 f로 표기하고, 단위는 [cps][10]를 사용하거나 헤르츠[Hz]를 사용한다.

10 cps = cycle per second = 1/sec

우리가 일상생활에서 사용하는 교류 220 V는 주파수가 60 Hz로 1초 동안 60개의 교류 파형(sine 파형)이 반복되는 것을 의미합니다. 따라서 식 (9.5)와 같이 주파수 f는 주기 T의 역수가 되며, 결국 주파수 단위 [Hz]는 초(second)의 역수인 [1/sec]과 같습니다.

$$T = \frac{1}{f} \text{ [sec]} \;\Rightarrow\; f = \frac{1}{T} \text{ [Hz]} \tag{9.5}$$

결국 각속도(ω), 주기(T), 주파수(f)의 관계는 다음 식 (9.6)과 같이 정리됩니다. 각속도 ω는 시간(t)분의 회전각도(θ)로 정의되므로, 일정 시간 $t = T$[sec] 동안 각도 $\theta = 2\pi(360°)$ 회전하므로 ω는 $2\pi/T$가 되고, 주기 T는 주파수 f의 역수이므로 ω는 $2\pi \times f$가 됩니다.

$$\omega = \frac{\theta}{t} \text{ [rad/s]} \;\Rightarrow\; \omega = \frac{2\pi}{T} = 2\pi f \text{ [rad/s]} \tag{9.6}$$

따라서 교류의 표현 수식 (9.4)는 최종적으로 식 (9.7)과 같이 x축을 각도(θ)로 표시할 수도 있고, 각속도(ω) 또는 주파수(f)가 주어지면 식 (9.6)의 관계를 이용하여 시간 t로 나타낼 수도 있습니다.

$$\begin{cases} i(t) \equiv i = I_m \sin\theta = I_m \sin(\omega t) = I_m \sin(2\pi ft) \\ v(t) \equiv v = V_m \sin\theta = V_m \sin(\omega t) = V_m \sin(2\pi ft) \end{cases} \tag{9.7}$$

예제 9.2

교류전압이 $v(t) = 10 \cdot \sin(0.1t)$라면 이때 교류의 최댓값, 각속도(deg/s), 주파수(Hz) 및 주기(sec)를 구하시오. (단, 주어진 교류전압식에서 전압의 단위는 V, 각속도의 단위는 rad/s임)

| **풀이** | ① $v(t) = V_m \cdot \sin(\omega t)$에서 최댓값은 $V_m = 10$ V이다.

② 각속도 $\omega = 0.1$ rad/s이며, [deg/s]로 단위를 변환하면 5.73 deg/s가 된다.

$$\omega = 0.1 \left[\frac{\text{rad}}{\text{s}}\right] \times \frac{180\,[\text{deg}]}{\pi\,[\text{rad}]} = 5.73\ \text{deg}/s$$

③ 주파수는 각속도와의 관계식에서 다음과 같이 계산되며

$$\omega = 2\pi f \ \Rightarrow \ f = \frac{\omega}{2\pi} = \frac{0.1\ \text{rad/s}}{2\pi} = 0.0159\ \text{Hz}$$

④ 주기는 주파수의 역수이므로 62.89초가 된다.

$$T = \frac{1}{f} = \frac{1}{0.0159\ \text{Hz}} = 62.89\ \text{sec}$$

9.3.6 발전기의 주파수

발전기에서 생성되는 교류전압 및 전류의 주파수는 자석의 N-S극 사이를 코일(도체)이 회전하며 통과하는 횟수에 의해 결정되므로, 발전기 외각 계자에 몇 개의 N-S극이 설치되어 있느냐에 따라 결정됩니다. 앞의 [그림 9.3]에서 나타낸 발전기는 N, S극이 각각 1개씩 설치되어 있는 경우이므로 극수(pole)는 총 2개가 되며, 이 사이를 코일이 1회전하면서 1개의 교류파형이 생성됩니다. 만약 이 발전기에 N극과 S극이 1개씩 추가된다면 극수는 4개가 되고 교류파형은 발전기 1회전당 2개가 생성되어 출력됩니다. 따라서 극수(P)의 2분의 1이 1회전에서의 교류의 파형 수가 되는 관계가 성립하고, 여기에 발전기의 회전수를 곱하면 발전기의 주파수를 다음 식 (9.8)과 같이 계산할 수 있습니다.

$$f = \frac{P}{2} \frac{N}{60}\ [\text{Hz}] \tag{9.8}$$

여기서, 발전기 회전수는 N으로 표시하며 단위는 rpm(revolution per minute)을 사용하는데, 분당 회전수를 의미합니다. 주파수의 단위는 [Hz]로 초분의 1([1/sec])이므로 발전기의 회전수가 rpm으로 주어진 경우는 초(second) 단위로 변환하기 위해 식 (9.8)처럼 60으로 나눠주어야 합니다(1 min = 60 sec).

예제 9.3

4극 발전기에서 도체가 매분 1,800 rpm으로 회전하고 있다. 발전기의 주파수, 주기 및 각속도를 구하시오.

┃풀이┃ ① 발전기의 극수 $P = 4$이고, 회전수가 1,800 rpm이므로 주파수 f는 60 Hz가 된다.

$$f = \frac{P}{2}\frac{N}{60} = \frac{4}{2} \times \frac{1,800 \text{ rpm}}{60} = 60 \text{ Hz}$$

② 주기 T는 주파수 f의 역수이므로 0.01667초가 된다. 즉, 1초에 60개의 교류파형이 생성되고, 1개의 교류파형은 0.01667초의 주기를 가진다.

$$T = \frac{1}{f} = \frac{1}{60 \text{ Hz}} = 0.01667 \text{ sec}$$

③ 마지막으로 각속도는 다음과 같이 계산할 수 있다.

$$\omega = 2\pi f = 2\pi \times 60 \text{ Hz} = 376.99 \text{ rad/s} = 21,599.94 \text{ deg/s}$$

9.4 교류(AC)의 대푯값 – 크기

교류는 앞에서 살펴본 바와 같이 시간에 따라 전압 및 전류의 크기와 (+)/(−) 극성이 계속 바뀌기 때문에 크기와 극성이 변하지 않는 직류회로보다 회로 해석에 있어서 복잡하고 계산량이 많아집니다.

   예를 들어 어떤 교류의 전압이 예제 9.2와 같이 $v(t) = 10 \cdot \sin(0.1t)$로 주어졌다고 가정했을 때, 시간 $t = 0$초에서는 $v(0) = 0$ V가 되고, $t = 0.2$초에서는 $v(0.2) = 10 \cdot \sin(0.1 \times 0.2) = 0.1999$ V, $t = 52$초에서는 $v(52) = 10 \cdot \sin(0.1 \times 52) = -8.835$ V가 됩니다. 이 교류전압의 주기는 $T = 62.89 \text{ sec}$[11]이므로 만약 시간간격을 $\Delta t = 1 \text{ sec}$마다 계산한다면 약 62번을 계산해야 하고, 시간간격을 더 작게 하여 $\Delta t = 0.01 \text{ sec}$마다 계산한다면 6,289번을 반복해서 계산해야 한 주기 동안의 교류전압 크기를 알아낼 수 있습니다. 요즘처럼 컴퓨터를 사용하고 공학용 해석 소프트웨어가 발전한 환경에서는 그리 큰 문제가 되지 않겠지만, 옛날 사람들이 종이와 연필로 이것을 반복해서 계산한다면 시간이 엄청나게 걸리며 귀찮은 일이 될 것입니다.

   따라서 좀 더 간편하게 교류를 해석하기 위해서 시간에 따라 변화하는 교류를 직류

11 $T = 1/f = 2\pi/\omega$
   $= 2\pi/0.1$

처럼 변하지 않는 대푯값으로 대체하는 아이디어를 내기 시작하고, 이를 적용하여 초기에 교류를 해석하는 방법으로 사용하게 됩니다. 이러한 방식을 교류 해석에 적용하면 우리가 3장에서 배운 옴의 법칙(Ohm's law)도 교류회로 해석에 직접 적용할 수 있습니다. 그럼 교류의 대푯값으로 사용되는 평균값과 반주기 평균값 및 실효값에 대해 알아보겠습니다.

9.4.1 삼각함수 관련 공식

앞으로 설명할 내용을 이해하기 위해서는 삼각함수에 관련된 몇 가지 공식을 알고 있어야 합니다. 삼각함수는 주기함수(periodic function)이기 때문에 주어진 각도에서의 삼각함수값이 계속적으로 반복하여 나타나게 되므로, 주기인 2π [rad](= 360 deg)를 넘어가는 경우에 해당되는 삼각함수값에 대해 360° 범위 내에서 같은 값을 가지는 각도를 계산할 때 주기, 보각, 여각 공식을 사용합니다.

(1) 주기/보각/여각 공식

회전각도 θ는 계속 회전하면서 값이 증가하더라도 0~360° 범위 내의 값으로 변환할 수 있습니다. 예를 들어 $\theta = 730° = 360° \times 2 + 10°$이므로 $\theta = 10°$와 같은 위치가 됩니다. 9.3.1절에서 θ의 범위에 따라 사분면을 정의하였는데, 각 사분면에서의 삼각함수는 [그림 9.10]과 같은 부호를 가집니다.[12] [양(+)의 값을 갖는 삼각함수의 앞 글자를 따서 '올사탄코'(발음상 '얼싸안고')로 기억합니다.]

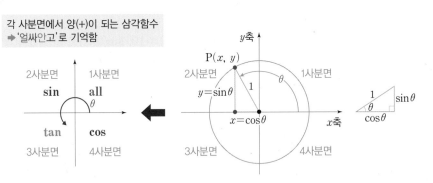

[그림 9.10] 사분면에서의 삼각함수 부호

회전각도 θ가 360°를 넘어가는 경우에 해당되는 삼각함수값을 360° 범위 안으로 변환하기 위해 식 (9.9)와 같은 주기, 여각, 보각 공식을 적용합니다.

$$\begin{cases} \sin(2\pi \pm \theta) = \pm\sin\theta \\ \sin(\pi \pm \theta) = \mp\sin\theta \end{cases} \quad \begin{cases} \cos(2\pi \pm \theta) = \cos\theta \\ \cos(\pi \pm \theta) = -\cos\theta \end{cases}$$

$$\begin{cases} \sin\left(\dfrac{\pi}{2} \pm \theta\right) = \cos\theta \\ \sin\left(\dfrac{3\pi}{2} \pm \theta\right) = -\cos\theta \end{cases} \quad \begin{cases} \cos\left(\dfrac{\pi}{2} \pm \theta\right) = \mp\sin\theta \\ \cos\left(\dfrac{3\pi}{2} \pm \theta\right) = \pm\sin\theta \end{cases} \qquad (9.9)$$

변환방식은 다음과 같은 순서로 적용하면 됩니다.

① 식 (9.9)와 같이 360°($=2\pi$)를 넘는 각도 θ를 π 또는 $\pi/2$의 배수를 사용하여 표현합니다.

② 각도 θ 앞에 더해진 값이 π, 2π, 3π 등의 정수이면 sin은 sin으로 cos은 cos으로 변환하고,

③ $\pi/2$, $3\pi/2$와 같이 분수형태이면 sin은 cos으로, cos은 sin으로 변경합니다.

④ 이후 해당되는 각도 θ가 사분면 중 어느 분면에 속하는지를 계산하여 해당 사분면에서 원래 식인 삼각함수값의 부호(+/−)를 판별합니다.

⑤ 판별된 부호를 변환된 삼각함수의 부호로 사용합니다.

예를 들어, 식 (9.9)에서 $\sin(\pi/2 + \theta)$는 각도 θ에 $\pi/2$가 더해지므로 $\cos\theta$가 되고, $(\pi/2 + \theta)$는 90°에 각도 θ를 더한 것이므로 2사분면에 속합니다. 2사분면에서는 sin 함수만 부호가 (+)이므로 원래 식 $\sin(\pi/2 + \theta)$값의 부호는 양(+)이 되고, 변환된 삼 각함수 $\cos\theta$에도 (+)부호를 사용합니다.

(2) 음각 공식

음각 공식은 음(−)의 각도값에 대한 삼각함수값을 구하는 공식으로 식 (9.10)으로 정의되며, 앞의 여각 공식을 적용해도 동일한 결과를 얻습니다.

$$\sin(-\theta) = -\sin\theta, \ \cos(-\theta) = \cos\theta, \ \tan(-\theta) = -\tan\theta \qquad (9.10)$$

예제 9.4

다음 삼각함수를 계산하시오.

(1) $\sin(425°)$ (2) $\cos(-5\pi+\theta)$ (3) $\cos(585°)$

┃풀이┃ (1) $\sin(425°) = \sin(360° + 65°) = \sin(2\pi + 65°) = \sin(65°) = 0.9063$

(2) $\cos(-5\pi + \theta) = \cos[-(5\pi - \theta)] = \cos(5\pi - \theta) = -\cos\theta$

(3) $\cos(585°) = \cos(90° \times 6 + 45°) = \cos\left(\dfrac{\pi}{2} \times 6 + 45°\right) = -\sin(45°) = -0.707$

---

(3) 제곱관계 및 반각 공식

삼각함수의 제곱관계는 식 (9.11)과 같이 정리되며, 삼각함수의 반각 공식은 제곱이 붙은 삼각함수를 제곱이 없는 삼각함수로 변환하는 공식으로, 식 (9.12)와 같이 정의됩니다.

$$\sin^2\theta + \cos^2\theta = 1 \tag{9.11}$$

$$\sin^2\theta = \frac{1}{2}(1 - \cos 2\theta) \Rightarrow \sin^2(\omega t) = \frac{1}{2}[1 - \cos 2(\omega t)] \tag{9.12}$$

(4) 삼각함수의 미분과 적분

삼각함수를 시간 t에 대해 미분하면 식 (9.13)과 같이 sin 함수의 미분은 cos 함수가 되고, cos 함수의 미분은 $-$sin 함수가 됩니다.

$$\begin{cases} \dfrac{d}{dt}\sin(t) = \cos(t) \\[2mm] \dfrac{d}{dt}\cos(t) = -\sin(t) \end{cases} \tag{9.13}$$

삼각함수의 적분은 미분의 반대 개념으로 시간 t에 대해 sin 함수를 적분하면 $-$cos 함수가 되고, cos 함수를 적분하면 sin 함수가 됩니다.

$$\begin{cases} \displaystyle\int \sin(t)\,dt = -\cos(t) \Rightarrow \displaystyle\int_0^T \sin(\omega t)\,dt = \left[-\frac{1}{\omega}\cos(\omega t)\right]_0^T = 0 \\[3mm] \displaystyle\int \cos(t)\,dt = \sin(t) \end{cases} \tag{9.14}$$

위의 식에서 $\sin(\omega t)$를 적분하면 $(-1/\omega) \times \cos(\omega t)$가 되는데, 적분 변수 t 앞에 각속도 ω가 상수로 곱해지는 경우에는 상수 ω의 역수를 적분 앞에 곱해주는 것이 적분방식(치환적분)임을 기억하기 바랍니다. 아울러 적분구간 계산법도 알아보겠습니다. 쉬운 예로 $(2x + 1)$을 x에 대해 적분하면 다음과 같이 적분할 수 있습니다.[13]

---

13 이 경우에는 적분 변수는 x가 되므로, x에 대해 적분함.

$$\int (ax^n + b)\,dx = \frac{a}{n+1}x^{n+1} + bx \Rightarrow \int (4x + 1)\,dx = \frac{4}{(1+1)}x^2 + x = 2x^2 + x$$

만약 적분구간이 $(2 < x < 4)$로 주어진 경우에는 다음과 같이 적분구간에 대해서 계산하는 것도 익혀두기 바랍니다.

$$\int_2^4 (4x+1)dx = \left[2x^2 + x\right]_2^4 = (2 \times 4^2 + 4) - (2 \times 2^2 + 2) = 36 - 10 = 26$$

예제 9.5

주기 $T = 2\pi$인 경우에 다음 삼각함수의 적분값을 구하시오.

(1) $\displaystyle\int_0^T \sin(\omega t)dt$ (2) $\displaystyle\int_0^T \sin^2(\omega t)dt$

| **풀이** | (1) $\displaystyle\int_0^T \sin(\omega t)dt = \left[-\frac{1}{\omega}\cos(\omega t)\right]_0^{T=2\pi} = -\frac{1}{\omega}[\cos(\omega \cdot 2\pi) - \cos(\omega \cdot 0)]$

$$= -\frac{1}{\omega}[\cos(2\pi\omega) - 1]$$

(2) 삼각함수의 제곱을 적분할 때는 식 (9.12)의 반각공식을 이용한다.

$$\int_0^T \sin^2(\omega t)dt = \int_0^T \left[\frac{1}{2}\{1 - \cos(2\omega t)\}\right]dt = \frac{1}{2}\int_0^T [1 - \cos(2\omega t)]dt$$

$$= \frac{1}{2}\left[t - \frac{1}{2}\sin(2\omega t)\right]_0^{T=2\pi}$$

$$= \frac{1}{2}\left\{(2\pi - 0) - \frac{1}{2}[\sin(2\omega \cdot 2\pi) - \sin(0)]\right\}$$

$$= \frac{1}{2}\left\{2\pi - \frac{1}{2}[\sin(4\pi\omega) - 0]\right\} = \pi - \frac{1}{4}\sin(4\pi\omega)$$

9.4.2 교류의 평균값

이제 본격적으로 교류의 크기를 대표하는 값들에 대해 알아보겠습니다. 여러 반의 시험성적을 비교하기 위해 제일 먼저 하는 것이 평균을 구하는 것처럼, 일반적으로 일상생활에서 어떤 모수나 집단의 대푯값으로 이용하는 것이 평균값(average value)입니다.

[그림 9.11]과 같이 변화하는 교류에 대한 평균값을 구해 보겠습니다. 왼쪽 상단의 sine파로 입력된 교류전압이 $v(t) = V_m \cdot \sin(\omega t)$로 주어졌다고 가정하고, 파형의 1주기 $(0 < t < T)$에 대해 앞에서 배운 적분방식을 적용하면 식 (9.15)와 같이 평균값을 계산할 수 있습니다.

$$v_{av} = \frac{1}{T}\int_0^T V_m \sin(\omega t)dt = \frac{V_m}{T}\left[-\frac{1}{\omega}\cos(\omega t)\right]_0^T = -\frac{V_m}{T}\frac{1}{\omega}[\cos(\omega T) - \cos(0)]$$

$$= -\frac{V_m}{\cancel{T}} \cdot \frac{\cancel{T}}{2\pi}\left[\cos\left(\frac{2\pi}{\cancel{T}} \cdot \cancel{T}\right) - 1\right] = -\frac{V_m}{2\pi}[1 - 1] = 0$$

$$(9.15)$$

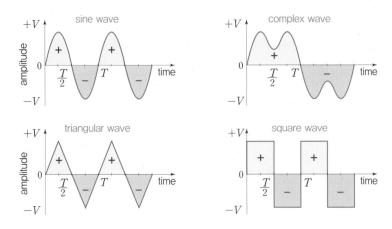

[그림 9.11] 교류의 평균값

상기 식의 계산과정에서 ω는 식 (9.6)에서 유도한 $\omega = \dfrac{2\pi}{T}$를 대입한다는 점을 유의하기 바랍니다.

식 (9.15)에서 평균값을 구하기 위해 적분값을 전체시간 T로 나누게 되는데, 성적 평균을 구할 때 시험점수를 모두 합치고 시험 응시자 수로 나누는 것과 동일한 개념입니다. 즉, 교류 sine파의 평균값이란 1주기 동안 사인함수값을 적분하여 그 주기(T)로 나눈 값으로, 식 (9.15)의 결과처럼 sine파의 평균값은 항상 $v_{\text{av}} = 0$이 됨을 알 수 있습니다. [그림 9.11]과 같이 적분을 하는 것은 파형의 면적을 구하는 것과 같은데, (+)부분의 면적과 (−)부분의 면적이 같으므로 수식을 계산하지 않아도 파형의 면적을 모두 더하면 평균값은 0이 됨을 알 수 있습니다. 정현파의 형태가 아닌 계단파나 삼각파의 파형에서도 평균값은 0이 됩니다. 따라서 실제 교류전압과 전류가 존재하더라도 평균값은 0이 되므로 평균값은 교류전압과 전류의 대푯값으로 사용할 수가 없습니다.

9.4.3 교류의 반주기 평균값

교류의 크기를 나타내는 대푯값으로 평균값을 사용할 수 없음을 확인한 후, 그 다음으로 이용하고자 생각해낸 개념은 반주기(half-period)만 적분하여 평균을 구한 반주기 평균값(half-period average)입니다.

교류전압이 동일하게 $v(t) = V_m \cdot \sin(\omega t)$로 주어졌다고 가정하고, 파형의 반주기 $(0 < t < T/2)$에 대해 적분하면 반주기 평균값은 다음과 같이 계산할 수 있습니다.

$$v_{ha} = \frac{1}{T/2} \int_0^{T/2} V_m \sin(\omega t)\, dt = \frac{2V_m}{T} \left[-\frac{1}{\omega} \cos(\omega t) \right]_0^{T/2}$$

$$= -\frac{2V_m}{T} \cdot \frac{1}{\omega} \left[\cos\left(\omega \cdot \frac{T}{2} \right) - \cos(0) \right] \tag{9.16}$$

여기서, $\omega = \dfrac{2\pi}{T}$ 이므로 이를 식 (9.16)에 대입하여 정리하면 최종적으로 반주기 평균값은 식 (9.17)과 같이 최댓값(V_m)에 0.637배를 하는 것과 같다는 것을 알 수 있습니다.

$$v_{ha} = -\frac{2V_m}{\cancel{T}} \cdot \frac{\cancel{T}}{2\pi} \left[\cos\left(\frac{2\pi}{\cancel{T}} \cdot \frac{\cancel{T}}{2} \right) - \cos(0) \right] = -\frac{V_m}{\pi} [\cos(\pi) - \cos(0)]$$

$$= -\frac{V_m}{\pi} [-1 - 1] = -\frac{V_m}{\pi} [-2] = \frac{2V_m}{\pi} = 0.637\, V_m \tag{9.17}$$

이렇게 구한 반주기 평균값을 교류전압과 전류의 대푯값으로 사용하여 실제 시스템 해석에 적용한 후 실험치와 비교해 보았더니 실제 시스템에서의 값들과 차이가 크게 나타납니다. 따라서 반주기 평균값도 교류의 대푯값으로 사용하기에 적합하지 않습니다.

9.4.4 교류의 실효값(RMS)

평균값, 반주기 평균값 모두 사용이 불가함을 확인하였습니다. 마지막 아이디어로 나온 것이 실효값(root mean square value)으로, 에너지의 개념을 도입한 대푯값입니다. 전기에너지는 전력(power)으로 정의하였는데, 교류에서는 시간에 따라 전압과 전류가 바뀌기 때문에 이를 곱한 전력도 시간에 따라 계속 변하게 됩니다. 실효값은 이렇게 변하는 교류 전기에너지인 전력의 평균을 구한 값으로, 교류가 가진 에너지를 동일한 에너지를 가진 직류로 변환하는 개념을 도입한 것입니다.

실효값은 Root Mean Square의 약자인 RMS(또는 rms)로 표기하는데, 용어 그대로 값의 제곱을 하여 평균값을 구한 후 square root를 취한 값입니다. 결론적으로 실효값을 시간에 따라 변하는 교류의 전압과 전류 크기의 대푯값으로 사용하는데, 우리가 실생활에서 사용하는 220 V, 110 V 모두 교류전압의 실효값을 나타냅니다.

이제 실효값을 유도해 보겠습니다. 교류가 가진 전기에너지는 전력으로 나타내며, 2장에서 배운 바와 같이 전력은 전압과 전류의 곱이고, 옴의 법칙을 적용하여 전류로 표현하면 교류전력(P_{AC})은 식 (9.18)이 됩니다.

$$P_{AC} = v \cdot i = i^2 R = \frac{v^2}{R} \text{ [W(watt)]} \tag{9.18}$$

교류전력과 같은 크기를 갖는 직류를 가정하고, 그 직류의 전압과 전류를 각각 V, I 라 하면 직류전력(P_{DC})은 다음과 같이 구할 수 있습니다.

$$P_{DC} = V \cdot I = I^2 R = \frac{V^2}{R} \ [\text{W(watt)}] \tag{9.19}$$

(1) 교류전류의 실효값

먼저 교류전류 i의 실효값인 I_{rms}를 구해보겠습니다. 식 (9.18)과 (9.19)를 이용하여 교류전력과 직류전력을 1주기(T) 동안 적분한 후 주기 T로 나누어 평균전력을 구하고, 두 평균전력의 크기가 같다고 하면 식 (9.20)과 같이 유도할 수 있습니다.

$$P_{DC} = P_{AC} \ \Rightarrow \ \int_0^T I^2 R\,dt = \int_0^T i^2 R\,dt \ \Rightarrow \ I^2 R T = \int_0^T i^2 R\,dt$$

$$\Rightarrow \ I = \sqrt{\frac{1}{T} \int_0^T i^2\,dt} \tag{9.20}$$

주어진 교류전류를 $i(t) = I_m \cdot \sin(\omega t)$라고 가정하고, 식 (9.12)의 반각 공식을 적용하여 식 (9.20)에 대입한 후 적분합니다.

$$I_{rms} = \sqrt{\frac{1}{T} \int_0^T i^2\,dt} = \sqrt{\frac{1}{T} \int_0^T I_m^2 \sin^2(\omega t)\,dt}$$

$$= \sqrt{\frac{1}{T} \int_0^T I_m^2 \left[\frac{1}{2} \{1 - \cos(2\omega t)\} \right] dt}$$

$$= \sqrt{\frac{1}{T} \cdot \frac{I_m^2}{2} \int_0^T [1 - \cos(2\omega t)]\,dt} = \sqrt{\frac{1}{T} \frac{I_m^2}{2} \left[t - \frac{1}{2\omega} \sin(2\omega t) \right]_0^T}$$

$$= \sqrt{\frac{1}{T} \cdot \frac{I_m^2}{2} \left\{ (T - 0) - \frac{1}{2\omega} [\sin(2\omega \cdot T) - \sin(0)] \right\}}$$

$$= \sqrt{\frac{1}{T} \cdot \frac{I_m^2}{2} \left\{ T - \frac{1}{2\omega} \sin(2\omega \cdot T) \right\}} \quad \left(\text{여기서, } \omega = \frac{2\pi}{T} \right)$$

$$= \sqrt{\frac{1}{T} \cdot \frac{I_m^2}{2} \left\{ T - \frac{1}{2} \cdot \frac{T}{2\pi} \sin\left(2 \cdot \frac{2\pi}{T} \cdot T \right) \right\}} = \sqrt{\frac{1}{T} \cdot \frac{I_m^2}{2} \cdot T}$$

$$\therefore \ I_{rms} = \frac{I_m}{\sqrt{2}} = 0.707\,I_m \tag{9.21}$$

최종적으로 교류의 평균전력의 크기와 같은 전력크기를 갖는 직류전류값이 식 (9.21) 과 같이 구해지며, 이 값이 교류전류의 실효값 I_{rms}가 됩니다.

실효값(rms, root mean square)

- 교류 전기에너지(전력)의 평균을 구한 값으로, 교류가 가진 에너지를 동일한 에너지를 가진 직류로 변환했을 때의 값을 말한다.
- 실효값은 최댓값의 0.707배가 된다.

(2) 교류전압의 실효값

교류전류의 실효값을 구하는 방식을 교류전압에도 동일하게 적용하여 교류전압의 실효값 V_{rms}를 구해보겠습니다. 이번에는 전력 식 (9.18)과 (9.19)에서 전압 V를 사용하여 정리한 식을 사용합니다.

$$P_{DC} = P_{AC} \Rightarrow \int_0^T \frac{V^2}{R} dt = \int_0^T \frac{v^2}{R} dt \Rightarrow \frac{V^2}{R} T = \int_0^T \frac{v^2}{R} dt$$
$$\Rightarrow V = \sqrt{\frac{1}{T} \int_0^T v^2 dt} \tag{9.22}$$

주어진 교류전압을 $v(t) = V_m \cdot \sin(\omega t)$라고 가정하고, 동일하게 반각 공식을 적용하여 식 (9.22)에 대입한 후 적분합니다.

$$V_{rms} = \sqrt{\frac{1}{T} \int_0^T v^2 dt} = \sqrt{\frac{1}{T} \int_0^T V_m^2 \sin^2(\omega t) dt}$$
$$= \sqrt{\frac{1}{T} \int_0^T V_m^2 \left[\frac{1}{2}\{1 - \cos(2\omega t)\}\right] dt}$$
$$= \sqrt{\frac{1}{T} \cdot \frac{V_m^2}{2} \int_0^T [1 - \cos(2\omega t)] dt} = \sqrt{\frac{1}{T} \frac{V_m^2}{2} \left[t - \frac{1}{2\omega}\sin(2\omega t)\right]_0^T}$$
$$= \sqrt{\frac{1}{T} \cdot \frac{V_m^2}{2}\left\{(T-0) - \frac{1}{2\omega}[\sin(2\omega \cdot T) - \sin(0)]\right\}}$$
$$= \sqrt{\frac{1}{T} \cdot \frac{V_m^2}{2}\left\{T - \frac{1}{2\omega}\sin(2\omega \cdot T)\right\}} \quad \left(여기서,\ \omega = \frac{2\pi}{T}\right)$$
$$= \sqrt{\frac{1}{T} \cdot \frac{V_m^2}{2}\left\{T - \frac{1}{2} \cdot \frac{T}{2\pi}\sin\left(2 \cdot \frac{2\pi}{T} \cdot T\right)\right\}} = \sqrt{\frac{1}{T} \cdot \frac{V_m^2}{2} \cdot T}$$

$$\therefore V_{rms} = \frac{V_m}{\sqrt{2}} = 0.707 V_m \tag{9.23}$$

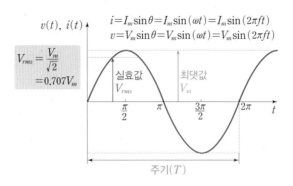

[그림 9.12] 교류의 실효값(RMS)

　식 (9.23)과 같이 교류전압의 실효값도 주어진 교류의 최댓값(V_m)의 0.707을 곱한 값이 됨을 알 수 있습니다. 즉, [그림 9.12]와 같이 실효값은 최댓값의 70.7% 값을 사용하면 됩니다.

9.5 교류(AC)의 대푯값 – 위상

sine파는 주기함수로 신호가 주기적으로 반복됩니다. 이것은 동일한 시간간격으로 같은 값이 나타난다는 것을 의미하는데,[14] 동일한 시간간격을 앞에서 주기(T)로 정의하였습니다.

14 수식으로 표현하면 $f(t + T) = f(t)$가 됨.

　교류의 특성을 대표하기 위해서는 크기의 대푯값인 실효값만으로는 부족하며 위상(phase)까지 고려해야 하는데, [그림 9.13]을 보면서 설명하겠습니다.

　시간 $t = 0$에서 크기가 0이 되는 교류전압은 그림에서 $v_1(t) = V_m \cdot \sin(\omega t)$로 표현되며, 이 교류전압을 시간축 t에 대해서 왼쪽으로 ϕ만큼 이동시키면 $v_2(t)$로 표시되는 다른 교류전압을 얻을 수 있습니다. 이 교류전압 $v_2(t)$는 교류전압 $v_1(t)$와 주기, 최댓값,

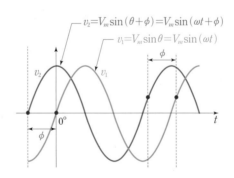

[그림 9.13] 교류의 위상차

최솟값 등 모양은 같지만 같은 시간에서 다른 값을 갖는 전혀 다른 교류전압이 됩니다. 이와 같이 시간축상에서 차이를 갖는 두 교류신호의 특성을 반영하기 위해서 위상(phase)이 사용됩니다. 위상은 시간 $t = 0$에서 크기가 0인 $\sin(t)$나 크기가 1인 $\cos(t)$를 위상(ϕ)이 0인 상태로 정하고, 이를 기준으로 주어진 삼각함수의 시간축상의 차이를 정량적[15]으로 나타냅니다.

15 x축이 시간축이면 단위가 초(sec)가 되며, x축을 각도 θ로 사용하면 단위는 각도가 됨.

 위상(phase)과 위상차(phase difference)

- 위상: 주어진 1개의 sin/cos 함수가 $t = 0$초에서 크기가 0인 sin 함수나 크기가 1인 cos 함수와 시간축상에서 나타나는 차이를 말한다.
- sin/cos 함수의 위상을 ϕ로 표기하고, 각도 단위인 deg(또는 rad)로 표현한다.[16]
- 위상차: 위상을 갖는 2개의 sin/cos 함수들 간의 위상 차이를 말한다.

16 $\theta = \omega t$이므로 각속도가 주어지면 각도로 표현이 가능함.

이제 두 신호 $v_1(t)$와 $v_2(t)$는 다음과 같이 표현할 수 있습니다.

① "v_2는 v_1보다 위상이 ϕ만큼 앞선다(빠르다)."라고 표현하고, 영어로는 'lead'로 나타냅니다.

② v_1의 입장에서는 "v_1이 v_2보다 위상이 ϕ만큼 지연된다(늦다)."라고 표현하고, 영어로는 'lag'으로 나타냅니다.

③ v_2를 계속 움직여 위상차가 180°가 되면 두 신호는 완전히 부호가 반대인 신호가 됩니다.

즉, 위상을 갖는 2개의 사인함수에서 동일값을 나타내는 시간의 차이를 각도로 표시한 것이 위상차(phase difference)입니다. 이제 교류전압, 전류와 같이 주기함수인 사인파로 나타내는 신호는 신호의 크기뿐만 아니라 위상을 추가로 반영해주어야만 완벽하게 신호를 표현할 수 있습니다.

위상을 수식에 어떻게 반영하는지 알아보겠습니다. 위상이 앞서는 경우에 위상 ϕ는 (+)가 되며, 늦는 경우에 ϕ는 (−)가 됩니다. [그림 9.13]에서 v_2가 v_1보다 현재 위상이 ϕ만큼 앞서고 있습니다. 이때 교류 v_1을 $v_1(t) = V_m \cdot \sin(\omega t)$로 정의했다면, v_2는 v_1의 각도 θ(또는 시간축에서는 ωt)에 위상 ϕ를 더해 주어 식 (9.24)와 같이 표현합니다.

$$\begin{cases} v_1 = V_m \sin(\theta) = V_m \sin(\omega t) \\ v_2 = V_m \sin(\theta + \phi) = V_m \sin(\omega t + \phi) \end{cases} \tag{9.24}$$

반대로, 교류 v_1의 입장에서 보면 v_1은 v_2보다 위상이 ϕ만큼 늦게 됩니다. 이때 교

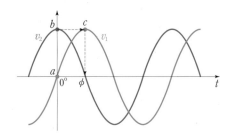

같은 시간 t에서 동일값이 나오는
두 점을 비교하여 위상(ϕ)을 구함

[그림 9.14] 교류의 위상(phase) 구하는 방법

류 v_2를 $v_2(t) = V_m \cdot \sin(\omega t)$로 가정하면, v_1은 v_2의 각도 θ(또는 시간축에서는 ωt)에서 위상 ϕ를 빼주어 식 (9.25)와 같이 표현합니다.

$$\begin{cases} v_2 = V_m \sin(\theta) = V_m \sin(\omega t) \\ v_1 = V_m \sin(\theta - \phi) = V_m \sin(\omega t - \phi) \end{cases} \qquad (9.25)$$

그럼 두 신호의 위상차를 어떻게 찾아내는지 알아보겠습니다. [그림 9.14]와 같이 먼저 같은 시간 t에서 두 신호의 값을 비교합니다. 그림에서 같은 시간 $t = 0$초에서 교류 v_1의 값이 a가 되고, v_2는 b가 됩니다. v_2가 갖는 b와 같은 값이 나타나는 점을 v_1에서 찾으면 c가 됩니다. 이 c값이 나타나는 x축의 각도값이 위상차가 됩니다.

예제를 통해 위상에 대해 이해해보도록 하겠습니다.

예제 9.6

sin 함수와 cos 함수에 대해 다음 물음에 답하시오.

(1) 위상차는 얼마인지 구하시오.

(2) sin 함수를 cos 함수로 표현하시오.

| 풀이 | (1) 시간 $t = 0$초에서 sin 함수는 a점이 되고 크기는 0이 된다. 동일 시간 $t = 0$ 초에서 cos 함수는 b점으로 크기는 1이 된다. cos 함수 b점의 크기 1이 되는 점은 sin 함수에서 c점이 되므로 이 점에서의 x축 각도값은 $\pi/2 (= 90°)$가 된다. 따라서 위상차는 $\phi = \pi/2 (= 90°)$가 된다.

(2) 다음 그림에서 sin 함수를 왼쪽으로 90° 이동시키면 cos 함수가 됨을 알 수 있다. 사인 함수와 코사인함수를 겹쳐보면 더 명확히 코사인함수가 사인함수보다 90° 빠름을 확인할 수 있다. 이를 수식으로 표현하면 $\sin(\omega t)$에 위상 90°, 즉 $\pi/2$를 더해 주면 된다.

$$\cos(\omega t) = \sin\left(\omega t + \frac{\pi}{2}\right)$$

식 (9.9)의 보각 공식과 같음을 확인하기 바란다.

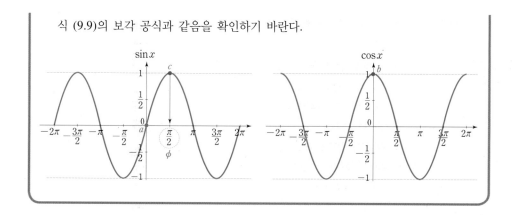

이제 식 (9.7)에서 정의된 교류전압, 전류를 표현하기 위한 사인함수는 위상까지 반영하면 식 (9.26)과 같이 표현됩니다.

$$\begin{cases} i(t) \equiv i = I_m \sin(\theta + \phi) = I_m \sin(\omega t + \phi) = I_m \sin(2\pi f t + \phi) \\ v(t) \equiv v = V_m \sin(\theta + \phi) = V_m \sin(\omega t + \phi) = V_m \sin(2\pi f t + \phi) \end{cases} \quad (9.26)$$

참고로 식 (9.7)에서의 $V_m \cdot \sin(\omega t)$는 식 (9.26)에서 위상 $\phi = 0$인 경우가 됩니다.

9.6 교류(AC)의 복소수 표현

9.6.1 교류의 복소수 표현 목적

이제 마지막으로 교류를 복소수(complex number)로 표현하는 방법에 대해 배워보겠습니다. 역시 수학적인 내용을 기반으로 하기 때문에 가장 어려워하는 내용이긴 하지만 교류를 복소수로 표현하면 다음과 같은 장점이 있습니다.

- 복잡한 교류회로의 해석이 가능하고 수학적으로 교류를 다루기가 용이합니다.
- 시간에 따라 변하는 교류의 전류/전압값을 모든 시간 t에 대해 풀어낼 수 있습니다. 즉, 교류회로를 미분 및 적분 방정식으로 모델링할 수 있으며, 이 미적분방정식을 풀면 방정식의 해가 복소수로 표현됩니다. 예를 들어, $\Delta t = 0.1$초마다 또는 $t = 0.001$초마다 교류의 전압과 전류값을 모두 구할 수 있습니다.
- 복소수로 표현된 교류를 복소평면에 표기하면 직관적으로 교류전압과 전류의 상호관계를 이해하기 용이합니다.

첫 번째와 두 번째 내용은 주로 4년제 전자/전기 전공학생들에게 필요한 내용입니다. 항공정비사를 준비하는 여러분에게는 마지막 내용이 가장 중요하며, 다음 장에서 다룰 기본적인 교류회로의 특성과 교류전력을 이해하는 데 필요합니다.

발전기는 작동을 시작하면 일정한 속도로 회전하기 때문에 발전기에서 생산되는 교류전압과 전류는 회전수(ω)가 일정한 값을 가지므로 주파수(f)도 일정합니다.[17] 생산된 교류의 회전수(ω)와 주파수(f)가 일정하므로 교류를 정의한 식 (9.26)의 sin 함수에서 나타낸 바와 같이 교류는 크기와 위상에 의해서만 특성이 정해지게 됩니다.

따라서 삼각함수로 표현된 교류(전류/전압)의 크기(진폭)와 위상차(시간차)를 [그림 9.15]와 같이 평면에 벡터(vector)(화살표)로 함께 표기하면 교류전압과 전류의 크기와 위상을 동시에 표현할 수 있습니다. 이러한 방법을 사용하면 교류전압과 전류의 크기 차와 위상차 등의 상호관계를 한눈에 파악할 수 있어 삼각함수로 표현된 수식이나 그래프로 비교하는 것보다 인식하기가 편해집니다.

17 $\omega = 2\pi f$의 관계에 의함.

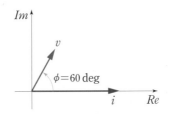

[그림 9.15] 복소평면에서의 교류전압/전류 표기

예를 들어 [그림 9.15]에서 교류전압(v)과 전류(i)를 평면상에 화살표로 표기하였는데, 화살표 1개가 식 (9.26)에서 표현한 교류의 전압이나 전류를 표현하는 sin 함수 1개를 의미합니다. 전압이 전류보다 크기가 작고, 위상이 더 빠르다는 것을 직관적으로 인식할 수 있습니다.[18] 이와 같이 평면상에 화살표를 사용한 벡터 형태로 교류를 나타내기 위해서 삼각함수로 표현된 교류를 복소수로 변환하여 표현해야 합니다.

18 교류회로에서 전압과 전류는 위상차(시간차)가 나타남.

9.6.2 복소수 기본

(1) 복소수의 정의

먼저 복소수(complex number)의 정의와 기본적인 계산법에 대해 알아보겠습니다. 복소수는 다음 식 (9.27)과 같이 z로 정의합니다.

$$z = a + ib = a + jb \qquad (\text{여기서}, \quad i = j = \sqrt{-1}) \tag{9.27}$$

여기서 i(또는 j)는 제곱했을 때 -1이 되는 수로 허수(imaginary number)라고 합니다. 일반적으로 숫자를 제곱하면 양(+)의 값을 갖는데, 제곱을 했는데 음(−)의 수가 된다니 좀 이상합니다. 그래서 존재하지 않는 가상의 수라는 개념으로 허수라고 정의하게 된 것입니다. 전기전자 분야에서 i는 주로 전류를 표기하는 대표문자로 사용되기 때문에 혼동하지 않도록 이후부터는 허수를 j로 표기하겠습니다. 복소수는 실수부(real part)와 허수부(imaginary part)로 구성되며, 식 (9.28)과 같이 실수부는 a가 되고 허수부는 허수 j가 붙은 b가 되어 다음과 같이 표현합니다.

$$a = Re(z), \quad b = Im(z) \tag{9.28}$$

이제 복소수는 x-y 좌표평면처럼 [그림 9.16]의 복소수평면(complex number plane)[19]에 직교좌표를 도입하여 x축을 실수축(Re)으로, y축을 허수축(Im)으로 설정하고 실수부와 허수부의 값 a와 b를 좌표로 점을 찍어 표시합니다.

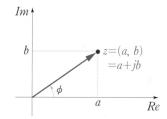

[그림 9.16] 복소평면(complex number plane)

공액복소수(conjugate complex number)는 주어진 복소수(z) 허수부에 반대 부호를 붙인 복소수를 의미하고, 식 (9.29)와 같이 복소수 z에 바를 붙여 $\bar{z}$로 표기합니다.

$$\bar{z} = a - jb \tag{9.29}$$

(2) 복소수의 기본 계산

기본적인 복소수 계산을 알아보겠습니다. 허수는 제곱해서 -1이 되는 수이므로 식 (9.30)과 같이 허수의 제곱은 -1이 됩니다.

$$j^2 = j \cdot j = -1 \tag{9.30}$$

복소수(z)와 공액복소수($\bar{z}$)의 곱은 일반적으로 사용하는 산술 계산방법을 적용하면 식 (9.31)과 같이 실수부 a^2과 허수부 b^2의 합으로 계산됩니다.

$$z \cdot \bar{z} = (a + jb)(a - jb) = a^2 - jab + jab - j^2 b^2 = a^2 + b^2 \tag{9.31}$$

19 복소평면이라고도 함.

마지막으로 분모에 복소수가 위치하는 경우에는 분모에 위치한 복소수의 공액복소수를 분모와 분자에 곱해주면 다음 식 (9.32)와 같이 일반 복소수 형태 $z = a + jb$로 변환할 수 있습니다.

$$\frac{1}{z} = \frac{1}{a + jb} = \frac{(a - jb)}{(a + jb)(a - jb)} = \frac{(a - jb)}{a^2 + b^2} \tag{9.32}$$

그럼 복소수의 덧셈, 뺄셈, 곱셈 및 나눗셈을 해보도록 하겠습니다. 복소수의 덧셈과 뺄셈은 다음 예제와 같이 실수부는 실수부끼리, 허수부는 허수부끼리 계산하면 됩니다.

$$(12 + j3) + (6 + j8) = (12 + 6) + j(3 + 8) = 18 + j11$$
$$(12 + j3) + (-6 - j8) = (12 - 6) + j(3 - 8) = 6 - j5$$

복소수의 곱셈도 일반적인 연산법을 적용하면 되고, 다음 예제와 같이 계산과정 중에 허수의 제곱은 -1로 바꿔주면 됩니다.

$$(2 + j3) \times (3 + j4) = (2 \times 3 + 2 \times j4) + (j3 \times 3 + j3 \times j4)$$
$$= (6 + j8) + (j9 + j^2 12) = -6 + j17$$
$$(2 + j3) \times (-4 - j4) = -8 - j8 - j12 + 12 = 4 - j20$$
$$(2 + j3) \times (2 - j3) = 4 - j6 + j6 + 9 = 13$$

복소수의 나눗셈은 앞에서 설명한 분모에 복소수가 오는 경우와 같이 공액복소수를 분모와 분자에 곱하여 일반적인 복소수 형태로 계산합니다.

$$\frac{1}{4 + j2} = \frac{(4 - j2)}{(4 + j2)(4 - j2)} = \frac{(4 - j2)}{16 + 4} = 0.2 - j0.1$$
$$\frac{2 - j2}{3 + j2} = \frac{(2 - j2)(3 - j2)}{(3 + j2)(3 - j2)} = \frac{6 - j4 - j6 - 4}{9 + 4} = \frac{2 - j10}{13} = 0.154 - j0.769$$

9.6.3 교류의 복소수 표현방법

(1) 교류의 sin 함수 표현을 복소수로 변환하는 방법

sin 함수로 표현된 교류를 복소수로 표현하는 방법을 배워보겠습니다. 식 (9.27)로 정의한 복소수는 실수부(a)와 허수부(b)로 이루어져 있습니다. x-y 좌표평면과 동일하게 생각하면 복소평면에서 실수축은 x축에 해당하고 허수축은 y축에 해당하므로 [그림 9.17]과 같이 실수부 a는 x축에, 허수부 b는 y축에 표시되어 좌표점으로 찍히

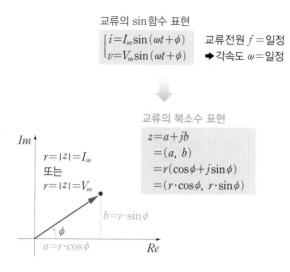

교류의 sin 함수 표현

$$\begin{cases} i = I_m \sin(\omega t + \phi) \\ v = V_m \sin(\omega t + \phi) \end{cases}$$

교류전원 f = 일정
➡ 각속도 ω = 일정

교류의 복소수 표현

$$\begin{aligned} z &= a + jb \\ &= (a, \ b) \\ &= r(\cos\phi + j\sin\phi) \\ &= (r \cdot \cos\phi, \ r \cdot \sin\phi) \end{aligned}$$

$r = |z| = I_m$
또는
$r = |z| = V_m$

$b = r \cdot \sin\phi$

ϕ

$a = r \cdot \cos\phi$

[그림 9.17] 교류의 복소수 표현

게 됩니다. 이때 복소수의 일반적 표현인 $z = a + jb$는 좌표점 (a, b)로 표시할 수도 있습니다.

원점에서 이 좌표점 (a, b)까지 화살표 벡터를 표시하면, 이 화살표 벡터의 크기 r이 sin 함수로 표현된 교류식에서의 크기 I_m이나 V_m이 되고, 위상 ϕ는 x축에서 화살표 벡터까지 반시계방향으로 측정한 각도에 대응되어 sin 함수로 표시된 교류를 복소수로 표현할 수 있습니다.[20] 남은 과정은 교류의 크기(I_m이나 V_m)와 위상(ϕ)을 이용하여 복소수의 실수부 a와 허수부 b를 구하는 방법입니다.

복소수의 실수부 a와 b는 [그림 9.17]의 삼각형에서 빗변의 길이가 r인 삼각함수의 정의를 적용하면 $a = r \cdot \cos\phi$, $b = r \cdot \sin\phi$로 계산되며, 복소수 좌표점 $(a, b) = (r \cdot \cos\phi, \ r \cdot \sin\phi)$로 표현할 수 있으며, $z = a + jb = r(\cos\phi + j\sin\phi)$로도 표현할 수 있습니다. 이제부터 $z = a + jb$로 표현하는 것을 복소수의 직각좌표 표시법이라 하고, $z = r(\cos\phi + j\sin\phi)$로 표현하는 것을 복소수의 삼각함수 표시법이라고 하겠습니다.

20 sin 함수로 주어진 교류의 크기와 위상만 알면 복소수를 사용하여 교류를 표현할 수 있음.

$z = a + jb$ [복소수의 직각좌표 표시법]

⇕

$z = r(\cos\phi + j\sin\phi)$ [복소수의 삼각함수 표시법]

[그림 9.18] 복소수의 직각좌표 및 삼각함수 표시법

(2) 교류의 복소수 표현을 sin 함수로 변환하는 방법

이번에는 교류가 복소수 $z = a + jb$로 주어졌을 때 sin 함수로 변환하는 방법을 설명하겠습니다.

복소수 $z = a + jb$는 좌표점 $z = (a, b)$이므로 복소평면에 이 점을 표시하고 원점 $(0, 0)$으로부터 (a, b)점까지 화살표 벡터를 그립니다. [그림 9.17]에서 나타낸 것과 같이 화살표 벡터의 길이는 복소수의 크기 r이 되며, x축에서 화살표까지의 반시계방향 각도는 위상 ϕ를 나타내게 됩니다. 복소수의 크기 r은 식 (9.33)과 같이 주어진 복소수의 실수부 a와 허수부 b의 값을 이용하여 삼각형의 빗변의 길이 공식을 이용하여 구할 수 있고, 위상은 역탄젠트(inverse tangent) 함수로 계산할 수 있습니다.

$$\begin{cases} r = |z| = \sqrt{a^2 + b^2} \\ \phi = \tan^{-1}\left(\dfrac{b}{a}\right) \end{cases} \Rightarrow \begin{cases} a = r \cdot \cos\phi \\ b = r \cdot \sin\phi \end{cases} \tag{9.33}$$

여기서 구한 크기 r과 위상 ϕ를 이용하면 직각좌표 표시법의 복소수 z를 삼각함수 표시법으로 다시 표현할 수 있습니다. 즉, x좌표 a에 해당되는 값은 $a = r \cdot \cos\phi$가 되며, y축 좌표점 b는 $b = r \cdot \sin\phi$가 됩니다. 다음 예제를 통해 정리해 보겠습니다.

예제 9.7

다음 주어진 복소수의 크기와 위상을 구하고 sin 함수로 표현하시오.

(1) $5 + j10$ (2) $-4 - j4$

| 풀이 |

(1) $\begin{cases} \text{크기} = r = |z| = \sqrt{a^2 + b^2} = \sqrt{5^2 + 10^2} = 11.18 \\ \text{위상} = \phi = \tan^{-1}\left(\dfrac{b}{a}\right) = \tan^{-1}\left(\dfrac{10}{5}\right) = 63.43° \end{cases}$

$\Rightarrow v = 11.18\sin(\omega t + 63.43°)$

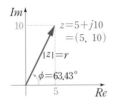

(2) $\begin{cases} \text{크기} = r = |z| = \sqrt{a^2 + b^2} = \sqrt{16 + 16} = 5.66 \\ \text{위상} = \phi = \tan^{-1}\left(\dfrac{b}{a}\right) = \tan^{-1}\left(\dfrac{-4}{-4}\right) = 45° \end{cases}$

$\Rightarrow v = 5.66\sin(\omega t + 45°)$

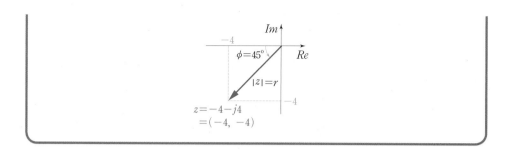

(3) 교류의 기타 표현방법

앞에서 sin 함수로 표시된 교류를 복소수를 이용하여 직각좌표 표시법과 삼각함수 표시법으로 변경하는 방법을 설명하였습니다. 이 밖에 복소지수함수(complex exponent function)나 페이저(phasor)를 이용하여 교류를 표시할 수도 있습니다. 이때 식 (9.34)로 정의된 오일러 항등식(Euler identity)[21]이 사용되는데, 삼각함수 표시법의 가로 안에 들어가 있는 삼각함수 수식과 복소지수 함수와의 관계를 나타낸 정리(theorem)입니다.

$$e^{j\phi} = \cos\phi + j\sin\phi \tag{9.34}$$

오일러 정리를 이용하면 앞의 $z = r(\cos\phi + j\sin\phi)$로 표현된 복소수의 삼각함수 표시법에서 $(\cos\phi + j\sin\phi)$를 복소지수함수 $e^{j\phi}$로 대체하여 복소지수함수 표시법으로 교류를 표현할 수 있고, 페이저 표시법은 위상 앞에 ∠기호를 추가하여 표시하면 됩니다.

$$
\begin{aligned}
z &= a + jb &&\text{[직각좌표 표시법]}\\
&= r(\cos\phi + j\sin\phi) &&\text{[삼각함수 표시법]}\\
&\Downarrow\\
&= re^{j\phi} &&\text{[복소지수함수 표시법]}\\
&= r\angle\phi &&\text{[페이저(phasor) 표시법]}
\end{aligned}
$$

[그림 9.19] 복소수의 복소지수함수 및 페이저 표시법

삼각함수를 복소지수함수나 페이저로 표현하면 복잡한 교류 수식 및 해석 시 수학적으로 표현하거나 계산이 간편해지는 장점이 있습니다. 여기에서는 복소지수함수나 페이저 표시법 모두 복소수의 크기 r과 위상 ϕ를 구하여 표현하는 단계까지만 설명하겠습니다.

많은 것들을 공부해서 좀 헷갈릴 겁니다. 지금까지 공부한 것을 예제를 통해 정리해보겠습니다.

21 오일러 정리(Euler theorem)라고도 함.

예제 9.8

교류전류가 다음과 같이 sin 함수로 주어진 경우 다음 물음에 답하시오.

$$i = 10\sqrt{2}\,\sin\left(\omega t + \frac{\pi}{6}\right)[\text{A}]$$

(1) 교류전류를 복소수로 표시하시오. (단, 크기는 실효값을 사용한다.)

(2) 복소평면에 벡터형태로 표시하시오.

|풀이| (1) 먼저 크기와 위상을 구한다. 위상은 sin 함수에서 $\pi/6$로 주어졌으므로 바로 30°를 구할 수 있고, 본 예제에서는 매시간마다 변화하는 교류를 직류로 표현하기 위해 교류전류의 최댓값을 실효값으로 변경하여 사용하므로 주의해야 한다. 따라서 최댓값이 $10\sqrt{2}$ A이므로 실효값은 0.707을 곱하거나 $\sqrt{2}$로 나누어 구하면 10 A가 된다.

$$\begin{cases} r = I_{rms} = \dfrac{10\sqrt{2}}{\sqrt{2}} = 10\,\text{A} \\ \phi = \dfrac{\pi}{6} = 30° \end{cases} \Rightarrow \begin{cases} a = r\cos\phi = 10\cos\left(\dfrac{\pi}{6}\right) = 5\sqrt{3} \\ b = r\sin\phi = 10\sin\left(\dfrac{\pi}{6}\right) = 5 \end{cases}$$

$$\Rightarrow i = (5\sqrt{3},\ 5) = 5\sqrt{3} + j5$$

(2) 복소평면에 이 정보를 화살표 벡터로 표시하면 다음 그림과 같이 표현된다.

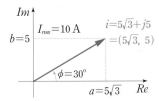

예제 9.9

교류전압이 다음과 같이 sin 함수로 주어진 경우 다음 물음에 답하시오.

$$v = 7.071\,\sin(\omega t + 60°)[\text{V}]$$

(1) 교류전압을 복소수의 직각좌표 표시법, 삼각함수 표시법, 복소지수함수 표시법 및 페이저로 표시하시오. (단, 크기는 실효값을 사용한다.)

(2) 복소평면에 벡터형태로 표시하시오.

|풀이| (1) 먼저 크기와 위상을 구한다. (크기는 실효값 사용)

$$\begin{cases} r = V_{rms} = \dfrac{7.071}{\sqrt{2}} = 5\,\text{V} \\ \phi = 60° = \dfrac{\pi}{3} \end{cases} \Rightarrow \begin{cases} a = r\cos\phi = 5\cos\left(\dfrac{\pi}{3}\right) = 2.5 \\ b = r\sin\phi = 5\sin\left(\dfrac{\pi}{3}\right) = 4.33 \end{cases}$$

각각의 표시법으로 표현하면 다음과 같다.

$$\begin{cases}
\text{①} \ z = a + jb\text{에서 } r = 2.5, \ b = 4.33 \\
\qquad \Rightarrow v = (2.5, \ 4.33) \\
\text{②} \ v = a + jb = 2.5 + j4.33 \qquad\qquad\qquad \text{(직각좌표 표시법)} \\
\qquad = r(\cos\phi + j\sin\phi) = 2.5\left(\cos\dfrac{\pi}{3} + j\sin\dfrac{\pi}{3}\right) \ \text{(삼각함수 표시법)} \\
\text{③} \ v = re^{j\theta} = 2.5e^{j\frac{\pi}{3}} \qquad\qquad\qquad\qquad \text{(복소지수함수 표시법)} \\
\text{④} \ v = r\angle\phi = 2.5\angle\dfrac{\pi}{3} \qquad\qquad\qquad\quad \text{(페이저 표시법)}
\end{cases}$$

(2) 복소평면에 이 정보를 화살표 벡터로 표시하면 다음 그림과 같이 표현된다.

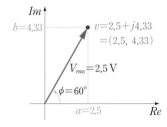

지금까지 배운 내용을 다시 정리해 보겠습니다.

 교류의 복소수(complex number) 변환방법

- 교류전압과 전류는 최댓값과 위상을 사용해 $\sin$ 함수로 표기한다.
- 시간에 따라 변하는 교류를 크기는 실효값(rms)으로, 시간 차는 위상(ϕ)으로 대체하면 직류 회로와 동일하게 옴의 법칙 등을 적용하여 교류회로를 해석할 수 있다.
- 교류전압과 전류 사이의 관계를 직관적으로 인식하기 위해 복소수로 변환한다.
- 변환된 복소수를 복소평면에 화살표 벡터로 표기하면 교류전압과 전류의 상대적 크기와 위 상차를 쉽게 파악할 수 있다.

(4) 교류의 복소수 표현 시 장점

어떤 교류회로에서 교류전류와 전압이 다음과 같은 식으로 주어졌다고 가정해보겠습니다.

$$\begin{cases}
i = 4\sin(\omega t) \\
v = 4\sin(\omega t + 45°)
\end{cases}$$

주어진 교류전압과 전류를 복소수로 변환하여 복소평면에 벡터형태로 표시합니다.

주어진 교류전류의 최댓값은 $I_m = 4$ A, 위상은 $\phi = 0°$이고, 교류전압의 최댓값은 $V_m = 4$ V이고 위상은 $\phi = 45°$입니다. 0.707을 곱해서 교류전류와 전압의 실효값을 구하고 복소수 표현으로 변환합니다.

$$\begin{cases} 크기 = r = I_{rms} = \dfrac{4}{\sqrt{2}} = 2\sqrt{2} \text{ A} \\ 위상 = \phi = 0° \end{cases} \Rightarrow \begin{cases} a = r\cos\phi \\ b = r\sin\phi \end{cases} \Rightarrow \mathbf{I} = 2\sqrt{2} + j0 = (2\sqrt{2},\ 0)$$

$$\begin{cases} 크기 = r = V_{rms} = \dfrac{4}{\sqrt{2}} = 2\sqrt{2} \text{ V} \\ 위상 = \phi = 45° = \dfrac{\pi}{4} \end{cases} \Rightarrow \begin{cases} a = r\cos\phi \\ b = r\sin\phi \end{cases} \Rightarrow \mathbf{V} = 2 + j2 = (2,\ 2)$$

앞에서 구한 실효값과 위상을 이용하여 계산한 복소수의 값을 복소평면에 교류전류와 전압의 좌표점을 찍고 화살표 벡터로 구하면 [그림 9.20]과 같이 표시할 수 있습니다. 이미 주어진 교류의 삼각함수식에서 교류전류와 전압은 위상차가 45°인데, 복소수로 표현하여 화살표 벡터로 표기하면 교류전압이 교류전류보다 45° 앞서고 있음을 확인할 수 있습니다. 이처럼 복소수를 사용하여 교류를 표시하면 교류신호 사이의 크기 및 위상을 비교하여 보다 쉽게 교류를 분석할 수 있습니다.

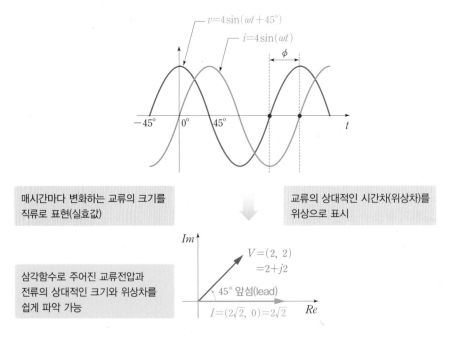

[그림 9.20] 교류의 복소수 변환 정리

9.6.4 복소수에 의한 위상차 변환

마지막으로 복소수 사용 시 유용성에 대해 하나 더 알아보겠습니다. 주어진 교류를 복소수로 표현했더니 z는 실수부만 있는 $z = a$가 되었다고 가정합니다. 이 복소수의 허수부는 0이므로 [그림 9.21]과 같이 x축에 붙은 화살표 벡터로 표현됩니다. 이때 이 복소수 z에 허수 j를 곱하면 $z' = ja$로 변경되고, 실수부가 0이므로 y축 바로 위의 화살표 벡터로 표시됩니다. 따라서 허수 j를 어떤 복소수에 곱하면, 변경된 복소수(교류)는 이전보다 위상이 $\phi = 90°$ 앞서게 됩니다.

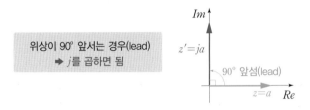

[그림 9.21] 복소수를 통한 90° 위상 변환

마찬가지 방법으로 허수 $-j$를 어떤 복소수에 곱하면, 변경된 복소수(교류)는 위상이 이전 복소수(교류)보다 $\phi = 90°$ 느려지는 것을 [그림 9.22]에서 확인할 수 있습니다.

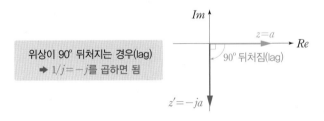

[그림 9.22] 복소수를 통한 90° 위상지연 변환

지금 확인한 이 특성은 10장에서 교류회로 해석 시에 중요하게 활용되므로 잘 기억해두기 바랍니다.

 복소수에 의한 위상차 변환

- 허수 j를 어떤 복소수에 곱하면, 변경된 복소수(교류)는 이전보다 위상이 $\phi = 90°$ 앞서게 된다.
- 허수 $-j$를 어떤 복소수에 곱하면, 변경된 복소수(교류)는 위상이 이전 복소수(교류)보다 $\phi = 90°$ 느려진다.

이것만은 꼭 기억하세요!

9.1 교류(AC)

① 교류(AC)

- 교류(AC, Alternating Current): 시간에 따른 크기(진폭)와 방향(극성)이 주기적으로 변하는 전압/전류
- 교류의 생성: (항공기 AC 주전원) 엔진 회전축에 연결된 교류 발전기로부터 115 V/200 V, 400 Hz 교류 생성

② 직류(DC)

- 직류(DC, Direct Current): 시간 변화에 따른 크기(진폭)와 방향(극성)이 일정한 전압/전류

③ 교류(AC)의 장단점

- 생산 및 전력손실을 줄여 원거리 전송이 편리함.
- 변압기(transformer)를 이용하여 전압의 승압이나 감압이 편리함.
- 정류장치(rectifier)를 이용하여 직류로 변환이 가능함.
- 사용할 수 없는 무효전력이 존재함.
- 전압/전류의 변동이 있어 통신장애를 일으킴.

9.2 교류(AC)의 특성

① 교류의 정현파 표현

- sine 파형의 정현파(sinusoidal wave) 형태를 가지므로 수학적으로 삼각함수의 사인(sine)이나 코사인(cosine) 함수로 표시함.
- x축을 각도(θ)로 표시하거나, 각속도(ω) 또는 주파수(f)가 주어지면 시간(t)으로 나타냄.
- 순시값(instantaneous value): 임의 시간 t에서의 교류전압 또는 전류값을 말함.

$$\begin{cases} i = I_m \sin\theta = I_m \sin(\omega t) = I_m \sin(2\pi ft) \\ v = V_m \sin\theta = V_m \sin(\omega t) = V_m \sin(2\pi ft) \end{cases}$$

② 각속도(ω, angular rate): 발전기 내 코일이 감겨 있는 회전축이 돌아가는 회전속도
단위는 [deg/s] 또는 [rad/s]를 사용하며, ω로 표기함.

$$\omega = \frac{\theta}{t} \ [\text{rad/s}] \ \Rightarrow \ \theta = \omega t \ [\text{rad}]$$

③ 주기(T, period): 1사이클이 회전하는 데 걸리는 시간(주기적으로 반복되는 신호파형 1개가 출력되는 시간)
단위는 [sec]를 사용하고, T로 표기함.

$$T = \frac{1}{f} \ [\text{sec}] \ \Rightarrow \ f = \frac{1}{T} \ [\text{Hz}]$$

④ 주파수(f, frequency): 1초 동안 교류파형 1개가 반복되는 횟수로 정의(주기 T의 역수)

단위는 [Hz] 또는 [cps]를 사용하고, f로 표기함.

$$\omega = \frac{\theta}{t} \text{ [rad/s]} \Rightarrow \omega = \frac{2\pi}{T} = 2\pi f \text{ [rad/s]}$$

⑤ 발전기의 주파수

- 발전기 회전수는 N으로 표시, 단위는 rpm(revolution per minute)을 사용함.
- 발전기 주파수는 몇 개의 N-S극(극수, P)이 설치되어 있느냐에 따라 결정됨.

$$f = \frac{P}{2} \frac{N}{60} \text{ [Hz]}$$

9.3 교류(AC)의 대푯값-크기와 위상

① 평균값(average value): 한 주기(T) 동안 (+)/(−)의 크기가 같으므로 0이 됨.

② 반주기 평균값(half-period average): 최댓값(V_m 또는 I_m)의 0.637배(최댓값의 63.7%)

③ 교류의 실효값(RMS, root mean square value) = 교류 최댓값의 0.707배(최댓값의 70.7%)

- 시간에 따라 계속 변하는 교류의 전기에너지(전력)의 평균을 구한 값으로, 교류가 가진 에너지를 동일한 에너지를 가진 직류로 변환한 값을 말함.

$$V_{rms} = \frac{V_m}{\sqrt{2}} = 0.707\, V_m, \ \ I_{rms} = \frac{I_m}{\sqrt{2}} = 0.707\, I_m$$

④ 위상(phase)

- 최댓값의 크기가 같은 2개의 교류이더라도 시간축상에서 나타나는 차이를 위상차(phase difference)라고 하며, 각도 [deg] 단위로 표현함.
- 위상이 빠름(lead): 'v_2는 v_1보다 ϕ만큼 앞선다(빠르다)'라고 표현

$$\begin{cases} v_1(t) = V_m \sin(\theta) = V_m \sin(\omega t) \\ v_2(t) = V_m \sin(\theta + \phi) = V_m \sin(\omega t + \phi) \end{cases}$$

- 위상이 느림(lag): v_1의 입장에서는 'v_1이 v_2보다 ϕ만큼 지연된다(늦다)'라고 표현

$$\begin{cases} v_2(t) = V_m \sin(\theta) = V_m \sin(\omega t) \\ v_1(t) = V_m \sin(\theta - \phi) = V_m \sin(\omega t - \phi) \end{cases}$$

9.4 교류(AC)의 복소수 표현

① 교류(AC)의 복소수 표현

- 교류는 크기와 위상에 의해 특성이 정해지며 삼각함수로 표현함.
- 삼각함수로 표현된 교류(전류/전압)의 크기(진폭)와 위상차(시간차)를 복소수로 변환하여 평면에 벡터(화살표)로 함께 표기함. (→ 교류전압과 전류의 크기 차와 위상차 등의 상호관계를 한눈에 파악할 수 있음.)

② 교류의 sin 함수 표현을 복소수로 변환하는 방법

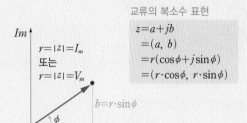

교류의 sin함수 표현

$$\begin{cases} i = I_m \sin(\omega t + \phi) \\ v = V_m \sin(\omega t + \phi) \end{cases}$$

교류전원 f = 일정
➡ 각속도 ω = 일정

교류의 복소수 표현

$$\begin{aligned} z &= a + jb \\ &= (a,\ b) \\ &= r(\cos\phi + j\sin\phi) \\ &= (r\cdot\cos\phi,\ r\cdot\sin\phi) \end{aligned}$$

$$\begin{cases} r = |z| = \sqrt{a^2 + b^2} \\ \phi = \tan^{-1}\left(\dfrac{b}{a}\right) \end{cases} \Rightarrow \begin{cases} a = r\cdot\cos\phi \\ b = r\cdot\sin\phi \end{cases}$$

Im

$r = |z| = I_m$
또는
$r = |z| = V_m$

$b = r\cdot\sin\phi$

ϕ

$a = r\cdot\cos\phi$

Re

③ 복소수에 의한 위상차 변환

- 허수 j를 어떤 복소수에 곱하면: 위상이 $\phi = 90°$ 앞서게 됨(lead)
- 허수 $-j$를 어떤 복소수에 곱하면: 위상이 이전보다 $\phi = 90°$ 느려짐(lag)

▶ 연습문제

01. 대형 항공기에서 직류보다 교류를 많이 사용하는 이유가 아닌 것은?

① 전압의 변화를 쉽게 할 수 있다.
② 브러시 없는 전동기를 사용할 수 있다.
③ 같은 용량에서 볼 때 전선의 무게를 줄일 수 있다.
④ 유도작용으로 무선통신설비에 잡음 등의 장애를 줄여준다.

[해설]
- 교류는 직류에 비해 생산 및 전송이 편리하고, 변압기(transformer)를 이용하여 전압의 크기를 쉽게 변경할 수 있으므로 전압을 높여 송전하면 전류를 작게 하더라도 높은 전력을 보낼 수 있기 때문의 전선의 무게를 줄일 수 있다(전선의 굵기를 줄이므로).
- 시간에 따라 전압/전류의 변화가 계속 발생하므로 주변 통신장치에 잡음 등 통신장애를 야기할 수 있다.
- 브러시가 없는 교류전동기(brushless motor)를 사용할 수 있으므로 일반 브러시 전동기에서 발생하는 고공에서 공기의 밀도 감소로 인한 저절연 아크(arc) 현상이 없어진다.

02. 교류회로에 사용되는 전압의 대푯값은?

① 최댓값　　　② 평균값
③ 실효값　　　④ 최솟값

[해설] 교류회로에서는 최댓값의 0.707배인 실효값을 크기의 대푯값으로 사용한다.

03. 다음 중 직류의 전압을 높이거나 낮출 때 사용되는 장치는?

① 정류기　　　② 다이나모터
③ 인버터　　　④ 변압기

[해설]
- 정류기(rectifier): 교류를 직류로 변환하는 전기장치이다.
- 다이나모터(dynamotor): 직류전동기에 직류발전기를 조합한 전동 발전기로 직류의 전압을 승압하거나 감압할 수 있다.
- 인버터(inverter): 직류를 교류로 변환하는 전기장치이다.
- 변압기(transformer): 교류를 승압 및 감압하는 전기장치이다.

04. 다음 단위 중 같은 단위가 아닌 것을 고르시오.

① Hz　　　② s⁻¹
③ cps　　　④ rad/s

[해설] 주파수의 단위는 $Hz = \dfrac{1}{sec} = s^{-1}$로 초당 사이클(cps, cycle per seconds)이 된다. rad/s는 각속도의 단위이다.

05. 어떤 교류의 주기가 0.25 sec라면 주파수는 얼마인가?

① 2 Hz　　　② 4 Hz
③ 8 Hz　　　④ 16 Hz

[해설] 주파수 $f = \dfrac{1}{T} = \dfrac{1}{0.25} = 4\,Hz$

06. 115 V, 3상, 400 Hz에서 400 Hz는 무엇을 의미하는가?

① 초당 사이클　　　② 분당 사이클
③ 시간당 사이클　　　④ 회전수당 사이클

[해설] 주파수의 단위는 $Hz = \dfrac{1}{sec}$로 초당 사이클(cps, cycle per second)이 된다.

07. 어떤 교류의 주기가 0.04 s라면 각속도는 얼마인가?

① 157.1 rad/s　　　② 0.251 rad/s
③ 257.8 rad/s　　　④ 0.856 rad/s

[해설] 각속도

$$\omega = \frac{2\pi}{T} = \frac{2\pi}{0.04} = 157.0796\,rad/s \approx 157.1\,rad/s$$

08. 교류전류는 $i(t) = I_m \sin\theta = I_m \sin\omega t$로 표현할 수 있다. 이 식을 통해 얻을 수 있는 정보가 아닌 것은?

① 순시값　　　② 주파수
③ 위상　　　④ 극수

[해설] 순시값은 $i(t)$, 주파수는 $f = \dfrac{\omega}{2\pi}$를 통해 구할 수 있으며 위상은 0°이다.

[정답] 1. ④　2. ③　3. ②　4. ④　5. ②　6. ①　7. ①　8. ④

09. 다음 중 교류의 실효치에 대한 설명 중 올바르지 않은 것은?

① 교류전압이나 전류 순시값의 평균값으로, 일상 생활에서 부르는 전압/전류의 값이다.

② 교류가 실제로 하는 일을 직류로 환산한 값으로 같은 양의 열을 발생하는 값이다.

③ RMS값이라고도 하며 전압 또는 전류의 제곱을 평균한 값의 제곱근을 말한다.

④ 직류와 같은 일을 하는 교류의 평균전력량에 해당하는 전압 또는 전류이다.

해설 RMS값이라고도 하며 전압 또는 전류의 제곱을 평균한 값의 제곱근을 의미한다.

10. 정현파의 교류에서 각속도가 8π [rad/s]라면 이 교류의 주기는 몇 sec인가?

① 0.25 s   ② 0.5 s

③ 0.75 s   ④ 1.0 s

해설 $T = \dfrac{2\pi}{\omega} = \dfrac{2\pi}{8\pi} = 0.25 \sec$

11. 1초에 35번 회전하는 발전기의 각속도는 얼마인가?

① 35π [rad/s]   ② 55π [rad/s]

③ 70π [rad/s]   ④ 95π [rad/s]

해설 1초당 회전수가 주파수이므로 발전기의 주파수는 $f = 35$ Hz가 된다.

따라서 각속도 $\omega = 2\pi f = 2\pi \times 35 = 70\pi$ [rad/s].

12. 교류 $i_1 = 20\sin(\omega t + 10°)$이고, $i_2 = 40\sin(\omega t + 40°)$인 경우, 다음 설명 중 틀린 것은?

① i_2는 i_1보다 최댓값의 크기가 2배 더 크다.

② i_2와 i_1은 주파수가 같다.

③ i_2와 i_1은 주기가 같다.

④ i_2는 i_1보다 위상이 30° 늦다.

해설 교류는 사인함수로 표현할 수 있고, 주어진 사인함수를 비교하면 각속도(ω)가 같으므로 주기와 주파수는 같다. 최 댓값은 i_2가 i_1보다 2배 더 크며, 위상은 i_2가 i_1보다 30° 빠르다.

13. 정현파 교류전압의 실효값이 220 V이고 주파수가 60 Hz인 경우 최대전압의 크기와 주기가 맞게 연결된 것은?

① 155.54 V − 26.3 ms

② 311.17 V − 16.7 ms

③ 155.54 V − 16.7 ms

④ 311.17 V − 26.3 ms

해설 $V_{rms} = 0.707 \times V_m \rightarrow V_m = \dfrac{V_{rms}}{0.707} = \dfrac{220 \text{ V}}{0.707}$

$$= 311.174 \text{ V}$$

$$T = \frac{1}{f} = \frac{1}{60 \text{ Hz}} = 0.01667 \text{ s} = 16.7 \text{ ms}$$

14. 정현파 교류의 최댓값이 50 V이고 주파수가 20 Hz, 위상이 45°로 주어졌다. 이 교류보다 위상이 60° 지연된 교류는?

① $50\sin(125.66t - 60°)$

② $35.4\sin(125.66t - 60°)$

③ $35.4\sin(125.66t - 15°)$

④ $50\sin(125.66t - 0.262)$

해설 각속도는 주파수로부터 $\omega = 2\pi f = 2\pi \times 20 = 125.66$ rad/s 이고, 주어진 교류는 정현파로 $50\sin(125.66t + 45°)$이 므로 60° 지연된 교류는

$50\sin(125.66t + 45° - 60°) = 50\sin(125.66t - 15°)$
$= 50\sin(125.66t - 0.262)$

15. $50\sin(200\pi t)$인 교류의 주파수값은?

① 50 Hz   ② 100 Hz

③ 150 Hz   ④ 200 Hz

해설 교류의 정현파 식 $V_m\sin(\omega t + \phi)$에서 각속도 $\omega = 200\pi$ 이므로 주파수는 $\omega = 2\pi f \rightarrow 200\pi = 2\pi f$

$\therefore f = 100$ Hz

정답 **9.** ① **10.** ① **11.** ③ **12.** ④ **13.** ② **14.** ④ **15.** ②

16. 교류전압이 $12 + j30$으로 주어졌을 때 교류의 최대전압과 위상은 얼마인가?

① 32.31 V − 68.2° ② 22.58 V − 34.6°

③ 12.68 V − 21.8° ④ 49.51 V − 52.7°

해설 크기: $r = \sqrt{a^2 + b^2} = \sqrt{12^2 + 30^2} = 32.31$

위상: $\phi = \tan^{-1}\left(\dfrac{b}{a}\right) = \tan^{-1}\left(\dfrac{30}{12}\right) = 68.2°$

17. $15 + j20$으로 주어진 교류 A에 대한 설명 중 틀린 것은?

① A보다 위상이 $\pi/2$ 뒤처진 교류의 위상은 $-36.87°$이다.

② A보다 위상이 $\pi/2$ 뒤처진 교류는 $20 - j15$가 된다.

③ A보다 위상이 $\pi/2$ 빠른 교류는 $126.87°$가 된다.

④ A보다 위상이 $\pi/2$ 빠른 교류는 $-20 + j15$가 된다.

해설 • 위상이 $\pi/2$(90°) 뒤처진 교류는 허수 j로 나누어 구하면,

$$\frac{15 + j20}{j} = -j(15 + j20) = -j15 + 20 = 20 - j15$$

따라서, 크기는 $r = \sqrt{a^2 + b^2} = \sqrt{20^2 + (-15)^2} = 25$

이고 위상은 $\phi = \tan^{-1}\left(\dfrac{b}{a}\right) = \tan^{-1}\left(\dfrac{-15}{20}\right) = -36.87°$

• 위상이 $\pi/2$(90°) 앞선 교류는 허수 j를 곱하여 구하면,

$$j(15 + j20) = j15 - 20 = -20 + j15$$

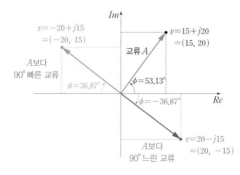

18. 35 Hz 교류의 분당 회전수는 얼마인가?

① 1,850 rpm ② 2,100 rpm

③ 4,200 rpm ④ 6,500 rpm

해설 $35 \text{ Hz} = 35\left[\dfrac{1}{\sec}\right] \times \dfrac{60 \sec}{1 \min} = 2,100 \text{ rpm}$

따라서, 크기는 $r = \sqrt{a^2 + b^2} = \sqrt{(-20)^2 + 15^2} = 25$

이고 위상은 $\phi = \tan^{-1}\left(\dfrac{b}{a}\right) = \tan^{-1}\left(\dfrac{15}{-20}\right) = -36.87°$

• 위상은 2사분면에 위치하므로 $180° - 36.87° = 143.13°$가 된다.

19. $i = 30\sin(60t + 45°)$로 주어진 교류전류의 표현 중 틀린 것은? (단, 크기는 rms로 표현한다.)

① $15 + j15$

② $21.21(\cos 45° + j\sin 45°)$

③ $21.21 \angle 45°$

④ $15e^{j45°}$

해설 크기: $r = 0.707 \times I_m = 0.707 \times 30 = 21.21$

위상: $\phi = 45°$이므로 복소수 표현 시 $a + jb$에서

$$\begin{cases} a = r\cos\phi = 21.21 \times \cos 45° = 14.998 \approx 15 \\ b = r\sin\phi = 21.21 \times \sin 45° = 14.998 \approx 15 \end{cases}$$

이므로

$$z = 15 + j15 = 21.21(\cos 45° + j\sin 45°)$$
$$= 21.21 \angle 45° = 21.21e^{j45°}$$

20. 1초에 737번 회전하는 발전기의 각속도는 얼마인가? (deg/s로 답하시오.)

정답 1초에 회전하는 횟수가 주파수 Hz가 되므로 $f = 737$ Hz이고, 각속도는

$$\omega = 2\pi f = 2\pi \times 737 = 4,630.7 \text{ rad/s}$$

따라서, $4,630.7 \times \dfrac{180 \text{ deg}}{\pi \text{ rad}} = 265,319.57 \text{ deg/s}$

정답 **16.** ① **17.** ③ **18.** ② **19.** ④

▶ 기출문제

21. 400 Hz의 교류를 사용하는 항공기에서 8,000 rpm 으로 구동되는 교류발전기는 몇 극이어야 하는 가? (항공산업기사 2012년 1회)

① 2극　　　　② 4극

③ 6극　　　　④ 8극

해설 발전기의 주파수

$$f = \frac{P}{2}\frac{N}{60} \rightarrow 400 = \frac{P}{2} \times \frac{8,000}{60}$$

$$\therefore P = 6$$

22. 최댓값이 141.4 V인 정현파 교류의 실효값은 약 몇 V인가? (항공산업기사 2014년 1회)

① 90　　　　② 100

③ 200　　　　④ 300

해설 실효값은 최댓값의 0.707배이므로

$$V_{rms} = 0.707 \times V_m = 0.707 \times 141.4 = 99.97 \text{ V}$$

$$\approx 100 \text{ V}$$

23. 계자가 8극인 단상교류발전기가 115 V, 400 Hz 주파수를 만들기 위한 회전수는 몇 rpm인가? (항공산업기사 2017년 1회)

① 4,000　　　　② 6,000

③ 8,000　　　　④ 10,000

해설 발전기의 주파수

$$f = \frac{P}{2}\frac{N}{60} \rightarrow 400 = \frac{8}{2} \times \frac{N}{60}$$

$$\therefore N = 6,000 \text{ rpm}$$

▶ 필답문제

24. 항공기에서 사용하는 전원에서 교류전원보다 직류 전원 사용 시 발생하는 단점 3가지를 기술하시오.

(항공산업기사 2010년 4회, 2013년 4회)

정답 · 전압의 승압과 감압이 어렵다.

· 항공기에서 높은 전류를 요구하는 전기계통에 직류를 사용하기 위해서는 도선이 굵어져 전기계통의 와이어 하네스(wire harness) 무게가 증가하므로 결과적으로 항공기의 무게가 증가하여 성능이 떨어진다.

· 교류를 사용하는 장치에 개별 인버터를 부착하여 직류를 교류로 변환해야 한다.

정답 **21.** ③　**22.** ②　**23.** ②

CHAPTER

10 | 교류회로 및 교류전력

AC Circuit and AC Power

AVIONICS

ELECTRICITY AND ELECTRONICS
FOR AIRCRAFT ENGINEERS

AVIONICS
ELECTRICITY AND ELECTRONICS

10장에서는 9장의 내용을 기반으로 저항(R), 인덕터(코일, L), 커패시터(콘덴서, C)로 구성된 교류회로를 분석하고 특성을 알아보겠습니다. 직류회로와는 달리 교류회로에서는 시간에 따라 변화하는 교류의 특성이 저항, 커패시터 및 인덕터를 지나면서 회로 내의 교류전압과 전류의 위상차(시간차)가 발생하게 됩니다. 우선 저항(R), 인덕터(L), 커패시터(C)가 각 1개씩 교류회로에 들어 있는 $R/L/C$ 단일 교류회로를 분석하여 각각의 특성을 파악한 후, R-L 또는 R-C로 이루어진 교류회로와 R-L-C로 구성된 교류회로로 확장하여 회로해석을 수행하겠습니다. 이 과정들 속에서 교류회로의 저항을 의미하는 임피던스(impedance)와 어드미턴스(admittance)의 개념을 이해하고, 공진(resonance)의 개념도 알아보겠습니다.

마지막 파트에서는 교류전력(AC power)의 정의와 특성을 알아봄으로써 최종적으로 항공기 전기계통(electrical system)의 구성에 대한 기본 철학을 이해하고 교류 공부에 대한 대장정을 마치겠습니다.

10.1 단일소자 교류회로($R/L/C$ 회로)

10.1.1 단일 저항(R) 교류회로

(1) 단일 저항 회로의 특성

먼저 저항(R)만 포함된 교류회로의 특성에 대해 알아보겠습니다. [그림 10.1]과 같이 회로에 교류전원을 공급할 때 교류전압과 전류를 각각 v, i로 정의합니다. 교류전류 i는 9장에서 배운 바와 같이 교류전류의 최댓값(I_m)과 각속도(ω)가 주어지면 식 (10.1)과 같이 정현파 형태로 정의할 수 있습니다.

$$i = I_m \sin(\omega t) \tag{10.1}$$

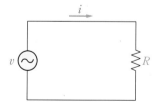

[그림 10.1] 단일소자 교류회로(저항 R 회로)

이때 교류회로의 저항 R에는 직류회로와 마찬가지로 전압강하가 발생하게 되고, 옴의 법칙(Ohm's law)에 의해 교류전압(v)은 전류(i)와 저항(R)의 곱이 됩니다. 교류전류 i에 식 (10.1)로 정의된 전류식을 대입하면 다음과 같습니다.

$$v_R = i \cdot R = R \cdot I_m \sin(\omega t) \tag{10.2}$$

또한 주어진 교류회로의 전압(v)도 교류전압의 최댓값(V_m)과 각속도(ω)가 주어지면 다음 식 (10.3)과 같이 정현파 형태로 정의할 수 있습니다.

$$v_R = V_m \sin(\omega t) \tag{10.3}$$

여기서, 식 (10.2)와 (10.3)의 크기 부분만을 비교하면 식 (10.4)와 같이 전압의 최댓값(V_m)은 저항(R) 곱하기 교류전류의 최댓값(I_m)이 됩니다. 9장에서 시간에 대해 변하는 교류전압과 전류의 크기를 대표하는 값으로 실효값(RMS)을 사용하기로 하였으므로 식 (10.4)에서 최댓값을 $\sqrt{2}$로 나누어 실효값 RMS로 변경합니다.

$$V_m = RI_m \;\Rightarrow\; \frac{V_m}{\sqrt{2}} = R\frac{I_m}{\sqrt{2}} \;\Rightarrow\; \therefore\; V_{\text{rms}} = RI_{\text{rms}} \tag{10.4}$$

식 (10.4)에서 교류전압과 전류의 실효값의 비는 저항 R이 되고, 교류회로에서도 실효값을 사용하면 옴의 법칙이 그대로 적용됨을 알 수 있습니다.

이번에는 식 (10.2)와 (10.3)에서 sin 함수로 표현된 부분을 비교해 보겠습니다. 즉, 각속도(ω)와 위상(ϕ)을 비교해 보면, 교류전압과 전류는 동일 주파수 ω를 가지며, 위상 $\phi = 0°$로 값이 같음을 확인할 수 있습니다. 따라서 전압과 전류의 위상이 같으므로 교류전압과 전류는 위상차(phase difference), 즉 시간 차가 발생하지 않습니다.

이상과 같이 저항(R)만으로 구성된 교류 단일회로는 다음과 같은 특성이 있습니다.

 단일 저항(R) 교류회로

- 단일 저항(R) 교류회로에서 교류전압과 전류는 동일 주파수의 사인파가 된다.
- 전압과 전류의 위상 ϕ는 같고, 이를 동상(in-phase, 同相)이라고 한다.
- 교류전압과 전류는 실효값(RMS)을 사용하여 옴의 법칙을 적용할 수 있다.
  (교류전압과 전류의 실효값의 비는 저항 R이 된다.)

(2) 저항의 전압–전류 관계

위의 특성을 교류 사인파와 복소평면에 벡터로 표현해 보겠습니다. 저항 R 회로에서의 교류전압과 전류는 위상차가 없으므로 [그림 10.2]와 같이 같은 임의의 시간에서 저항 R에 의해 변화되는 크기의 관계만을 갖게 됩니다.[1] 이를 복소평면에 벡터 형태로 표현하면 오른쪽 그림과 같이 위상차가 없으므로 교류전압과 전류는 같은 방향을 가리키며 길이(크기)만 서로 다르게 표현됩니다.

> 1 시간 t초에 전류 크기를 변화시키면, 같은 시간 t초에서 전압은 크기가 변화됨(저항 R을 전류의 실효값에 곱한 크기만큼 커짐).

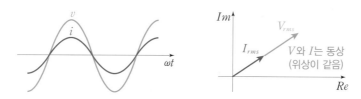

[그림 10.2] 교류전압과 전류의 사인파 및 복소평면 표현[저항(R) 회로]

결론적으로 교류회로에 사용된 저항(R)은 교류전압과 전류의 크기만을 변화시키고, 시간 차(위상차)는 발생시키지 않으므로 직류회로의 저항(R)과 같은 역할을 합니다.

10.1.2 단일 인덕터(L) 교류회로

(1) 단일 인덕터 회로의 특성

이번에는 인덕터(코일)만 포함된 교류회로의 특성에 대해 알아보겠습니다. 앞에서 수행한 저항 회로의 해석 과정과 절차를 똑같이 적용합니다. [그림 10.3]과 같이 인덕터만 포함된 교류회로에 교류전원을 공급할 때 회로 내의 교류전류 i는 식 (10.1)과 같습니다.

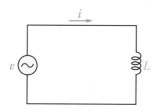

[그림 10.3] 단일소자 교류회로(인덕터 L 회로)

이때 인덕터에는 직류회로와 마찬가지로 전압강하가 발생하고, 인덕터의 전압식[2]에 식 (10.1)을 미분하여 대입하면 다음과 같이 구할 수 있습니다.

> 2 5.3.1절에서 배운 미분방정식 (5.8)을 적용함.

$$v_L = L\frac{di}{dt} = \omega L I_m \cos(\omega t) = \omega L I_m \sin\left(\omega t + \frac{\pi}{2}\right) \qquad (10.5)$$

전류에 포함된 sin 함수를 시간 t에 대해 미분하였기 때문에 cos 함수로 바뀌며, 시간 t 앞에 곱한 각속도 ω가 앞쪽으로 곱하여 나오게 됩니다. 입력된 전류가 sin 함수이기 때문에 위상차를 비교하기 위해서 9.4.1절의 여각 공식을 이용하여 cos 함수를 sin 함수로 변경하였습니다.

단일 인덕터 교류회로의 전압 v도 교류전압의 최댓값(V_m)과 각속도(ω)가 주어지면 식 (10.6)과 같이 정현파 형태로 정의할 수 있습니다.

$$v_L = V_m \sin(\omega t) \qquad (10.6)$$

식 (10.5)와 (10.6)에서 크기 부분만을 비교해 보면 식 (10.7)과 같이 전압의 최댓값 V_m은 ωL 곱하기 전류 최댓값 I_m이 되고, 실효값 RMS로 변경하기 위해 양변을 $\sqrt{2}$로 나누면 교류전압의 실효값 V_{rms}는 다음과 같이 정리됩니다.

$$V_m = \omega L \cdot I_m \;\Rightarrow\; \frac{V_m}{\sqrt{2}} = \omega L \cdot \frac{I_m}{\sqrt{2}} \;\Rightarrow\; \therefore\; V_{rms} = \omega L \cdot I_{rms} \qquad (10.7)$$

이제 단일 인덕터 교류회로에서 교류전압과 전류의 실효값의 비는 ωL이 됨을 알 수 있고, 이 값이 인덕터의 저항이 됩니다.

이번에는 식 (10.5)와 (10.6)에서 sin 함수로 표현된 부분을 비교해 보면, 교류전압과 전류는 동일 주파수(ω)를 가지며, 위상차가 90° 발생하는 것을 확인할 수 있습니다. 앞의 저항(R)회로와는 달리 인덕터가 들어간 교류회로는 인덕터로 인해서 교류전압과 전류가 위상차, 즉 시간 차가 발생한다는 것을 알 수 있습니다.

이상과 같이 인덕터(L)만으로 구성된 교류 단일회로는 다음과 같은 특성이 있습니다.

 단일 인덕터(L) 교류회로

- 단일 인덕터(L) 교류회로에서 교류전압과 전류는 동일 주파수의 사인파가 된다.
- 전압과 전류의 위상차가 90° 발생한다.
  - 교류전압은 전류보다 위상이 $\phi = 90°$ 앞서게 된다(lead).[3]
- 교류전압과 전류는 실효값(RMS)을 사용하여 옴의 법칙을 적용할 수 있으며, 교류전압과 전류의 실효값의 비는 ωL이 된다.
  - 전압은 전류보다 크기가 더 커진다.

---

(2) 유도성 리액턴스(X_L)

이 전압과 전류의 실효값의 비인 ωL은 식 (10.8)과 같이 옴의 법칙($V = IR$)과 비교해 보면 교류 인덕터 회로에서 저항의 역할을 하는데, 이것을 유도성 리액턴스 또는 인덕티브 리액턴스(inductive reactance)라고 정의하고 X_L로 표기합니다.[4]

$$V_{rms} = \omega L \cdot I_{rms} = X_L I_{rms} \cong [V_{rms} = RI_{rms}]$$
$$\Rightarrow \therefore \ X_L = \omega L = 2\pi fL \tag{10.8}$$

[4] 유도성 리액턴스는 저항과 같은 역할을 하므로 단위는 [Ω]을 사용함.

 유도성 리액턴스(inductive reactance)

- 유도성 리액턴스 $X_L = \omega L$은 저항과 같은 역할을 하고, 인덕터의 저항값이 된다.
- 저항과 같이 인덕터에 흐르는 전류를 방해하는 역할을 하여 90° 위상차를 발생시킨다.
  (전압이 전류보다 위상이 $\phi = 90°$ 앞서게 만듦.)
- 유도성 리액턴스는 교류회로 전체 저항인 임피던스(impedance)를 이루는 한 요소가 된다.

---

(3) 인덕터의 전압−전류 관계

인덕터에서의 교류전압과 전류 관계를 정리해 보겠습니다. 9.6.4절에서 임의의 교류가 복소수로 표현되었을 때 허수 j를 곱하면 위상이 90° 앞서게 되는 특성이 나타났습니다. 인덕터에서는 전압이 전류보다 90° 위상이 앞서게 되므로, 식 (10.9)와 같이 허수 j를 전류의 복소수 표현식에 곱하면 이 특성을 바로 반영할 수 있습니다.

$$\overline{V}_L = j\omega L \overline{I}_L \quad \text{또는} \quad \mathbf{V}_L = j\omega L \mathbf{I}_L \ [5] \tag{10.9}$$

[5] 전압과 전류의 복소수 표현은 V와 I 위쪽에 바를 붙이거나 볼드체로 표시하기로 함.

위의 특성을 교류 사인파와 복소평면에 벡터로 표현해 보겠습니다. 전압이 전류보다 90° 앞서기 때문에 인덕터(L) 회로에서 어떤 시간 t초에서 전류의 크기를 변화시키면 같은 시간 t초에서 전압의 크기가 바로 변화되는 것이 아니라 위상차 90°에 해당되는 앞선 시간에서 전압의 크기가 변하게 됩니다.[6] 이 특성을 삼각함수 형태의 교류 그래프와 복소평면에 벡터 형태로 표현하면 [그림 10.4]와 같습니다.

[6] 전압은 ωL을 전류의 실효값에 곱한 만큼 크기가 커짐.

유도성 리액턴스 X_L은 식 (10.8)과 같이 주파수(f)와 인덕턴스(L)의 곱으로 정의되므로, 입력 교류의 주파수(f)와 인덕턴스(L)에 비례합니다. 식 (10.10)과 같이 인덕터 교류회로에 옴의 법칙을 적용하면, 교류전류의 크기는 저항에 해당되는 유도성 리액턴스 V_{rms}/X_L이 되기 때문에 [그림 10.5]와 같이 입력 교류의 주파수를 증가시키면 코일

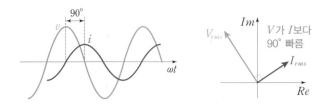

[그림 10.4] 교류전압과 전류의 사인파 및 복소평면 표현(인덕터 L 회로)

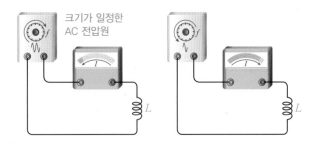

[그림 10.5] 주파수에 따른 교류전압과 전류의 변화(인덕터 L 회로)

의 저항값인 유도성 리액턴스가 커지게 되어 회로에 흐르는 전류는 작아지고, 주파수
를 감소시키면 전류는 증가합니다.

$$V_{rms} = \omega L \cdot I_{rms} = X_L I_{rms} \ \Rightarrow \ I_{rms} = \frac{V_{rms}}{X_L} \tag{10.10}$$

마찬가지로, 유도성 리액턴스 X_L은 인덕턴스 L에 비례하므로 [그림 10.6]과 같이 인
덕턴스가 증가하면 회로에 흐르는 전류는 감소하고, 인덕턴스가 작아지면 회로에 흐
르는 전류는 증가합니다.[7]

7 L = 1 mH를 사용한
회로가 2 mH를 사용한
회로보다 동일 주파수에
서 전류가 더 많이 흐름.

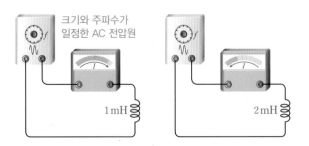

[그림 10.6] 인덕턴스에 따른 교류전압과 전류의 변화(인덕터 L 회로)

예제 10.1

다음 주어진 L 회로에서 실효 전류값을 구하시오.

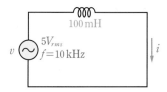

|풀이| 입력되는 교류의 전압 실효값은 $V_{rms} = 5$ V, 주파수 $f = 10$ kHz, 코일의 인덕턴스 $L = 100$ mH이다.

① 먼저 코일의 저항값인 유도성 리액턴스를 다음과 같이 계산한다.

$$X_L = \omega L = 2\pi f L = 2\pi (10 \times 10^3 \text{ Hz})(100 \times 10^{-3} \text{ H}) = 6,283 \ \Omega$$

주의할 점은 단위를 모두 기본단위로 바꾸어 식에 대입하고 계산해야 한다는 것이다. 즉, [kHz]는 [Hz]로 [mH]는 [H]로 변환해야 한다.

② 이제 옴의 법칙을 적용하여 코일에 흐르는 전류를 다음과 같이 계산하면 796 μA가 구해진다. 실효값을 구하는 문제이므로 전압이나 전류값은 실효값을 사용해야 하는 점에 주의한다.

$$V_{rms} = X_L I_{rms} \Rightarrow I_{rms} = \frac{V_{rms}}{X_L} = \frac{5 \text{ V}}{6,283 \ \Omega} = 0.0007958 \text{ A} = 796 \ \mu\text{A}$$

10.1.3 단일 커패시터(C) 교류회로

(1) 단일 커패시터 회로의 특성

단일 교류회로의 마지막 회로로 커패시터(콘덴서, C)만 포함된 교류회로의 특성에 대해 알아보겠습니다. 앞에서 수행한 저항 및 인덕터 회로의 해석과정과 절차를 똑같이 적용합니다. [그림 10.7]의 커패시터만 포함된 교류회로에 교류전원을 공급할 때 회로

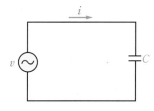

[그림 10.7] 단일소자 교류회로(커패시터 C 회로)

내의 교류전류 i는 식 (10.1)과 같이 표현됩니다. 이때 커패시터에는 직류회로와 마찬가지로 전압강하가 발생하고, 커패시터의 전압식[8]을 이용하여 다음과 같이 구합니다.

8 5.3.2절의 적분방정식 (5.11)을 적용함.

$$v_C = \frac{1}{C}\int i(t)\,dt = \frac{1}{C}\int I_m \sin(\omega t)\,dt$$
$$= -\frac{1}{\omega C}I_m \cos(\omega t) = -\frac{1}{\omega C}I_m \sin\left(\frac{\pi}{2} - \omega t\right) \qquad (10.11)$$
$$= \frac{1}{\omega C}I_m \sin\left(\omega t - \frac{\pi}{2}\right)$$

단일 커패시터 교류회로의 전압(v)도 식 (10.12)와 같이 정현파 형태로 정의할 수 있습니다.

$$v_L = V_m \sin(\omega t) \qquad (10.12)$$

식 (10.11)과 (10.12)에서 크기 부분만을 비교해 보면 교류전압의 실효값 V_{rms}는 식 (10.13)과 같이 정리됩니다.

$$V_m = \frac{1}{\omega C}\cdot I_m \Rightarrow \frac{V_m}{\sqrt{2}} = \frac{1}{\omega C}\cdot\frac{I_m}{\sqrt{2}} \Rightarrow \therefore V_{rms} = \frac{1}{\omega C}\cdot I_{rms} \qquad (10.13)$$

이제 단일 커패시터 교류회로에서 교류전압과 전류의 실효값의 비는 $1/(\omega C)$이 되고, 이 값이 커패시터의 저항값이 됩니다.

이번에는 식 (10.11)과 (10.12)에서 sin 함수로 표현된 부분을 비교해 보면, 교류전압과 전류는 동일 주파수(ω)를 가지며, 인덕터 회로와 같이 위상차가 90° 발생하는 것을 확인할 수 있습니다. 이상과 같이 커패시터(C)만으로 구성된 교류 단일회로는 다음과 같은 특성이 있습니다.

핵심 Point **단일 커패시터(C) 교류회로**

- 단일 커패시터(C) 교류회로에서 교류전압과 전류는 동일 주파수의 사인파가 된다.
- 전압과 전류의 위상차가 90° 발생한다.
  - 교류전류는 전압보다 위상이 $\phi = 90°$ 앞서게 된다(lead).[9]
- 교류전압과 전류는 실효값(RMS)을 사용하여 옴의 법칙을 적용할 수 있으며, 교류전압과 전류의 실효값의 비는 $1/(\omega C)$이 된다.
  - 전압은 전류보다 크기가 더 커진다.[10]

9 전압기준에서는 전류보다 위상이 $\phi = 90°$ 느려짐(lag).

10 인덕턴스(C)의 값이 1보다 작기 때문에 $1/(\omega C)$은 1보다 커짐.

(2) 용량성 리액턴스(X_C)

이 전압과 전류의 실효값의 비인 $1/(\omega C)$는 식 (10.14)와 같이 옴의 법칙($V = IR$)과 비교해 보면 교류 커패시터 회로에서 저항의 역할을 하는데, 이것을 용량성 리액턴스 또는 커패시티브 리액턴스(capacitive reactance)라 정의하고 X_C로 표기합니다.[11]

$$V_{rms} = \frac{1}{\omega C} I_{rms} = X_C I_{rms} \cong [V_{rms} = RI_{rms}]$$

$$\Rightarrow \therefore X_C = \frac{1}{\omega C} = \frac{1}{2\pi f C} \tag{10.14}$$

[11] 용량성 리액턴스는 저항과 같은 역할을 하므로 단위는 $[\Omega]$을 사용함.

핵심 Point 용량성 리액턴스(capacitive reactance)

- 용량성 리액턴스 $X_C = 1/(\omega C)$는 저항과 같은 역할을 하게 되고, 커패시터의 저항값이 된다.
- 저항과 같이 커패시터에 흐르는 전류를 방해하는 역할을 하여 90° 위상차를 발생시킨다.
  (전압이 전류보다 위상이 $\phi = 90°$ 느리게 만듦)
- 용량성 리액턴스는 교류회로 전체 저항인 임피던스(impedance)를 이루는 한 요소가 된다.

(3) 커패시터의 전압-전류 관계

커패시터 회로에서의 교류전압과 전류 관계를 정리해 보겠습니다. 커패시터에서는 전압이 전류보다 90° 위상이 느리므로, 식 (10.15)와 같이 허수 $-j$를 전류의 복소수 표현에 곱하면 이 특성을 바로 반영할 수 있습니다.[12]

$$\overline{V}_C = -j\frac{1}{\omega C}\overline{I}_C \quad \text{또는} \quad \mathbf{V}_C = -j\frac{1}{\omega C}\mathbf{I}_C \tag{10.15}$$

[12] 9.6.4절에서 임의 교류가 복소수로 표현되었을 때 허수 $-j$를 곱하면 위상이 90° 느려짐.

위의 특성을 교류 사인파와 복소평면에 벡터로 표현해 보겠습니다. 전압이 전류보다 90° 느리기 때문에 커패시터(C) 회로에서 어떤 시간 t초에 전류의 크기를 변화시키면 같은 시간 t초에서 전압의 크기가 변화되는 것이 아니라 위상차 90°에 해당되는 뒤처진 시간에서 전압의 크기가 변하게 됩니다.[13] 이 특성을 삼각함수 형태의 교류 그래프와 복소평면에 벡터 형태로 표현하면 [그림 10.8]과 같이 나타납니다.

[13] 전압은 $1/(\omega C)$를 전류의 실효값에 곱한 만큼 크기가 커짐.

용량성 리액턴스 X_C는 식 (10.14)와 같이 분모에 주파수(f)와 커패시턴스(C)가 위치하므로, 입력 교류의 주파수(f)와 커패시턴스(C)에 반비례합니다. 따라서 커패시터 교류회로에 옴의 법칙을 적용하면, 식 (10.16)과 같이 입력 교류의 주파수를 증가시키

[그림 10.8] 교류전압과 전류의 사인파 및 복소평면 표현(커패시터 C 회로)

면 콘덴서의 저항값인 용량성 리액턴스가 작아지게 되어 회로에 흐르는 전류는 증가하고, 주파수를 감소시키면 용량성 리액턴스는 커지게 되어 전류는 감소합니다.

$$V_{rms} = \frac{1}{\omega C} I_{rms} = X_C I_{rms} \Rightarrow I_{rms} = \frac{V_{rms}}{X_C} \tag{10.16}$$

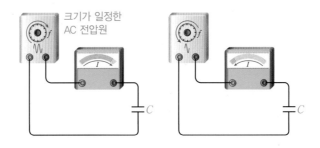

[그림 10.9] 주파수에 따른 교류전압과 전류의 변화(커패시터 C 회로)

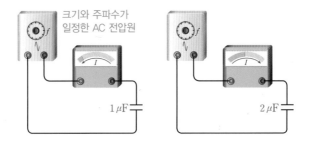

[그림 10.10] 커패시턴스에 따른 교류전압과 전류의 변화(커패시터 C 회로)

14 $C = 1\,\mu$F을 사용한 회로가 $2\,\mu$F을 사용한 회로보다 동일 주파수에서 전류가 더 많이 흐름.

마찬가지로, 용량성 리액턴스 X_C는 커패시턴스 C에 반비례하므로 [그림 10.10]과 같이 커패시턴스가 증가하면 회로에 흐르는 전류는 증가하고, 커패시턴스가 작아지면 회로에 흐르는 전류는 감소합니다.[14]

예제 10.2

다음 주어진 C 회로에서 실효 전압값을 구하시오.

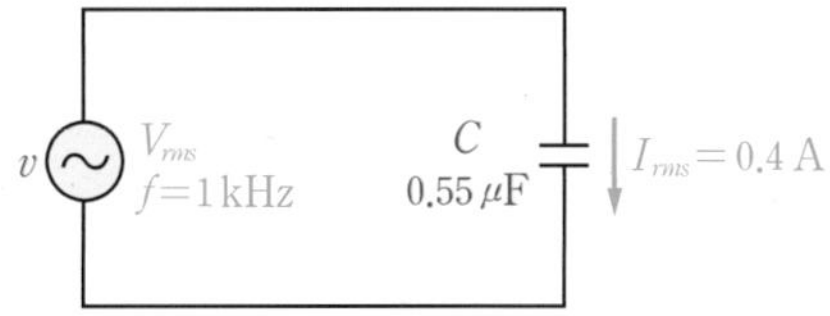

$$v \sim \quad \begin{matrix} V_{rms} \\ f=1\,\text{kHz} \end{matrix} \qquad \begin{matrix} C \\ 0.55\,\mu\text{F} \end{matrix} \quad I_{rms}=0.4\,\text{A}$$

| **풀이** | 주어진 교류의 전류 실효값은 $I_{rms} = 0.4\,\text{A}$, 주파수 $f = 1\,\text{kHz}$, 콘덴서의 커패시턴스 $C = 0.55\,\mu\text{F}$이다.

(1) 먼저 콘덴서의 저항값인 용량성 리액턴스를 계산한다.

$$X_C = \frac{1}{\omega C} = \frac{1}{2\pi f C} = \frac{1}{2\pi (1 \times 10^3\,\text{Hz})(0.55 \times 10^{-6}\,\text{F})} = 289.37\,\Omega$$

(2) 이제 옴의 법칙을 적용하여 전압값을 다음과 같이 계산한다.

$$V_{rms} = X_C I_{rms} = 289.37\,\Omega \times 0.4\,\text{A} = 115.75\,\text{V}$$

10.1.4 교류회로의 저항/커패시터/인덕터의 전압-전류 관계

지금까지 배운 단일소자 교류회로를 정리하여 [그림 10.11]에 나타내었습니다.

소자	방정식	$\dfrac{V_m}{I_m}$ 또는 $\dfrac{V_{rms}}{I_{rms}}$	위상관계	그래프
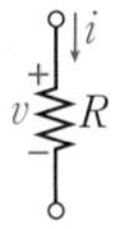 v R	$i = I_m \sin \omega t$ $v = V_m \sin \omega t$	$R\,[\Omega]$	i와 v는 동상 (위상이 같음)	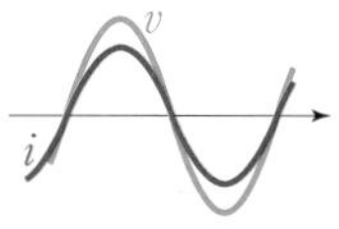
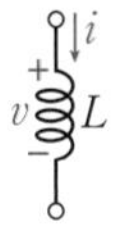 v L	$i = I_m \sin \omega t$ $v = V_m \sin(\omega t + 90°)$	$X_L = \omega L\,[\Omega]$	i는 v보다 90° 늦음	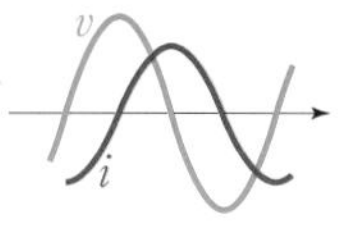
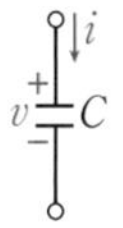 v C	$i = I_m \sin \omega t$ $v = V_m \sin(\omega t - 90°)$	$X_C = \dfrac{1}{\omega C}\,[\Omega]$	i는 v보다 90° 앞섬	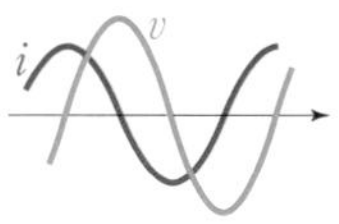

교류회로의 저항값

[그림 10.11] 단일소자 교류회로의 특성

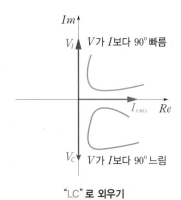

"LC"로 외우기

[그림 10.12] 단일소자 교류회로의 위상차 정리

교류전압과 전류의 위상관계는 헷갈리기가 쉬운데, [그림 10.12]와 같이 x축을 전류로, y축을 전압으로 놓은 후에 축을 따라 그려 보면 인덕터는 대표문자인 L로, 커패시터는 C로 형상화되므로 전압과 전류의 위상차를 x-y축을 따라 "LC" 형태로 기억하는 연상법을 사용하면 좋습니다.

10.2 임피던스와 어드미턴스

10.2.1 임피던스

이제 임피던스(impedance)라는 새로운 용어에 대해서 살펴보겠습니다.

> **임피던스(Impedance)**
>
> - 교류회로에서 전류의 흐름을 방해하는 정도를 나타내는 값으로 직류회로의 저항과 같은 개념이다.
> - 저항의 대표문자로 지금까지 사용한 R 대신에 Z를 사용하여 표기하며, 단위는 저항의 개념이기 때문에 동일하게 [Ω]을 사용한다.

교류회로의 저항값은 [그림 10.13]과 같이 R소자인 저항, L소자인 인덕터(코일)의 유도성 리액턴스 X_L, C소자인 커패시터(콘덴서)의 용량성 리액턴스 X_C의 합으로 구성됩니다.[15]

이제 직류회로에서 적용한 옴의 법칙은 임피던스를 사용하여 "교류의 옴의 법칙"이 되며, 식으로 표현하면 (10.17)과 같습니다.

15 합으로 구성된다고 해서 단순히 대수적인 합을 구하여 임피던스 Z를 구하면 안 됨.

교류회로의 저항값 = Z(임피던스)

| 임피던스 (Z) | **=** | R 소자의 저항 (R) | **+** | L 소자의 유도성 리액턴스 (X_L) | **+** | C 소자의 용량성 리액턴스 (X_C) |

[그림 10.13] 임피던스(impedance)의 구성

$$V = IR \Rightarrow \mathbf{V} = \mathbf{IZ} \tag{10.17}$$

교류회로에 옴의 법칙인 식 (10.17)을 적용할 때는 시간에 대해 변화하는 교류의 특성을 반영하여 크기의 대푯값인 실효값(RMS)을 사용하고, 위상차를 고려해야 합니다. 따라서 직류처럼 단순히 대수의 곱이나 합이 아닌 전압, 전류, 임피던스를 모두 복소수 형태[16]로 변환하여 복소수 계산방법을 적용해야 합니다.

16 전압(**V**), 전류(**I**)와 임피던스(**Z**)를 bold체의 벡터(vector)로 표현한 이유로 복소수 $a + jb$의 형태임.

10.2.2 임피던스의 벡터(복소수) 표현

(1) 복소 임피던스

임피던스는 결국 복소수를 사용한 벡터 형태로 표현되므로 임피던스를 복소 임피던스(complex impedance) 또는 벡터 임피던스(vector impedance)라고도 합니다. 임피던스는 R소자인 저항, L소자인 인덕터(코일)의 유도성 리액턴스 X_L, C소자인 커패시터(콘덴서)의 용량성 리액턴스 X_C의 합으로 구성되며, 식으로 나타내면 (10.18)과 같습니다.

$$\mathbf{Z} = \mathbf{Z_R} + \mathbf{Z_L} + \mathbf{Z_C} \tag{10.18}$$

① 저항(R)의 임피던스는 저항 자체가 되어 벡터 $\mathbf{Z_R}$로 표기합니다.
② 인덕터(L)의 임피던스는 벡터 $\mathbf{Z_L}$로 표기하고, 전압이 전류보다 $90°$ 빠른 위상차를 발생시키므로, 허수 j를 크기인 유도성 리액턴스(X_L)에 곱하여 jX_L로 나타냅니다.
③ 커패시터(C)의 임피던스는 벡터 $\mathbf{Z_C}$로 표기하고, 전압이 전류보다 $90°$ 느린 위상차를 발생시키므로, 허수 $-j$를 용량성 리액턴스(X_C)에 곱하여 $-jX_C$로 나타냅니다.

$$\begin{cases} \text{저항의 임피던스} & : \mathbf{Z_R} = R \\ \text{인덕터의 임피던스} & : \mathbf{Z_L} = jX_L = j\omega L \\ \text{커패시터의 임피던스} & : \mathbf{Z_C} = -jX_C = \dfrac{1}{j\omega C} = -j\dfrac{1}{\omega C} \end{cases} \tag{10.19}$$

식 (10.19)를 식 (10.18)에 대입하여 정리하면, 전체 임피던스 Z는 실수부와 허수부로 정리되어 다음 식 (10.20)이 됩니다.

$$\mathbf{Z} = \mathbf{Z_R} + \mathbf{Z_L} + \mathbf{Z_C}$$
$$= R + jX_L + (-jX_C) = R + j(X_L - X_C) = R + jX \qquad (10.20)$$
$$= R + j\left(\omega L - \frac{1}{\omega C}\right)$$

복소수 $z = a + jb$ 형태에서 실수부는 저항 R이 되고, 허수부는 리액턴스 X가 되는데, 리액턴스 X는 유도성 리액턴스 X_L과 용량성 리액턴스 X_C로 구성되어 $X = (X_L - X_C)$로 계산됩니다. 따라서 교류회로에서의 전체 저항값 계산은 복소수로 표현된 임피던스를 사용하여야 하므로, 대수적인 합으로 구하지 못하고 복소수 계산을 하여 크기와 위상을 구합니다. 복소 임피던스 $\mathbf{Z}$의 크기와 위상은 식 (10.21)을 통해 계산합니다.[17]

[17] 복소수의 크기와 위상을 구하는 방식과 동일함.

$$\begin{cases} |\mathbf{Z}| = Z = \sqrt{R^2 + X^2} \\ \theta = \tan^{-1}\left(\frac{X}{R}\right) \end{cases} \qquad (10.21)$$
$$\text{여기서, } X = (X_L - X_C) = \left(\omega L - \frac{1}{\omega C}\right)$$

(2) 임피던스 삼각형

전체 임피던스의 크기와 위상의 관계는 실수부인 저항 R과 허수부인 리액턴스 X의 크기에 따라 정해집니다. 즉, [그림 10.14(a)]의 경우는 임피던스의 허수부 X가 0보다 크므로($X > 0$) 위상은 양(+)의 값을 갖게 되고, 위상 $\theta > 0$이므로 전압은 전류보다 위상이 빠르게 됩니다. [그림 10.14(b)]의 경우는 리액턴스 X가 음(−)의 값을 가지므로 위상도 음(−)의 값을 갖습니다. 이 경우에는 위상 $\theta < 0$ 이므로 전압이 전류보다 위상

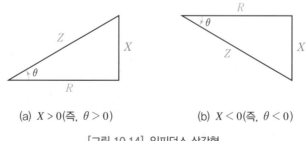

(a) $X > 0$(즉, $\theta > 0$)   (b) $X < 0$(즉, $\theta < 0$)

[그림 10.14] 임피던스 삼각형

이 느려지게 됩니다. 이 삼각형을 임피던스 삼각형(impedance triangle)이라 하고, 교류회로의 전체 임피던스값과 전압과 전류의 위상관계를 결정짓는 매우 중요한 삼각형이 되므로 잘 이해하고 있어야 합니다.

10.2.3 임피던스의 직렬·병렬 연결

임피던스도 저항의 직렬·병렬 연결과 마찬가지로 회로 내에 여러 개의 임피던스 요소가 존재하면 1개의 등가 임피던스로 변환시킬 수 있습니다.

임피던스 2개가 [그림 10.15(a)]와 같이 직렬로 연결된 경우에는 저항의 직렬 연결과 마찬가지로 키르히호프 제2법칙인 전압의 법칙(KVL)을 적용하여 등가 임피던스를 구할 수 있습니다. 식 (10.22)와 같이 등가 임피던스는 각 임피던스의 합이 되며, 각 소자에 걸리는 전압은 소자의 임피던스값에 비례하여 분배됩니다.

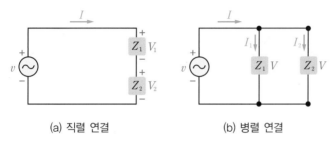

(a) 직렬 연결   (b) 병렬 연결

[그림 10.15] 임피던스의 직렬·병렬 연결

$$\begin{cases} \mathbf{V} = \mathbf{V}_1 + \mathbf{V}_2 \\ = \mathbf{Z}_1\mathbf{I} + \mathbf{Z}_2\mathbf{I} = (\mathbf{Z}_1 + \mathbf{Z}_2)\mathbf{I} = \mathbf{Z}_{EQ}\mathbf{I} \end{cases} \Rightarrow \therefore \ \mathbf{Z}_{EQ} = \mathbf{Z}_1 + \mathbf{Z}_2 \qquad (10.22)$$

임피던스가 [그림 10.15(b)]와 같이 병렬로 연결된 경우에는 저항의 병렬 연결과 마찬가지로 키르히호프 제1법칙인 전류의 법칙(KCL)을 적용하여 구할 수 있으며, 병렬 연결의 등가 임피던스는 식 (10.23)과 같이 각 임피던스의 역수의 합을 구한 후 다시 한 번 역수를 취하면 됩니다.[18] 병렬회로에 흐르는 전류는 각 소자의 임피던스값에 반비례하여 분배됩니다.

18 직류회로와 마찬가지로 임피던스 2개의 병렬회로는 임피던스 2개의 곱을 임피던스 2개의 합으로 나누어 등가 임피던스를 구함.

$$\begin{cases} \mathbf{I} = \mathbf{I}_1 + \mathbf{I}_2 = \dfrac{\mathbf{V}}{\mathbf{Z}_1} + \dfrac{\mathbf{V}}{\mathbf{Z}_2} = \left(\dfrac{1}{\mathbf{Z}_1} + \dfrac{1}{\mathbf{Z}_2}\right)\mathbf{V} = \dfrac{1}{\mathbf{Z}_{EQ}}\mathbf{V} \\ \Rightarrow \ \dfrac{1}{\mathbf{Z}_{EQ}} = \dfrac{1}{\mathbf{Z}_1} + \dfrac{1}{\mathbf{Z}_2} = \dfrac{\mathbf{Z}_1 + \mathbf{Z}_2}{\mathbf{Z}_1\mathbf{Z}_2} \end{cases} \Rightarrow \therefore \ \mathbf{Z}_{EQ} = \dfrac{\mathbf{Z}_1\mathbf{Z}_2}{\mathbf{Z}_1 + \mathbf{Z}_2} \quad (10.23)$$

10.2.4 어드미턴스

어드미턴스(admittance)는 임피던스의 역수로 저항의 역수인 컨덕턴스(conductance)와 같은 개념입니다. 임피던스의 역수이므로 교류회로에서 전류가 흐르기 쉬운 정도를 나타내며, 어드미턴스가 클수록 임피던스가 작아지므로 전류는 더 잘 흐르게 됩니다. 기호는 Y를 사용하고 단위는 $[\Omega^{-1}]$, $[\mho]$(모오) 또는 지멘스(Siemens)$[S]$를 사용합니다. 주의할 점은 임피던스 $Z = (R + jX)$가 복소수이므로, 어드미턴스 계산 시 분모에 위치하는 임피던스는 복소수 계산에 의해 분모, 분자에 공액 복소수($R - jX$)를 곱하여 일반적인 복소수 형태의 $Y = (G + jB)$로 변환해야 합니다. 어드미턴스는 임피던스의 병렬회로 해석에 유용하게 사용할 수 있습니다.

$$\mathbf{Y} = \frac{1}{\mathbf{Z}} = \frac{\mathbf{I}}{\mathbf{V}} \ \Rightarrow \ \mathbf{Y} = G + jB = \frac{1}{R + jX} \tag{10.24}$$

10.3 R–L–C 교류회로

10.3.1 직렬 R-L-C 교류회로

(1) 직렬 R–L–C 교류회로

이제 본격적으로 교류회로 해석을 시작하겠습니다. [그림 10.16]과 같이 교류회로 내에 저항(R), 코일(L), 커패시터(C)가 모두 포함된 R-L-C 직렬 교류회로가 주어지는 경우입니다.

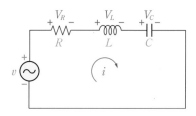

[그림 10.16] 직렬 R–L–C 교류회로

제일 먼저 교류회로의 임피던스를 구해야 합니다. 임피던스는 복소수이므로 식 (10.25)와 같이 단순히 각각의 저항과 리액턴스 크기값을 대수적으로 더하여 구하면 안 됩니다. (여러분이 가장 많이 하는 실수이므로 유의해야 합니다.)

$$Z = |\mathbf{Z}| \neq \mathbf{Z_R} + \mathbf{Z_L} + \mathbf{Z_C} = \cancel{R + \omega L - \frac{1}{\omega C}} \tag{10.25}$$

10.2.2절의 임피던스 삼각형에서 설명한 바와 같이 임피던스는 복소수를 사용하여 표현하였기 때문에, 식 (10.26)과 같이 임피던스를 이루는 3가지 요소인 저항, 인덕터의 유도성 리액턴스 X_L, 커패시터의 용량성 리액턴스 X_C의 합을 통해 복소수 $z = a + jb$ 형태로 계산하여 복소수의 크기와 위상을 구합니다. 즉, 복소수인 임피던스의 크기가 교류회로의 저항값인 총임피던스의 크기가 되며, 위상 θ는 저항, 커패시터 및 인덕터의 크기 조합에 따라 회로 내의 교류전압과 전류의 위상차(시간차)를 발생시킵니다.

$$\begin{aligned}
\mathbf{Z} &= \mathbf{Z_R} + \mathbf{Z_L} + \mathbf{Z_C} \\
&= R + jX_L + (-jX_C) = R + j(X_L - X_C) = R + jX \\
&= R + j\left(\omega L - \frac{1}{\omega C}\right)
\end{aligned} \tag{10.26}$$

$$\begin{cases}
Z = |\mathbf{Z}| = \sqrt{R^2 + X^2} = \sqrt{R^2 + \left(\omega L - \frac{1}{\omega C}\right)^2} \\
\theta = \tan^{-1}\left(\frac{X}{R}\right)
\end{cases} \tag{10.27}$$

$$\text{여기서,} \ X = (X_L - X_C) = \left(\omega L - \frac{1}{\omega C}\right)$$

이제 교류회로의 옴의 법칙을 적용하여 회로를 해석할 수 있습니다. 다음 예제를 풀어 봅시다.

예제 10.3

R-L-C 교류회로에서 다음을 구하시오.

(1) 임피던스와 위상

(2) 각 소자의 양단 전압값

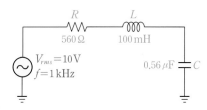

|**풀이**|　(1) 총임피던스(Z)를 구하기 위해 먼저 유도성 리액턴스(X_L)와 용량성 리액턴스(X_C)를 구한다.

i) $X_L = \omega L = 2\pi f L = 2\pi(1 \times 10^3 \text{ Hz})(100 \times 10^{-3} \text{ H}) = 628 \ \Omega$

ii) $X_C = \dfrac{1}{\omega C} = \dfrac{1}{2\pi f C} = \dfrac{1}{2\pi(1 \times 10^3 \text{ Hz})(0.56 \times 10^{-6} \text{ F})} = 284 \ \Omega$

따라서 총리액턴스(X)와 임피던스(Z) 및 위상(θ)은 다음과 같이 계산된다.

iii) $X = X_L - X_C = 628 - 284 = 344 \ \Omega$

iv) $\begin{cases} \mathbf{Z} = R + jX = 560 + j344 \\ \Rightarrow Z = |\mathbf{Z}| = \sqrt{R^2 + X^2} = \sqrt{560^2 + 344^2} = 657 \ \Omega \\ \theta = \tan^{-1}\left(\dfrac{X}{R}\right) = \tan^{-1}\left(\dfrac{344}{560}\right) = 31.6° \end{cases}$

(2) 각 소자의 양단 전압을 구하기 위해 옴의 법칙을 적용한다. 먼저 회로에 흐르는 전체 교류전류는 다음과 같이 구할 수 있으며, 전압값이 실효값으로 주어졌으므로 전류값도 실효값이 된다.

$$V_S = IZ \ \Rightarrow \ I = \frac{V_S}{Z} = \frac{10 \text{ V}}{657 \ \Omega} = 0.0152 \text{ A}$$

마지막으로 각 소자의 양단 전압을 구하기 위해 옴의 법칙을 각 소자에 적용하면, 전체 교류회로에 흐르는 전류값은 일정하므로 다음과 같이 구할 수 있다.

i) $V_R = IR = 0.0152 \text{ A} \times 560 \ \Omega = 8.512 \text{ V}$

ii) $V_L = IX_L = 0.0152 \text{ A} \times 628 \ \Omega = 9.546 \text{ V}$

iii) $V_C = IX_C = 0.0152 \text{ A} \times 284 \ \Omega = 4.317 \text{ V}$

교류회로에서도 입력전압 10 V가 각 소자의 임피던스 크기에 비례하여 분압되지만, 전압값을 모두 더해 보면 8.512 V + 9.546 V + 4.317 V = 22.375 V가 되므로 입력전압 10 V보다 큰 값이 나온다. 즉, 교류회로에서는 직류회로처럼 각 소자에 걸리는 전압을 모두 더해도 입력된 전압이 되지 않는 점에 주의한다.

(2) 직렬 *R–L–C* 교류회로의 특성

식 (10.27)에서 임피던스의 허수부인 총리액턴스는 $X = (X_L - X_C)$가 되므로 유도성 리액턴스(X_L)와 용량성 리액턴스(X_C)의 크기에 따라 다음과 같이 3가지 조건이 나옵니다.

- 유도성 리액턴스가 용량성 리액턴스보다 크기가 큰 경우: $X_L > X_C$[19]

- 유도성 리액턴스가 용량성 리액턴스보다 크기가 작은 경우: $X_L < X_C$[20]

- 유도성 리액턴스와 용량성 리액턴스의 크기가 같은 경우: $X_L = X_C$

① 첫 번째 조건($X_L > X_C$)인 경우는, 총리액턴스 X가 양(+)의 값을 가지므로 복소수의 허수부가 (+)가 되어, 복소평면에 표시해 보면 위상 θ도 양(+)의 값을 가지게 되므로 [그림 10.17]과 같은 임피던스 삼각형을 이루게 됩니다. 복소평면에 표시된 각 임피던스 구성요소에 교류전류를 곱하면 각 소자에 걸리는 교류전압이 되는데, x축(실수축)의 전류를 기준으로 총임피던스에 해당되는 교류전압은 저항(R)과 리액턴스(X)의 크기에 따라 벡터 방향이 정해집니다. 따라서 전류는 전압보다 위상 θ만큼 뒤처지게 됩니다. 결국 [그림 10.14]의 임피던스 삼각형은 각 임피던스의 구성요소를 복소평면에 위치시켰을 때 나타나는 삼각형임을 알 수 있습니다.

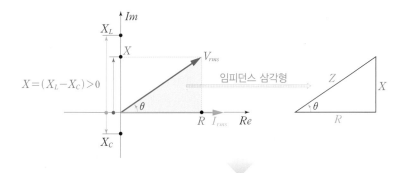

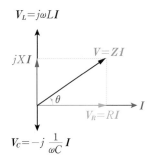

[그림 10.17] $R-L-C$ 회로의 특성($X > 0$)

② 두 번째 조건($X_L < X_C$)인 경우는, [그림 10.18]과 같이 임피던스 삼각형에서 총리액턴스인 허수부가 음(−)이 되므로, 위상 θ도 음(−)의 값을 가지게 됩니다. 이것을 복소평면으로 옮기면 x축(실수축)의 전류를 기준으로 총임피던스에 해당되는 교류전

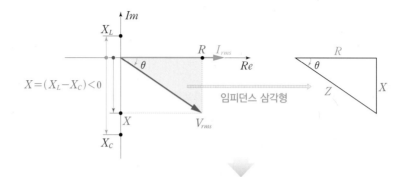

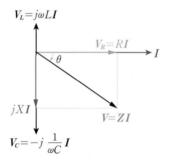

[그림 10.18] $R-L-C$ 회로의 특성($X < 0$)

압의 방향이 4사분면 쪽으로 정해집니다. 따라서 전류는 전압보다 위상이 θ만큼 빨라짐을 알 수 있습니다.

(3) 공진

마지막 조건은 유도성 리액턴스 X_L과 용량성 리액턴스 X_C의 크기가 같은 경우로 ($X_L = X_C$), 이때의 상태를 공진(resonance)이라고 합니다. 공진은 어떤 시스템 외부에서 주기적인 힘이 가해질 때, 그 힘의 주기(주파수)가 시스템의 고유 주파수(natural frequency)와 일치하여 발생한 진동이 계속적으로 커지는 현상을 말합니다. 외부에서 가해지는 힘의 크기가 작더라도 공진 상태가 되어 진동과 진폭이 점점 커지면서 그 물체는 결국 파괴됩니다. 등산 중에 외나무다리를 건널 때 양쪽에서 사람이 서로 뛰는 경우 외나무다리가 위아래로 크게 진동하는 것을 경험했을 겁니다. 이 현상이 공진현상의 대표적인 예입니다. [그림 10.19(a)]는 1940년 당시 세계에서 세 번째로 길었던 미국 워싱턴 주의 타코마 다리(Tacoma bridge)가 공진현상에 의해 붕괴된 모습입니다. 항공분야에서는 헬리콥터의 지상공진(ground resonance)이 대표적인 공진현상입니다. 지상공진은 헬리콥터의 스키드(skid)가 지상에 붙어 있는 상태에서 메인로터(main

(a) 미국 Tacoma bridge 붕괴   (b) 헬리콥터의 지상공진

[그림 10.19] 공진현상의 예

rotor)의 회전수에 따른 진동에 의해 공진현상이 발생하여 [그림 10.19(b)]와 같이 헬리콥터가 파괴되는 현상입니다.

고유 주파수는 어떤 시스템이나 물체의 자체적인 진동(주파수) 특성입니다. 에어버스(Airbus)사의 A-380 여객기는 전투기 F-22 랩터(Raptor)보다 크기가 크고 기동성이 낮아서 고유 주파수가 더 낮습니다. 사람에 비유하자면 운동신경이 좋은 사람들이 고유 주파수가 높은 경우가 되겠습니다.

전기회로에서도 공진이 발생할 수 있는데, 인가되는 전원 주파수가 회로 자체의 고유 주파수와 일치하면 회로에는 큰 전기적 진동이 발생하여 전기회로가 파괴될 수 있습니다. 교류회로에 포함된 소자 중 코일은 전자유도 현상에 의해 에너지를 진동시키는 역할을 하고, 커패시터는 에너지를 축적하는 역할을 합니다. 교류회로에서 이 두 소자 사이의 에너지 교환 주기가 맞아 떨어지면 큰 전기적 진동이 계속적으로 발생하게 되고, 전압이나 전류의 진폭(크기)이 점점 커지게 됩니다. 물리계에서 스프링(spring)의 기능은 전기회로에서 코일에 해당되며, 댐퍼(damper)의 기능을 커패시터가 담당한다고 생각하면 이해하기가 쉽습니다.

따라서 전기회로나 물리시스템에서는 공진현상이 발생하지 않도록 최대한 막아주어야 시스템의 안정성을 보장할 수 있습니다. 이때 먼저 시스템의 공진 주파수를 알아야 하는데, 전기회로에서 공진 조건은 유도성 리액턴스 X_L과 용량성 리액턴스 X_C의 크기가 같은 조건이므로, 식 (10.28)과 같이 각 리액턴스 내에 포함된 각속도(ω)를 주파수(f)로 변환하여 대입한 후 주파수에 대해 정리하면 공진 주파수(resonance frequency)를 구할 수 있습니다.[21]

21 주파수이므로 단위는 [Hz]임.

$$X_L = X_C \Rightarrow \omega L = \frac{1}{\omega C} \Rightarrow \omega^2 = \frac{1}{LC} \Rightarrow (2\pi f)^2 = \frac{1}{LC}$$

$$\therefore \quad f = \frac{1}{2\pi\sqrt{LC}} \ [\text{Hz}] \tag{10.28}$$

공진 상태에서는 허수부의 리액턴스 $X = 0$이 되므로 총임피던스(Z)에는 저항(R)만 남게 되어 임피던스값이 최소가 되므로, 옴의 법칙에 의해 전류값은 최대가 됩니다.

10.3.2 병렬 *R-L-C* 교류회로

(1) 병렬 *R-L-C* 교류회로

이번에는 [그림 10.20]과 같은 *R-L-C* 병렬 교류회로에 대해 알아보겠습니다.

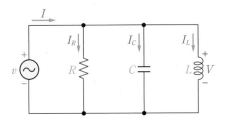

[그림 10.20] 병렬 *R-L-C* 교류회로

직렬 *R-L-C* 회로와 마찬가지로 먼저 소자 각각의 임피던스를 계산하고 전체 등가임 피던스(총임피던스)를 구합니다. 저항의 병렬회로와 똑같이 총임피던스는 각 임피던스 의 역수의 총합을 구한 후 다시 총합의 역수를 구하게 되는데, 역수의 총합을 구하여 정리하면 식 (10.29)와 같습니다.

$$\frac{1}{\mathbf{Z}} = \frac{1}{\mathbf{Z}_R} + \frac{1}{\mathbf{Z}_L} + \frac{1}{\mathbf{Z}_C} = \frac{1}{R} + \frac{1}{j\omega L} + \frac{1}{-j\dfrac{1}{\omega C}} \tag{10.29}$$

$$= \frac{1}{R} - j\frac{1}{\omega L} + j\omega C = \frac{1}{R} + j\left(\omega C - \frac{1}{\omega L}\right)$$

여기서 한 가지 주의할 사항은 총임피던스의 크기를 구할 때 식 (10.29)가 복소수 의 형태라고 하여 실수부와 허수부의 제곱의 합을 구한 후 루트를 취하여 다음 식과 같이 계산하면 안 됩니다.

$$\frac{1}{\mathbf{Z}} = \frac{1}{R} + j\left(\omega C - \frac{1}{\omega L}\right) \Rightarrow \cancel{\frac{1}{Z} = \left|\frac{1}{\mathbf{Z}}\right| = \sqrt{\left(\frac{1}{R}\right)^2 + \left(\omega C - \frac{1}{\omega L}\right)^2}} \Rightarrow Z$$

즉, 다음 식 (10.30)에서 구한 복소수 형태의 임피던스($\mathbf{Z}$)의 역수를 먼저 취해야 하며, 이후 분모에 있는 총임피던스의 공액 복소수를 분모와 분자에 각각 곱하여 복소수의 일반 형태인 ($a_z + jb_z$)의 형태로 변환한 후에 크기와 위상을 구합니다.

$$\mathbf{Z} = \frac{1}{\left(\frac{1}{\mathbf{Z}}\right)} = \frac{1}{\frac{1}{R} + j\left(\omega C - \frac{1}{\omega L}\right)} = a_z + jb_z \tag{10.30}$$

여기서, $Z = |\mathbf{Z}| = \sqrt{a_z^2 + b_z^2}$

$\theta = \tan^{-1}\left(\frac{b_z}{a_z}\right)$

(2) 병렬 $R\text{-}L\text{-}C$ 교류회로의 특성

병렬 $R\text{-}L\text{-}C$ 교류회로에서도 다음과 같이 총임피던스의 허수부인 리액턴스값(X)에 따라 3가지 조건이 나오며, 마지막 조건인 유도성 리액턴스 X_L의 역수와 용량성 리액턴스 X_C의 역수가 같은 조건이 병렬 공진조건이 됩니다.

① 유도성 리액턴스가 용량성 리액턴스보다 크기가 큰 경우: $X_L > X_C$

$\Rightarrow \left(\frac{1}{X_L} < \frac{1}{X_C}\right) \Leftrightarrow \left(\frac{1}{\omega L} < \omega C\right)$

② 유도성 리액턴스가 용량성 리액턴스보다 크기가 작은 경우: $X_L < X_C$

$\Rightarrow \left(\frac{1}{X_L} > \frac{1}{X_C}\right) \Leftrightarrow \left(\frac{1}{\omega L} > \omega C\right)$

③ 유도성 리액턴스와 용량성 리액턴스의 크기가 같은 경우: $X_L = X_C$

$\Rightarrow \left(\frac{1}{X_L} = \frac{1}{X_C}\right) \Leftrightarrow \left(\frac{1}{\omega L} = \omega C\right)$

직렬 공진조건과 마찬가지 방식으로 병렬 교류회로에서의 병렬 공진 주파수를 구해보겠습니다. 병렬 공진조건은 상기와 같이 $1/X_L = 1/X_C$인 조건에서 발생하므로 식 (10.31)과 같이 구합니다.

$$\frac{1}{X_L} = \frac{1}{X_C} \Rightarrow \frac{1}{\omega L} = \omega C \Rightarrow \omega^2 = \frac{1}{LC} \Rightarrow (2\pi f)^2 = \frac{1}{LC}$$
$$\therefore \ f = \frac{1}{2\pi\sqrt{LC}} \ [\text{Hz}]$$

(10.31)

식 (10.31)은 식 (10.28)의 직렬 공진 주파수와 같음을 알 수 있습니다[22]. 따라서 공진조건은 직렬이나 병렬회로 모두 교류회로에 포함되는 인덕턴스 L과 커패시턴스 C의 크기에 따라 결정됩니다.

예제 10.4

병렬 R-L-C 교류회로에서 다음을 구하시오.

(1) 임피던스와 위상

(2) 각 소자의 양단 전압값

(3) 공진 주파수

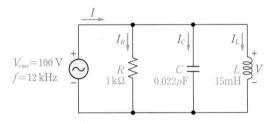

| **풀이** | (1) 총임피던스(Z)를 구하기 위해 먼저 유도성 리액턴스(X_L)와 용량성 리액턴스(X_C)를 구한다.

i) $\begin{cases} X_L = \omega L = 2\pi f L = 2\pi(12 \times 10^3 \ \text{Hz})(15 \times 10^{-3} \ \text{H}) = 1130.97 \ \Omega \\ X_C = \dfrac{1}{\omega C} = \dfrac{1}{2\pi f C} = \dfrac{1}{2\pi(12 \times 10^3 \ \text{Hz})(0.022 \times 10^{-6} \ \text{F})} = 602.86 \ \Omega \end{cases}$

임피던스는 다음과 같이 복소수로 계산한다[식 (10.29) 참조].

ii) $\dfrac{1}{\mathbf{Z}} = \dfrac{1}{\mathbf{Z}_R} + \dfrac{1}{\mathbf{Z}_L} + \dfrac{1}{\mathbf{Z}_C} = \dfrac{1}{1,000} + \dfrac{1}{j1130.97} + \dfrac{1}{-j602.86}$

$= 0.001 - j0.00088 + j0.00166 = 0.001 + j0.00078$

iii) $\mathbf{Z} = \dfrac{1}{1/\mathbf{Z}} = \dfrac{1}{0.001 + j0.00078} = \dfrac{0.001 - j0.00078}{0.001^2 + 0.00078^2}$

$= \dfrac{0.001 - j0.00078}{0.000001608} = 621.89 - j485.07$

따라서 임피던스(Z) 및 위상(θ)은 다음과 같이 계산한다.

$$\Rightarrow \begin{cases} Z = |\mathbf{Z}| = \sqrt{621.89^2 + 485.07^2} = 788.7\,\Omega \\ \phi = \tan^{-1}\left(\dfrac{485.07}{621.89}\right) = 37.95° \end{cases}$$

(2) 각 소자의 양단 전압을 구하기 위해 옴의 법칙을 적용한다. 먼저 회로에 흐르는 전체 교류전류는 다음과 같이 구할 수 있으며, 전압값이 실효값으로 주어졌으므로 전류값도 실효값이 된다.

$$V_S = IZ \Rightarrow I = \frac{V_S}{Z} = \frac{100\,\text{V}}{788.7\,\Omega} = 0.127\,\text{A} = 127\,\text{mA}$$

마지막으로 각 소자에 옴의 법칙을 적용하여 흐르는 전류값을 계산한다.

i) $I_R = \dfrac{V_R}{R} = \dfrac{100\,\text{V}}{1{,}000\,\Omega} = 0.1\,\text{A} = 100\,\text{mA}$

ii) $I_L = \dfrac{V_L}{X_L} = \dfrac{100\,\text{V}}{1130.97\,\Omega} = 0.0884\,\text{A} = 88.4\,\text{mA}$

iii) $I_C = \dfrac{V_C}{X_C} = \dfrac{100\,\text{V}}{602.86\,\Omega} = 0.166\,\text{A} = 166\,\text{mA}$

병렬 교류회로에서도 각 소자에 흐르는 전류는 각 소자의 임피던스 크기에 반비례하지만, 전체 전류값은 각 소자의 전류값의 합이 되지 않는다.

(3) 공진 주파수는 다음과 같이 계산한다.

$$\begin{aligned} f &= \frac{1}{2\pi\sqrt{LC}} = \frac{1}{2\pi\sqrt{(15 \times 10^{-3}\,\text{H})(0.022 \times 10^{-6}\,\text{F})}} \\ &= 8{,}761\,\text{Hz} \end{aligned}$$

10.4 R–L / R–C 교류회로

이제 교류회로 내에 2개의 소자인 R-L과 R-C만이 포함된 2계 교류회로 해석을 알아보겠습니다. 이미 앞의 10.3절에서 3개 소자가 모두 포함된 R-L-C 회로 해석을 배웠기 때문에 2개 소자가 포함된 회로는 회로 내에 없는 소자부분만 제외하고 적용하면 됩니다.

10.4.1 R-L 교류회로

먼저 다음 [그림 10.21]의 R-L 교류회로에 대한 해석을 알아보겠습니다.

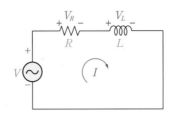

[그림 10.21] *R–L* 교류회로

R-L 교류회로에는 커패시터(*C*)가 포함되지 않으므로 *R-L-C* 교류회로 해석식 (10.26)과 (10.27)에서 용량성 리액턴스 $X_C = 0$으로 놓으면 됩니다. 따라서, *R-L* 회로에서의 임피던스(**Z**)는 다음 식 (10.32)와 같이 정리됩니다. 임피던스의 크기와 위상을 구하는 방법은 남은 실수부와 허수부의 값을 이용하여 동일한 방식으로 구할 수 있습니다.

$$\mathbf{Z} = \mathbf{Z_R} + \mathbf{Z_L} + \cancel{\mathbf{Z_C}}$$
$$= R + jX_L + (\cancel{-jX_C}) = R + jX_L = R + j\omega L \tag{10.32}$$

$$\begin{cases} Z = |\mathbf{Z}| = \sqrt{R^2 + X_L^2} = \sqrt{R^2 + (\omega L)^2} \\ \theta = \tan^{-1}\left(\dfrac{X_L}{R}\right) > 0 \end{cases} \tag{10.33}$$

R-L 교류회로에서는 유도성 리액턴스 X_L만 남으므로 [그림 10.22]와 같이 총리액턴스(*X*)는 항상 0보다 큰 값이 되며, 복소평면에 벡터로 표현해 보면 위상 θ도 항상 0보다 크게 되어 반시계방향으로 나타납니다. 따라서 저항에서의 전압강하는 전류와 동상으로 나타나고, 인덕터에서의 전압은 전류보다 90° 위상이 빠르므로, 벡터합으로 전체 교류전압을 구하면 전압이 전류보다 θ만큼 빠른 회로 특성이 나타납니다. 즉, 어떤 시간 *t*에서 전압값을 변경하였다면, 이 바뀐 전압값은 위상차(시간 차) θ만큼 늦게 전류값에 반영된다는 의미입니다.

예제를 통해 *R-L* 교류회로를 해석해 보겠습니다.

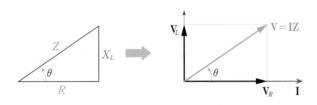

[그림 10.22] *R–L* 교류회로의 특성

예제 10.5

R-L 교류회로에서 다음을 구하시오.

(1) 임피던스와 위상각

(2) 교류전압값

(3) 임피던스 삼각형

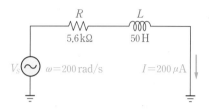

| **풀이** | (1) 먼저 유도성 리액턴스(X_L)를 구하고 이를 통해 총임피던스(Z)와 위상각을 계산한다.

  i) $X_L = \omega L = 200 \text{ rad/s} \times 50 \text{ H} = 10,000 \ \Omega$

  ii) $Z = R + jX_L = 5,600 + j10,000$

  iii) $\begin{cases} Z = |\mathbf{Z}| = \sqrt{R^2 + X_L^2} = \sqrt{5,600^2 + 10,000^2} = 11,461.2 \ \Omega \\ \theta = \tan^{-1}\dfrac{(X_L)}{R} = \tan^{-1}\left(\dfrac{10,000}{5,600}\right) = 60.8° \end{cases}$

(2) 교류전압을 구하기 위해 교류의 옴의 법칙을 적용한다.

$$V_S = IZ = (200 \times 10^{-6} \text{ A}) \times 11,461.2 \ \Omega = 2.29 \text{ V}$$

$$V_R = IR = (200 \times 10^{-6} \text{ A}) \times 5,600 \ \Omega = 1.12 \text{ V}$$

$$V_L = IX_L = (200 \times 10^{-6} \text{ A}) \times 10,000 \ \Omega = 2.0 \text{ V}$$

(3) *R-L* 회로는 유도성 리액턴스만 존재하고, 위상이 양(+)의 값이므로 임피던스 삼각형은 아래 그림과 같이 나타난다. 마지막으로 삼각형 세 변에 해당되는 임피던스값을 적고, 위상값을 표시하면 된다.

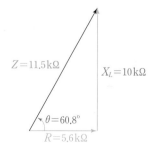

10.4.2 *R-C* 교류회로

마지막으로 *R-C* 회로 해석에 대해 알아보겠습니다. *R-L* 회로와 마찬가지로 *R-L-C*가 모두 포함된 회로 해석에서 포함되지 않은 인덕터 *L*에 해당되는 값들을 모두 0으로 놓고 풀면 됩니다. 따라서 식 (10.26)과 (10.27)에서 유도성 리액턴스 $X_L = 0$이 되고, 용량성 리액턴스 X_C만 남게 되므로, *R-C* 회로에서의 임피던스($\mathbf{Z}$)는 식 (10.34)와 같이 됩니다. 임피던스의 크기와 위상을 구하는 방법은 남은 실수부와 허수부의 값을 이용하여 동일한 방식으로 구할 수 있습니다.

$$\mathbf{Z} = \mathbf{Z_R} + \mathbf{Z_L} + \mathbf{Z_C}$$
$$= R + jX_L - jX_C = R - jX_C = R - j\frac{1}{\omega C} \tag{10.34}$$

$$\begin{cases} Z = |\mathbf{Z}| = \sqrt{R^2 + X_C^2} = \sqrt{R^2 + \left(-\frac{1}{\omega C}\right)^2} \\ \theta = \tan^{-1}\left(\frac{X_C}{R}\right) < 0 \end{cases} \tag{10.35}$$

R-C 교류회로에서는 용량성 리액턴스 X_C만 남게 되므로 [그림 10.23]과 같이 총리액턴스(X)는 항상 0보다 작은 값이 되며, 복소평면에 벡터로 표현하면 위상도 항상 음(−)이 되어 시계방향으로 나타납니다. 따라서 저항에서의 전압강하는 전류와 동상으로 나타나고, 커패시터에서의 전압은 전류보다 90° 위상이 느리게 나타나므로, 벡터합으로 전체 교류전압을 구하면 전압이 전류보다 θ만큼 느린 회로특성이 나타납니다. 즉, 어떤 시간 t에서 전압값을 변경하였다면, 이 바뀐 전압값은 위상차 θ만큼 빠른 전류값에 반영된다는 의미입니다.

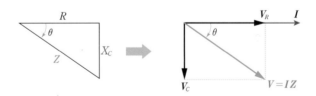

[그림 10.23] *R-C* 교류회로의 특성

예제를 통해 *R-C* 교류회로를 해석해 보겠습니다.

예제 10.6

R-C 교류회로에서 다음을 구하시오.

(1) 임피던스와 위상각

(2) 교류전압값

(3) 임피던스 삼각형

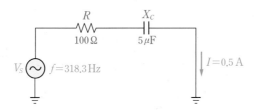

| **풀이** | (1) 먼저 용량성 리액턴스(X_C)를 구하고 이를 통해 총임피던스(Z)와 위상각을 계산한다.

i) $X_C = \dfrac{1}{\omega C} = \dfrac{1}{2\pi f C} = \dfrac{1}{2\pi(318.3)(5 \times 10^{-6}\ \text{F})} = 100\ \Omega$

ii) $Z = R - jX_C = 100 - j100$

iii) $\begin{cases} Z = |\mathbf{Z}| = \sqrt{R^2 + X_C^2} = \sqrt{100^2 + (-100)^2} = 100\sqrt{2} = 141.42\ \Omega \\ \theta = \tan^{-1}\left(\dfrac{X_C}{R}\right) = \tan^{-1}\left(\dfrac{-100}{100}\right) = -45° \end{cases}$

(2) 교류전압을 구하기 위해 교류의 옴의 법칙을 적용한다.

$$V_S = IZ = 0.5\ \text{A} \times 141.42\ \Omega = 70.71\ \text{V}$$
$$V_R = IR = 0.5\ \text{A} \times 100\ \Omega = 50\ \text{V}$$
$$V_C = IX_C = 0.5\ \text{A} \times 100\ \Omega = 50\ \text{V}$$

(3) R-C 회로는 용량성 리액턴스만 존재하고, 위상이 음($-$)의 값이 되므로 임피던스 삼각형은 아래 그림과 같이 나타난다. 삼각형의 세 변에 해당되는 임피던스값을 적고, 위상값을 표시한다.

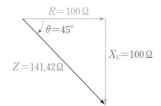

직렬 *R-L*, *R-C* 회로를 다루었는데, 병렬 *R-C*, *R-L* 회로 및 *L-C* 회로도 모두 동일한 방법으로 *R-L-C* 회로의 해석식 (10.26)과 (10.27)에서 존재하는 항들만 고려하여 계산하면 됩니다.

10.5 교류전력

마지막으로 교류전력(AC power)에 대해 공부하고 10장을 마무리하겠습니다. 전력(power)은 2장에서 배운 바와 같이 전압(V)과 전류(I)의 곱으로 정의되는 단위시간 동안의 전기에너지를 의미하고, 단위는 [W][23]를 사용합니다.

23 Watt(와트)

교류전력은 회로에 포함된 저항(R), 인덕터(L), 커패시터(C) 등의 부하(load)에 단상 교류전원을 공급하는 경우의 전기에너지를 의미합니다. 이때 부하인 R, L, C 등은 총임피던스 Z [Ω]으로 나타낼 수 있으므로, 교류전력은 직류와는 달리 시간에 따라 변화하고 전압과 전류의 위상차로 인해 [그림 10.24]와 같이 피상전력, 유효전력, 무효전력의 3가지 요소로 구성됩니다.

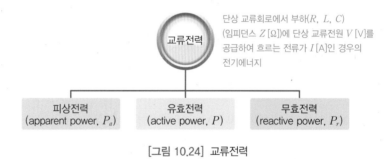

[그림 10.24] 교류전력

(1) 피상전력(P_a)

피상전력(apparent power)은 P_a로 표기하며, 위상관계는 고려하지 않고 회로에 인가된 전압과 전류의 크기만을 고려한 겉보기 전력으로 식 (10.36)으로 정의됩니다.

> **피상전력(P_a, apparent power)**
> - 직류전력처럼 교류회로에 인가된 전압 V와 전류 I의 곱으로 정의된다.
> - 단위는 전압과 전류의 곱이므로 [VA](volt · ampere)를 사용한다.

$$P_a = V \cdot I \text{ [VA]} \qquad\qquad (10.36)$$

(2) 유효전력(P)

교류전력은 직류회로와 달리 위상차가 발생하는 전압과 전류를 곱하기 때문에 입력된 모든 전압과 전류가 전력(전기에너지)으로 사용될 수 없는 차이점이 있습니다.

먼저 어떤 부분이 전기에너지로 사용될 수 있는지 유효전류(active current)와 무효전류(reactive current)에 대해 알아보겠습니다. 다음 [그림 10.25]와 같이 회로에 인가된 교류전압 V와 전류 I의 위상차가 θ라고 가정합니다.

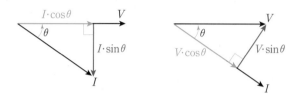

(a) 전압축으로 분해하는 경우　　(b) 전류축으로 분해하는 경우

[그림 10.25] 교류전력

교류전압과 전류를 벡터성분으로 분해해 보면, [그림 10.25(a)]와 같이 전압 V축으로 전류 I를 분해하면,[24] 전력은 전압과 전류의 곱이므로 V축으로 분해된 전류의 $I \cdot \cos\theta$ 성분만이 전압(V)과 곱해져 전력에 기여하는 유효전류(active current)가 됩니다. 전압에 수직인 성분인 $I \cdot \sin\theta$는 전압과의 벡터합을 구하면 0이 되므로, 전력에 기여하지 못하는 무효전류(reactive current)가 됩니다. 따라서 교류는 위상차에 의해서 전력에 기여하는 유효성분과 무효성분으로 구성되어 있음을 알 수 있습니다.

24 V축으로는 $I \cdot \cos\theta$ 성분이 분해되며, 직각 방향으로는 $I \cdot \sin\theta$ 성분이 분해됨.

 유효전력(P, active power)

- 교류회로에 인가된 전압과 전류의 위상차를 고려하여 전압/전류를 벡터성분으로 분해하고, 전력에 기여하는 유효한 성분만을 곱하여 전력을 계산한 값을 말한다.
- 단위는 직류전력과 같이 와트[W](watt)를 사용한다.

$$P = V \cdot I \cos\theta \text{ [W]} \qquad\qquad (10.37)$$

유효전력(active power)은 식 (10.37)과 같이 전압 V와 유효전류 성분인 $I \cdot \cos\theta$의 곱으로 표현되며, 부하에서 실제 유효하게 이용할 수 있는 전력으로 평균전력(mean power 또는 average power), 소비전력(power consumption), 전력(power)이라는 용어로도 사용됩니다.

[그림 10.25(b)]는 전압 V를 전류 I축으로 분해한 경우로 동일한 방법으로 분석할 수 있으며, 전류축으로 분해된 성분 $V \cdot \cos\theta$와 전류(I)를 곱하면 식 (10.37)과 동일한 유효전력이 구해집니다.

(3) 무효전력(P_r)

무효전력(reactive power)은 [그림 10.25]에서 전력에 기여하지 못하는 무효전류 성분인 $I \cdot \sin\theta$와 전압(V)의 곱이며, 식으로 정리하면 (10.38)과 같습니다.

 무효전력(P_r, reactive power)

- 교류회로에 인가된 전압과 전류의 위상차를 고려하여 전압/전류를 벡터성분으로 분해하고, 전력에 기여하지 못하는 무효성분만을 곱하여 전력을 계산한 값을 말한다.
- 단위는 새로운 단위인 바 [VAR]를 사용한다.

$$P_r = V \cdot I \sin\theta \ [\text{VAR}] \tag{10.38}$$

(4) 역률

역률(power factor, 力率)은 공급된 피상전력 중 유효전력의 비율을 나타내는 계수이며, 식으로 나타내면 (10.39)가 됩니다.

 역률($p.f$, power factor)

- 공급된 피상전력 중 유효전력의 비율을 나타내는 계수이다.
- 1에 가까울수록 공급된 모든 전력을 사용할 수 있다.

$$p.f = \frac{P}{P_a} = \frac{V \cdot I \cos\theta}{V \cdot I} = \cos\theta \tag{10.39}$$

25 일(work)을 하는 데 공급된 모든 전력(전기에너지)을 사용할 수 있음을 의미함.

공급된 전압과 전류를 모두 이용할 수 있는 직류전력의 경우가 역률이 1이 되므로, 역률이 1에 가까울수록 효율이 좋습니다.[25] 따라서, 교류는 공급한 전압과 전류 중에 사용할 수 없는 무효전력이 항상 존재하므로 실제 전기장치나 전자장치를 구동시킬 때는 직류보다 비효율적입니다.

(5) 전력 삼각형

앞에서 설명한 [그림 10.14]의 임피던스 삼각형은 각 소자의 임피던스를 표시한 삼각형으로, 교류회로의 특성을 결정짓는 중요한 관계를 나타냅니다. 교류전력도 결국은 교류회로를 구성하는 저항(R), 인덕터(L), 커패시터(C)의 임피던스값에 따라 결정됩니다. 전력은 옴의 법칙을 적용하여 전류로 표현하면 $P = V \cdot I = I^2 \cdot R$이 되므로, 교류회로에서 저항 역할을 하는 각 임피던스 구성요소인 저항(R), 리액턴스(X) 및 임피던스(Z)에 교류 전류값을 제곱하여 곱하면 각각 다음과 같이 전력으로 변환할 수 있습니다. 따라서 임피던스 삼각형의 각 변에 전류 I^2을 곱하면 전력 삼각형(power triangle)이 되고, [그림 10.26]과 같이 전력 삼각형은 임피던스 삼각형과 모양은 같고 크기만 달라지는 닮은꼴 삼각형이 됩니다.

- 피상전력(P_a): $\quad P_a = V \cdot I = I^2 Z \ [\text{VA}]$ \hfill (10.40)

- 유효전력(P): $\quad P = V \cdot I \cos\theta = I^2 Z \cos\theta = I^2 Z \cdot \dfrac{R}{Z}$ \hfill (10.41)

$$= I^2 R \ [\text{W}]$$

- 무효전력(P_r): $\quad P_r = V \cdot I \sin\theta = I^2 Z \sin\theta = I^2 Z \cdot \dfrac{X}{Z}$ \hfill (10.42)

$$= I^2 X \ [\text{VAR}]$$

[그림 10.26]의 임피던스 삼각형에서 $\cos\theta = Z/R$이고 $\sin\theta = X/Z$이므로, 이를 적용하여 식 (10.41) ~ (10.42)와 같이 각각의 전력을 구할 수 있습니다.

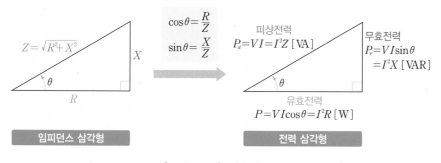

[그림 10.26] 전력 삼각형

교류전력을 정리하면, 피상전력은 총임피던스 Z, 유효전력은 저항 R, 무효전력은 총 리액턴스 X[26]에 의해 결정된다는 사실을 꼭 기억해야 합니다.

26 $X = (X_L - X_C)$이므로 유도성 리액턴스(X_L)와 용량성 리액턴스(X_C)에 관계됨.

예제 10.7

〈예제 10.3〉의 R-L-C 교류회로에서 다음을 구하시오.

(1) 피상전력, 유효전력, 무효전력

(2) 역률

(3) 전력 삼각형

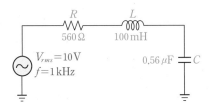

| **풀이** | (1) 앞의 예제에서 계산한 결과에서 리액턴스 $X = (X_L - X_C) = 628\ \Omega - 284\ \Omega$
$= 344\ \Omega$, 총임피던스 $Z = 657\ \Omega$이고 전체 전류값 $I = 0.0152$ A이므로

i) 피상전력: $P_a = VI = 10$ V $\times 0.0152$ A $= 0.152$ VA

또는 $P_a = I^2 Z = (0.0152\ \text{A})^2 \times 657\ \Omega = 0.152$ VA

ii) 유효전력: $P = I^2 R = (0.0152\ \text{A})^2 \times 560\ \Omega = 0.129$ W

iii) 무효전력: $P_r = I^2 X = (0.0152\ \text{A})^2 \times 344\ \Omega = 0.079$ VAR

(2) 따라서 역률은 다음과 같이 계산한다.

$$p.f = \frac{P}{P_a} = \frac{0.129}{0.152} = 0.85 \quad \text{또는} \quad p.f = \cos\theta = \cos(31.6°) = 0.85$$

(3) 위의 계산결과를 통해 전력 삼각형은 다음과 같이 나타난다.

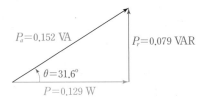

10.6 항공기 전기시스템의 구성

지금까지 배운 내용이 항공기 전기시스템(aircraft electrical system)의 구성에 어떻게 적용되는지 정리해 보겠습니다.

항공기에 사용되는 전기에너지는 엔진에 연결되어 장착된 교류발전기(AC generator)를 통해서 생성됩니다. 엔진을 장착한 항공기는 회전하는 엔진축에 발전기의 회전축을 연결하여 자연스럽게 교류(AC)를 생성해 낼 수 있습니다.

생성된 교류를 각 계통이나 항공전기/전자장치로 분배하고 배전합니다. 이때 교류는 변압기를 통해 승압이 간편하여 직류(DC)보다 효율적으로 전력을 필요한 곳으로 보낼 수 있으며, 전압을 높여 배전하기 때문에 전선의 무게도 감소시킬 수 있습니다.

전기로 작동하는 항공기 내 각 전기/전자장치는 최종적으로 직류를 이용합니다. 교류전력에서 배운 것처럼 교류전력은 무효전력으로 인해 공급된 전력을 모두 이용할 수 없기 때문에 직류에 비해 효율이 떨어지므로 최종 공급 전원은 직류를 이용합니다. 이때 교류를 직류로 변환하는 전기장치로 정류기(rectifier)가 사용되며, 변압과 정류를 동시에 수행하는 변압정류장치(TRU, Transformer Rectifying Unit)가 사용되기도 합니다.

독립적으로 이동하는 자동차, 선박 등의 다른 운송체들도 항공기 전기시스템과 마찬가지로 비슷한 개념과 구조의 전기시스템을 채택하고 있습니다.

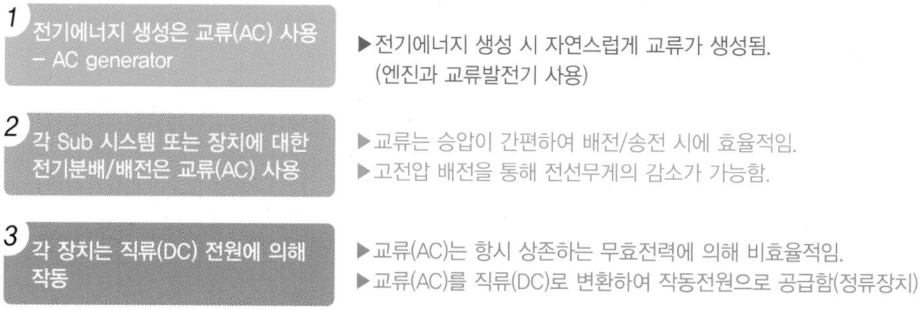

1. 전기에너지 생성은 교류(AC) 사용 – AC generator
   ▶ 전기에너지 생성 시 자연스럽게 교류가 생성됨. (엔진과 교류발전기 사용)

2. 각 Sub 시스템 또는 장치에 대한 전기분배/배전은 교류(AC) 사용
   ▶ 교류는 승압이 간편하여 배전/송전 시에 효율적임.
   ▶ 고전압 배전을 통해 전선무게의 감소가 가능함.

3. 각 장치는 직류(DC) 전원에 의해 작동
   ▶ 교류(AC)는 항시 상존하는 무효전력에 의해 비효율적임.
   ▶ 교류(AC)를 직류(DC)로 변환하여 작동전원으로 공급함(정류장치)

[그림 10.27] 항공기 전기시스템의 구성 방식

10.1 단일소자 교류회로($R/L/C$ 회로)

① 저항 R 회로

- 전압/전류의 위상은 동상(in-phase)이고, 전압/전류의 실효값의 비는 저항 R이 됨.

② 인덕터 L 회로

- 위상차가 발생하며, 교류전압은 전류보다 위상이 $\phi = 90°$ 빠름(lead).
- 유도성 리액턴스(인덕티브 리액턴스, inductive reactance)
  - 교류전압과 전류의 실효값 비인 ωL로 인덕터(코일)의 저항값이 됨.
  - X_L로 표기하며 단위는 [Ω]: $X_L = \omega L = 2\pi f L$

③ 커패시터 C 회로

- 위상차가 발생하며, 교류전압은 전류보다 위상이 $\phi = 90°$ 느림(lag).
- 용량성 리액턴스(커패시티브 리액턴스)(capacitive reactance)
  - 교류전압과 전류의 실효값 비인 $1/(\omega C)$로 커패시터(콘덴서)의 저항값이 됨.
  - X_C로 표기하며 단위는 [Ω]: $X_C = \dfrac{1}{\omega C} = \dfrac{1}{2\pi f C}$

10.2 임피던스와 어드미턴스

① 임피던스(impedance, Z)

- 교류회로에서 전류의 흐름을 방해하는 정도를 나타내는 값으로 직류회로의 저항과 같은 개념임.
- R 소자인 저항, L 소자인 인덕터(코일)의 유도성 리액턴스 X_L, C 소자인 커패시터(콘덴서)의 용량성 리액턴스 X_C의 합으로 구성: 크기와 위상을 반영하므로 단순한 대수합이 아니고 벡터합(복소수)으로 계산해야 함.
- 옴의 법칙은 저항 대신 임피던스를 사용하여 '교류의 옴의 법칙'으로 교류회로에 동일하게 적용할 수 있음.

$$V = IR \ \Rightarrow \ \mathbf{V} = \mathbf{IZ}$$

② 어드미턴스(admittance)

- 임피던스의 역수로 Y로 표기하고, 단위는 [Ω^{-1}], [℧](모오) 또는 지멘스(Siemens)[S]임.

10.3 R–L–C 교류회로

① 직렬 R-L-C 교류회로

- 복소수인 임피던스의 크기가 교류회로의 총저항값인 임피던스의 크기가 됨.
- 위상 θ는 저항, 커패시터 및 인덕터의 크기 조합에 따라 회로 내의 교류전압과 전류의 위상차(시간차)를 발생시킴.

$$
\begin{aligned}
\mathbf{Z} &= \mathbf{Z_R} + \mathbf{Z_L} + \mathbf{Z_C} \\
&= R + j(X_L - X_C) = R + jX \\
&= R + j\left(\omega L - \frac{1}{\omega C}\right)
\end{aligned}
\quad\Rightarrow\quad
\begin{cases}
|\mathbf{Z}| = Z = \sqrt{R^2 + X^2} \\
\theta = \tan^{-1}\left(\dfrac{X}{R}\right)
\end{cases}
$$

여기서, $X = (X_L - X_C) = \left(\omega L - \dfrac{1}{\omega C}\right)$

② 병렬 *R-L-C* 교류회로

- 저항의 병렬회로와 마찬가지로 총임피던스는 각 임피던스 역수의 총합을 구한 후 다시 총합의 역수를 취하여 구함.

$$\frac{1}{\mathbf{Z}} = \frac{1}{\mathbf{Z}_R} + \frac{1}{\mathbf{Z}_L} + \frac{1}{\mathbf{Z}_C}$$

$$= \frac{1}{R} + \frac{1}{j\omega L} + \frac{1}{-j\frac{1}{\omega C}}$$

$$= \frac{1}{R} + j\left(\omega C - \frac{1}{\omega L}\right)$$

$$\Longrightarrow \quad \mathbf{Z} = \frac{1}{\left(\frac{1}{\mathbf{Z}}\right)} = \frac{1}{\frac{1}{R} + j\left(\omega C - \frac{1}{\omega L}\right)} = a_z + jb_z$$

$$\therefore \begin{cases} Z = |\mathbf{Z}| = \sqrt{a_z^2 + b_z^2} \\ \theta = \tan^{-1}\left(\dfrac{b_z}{a_z}\right) \end{cases}$$

③ 공진(resonance)

- 인가되는 전원 주파수가 회로 자체의 고유 주파수(natural frequency)와 일치하면, 회로에는 큰 전기적 진동이 발생하여 전기회로가 파괴되는 현상이 나타남.
- 유도성 리액턴스 X_L과 용량성 리액턴스 X_C의 크기가 같은 조건에서 발생함($X_L = X_C$).
- 공진 주파수(resonance frequency): $X_L = X_C \Rightarrow \omega L = \dfrac{1}{\omega C} \Rightarrow \therefore f = \dfrac{1}{2\pi\sqrt{LC}}$ [Hz]

10.4 *R-L/R-C* 교류회로

① *R-L* 교류회로

- *R-L-C* 교류회로 계산과 동일하며, 회로 내에 없는 용량성 리액턴스를 제외하고 계산함($X_C = 0$).

$$\mathbf{Z} = \mathbf{Z_R} + \mathbf{Z_L} + \mathbf{Z_C}$$

$$= R + j(X_L - X_C)$$

$$= R + j\omega L$$

$$\Longrightarrow \quad \begin{cases} Z = |\mathbf{Z}| = \sqrt{R^2 + X_L^2} = \sqrt{R^2 + (\omega L)^2} \\ \theta = \tan^{-1}\left(\dfrac{X_L}{R}\right) > 0 \end{cases}$$

② *R-C* 교류회로

- *R-L-C* 교류회로 계산과 동일하며, 회로 내에 없는 유도성 리액턴스를 제외하고 계산함($X_L = 0$).

$$\mathbf{Z} = \mathbf{Z_R} + \mathbf{Z_L} + \mathbf{Z_C}$$

$$= R + j(X_L - X_C)$$

$$= R - j\frac{1}{\omega C}$$

$$\Longrightarrow \quad \begin{cases} Z = |\mathbf{Z}| = \sqrt{R^2 + X_C^2} = \sqrt{R^2 + \left(\dfrac{1}{\omega C}\right)^2} \\ \theta = \tan^{-1}\left(\dfrac{X_C}{R}\right) < 0 \end{cases}$$

10.5 교류전력

① 피상전력(P_a, apparent power): 회로에 공급된 전압과 전류의 크기만을 고려한 겉보기 전력

$$P_a = V \cdot I = I^2 Z \text{ [VA]}$$

② 유효전력(P, active power): 공급전력 중 부하에서 실제 유효하게 이용할 수 있는 전력

$$P_a = V \cdot I \cos\theta = I^2 R \text{ [W]}$$

③ 무효전력(P_r, reactive power): 공급전력 중 이용하지 못하는 무효성분의 전력

$$P_r = V \cdot I \sin\theta = I^2 X \,[\text{VAR}]$$

④ 역률(power factor): 피상전력 중 유효전력의 비율을 나타내는 계수

$$p.f = \frac{P}{P_a} = \frac{\cancel{V} \cdot \cancel{I} \cos\theta}{\cancel{V} \cdot \cancel{I}} = \cos\theta$$

⑤ 임피던스 삼각형(impedance triangle)과 전력 삼각형(power triangle)

- 각 소자의 임피던스를 표현한 삼각형으로 실수부인 저항 R과 허수부인 리액턴스 X의 크기에 따라 전체 임피던스의 상호 크기와 위상의 관계가 정해짐.
  - 임피던스 삼각형의 세 변이 각각 저항(R)/유도성 리액턴스(X_L)/용량성 리액턴스(X_C)를 나타냄.
- 전력 삼각형은 각 임피던스 요소에 전류의 제곱을 곱하여 구함.
  - 임피던스 삼각형과 모양은 같고 크기가 다름(전력 삼각형의 세 변이 각각 유효/무효/피상전력을 나타냄.)
- 허수부 $X > 0$ $(X_L > X_C)$: 위상 $\theta > 0$이 되므로 전압은 전류보다 위상이 빠르게 됨.
- 허수부 $X < 0$ $(X_L < X_C)$: 위상 $\theta < 0$이 되므로 전압이 전류보다 위상이 느리게 됨.

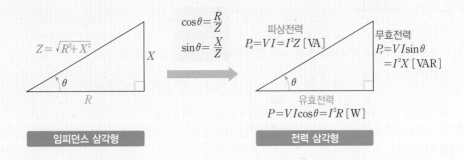

10.6 항공기 전기시스템의 구성

① 엔진에 연결된 발전기로부터 교류(AC)를 생성함.
② 각 Sub 시스템 또는 장치에 배전 시에도 효율이 좋은 교류(AC)를 사용함.
③ 전기 및 전자장치의 최종 작동전원으로는 교류(AC)를 직류(DC)로 변환하여 사용함.
   (교류는 무효전력에 의해 역률이 낮음.)

▶ 연습문제

01. 교류회로의 3가지 저항체가 아닌 것은?

① 전류   ② 콘덴서

③ 저항   ④ 코일

해설 교류회로에서 전류의 흐름을 방해하는 정도를 나타내는 임피던스는 R소자인 저항, L소자인 인덕터(코일)의 유도성 리액턴스 X_L, C소자인 커패시터(콘덴서)의 용량성 리액턴스 X_C의 합으로 구성된다.

02. 콘덴서만의 회로에 대한 설명으로 틀린 것은?

① 전류는 전압보다 $\pi/2$만큼 위상이 앞선다.

② 용량성 리액턴스는 주파수에 반비례한다.

③ 용량성 리액턴스는 콘덴서의 용량에 반비례한다.

④ 용량성 리액턴스가 작으면 전류가 작아진다.

해설 단일 C회로에서 교류전류는 전압보다 위상이 $\phi = 90°$ 빠르며(lead), 용량성 리액턴스는 $X_C = \dfrac{1}{2\pi f C}$이므로 주파수에 반비례한다. 옴의 법칙 $I = \dfrac{V}{Z} = \dfrac{V}{X_C}$이므로 전류는 X_C에 반비례한다.

03. 50 μF의 capacitor에 200 V, 60 Hz의 교류전압을 가했을 때 흐르는 전류는?

① 약 0.01 A   ② 약 0.106 A

③ 약 3.77 A   ④ 약 37.7 A

해설 커패시터의 용량성 리액턴스는

$$X_C = \frac{1}{2\pi f C} = \frac{1}{2\pi \times 60 \text{ Hz} \times (50 \times 10^{-6} \text{ F})}$$
$$= 53.05 \ \Omega$$

교류의 옴의 법칙을 적용하면

$$I = \frac{V}{Z} = \frac{200 \text{ V}}{53.05 \ \Omega} = 3.77 \text{ A}$$

04. 110 V, 60 Hz의 교류전원에 20 μF의 capacitor를 연결하였을 때 reactance는?

① 0.0013 Ω   ② 132.63 Ω

③ 756.6 Ω   ④ 13,200 Ω

해설 커패시터의 용량성 리액턴스는

$$X_C = \frac{1}{\omega C} = \frac{1}{2\pi f C} = \frac{1}{2\pi \times 60 \text{ Hz} \times (20 \times 10^{-6} \text{ F})}$$
$$= 132.63 \ \Omega$$

05. 다음 교류회로에 관한 설명 중 틀린 것은?

① 용량성 회로에서는 전압이 전류보다 90° 늦다.

② 유도성 회로에서는 전압이 전류보다 90° 빠르다.

③ 저항만의 회로에서는 전압과 전류가 동상이다.

④ 모든 회로에서 전압과 전류는 동상이다.

해설 교류회로에서 커패시터와 인덕터는 전압과 전류의 위상을 변경시키므로 위상차가 나타나게 된다. 저항 R-회로만 동상(in-phase)이다.

06. 0.1 H인 코일의 리액턴스가 377 Ω일 때, 주파수는 얼마인가?

① 200 Hz   ② 450 Hz

③ 600 Hz   ④ 850 Hz

해설 코일의 유도성 리액턴스는

$$X_L = 2\pi f L \rightarrow 377 \ \Omega = 2\pi f \times 0.1 \text{ H}$$
$$\therefore f = 600 \text{ Hz}$$

07. 220 V, 120 kHz의 교류전원에 0.55 mH의 코일을 연결하는 경우에 유도성 리액턴스는?

① 414.7 Ω   ② 528.3 Ω

③ 829.4 Ω   ④ 1,244.1 Ω

해설 코일(인덕터)의 유도성 리액턴스는

$$X_L = \omega L = 2\pi f L$$
$$= 2\pi \times (120 \times 10^3 \text{ Hz}) \times (0.55 \times 10^{-3} \text{ H})$$
$$= 414.69 \ \Omega$$

정답 **1.** ①   **2.** ④   **3.** ③   **4.** ②   **5.** ④   **6.** ③   **7.** ①

08. 전원전압 115 V에 10 μF의 콘덴서와 250 mH의 코일이 직렬로 접속되어 있을 때, 이 회로의 공진 주파수는 약 몇 Hz인가?

① 0.04   ② 25.8
③ 100.7   ④ 711.5

해설 교류회로의 공진 주파수(resonance frequency)는

$$f = \frac{1}{2\pi\sqrt{LC}} = \frac{1}{2\pi \times \sqrt{(250 \times 10^{-3}\,\text{H}) \times (10 \times 10^{-6}\,\text{F})}}$$
$$= 100.7\,\text{Hz}$$

09. 교류회로 내의 전류 흐름을 제한하는 요소 모두를 합친 것은?

① resistance
② capacitance
③ total resistance
④ impedance

해설 임피던스(impedance)는 교류회로에서 전류의 흐름을 방해하는 정도를 나타내는 값으로 직류회로의 저항과 같은 개념이다.

10. 다음 중에서 무효전력의 단위는 어느 것인가?

① VA   ② W
③ Joule   ④ VAR

해설 무효전력(reactive power)은 회로에 인가한 교류전압과 전류의 위상차를 고려하여 전압/전류를 벡터 성분으로 분해하였을 때 전력에 기여하지 못하는 무효성분만을 곱하여 전력을 계산한 값으로 단위는 [VAR]를 사용한다.

11. 교류전원에 연결한 전압계는 200 V, 전류계는 5 A를 나타내고 있으며, 역률이 0.8일 때, 다음 중 틀린 것은?

① 유효전력은 800 W
② 무효전력은 400 VAR
③ 피상전력은 1,000 VA
④ 소비전력은 800 W

해설 • 피상전력: $P_a = VI = 200\,\text{V} \times 5\,\text{A} = 1{,}000\,\text{VA}$
• 유효전력(소비전력): 역률($p.f$)이 0.8이므로

$$p.f = \frac{P}{P_a} \to P = p.f \times P_a = 0.8 \times 1{,}000\,\text{VA}$$
$$= 800\,\text{W}$$

• 무효전력: 유효전력식에서

$$P = VI\cos\theta \to \theta = \cos^{-1}\left(\frac{P}{VI}\right) = \cos^{-1}\left(\frac{800}{1{,}000}\right)$$
$$= 36.87°$$

따라서 무효전력은

$$P_r = VI\sin\theta = 200\,\text{V} \times 5\,\text{A} \times \sin 36.87°$$
$$= 600\,\text{VAR}$$

12. 피상전력과 유효전력의 비를 무엇이라 하는가?

① 역률   ② 무효전력
③ 총 출력   ④ 교류전력

해설 역률(power factor)은 피상전력 중 유효전력의 비율을 나타내는 계수로, 역률이 1에 가까울수록 효율이 좋다.

13. 그림과 같은 병렬 공진회로의 공진 주파수는 약 몇 kHz인가?

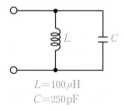

$$L = 100\,\mu\text{H}$$
$$C = 250\,\text{pF}$$

① 15.9   ② 31.8
③ 318   ④ 1006.6

해설 교류회로의 공진 주파수(resonance frequency)는

$$f = \frac{1}{2\pi\sqrt{LC}} = \frac{1}{2\pi \times \sqrt{(100 \times 10^{-6}\,\text{H}) \times (250 \times 10^{-12}\,\text{F})}}$$
$$= 1{,}006{,}584.2\,\text{Hz} = 1{,}006.6\,\text{kHz}$$

정답 8. ③   9. ④   10. ④   11. ②   12. ①   13. ④

14. 전원전압이 20 V, 주파수가 100 Hz인 교류회로에 정전용량 10 μF, 인덕턴스 100 mH, 저항 75 Ω이 직렬로 연결되어 있다. 전압과 전류의 위상차는 얼마인가?

① 52.09°   ② 37.91°

③ −52.09°   ④ −37.91°

해설 ・코일(인덕터)의 유도성 리액턴스는

$$X_L = \omega L = 2\pi f L = 2\pi \times 100 \text{ Hz} \times (100 \times 10^{-3} \text{ H})$$
$$= 62.83 \text{ Ω}$$

・커패시터의 용량성 리액턴스는

$$X_C = \frac{1}{\omega C} = \frac{1}{2\pi f C} = \frac{1}{2\pi \times 100 \text{ Hz} \times (10 \times 10^{-6} \text{ F})}$$
$$= 159.15 \text{ Ω}$$

・따라서, 교류회로의 위상은

$$\theta = \tan^{-1}\left(\frac{X}{R}\right) = \tan^{-1}\left(\frac{X_L - X_C}{R}\right)$$
$$= \tan^{-1}\left(\frac{62.83 - 159.15}{75}\right) = -52.09°$$

15. 교류회로에서 전압계는 100 V, 전류계는 10 A, 전력계는 800 W를 지시하고 있다. 이 회로에 대한 설명으로 틀린 것은?

① 유효전력은 800 W이다.

② 피상전력은 1 kVA이다.

③ 무효전력은 200 VAR이다.

④ 부하는 800 W를 소비하고 있다.

해설 ・전력계가 800 W를 지시하므로 유효전력은 800 W이다.

・피상전력:

$$P_a = VI = 100 \text{ V} \times 10 \text{ A} = 1,000 \text{ VA} = 1 \text{ kVA}$$

・따라서 역률($p.f$)은

$$p.f = \frac{P}{P_a} = \frac{800}{1,000} = 0.8$$

・역률은 $p.f = \dfrac{P}{P_a} = \cos\theta$이므로 위상은

$$\theta = \cos^{-1}(0.8) = 36.87°$$

・따라서 무효전력은

$$P_r = VI\sin\theta = 100 \text{ V} \times 10 \text{ A} \times \sin 36.87°$$
$$= 600 \text{ VAR}$$

16. $R = 80$ Ω, $C = 1$ μF의 교류회로에 $v = 10\sin(10{,}000t + 30°)$ V로 표시되는 전압을 걸었을 때 흐르는 교류전류를 교류전압과 같이 사인파로 표현하시오.

정답 ・주어진 교류전압 사인파에서 각속도(ω)는 10,000 rad/s 이므로

・커패시터의 용량성 리액턴스는

$$X_C = \frac{1}{\omega C} = \frac{1}{10{,}000 \times (1 \times 10^{-6} \text{ F})} = 100 \text{ Ω}$$

・따라서 직렬 임피던스는 다음과 같이 표현된다.

$$\mathbf{Z} = \mathbf{Z_R} + \mathbf{Z_L} + \mathbf{Z_C} = R + j(X_L - X_C) = 80 - j100$$

・교류회로의 총임피던스와 위상은

$$\begin{cases} Z = \sqrt{R^2 + X^2} = \sqrt{R^2 + (X_L - X_C)^2} \\ \quad = \sqrt{80^2 + 100^2} = 128.06 \text{ Ω} \\ \theta = \tan^{-1}\left(\frac{X}{R}\right) = \tan^{-1}\left(\frac{-100}{80}\right) = -51.34° \end{cases}$$

・따라서 커패시터 회로에서는 전류가 전압보다 51.34° 앞서게 된다.

・전압의 실효값을 계산하고 옴의 법칙을 적용하여 전류의 크기를 구하면

$$V_{rms} = 0.707 V_m = 0.707 \times 10 = 7.07 \text{ V}$$
$$I_{rms} = \frac{V_{rms}}{Z} = \frac{7.07 \text{ V}}{128.06 \text{ Ω}} = 0.0552 \text{ A}$$

・전류의 최댓값

$$I_m = \frac{I_{rms}}{0.707} = \frac{0.0552 \text{ A}}{0.707} = 0.0781 \text{ A}$$

・따라서, 전류가 전압보다 위상이 앞서므로 최종적인 전류의 정현파 표현은

$$i = 0.0781 \sin[(10{,}000t + 30°) + 51.34°]$$
$$= 0.0781 \sin(10{,}000t + 81.34°) \text{ A}$$

정답 **14.** ③   **15.** ③

기출문제

17. 그림과 같은 교류회로에서 임피던스는 몇 Ω인가?

(항공산업기사 2012년 1회)

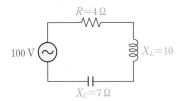

① 5 ② 7
③ 10 ④ 17

해설 교류회로의 총임피던스는

$$Z = \sqrt{R^2 + X^2} = \sqrt{R^2 + (X_L - X_C)^2} = \sqrt{4^2 + (10-7)^2}$$
$$\therefore Z = 5 \ \Omega$$

18. 교류회로에서 피상전력이 1,000 VA이고 유효전력이 600 W, 무효전력은 800 VAR일 때 역률은 얼마인가?

(항공산업기사 2012년 4회)

① 0.4 ② 0.5
③ 0.6 ④ 0.7

해설 역률$(p.f)$:

$$p.f = \frac{P}{P_a} = \frac{600}{1,000} = 0.6$$

19. 주파수가 100 Hz이고 4 A의 전류가 흐르는 교류회로에서 인덕턴스 0.01 H인 코일의 리액턴스는 몇 Ω인가?

(항공산업기사 2013년 4회)

① 1π ② 2π
③ 3π ④ 4π

해설 코일의 유도성 리액턴스 :

$$X_L = \omega L = 2\pi f L = 2\pi \times 100 \text{ Hz} \times 0.01 \text{ H}$$
$$= 2\pi \ [\Omega]$$

20. 저항 30 Ω과 리액턴스 40 Ω을 병렬로 접속하고 양단에 120 V 교류전압을 가했을 때 전류는 몇 A인가?

(항공산업기사 2014년 4회)

① 5 ② 6
③ 7 ④ 8

해설 병렬회로이므로 교류회로의 총임피던스는 각 임피던스의 역수의 합으로 표현되므로

$$\frac{1}{\mathbf{Z}} = \frac{1}{\mathbf{Z_R}} + \frac{1}{\mathbf{Z_L}} = \frac{1}{R} + \frac{1}{jX_L} = \frac{1}{30} + \frac{1}{j40}$$
$$= \frac{1}{30} - j\frac{1}{40} = 0.0333 - j0.025$$

$$\mathbf{Z} = \frac{1}{(1/\mathbf{Z})} = \frac{1}{0.0333 - j0.025} = \frac{0.0333 + j0.025}{0.0333^2 + 0.025^2}$$

$$= \frac{0.0333 + j0.025}{0.00173389} = 19.2054 + j14.4184$$

총임피던스는

$$\therefore Z = |\mathbf{Z}| = \sqrt{19.2054^2 + 14.4184^2} = 24.02 \ \Omega$$

전류는 옴의 법칙에 의해

$$I = \frac{V}{Z} = \frac{120 \text{ V}}{24.02 \ \Omega} = 4.996 \text{ A} \approx 5 \text{ A}$$

21. 10 mH의 인덕턴스에 60 Hz, 100 V의 전압을 가하면 약 몇 암페어(A)의 전류가 흐르는가?

(항공산업기사 2016년 2회)

① 15.35 ② 20.42
③ 25.78 ④ 26.53

해설 코일의 유도성 리액턴스 :

$$X_L = \omega L = 2\pi f L = 2\pi \times 60 \text{ Hz} \times 0.01 \text{ H}$$
$$= 3.76991 \ \Omega$$

전류는 옴의 법칙에 의해

$$I = \frac{V}{Z} = \frac{100 \text{ V}}{3.76991 \ \Omega} = 26.53 \text{ A}$$

정답 **17.** ① **18.** ③ **19.** ② **20.** ① **21.** ④

22. 정전용량 20 F, 인덕턴스 0.01 H, 저항 10 Ω이 직렬로 연결된 교류회로가 공진이 일어났을 때 전압이 30 V라면 전류는 몇 A인가?

(항공산업기사 2016년 4회)

① 2 　　　　　　② 3
③ 4 　　　　　　④ 5

해설 공진이 일어나는 조건은 유도성 리액턴스와 용량성 리액턴스가 같은 경우이므로 $X_L = X_C$.
따라서 교류회로의 총임피던스는

$$Z = \sqrt{R^2 + X^2} = \sqrt{R^2 + (X_L - X_C)^2}$$
$$= \sqrt{R^2} = \sqrt{10^2} = 10 \ \Omega$$

전류는 옴의 법칙에 의해

$$I = \frac{V}{Z} = \frac{30 \text{ V}}{10 \ \Omega} = 3 \text{ A}$$

23. 교류발전기의 정격이 115 V, 1 kVA, 역률이 0.866이라면 무효전력(reactive power)은 얼마인가? [단, 역률(power factor) 0.866은 cos 30°에 해당된다.]

(항공산업기사 2017년 4회)

① 500 W 　　　　② 866 W
③ 500 VAR 　　　④ 866 VAR

해설 • 피상전력(P_a)이 1 kVA이므로
　　$P_a = VI = 1,000 \text{ VA}$
• 유효전력은 $P = VI \cos \theta = P_a \cos \theta$로 정의되고,
　　역률($p.f$)의 정의식에서는 $p.f = \dfrac{P}{P_a} \rightarrow P = P_a \times p.f$
　　로 정의되므로 두 식을 비교하면 $p.f = \cos \theta$가 된다.
　　따라서 $\theta = 30$°이다.
• 무효전력은
　　$P_r = VI \sin \theta = P_a \sin \theta = 1,000 \times \sin 30$°
　　　$= 500 \text{ VAR}$

▶ **필답문제**

24. 다음 회로도를 보고 무효전력을 구하시오.

(항공산업기사 2005년 4회)

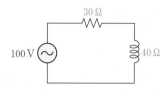

정답 • 교류회로의 총임피던스는

$$Z = \sqrt{R^2 + X^2} = \sqrt{R^2 + (X_L - X_C)^2} = \sqrt{30^2 + 40^2}$$
$$= 50 \ \Omega$$

• 전류는 옴의 법칙에 의해

$$I = \frac{V}{Z} = \frac{100 \text{ V}}{50 \ \Omega} = 2 \text{ A}$$

• 따라서 무효전력은

$$P_r = I^2 X = 2^2 \times 40 = 160 \text{ VAR}$$

25. 다음 그림 회로의 총저항을 구하시오.

(항공산업기사 2006년 2회, 2012년 2회)

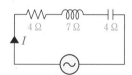

정답 교류회로의 총임피던스는

$$Z = \sqrt{R^2 + X^2} = \sqrt{R^2 + (X_L - X_C)^2} = \sqrt{4^2 + (7 - 4)^2}$$
$$= 5 \ \Omega$$

정답 **22.** ② 　**23.** ③

26. 다음과 같은 회로에 소비되는 유효전력을 구하시오. (항공산업기사 2006년 4회)

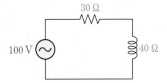

정답 • 교류회로의 총임피던스는
$$Z = \sqrt{R^2 + X^2} = \sqrt{R^2 + (X_L - X_C)^2} = \sqrt{30^2 + 40^2}$$
$$= 50 \ \Omega$$

• 전류는 옴의 법칙에 의해
$$I = \frac{V}{Z} = \frac{100 \ \text{V}}{50 \ \Omega} = 2 \ \text{A}$$

• 따라서 유효전력은
$$P = I^2 R = 2^2 \times 30 = 120 \ \text{W}$$

27. 그림과 같은 회로에 소비되는 피상전력을 구하시오. (항공산업기사 2006년 4회)

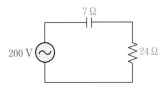

정답 • 교류회로의 총임피던스는
$$Z = \sqrt{R^2 + X^2} = \sqrt{R^2 + (X_L - X_C)^2} = \sqrt{24^2 + 7^2}$$
$$= 25 \ \Omega$$

• 전류는 옴의 법칙에 의해
$$I = \frac{V}{Z} = \frac{200 \ \text{V}}{25 \ \Omega} = 8 \ \text{A}$$

• 따라서 피상전력은
$$P = I^2 Z = 8^2 \times 25 = 1{,}600 \ \text{VAR}$$
$$(\text{또는 } P = VI = 200 \times 8 = 1{,}600 \ \text{VAR})$$

28. 다음 회로의 역률을 구하시오. (항공산업기사 2007년 4회)

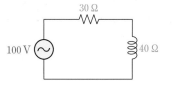

정답 (풀이 1)
• 교류회로의 총임피던스는
$$Z = \sqrt{R^2 + X^2} = \sqrt{R^2 + (X_L - X_C)^2} = \sqrt{30^2 + 40^2}$$
$$= 50 \ \Omega$$

• 역률$(p.f)$: $p.f = \cos\theta = \dfrac{P}{P_a} = \dfrac{I^2 R}{I^2 Z} = \dfrac{R}{Z} = \dfrac{30}{50}$
$$= 0.6$$

(풀이 2)
• 총임피던스가 50 Ω이므로 옴의 법칙을 적용하면 교류전류값은
$$I = \frac{V}{Z} = \frac{100 \ \text{V}}{50 \ \Omega} = 2 \ \text{A}$$

• 피상전력: $P_a = VI = 100 \ \text{V} \times 2 \ \text{A} = 200 \ \text{VA}$

• 유효전력(소비전력): $P = I^2 R = 2^2 \times 30 = 120 \ \text{W}$

• 따라서 역률$(p.f)$은
$$p.f = \frac{P}{P_a} = \frac{120}{200} = 0.6$$

29. 항공기 교류발전기의 정격이 115 V, 3상 50 kVA, 400 Hz, 역률이 86%라 할 때, 최대전압과 유효전력을 구하시오. (항공산업기사 2008년 1회)

정답 • 최대전압은 실효값으로부터
$$V_{rms} = 0.707 \times V_m$$
$$\rightarrow V_m = \frac{V_{rms}}{0.707} = \frac{115 \ \text{V}}{0.707} = 162.66 \ \text{V}$$

• 유효전력은 역률$(p.f)$의 정의식에서
$$p.f = \frac{P}{P_a}$$
$$\rightarrow P = P_a \times p.f = 50{,}000 \ \text{VA} \times 0.86$$
$$= 43{,}000 \ \text{W}$$

CHAPTER | Battery

11 | 축전지

AVIONICS
ELECTRICITY AND ELECTRONICS
FOR AIRCRAFT ENGINEERS

AVIONICS
ELECTRICITY AND ELECTRONICS

11장부터는 항공기 전기시스템에 가장 유용하게 이용되는 축전지(battery), 발전기 (generator) 및 전동기(motor)에 대해 알아보겠습니다. 먼저 본 장에서는 직류전원시 스템의 가장 중요한 에너지원인 축전지의 기본 작동원리와 기능에 대해 알아보고, 소 형 항공기나 자동차에 주로 이용되는 납축전지(Lead-Acid battery)의 구조와 원리 및 특성에 대해 설명한 후, 현재 중대형 여객기나 군용기에 주로 활용되는 니켈-카드뮴 축전지(Ni-Cd battery)와 최근 많이 활용되고 있는 리튬-이온 축전지(Lithium-Ion battery)의 구조와 작동원리에 대해 설명하겠습니다. 마지막 절에서는 축전지의 충전 용량과 충전방법에 대해 알아보겠습니다.

11.1 축전지 개요

11.1.1 축전지의 구성

전지(cell)란 화학변화에 의해 발생하는 화학에너지를 전기에너지로 변환하여 직류전 원을 공급할 수 있는 장치입니다. 전지는 전기를 축적하여 보관하고 있다가 필요할 때 전기를 공급한다는 의미에서 축전지(storage battery)라고도 합니다. 축전지는 양(+) 과 음(-)의 금속판인 전극판(electrode)과 전해액(electrolytic solution, 電解液)으로 구성되는데, 전해액 속에 두 종류의 금속판(전극판)을 넣고, 화학반응을 일으키면 화학 반응에 의해 이온화된 전자가 이동하면서 전압과 전류가 생성됩니다.

전해액

양극   음극

화학반응   전기에너지

[그림 11.1] 전지의 기본 원리

대표적인 전해질로는 염화나트륨($NaCl$), 황산(H_2SO_4), 염산(HCl), 수산화나트륨 ($NaOH$), 수산화칼륨(KOH), 질산나트륨($NaNO_3$) 등이 있습니다. 예를 들어 소금인 염화나트륨은 고체 상태에서는 전류를 흘려보내지 않아 도체가 될 수 없지만, 물에 녹 인 수용액 상태에서는 전류를 흘려보내는 전해질이 될 수 있습니다.

11.1.2 축전지의 종류

(1) 1차 전지와 2차 전지

1차 전지(primary cell)는 충전이 안 되는 건전지로, 알카라인 전지, 망간 전지, 리튬 전지 등이 있으며, 우리가 많이 사용하고 있는 원통형(rounded cell) AA형, AAA형 건전지가 여기에 속합니다. 2차 전지(secondary cell)는 충전이 가능한 전지로, 항공용으로는 납축전지, 니켈-카드뮴 축전지 및 리튬-이온 축전지가 대표적입니다.

> **핵심 Point 축전지의 충전과 방전**
>
> - 방전(discharge, 放電): 화학반응을 통해 전기를 발생시키는 과정이다.
> - 충전(charge, 充電): 방전의 반대과정으로 전기를 축적하는 과정이다.

(2) 차세대 2차 전지

현재 기술적으로 관심을 갖는 전기자동차(electric automobile) 및 무인항공기(UAV, Unmanned Air Vehicle), 드론(drone) 등은 전기를 에너지원으로 사용하는 미래 이동체들로, 상용화를 위해서는 차세대 동력원인 축전지의 무게 대비 충전용량[1] 및 출력과 효율을 높이는 것이 가장 핵심적인 연구개발 사안입니다. 우리가 사용하고 있는 스마트폰이나 노트북 등의 스마트 기기에서도 배터리(축전지)의 충전용량의 한계에 따라 불편함을 많이 느낄 겁니다. 한 번 충전하여 1주일 또는 한 달을 사용할 수 있는 축전

[1] 에너지 밀도(energy density)라고 하며, 단위는 [W·h/kg]임.

1차 전지
- 충전이 안 되는 건전지(방전 쪽 화학반응만 사용)
- 알카라인 전지, 망간 전지

봉합피치
탄소
금속외장
아연원통(음극)
절연지
전해액 Na_4Cl, $ZnCl_2$
감극제 MnO_2, CNH_4Cl, H_2O

망간 건전지

2차 전지
- 충전이 가능한 전지(재사용이 가능)
- 납축전지(연축전지) / Lead-Acid battery
  니켈-카드뮴 축전지 / Ni-Cd battery
  리튬-이온 축전지 / Li-Ion battery
  리튬-폴리머 축전지 / Li-Polymer battery

[그림 11.2] 전지의 종류

[그림 11.3] 중대형 항공기용 배터리(B-787, Li-Ion battery)

지가 있다면 불편함이 얼마나 사라질지 상상이 됩니다. 배터리 분야의 지속적인 연구 개발을 통해 1990년대에는 리튬-이온 축전지(Li-Ion battery)가 개발되어 현재 스마트 기기에 주도적으로 사용되고 있으며, 2000년대에는 리튬-폴리머 축전지(Li-Polymer battery) 및 리튬-황 축전지(Li-Sulfur battery) 등의 새로운 종류의 배터리들이 지속 적으로 개발되고 있습니다. 현재 스마트폰 및 노트북에 대부분 사용되고 있는 리튬-이 온 축전지(Li-Ion battery)는 보잉사의 B-787 Dreamliner의 직류전원 축전지로 탑재 되어 사용되고 있으며 항공기에도 점차 성능이 좋은 차세대 배터리들이 사용될 것으 로 예측됩니다.

11.1.3 전지의 작동원리

이온화(ionization)는 전기적으로 중성이었던 금속이 전자(electron)를 얻거나 잃게 되 어 (+)나 (−)의 전기적 극성을 띠게 되는 상태를 말하는데, [그림 11.4]와 같이 금속은 종류에 따라 이온화되려는 성질이 다릅니다. 예를 들어, 구리(Cu)보다는 납(Pb)이, 납 보다는 아연(Zn)이 이온화가 더 잘 진행됩니다. 전지의 원리는 이 이온화 과정을 통한 화학반응에서 나타나는 전자의 이동을 통해 전기를 생성하는 것입니다.

최초의 전지인 볼타 전지(Volta cell)를 통해 이온화 과정과 전지의 작동원리를 알 아보겠습니다. [그림 11.5]와 같이 전해액은 황산(H_2SO_4)을 물에 녹인 묽은황산을 사

$$K > Ca > Na > Mg > Al > Zn(아연) > Fe > Ni > Sn > Pb(납) > (H) > Cu(구리) > Hg > Ag > Pt > Au$$

[그림 11.4] 금속의 이온화 경향성

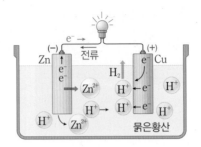

[그림 11.5] 볼타 전지(Volta cell)

용하고, 전해액 속에 이온화 경향이 다른 2가지의 금속인 아연(Zn)과 구리(Cu)를 넣고 도선을 연결합니다.

① 이온화 경향이 큰 아연은 전자(e)를 금속판에 남기고 양이온(Zn^{2+})이 되어 용액 속으로 녹아 들어갑니다. 아연은 원자번호가 30번이므로 최외각 전자 2개[2]가 존재하고 이온화되면 이 2개의 전자를 내놓게 되어 2가의 양이온이 됩니다.

② 금속판에 남은 2개의 전자(e)는 도선을 타고 이온화 경향이 작은 구리판(Cu) 쪽으로 이동하는데, 전류는 전자이동과 반대방향이므로 구리판에서 아연판 쪽으로 흐르게 됩니다.[3]

③ 그렇다면 (+)극에서는 어떤 반응이 나타날까요? 아연판에서 구리판 쪽으로 도선을 통해 이동된 2개의 전자(e)는 묽은황산용액(H_2SO_4)의 수소이온(H^+) 2개와 반응하여 수소(H_2)로 변하고, 전해액에서는 이 화학반응을 통해 수소가 발생됩니다.

11.1.4 축전지의 기능

항공기에서 사용하는 전기에너지 공급원에는 2가지가 있습니다. 바로 기계적 에너지를 전기에너지로 변환시키는 발전기와 화학적 에너지를 전기적 에너지로 변환시키는 축전지입니다. 엔진이 정상적으로 작동하는 경우, 발전기는 엔진 회전축에 연결되어 항공기시스템에서 사용하는 대부분의 전기에너지를 생성하여 공급하고, 이 중 일부의 전기에너지를 사용하여 축전지를 충전합니다. 축전지는 엔진이나 발전기 고장 시에 비상용 보조전원으로 사용하기도 하며, 엔진 시동 시에는 시동모터(starting motor)의 전원을 공급합니다. 충전된 전기를 다 사용하면 축전지는 방전상태가 됩니다.

2 2개(K각)+8개(L각) + 18개(M각) = 28개 이므로 최외각 전자는 2개임.

3 따라서 아연판은 (−)극, 구리판은 (+)극이 됨.

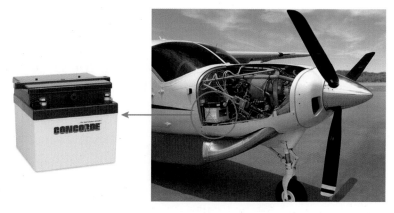

[그림 11.6] 소형 항공기용 배터리(Cessna Grand-Caravan)

11.2 납축전지

납축전지(Lead-Acid battery)는 납산축전지 또는 연축전지라고도 불립니다. 1859년 프랑스의 물리학자인 가스통 플랑테(Raymond Louis Gaston Plant)가 발명하였으며, 가격 대비 안정된 품질과 신뢰성 때문에 현재까지도 가장 많이 사용되고 있습니다. 납축전지는 전해액으로 묽은황산(H_2SO_4)을 사용하고, 양(+)극판은 이산화납(PbO_2)을, 음(−)극판은 납(Pb)을 사용하여 구성합니다. 그럼 먼저 납축전지의 화학반응과 동작원리를 알아보겠습니다.

11.2.1 납축전지의 화학반응

방전(discharge)은 축전지의 (+)/(−) 단자기둥(terminal post) 사이에 전기를 소모하는 부하(load)를 접속하고 축전지로부터 부하로 전류를 공급하는 과정을 말합니다. 충전(charge)은 반대로 충전기나 발전기 등의 직류전원을 접속하여 축전지에 전류를 공급하여 전기를 축적하는 반대 과정을 의미합니다.[4]

4 충전 시에는 충전기나 발전기의 공급전압이 축전지의 전압보다 높아야 축전지 쪽으로 전류가 흘러들어가 충전이 됨.

5 과산화납이라고도 함.

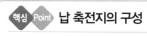 **납 축전지의 구성**

- 양(+)극판: 갈색(또는 적색)의 이산화납(PbO_2)[5]을 사용한다.
- 음(−)극판: 회색의 납(Pb)을 사용한다.
- 전해액: 묽은황산(H_2SO_4)을 사용한다.

(1) 방전(discharge)

축전지가 완전히 충전된 상태는 [그림 11.7]과 같습니다. 전해액인 묽은황산(H_2SO_4)은 이온화되면 수소양이온(H^+) 2개와 2가의 황산음이온(SO_4^{2-}) 1개로 분해된다는 사실을 기억하고 다음의 방전과정을 알아보겠습니다.

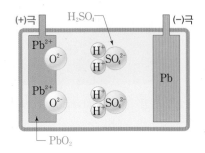

[그림 11.7] 납축전지의 완전 충전상태

① 방전 시 음(−)극판의 화학반응: Pb

납(Pb)은 원자번호가 82번으로 최외각 전자가 4개입니다. 납은 이온화되면 전자 2개를 방출하여 2가의 납 양이온(Pb^{2+})이 되거나, 전자 4개를 방출하여 4가의 납 양이온(Pb^{4+})이 되는데, 일반적으로 2가의 양이온(Pb^{2+})으로 이온화됩니다.

납은 이산화납(PbO_2)보다 이온화 경향이 크므로 먼저 이온화되어 전자(e) 2개를 방출하여 양이온(Pb^{2+}) 상태가 되고, [그림 11.8(a)]와 같이 방출된 전자(e) 2개는 도선을 타고 양극판 쪽으로 이동합니다.[6] 음극판에 남은 납양이온은 전해액의 황산음이온(SO_4^{2-})과 결합하여 [그림 11.8(b)]와 같이 백색의 황산납($PbSO_4$)이 됩니다.

6 전류는 전자이동방향과 반대이므로 전류는 납 쪽으로 흐르고, 납 쪽이 음(−)극이 되는 이유임.

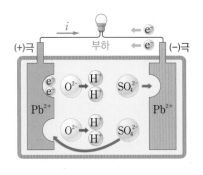

(a) 방전과정 상태

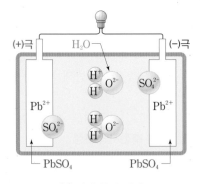

(b) 방전 후의 상태

[그림 11.8] 납축전지의 방전과정

② 방전 시 양(+)극판의 화학반응: PbO_2

양극판인 이산화납(PbO_2)은 4가의 납양이온(Pb^{4+})과 2가의 산소음이온(O^{2-}) 2개로 이온화됩니다. 이때 음극판에서 이동해온 전자(e) 2개는 4가의 납양이온(Pb^{4+})으로 들어오게 되어 [그림 11.8(a)]와 같이 납양이온은 2가의 양이온(Pb^{2+})으로 변화됩니다. 이후 음극판과 동일하게 전해액의 황산음이온(SO_4^{2-})과 결합하여 [그림 11.8(b)]처럼 양극판에도 백색의 황산납($PbSO_4$)이 생성됩니다. 이산화납 중 산소음이온(O^{2-})은 전해액의 수소양이온(H^+) 2개와 결합하여 물(H_2O)이 됩니다.

이와 같이 방전이 진행되면서 물이 계속 생성되기 때문에 전해액인 묽은황산의 농도는 감소하므로, 전해액의 비중도 감소합니다. 위에서 설명한 방전과정의 화학반응식을 정리하면 다음과 같습니다.

- 전해액(H_2SO_4) : $2H_2SO_4 \rightarrow 4H^+ + 2SO_4^{2-}$ (11.1)
- 음극판(Pb)   : $Pb + SO_4^{2-} \rightarrow PbSO_4 + 2e^-$ (11.2)
- 양극판(PbO_2) : $PbO_2 + 4H^+ + SO_4^{2-} + 2e^- \rightarrow PbSO_4 + 2H_2O$ (11.3)

지금까지 살펴본 방전과정의 전체 화학반응식을 정리하면 [그림 11.9]와 같습니다.

[그림 11.9] 납축전지의 방전 화학반응식

(2) 충전(charge)

이번에는 반대 과정인 충전과정에 대해 살펴보겠습니다. 충전 시에는 외부의 충전기나 발전기로부터 직류전원을 공급하여 축전지 쪽으로 전기를 흘려줍니다.[7] 이때 방전과정에서 생성된 전해액의 물(H_2O)이 4개의 수소 양이온(H^+)과 2개의 산소 음이온(O^{2-})으로 분해됩니다.

① 충전 시 음(−)극판의 화학반응: $PbSO_4$

방전과정에서 생성된 황산납($PbSO_4$)은 현재 (+), (−)극판에 붙어 있는 상태입니다. [그림 11.10]과 같이 충전기나 발전기의 (+)극에서 밀려들어오는 전자(e)들 중 2개의 전자가 음(−)극판 황산납($PbSO_4$)을 구성하는 2가의 납양이온(Pb^{2+})과 결합하여 중성 상태의 납(Pb)으로 변화됩니다. 황산납($PbSO_4$)에서 남은 황산음이온(SO_4^{2-})은 다시

[7] 충전기(또는 발전기)의 (+)극을 축전지 (+)극에 연결, 충전기 (−)극은 축전지 (−)극으로 연결함.

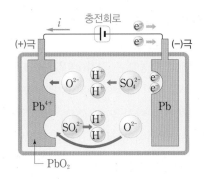

[그림 11.10] 납축전지의 충전과정

전해액 쪽으로 전리되어 전해액의 물(H_2O) 분자에 포함된 수소양이온(H^+)과 결합하여 다시 묽은황산(H_2SO_4)이 됩니다.

② 충전 시 양(+)극판의 화학반응: $PbSO_4$

방전과정에서 생성된 양(+)극판의 황산납($PbSO_4$)은 음(−)극판에서 전리된 황산음이온(SO_4^{2-}) 일부로부터 전하(+) 2개를 받아들여 불안정한 상태의 과황산납[$Pb(SO_4)_2$]으로 잠시 변화됩니다. 충전기(또는 발전기)로부터 인가된 충전전압은 불안정한 과황산납[$Pb(SO_4)_2$]을 다시 4가의 납양이온(Pb^{4+})과 2가의 황산음이온(SO_4^{2-}) 2개로 분리시킵니다. 분리된 4가의 납양이온(Pb^{4+}) 1개는 전해액의 물(H_2O) 분자에 포함된 산소음이온(O^{2-}) 2개와 결합하여 다시 이산화납(PbO_2)으로 변화됩니다. 남은 황산음이온(SO_4^{2-})은 음(−)극판에서와 마찬가지로 다시 전해액 쪽으로 전리되어 전해액의 물(H_2O) 분자에 포함된 수소양이온(H^+)과 결합하여 다시 묽은황산(H_2SO_4)이 됩니다.

충전과정에서는 방전과정에서 생성된 물(H_2O)이 분해되고 두 극판의 황산납($PbSO_4$)이 다시 황산(H_2SO_4)이 되어 전해액의 황산 농도가 증가하게 되므로, 전해액의 비중은 다시 증가합니다. 이러한 이유로 납축전지는 지속적으로 전해액의 비중을 점검하고 관리해야 합니다.

위에서 설명한 충전과정은 다음과 같이 식으로 정리할 수 있습니다.

- 전해액(H_2SO_4): $4H^+ + 2SO_4^{2-} \rightarrow 2H_2SO_4$ (11.4)
- 음극판($PbSO_4$): $PbSO_4 + 2e^- \rightarrow Pb + SO_4^{2-}$ (11.5)
- 양극판($PbSO_4$): $PbSO_4 + 2H_2O \rightarrow PbO_2 + 4H^+ + SO_4^{2-} + 2e^-$ (11.6)

충전과정의 전기화학반응식을 다시 정리하면 [그림 11.11]과 같습니다.

양극판 (+)		전해액		음극판 (−)		양극판 (+)		전해액		음극판 (−)
PbO_2	+	$2H_2SO_4$	+	Pb	←충전	$PbSO_4$	+	$2H_2O$	+	$PbSO_4$
(이산화납)		(묽은황산)		(납)		(황산납)		(물)		(황산납)

[그림 11.11] 납축전지의 충전 화학반응식

11.2.2 납축전지의 구조 및 구성품

납축전지의 구조와 주요 구성품에 대해 살펴보겠습니다. 우선 주의할 점은 축전지는 1개의 양극판과 음극판으로 이루어지지 않고, 여러 개의 양극판과 음극판이 모여 전체 축전지를 구성한다는 것입니다. 이것을 극판군(plate group) 또는 셀(cell)이라고 하는데, 여러 개의 셀을 직렬로 연결하여 축전지가 요구하는 전압과 전류 용량을 맞추는 구조입니다.

(1) 극판 / 격자판

각각의 셀(극판군)은 전기화학반응을 위해 양(+)극판(positive plate)은 이산화납(PbO_2)이, 음(−)극판(negative plate)은 납(Pb)이 활성물질(active material)로 사용됨

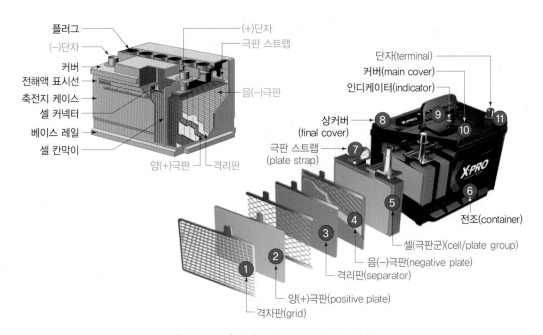

[그림 11.12] 납축전지의 구조 및 주요 구성품

니다. 화학반응을 촉진시키기 위하여 [그림 11.12]와 같이 양극판과 음극판에 격자판 (grid)을 덧붙이고 이산화납과 납을 도포하고 압착시켜 만듭니다. 격자판은 활성물질 을 지지하고 발생된 전기를 전도할 수 있도록 경납(hard lead)을 재질로 사용합니다.

(2) 격리판 / 극판 스트랩

격리판(separator)은 전기가 통하지 않는 소재를 사용하며 양쪽 극판 사이에 설치되 어 양(+)극판과 음(−)극판이 서로 접촉되어 단락(합선)(short)이 되는 것을 방지합니 다. 작은 체적에서 전기에너지를 최대한 인출하려면 극판과 전해액의 접촉면적을 되도 록 크게 해주어야 합니다. 따라서 극판은 얇은 판을 사용하여 화학반응을 촉진시키고, 음극판 사이에 양극판을 끼워 넣는 방식으로 구성합니다. 또한 화학반응이 더 활발하 고 방전 시에 변형되는 성질이 있는 양극판보다 음극판을 1개 더 삽입하여 극판군의 양쪽 바깥은 음극판이 되도록 합니다. 이러한 극판군을 병렬로 형성하고 간격을 유지 시키기 위해 [그림 11.13]과 같이 극판 스트랩(plate strap)을 양극판과 음극판에 각각 용접하여 구조를 유지시킵니다. 양극판들은 양극판 스트랩에, 음극판들은 음극판 스트 랩에 각각 분리시켜 용접합니다.

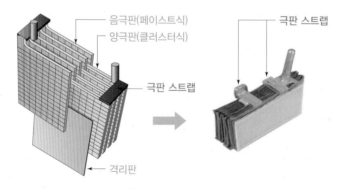

[그림 11.13] 납축전지의 극판군과 극판 스트랩

(3) 축전지 케이스

형성된 극판군은 플라스틱 재질을 사용하여 내부 칸막이를 가지고 있는 축전지 케 이스(전조, container)에 삽입하고 전해액인 묽은황산(H_2SO_4)을 채워 넣습니다. 축전 지 케이스는 전기가 통하지 않는 절연체이어야 하고, 황산에 녹지 않도록 합성수지 또 는 경질고무를 사용합니다. 케이스의 밑바닥은 전기화학반응 시에 발생하는 침전물이 퇴적되어 극판 간에 단락을 방지하도록 침전 챔버(sediment chamber) 기능도 합니다.

(4) 축전지 커버

축전지의 커버(cover)는 내부의 전해액이 새어나오지 않도록 축전지 케이스(전조)를 덮는 기능을 하며, 증류수를 채워 넣거나 전해액을 보충할 수 있는 주입구(filling hole)가 있습니다. 커버 상단에는 일반적으로 축전지의 충전상태를 확인하기 위해 인디케이터(indicator)를 설치하는데 색상에 따른 축전지의 상태는 다음과 같이 판단합니다.

① 녹색　 : 50% 이상의 충전상태로 정상
② 검은색 : 50% 이하의 충전상태로 충전 필요
③ 흰색　 : 수명 종지(終止, 축전지 교체 필요)

(5) 배기구 / 배기마개

전기화학반응 시에 발생하는 가스(수소 및 산소)와 증기가 대기로 방출될 수 있도록 [그림 11.14]의 메인커버(main cover)와 상커버(final cover)에는 미로형태의 통로를 만들어 배출된 가스와 증기를 분리시킵니다. 증기는 다시 축전지 내부 전해액 쪽으

(a) 배기구(배기마개)

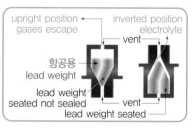

(b) 항공용 납추(lead weight)

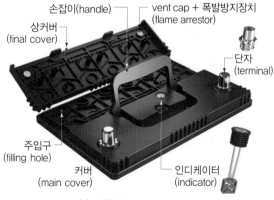

(c) 납축전지의 커버 구조

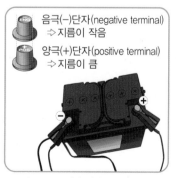

(d) 단자기둥

[그림 11.14] 납축전지의 커버(cover), 배기마개(vent cap), 단자(terminal)

로 환류되고 가스(수소 및 산소)는 배기마개(vent cap)에 설치된 배기구(vent hole)를 통해 대기로 방출됩니다. 가스가 배기구를 통해 외부 대기로 방출되기 전에 고밀도 기 포구조로 구성된 폭발방지장치(flame arrestor)를 설치하여 가스의 배출 단면적을 줄여 폭발 등을 방지합니다. 항공용 축전지의 경우는 배면 비행 시에 배기구를 통해 전해액이 누설되지 않도록 배기마개 속에 [그림 11.14(b)]와 같은 납추(lead weight)가 설치되어 누설을 방지합니다.

(6) 단자

단자[8](terminal)는 [그림 11.14(d)]와 같이 축전지를 외부로 연결하여 전기를 공급하거나, 충전을 위해 충전기나 발전기의 충전회로를 연결하기 위한 (+)/(−)단자를 말합니다. 앞에서 설명한 양(+)극판 스트랩들을 내부에서 모두 직렬 연결하여 축전지 상단의 양극 단자(positive terminal)로 뽑아내고, 음(−)극판 스트랩들도 모두 연결하여 축전지 상단의 음극 단자(negative terminal)로 뽑아냅니다.[9] 양 단자를 가시적으로 구

분하기 위해 양극단자에는 '+'부호나 'POS' 문자를 각인시켜 표시하고 색상은 빨간색 (적색)을 사용합니다. 음극은 '−'부호나 'NEG' 문자를 각인하고 검정색(흑색)을 사용합니다. 양극단자기둥의 지름이 음극단자기둥보다 크며, 황산화(sulfation) 현상에 의해 흰색의 부식물이 많은 단자기둥이 양(+)극단자가 됩니다.

11.2.3 납축전지의 특성

납축전지는 가장 오래된 2차 전지로 상온(20~25°C)에서 화학반응이 발생하므로 다른 2차 전지에 비해 위험성이 적고 신뢰성이 높습니다. 원재료의 가격이 저렴하여 제조단가가 낮은 장점이 있기 때문에 현재까지도 자동차나 구형 소형항공기, 무정전 전원장치(UPS, Uninterruptible Power Supply) 등에 가장 많이 사용되고 있습니다. 또한 자연방전(자체방전, self-discharge)율도 매우 낮아 상시 완전 충전 상태가 오래 지속됩니다. 단점으로는 다른 2차 전지에 비해 충전시간이 길고, 같은 용량의 전기에너지를 공급하기 위해서는 무게가 많이 나가며,[10] 충·방전 횟수가 200~250회 이상 되면 자

체 성능을 내지 못하기 때문에 수명이 짧습니다. 또한 전해액의 농도 변화로 인해 비중이 변하고, 계속적인 충·방전 과정의 화학반응을 통해 황산화 현상 등에 의한 부식물과 침전물이 생기기 때문에 지속적인 점검과 유지관리가 필요합니다.

(1) 충·방전 전압 및 정격전압

납축전지는 여러 개의 극판군(셀)을 연결하여 필요한 전압과 전류를 공급하는데, 이 기본단위인 셀의 주요 전압값은 다음과 같습니다.

 핵심 Point **납축전지 셀(cell) 전압 특성**

- 셀(cell)의 단위전압: 2 V/cell
- 셀(cell)당 방전 종지전압[11]: 1.75 V/cell
- 충전 전압(=가스 발생전압): 2.5 V/cell
- 충전 종지전압: 2.75 V/cell

---

11 일반적으로 방전 종지전압은 셀당 단위전압의 90%임.

셀당 단위전압(기전력)이 2 V이므로, 자동차용 12 V 납축전지의 경우는 6개의 셀을 직렬로 연결하여 만들고, 항공기용 24 V 축전지는 12개의 셀을 직렬로 연결하여 구성할 수 있습니다.

(2) 과방전

① 방전 종지전압

방전이 계속되면 축전지 전압은 계속 감소하고, 어느 한계 이하의 전압이 되면 정해진 출력을 제대로 낼 수 없어서 작동되지 않고 전기화학적으로 축전지에 악영향을 미칩니다. 따라서 축전지가 더 이상 방전되어서는 안 되는 최소 전압값을 정하게 되는데, 이를 방전 종지전압(final discharge voltage)이라 합니다.

[그림 11.15]는 일반적인 납축전지의 충·방전 과정에서의 전압과 전류 및 전해액의 비중을 나타낸 그래프입니다. 방전 종지전압은 정격전류로 10시간 동안 방전하는

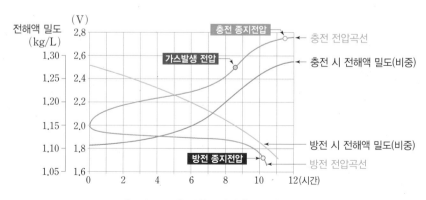

[그림 11.15] 납축전지의 충·방전 전압

10시간 방전율을 적용하여 결정하는데, 단위 셀에서의 방전 종지전압은 1.75 V가 됩니다. 따라서 일반적으로 12 V 축전지의 경우에 방전 종지전압은 10.5 V[12]가 됩니다. 일반적으로 납축전지는 방전 종지전압 이하가 되거나 정격용량의 80% 이상이 방전되면 과방전(over-discharge)이라 하고, 이 과방전 상태가 유지되면 납축전지 성능과 수명에 큰 영향을 미칩니다.

② 황산화 현상

앞의 납축전지의 방전과정 화학반응에서 설명한 바와 같이 납축전지는 방전과정 중 전해액인 묽은황산(H_2SO_4)이 분해되어 물(H_2O)이 생성되고 백색의 황산납($PbSO_4$)이 극판에 생성됩니다. 축전지의 방전이 계속되거나 과방전 상태가 지속되면 극판에 생성된 황산납이 부드러운 상태에서 딱딱한 결정으로 굳어지게 되어, 충전을 해도 물과 결합하여 다시 묽은황산으로 환원되지 않고 침전물로 남게 됩니다. 이러한 현상을 황산화(sulfation) 현상이라 하는데, 납축전지의 수명을 단축시키는 가장 큰 요인이므로 납축전지는 방전 전에 항상 충전하여 충전상태를 유지해야 합니다.

[그림 11.16] 납축전지 내부 극판군의 황산화 현상

[그림 11.16]과 같이 내부 극판군에 흰색의 결정체가 보이는 것도 모두 황산화 현상의 결과입니다. 특히 자동차 운전자가 운행 후에 자동차의 전조등을 켜 놓고 내려 다음 날 축전지가 방전된 경험을 하게 되는데, 이렇게 납축전지가 완전 방전되고 나면 축전지의 성능이 급격히 떨어지고, 심지어는 배터리를 교환하게 되는데 바로 이 황산화 현상의 대표적인 예입니다. 대부분 제 수명을 다하지 못하고 폐기되는 납축전지의 90%가 이 황산화 현상 때문이라고 하니 납축전지 관리 시에 가장 신경을 써야 하는 부분입니다.

(3) 과충전

① 충전 종지전압

과방전 상태에서는 황산화 현상이 발생하지만, 과충전 상태에서는 내부 격자판이나 양(+)극 단자에서 부식(corrosion)이 발생하므로 주의해야 합니다. 충전 시에는 정격전압보다 높은 전압을 가해서 충전을 하는데, [그림 11.15]의 그래프에서 만약 충전 대상 축전지가 방전 종지전압인 1.75 V인 상태라 하고, 정격용량의 8~10% 정도의 전류로 충전을 하면 전압은 2.1 V까지 급격히 상승하고 전류는 역으로 감소하게 됩니다. 충전이 계속되어 전압이 2.5 V에 이르면 축전지는 약 80% 정도의 충전상태가 되고, 전해액 중의 물(H_2O)이 전기분해되어 수소(H_2)와 산소(O_2)가 발생하기 시작합니다. 이때의 전압을 충전전압 또는 가스발생전압이라고 합니다. 12 V 축전지의 경우는 축전지 라벨에 명시된 최대 충전전압 15 V[13]인 상태가 됩니다. 충전전압(가스발생 전압) 이후부터는 충전전류를 정상적인 충전전류의 1/10 정도로 낮추어야 하고 최종적으로 완전충전 상태가 되면 전압은 2.75 V에 도달합니다. 이 전압을 충전 종지전압(final charging voltage)이라고 합니다.

완전히 충전된 상태에서 충전이 계속되거나 충전 시 과도한 전압으로 충전되는 과충전(over-charging) 상태가 되면, 전해액 가운데 다량의 물(H_2O)이 전기분해되어 물의 양이 줄어들면서 수소(H_2)와 산소(O_2)가 발생하는데, 폭발위험성이 매우 높은 수소가 발생하므로 충전 시 유의해야 합니다. 이러한 이유로 현재 사용되고 있는 충전기의 대부분은 과충전 방지기능을 갖춘 전자식 충전기입니다.

② 부식

과충전 상태가 지속될 경우 납축전지에서 발생하는 또 하나의 큰 단점은 부식(corrosion) 문제입니다. [그림 11.17]과 같이 자동차 축전지의 양(+)극 단자에 흰색의 결정(탄산칼륨)이 뭉치는 현상과, 내부 극판군의 격자판이 전해액에 녹아서 나타나는 소멸 현상이 과충전에 의한 대표적인 부식 문제입니다.

[13] 충전전압 2.5 V/cell × 6 cell = 15 V

lug position

positive plate   negative plate

(a) 양극 단자의 부식   (b) 내부 극판군의 부식

[그림 11.17] 납축전지의 부식(corrosion) 현상

(4) 온도에 따른 납축전지 성능 변화

납축전지는 온도 변화에 따라 성능이 크게 영향을 받습니다. [그림 11.18]과 같이 상온에서 100% 충전된 축전지는 0°C에서는 80%의 용량으로 줄어들고, −20°C에서는 50% 용량으로 줄어들어 축전지의 성능이 저하됩니다. 저온에서는 축전지의 전기화학반응이 그만큼 느리게 진행되기 때문에 전기용량도 감소합니다. 이와 반대로 온도가 떨어지면 엔진 오일의 점성이 증가하는 등 엔진 시동 시 요구되는 전류량은 커지므로, 겨울철에 자동차 시동이 잘 걸리지 않는 저온 시동능력이 낮아지는 원인이 됩니다.[14]

14 일반적으로 납축전지의 저온시험은 −18°C에서 수행됨.

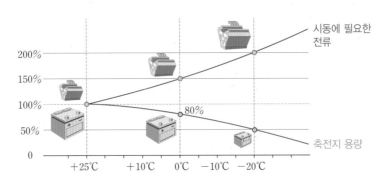

[그림 11.18] 온도에 따른 납축전지 용량 변화

(5) 전해액의 비중 변화와 점검

전해액은 증류수에 황산을 희석하여 제조한 것으로, 납축전지는 무색무취의 묽은황산(H_2SO_4)을 사용합니다. 납축전지는 방전과정에서 황산을 소비하고 물을 생성하기 때문에 비중이 감소하고, 충전과정에서는 물을 소비하고 황산을 생성하기 때문에 비중이 증가합니다. 이러한 과정을 반복하면서 물이 증발하거나 전해액인 묽은황산의 농도가 변하게 되면, 충·방전 화학반응이 제대로 일어나지 않기 때문에 전해액의 비중을 일정 주기로 측정하여 상태를 점검해야 하고, 유지·정비 과정을 통해 황산이나 증류수를 보충해 주어야 합니다.

비중(specific gravity)이란 어떤 물질의 밀도(density)를 표준물질의 밀도로 나눈 무차원값으로, 기체는 공기를 표준물질로 이용하고 고체 및 액체는 물을 이용합니다. 즉, 납축전

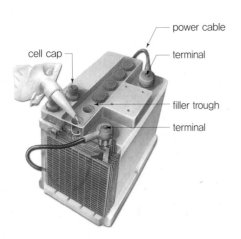

[그림 11.19] 납축전지 전해액의 증류수 보충

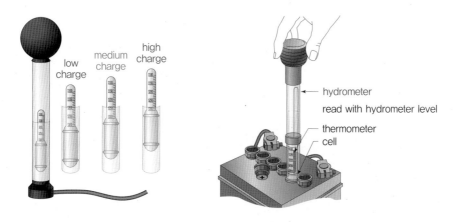

[그림 11.20] 납축전지 전해액의 비중계 및 비중측정

지의 전해액인 묽은황산의 비중은 묽은황산의 밀도를 액체인 물의 밀도로 나눈 값입니다. 전해액의 비중을 측정할 때는 [그림 11.20]의 비중계(hydrometer)를 사용합니다.

전해액인 묽은황산은 온도가 높아지면 황산이온이 팽창하여 비중값이 감소하고, 전해액의 온도가 낮아지면 황산이온이 수축하여 비중값이 증가합니다. 온도에 따라 변화된 비중값을 표준온도 20℃일 때의 비중값으로 수정해야 하는데, 납축전지 전해액인 묽은황산의 비중은 1.26~1.28 사이의 값을 가져야 하며, 완전 충전 시에는 비중값이 1.3이 되어야 하고 완전 방전 시는 1.05 정도의 값을 갖습니다. 일반적으로 상온인 21℃(70℉)에서 32℃(90℉) 사이인 경우는 묽은황산의 비중변화는 작기 때문에 온도변화에 따른 비중 수정은 하지 않습니다.

모든 납축전지는 전해액이 필수적으로 사용되는데 지금까지 대상으로 한 배터리는 주로 액체 상태인 묽은황산을 사용하는 유동형 방식(flooded type)의 납축전지였습니다. 전해액을 액상이 아닌 젤(gel) 형태로 만들거나 유리섬유에 전해질을 밀착시켜 사용하는 흡수성 유리섬유(AGM, Absorbed Glass Mat) 형태의 축전지를 AGM 납축전지 또는 제어밸브식(VRLA, Valve Regulated Lead Acid) 축전지라고 합니다. 기존 납축전지에서는 전기화학반응에서 발생된 산소와 수소가 공기 중으로 방출되지만 VRLA 축전지에서는 다시 물로 환원되고, 가스 발생량이 많아 축전지 내부 압력이 높아지면 릴리프 밸브(relief valve)가 작동하여 가스를 방출시켜 내부압력을 유지합니다.

우리가 'MF 배터리'라고 부르는 납축전지는 AGM 형태의 밀폐형 납축전지를 말하는데, MF는 'Maintenance Free'의 약자로 전해액이 액체상태가 아니므로 비중 점검, 증류수 보충 등의 유지보수가 필요 없는 무보수 배터리를 말합니다.

11.3 니켈-카드뮴 축전지

15 프랑스 SaFT사의
제품명임.

니켈-카드뮴 축전지(Nickel-Cadmium battery)는 리튬-이온 축전지 개발 전에 가장 많이 사용한 축전지로, 흔히 '니카드(NiCad)[15] 축전지라고 부릅니다. 납축전지보다 무게당 효율이 좋고(에너지 밀도가 높고) 수명(충·방전 횟수)이 길며, 저온에서 고전류 특성이 좋기 때문에 현재 항공기용 축전지로 가장 많이 사용하고 있습니다. 1990년대까지 2차 전지의 대세는 니켈이 포함된 축전지 방식으로 양(+)극판의 소재로 니켈을 이용했으며, 니켈-카드뮴 축전지는 스웨덴의 과학자 융너(Waldemar Jungner)가 1899년에 최초로 발명한 것으로 알려져 있습니다.

[그림 11.21] 항공용 니켈-카드뮴 축전지(프랑스 SaFT사)

11.3.1 니켈-카드뮴 축전지의 화학반응

축전지가 방전되면 양(+)극판의 수산화 제2니켈(옥시 수산화 니켈, NiOOH)은 수산음이온[(OH)$^-$]을 내놓고 수산화 제1니켈[Ni(OH)$_2$]로 변화하고, 음(-)극판의 카드뮴(Cd)은 수산음이온과 합쳐져 수산화카드뮴[Cd(OH)$_2$]이 됩니다. 방전과정을 중심으로 전기화학반응을 순차적으로 살펴보겠습니다(충전과정은 방전과정의 반대로 발생됩니다.).

16 화학반응을 쉽게 이해할 수 있도록 (2NiOOH + 2H$_2$O)로 쓰기도 함(각 원자의 개수는 서로 같음).

 핵심 Point **니켈-카드뮴 축전지의 구성**

- 양(+)극판: 수산화 제2니켈[Ni(OH)$_3$][16]을 사용한다.
- 음(-)극판: 카드뮴(Cd)을 사용한다.
- 전해액　 : 수산화칼륨(KOH)을 사용한다.

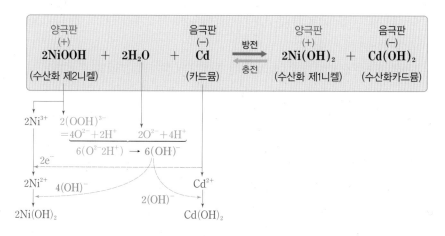

[그림 11.22] 니켈-카드뮴 축전지의 전기화학반응식

① 카드뮴(Cd)은 원자번호가 48번인 원소로 12족(2B족)에 속하기 때문에 산화되면
전자(e) 2개를 내보내어 2가의 카드뮴 양이온(Cd^{2+})이 됩니다.

② 카드뮴(Cd)이 수산화 제2니켈[$Ni(OH)_3$]보다 이온화 경향이 크므로 먼저 이온화
되고 전자(e) 2개를 방출하여 양이온(Cd^{2+}) 상태가 됩니다. [그림 11.22]와 같이
방출된 전자(e) 2개는 도선을 타고 양극판 쪽으로 이동합니다.[17]

17 전류는 카드뮴 쪽으로 이동하므로 카드뮴 쪽이 음(−)극이 됨.

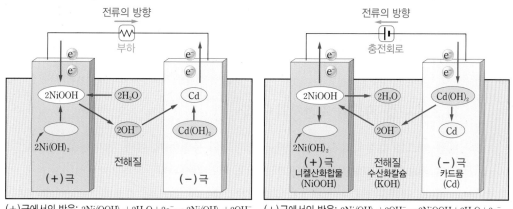

(+)극에서의 반응: $2Ni(OOH)_2 + 2H_2O + 2e^- \rightarrow 2Ni(OH)_2 + 2OH^-$
(−)극에서의 반응: $Cd + 2OH^- \rightarrow Cd(OH)_2 + 2e^-$
전체의 반응식: $2NiOOH + Cd + 2H_2O \rightarrow 2Ni(OH)_2 + Cd(OH)_2$

(a) 방전과정

(+)극에서의 반응: $2Ni(OH)_2 + 2OH^- \rightarrow 2NiOOH + 2H_2O + 2e^-$
(−)극에서의 반응: $Cd(OH)_2 + 2e^- \rightarrow Cd + OH^-$
전체의 반응식 : $2Ni(OH)_2 + Cd(OH)_2 \rightarrow 2NiOOH + Cd + 2H_2O$

(b) 충전과정

[그림 11.23] 니켈-카드뮴 축전지의 충·방전 과정

③ 수산화 제2니켈(NiOOH)은 3가 니켈양이온(Ni^{3+}) 2개와 2개의 음이온$(OOH)^{3-}$으로 우선 분해됩니다.

④ 2개의 음이온$(OOH)^{3-}$은 전해액 내 물(H_2O) 분자가 분리된 수소양이온(H^+) 및 산소음이온(O^{2-})과 합쳐져서 6개의 1가 수산음이온$[(OH)^-]$이 됩니다.

⑤ 3가 니켈양이온(Ni^{3+}) 2개는 음극판으로부터 이동해온 2개의 전자(e)를 받아들여 2개의 2가 니켈양이온(Ni^{2+})으로 변화된 후, 4개의 수산음이온$[(OH)^-]$과 합쳐져 최종적으로 수산화 제1니켈$[Ni(OH)_2]$이 양극판에 생성됩니다.

⑥ 남은 2개의 수산음이온$[(OH)^-]$은 카드뮴 양이온(Cd^{2+})과 결합하여 최종적으로 수산화카드뮴$[Cd(OH)_2]$이 음극판에 생성됩니다.

지금까지 설명한 니켈-카드뮴 축전지의 방전과정 화학반응을 [그림 11.23(a)]에 정리하였으며, 충전 시에는 물(H_2O)이 생성되고, 방전과정에서는 물이 감소함을 알 수 있습니다. 방전과정의 전기화학반응식은 식 (11.7)과 (11.8)로 정리할 수 있습니다.

• 음(−)극판(Cd)　　　 :　$Cd + 2(OH)^- \rightarrow Cd(OH)_2 + 2e^-$ 　　　　　(11.7)

• 양(+)극판(NiOOH) :　$2NiOOH + 2H_2O + 2e^-$

　　　　　　　　　　　　$\rightarrow 2Ni(OH)_2 + 2(OH)^-$ 　　　　　　　(11.8)

납축전지의 전해액인 묽은황산(H_2SO_4)과는 달리 니켈-카드뮴 축전지의 전해액인 수산화칼륨(KOH)은 전기화학반응에 참여하지 않고, 이온이 이동하는 매개체로만 기능을 한다는 점이 다릅니다. 따라서 니켈-카드뮴 축전지에서는 부식물이나 침전물 발생이 없기 때문에 전해액의 비중이 변동하지 않고, 축전지의 수명이 납산 축전지에 비해 긴 주된 이유가 됩니다.

11.3.2 니켈-카드뮴 축전지의 구조

니켈-카드뮴 축전지의 구조는 납축전지와 거의 동일하며, 여러 개의 셀을 직렬로 연결하여 필요한 전압과 전류용량을 만드는 방식도 같습니다.

1개의 극판군(셀)은 [그림 11.24]와 같이 양극판, 음극판, 격리판, 단자와 배기구, 배기마개 및 축전지 케이스로 구성됩니다. [그림 11.25]에 나타낸 셀 커넥팅 스트랩(cell connecting strap)을 이용하여 극판군 각각의 양(+)극 단자를 다른 셀의 음(−)극 단자에 직렬로 연결한 후 단자로 뽑아냅니다.

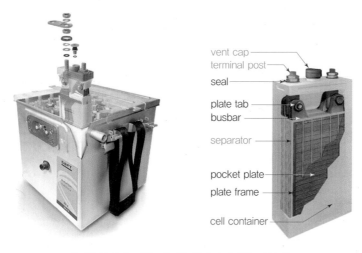

[그림 11.24] 니켈-카드뮴 축전지 및 셀(cell)의 구조

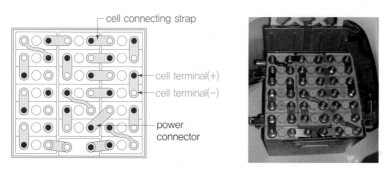

[그림 11.25] 니켈-카드뮴 축전지의 셀(cell) 연결

11.3.3 니켈-카드뮴 축전지의 특성

(1) 정격전압

  니켈-카드뮴 축전지도 납축전지와 동일하게 여러 개의 극판군(셀)을 직렬로 연결하여 필요한 전압과 전류를 공급합니다. 기본단위인 셀의 단위전압값은 다음과 같습니다.

 니켈-카드뮴 축전지 셀(cell) 전압 특성

- 셀(cell)의 단위전압: 1.2 V/cell
- 셀(cell)당 방전 종지전압: 1.08 V/cell
- 충전전압(= 가스 발생전압): 1.4 V/cell

셀당 단위전압(기전력)이 1.2 V이므로, 자동차용 12 V 납축전지의 경우는 10개의 셀을 직렬로 연결하여 만들고, 항공기용 24 V 축전지는 20개의 셀을 직렬로 연결하여 구성할 수 있습니다.

또한 니켈-카드뮴 축전지의 셀당 단위전압은 일상생활에서 사용하는 AA형 건전지의 단위전압인 1.5 V나 납축전지의 2 V보다 낮지만 높은 방전전류를 사용(고부하 방전) 시에도 전압이 떨어지지 않는 특성[18]이 좋아서 낮은 셀 전압에도 불구하고 큰 전류를 필요로 하는 장치에 적합합니다.

18 전압 drop 현상이 없음.

(2) 니켈-카드뮴 축전지의 특성

1980년대에 개발된 니켈-카드뮴 축전지는 납축전지보다 무게 및 부피대비 전기용량이 크고[19], 유지보수비가 적게 들고 수명이 길다는 장점이 있습니다. 충·방전 횟수가 납축전지의 2~3배인 500회 정도로, 충·방전 화학반응에 전해액인 수산화칼륨(KOH)이 참여하지 않기 때문에 침전물이 생성되지 않고 전해액의 비중 변화도 발생하지 않습니다. 용량의 90%까지 방전되어도 일정 전압이 유지되어 고부하 방전(고전류 방전) 성능이 우수하고, 충·방전 시 전압의 변화가 적고 재충전 소요시간이 짧으며 고부하에서도 내구성이 좋습니다. 특히 방전 시 −20~60°C의 저온에서도 성능이 유지되기 때문에 고공에서 극저온이 되는 항공기나 인공위성 등의 독립전원용 축전지로 많이 사용됩니다.

19 에너지 밀도가 30~70 W·h/kg으로 납축전지의 20~50 W·h/kg보다 더 높음.

이에 반해 소요되는 니켈, 카드뮴의 자원이 부족하여 대량생산이 어렵고, 가격이 고가여서 경제성이 떨어지는 단점이 있으며 자체방전[20] 특성이 높습니다. 더불어 카드뮴과 같은 중금속을 사용하므로 환경오염 문제가 있고, 특히 완전 방전 후 충전하지 않으면 충전용량이 계속 줄어드는 메모리 효과(memory effect)로 인해 용량이 줄어드는 단점이 있습니다. 따라서 니켈-카드뮴 축전지는 용량을 유지하기 위해서 주기적으로 완전 방전 후 충전을 해주어야 하는 번거로움이 있습니다.

20 30~40[%/월] 정도로 축전지 종류 중 가장 높음.

니켈-카드뮴 축전지를 취급할 때 주의할 점은 전해액인 수산화칼륨(KOH)은 부식성이 강하므로 피부와 옷에 묻지 않도록 보호장구를 착용하고 정비해야 하며, 옷이나 피부에 묻었을 경우에는 중화제[21]로 즉시 씻어냅니다. 충전 시에는 각 셀을 단락시켜 전위를 0 V로 평준화시킨 후 충전을 시작하고, 완전히 충전되기 30분 전에는 전해액의 비중을 측정하여 전해액을 보충할 필요성[22]이 있으면 [그림 11.26]과 같이 전해액을 보충합니다. 전해액인 수산화칼륨(KOH)의 농도 변화는 납축전지와 같이 전해액이 전기화학 반응에 참여함으로써 발생하는 것이 아니라, 전해액에 포함된 물(H_2O)이 충·방전 과

21 아세트산, 레몬주스, 붕산염 용액이 사용됨.

22 충전 시는 물이 생성되고, 방전 시 물이 감소하므로 일정 시간 후에는 전해액의 농도가 변함.

[그림 11.26] 니켈-카드뮴 축전지의 전해액 보충

정에서 분해되었다가 환원되면서 증발하기 때문에 발생합니다. 전해액을 만들 때는 수산화칼륨을 물에 쏟아 부으면 폭발위험이 있기 때문에 물에 조금씩 떨어뜨려 만듭니다.

(3) 니켈-카드뮴 축전지의 메모리 효과

니켈-카드뮴 배터리는 '메모리 효과(memory effect)'라고 불리는 가장 큰 단점이 있습니다. 메모리 효과란 [그림 11.27]과 같이 한 번 충전한 배터리를 완전히 방전시키지 않은 상태에서 그대로 충전을 하면, 남아 있던 잔량을 사용하지 못하게 되어 축전지의 충전용량이 줄어드는 현상을 말합니다. 메모리 효과가 생기면 축전지의 충전용량을 100% 사용할 수 없으므로, 강제 방전시키고 다시 충전하는 번거로움이 있습니다. 니켈-카드뮴 축전지에 사용되는 수산화니켈(NiOH)의 수산음이온[(OH)⁻]은 전기화학반응에서 산화와 환원을 반복하게 되는데, 완전 방전하지 않고 충전을 반복하게 되면 수산화니켈(NiOH)은 '고용체(solid solution)'[23]를 형성하게 되고, 이것이 한번 생성되면 다시 복구할 수가 없게 되면서 용량이 감소하고 수명도 짧아지게 됩니다.

23 서로 다른 고체가 섞여 완전하게 균일한 결합을 이룬 고체 혼합물로 단단하고 강한 결정체가 됨.

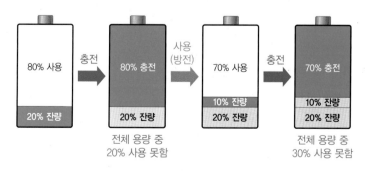

[그림 11.27] 니켈-카드뮴 축전지의 메모리 효과

따라서 초기에는 니켈-카드뮴 축전지를 포함하여 니켈을 함유하고 있는 배터리들은 풀충전(100% 충전), 풀방전(남은 용량 모두 소진)의 방법으로 사용할 것을 권장하였고, 남아 있는 전기를 모두 쓸 수 있는 별도의 '방전기'를 사용하기도 했습니다. 이러한 메모리 효과는 니켈-카드뮴 축전지에서 초기에 발생한 문제점이고 최근에는 여러 가지 보완기술이 개발되어 메모리 효과의 영향은 거의 찾아볼 수 없으며 일반적으로 사용할 때 고려할 필요가 없게 되었습니다.

11.4 리튬-이온 축전지

리튬-이온 축전지(Li-Ion battery)는 1970년대에 미국 빙엄턴 대학(Binghamton University)의 연구진에 의해 처음 고안되었습니다. 당시에는 음극으로 사용한 리튬의 반응성이 높아 폭발 등의 안정성 문제로 상용화가 불가능하였습니다. 이후 금속 리튬을 대신할 다양한 소재가 개발되었고, 1991년 일본의 소니(Sony)사가 세계 최초로 리튬-이온 축전지의 상용화에 성공해 다양한 스마트 기기에 널리 사용하게 되었습니다.

11.4.1 리튬-이온 축전지의 구조와 원리

리튬-이온 축전지는 리튬양이온(Li^+)이 음(−)극에서 양(+)극으로 이동하면서 방전되고, 충전 시에는 리튬이온이 양(+)극에서 다시 음(−)극으로 이동하며 충전됩니다.

리튬-이온 축전지는 일반적인 축전지 구조와 마찬가지로 양(+)극, 음(−)극, 격리판(separator) 및 전해질(electrolyte)로 구성됩니다. 양(+)극은 리튬 금속산화물로 주로

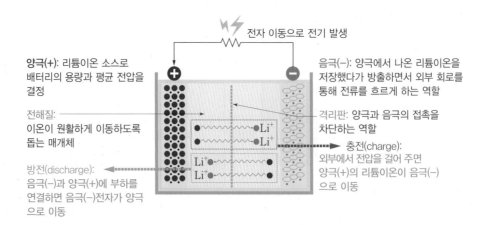

[그림 11.28] 리튬-이온 축전지의 충·방전

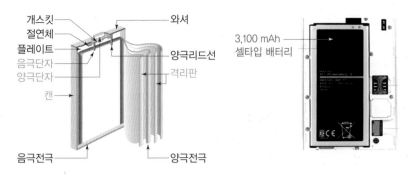

개스킷
절연체
플레이트
음극단자
양극단자
캔
음극전극

와셔
양극리드선
격리판
양극전극

3,100 mAh
셀타입 배터리

[그림 11.29] 스마트기기용 리튬-이온 축전지의 내부 구조

리튬 코발트산화물(lithium cobalt oxide, $LiCoO_2$), 리튬철인산염($LiFePO_4$), 리튬망간산화물($LiMn_2O_4$) 등이 사용되고, 음(−)극은 탄소계 산화물로 흑연(graphite) 등이 이용됩니다. 액체 상태의 전해질로는 리튬이온염($LiPF_6$)을 물이 전혀 없는 유기용매에 녹인 것을 사용하며, 리튬이온이 물과 반응하면 폭발하므로 전해질에는 물이 들어 있지 않아야 합니다. 안정성을 개선하기 위해서 차세대 2차 전지로 젤(gel)이나 고체 (solid) 형태[24]의 전해질이 개발되어 사용되고 있습니다.

24 전고체 전지(sold electrolyte cell)라고 함.

11.4.2 리튬-이온 축전지의 특성

(1) 정격전압

리튬-이온 축전지의 기본단위인 셀의 기전력은 3.6 V로, 납축전지나 니켈-카드뮴 축전지보다 높습니다.

 핵심 Point **납축전지 셀(cell)의 전압 특성**

• 셀(cell)의 단위전압: 3.6 V/cell

(2) 리튬-이온 축전지의 특성

① 높은 에너지 밀도

리튬-이온 축전지는 [표 11.1]과 같이 니켈-카드뮴 축전지보다 2~3배 정도 에너지 밀도가 높아[25] 무게와 부피를 크게 줄여 소형·경량으로 제조가 가능하고[26], 출력 특성이 좋고 충·방전 횟수도 500~1,000회 정도로 수명이 길기 때문에 현재 노트북, 스마

25 100~200 W · h/kg 으로 축전지 중 가장 높음.

26 리튬이온은 다른 알칼리 금속이온보다 크기가 작아 전극물질 사이로 이동하는 것이 수월함.

[표 11.1] 축전지별 무게 및 부피 비교

구분	납(Lead-Acid)축전지	니켈-카드뮴(Ni-Cd) 축전지	리튬-이온(Li-Ion) 축전지
리튬-이온 축전지 대비 부피	9.7배	1.9배	1배
리튬-이온 축전지 대비 무게	6.7배	2.5배	1배

트폰 등 대부분의 휴대용 스마트 기기에 사용되고 있습니다. 또한 니켈-카드뮴 축전지에서 문제가 되었던 자연방전(자체 방전)이 1%/년 정도로 거의 없고, 메모리 효과에 의한 용량감소도 없습니다.

② 폭발 위험성

리튬-이온 축전지의 단점은 가격이 고가이며, 무엇보다 열과 충격에 약해 다른 2차전지에 비해 폭발이나 화재 위험성이 높다는 것입니다. 2006년 일본 소니(Sony)사의 노트북 폭발사고 및 2010년과 2012년 UPS 화물기가 대량의 리튬-이온 배터리를 항공화물로 운송 중에 배터리들이 폭발하여 항공기가 추락한 사례가 있습니다. 또한 2017

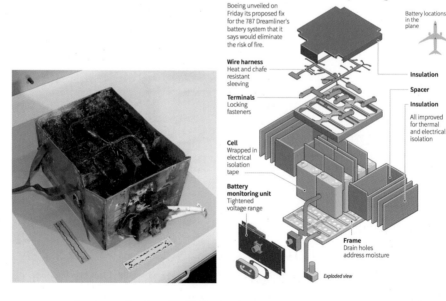

[그림 11.30] 리튬-이온 축전지의 위험성(2013년 보잉 787 배터리 화재)

년도에 발생한 삼성의 갤럭시 노트7의 배터리 폭발로 인한 대량 리콜사태를 기억할 겁니다. 항공분야에서는 2013년 보잉 787에 사용된 리튬-이온 배터리의 화재 사고를 계기로 2016년 4월부터 국제민간항공기구(ICAO)는 리튬-이온 축전지의 여객기 화물칸 운송을 금지하고 있습니다.

리튬-이온 축전지는 왜 폭발 위험성이 높을까요? 리튬(Li)은 기본적으로 휘발유보다 높은 반응성으로 인해 폭발·발화의 위험성이 있으며, 특히 고온이나 일반 공기에 노출되면 수분과 접촉하여 불이 붙는 인화특성을 갖고 있습니다. 또한 리튬-이온 축전지의 경우, 외부의 강한 충격이나 압력에 의해 내부 (+)/(−)극이 short(합선)되는 변형이 오거나 가열되면 전지 내부의 온도와 압력이 급속히 올라가게 되고, 이때 리튬-이온 축전지를 싸고 있는 금속 캔(can)이 부풀어 오르다 압력을 견디지 못해 폭발하고, 내부의 리튬 성분이 공기와 만나면서 발화됩니다.

이에 반해 리튬-폴리머 축전지(Li-Polymer battery)는 리튬-이온 축전지보다 얇고 폭발 위험성이 적어서 가볍고 다양한 형상으로 제작할 수 있어 점차 사용이 늘어나고 있습니다. 리튬-폴리머 축전지는 금속 캔 대신 내부 압력에 잘 찢어지는 특수필름 재질로 되어 있는데, 리튬 이온이 담겨 있는 전해질이 젤 형태여서 외부로 잘 흘러나오지 않기 때문에 폭발할 가능성이 거의 0%에 가깝습니다.

리튬-이온 축전지의 경우도 내부에 short 차단회로[27]나 온도감지센서 등이 설치되어 있고, 정상적인 안전기준을 따르는 제품일 경우 폭발할 확률이 매우 낮습니다. 그래도 항상 휴대폰 배터리는 과충전하지 말고, 고온 상태에 방치해서는 안 되며, 심한 충격을 주어서도 안 된다는 사실을 잊지 말아야 하겠습니다.

③ 열화 현상

리튬-이온 축전지의 또 하나의 단점은 열화(degradation, 劣化) 현상입니다. 정상적인 환경에서 리튬-이온 축전지의 충·방전 횟수는 약 500회 정도이며, 약 2~3년의 평균 수명을 갖고 있습니다. 일반적으로 최초 용량의 80% 이하로 떨어진 상태를 수명이 다한 것으로 간주하는데, 약 500회 정도 충·방전을 반복한 이후에는 급격하게 성능이 저하되어 축전지의 최대 충전용량이 약 80% 이하로 줄어드는 현상이 나타납니다. 이와 같은 현상은 충전 시 발생하는 내부 소재의 변형으로 인한 열화 현상 때문으로, 리튬-이온 축전지의 경우 열에 약하기 때문에 스마트폰처럼 작고 발열량이 많은 기기에 사용할 경우, 온도가 약 30℃ 정도로 높아지면 열화 현상에 의해 평균보다 약 30% 빠르게 수명이 줄어들게 됩니다.

27 PCM(Protection Circuit Module)이라고 함.

④ 스웰링 현상

리튬-이온 축전지의 또 다른 문제는 축전지를 과방전(over-discharge)이나 과충전 (over-charge) 상태로 오래 방치하거나 배터리에 충격을 주면, 축전지 내부에 가스가 발생하면서 배터리가 부풀어 오르는 스웰링(swelling) 현상이 발생할 수 있다는 점입니다. 일반적으로 스웰링 현상은 리튬-폴리머 축전지에서만 발생하는 특성으로 인식하고 있지만, 리튬-이온 축전지의 경우에도 축전지 외부케이스를 금속이나 단단한 플라스틱으로 감싸기 때문에 스웰링 현상이 상대적으로 늦게 진행될 뿐 발생할 수 있으므로 배터리 취급 시 주의가 필요합니다.

11.4.3 2차 전지의 종류별 특성

지금까지 살펴본 납축전지, 니켈-카드뮴 축전지 및 리튬-이온 축전지의 중요 특성을 [표 11.2]에 정리하였으니 참고하기 바랍니다.

[표 11.2] 2차 전지의 종류별 특성

구분	납(Lead-Acid)축전지	니켈-카드뮴(Ni-Cd) 축전지	리튬-이온(Li-Ion) 축전지
셀 전압 (cell voltage)	2 V/cell	1.2 V/cell	3.6 V/cell
에너지 밀도 (energy density)	낮음 (20~50 W·h/kg)	보통 (30~70 W·h/kg)	매우 높음 (100~200 W·h/kg)
충·방전 횟수(수명)	낮음(200회)	보통(500회)	높음(1,000회)
가격(제조비용)	낮음	높음	다소 높음
자연방전(자체방전) (self-discharge)	높음(20%/월)	높음(30~40%/월)	거의 없음(1%/년)
메모리 효과 (memory effect)	낮음	높음	없음
특징	경제성, 낮은 에너지 밀도(무게 증가)	낮은 에너지 밀도, 메모리 효과	경량, 고출력, 폭발위험성, 열화/스웰링 현상
용도	자동차, 비상조명, UPS	항공기, 전동드릴, RC	노트북, 휴대폰, 전기자동차

11.5 축전지의 충전용량 및 충전법

11.5.1 축전지의 충전용량

축전지의 충전용량(capacity)[28]은 축전지가 가진 총전기량을 의미하며, 완전 충전된 축전지를 일정한 전류로 연속 방전하여 단자전압이 방전 종지전압(final discharge voltage)이 될 때까지 방전시킬 수 있는 전기량입니다. 따라서 축전지의 전기량은 식 (11.9)와 같이 전류(I)와 시간(T)을 곱한 암페어시(Ampere-Hour, Ah)를 단위로 사용합니다.

28 공급용량이라고도 함.

$$K = I \cdot T \text{ [Ah]} \tag{11.9}$$

일반적으로 축전지는 기준 방전시간을 10시간으로 설정하며 이를 10시간 방전율 (discharge rate)이라 하고, 자동차용 납축전지는 20시간을 기준시간으로 20시간 방전율을 적용합니다.

예를 들어, 50 Ah의 충전용량을 가진 니켈-카드뮴 축전지는 50 A의 전류를 연속적으로 사용하는 경우에는 1시간 동안 전기를 공급할 수 있고, 25 A의 전류를 연속적으로 사용하는 경우에는 2시간 동안만 사용할 수 있게 됩니다. 따라서 만약 5시간 방전율을 적용하면 5시간 동안 10 A의 전류를 연속적으로 공급할 수 있습니다.

예제 11.1

축전지에 대해 다음 물음에 답하시오.

(1) 축전지가 20시간 동안 4.2 A를 계속해서 방전할 수 있는 경우의 충전용량은 얼마인가?

(2) 이 축전지에 5시간 방전율을 적용하면 연속 사용 전류값은 얼마인가?

| 풀이 |

(1) 충전용량은 84 Ah가 된다.

$$K = I \cdot T = 4.2 \text{ A} \times 20 \text{ h} = 84 \text{ Ah}$$

(2) $I = \dfrac{K}{T} = \dfrac{84 \text{ Ah}}{5 \text{ h}} = 16.8 \text{ A}$

11.5.2 축전지의 연결방식

(1) 축전지의 직렬·병렬 연결

축전지 사용 시 부하(load)와의 연결방법은 [그림 11.31]과 같이 직렬(series)과 병렬(parallel)의 2가지 방법이 주로 사용됩니다. 그림과 같이 축전지 여러 개를 병렬로 연결하면 전압이 일정하고 전류가 증가하여 용량이 증가하므로 전력소요가 많은 경우에 사용합니다. 축전지를 직렬로 연결하면 전압이 상승하고 전류가 일정하기 때문에 용량이 일정해지므로 높은 전압이 필요한 곳에 사용합니다. 따라서 3장에서 배운 회로이론의 저항 직렬·병렬 연결과 같은 특성과 원리가 적용됩니다.

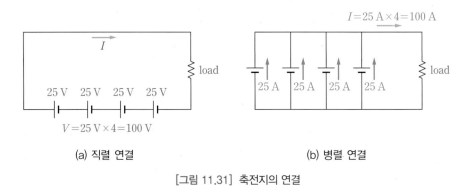

(a) 직렬 연결   (b) 병렬 연결

[그림 11.31] 축전지의 연결

(2) 축전지의 내부저항

축전지는 내부 구성요소들인 극판, 극판 스트랩, 셀 커넥터, 단자 등에 의해서 내부저항(internal resistance)이 항상 존재합니다. 즉, 회로상에 존재하는 부하저항(R) 외에도 축전지 자체의 내부저항(r)을 포함하여 고려해야 합니다.

[그림 11.32]와 같이 주어진 축전지 회로에서 축전지의 단자전압이 E이고, 내부저항 r에 걸리는 전압이 V_r, 부하에 걸리는 전압을 V라고 하면, 키르히호프의 전압법칙에 의해 부하전압 $V = (E - V_r)$이 됩니다. 회로에 흐르는 총전류는 I이므로 옴의 법칙

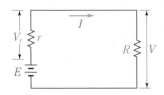

[그림 11.32] 축전지의 내부저항

을 적용하면, 식 (11.10)과 같이 축전지의 단자전압은 내부저항과 부하저항을 합친 총
저항$(R + r)$에 전류를 곱한 값과 같습니다.

$$V = E - V_r \;\Rightarrow\; E = V + V_r = I \cdot R + I \cdot r$$

$$\therefore E = I(R + r)$$

(11.10)

축전지를 사용하면서 충·방전을 계속하면 축전지의 성능이 저감되고 충전용량이 낮
아지는 특성이 있음을 앞에서 설명하였습니다. 이것을 내부저항으로 표현하면 충·방
전이 계속 반복되면서 축전지의 내부저항(r)이 커지게 되는 것이므로, 축전지에서 뽑
아 쓸 수 있는 전압(E)이 점점 낮아지게 됨을 의미합니다.

11.5.3 축전지의 충전법

축전지를 충전하는 방법은 크게 정전류 충전법과 정전압 충전법으로 나눕니다.

(1) 정전류 충전법

정전류 충전법(constant-current charging method)은 외부에서 공급하는 전류를 일
정하게 유지하면서 충전하는 방법입니다. [그림 11.33(a)]와 같이 충전 대상인 여러 개
의 축전지를 용량별로 직렬 연결하여 충전하면 됩니다. 전류를 일정하게 공급하므로 충
전완료시간을 예측할 수 있다는 장점이 있는 반면, 충전시간이 길어지며 완전충전 후
시간을 초과하면 과충전의 위험이 있으니 주의해야 합니다. 충전전류는 축전지 용량의
10% 정도를 사용하고, 가스발생량이 많아 폭발 위험성이 있기 때문에 충전 전에 배기
마개(vent cap)를 열어 충전과정에서 발생하는 가스를 배출시킵니다.

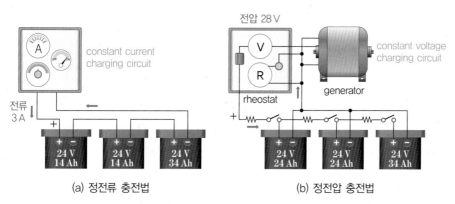

[그림 11.33] 축전지의 충전법

(2) 정전압 충전법

정전압 충전법(constant-voltage charging method)은 [그림 11.33(b)]와 같이 충전 전압을 일정하게 유지하면서 충전하는 방식으로, 비행 중 항공기의 축전지를 충전할 때 사용하는 방법입니다. 항공기에 장착된 발전기에서 생산된 교류를 직류로 정류하여 축전지에 공급함으로써 정상적인 비행 상태에서는 항상 축전지가 완전 충전상태가 되도록 하는데, 이때 정전압 충전법이 사용됩니다. 정전압 충전법은 짧은 시간에 충전을 완료할 수 있지만, 충전 초기에 많은 전류가 공급되므로 열로 인한 극판손상 등에 주의해야 합니다.

정전압 충전법을 사용하면 충전 초기에는 전류가 많이 사용되어 충전전압이 빨리 높아지다가 충전이 진행됨에 따라 차츰 전류가 감소하는데, 가스 발생이 거의 없고 충전 능률도 우수합니다. 충전완료시간을 예측할 수 없기 때문에 충전 중에 가끔씩 충전 상태를 확인하여 과충전을 방지하도록 주의해야 합니다. 하지만 이런 현상은 초기에 사용되던 방식이며, 현재 사용하는 충전기들은 BMS(Battery Management System) 기능을 통해 충전과정 중에 전압, 전류, 온도 등을 계속적으로 모니터링하고 과충전 보호기능 등을 구비하고 있어 충전 중에 축전지 시스템을 자동적으로 보호하도록 되어 있습니다.

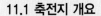

CHAPTER SUMMARY

이것만은 꼭 기억하세요!

11.1 축전지 개요

① 전지(cell) = 축전지(battery)

- 화학변화에 의해 생기는 화학에너지를 전기에너지로 변환하여 직류전원을 공급할 수 있는 장치
- 축전지는 양(+)과 음(−)의 금속판인 전극판(electrode)과 전해액(電解液, electrolytic solution)으로 구성됨.
- 방전(discharge, 放電): 화학반응을 통해 전기를 발생시키는 과정임.
- 충전(charge, 充電): 반대로 전기를 축적하는 과정임.

② 극판군(plate group) = 셀(cell)

- 축전지는 1개의 양극판과 음극판으로 이루어지지 않고, 여러 개의 양극판과 음극판이 모여 전체 축전지를 구성함.

11.2 납축전지(Lead-Acid battery) = 납산축전지 = 연축전지

① 납축전지의 화학반응

- 양(+)극판: 이산화납(PbO_2), 음(−)극판: 납(Pb), 전해액: 묽은황산(H_2SO_4)

$$
\underset{\text{(이산화납)}}{PbO_2} + \underset{\text{(묽은황산)}}{2H_2SO_4} + \underset{\text{(납)}}{Pb} \underset{\text{충전}}{\overset{\text{방전}}{\rightleftharpoons}} \underset{\text{(황산납)}}{PbSO_4} + \underset{\text{(물)}}{2H_2O} + \underset{\text{(황산납)}}{PbSO_4}
$$

(양(+)극판, 전해액, 음(−)극판 → 양(+)극판, 전해액, 음(−)극판)

② 납축전지의 특성

- 상온(20~25℃)에서 화학반응이 발생하므로 폭발 위험성이 적고 신뢰성이 높음.
- 원재료의 가격이 저렴하여 제조단가가 낮은 장점이 있음.
- 에너지 밀도(energy density, [Wh/kg])가 낮음(무게 대비 용량이 작음).
- 수명이 짧음(충·방전 횟수가 200~250회 이상 되면 성능이 저하됨).
  - 황산화 현상(sulfation), 부식(corrosion) 문제가 발생함.
- 지속적인 유지 및 관리가 필요(전해액의 농도 변화로 인한 황산 비중이 변화)
- 온도 변화에 따라 성능이 크게 영향을 받음(저온에서 성능 저하).

③ 납축전지의 정격전압

- 셀(cell)의 단위전압 = 2 V/cell
- 셀(cell)당 방전 종지전압 = 1.75 V/cell
- 충전 전압(=가스 발생전압) = 2.5 V/cell
- 충전 종지전압 = 2.75 V/cell

11.3 니켈-카드뮴 축전지(Ni-Cd battery)

① 니켈-카드뮴 축전지의 화학반응

- 양(+)극판: 수산화 제2니켈[$Ni(OH)_3$], 음(−)극판: 카드뮴(Cd), 전해액: 수산화칼륨(KOH)
  - 전해액이 화학반응에 참여하지 않으므로 부식물/침전물이 생기지 않음(전해액 비중 변화가 없으며 축전지의 수명이 긺).

$$양(+)극판 \quad\quad 음(-)극판 \quad\quad\quad 양(+)극판 \quad\quad 음(-)극판$$
$$2NiOOH + 2H_2O + Cd \underset{충전}{\overset{방전}{\rightleftharpoons}} 2Ni(OH)_2 + Cd(OH)_2$$
$$(수산화\ 제2니켈) \quad\quad (카드뮴) \quad\quad (수산화\ 제1니켈) \quad (수산화\ 카드뮴)$$

② 니켈-카드뮴 축전지의 정격전압

- 셀(cell)의 단위전압: 1.2 V/cell
- 충전 종지전압: 1.08 V/cell

③ 니켈-카드뮴 축전지의 특성

- 유지보수비가 적게 들고, 수명이 긺(충·방전 횟수가 납산축전지의 2~3배인 500회 정도).
- 용량의 90%까지 방전되어도 일정 전압이 유지되고, 저온에서 고부하 방전 성능이 우수함.
- 가격이 고가여서 경제성이 떨어지며, 중금속에 의한 환경오염 문제가 발생함.
- 부하를 걸지 않아도 용량이 줄어드는 자연방전(자체방전)(self-discharge)이 높음.
- 메모리 효과(memory effect)가 발생함.
  - 완전방전시키지 않고 충전하면 충전용량이 줄어드는 현상(최대 단점)

11.4 리튬-이온 축전지(Li-Ion battery)

① 리튬-이온 축전지의 구조와 원리

- 리튬양이온(Li^+)이 음(−)극에서 양(+)극으로 이동하면서 방전되고, 충전 시에는 리튬 이온이 양(+)극에서 다시 음(−)극으로 이동하며 충전됨.

② 리튬-이온 축전지의 정격전압

- 셀(cell)의 단위전압: 3.6 V/cell

③ 리튬-이온 축전지의 특성

- 높은 에너지 밀도(무게가 가벼움)(니켈-카드뮴 축전지보다 2~3배 정도 높음.)
- 충·방전 횟수가 500~1,000회 정도로 수명이 길며, 자연방전과 메모리 효과가 없음.
  - 500회 넘으면 열화(degradation, 劣化) 현상으로 인해 용량이 줄고 수명이 단축됨.
- 소형, 경량으로 제조가 가능하나 가격이 고가임.
- 열과 충격에 약해 폭발이나 화재 위험성이 높음[스웰링(swelling) 현상].

11.5 축전지의 충전용량 및 충전법

① 축전지의 충전용량(capacity)

- 축전지가 가진 총전기량으로 단자전압이 방전 종지전압이 될 때까지 방전(공급)시킬 수 있는 전기량을 말함.
- 단위는 암페어시(Ampere-Hour, Ah)임.

$$K = I \cdot T \,[\text{Ah}]$$

② 축전지의 연결법

- 축전지 직렬 연결: 전압 상승, 전류 일정, 용량이 일정해지므로 높은 전압이 필요한 곳에 사용함.
- 축전지 병렬 연결: 전압 일정, 전류 증가, 용량이 증가하므로 전력소요가 많은 경우에 사용함.

③ 정전류 충전법(constant-current charging method): 전류를 일정하게 유지하면서 충전하는 방법

- 축전지를 용량별로 직렬 연결하여 충전하며, 충전완료시간을 예측할 수 있음.

④ 정전압 충전법(constant-voltage charging method): 전압을 일정하게 유지하면서 충전하는 방법

- 비행 중 항공용 축전지를 충전할 때 일반적으로 사용하는 방법
- 짧은 시간에 충전이 가능하고, 충전완료시간을 예측할 수 없으므로 과충전에 주의해야 함.

축전지 종류별 특성

구분	납축전지(Lead-Acid)	니켈-카드뮴(Ni-Cd) 축전지	리튬-이온(Li-Ion) 축전지
셀 전압 (cell voltage)	2 V/cell	1.2 V/cell	3.6 V/cell
에너지 밀도 (energy density)	낮음 (20~50 W · h/kg)	보통 (30~70 W · h/kg)	매우 높음 (100~200 W · h/kg)
충 · 방전 횟수(수명)	낮음(200회)	보통(500회)	높음(1,000회)
가격(제조비용)	낮음	높음	다소 높음
자연방전(자체방전) (self-discharge)	높음(20%/월)	높음(30~40%/월)	거의 없음(1%/년)
메모리 효과 (memory effect)	낮음	높음	없음
특징	경제성, 낮은 에너지밀도 (무게 증가)	낮은 에너지 밀도, 메모리 효과	경량, 고출력, 폭발위험성, 열화/스웰링 현상
용도	자동차, 비상조명, UPS	항공기, 전동드릴, RC	노트북, 휴대폰, 전기자동차

▶ 연습문제

01. 축전지에 대한 설명 중 틀린 것은?

① 납산축전지의 방전 시 전해액의 비중은 감소한다.

② 축전지의 정격전압이 1.5 V일 때, 0 V로 전압 강하가 일어날 때까지 사용 가능하다.

③ 니켈-카드뮴 축전지 방전 시 전해액의 비중은 변화가 없다.

④ 축전지는 엔진 등의 비정상 작동 시 DC 전원을 공급해준다.

해설 납축전지는 방전 시에 물이 생성되므로 전해액의 비중이 감소하며, 축전지는 방전 종지전압까지만 사용이 가능하다.

02. 전기적으로 중성이었던 금속이 전자를 얻거나 잃게 되어 전기적 극성을 갖게 되는 현상을 무엇이라 하는가?

① 황산화 현상　　② 전자유도 현상

③ 열화 현상　　　④ 이온화

해설 이온화(ionization)는 전기적으로 중성이었던 금속이 전자(electron)를 얻거나 잃게 되어, (+)나 (−)의 전기적 극성을 띠게 되는 상태를 말하는데, 이 이온화과정을 통한 화학반응에서 나타나는 전자의 이동을 통해 축전지는 전기를 생성한다.

03. 항공기용 축전지로 4셀 14.8 V, 2,200 mAh의 축전지를 사용하였다면 1셀의 전압과 용량으로 옳은 것은?

① 3.7 V, 2,200 mAh

② 7.4 V, 2,200 mAh

③ 14.8 V, 1,100 mAh

④ 14.8 V, 2,200 mAh

해설 축전지는 단위 극판군(cell)을 직렬로 연결하여 출력전압을 생성하므로 14.8 V ÷ 4셀 = 3.7 V가 셀전압이 되고, 전류는 직렬로 연결되었으므로 일정하다.

04. 납축전지의 셀(cell)당 전압과 방전 종지전압이 맞게 연결된 것은?

① 1.2 V − 1.25 V　　② 5.0 V − 1.75 V

③ 2.0 V − 1.75 V　　④ 24 V − 1.25 V

해설 납축전지의 셀당 전압은 2 V이며, 방전 종지전압은 1.75 V이다.

05. 다음 중 납축전지 배기마개(vent cap)의 용도가 아닌 것은?

① 외부와 내부의 전선연결

② 전해액의 보충, 비중 측정

③ 충전 시 발생되는 가스 배출

④ 배면 비행 시 전해액의 누설방지

해설 외부와 내부의 전선을 연결하는 축전지의 구성품은 단자(terminal)이다.

06. 납축전지에 대한 설명 중 틀린 것은?

① 양(+)극판은 이산화납을 사용하고 전해액은 묽은황산을 주로 사용한다.

② 양극판과 음극판의 단락을 방지하기 위해 격자판을 사용한다.

③ 극판 스트랩을 사용하여 극판 간격과 셀의 구조를 유지시킨다.

④ 음극판은 양극판보다 1개 더 많다.

해설 양극판과 음극판이 서로 접촉되어 단락(합선, short)이 되는 것을 방지하기 위해 양쪽 극판 사이에 격리판(separator)을 설치하여 분리시키고, 격자판(grid)은 활성물질을 지지하고 발생된 전기를 전도하는 기능을 한다.

07. 항공기에 장착된 축전지의 충전방식은 무엇인가?

① 정전압 충전법　　② 정전류 충전법

③ 정전용량 충전법　④ 과전류 충전법

해설 항공기에 사용되는 충전방식은 전압을 일정하게 공급하여 충전하는 정전압 충전법이 사용된다.

정답 1. ②　2. ④　3. ①　4. ③　5. ①　6. ②　7. ①

08. 자동차와 항공기용 납축전지의 정격전압과 셀의 수를 옳게 짝지은 것은?

① 자동차: 12 V – 2개, 항공기: 24 V – 4개

② 자동차: 12 V – 4개, 항공기: 24 V – 8개

③ 자동차: 12 V – 6개, 항공기: 24 V – 12개

④ 자동차: 12 V – 12개, 항공기: 24 V – 24개

해설 셀당 단위전압이 2 V이므로, 자동차용 12 V 납축전지의 경우는 6개의 셀을 직렬로 연결하여 만들고, 항공기용 24 V 축전지는 12개의 셀을 직렬로 연결하여 구성한다.

09. 항공기에 사용되는 축전지의 충전에 대한 설명으로 옳은 것은?

① 정전류 충전법은 병렬 연결을 기본으로 한다.

② 정전압 충전법은 직렬 연결을 기본으로 한다.

③ 납축전지는 전해액의 비중으로 충전 상태를 알 수 있다.

④ 정전압 충전법은 충전완료시기를 예측할 수 있는 장점이 있다.

해설
• 정전류 충전법: 전류를 일정하게 공급하여 충전하는 방식으로, 충전완료시간을 예상할 수 있으나 소요시간이 길며, 과충전의 위험이 있다. 충전할 축전지 여러 개를 동시에 충전할 때에는 전압에 관계없이 용량을 구별하여 직렬로 연결한다.
• 정전압 충전법: 전압을 일정하게 공급하여 충전하는 방식으로, 초기 전류가 크다가 충전이 진행되면서 전류가 감소한다. 충전완료시간을 예상할 수 없으나 충전 소요시간이 짧고, 과충전 우려가 적다. 여러 개를 동시에 충전할 때는 전압값별로 전류에 관계없이 병렬 연결하고 항공기 비행 중에 사용되는 충전방식은 정전압 충전법이 사용된다.

10. 니켈-카드뮴 축전지의 셀(cell)당 기전력과 방전 종지전압이 맞게 연결된 것은?

① 1.2 V – 1.75 V ② 2.0 V – 1.75 V

③ 2.0 V – 1.08 V ④ 1.2 V – 1.08 V

해설 니켈-카드뮴 축전지의 셀당 전압은 1.2 V이며, 방전 종지전압은 1.08 V이다.

11. 납축전지의 황산화 현상은 어떤 상태에서 주로 나타나는가?

① 과충전 상태 ② 황산비중이 작을 때

③ 과방전 상태 ④ 극저온 운영 시

해설
• 황산화 현상(sulfation)은 납축전지의 방전과정 중 전해액인 묽은황산(H_2SO_4)이 분해되어 물(H_2O)이 생성되고 백색의 황산납($PbSO_4$)이 극판에 생성된 후 축전지의 방전이 계속되거나 과방전 상태가 지속되면 극판에 생성된 황산납이 부드러운 상태에서 딱딱한 결정으로 굳어지는 현상이다.
• 황산화 현상이 나타나면 황산납은 충전과정에서 물과 결합하여 다시 묽은황산으로 환원되지 않고 침전물로 남게 되므로 축전지의 수명 단축의 주요 원인이 된다.

12. 다음 중 니켈-카드뮴 축전지가 납축전지보다 우수한 특성이 아닌 것은?

① 경제성 ② 에너지 밀도

③ 저온 특성 ④ 무게

해설 납축전지는 가격이 가장 저렴하여 모든 축전지 중 경제성이 제일 좋다.

13. 축전지의 충전방법과 [보기]의 설명이 옳게 짝지어진 것은?

> **보기**
>
> A. 충전완료시간을 미리 예측할 수 있다.
> B. 충전시간이 길고 폭발의 위험성이 있다.
> C. 일정 시간 간격으로 충전 상태를 확인한다.
> D. 초기 과도한 전류로 극판 손상의 위험이 있다.

① 정전류 충전 – A, B   정전압 충전 – C, D

② 정전류 충전 – A, C   정전압 충전 – B, D

③ 정전류 충전 – B, C   정전압 충전 – A, D

④ 정전류 충전 – C, D   정전압 충전 – A, B

해설 문제 9번 해설 참조

정답 8. ③ 9. ③ 10. ④ 11. ③ 12. ① 13. ①

14. 니켈-카드뮴 축전지의 단점으로 완전 방전 후에 충전시키지 않으면 충전용량이 계속적으로 줄어드는 현상을 무엇이라 하는가?

① 열화 현상   ② 메모리 효과

③ 황산화 현상   ④ 부식 효과

해설 • 니켈-카드뮴 배터리는 '메모리 효과(memory effect)' 라고 불리는 가장 큰 단점이 있다.
  • 메모리 효과란 한 번 충전했던 배터리를 완전히 방전시키지 않은 상태에서 그대로 충전을 하게 되면, 남은 잔량을 사용하지 못하게 되어 축전지의 충전용량이 줄어드는 현상을 말한다.
  • 메모리 효과가 생기면 축전지의 충전용량을 100% 사용할 수 없게 되므로, 강제 방전시키고 다시 충전하는 번거로움이 있다.

15. 리튬-이온 축전지의 셀(cell)당 기전력은 몇 V인가?

① 3.6 V   ② 2.0 V

③ 1.75 V   ④ 1.2 V

해설 리튬-이온 축전지의 셀당 전압은 3.6 V이다.

16. 다음 축전지의 종류에 따른 특성을 연결한 것 중 잘못 연결된 것은?

① 리튬-이온 축전지: 열화 현상

② 니켈-카드뮴 축전지: 메모리 효과

③ 니켈-카드뮴 축전지: 부식 현상

④ 리튬-이온 축전지: 스웰링 현상

해설 납축전지는 완전충전 상태에 도달한 후 충전이 계속되거나 충전 시 과도한 전압이 가해지면 과충전(over-charging) 상태가 되며 수소와 산소가 발생한다. 또한 과충전 상태에서는 부식(corrosion) 문제가 발생한다.

17. 다음 축전지 중 에너지 밀도의 단위가 가장 높은 배터리와 에너지 밀도의 단위가 맞게 연결된 것은?

① 리튬-이온 축전지: W/kg

② 니켈-카드뮴 축전지: W/kg

③ 리튬-이온 축전지: $W \cdot h/kg$

④ 니켈-카드뮴 축전지: $W \cdot h/kg$

해설 에너지 밀도가 가장 높은 축전지는 리튬-이온 축전지(Li-Ion battery)이며 에너지 밀도는 단위무게당 총에너지이므로 전기에너지를 나타내는 전력량의 단위가 사용되어 $W \cdot h/kg$이 된다.

18. 120 Ah 니켈-카드뮴 축전지에 2시간 방전율을 적용하면 연속으로 사용할 수 있는 전류값은 얼마인가?

① 120 A   ② 60 A

③ 30 A   ④ 10 A

해설 충전용량이 120 Ah이므로 120 Ah/2h = 60 A가 된다.

기출문제

19. 납산축전지(Lead acid battery)에 사용되는 전해액의 비중은 온도에 따라 변화하여 비중계를 사용 시 온도를 고려해야 하지만 일정한 온도 범위에서는 비중의 변화가 적기 때문에 고려하지 않아도 되는데 이러한 온도 범위는?

(항공산업기사 2012년 1회)

① 0~30℉   ② 30~60℉

③ 70~90℉   ④ 100~130℉

해설 납산축전지에 사용되는 전해액은 묽은황산(H_2SO_4)이며, 비중 수정이 불필요한 온도는 상온인 21~32℃ (70~90℉)이다.

20. 축전지에서 용량의 표시기호는?

(항공산업기사 2012년 2회)

① Ah   ② Bh

③ Vh   ④ Fh

해설 축전지의 용량은 축전지를 일정 전류로 방전시켰을 때 전류량과 방전시간을 곱한 값으로 축전지의 용량을 나타내므로 단위는 [Ah](Ampere-hour)를 사용한다.

정답 **14.** ② **15.** ① **16.** ③ **17.** ③ **18.** ② **19.** ③ **20.** ①

21. 축전지 터미널(battery terminal)에 부식을 방지하기 위한 방법으로 가장 적합한 것은?

(항공산업기사 2013년 1회, 2017년 4회)

① 납땜을 한다.
② 증류수로 씻어낸다.
③ 페인트로 엷은 막을 만들어 준다.
④ 그리스(grease)로 엷은 막을 만들어 준다.

해설 축전지 터미널에 부식을 방지하기 위해 그리스(grease)로 엷은 막을 만들어 주는 방법을 사용한다.

22. 납산축전지(lead acid battery)의 양극판과 음극판의 수에 대한 설명으로 옳은 것은?

(항공산업기사 2013년 4회)

① 같다.
② 양극판이 한 개 더 많다.
③ 양극판이 두 개 더 많다.
④ 음극판이 한 개 더 많다.

해설 화학반응이 더 활발하고 방전 시에 변형되는 성질이 있는 양극판보다 음극판을 1개 더 삽입하여 극판군의 양쪽 바깥은 음극판이 되도록 한다.

23. 납산축전지(lead acid battery)에서 사용되는 전해액은?

(항공산업기사 2014년 2회)

① 수산화칼륨용액　　② 불산용액
③ 수산화나트륨용액　　④ 묽은황산용액

해설 납산축전지에 사용되는 전해액은 묽은황산(H_2SO_4)이며, 니켈-카드뮴 축전지에서 사용되는 전해액은 수산화칼륨(KOH)이다.

24. 항공기의 니켈-카드뮴(nickel-cadmium) 축전지가 완전히 충전된 상태에서 1셀(cell)의 기전력은 무부하에서 몇 V인가?

(항공산업기사 2015년 2회)

① 1.0~1.1 V　　② 1.1~1.2 V
③ 1.2~1.3 V　　④ 1.3~1.4 V

해설 니켈-카드뮴 축전지의 단위전압은 1.2 V/cell이고, 충전전압은 1.4 V/cell이므로 완전 충전 시의 기전력(전압)은 무부하 상태에서 1.4 V 이상이다.

25. 황산납 축전지(lead acid battery)의 과방전 상태를 의심할 수 있는 증상이 아닌 것은?

(항공산업기사 2015년 1회)

① 전해액이 축전지 밖으로 흘러나오는 경우
② 축전지에 흰색 침전물이 너무 많이 묻어 있는 경우
③ 축전지 셀의 케이스가 구부러졌거나 찌그러진 경우
④ 축전지 윗면 캡 주위에 약간의 탄산칼륨이 있는 경우

해설 납축전지가 과방전(over-discharged)되면 다음과 같은 증상이 나타난다.
• 황산화 현상에 의해 축전지에 흰색 침전물[황산납($PbSO_4$)]이 너무 많이 생기고 극판에도 달라 붙어 흰색이 된다.
• 방전과정에서 물이 생성되므로 전해액이 축전지 밖으로 흘러나올 수도 있다.
• 방전 시 전압·전류 공급에 의해 계속 열이 발생하므로 축전지 셀의 케이스가 구부러지거나 찌그러질 수 있다.
• 축전지 상단 단자(terminal) 주위에 흰색의 탄산칼륨이 뭉쳐서 나타나는 것은 부식(corrosion) 현상으로 과방전 상태에서 나타난다.

26. 24 V 납산축전지(lead acid battery)를 장착한 항공기가 비행 중 모선(main bus)에 걸리는 전압은 몇 V인가?

(항공산업기사 2015년 4회)

① 24　　② 26
③ 28　　④ 30

해설 ATA-24 항공기 전기계통에서 동일 전원이 공급되는 전원들을 버스(BUS)라고 한다. 항공기 직류전원 BUS는 정상 비행 시 발전기에서 발전된 교류를 변압정류장치(TRU, Transformer Rectifier Unit)를 통해 정격 28 V의 직류로 변압 정류하여 직류용 탑재장치에 공급하고, 일부 전력은 24 V 축전지 충전에 사용된다.

정답 **21.** ④　**22.** ④　**23.** ④　**24.** ④　**25.** ④　**26.** ③

27. 항공기에서 사용되는 축전지의 전압은?

(항공산업기사 2016년 1회)

① 발전기 출력전압보다 높아야 한다.
② 발전기 출력전압보다 낮아야 한다.
③ 발전기 출력전압과 같아야 한다.
④ 발전기 출력전압보다 낮거나 높아도 된다.

해설 항공기에 사용되는 축전지의 전압은 발전기 출력전압보다 낮아야 비행 중 충전이 된다.

28. 다음 중 니켈-카드뮴 축전지에 대한 설명으로 틀린 것은?

(항공산업기사 2016년 4회)

① 전해액은 질산계의 산성액이다.
② 고부하 특성이 좋고 큰 전류 방전 시에는 안정된 전압을 유지한다.
③ 진동이 심한 장소에 사용 가능하고, 부식성 가스를 거의 방출하지 않는다.
④ 한 개의 셀(cell)의 기전력은 무부하 상태에서 1.2~1.25 V 정도이다.

해설 • 니켈-카드뮴 배터리(Nickel-Cadmium battery)는 고부하 특성이 좋아 납축전지에 비하여 방전 시 전압강하가 거의 없으며, 재충전 소요시간이 짧다.
• 큰 전류를 일시에 사용해도 배터리에 무리가 없으며, 유지비가 적게 들고 수명이 긴 장점이 있다.
• 셀당 전압은 1.2~1.25 V이며, 정상작동 온도 범위는 20~60 °C(68~140°F)이다.

29. 니켈-카드뮴 축전지의 특성에 대한 설명으로 옳은 것은?

(항공산업기사 2017년 1회)

① 양극은 카드뮴이고 음극은 수산화니켈이다.
② 방전 시 수분이 증발되므로 물을 보충해야 한다.
③ 충전 시 음극에서 산소가 발생되고, 양극에서 수소가 발생된다.
④ 전해액은 KOH이며 셀당 전압은 약 1.2~1.25 V 정도이다.

해설 • 니켈-카드뮴 축전지(Nickel-Cadmium battery)의 양(+)극판은 수산화 제2니켈[Ni(OH)$_3$]을 사용하고, 음

(−)극판은 카드뮴(Cd)을 사용하며 전해액은 수산화칼륨(KOH)을 사용한다.
• 전해액은 화학반응에 참가하지 않고 방전 시는 물이 분해되어 감소하고, 충전 시에는 물이 생성된다.
(물이 감소하는 것이지 증발하는 것은 아님)

▶ 필답문제

30. 항공기용 니켈-카드뮴(Ni-Cd) 축전지의 전해액이 누설되었을 때 사용하는 중화제 종류를 기술하시오.

(항공산업기사 2009년 4회)

정답 아세트산, 레몬주스, 붕산염 용액
전해액 수산화칼륨(KOH)은 부식성이 강하므로 피부와 옷에 묻지 않도록 보호장구를 착용하고 정비를 수행해야 하며, 옷이나 피부에 묻었을 경우에는 중화제로 씻어내야 한다. 중화제로는 아세트산, 레몬주스, 붕산염 용액이 사용된다.

31. 항공기용 배터리(battery) 정전류 충전법의 장점과 단점을 기술하시오. (항공산업기사 2005년 2회, 2008년 1회, 2012년 1회, 2017년 1회, 2017년 2회)

정답 문제 9번 해설 참조

32. 항공기 배터리 충전방법 중 정전압법에 대해 설명하고 장점 2가지를 서술하시오.

(항공산업기사 2010년 2회)

정답 문제 9번 해설 참조

33. 다음 항공기용 축전지의 충전방법과 단점을 각각 기술하시오. (항공산업기사 2012년 2회, 2015년 4회)

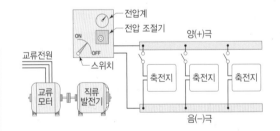

정답 그림에서 축전지들이 병렬로 연결되어 있으므로 정전압 충전법이다. 정전압 충전법은 문제 9번 해설 참조.

정답 27. ② 28. ① 29. ④

CHAPTER | Motor
12 | 전동기

AVIONICS
ELECTRICITY AND ELECTRONICS
FOR AIRCRAFT ENGINEERS

AVIONICS
ELECTRICITY AND ELECTRONICS

12장에서는 전기에너지를 이용하는 항공기 전기장치 중 가장 많이 사용되고 있는 전동기(모터, motor)에 대해 알아보겠습니다. 전동기는 전기에너지를 기계적인 에너지로 변환하여 회전력(토크)을 발생시켜 무엇인가를 돌리거나 구동시키는 대표적인 동력 구동장치로, 일반 산업 및 항공기 등에 많이 활용되고 있습니다. 예를 들어 항공기의 조종면(control surface), 플랩(flap), 착륙장치(landing gear) 등을 움직이기 위해서는 작동기(actuator)가 필수적으로 장착됩니다. 현재 중대형 항공기는 큰 회전력을 얻기 위해 유압 작동기(hydraulic actuator)가 사용되고 있지만 점차적으로 전기식 작동기(electrical actuator)로 대체되고 있는 추세입니다. 전기식 작동기는 전동기를 이용하며, 유압 작동기에서 필요로 하는 유압 저장탱크가 필요 없고 작동유의 누설 문제점이 없으며, 보수 및 정비가 편한 장점이 있습니다.

4장에서 배웠던 전자유도 현상 중 플레밍의 왼손법칙이 적용되는 전동기의 기본 작동원리를 먼저 알아본 후 직류전동기, 교류작동기 각각에 대한 구조와 분류 및 특성에 대해 살펴보고, 마지막으로 전동기 정비항목에 대해 알아보겠습니다.

12.1 전동기 개요

12.1.1 전동기의 분류

전동기는 모터(motor)라고 부르며, 전기적 에너지를 기계적 회전에너지로 바꾸는 대표적인 전기장치입니다. 소형에서 초대형에 이르기까지 가정용 선풍기, 드라이기, 믹서기, 냉장고, 에어컨, 공장기계 등 전기에 의해 동력을 얻는 모든 장치와 회전력을 필요로 하는 기계장치에 유용하게 쓰이고 있습니다.

전동기는 내부구조나 동작원리에 따라 brushless 모터, stepping 모터 등 여러 종류로 분류되며, 공급 전원에 따라 [그림 12.1]과 같이 직류전동기(DC motor), 교류전동기(AC motor), 만능전동기(universal motor)로 구분합니다.

직류전동기는 전기자 코일과 계자코일의 연결방법에 따라 직권전동기(series-wound motor), 분권전동기(shunt-wound motor), 복권전동기(compound-wound motor)로 나뉘고, 교류전동기는 유도전동기(induction motor)와 동기전동기(synchronous motor)로 나뉩니다. 유도전동기는 다시 단상 유도전동기와 3상 유도전동기로 나눌 수 있으며, 만능전동기는 정류자전동기라고도 하며, 직류와 교류에서 모두 작동하는 전동기를 말합니다.

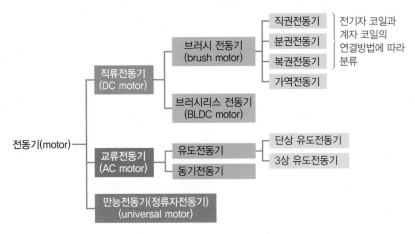

[그림 12.1] 공급전원에 따른 전동기의 분류

12.1.2 전동기의 기본 작동원리

전동기는 4.3.3절에서 배운 전자유도(electromagnetic induction) 법칙 중에서 플레밍의 왼손법칙(Fleming's left-hand rule)이 적용됩니다. 플레밍의 왼손법칙은 자기장 내에 위치한 도체(코일)에 전류가 흐르는 경우에 생기는 힘(F[N])은 자기장(B[T])과 전류의 세기(I[A])에 비례한다는 법칙으로, 도체가 받는 힘의 방향을 알아낼 수 있습니다.

12.1.3 전동기의 기본 작동과정

플레밍의 왼손법칙을 적용하기 위한 전동기의 구조는 [그림 12.2]와 같이 전동기 케이스 외각에 자기장(자계)을 만드는 자석을 위치시키고, 회전축에 코일을 감습니다. 외부로부터 브러시(brush)를 통해 코일에 전류를 공급해 줌으로써 코일에 자기장을 발생시

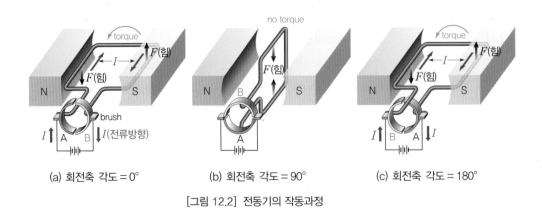

(a) 회전축 각도 = 0°   (b) 회전축 각도 = 90°   (c) 회전축 각도 = 180°

[그림 12.2] 전동기의 작동과정

켜 외각 자계의 자기장과 상호작용으로 발생되는 힘(전자력)으로 회전축이 돌아가는 회전력(토크, torque)을 얻게 됩니다.

플레밍의 왼손법칙을 적용하여 전동기의 기본 작동과정을 살펴보겠습니다.

① 브러시를 통해 외부전원이 전동기에 공급되면 정류자를 통해 코일로 전류가 흐르게 됩니다.

② 초기 전류방향은 정류자편 A에서 B로 흐르므로 플레밍의 왼손법칙을 적용하면, [그림 12.2(a)]와 같이 N극 쪽 코일은 아래로 움직이는 힘이 발생하고 S극 쪽 코일은 위로 움직이는 힘이 발생합니다. 따라서 회전축에 감겨 있는 코일은 반시계 방향으로 회전을 시작합니다.

③ [그림 12.2(b)]와 같이 코일이 계속 회전하여 90° 위치가 되면 양쪽 코일에서 만들어지는 힘의 방향이 서로 반대가 되어 상쇄되지만 회전하던 관성력에 의해 회전축은 이 위치를 넘어가게 됩니다.

④ 코일이 회전하여 180° 위치가 되면 정류자편 A와 B의 위치가 바뀌지만, [그림 12.2(c)]와 같이 N극 쪽 코일과 S극 쪽 코일에서의 전류의 방향은 변하지 않아서 코일은 동일한 반시계방향으로 계속 회전하게 됩니다.[1]

이상과 같은 과정이 반복되므로, 전동기는 외부에서 전기가 공급되는 동안 계속 반시계 방향으로 회전하게 됩니다.

1 만약 정류자와 코일 및 브러시가 모두 일체형으로 고정된 구조라면 코일의 회전방향은 시계방향으로 반대가 됨.

12.2 직류전동기

12.2.1 직류전동기의 구조

직류전동기(DC motor)는 다음과 같은 기본 구조를 가지고 있습니다.

 핵심 Point 직류전동기의 구조

- 회전축 주위에 전계(electric field)를 만드는 전기자 코일(armature coil)을 감아 놓는다.
- 코일의 양 끝단은 금속조각인 정류자(commutator)에 연결한다.
  - 코일과 정류자를 합쳐 전기자(armature)라고 한다.
  - 정류자는 브러시(brush)와 접촉된다.
- 전동기 외각에는 자기장을 만들기 위한 계자(field magnet)를 설치한다.
- 외부전원과 연결되어 전기자 코일에 전기를 공급하는 브러시가 고정되어 설치되고, 정류자와 접촉된다.

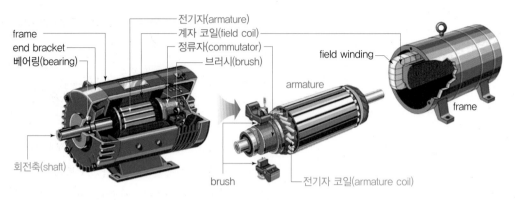

[그림 12.3] 직류전동기의 구조

[그림 12.3]과 같이 전기자는 회전축 주위에 설치한 코일과 정류자로 이루어지고, 정류자에는 브러시가 접촉합니다. 전동기에 외부전원을 인가하면 브러시와 정류자를 통해 코일에 전기가 공급됩니다. 브러시는 외각 케이스 쪽에 고정되어 있고 정류자는 회전축과 함께 회전하므로, 회전에 따라 코일이 감기거나 꼬이는 현상을 없앨 수 있고, 회전축의 회전방향을 같은 방향[2]으로 유지할 수 있는 구조입니다. 따라서 직류전동기에서 전기자는 회전하고 계자는 전동기 외각에 고정됩니다.

자기장을 만들기 위해 계자에 감긴 코일을 계자코일(field coil)이라고 하며, 정류자에 연결되어 회전축 주위에 감긴 코일을 전기자 코일(armature coil)이라고 합니다. 13장에서 공부할 직류발전기도 직류전동기와 같은 구조라는 사실을 우선 기억하기 바랍니다.

(1) 전기자

전기자(armature)는 전기자 철심과 권선인 코일로 구성되는데, 코일의 인덕턴스를 강화하기 위해 철심에 나 있는 홈에 슬롯(slot)을 내고 권선(코일)을 감는 방식을 사용합니다. 전동기 회전축이 회전할 때 감아 놓은 전기자 권선이 원심력에 의해 빠져 나오는 것을 방지하기 위해 밀폐형 슬롯을 사용하며, 권선(코일)은 단면이 둥근 연동선(annealed copper wire)이나 사각형인 평각동선(rectangular copper wire)을 사용합니다. 철심은 [그림 12.4]와 같이 와전류(eddy current) 및 히스테리시스(hysteresis) 손실을 줄이기 위해 규소강판(silicon steel plate)을 겹쳐서 만들고,[3] 중앙 홈에는 전동기의 회전축이 삽입됩니다.

2 회전 중에도 N극과 S극 쪽 코일 위치에서 전류의 방향이 바뀌지 않기 때문에 코일에서 발생되는 힘의 방향이 바뀌지 않으므로 회전 방향도 바뀌지 않음.

3 성층철심(laminated core) 구조라 함.

[그림 12.4] 직류전동기 전기자(armature)의 성층철심

[그림 12.5] 직류전동기의 전기자(armature)

(2) 정류자

정류자(commutator)는 [그림 12.5]와 같이 전동기의 회전축인 전기자 축 끝에 설치한 경동(hard copper)으로 된 쐐기 모양의 금속편을 말하는데, 각각은 운모판(mica plate)에 의해 절연되어 전기자 코일의 끝단과 연결됩니다. 소형 전동기에서는 전기자 코일을 정류자편의 한쪽 끝에 직접 납땜하는 방식으로 제작하기도 하지만, 중대형 모터 이상에서는 전기자 코일을 정류자편의 한쪽 끝에 붙어 있는 라이저(riser)를 이용하여 접속합니다. 교류전동기에는 정류자가 없고, 직류전동기에는 구조상 필수적으로 정류자가 설치되므로 직류전동기를 "정류자전동기(commutator motor)"라고도 합니다.

(3) 계자

계자(field magnet)는 전동기 케이스 외각 계철(yoke)에 볼트(bolt)를 사용하여 고정합니다. 자계(자기장)를 형성하기 위해 [그림 12.6]과 같이 영구자석(permanent

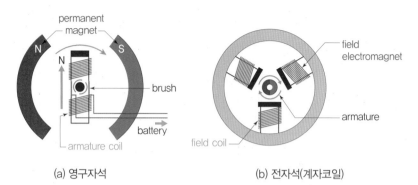

(a) 영구자석   (b) 전자석(계자코일)

[그림 12.6] 직류전동기의 계자(field magnet)

magnet)을 사용하거나, 자계를 보다 강하게 만들 수 있도록 철심에 코일을 감은 전자석(electromagnet)을 사용합니다.

(4) 브러시

브러시(brush)는 일반적으로 탄소(carbon) 소재로 만들고 브러시 홀더(brush holder)로 전동기 케이스에 고정되어 지지되며, 정류자와 접촉하여 전기자 회전 시 전기자 권선(코일)에 외부에서 공급된 전기를 흘려주는 기능을 합니다. 브러시는 전동기 운용 시 회전하는 정류자와 접촉될 수 있도록 스프링을 통해 정류자면에 밀착되며, 일정 시간 후에는 마모되므로 주기적인 점검이 필요합니다. 브러시는 두께 100%, 너비 70% 이상이 접촉되도록 하고, 1/3~1/2 이상 마모되면 교환합니다.

이때 브러시는 적당한 접촉저항을 가져야 하고 마모성이 적어 정류자면을 손상시키지 않아야 하며, 브러시 홀더는 브러시를 바른 위치에 유지시키고 스프링에 의한 적당한 장력이 항상 유지되어야 합니다.

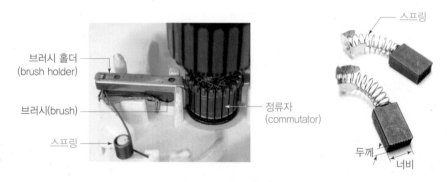

[그림 12.7] 직류전동기의 브러시

12.2.2 전동기 부하의 개념

전동기의 종류와 종류별 특성을 알아보기 전에 사전지식으로 필요한 전동기 부하(load)
의 개념에 대해 먼저 설명하겠습니다.

전기회로에서 부하는 전기에너지를 다른 에너지로 변환하여 전기에너지를 소모하는
요소로 정의합니다. 즉 전열기, 전등, 전동기 등과 같이 전기에너지를 소모하는 전기회
로상의 기구나 장치들이 부하에 해당됩니다. 부하는 전기회로도에서 저항(resistance)
으로 표시하는데, '부하가 크다'라는 표현은 전기에너지의 소모가 크므로 전기에너지
를 그만큼 많이 공급해주어야 함을 의미합니다. 전기에너지는 2.4절에서 배운 전력
(power)[4]을 통해 정의되는데, 일정한 전압이 가해지는 전기회로 내에서 부하가 큰 경
우에는 부하가 작은 경우보다 저항이 적어져서 전류가 많이 흐른다는 개념이 적용됩
니다. 즉, 부하와 저항은 반비례 관계가 성립합니다. 그러므로 과부하(over load)란 저
항이 작아서 과전류(over current)가 흐르는 상태를 의미하며, 전기장치에 많은 전류
가 흐르면 회로를 손상시키게 되고, 열이 나며 심한 경우에는 화재로 이어질 수 있기
때문에 위험한 상황을 초래하게 됩니다. 이러한 과부하를 방지하기 위해 입력되는 전
원부에 과부하 방지장치를 설치하는데, 과부하 방지장치로는 퓨즈(fuse)가 일반적으
로 많이 사용되며, 항공기의 경우는 회로차단기인 CB(Circuit Breaker)를 사용합니다.

그러면 다음 문제를 통해 부하와 저항의 관계를 살펴보겠습니다. [그림 12.8]에 나타
낸 다음 회로 중 '가장 로드(부하)가 많이 걸렸다'라고 말할 수 있는 회로는 어느 것일
까요? 입력된 전압과 부하저항을 이용하여 옴의 법칙을 적용하면 [그림 12.8]과 같이
회로에 흐르는 전류를 구할 수 있고, 전압과 전류를 곱하여 전력을 계산할 수 있습니다.

> [4] 전력은 전압(V)과 전류(I)의 곱이 되고, 전압이 일정한 경우에는 전류의 제곱에 비례함. ($P = VI = I^2R$)

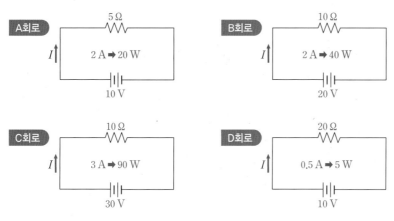

[그림 12.8] 부하와 저항의 관계

① A회로 : $I = \dfrac{V}{R} = \dfrac{10\ V}{5\ \Omega} = 2\ A$ $\Rightarrow$ $\therefore P = VI = 10\ V \cdot 2\ A = 20\ W$

② B회로 : $I = \dfrac{V}{R} = \dfrac{20\ V}{10\ \Omega} = 2\ A$ $\Rightarrow$ $\therefore P = VI = 20\ V \cdot 2\ A = 40\ W$

③ C회로 : $I = \dfrac{V}{R} = \dfrac{30\ V}{10\ \Omega} = 3\ A$ $\Rightarrow$ $\therefore P = VI = 30\ V \cdot 3\ A = 90\ W$

④ D회로 : $I = \dfrac{V}{R} = \dfrac{10\ V}{20\ \Omega} = 0.5\ A$ $\Rightarrow$ $\therefore P = VI = 10\ V \cdot 0.5\ A = 5\ W$

따라서, 전력이 90 W로 가장 큰 C회로에 부하가 가장 많이 걸렸다는 것을 알 수 있습니다. 또한 A회로와 D회로를 비교해 보면, 입력전압은 10 V로 동일하지만 저항이 작은 5 Ω에는 20 W가 전력으로 소모되고, 저항이 큰 20 Ω에는 5 W가 소모되므로 부하와 저항은 반비례 관계가 성립됨을 알 수 있습니다.

> **핵심 Point 부하(load)의 개념**
>
> - 입력전압이 같은 회로에서 부하와 저항은 반비례 관계가 성립한다.
>   - 저항이 작은 경우에는 부하가 커진다.
>   - 저항이 커지면 부하는 작아진다.

12.2.3 직류전동기의 종류 및 특성

일반적으로 직류전동기는 외각에 크기가 큰 자기장을 생성하기 위해 영구자석보다는 전자석을 계자로 사용하므로, 전동기의 운용을 위해서는 전기자 코일과 외각 계자 코일에 동시에 전기를 흘려주어야 합니다. 따라서 직류전동기는 전기자 코일과 계자 코일의 전원 연결방법에 따라 직권전동기(series-wound motor), 분권전동기(shunt-wound motor), 복권전동기(compound-wound motor)로 분류됩니다.

(1) 직권전동기

먼저 직권전동기(series-wound motor)는 [그림 12.9], [그림 12.10]과 같이 전기자 코일(R_a)과 계자 코일(R_f) 및 부하가 직렬로 연결된 방식으로, 입력된 전원이 각 코일에 순차적으로 공급되는 전동기입니다.

전동기의 성능지표 중 토크(torque)와 회전수(rpm)가 중요하게 사용되는데, [그림

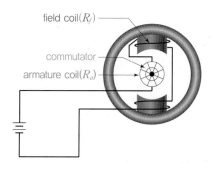

[그림 12.9] 직권전동기의 결선방식

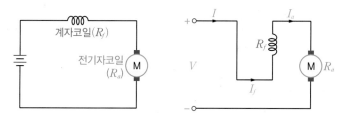

[그림 12.10] 직권전동기의 결선도

12.11]의 회전속도(N) 특성 그래프와 토크(τ) 특성 그래프를 보면 직권전동기에서는 부하가 커질수록 회전속도(rpm)[5]는 작아지고 토크는 커집니다. 따라서 부하가 매우 작은 무부하(no-load) 상태에서는 전동기가 매우 빠르게 회전하므로 운용할 때 주의해야 합니다.

5 전동기의 회전속도(N)는 rpm(revolution per minute)을 사용함.

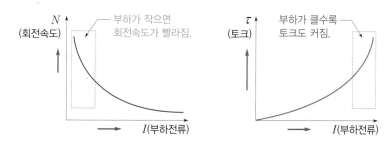

[그림 12.11] 직권전동기의 특성곡선

 핵심 Point 직권전동기(series-wound motor)

- 전기자 코일(R_a)과 계자 코일(R_f) 및 부하가 직렬로 연결된 전동기를 말한다.
  - 장점: 정지 상태에서 초기에 움직이는 시동 회전력(토크, torque)이 크다.
  - 단점: 부하에 따른 회전속도의 변화가 크다.

전동기가 돌려야 하는 부하가 커지면 토크도 커져야 전동기가 부하를 감당할 수 있기 때문에 전기에너지가 더 필요함을 의미합니다. 따라서, 전동기에 공급되는 전압이 일정하다면 부하전류가 증가하여 전기에너지를 더 많이 공급해주어야 하므로, 전동기의 토크는 전동기에 흐르는 전류에 비례합니다. 반면에 전동기의 회전속도는 전동기에 걸리는 전압에 비례합니다. 이러한 특성을 기억하고 직권전동기에 작은 부하가 연결된 상태에서 [그림 12.11]의 특성곡선을 이해해 보겠습니다.

① 앞의 부하 개념에서 살펴본 바와 같이 부하와 저항은 반비례 관계이므로 전동기 전기자의 부하저항(R_a)은 커지게 됩니다.
② 이때 전기자의 부하전류(I_a)는 작아지고,[6] 전동기의 토크는 부하전류에 비례하므로 [그림 12.11]의 특성곡선에서 부하가 작으면 전동기의 토크(τ)도 작아집니다.
③ 또한 이 상태에서 전기자의 전압(V_a)은 부하저항(R_a)이 커지면 비례하여 커지게[7] 되므로, 전동기 전압에 비례하는 전동기의 회전속도(N)는 [그림 12.11]의 특성곡선과 같이 빨라지게 됩니다.

직권전동기는 시동토크가 크기 때문에 자동차나 항공기의 시동모터(start motor)나 착륙장치(landing gear), 플랩(flap) 작동기 및 청소기, 전동공구 등에 이용됩니다.[8] [그림 12.12]는 자동차용 시동모터를 나타낸 것으로, 축전지의 전원을 연결하고 시동 스위치를 On시켜 직류전원을 공급하면, 마그네틱 스위치(또는 솔레노이드 스위치라고 함) 내의 코일의 자력으로 플런저(plunger)가 잡아당겨져 시프트레버(shift lever)

[6] $I = V/R$이므로 전압이 일정한 상태에서 부하전류는 저항에 반비례하여 작아짐.

[7] $V = IR$이므로 부하저항이 커지면 전압은 커짐.

[8] 빠르게 회전하는 것보다 빨아들이는 힘이나 돌리는 힘, 즉 토크가 커야 좋은 성능을 냄.

[그림 12.12] 직권전동기의 예(시동모터)

를 움직이게 됩니다. 이를 통해 시동모터의 피니언 기어(pinion gear)가 엔진의 플라이휠 링기어(flywheel ring gear)에 맞물리게 되어 시동 시 엔진을 회전시키게 됩니다.

(2) 분권전동기

분권전동기(shunt-wound motor)는 전기자 코일과 계자 코일이 [그림 12.13]과 같이 서로 병렬로 연결된 전동기로, 회로이론에 따라 병렬 연결된 양쪽 코일(전기자 코일과 계자 코일)의 전압이 일정하게 됩니다.

 핵심 Point 분권전동기(shunt-wound motor)

- 전기자 코일(R_a)과 계자 코일(R_f) 및 부하가 병렬로 연결된 전동기를 말한다.
  - 장점: 부하 변동에 따른 회전속도가 일정하다.
  - 단점: 직권전동기보다 시동토크가 작다.

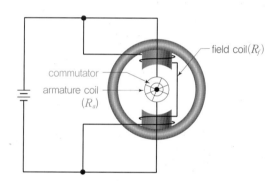

[그림 12.13] 분권전동기의 결선방식

분권전동기는 계자 코일의 저항(R_f)을 전기자 코일의 저항(R_a)보다 매우 크게 만들기 때문에 부하변동에 따른 전동기의 전류는 거의 대부분 전기자 쪽으로 흐르게 됩니다. 따라서, 부하가 증가하면 전기자 전류(I_a)도 증가하므로 [그림 12.15]의 토크 특성 곡선과 같이 토크(τ)도 증가하게 됩니다.

반면에 [그림 12.14]의 결선도처럼 전기자 코일과 계자 코일이 병렬로 연결되므로 전기자의 전압(V_a)은 부하에 상관없이 일정하게 유지되고, 전기자 전압에 비례하는 회전속도(N)도 그 변화폭이 매우 작아 일정하게 나타나는 특성을 보입니다.

분권전동기는 부하에 따른 회전속도 변화가 작으므로 정속 특성이 요구되는 장치에 주로 사용되며, 직권형 전동기보다 시동 토크가 작아지는 단점이 있습니다.

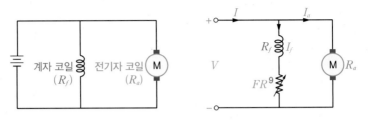

[그림 12.14] 분권전동기(shunt-wound motor)의 결선도

9 FR(Field Rheostat)은 가변저항으로 계자 코일에 흐르는 전류량을 조절하여 전동기의 과부하를 제어하는 기능을 함.

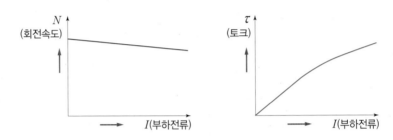

[그림 12.15] 분권전동기의 특성곡선

(3) 복권전동기

복권전동기(compound-wound motor)는 명칭 자체에서 나타나는 바와 같이, 전기자 코일과 계자 코일이 직렬과 병렬로 모두 연결되어 있어서 직권전동기와 분권전동기의 장점을 모두 가지고 있습니다.

 복권전동기(compund-wound motor)

- 전기자 코일(R_a)과 계자 코일(R_f)이 직렬과 병렬로 모두 연결된 전동기를 말한다.
  - 장점: 분권전동기처럼 부하 변동에 따른 회전속도가 일정하며, 직권전동기처럼 시동토크가 크다.
  - 단점: 구조가 복잡하다.

즉, 직권전동기의 장점인 시동토크가 크고, 분권전동기의 장점인 부하 변동에 따른 회전속도가 일정한 특성을 모두 가지기 때문에, 기동 시 회전력이 크고 기동 후 정속 특성이 요구되는 장치에 유용하게 사용할 수 있습니다. 이에 반해 전동기의 구조가 복잡해지는 단점이 있습니다.

복권전동기는 기동 시 토크(회전력)가 크고, 기동 후에는 정속 특성이 좋으므로 기

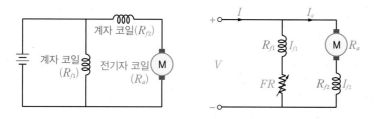

[그림 12.16] 복권전동기(compound motor)의 결선도

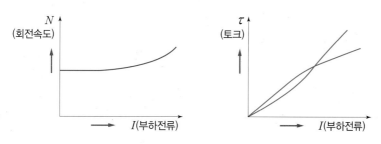

[그림 12.17] 복권전동기의 특성곡선

중기(crane), 엘리베이터, 자동차/헬기의 윈드실드 와이퍼(windshield wiper)용 모터에 주로 사용됩니다. 예를 들어 엘리베이터를 생각해보면 탑승자가 많은 경우에도 정지된 상태에서 움직이기 위해서는 시동토크가 커야 하고, 탑승자가 많건 적건 간에 움직이기 시작한 이후에는 정속으로 작동해야 하므로 작동기의 회전속도가 일정해야 합니다. 따라서 직권전동기와 분권전동기의 장점을 모두 가진 복권전동기가 가장 적합하다고 할 수 있습니다.

12.2.4 직류전동기의 기타 특성

(1) 와전류 손실

앞의 전동기 구조에서 설명한 바와 같이 전동기 내부 전기자에는 철심이 사용되고, 전동기가 작동 중에 철심은 자기장 내부에서 계속 회전하기 때문에 이 철심 표면에는 자기장 변화에 따른 와전류(맴돌이 전류, eddy current)가 유기됩니다. 즉, 철심을 통과하는 자기장의 자속이 변화하거나 또는 철심과 자속이 상대적인 운동을 하면서 도체인 철심에는 전자유도현상에 의하여 기전력이 유기되는데, 이 기전력에 의해 [그림 12.18(a)]와 같이 철심 표면에 원형의 와전류가 생성됩니다.

이렇게 생성된 와전류는 전기자의 온도 상승 및 열을 발생시켜 결국 전동기의 전력

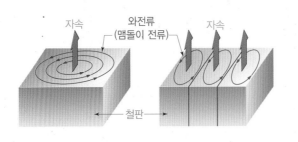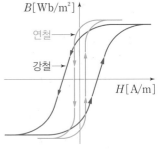

(a) 와전류 손실   (b) 히스테리시스 손실

[그림 12.18] 직류전동기의 손실

손실을 가져옵니다. 이러한 직류전동기의 손실을 와전류 손실(eddy current loss)이라 합니다. [그림 12.18(a)]에 나타낸 것처럼 한 개의 두꺼운 철심을 사용하는 것보다 얇은 철판을 여러 개 겹쳐서 사용하면 발생되는 와전류가 작게 유기되므로 전력손실을 줄일 수 있습니다. 이러한 이유로 전기자의 철심은 얇은 규소강판을 겹친 성층 철심(laminated core) 구조를 채택하는 것입니다.

(2) 히스테리시스 손실

전동기는 와전류 손실 외에도 히스테리시스 손실(hysteresis loss)이 발생합니다. 전기자 철심은 계자에 의해 형성된 자기장 내에서 계속 움직이므로 회전위치에 따라 N극, S극이 계속 바뀌면서 자화(magnetization)됩니다. 따라서 전기자는 4.2.3절의 자기의 성질에서 살펴본 히스테리시스 곡선(자화곡선, hysteresis curve)에 따라 자화되는 방향이 주기적으로 변하게 되며, 이 현상이 반복되면서 전기자에서는 열이 발생하여 손실이 발생합니다. 즉, 히스테리시스 곡선의 면적이 손실량이 되는 것인데, [그림 12.18(b)]에서 보면 연철이 강철보다는 면적이 작으므로 히스테리시스 손실이 작게 됩니다.

(3) 전기자 반작용

전기자 반작용(armature reaction)은 전동기 내부에 생기는 전체 자기장의 방향이 전동기의 회전축과 일치하지 않아서 생기는 불균형한 회전현상입니다. 전기자 권선(코일)에 전류가 흐르면 코일에는 자기장(자기력)이 발생하는데, 이 자기력이 계자에서 이미 형성된 자기장(자기력)과 합쳐져서 균일해야 되는 전체 자기장 분포를 한쪽으로 기울어지게 만듭니다. 따라서, 전동기의 전기자는 회전하면서 한쪽으로 기울어지게 되어 여러 가지 나쁜 현상을 만들어냅니다.

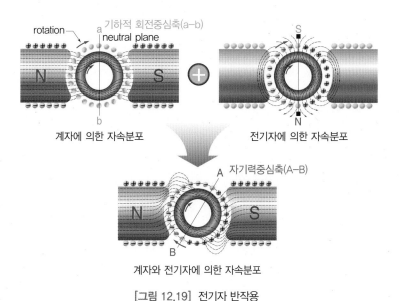

[그림 12.19] 전기자 반작용

핵심 Point 전기자 반작용(armature reaction)

· 자기력 중심축이 전동기의 기하학적 회전 중심축과 일치하지 않아서 전동기의 전기자가 기울거나 어느 한쪽으로 치우쳐 회전하는 현상을 말한다.
· 브러시 접촉이 불균일하게 되어 아크(arc)가 발생하며 브러시 편마모가 심해지고, 전동기 출력이 떨어진다.

전기자 반작용에 대한 대책으로는 [그림 12.20]과 같이 기울어진 자속분포를 중심

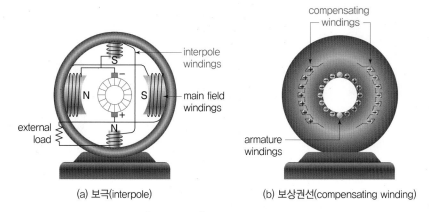

(a) 보극(interpole)   (b) 보상권선(compensating winding)

[그림 12.20] 전기자 반작용 대책

축으로 이동시키기 위해서, 전동기 외각에 추가적인 보극(interpole)을 설치하거나 보상권선(compensating winding)을 설치하는 방법이 사용됩니다.

12.3 만능전동기

가역전동기(reversible motor)는 모터의 회전방향을 바꿀 수 있는 전동기로 [그림 12.21(a)]와 같이 스위치 조작에 의해 회전방향을 반대로 작동시킬 수 있습니다. 전동기의 회전방향을 반대로 하려면 플레밍의 왼손법칙에서 전기자의 극성이나 계자의 극성 중에서 어느 하나를 반대방향으로 바꾸어야 하는데, 전기자 코일과 계자 코일에 흐르는 전류의 방향을 스위치로 조작하여 바꾸면 됩니다.[10]

[그림 12.21(b)]의 만능전동기(universal motor)는 정류자전동기라고도 하며, 직류 및 교류를 모두 사용할 수 있는 전동기입니다. 직류 직권전동기에서 계자의 자극과 전기자 코일의 전류방향을 동시에 바꾸면 전기자의 회전방향은 변하지 않게 됩니다. 따라서, 시간에 따라 극성이 계속 바뀌는 교류를 입력전원으로 사용해도 계자의 자극과 전기자 코일의 전류방향이 동시에 바뀌기 때문에 회전방향은 같게 됩니다. 만능전동기에 교류를 사용할 때는 주파수가 낮아야 안정적으로 작동하므로, 400 Hz의 높은 주파수를 사용하는 항공기에서는 사용하기가 곤란합니다.

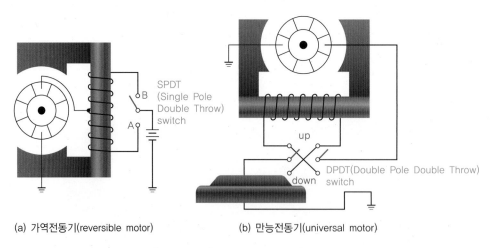

(a) 가역전동기(reversible motor)   (b) 만능전동기(universal motor)

[그림 12.21] 가역전동기와 만능전동기

12.4 교류전동기

12.4.1 교류전동기의 구조

교류전동기(AC motor)는 [그림 12.22]와 같이 직류전동기와 비슷한 구조를 가지고 있으며, 직류전동기에서 사용한 계자(field magnet)와 전기자(armature) 명칭 대신에 고정자(stator)와 회전자(rotor) 명칭을 사용합니다.

> **교류전동기의 구조**
>
> • 직류전동기의 계자 역할을 하는 구성품을 고정자(stator)라고 한다.
> • 직류전동기의 전기자 역할을 하는 구성품을 회전자(rotor)라고 한다.

고정자(stator)
회전자(rotor)

[그림 12.22] 교류전동기의 구조

자계를 생성하기 위한 고정자(stator)는 철심에 코일 권선을 감아서 구성하는데, 단상 교류(single-phase AC) 또는 3상 교류(3-phase AC)를 공급하여 자기장을 생성시킵니다. 단상 교류는 [그림 12.23(a)]와 같이 위아래 고정자 철심에 한 쌍의 코일을 감고

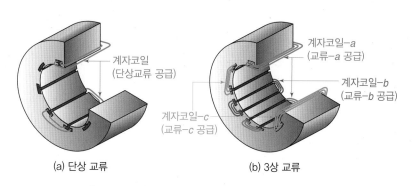

계자코일
(단상교류 공급)

계자코일-a
(교류-a 공급)

계자코일-b
(교류-b 공급)

계자코일-c
(교류-c 공급)

(a) 단상 교류   (b) 3상 교류

[그림 12.23] 교류전동기의 stator 계자(field magnet)

1개의 교류를 입력해주는 방식이며, 3상 교류는 [그림 12.23(b)]처럼 120° 위상차를 갖는 3개의 교류(교류-a, 교류-b, 교류-c)를 입력하는데, 3상 교류를 사용하기 위해서는 모터 외각 케이스에 설치된 철심에 코일 3쌍(코일-a, 코일-b, 코일-c)을 각각 분리시켜 감아줍니다.

12.4.2 교류전동기의 작동원리

(1) 회전자기장

교류전동기의 가장 큰 특징은 교류를 입력전원으로 사용하기 때문에 고정자 코일에서 만들어지는 자기장이 회전자기장(rotating magnetic field)으로 생성된다는 점입니다. 즉, 시간에 따라 크기와 극성이 변화하는 교류를 입력하기 때문에, 각 고정자 코일에 생성되는 자기장은 크기와 극성(N극/S극)이 계속해서 바뀌게 됩니다. 따라서, 각 코일에서 발생한 개별 자기장이 합쳐진 전체 합성 자기장은 극성(N극/S극)이 360°를 계속해서 회전하는 자기장으로 생성됩니다.

그러면 3상 교류를 사용한 회전자기장의 생성과정에 대해 살펴보겠습니다. [그림 12.23(b)]의 교류(교류-a, 교류-b, 교류-c)를 입력하기 위해 고정자 철심에 코일 3개를 [그림 12.24]와 같이 연결합니다.

① 3상 교류 중 교류-a: 고정자 코일 1번과 4번에 연결하여 입력
② 3상 교류 중 교류-b: 고정자 코일 5번과 2번에 연결하여 입력
③ 3상 교류 중 교류-c: 고정자 코일 6번과 3번에 연결하여 입력

[그림 12.24]의 3상 교류 그래프의 0번 위치에서는 교류-a가 양(+)의 최댓값을 가지므로, 교류-a가 흐르는 고정자 철심 1번에서 N극이 최대가 되고 4번 철심에서 S극이

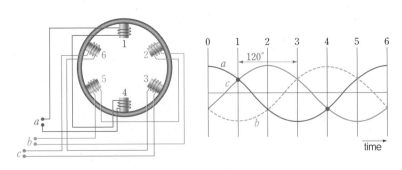

[그림 12.24] 3상 교류전원에 의한 회전자기장

최대가 됩니다. 교류 그래프 1번 위치에서는 교류-b가 음(−)의 최댓값을 가지므로, 교류-b가 흐르는 고정자 철심 2번에서 S극이 최대가 되고 5번 철심에서 N극이 최대가 됩니다. 교류그래프 2번 위치에서는 교류-c가 양(+)의 최댓값을 가지므로, 교류-c가 흐르는 고정자 철심 6번에서 N극이 최대가 되고 3번 철심에서 S극이 최대가 됩니다. 교류 그래프의 3번 위치에서는 교류-a가 음(−)의 최댓값을 가지므로, 교류-a가 흐르는 고정자 철심 4번에서 S극이 최대가 되고 1번 철심에서 N극이 최대가 됩니다. 따라서, 그래프 0번과 3번 위치에서 고정자 철심 1번과 4번은 자극이 완전히 반대가 됩니다. 교류전동기 내의 고정자 코일은 고정되어 있지만, 이처럼 3상 교류를 입력함으로써 실제 360°를 주기적으로 회전하는 회전자기장이 만들어지게 됩니다.

(2) 아라고의 원판

[그림 12.25(a)]와 같이 금속판이 회전할 수 있도록 중앙에 회전축을 설치하고, 금속판 주위에서 영구자석을 회전시키면 금속판은 영구자석과 같은 방향으로 회전하게 되는데, 이러한 원판을 아라고의 원판(Arago's disk)이라고 합니다. 여기서 사용된

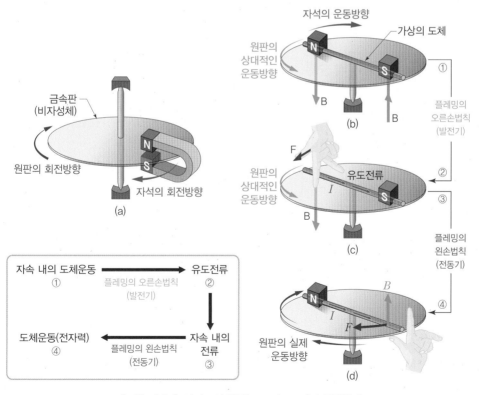

[그림 12.25] 아라고의 원판(Arago's disk)과 동작원리

금속판은 알루미늄과 같이 자석에는 달라붙지 않는 비자성체(non-magnetic material)이고 전기만 흐를 수 있는 도체 재질을 사용하므로 금속판의 회전은 자석(자기장)에 이끌려 회전되는 것이 아닙니다. 그럼 어떤 원리에 의해 회전하는지 알아보겠습니다.

11 원판입장에서는 자석을 정지시키고, 원판이 반대방향인 반시계방향으로 회전하는 것과 같음.

① [그림 12.25(b)]와 같이 비자성체인 금속원판 주위에 자석을 설치하고, 시계방향으로 회전시킵니다.[11]

② 이제 [그림 12.25(c)]와 같이 자기장 내에서 도체가 움직인 상태가 되므로, 플레밍의 오른손법칙에 의해 도체에는 유도기전력이 생성되고 유도전류가 흐르게 됩니다.

③ 이렇게 도체에 흐르는 유도전류는 자기장 내에서 생성되었기 때문에, 이번에는 플레밍의 왼손법칙이 적용되어 도체는 힘(전기력)을 받고 움직이게 됩니다.

④ 플레밍의 왼손법칙으로 방향을 찾아내면 [그림 12.25(d)]와 같이 자석의 회전방향과 같은 시계방향으로 움직이게 됩니다.

⑤ 이때 영구자석의 회전에 의해 자기장도 계속 회전하게 되는데, 이를 회전자기장 또는 회전자장이라고 합니다.

결론적으로 아라고의 원판이 동작하는 원리는 다음 절에서 설명할 유도전동기의 동작원리로 적용됩니다.

12.4.3 교류전동기의 종류

우선 교류전동기는 다음과 같이 분류할 수 있습니다.

핵심 Point 교류전동기의 종류

- 교류전동기는 크게 유도전동기(induction motor)와 동기전동기(synchronous motor)로 구분된다.
- 유도전동기는 회전자(rotor)로 직류전동기와 비슷한 구조를 갖는 전기자 형태를 사용하고, 농형 유도전동기와 권선형 유도전동기로 분류된다.
- 동기전동기에서는 회전자로 영구자석 또는 전자석을 사용한다.

---

(1) 동기전동기

12 항공기 엔진회전수를 측정하는 rpm 계기와 같은 회전계기에도 동기전동기의 원리가 사용됨.

교류전동기 중 동기전동기(synchronous motor)란 교류발전기에서 공급되는 교류전원 주파수와 동기되어 일정한 회전수(rpm)로 회전하는 전동기로, 매우 일정한 회전수가 필요한 장치에 사용합니다.[12] 먼저 동기전동기의 구조와 동작원리를 알아보겠습니다.

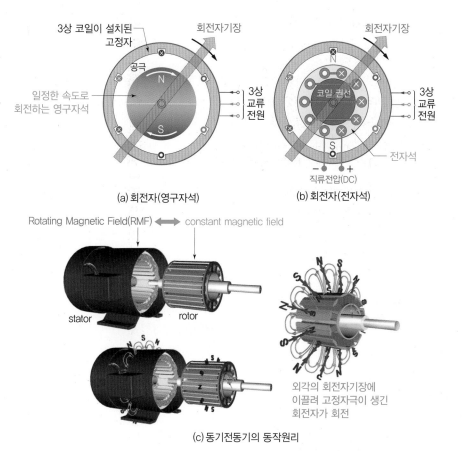

[그림 12.26] 동기전동기의 회전자 형태와 동작원리

동기전동기의 고정자(stator)는 [그림 12.26(a)]와 같이 철심에 코일권선을 감아 놓았기 때문에 전자석이 되며, 교류(AC) 공급에 의해 강한 회전자기장을 만들어냅니다. 이때 전동기의 회전자(rotor)를 영구자석([그림 12.26(a)]) 또는 전자석([그림 12.26(b)])으로 만들어 N극/S극의 고정된 자극[13]이 생기도록 해주면, 회전자는 이 회전자기장의 회전을 따라 같은 속도로 회전하게 됩니다. 이와 같은 원리로 작동하기 때문에 동기전동기라고 불립니다.

동기전동기의 고정자는 기계적으로 회전하지 않기 때문에 단상이나 3상 교류를 계자코일에 공급하는 전원선을 연결하는 데 문제가 없지만, 회전자는 계속 회전하므로 회전자 형태로 전자석을 사용하는 경우에는 외부에서 직류(DC)를 공급하기 위해서 슬립링(slip-ring)과 브러시(brush)가 필요합니다. 이와 함께 [그림 12.27]과 같이 회전자 로터에는 직류(DC) 전원이 공급되어야 하므로 교류를 동작전원으로 공급하는 동기전동

[13] 고정 자극을 만들기 위해 회전자에는 직류(DC)를 공급해주어야 함.

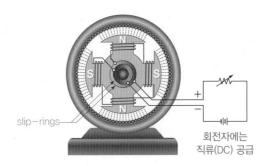

slip-rings

회전자에는
직류(DC) 공급

[그림 12.27] 동기전동기의 회전자 구조

기의 경우에는 정류기와 같은 부가장치가 필요함을 유의하기 바랍니다.

(2) 유도전동기

유도전동기(induction motor)는 앞에서 설명한 아라고의 원판과 같은 원리로 동작합니다. 즉 외각에 설치된 고정자(stator) 코일에서 생성된 회전자기장에 의해 회전자(rotor)에는 유도기전력이 유도되고 유도전류가 흐르게 되며, 이렇게 생성된 유도전류는 자기장 내에서 회전자가 돌아가는 힘을 발생시킵니다. 이처럼 유도전류를 이용하여 회전자를 회전시키기 때문에 유도전동기라는 명칭이 사용됩니다. 유도전동기의 고정자는 철심에 코일권선을 감아 놓았기 때문에 전자석이 되며, 교류(AC) 공급에 의해 강한 회전자기장을 만들어냅니다.

[그림 12.28]과 같이 직류전동기의 전기자처럼 회전자에 코일을 감아 유도전류를 발생시키고 회전력을 얻는 형태를 권선형 회전자(wound rotor)라고 부르며, 농형 회전자(squirrel-cage rotor)는 [그림 12.29]와 같이 코일권선 대신에 전기자를 다람쥐 쳇바퀴(squirrel-cage)처럼 만든 형태로 금속봉이나 금속판을 이용합니다.

wound rotor
slip-rings
ball bearings
rotor core
rotor windings
slip-rings

[그림 12.28] 유도전동기의 권선형 회전자(wound rotor)

[그림 12.29] 유도전동기의 농형 회전자(squirrel-cage rotor)

구리(Cu) 도체봉

규소(Si) 강판

성층구조

완성된 농형 회전자

[그림 12.30] 유도전동기의 농형 회전자 제작과정

참고로 농형 회전자의 제작공정을 간단히 알아보겠습니다. [그림 12.30]과 같이 얇은 규소강판을 계속 적층시켜 성층구조(laminated core)로 회전자를 만듭니다. 규소강판의 중앙에는 전동기의 회전축이 삽입되고, 얇은 구리 도체봉(recessed rotor bar)을 성층 철심의 바깥쪽 슬롯(slot)에 끼워 넣으면 농형 회전자가 완성됩니다.

유도전동기는 공급되는 교류전원에 따라 단상 유도전동기와 3상 유도전동기로 구분됩니다. 단상 유도전동기에는 1개의 단상 교류전원을 공급하며 소형 전동기, 냉장고, 선풍기, 세탁기 등 부하가 작은 장치에 사용됩니다. 3상 유도전동기는 3상 교류전원을 공급하며 항공기의 유압펌프(hydraulic pump), 착륙장치 작동기(landing gear actuator) 및 플랩 작동기(flap actuator) 등 힘이 많이 필요하고 부하가 큰 곳에 사용됩니다.

유도전동기는 여러 가지 장점이 있는데, 특히 교류에 대한 작동특성이 좋고 부하 감당 범위가 넓습니다. 직류작동기처럼 정류자나 브러시가 없고, 고정자와 회전자가 전기적으로 연결되지 않기 때문에 스파크(spark)나 아크(arc)의 발생이 없어 취급 및 유지가 간편하고, 구조도 간단하고 가격이 저렴하여 가장 많이 활용되는 작동기입니다.[14]

14 교류전동기라고 하면 일반적으로 유도전동기를 가리킴(교류전동기의 약 80% 이상이 유도전동기임).

(3) 유도전동기의 특성

① 정격 회전속도(N)

전동기의 정격 회전속도(rated rpm)[15]는 N으로 표시하며, 입력된 교류전원의 정격 전압과 정격 주파수에서 유도 전동기가 정격 출력을 내면서 운전하고 있을 때의 분당 회전수(rpm, revolution per minute)를 가리킵니다. 단위는 [rpm]을 사용하며, 전동기가 작동할 때 나타내는 실제 회전수라고 생각하면 됩니다.

15 정격속도라고도 함.

② 동기속도(N_S)

동기속도(synchronous speed)는 N_S로 표기하며, 교류전원을 사용하는 동기전동기나 유도전동기의 고정자(stator)에서 만들어지는 회전자기장의 회전속도를 말합니다. 따라서 동기속도는 회전자기장을 만드는 고정자에 사용된 극수(number of pole)에 따라 달라지는데, 여기서 극수(P)는 1쌍의 자극(N-S극)이 가지는 개별 자극의 개수를 말합니다. 예를 들어, [그림 12.31]과 같이 N-S극이 1쌍인 경우는 2극($P = 2$)이 되고, 2쌍인 경우는 4극($P = 4$)이 됩니다.

N-S극이 1쌍인 경우 회전자가 1회전 하면 1주기의 교류가 만들어져 나오므로 유도전동기의 주파수는 $P/2$ [Hz]가 됩니다. 회전수는 단위가 rpm이므로 rpm을 Hz로 변경하기 위해서는 60초로 나누는데, 식 (12.1)과 같이 전동기의 주파수(f)와 동기속도(N_S)의 관계를 유도할 수 있습니다.[16]

16 9.3.6절(발전기의 주파수)의 식 (9.8)과 동일함.

$$f = \frac{P}{2}\left(N_S \times \frac{1}{60}\right) = \frac{P \cdot N_S}{120} \text{ [Hz]} \Rightarrow N_S = \frac{120f}{P} \text{ [rpm]} \qquad (12.1)$$

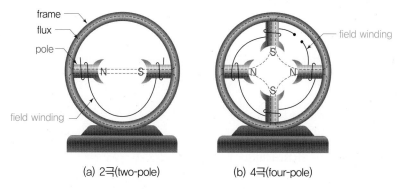

(a) 2극(two-pole)   (b) 4극(four-pole)

[그림 12.31] 교류전동기의 극수

③ 슬립(S)

슬립(slip)은 회전자기장의 속도인 동기속도(N_S)와 전동기의 실제 정격속도(N)의 차를 %로 나타낸 것으로, 식으로 나타내면 (12.2)와 같습니다. 아라고의 원판을 예로 들면, 회전자기장 속도와 원판이 따라 도는 실제 회전속도의 차라고 생각하면 됩니다.

$$S = \frac{N_S - N}{N_S} \times 100\ [\%] \tag{12.2}$$

무부하 상태에서는 N_S(동기속도)와 같은 속도로 회전자가 회전하므로 슬립은 $S = 0\%$가 되고, 부하를 걸면 회전자의 회전속도가 동기속도보다 수 % 느려지는데, 이것을 슬립이라고 합니다.

예제 12.1

4극 60 Hz 유도전동기의 정격 회전속도가 현재 1,720 rpm인 경우, 이 유도전동기의 슬립은 얼마인지 구하시오.

|풀이| 주어진 유도전동기의 극수 $P = 4$, 주파수 $f = 60$ Hz이므로 동기속도 N_S는 1,800 rpm이다.

$$N_S = \frac{120f}{P} = \frac{120 \times 60\ \text{Hz}}{4} = 1,800\ \text{rpm}$$

따라서, 정격 회전속도 N이 1,720 rpm이므로 슬립은 4.4%가 된다.

$$S = \frac{N_S - N}{N_S} \times 100 = \frac{1,800 - 1,720}{1800} \times 100 = 4.4\%$$

12.5 브러시리스 모터

12.2절에서 설명한 직류전동기의 경우는 정류자(commutator)와 접촉한 브러시(brush)를 통해 전기자 코일에 전류를 공급해 주는 구조이기 때문에 브러시의 마모가 발생하고, 기계적 소음이 크며, 마찰에 의한 발열 문제 및 전기적 잡음이 발생하는 단점이 있습니다. 이러한 단점을 해결한 모터를 브러시리스 모터(brushless motor)라고 하는데, 일반적으로 BLDC 모터(Brushless DC motor)라고 부르는 전동기입니다.

그럼 어떤 방식으로 BLDC 모터를 구동하는지 알아보겠습니다. BLDC 모터의 구조는 교류발전기 중 동기전동기와 비슷한데, 외각 계자 철심에 코일을 감고 내부 회전축은 영구자석을 사용합니다.

외부 계자코일에는 일반적으로 3상 교류를 흘려주어 자기장을 생성합니다. 동기전동기에서는 사인파 형태의 3상 교류를 사용하여 연속적인(continuous) 회전자기장을 생성하고, BLDC 모터에서는 단속적인(discrete) 사각파 형태의 3상 교류를 사용합니다. 즉 [그림 12.32] 구성도에서 보면 BLDC 모터 내부에는 홀센서(hall sensor)[17]가 장착되어 있는데, 홀센서는 비접촉식 위치 검출기로 회전하는 영구자석의 위치 및 극성(N-S극)을 찾아낼 수 있도록 3개를 배치합니다. 홀센서에서 시간에 따른 회전자(영구자석)의 정확한 위치를 알아내면 영구자석의 자기장 방향과 90°가 되는 외부 자기장이 생기도록 외부 계자코일 각각에 전류를 스위칭(switching)해서 흘려주어 영구자석

17 홀센서로는 자기센서(magnetic sensor)나 광학식 엔코더(photo diode)가 주로 사용됨.

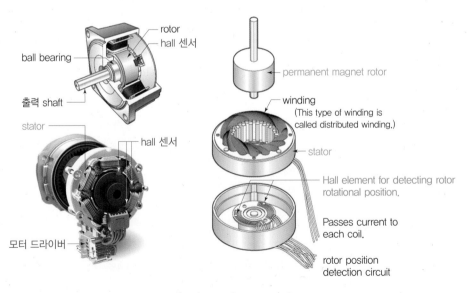

[그림 12.32] BLDC 모터

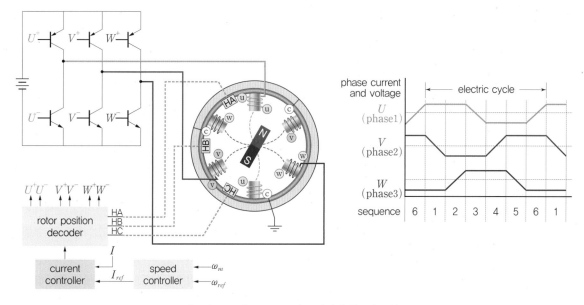

[그림 12.33] BLDC 모터 드라이버 회로의 구성

이 계속 회전할 수 있도록 하는 원리입니다.

따라서 BLDC 모터는 [그림 12.33]과 같이 개개의 외각 계자코일에 3상 전류를 시간에 따라 정확히 스위칭하는 기능이 필요하고, 코일마다 3상 전류의 방향을 바꿔주어야 하기 때문에 모터 드라이버(motor driver) 또는 모터 컨트롤러(motor controller)라는 필수 제어장치가 반드시 부가적으로 사용됩니다.

교류 동기전동기와 구조도 비슷하고 외각 계자에 3상 교류를 사용하는데 왜 DC 모터라고 부르는지 의문이 생길 것입니다. BLDC 모터는 내부적으로 3상 교류를 사용하기는 하지만 실제 구동 전원은 직류(DC)를 인가합니다. 따라서 모터 드라이버 내에는 스위칭 기능을 수행하는 FET(Field Effect Transistor) 반도체 소자가 사용된 인버터(inverter)[18] 구동회로가 구현되어 있습니다. 즉, FET의 스위칭(switching)[19] 기능을 이용하여 공급된 직류(DC)를 On/Off시키면서 제어하여, 사각파 형태의 교류(AC)로 변환하여 6개의 코일에 흘려주게 됩니다.

[그림 12.33]과 같이 6개의 스위칭용 FET가 외각 계자코일 U, V, W에 연결되어 인버터 회로를 구성하고 있기 때문에 상하의 FET가 교대로 On/Off 스위칭을 반복하면, 각 코일의 전류 방향을 바꿔 줄 수 있습니다. 예를 들어, FET U^+와 U^-를 On시키면 계자코일 ⓤ-u에서 u-ⓒ로 전류가 흐르게 되어, 코일 ⓤ-u에는 자기장의 N극이 생성되고 코일 u-ⓒ에는 자기장의 S극이 생성되어, 회전자는 오른쪽으로 30° 회

18 직류(DC)를 교류 (AC)로 바꿔주는 전기 장치

19 전류의 On/Off 및 전류의 방향을 제어함.

전하게 됩니다. 따라서, 회전자(영구자석)의 위치를 홀센서로 정확히 감지하면서 해당 코일에 흐르는 전류를 12번 스위칭해주면 회전자는 한 바퀴를 회전할 수 있게 됩니다.

이러한 방식을 채용하는 BLDC 모터는 정류자와 브러시의 접촉이 없으므로 기계적 소음과 전기적 잡음이 없어 저속 및 고속에서 토크가 높고 고속회전이 가능합니다. 또한 유지·보수 비용이 감소하고 무접점의 반도체 소자로 코일의 전류를 제어하므로 모터의 속도제어(speed control)도 직접적으로 가능합니다. 현재 항공분야에서는 소형 무인기 및 드론(drone)이라고 불리는 멀티콥터(multicopter)의 추력 모터로 BLDC 모터가 굉장히 많이 사용되고 있습니다. 특히 [그림 12.34]에 나타낸 멀티콥터의 경우는 각각의 추력 모터에 연결된 프로펠러의 회전수(rpm) 제어를 통해 비행체의 자세제어[20] 및 속도제어를 수행하기 때문에, 개개 추력 모터의 회전속도 제어가 필수적으로 수행되어야 합니다. 따라서 이때 사용되는 드론의 추력모터 드라이브를 전자속도제어기(ESC, Electronic Speed Controller)라 하며 멀티콥터의 필수장치로 장착되어 사용됩니다.

20 attitude control 이라 하며, 비행체의 롤(roll), 피치(pitch), 요(yaw) 자세각 명령을 추종하는 자동제어 기능임.

[그림 12.34] 멀티콥터의 BLDC 모터 및 ESC

12.6 전동기 작동 시 주의사항 및 정비

(1) 전동기 작동 시 주의사항

전동기 작동 시에는 다음과 같은 사항을 유의해야 합니다. 먼저 전동기의 속도가 느려지고 과열 양상이 보인다면 베어링 윤활 상태가 불량인지 확인하고, 회전축의 지지가 되지 않아 진동과 소음이 발생한 경우에는 베어링의 마멸 및 파손 여부를 확인합니다. 브러시 스프링의 장력이 큰 경우는 브러시와 정류자 간의 마찰이 심해져 마멸이 촉진되고 과열의 가능성이 높아지며, 장력이 약해진 경우에는 접촉 불량으로 브러시에서 스파크가 발생하고 접촉저항이 증가하여 회전속도가 감소하므로 주의하여야 합니다. 또한 전기자 및 계자권선의 단락이 발생하면 과전류가 흘러 전동기의 회전속도가 빨라지고 과열되며, 인가전압이 높은 경우에도 과전류가 흘러 속도가 빨라지고 과열되므로 주의하여야 합니다. 반대로 인가전압이 낮으면 전류가 감소하여 전동기의 회전속도가 느려집니다.

(2) 전동기 정비 회로시험

전동기의 구성품 정비 중 전기자(armature)나 계자(field magnet)의 문제점을 찾아내기 위해 회로시험을 합니다. 전기자와 계자에는 코일이 감겨 있기 때문에 코일의 단선(open)이나 단락(short)은 전동기 가동을 멈추거나 이상 현상이 발생하는 주원인이 되므로 이를 찾아내기 위해 다음과 같은 회로시험을 합니다.

① 전기자 코일의 단선시험(개방회로시험)

전기자의 단선시험은 멀티미터(multimeter)를 사용하여 측정합니다. 멀티미터의 저항측정 기능을 선택하고, [그림 12.35]와 같이 테스터 리드봉 중 하나를 정류자편(commutator segment) 한 곳에 고정시키고, 나머지 테스터 리드봉을 다른 정류자편을 찍어 저항을 측정합니다. 전류가 흐르면 정상이고 흐르지 않으면 단선된 것이므로 저항측정값이 0이나 작은 저항값이 나오면 정상이고, 무한대(∞)가 측정되면 전류가 흐르지 않는 것이므로 단선이라고 판단합니다.

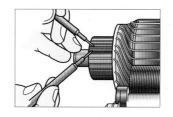

continuity
(0 Ω이면 정상)

commutator segment

[그림 12.35] 전동기 전기자의 단선시험

② 전기자의 접지시험(절연시험)

전기장치는 작동 중에 전기가 흐르는 부품과 흐르지 않아야 하는 부품이나 요소로 구분됩니다. 절연(insulation)이란 전기가 흐르지 않아야 되는 전기장치 부분이나 부품

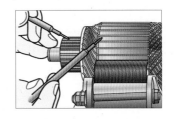

no continuity
(∞ Ω이면 정상)

commutator

motor shaft

[그림 12.36] 전동기 전기자의 절연시험

의 상태를 의미하며, 절연상태에서는 전기가 흐르지 않으므로 MΩ 단위의 큰 저항값을 나타냅니다. 따라서 절연저항은 MΩ 단위의 큰 저항을 측정할 수 있는 메가옴미터 (mega ohmmeter) 또는 메거(megger)를 사용하여 측정합니다.

전기자의 절연시험(insulation test)은 [그림 12.36]과 같이 테스터 리드봉 하나를 외각 케이스 또는 회전축에 고정시키고 다른 리드봉을 정류자편을 돌아가면서 찍어서 저항을 측정합니다. 저항측정값이 0이 나와 전류가 흐르면 비정상이고, 무한대(∞)나 MΩ 단위의 큰 저항값이 측정되면 정상적으로 절연된 상태입니다.

③ 전기자의 단락시험

전기자의 단락(short)을 찾아내기 위해서는 [그림 12.37]과 같이 그롤러 시험(growler test)을 수행합니다. 전기자를 브러시와 분리하여 모터 케이스에서 꺼낸 후, 그롤러 시험기 위에 장치하고 전기자를 회전시킵니다. 이때 실톱과 같은 자성체를 전기자에 가까이 가져다 대면, 단락 부분에서 실톱이 전기자 쪽으로 이끌리면서 달라붙거나 부르르 떨게 됩니다. 즉, 전기자 단락부분에서 과전류에 의한 자기력 증가로 실톱이 전기자로 이끌리게 되는 것입니다.[21]

21 전기자의 단락은 그 롤러 시험을 통해서만 찾아낼 수 있음.

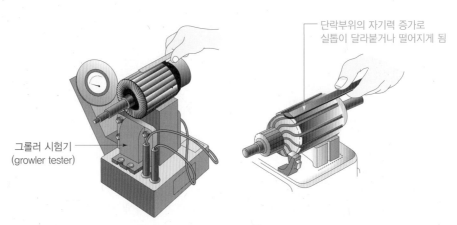

단락부위의 자기력 증가로 실톱이 달라붙거나 떨어지게 됨

그롤러 시험기 (growler tester)

[그림 12.37] 전동기 전기자의 그롤러 시험

이것만은 ^꼭 기억하세요!

12.1 전동기 개요

① 전동기(motor)
- 전기에너지를 기계적 회전에너지로 바꾸는 대표적인 전기장치
- 전동기의 기본 작동원리: 전자유도법칙 중 플레밍의 왼손법칙(Fleming's left-hand rule)이 적용됨.

12.2 직류전동기

① 직류전동기(DC motor)의 구조
- 코일(coil)과 정류자(commutator)를 합한 전기자(armature)와 자기장을 만들기 위한 계자(field magnet) 및 브러시(brush)로 구성됨.
- 전기자 철심은 와전류 손실을 줄이기 위해 성층철심(laminated core) 구조를 채택함.
- 교류전동기에는 정류자가 없고, 직류전동기는 구조상 필수적임.
- 브러시는 두께 100%, 너비 70% 이상이 정류자에 접촉되어야 하고, 1/3~1/2 이상 마모되면 교환해야 함.
- 전기자 반작용(armature reaction) 대책: 보극(interpole) 및 보상권선(compensating winding)을 설치함.

② 직류전동기의 종류 및 특성
- 직권전동기(series-wound motor): 전기자 코일과 계자 코일 및 부하가 직렬로 연결된 전동기
  - 시동 회전력(torque)이 크고, 부하에 따른 회전속도의 변화가 큼.
- 분권전동기(shunt-wound motor): 전기자 코일과 계자 코일이 병렬로 연결된 전동기
  - 부하변동에 상관없이 회전속도가 일정하나 직권형 전동기보다 시동토크가 작음.
- 복권전동기(compound-wound motor): 전기자 코일과 계자 코일이 직렬과 병렬로 모두 연결된 전동기
  - 시동토크가 크고, 부하 변동에 따른 회전속도가 일정, 구조가 복잡해짐.

12.3 만능전동기

① 가역전동기(reversible motor): 모터의 회전방향을 바꿀 수 있는 전동기
② 만능전동기(universal motor): 정류자전동기(직류 및 교류를 모두 사용할 수 있는 전동기)

12.4 교류전동기

① 교류전동기(AC motor)
- 고정자(stator): 직류전동기의 계자 역할을 함. 회전자(rotor): 직류전동기의 전기자 역할을 함.

② 교류전동기(AC motor)의 종류 및 특성
- 동기전동기(synchronous motor): 공급되는 교류(전원) 주파수와 동기하여 회전하는 전동기로 매우 일정한 회전수가 필요한 장치에 사용함(회전자는 영구자석 또는 전자석을 사용).
- 유도전동기(induction motor): 아라고 원판(Arago's disk)의 원리가 적용됨.
  - 고정자의 회전자기장에 의해 생성된 유도기전력과 유도전류를 이용하여 회전하는 전동기로, 교류에 대한 작동특성이 좋고 부하 감당 범위가 넓음.
  - 정류자나 브러시가 없으므로 스파크(spark) 발생이 없어 취급 및 유지가 간편함.
  - 권선형 회전자(wound rotor) 및 농형 회전자(squirrel-cage rotor)가 사용됨.

③ 유도전동기의 특성

- 전동기의 주파수(f)와 동기속도(N_S)의 관계: $f = \dfrac{P \cdot N_S}{120}$ [Hz] $\Rightarrow$ $N_S = \dfrac{120f}{P}$ [rpm]

- 슬립(slip): 회전자기장 속도인 동기속도(N_S)와 전동기 실제 정격속도(N)의 차: $S = \dfrac{N_S - N}{N_S} \times 100$ [%]

12.5 브러시리스 모터

① BLDC 모터(Brushless DC motor)

- 직류전동기의 브러시 문제를 제거한 직류전동기
  - 기계적 소음과 전기적 잡음이 없으며, 저속/고속에서 토크가 높고 고속회전이 가능함.
- BLDC 모터의 속도제어는 인버터와 FET로 구성된 모터 드라이버(motor driver)에서 담당
  - 전자식 속도제어기(ESC, Electronic Speed Controller) 필요
  - 직류(DC)를 공급받아 인버터 구동회로에서 단속적인 사각파 형태의 3상 교류로 변환하여 구동 전원을 공급함.
  - 회전하는 영구자석의 위치 및 극성(N-S극)을 찾아낼 수 있도록 홀센서(hall sensor) 3개를 배치

12.6 전동기 작동 시 주의사항 및 정비

① 전기자 코일의 단선시험(개방회로시험)

- 정류자편 한 곳과 다른 정류자편 사이의 저항을 측정하는 시험
  - 저항측정값이 0이나 작은 저항값이 나와 전류가 흐르면 정상임.

② 전기자의 접지시험(절연시험)

- 외각 케이스(또는 회전축)와 정류자편 사이의 저항을 측정하는 시험
  - 무한대(∞)나 MΩ 단위의 큰 저항값이 측정되면 정상 절연(insulation) 상태임.

③ 전기자의 단락시험(growler test)

- 전기자의 단락(short)은 그롤러 시험(growler test)을 통해서만 찾아낼 수 있음.
  - 단락 부분에서 실톱이 전기자 쪽으로 이끌리면서 전기자에 달라붙거나 떨게 됨.

전동기(motor) 정리

분류 (전원종류)	세분류	구조			
		자기장 생성	도체	브러시	슬립링
직류전동기 (DC motor)	**직권형 전동기** (series-wound)	계자(field magnet) : 영구자석 또는 전자석	전기자(armature) = 정류자 + 코일(권선)	O	X
	분권형 전동기 (shunt-wound)				
	복권형 전동기 (compound-wound)				
만능전동기 (universal motor)	직류/교류전동기	직류 직권형 전동기와 동일 구조		O	X
교류전동기 (AC motor)	**유도전동기** (induction motor)	고정자(stator): 교류 전자석 (단상 또는 3상교류)	회전자(rotor): 권선형 또 는 농형	X	X
	동기전동기 (synchronous motor)		회전자(rotor): 영구자석 또는 전자석(DC 공급)	O (영구자석인 경우만 X)	O
BLDC 모터	직류전동기	DC 공급 후 AC로 변환하여 계자코일에 전류를 스위칭 (인버터/FET/홀센서)	영구자석	X	X

연습문제

01. 다음 중 직류전동기가 아닌 것은?

① 유도전동기   ② 분권전동기

③ 복권전동기   ④ 유니버셜 전동기

해설 • 직류전동기(DC motor)는 전기자 코일과 계자 코일의 전원 연결방법에 따라 직권전동기(series-wound motor), 분권전동기(shunt-wound motor), 복권전동기(compound-wound motor)로 분류된다.
• 교류전동기(AC motor)는 동기전동기(synchronous motor)와 유도전동기(induction motor)로 분류된다.

02. 교류와 직류의 겸용이 가능하며, 인가되는 전류의 형식에 구애됨이 없이 항상 일정한 방향으로 구동될 수 있는 전동기는?

① induction motor

② universal motor

③ synchronous motor

④ reversible motor

해설 만능전동기(universal motor)는 직류 및 교류를 모두 사용할 수 있는 전동기로 정류자전동기라고도 한다.

03. 직류전동기의 구성요소가 아닌 것은?

① 계자   ② 전기자

③ 슬립링과 브러시   ④ 정류자와 브러시

해설 슬립링과 브러시는 교류전동기의 구성요소로 회전자(rotor)에 외부전원을 공급할 수 있도록 한다.

04. DC motor의 회전방향을 바꾸는 방법 중 틀린 것은?

① 전기자 코일에 흐르는 전류의 방향을 바꾼다.

② 계자의 자기장 방향을 바꾼다.

③ 계자 코일에 흐르는 전류의 방향을 바꾼다.

④ 입력 직류전원의 극성을 바꾼다.

해설 플레밍의 왼손법칙에 의해 전동기의 회전방향을 바꾸기 위해서는 전기자 또는 계자의 극성 중 하나만 극성을 바

꿔야 한다. 입력 직류전원의 극성을 바꾸면 전기자와 계자 코일 모두 연결되어 있으므로 동시에 극성이 바뀌어 회전방향은 변하지 않는다.

05. 항공기의 시동용 전동기로 가장 적합한 전동기의 형식은?

① 분권식   ② 직권식

③ 복권식   ④ 스플릿(split)식

해설 • 직권전동기는 전기자 코일과 계자 코일 그리고 부하가 직렬로 연결된 전동기로 시동회전력(torque)이 크고, 부하에 따른 회전속도의 변화가 크다는 단점이 있다.
• 자동차/항공기의 시동모터(start motor), 착륙장치, 플랩, 청소기, 전동공구용 모터로 사용된다.

06. 다음 그림의 전동기의 명칭과 특징을 맞게 연결한 것은?

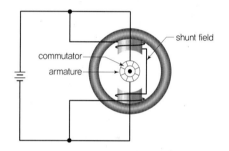

① 분권전동기–회전수 일정

② 직권전동기–시동토크 큼

③ 직권전동기–회전수 일정

④ 분권전동기–시동토크 일정

해설 분권전동기는 전기자 코일과 계자 코일을 병렬로 연결한 직류전동기로 부하 변동에 따라 회전수가 일정하다.

07. 다음 중 교류전동기가 아닌 것은?

① 직권전동기   ② 동기전동기

③ 유도전동기   ④ 유니버셜 전동기

해설 • 교류전동기(AC motor)는 유도전동기, 동기전동기로 분류된다.
• 직류전동기(DC motor)는 전기자 코일과 계자 코일의

정답 1. ①   2. ②   3. ③   4. ④   5. ②   6. ①   7. ①

전원 연결방법에 따라 직권전동기, 분권전동기, 복권전동기로 분류된다.
- 유니버설 전동기(만능전동기)는 직류와 교류에서 모두 사용이 가능하다.

08. 교류전동기에 대한 설명 중 틀린 것은?

① 고정자에 교류전류가 흘러 회전자기장이 만들어진다.
② 플레밍의 오른손법칙에 따라 전기에너지를 운동에너지로 전환시켜준다.
③ 회전자의 회전방향은 고정자의 회전방향과 동일하다.
④ 회전자기장의 변화속도가 클수록 전동기의 회전속도가 커진다.

해설 전동기는 플레밍의 왼손법칙의 적용을 받으며, 플레밍의 오른손법칙은 발전기에 적용된다.

09. 400 Hz, 4극인 유도전동기에서 슬립(slip)이 4%일 때 전동기의 회전수는?

① 11,520 rpm 　② 12,000 rpm
③ 14,500 rpm 　④ 15,200 rpm

해설
- 동기속도:

$$N_s = \frac{120f}{P} = \frac{120 \times 400 \text{ Hz}}{4} = 12,000 \text{ rpm}$$

- 슬립(slip):

$$S = \frac{N_s - N}{N_s} \times 100 \rightarrow 0.04 = \frac{12,000 - N}{12,000}$$

$$\therefore N = 11,520 \text{ rpm}$$

10. 항공기 전동기 중 아라고의 원판(Arago's disk)과 같은 원리로 작동하는 전동기에 대한 설명 중 틀린 것은?

① 부하 감당 범위가 넓고 큰 부하가 필요한 곳에 사용한다.
② 농형이나 권선형 회전자가 사용된다.
③ 회전자로 영구자석을 사용한다.
④ 단상 및 3상 교류를 공급하여 구동한다.

해설 아라고 원판의 원리가 적용되는 전동기는 교류전동기 중 유도전동기이며, 회전자로 영구자석을 사용하는 교류전동기는 동기전동기이다.

11. 전기자 반작용(armature reaction)에 대한 설명 중 틀린 것은?

① 보극을 설치하여 대처할 수 있다.
② 보상권선을 설치하여 대처할 수 있다.
③ 회전자의 기하학적 중심축과 자기력의 중심축이 일치하여 발생하는 현상이다.
④ 브러시의 마모가 심해지고, 전동기의 출력이 떨어진다.

해설
- 전기자 반작용(armature reaction)은 회전자의 기하학적 중심축과 자기력의 중심축이 불일치하여 발생하는 현상으로 전동기 브러시의 편마모가 심해지고, 아크(arc)가 발생하며 전동기의 출력이 떨어지는 원인이 된다.
- 보극(interpole)이나 보상권선(compensating winding)을 설치하여 대처한다.

12. 브러시리스 모터에 대한 다음 설명 중 올바르지 않은 것은?

① 비접촉식 위치검출기인 홀센서가 장치된다.
② BLDC 모터라고도 한다.
③ 스위칭 기능을 위해 인버터 구동회로가 사용된다.
④ 계자 자기장 형성을 위해 연속적인 사인파 형태의 교류가 입력된다.

해설
- 브러시리스 모터(brushless motor)는 BLDC 모터(brushless DC motor)라고도 하며 직류전동기의 브러시 문제를 해결한 전동기이다.
- 비접촉식 위치 검출기인 홀센서(hall sensor) 3개를 장치하여 회전자인 영구자석의 회전위치를 검출하여 외각 계자코일에 단속적인(discrete) 사각파 형태의 3상 교류를 스위칭하여 회전자가 계속 회전하도록 해준다.
- 실제 직류전원을 공급받아 FET를 사용한 스위칭 인버터 회로를 통해 단속적인 사각파 형태의 3상 교류로 스위칭해 준다.

정답 8. ② 9. ① 10. ③ 11. ③ 12. ④

13. BLDC 모터의 속도제어를 위해 사용되는 장치는 무엇인가?

① 정류기 ② 인버터

③ ESC ④ 슬립링

해설 브러시리스 모터(brushless motor)는 속도제어 방식이 채용되므로 이때 사용되는 모터 드라이브를 전자속도제어기(ESC, Electronic Speed Controller)라 하며 필수적인 장치로 장착된다.

14. 220 V의 교류전동기가 50 A의 전류를 공급 받고 있다. 그런데 전력계에는 9,350 W의 전력만을 전동기가 공급 받는 것으로 나타나 있다. 역률은 얼마인가?

① 0.227 ② 0.425 ③ 0.850 ④ 1.176

해설 역률(power factor)은 피상전력(apparent power) 중 유효전력(active power)의 비로 정의되므로

$$p.f = \frac{P}{P_a} = \frac{9,350 \text{ W}}{220 \text{ V} \times 50 \text{ A}} = 0.85$$

15. 전동기 절연시험에 사용되는 계측기는 무엇인가?

① 멀티미터 ② 메가옴미터

③ 오실로스코프 ④ 그롤러 시험기

해설 전기가 흐르지 않는 절연(insulation) 상태는 저항값을 측정하는데 MΩ 단위의 큰 저항값을 갖는다. 이러한 큰 저항값을 측정하는 전기계기를 메가옴미터(mega ohmmeter) 또는 메거(megger)라고 한다.

▶ 기출문제

16. 직류전동기는 그 종류에 따라 부하에 대한 특성이 다른데, 정격 이상의 부하에서 토크가 크게 발생하여 왕복기관의 시동기에 가장 적합한 것은? (항공산업기사 2012년 1회)

① 분권형 ② 복권형

③ 직권형 ④ 유도형

해설 문제 5번 해설 참고

17. 교류전동기 중에서 유도전동기에 대한 설명으로 틀린 것은? (항공산업기사 2012년 4회)

① 부하 감당 범위가 넓다.

② 교류에 대한 작동 특성이 좋다.

③ 브러시와 정류자편이 필요 없다.

④ 직류전원만을 사용할 수 있다.

해설 • 유도전동기(induction motor)는 교류에 대한 작동특성이 좋고 부하 감당 범위가 넓으며, 시동이나 계자 여자 시에 특별한 조치가 필요하지 않고 구조도 간단하고 가격이 저렴하여 가장 많이 활용된다.

• 가장 큰 장점은 직류 작동기에 사용되는 정류자나 브러시가 없으므로 스파크(spark) 발생이 없어 취급 및 유지가 간편하다.

18. 다음 중 교류 유도전동기의 가장 큰 장점은? (항공산업기사 2013년 4회)

① 직류전원도 사용할 수 있다.

② 다른 전동기보다 아주 작고 가볍다.

③ 높은 시동 토크(torque)를 갖고 있다.

④ 브러시(brush)나 정류자편이 필요 없다.

해설 문제 17번 해설 참고

19. 다음 중 전기자 코어에서 와전류의 순환을 방지하기 위한 방법은? (항공산업기사 2013년 4회)

① 코어를 절연시킨다.

② 전기자 전류를 제한한다.

③ 코어는 얇은 철판을 겹쳐서 만든다.

④ 코어 재질과 동일한 가루로 된 철을 사용한다.

해설 • 전기자 철심은 자기장 내부에서 회전하기 때문에 이 철심 표면에는 와전류가 유기되며 이로 인해 전기자의 온도 상승과 열을 발생시켜 결국 전동기의 전력 손실을 일으킨다.

• 이를 방지하기 위해 얇은 규소강판을 겹친 성층 철심(laminated core) 구조를 사용하여 와전류에 의한 손실(eddy current loss)을 감소시킨다.

정답 13. ③ 14. ③ 15. ② 16. ③ 17. ④ 18. ④ 19. ③

20. 변압기에 성층 철심을 사용하는 이유는?

(항공산업기사 2014년 4회)

① 동손을 감소시킨다.
② 유전체 손실을 적게 한다.
③ 와전류 손실을 감소시킨다.
④ 히스테리시스 손실을 감소시킨다.

해설 변압기 및 전동기에 성층 철심(laminated core)을 사용하는 이유는 와전류 손실을 감소시키기 위함이다.

21. 시동 토크가 크고 압력이 과대해지지 않으므로 시동 운전 시 가장 좋은 전동기는?

(항공산업기사 2014년 4회)

① 분권전동기   ② 직권전동기
③ 복권전동기   ④ 화동복권전동기

해설 문제 5번 해설 참고

22. 다음 중 시동특성이 가장 좋은 직류전동기는?

(항공산업기사 2015년 4회)

① 션트 전동기   ② 직권전동기
③ 직병렬 전동기   ④ 분권전동기

해설 문제 5번 해설 참고

23. 그롤러 시험기(growler tester)는 무엇을 시험하는 데 사용하는 것인가?   (항공산업기사 2016년 1회)

① 전기자(armature)   ② 계자(brush)
③ 정류자(commutator) ④ 계자코일(field coil)

해설
• 전기자(armature)를 모터에서 분리하여 그롤러 시험기(growler tester) 위에 장치하고 회전시키면서 실톱과 같은 물체를 가져다 대면, 단락 부분에서 실톱이 전기자 쪽으로 이끌리면서 부르르 떨게 된다.
• 그롤러 시험기는 전기자의 단락(short)을 찾아낼 수 있다.

24. 직류 직권전동기의 속도를 제어하기 위한 가변 저항기(rheostat)의 장착법은?

(항공산업기사 2016년 2회)

① 전동기와 병렬로 장착
② 전동기와 직렬로 장착

③ 전원과 직병렬로 장착
④ 전원 스위치와 병렬로 장착

해설
• 가변 저항기(variable resistor)는 고리모양을 한 저항체 위에 회전축에 붙인 브러시가 이동함으로써 저항값이 가변되는 저항기이다.
• 직권전동기는 전기자 코일과 계자 코일이 직렬로 연결되므로 가변 저항기도 직렬로 연결되어 계자에 흐르는 전류를 조절함으로써 전동기의 과부하를 제어할 수 있다.
• 이처럼 가변 저항기로 전류를 조절하는 방식을 리어스탯(rheostat)이라고 하며, 전압을 조절하는 방식은 포텐시오미터(potentiometer)라 한다.

▶ 필답문제

25. 스타터로 사용되는 모터는 직권식 직류모터와 교류모터 중 어느 것인지 기술하시오.

(항공산업기사 2005년 1회)

정답 시동모터(starter)는 엔진의 플라이휠 링기어(engine fly-wheel ring gear)에 접속되어 시동 시 엔진을 돌려주어야 하므로 시동토크가 커야 한다. 따라서 시동토크가 큰 직권식 직류모터가 사용된다.

26. 항공기용 교류전동기의 종류 3가지와 그 기능에 대하여 간략히 기술하시오.

(항공산업기사 2009년 2회, 2013년 1회)

정답
• 유도전동기(induction motor)
  교류에 대한 작동특성이 좋고 부하 감당 범위가 넓으며, 직류 작동기에 사용되는 정류자나 브러시가 없으므로 스파크(spark) 발생이 없어 취급 및 유지가 간편하다. 또한 구조도 간단하고 가격이 저렴하여 가장 많이 활용된다.
• 동기전동기(synchronous motor)
  교류 발전기에서 공급되는 교류(전원) 주파수와 동기되어 회전하는 전동기로 매우 일정한 회전수가 필요한 장치에 사용된다.
• 만능전동기(universal motor)
  정류자전동기라고도 하며 직류 및 교류를 모두 사용할 수 있는 전동기이다.

정답 **20.** ③ **21.** ② **22.** ② **23.** ① **24.** ②

CHAPTER

Generator

13 발전기

AVIONICS
ELECTRICITY AND ELECTRONICS
FOR AIRCRAFT ENGINEERS

AVIONICS
ELECTRICITY AND ELECTRONICS

13장에서는 전기에너지를 이용하는 항공기 전기장치의 마지막 내용으로 항공기 전기 시스템의 핵심 장치인 발전기(generator)를 알아보겠습니다. 발전기는 작동기(모터)와는 반대로 기계적 에너지를 변환하여 전기에너지를 생산해내는 장치로, 산업 현장에서 가장 많이 활용되고 있으며 자동차, 선박, 항공기와 같은 독립시스템의 전력을 생산하여 탑재된 전기·전자 시스템에 전력을 공급합니다.

4장에서 배운 전자유도 현상 중 플레밍의 오른손법칙이 적용되는 발전기의 기본 작동원리를 알아본 후 직류발전기(DC generator), 교류발전기(AC generator)의 각각에 대한 구조, 작동원리 및 특성에 대해 공부하고 기타 필요한 보조장치에 대해 알아보겠습니다.

13.1 발전기 개요

항공기에는 [그림 13.1]과 같이 주 엔진(main engine)과 보조동력장치(APU, Auxiliary Power Unit)에 교류발전기가 장착되어 항공기에서 사용되는 전기에너지(전력)를 생산하여 공급합니다. 정상 운용상태에서 항공기의 전력은 엔진에 연결되어 장착된 교류발전기가 담당하며, 비상시나 지상에서 엔진이 가동하지 않는 경우에는 APU 쪽 발전기[1]가 전력을 공급합니다.

1 ASG(APU Starter Generator)

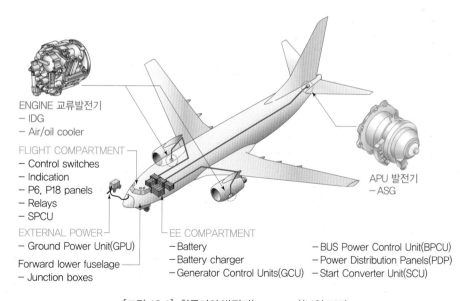

ENGINE 교류발전기
– IDG
– Air/oil cooler

FLIGHT COMPARTMENT
– Control switches
– Indication
– P6, P18 panels
– Relays
– SPCU

EXTERNAL POWER
– Ground Power Unit(GPU)

Forward lower fuselage
– Junction boxes

EE COMPARTMENT
– Battery
– Battery charger
– Generator Control Units(GCU)

APU 발전기
– ASG

– BUS Power Control Unit(BPCU)
– Power Distribution Panels(PDP)
– Start Converter Unit(SCU)

[그림 13.1] 항공기의 발전기(generator)(보잉 737)

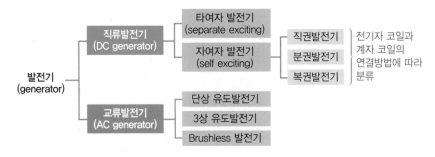

[그림 13.2] 발전기(generator)의 분류

13.1.1 발전기의 분류

2　'Alternating'과 'Generator'의 합성어

발전기는 [그림 13.2]와 같이 발생전원의 종류에 따라 직류발전기(DC generator)와 교류발전기(AC generator)로 크게 나뉘며, 교류발전기는 알터네이터(alternator)[2]라고 도 부릅니다. 직류발전기나 교류발전기는 기본적으로 발전되는 전기의 형태는 교류이며, 직류발전기의 경우는 다수의 교류 파형을 합쳐서 직류 파형을 만드는 발전기 구조를 채택하여 직류를 공급합니다.

직류발전기는 타여자 발전기(separate exciting generator)와 자여자 발전기(self exciting generator)로 구분됩니다. 또한 자여자 발전기는 전동기와 마찬가지로 전기자 코일과 계자 코일의 연결방법에 따라 직권발전기(series-wound generator), 분권발전기(shunt-wound generator), 복권발전기(compound-wound generator)로 구분됩니다.

이에 반해 교류발전기는 단상 유도발전기(single-phase induction generator), 3상 유도발전기(3-phase induction generator) 및 브러시리스 발전기(brushless generator)로 분류됩니다.

13.1.2 발전기의 구조

(1) 직류발전기의 구조

먼저 직류발전기의 기본 구조를 살펴보겠습니다. [그림 13.2]와 같이 직류발전기의 분류는 앞 장에서 배운 직류전동기와 같은 명칭을 사용합니다. 따라서 직류전동기와 직류발전기는 기본적으로 구조가 동일하며, 전기를 전기자 코일에 먼저 공급하면 직류 전동기가 되고, 엔진 회전축에 연결하여 전기자 코일을 자기장 내에서 먼저 움직이도록 하면 직류발전기가 됩니다.

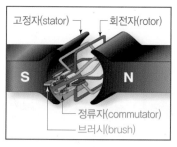

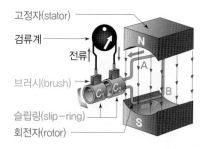

(a) 직류발전기(DC generator)의 구조　　(b) 교류발전기(AC generator)의 구조

[그림 13.3] 발전기(generator)의 구조

직류발전기는 [그림 13.3(a)]와 같이 직류전동기와 같이 전기자 코일(armature coil), 정류자(commutator), 계자(field magnet), 브러시(brush)의 주요 구성품은 동일하며, 명 칭에 있어서만 전기자(전기자 코일과 정류자)를 회전자(rotor)로, 계자를 고정자(stator) 로 바꾸어 사용합니다.

(2) 교류발전기의 구조

교류발전기는 [그림 13.3(b)]와 같이 고정자(stator), 회전자(rotor), 슬립링(slip-ring), 브러시(brush)로 구성되어 있는데, 직류발전기와 가장 큰 차이점은 정류자 대신에 슬 립링이 사용된다는 것입니다. 이 구조적인 차이점으로 인해, 근본적으로 발전되는 전 기의 형태는 교류이지만 직류발전기의 경우는 양(+)의 값만을 가진 직류 파형을, 교류 발전기에서는 양(+)과 음(−)의 값을 모두 가진 교류파형을 만들어냅니다.

정리해 보면, 직류전동기와 발전기는 모두 자기장을 만드는 계자가 고정자, 즉 스테 이터(stator)가 되며, 전기자가 회전자 로터(rotor)가 됩니다. 이에 비해 교류발전기에 서는 교류전동기와는 달리 자기장을 만드는 계자의 기능을 회전자(rotor)가 담당하며, 유도되는 전기의 생성은 외각에 설치된 코일인 고정자(stator)가 수행합니다.[3]

[3] 교류전동기에서는 외 각 계자가 고정자가 되 며, 회전축의 전기자가 회전자가 됨.

13.1.3 직류발전기의 기본 작동원리

발전기는 크게 전계(electric field)를 만드는 코일과 자계(magnetic field)를 만드는 자 석으로 구성되어 있고, 자기장(자계) 속에서 코일을 움직이는 경우 이 코일에는 유도 기전력이 생성되고 유도전류가 흐르게 되는 플레밍의 오른손법칙을 통해 전기가 발전 됩니다. 그럼 직류발전기의 작동원리부터 알아보겠습니다.

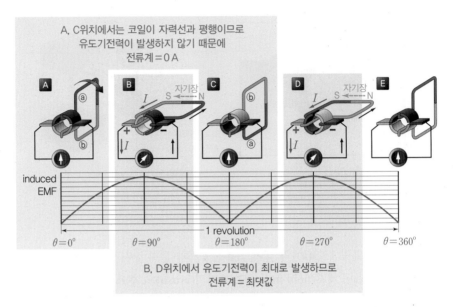

[그림 13.4] 직류발전기의 동작과정

① [그림 13.4]와 같이 ⓐ와 ⓑ코일의 끝단은 정류자에 연결되어 고정됩니다. 정류자는 전기자가 회전하면 함께 회전하므로 교대로 왼쪽과 오른쪽 브러시에 접촉됩니다.

② 코일과 정류자가 엔진 회전축에 연결되어 그림과 같이 시계방향으로 회전한다고 가정하고, 이때 외각 자기장의 방향은 왼쪽에서 오른쪽으로 가정합니다.

③ 플레밍의 오른손법칙을 적용해 보면, A와 C위치에서는 코일이 자기장의 자력선과 평행이 되므로 유도기전력이 발생하지 않기 때문에 유도되는 전류는 0 A가 됩니다.

④ 이에 반해 B와 D위치에서는 유도기전력이 최대가 되어 유도전류가 최대로 생성됩니다.

• B위치에서 플레밍의 오른손법칙을 적용하면 왼쪽 ⓑ코일(주황색)에서는 발전기로부터 전류가 흘러나오는 방향이 되고, 오른쪽 ⓐ코일(빨강색)에서는 전류가 흘러드는 방향이 되므로, ⓑ코일이 연결된 왼쪽 브러시는 (+)극이 되며, ⓐ코일이 연결된 오른쪽 브러시는 (−)극이 됩니다.

• D위치에서는 코일의 위치가 B위치와 180° 뒤바뀌게 되지만 회전방향은 바뀌지 않기 때문에 왼쪽 코일과 오른쪽 코일에서 유도되는 전류의 방향은 B위치와 같아서 브러시의 (+)/(−)극이 바뀌지 않습니다.

⑤ 한 가지 유의할 점은 A와 C위치에서 각 브러시가 왼쪽과 오른쪽 2개의 정류자편

에 동시에 접촉하게 되는데, 이 순간 (+)와 (−)극이 같은 점이 되어 단락(short), 즉 합선상태가 됩니다.

- 이때 코일에 유도전류가 흐르면 정류자와 접촉한 브러시에 아크(arc)가 발생하고 정류자와 브러시가 손상됩니다.
- 발전기 설계 시에 기전력이 0 V(전류 = 0 A)가 되는 위치에서 단락이 되도록 브러시 위치를 정하는 것이 중요하며 이 면을 중립면이라고 합니다.

구조적인 측면에서 정류자는 엔진축에 연결되어 코일과 함께 계속적으로 회전하게 되고 왼쪽·오른쪽 브러시는 외각 케이스에 고정되어 움직이지 않기 때문에, 왼쪽 브러시는 항상 위로 움직이는 코일과 접촉하고 오른쪽 브러시는 항상 아래로 움직이는 코일과 접촉하게 됩니다. 따라서 B와 D위치에서도 왼쪽과 오른쪽 브러시의 극성은 바뀌지 않게 되고, 발전기가 계속 360° 회전하더라도 브러시의 극성은 바뀌지 않고 고정됩니다. 즉, [그림 13.4]의 유도전압 그래프에서 보는 바와 같이 직류발전기에서는 계속 (+)방향의 유도전압이 발생[4]하므로 직류를 만들어내는 원리가 적용됩니다. 유도기전력과 전류의 최댓값은 1회전에서 2번 나타나게 되며, 만약 코일이 연결된 정류자와 브러시가 함께 회전하는 구조를 갖게 되면, D의 위치에서는 B의 위치와 달리 (−)방향의 유도기전력이 만들어지고 전류방향이 바뀌게 되어 직류가 아닌 교류가 만들어집니다.

위의 직류발전기의 동작과정은 1개의 코일만을 사용한 예이므로 [그림 13.5]와 같이 전기자에 묶인 코일의 개수를 많게 하면, 각 코일에서 유도되는 기전력의 전체 합이 점차 일정해져 전압의 최댓값과 최솟값의 차이가 작아지므로, 평탄한 직류에 가까워집니다. 물론 정류자편의 개수도 비례하여 증가합니다. 이때 잔물결과 같이 남아 있는 교류 성분을 맥류(ripple)라고 하며, 보다 평탄한 직류 성분을 얻기 위해 레귤레이터(regulator)와 같은 부가장치가 추가되어 맥류성분을 제거해줍니다.

발전기는 주어진 크기와 부피에서 보다 높은 전기를 생산하기 위해 자기장을 만드는 외각의 계자(자석)의 극수를 증가시키면 유도전압의 최댓값을 증가시킬 수 있습니다.

[4] 구조적으로 브러시에 의해 정류 기능이 수행됨.

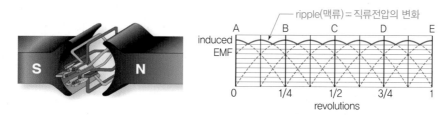

[그림 13.5] 직류발전기의 맥류(ripple)

13.1.4 교류발전기의 기본 작동원리

이번에는 교류발전기의 동작과정을 살펴보겠습니다. [그림 13.6]과 같이 코일-A는 슬립링(slip-ring) C_1에 코일-B는 슬립링 C_2에 연결된 상태이고, 엔진 회전축에 연결된 발전기의 회전방향은 반시계방향으로 가정합니다.

① 초기 회전위치($\theta = 0°$)에서는 자기장과 각 코일-A, 코일-B의 운동방향이 평행이므로 유도기전력과 전류는 발생하지 않습니다.

② [그림 13.6(b)]의 회전위치($\theta = 90°$)까지는 유도기전력과 유도전류의 방향은 플레밍의 오른손법칙에 의해 정해집니다.

• 코일-A, 코일-B 위치에서는 각각 화살표 방향으로 유도전류가 흐릅니다.

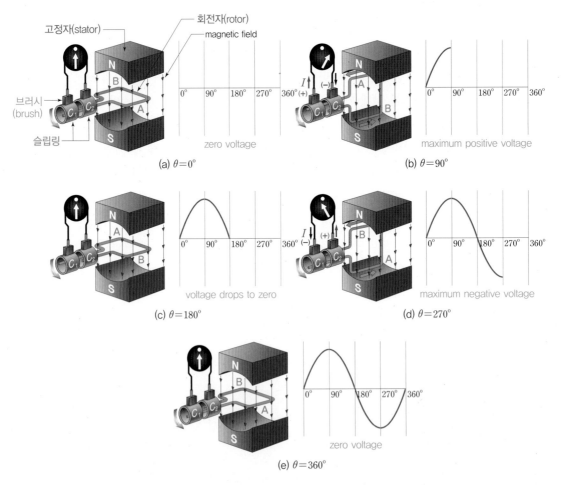

(a) $\theta = 0°$

(b) $\theta = 90°$

(c) $\theta = 180°$

(d) $\theta = 270°$

(e) $\theta = 360°$

[그림 13.6] 교류발전기의 동작과정

- 이때 코일-A에서 발생된 유도전류는 C_1 슬립링에 접촉된 브러시에서 나가는 방향이 되어 C_1 슬립링에 연결된 브러시를 (+)극이라고 가정하면, C_2 슬립링에 연결된 브러시는 (−)극이 됩니다.
- 자기장과 코일이 움직이는 방향이 직각이 되는 $\theta = 90°$ 위치에서 유도기전력과 전류는 최댓값이 됩니다.

③ [그림 13.6(c)]의 $\theta = 180°$ 회전위치까지는 다시 유도기전력이 줄어듭니다.

④ 코일이 계속 회전하여 [그림 13.6(d)]의 $\theta = 270°$ 회전위치까지는 (−)의 교류가 발생합니다.

- 유도기전력과 유도전류의 방향이 C_1 슬립링에 접촉된 브러시에서 들어오는 방향으로 바뀌게 됩니다.
- 앞의 [그림 13.6(b)]의 $\theta = 90°$ 회전위치와는 반대로 C_1 슬립링에 접촉된 동일 브러시는 전류가 들어오므로 극성이 (−)극으로 바뀌게 되며 교류는 (−)로 최댓값이 됩니다.

⑤ 이후 [그림 13.6(e)]의 $\theta = 360°$ 회전위치까지는 다시 유도기전력이 줄어들며 발전기는 1회전을 마치고 초기 회전위치로 돌아옵니다.

발전기가 회전하는 동안 위와 같은 과정이 반복되면서 동일 브러시의 극성이 계속 바뀌며, 결국 유도기전력과 전류는 사인파(sine wave) 형태의 교류가 출력됩니다.[5] 따라서 교류발전기에서는 직류발전기의 정류자 대신에 슬립링을 사용함으로써 크기와 극성이 바뀌는 교류 파형을 온전히 사용할 수 있게 됩니다.

5 9장(교류) [그림 9.3] 과 동일한 사인파가 발생됨.

13.2 직류발전기

13.2.1 직류발전기의 특성

[그림 13.7]은 항공용 직류발전기(DC generator)의 내부 구조를 보여주고 있습니다.

 직류발전기의 구성요소

- 직류전동기와 동일하게 전기자(armature), 계자(field magnet), 브러시(brush)로 구성된다.
  → 전기자는 전기자 코일(armature coil)과 정류자(commutator)로 구성
- 발전기에서는 고정자(stator)와 회전자(rotor)로 구성품 명칭을 사용한다.
- 고정자는 자기장을 만드는 계자가 되며, 회전자는 코일과 정류자를 합친 전기자가 된다.

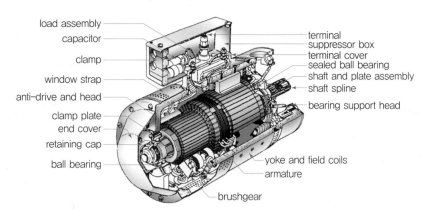

load assembly
capacitor
clamp
window strap
anti-drive and head
clamp plate
end cover
retaining cap
ball bearing

terminal
suppressor box
terminal cover
sealed ball bearing
shaft and plate assembly
shaft spline
bearing support head

yoke and field coils
armature

brushgear

[그림 13.7] 항공용 직류발전기의 내부 구조

발전기는 엔진 구동축에 연결되어 회전하는데, 항공기에서 요구되는 전력 수요에 따라 1대 또는 2대 이상의 발전기를 장착하여 사용합니다. 발전기를 2대 이상 사용하는 경우에는 병렬로 연결하여 일정한 전압을 유지시키며 공급 전류량을 증대시키는 방식을 사용합니다.

발전기는 항공기 내의 주 전력(main power)의 공급을 담당하며, 정상 운용 시에는 축전지(battery) 쪽으로도 전력의 일부를 공급하여 항상 축전지를 충전합니다.[6] 따라서 직류발전기의 출력전압은 축전지의 정격전압보다 높아야 합니다. 소형 항공기의 경우는 12 V 축전지를 사용하므로 15 V를 발전하며, 중대형 항공기의 경우는 24 V 축전지를 사용하므로 28 V를 출력합니다.

6 비상시의 비상전원 사용이나 지상에서의 엔진 시동 등을 위해 항상 충전상태로 유지해야 함.

(1) 계자

계자(field magnet)는 직류발전기의 외각 자계(자기장)를 만들기 위해 영구자석

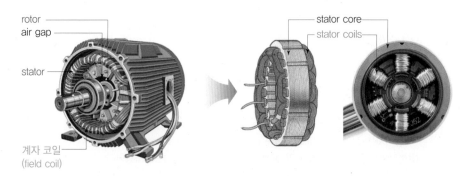

rotor
air gap
stator
계자 코일
(field coil)

stator core
stator coils

[그림 13.8] 고정자(계자) 코일

(permanent magnet) 또는 철심에 코일(권선)을 감아 만든 전자석(electromagnet)을 사용합니다. 전자석은 큰 자속밀도를 얻을 수 있고, 자속의 크기를 전류로 쉽게 조정할 수 있으므로 소형 발전기가 아닌 경우에는 대부분 직류발전기에서 영구자석보다 많이 사용합니다.

(2) 여자

여자(exciting)는 전자석을 만들기 위해 전류를 계자 코일(권선)에 흘려 자기장을 생성하는 것을 말합니다. 자기여자(self exciting)는 발전기 자신이 발생시킨 출력전압으로 여자시키는 것이고, 타여자(separate exciting)는 외부전원을 이용하여 초기에 자기장을 생성시키는 것입니다.

직류발전기는 이와 같은 여자 방식에 따라 자여자 발전기(self exciting generator)와 타여자 발전기(separate exciting generator)로 구분하며, 타여자 발전기는 여자를 하기 위해 계자 코일을 별도의 외부전원에 접속해야 하는데 주로 축전지가 이용됩니다.

일반적으로 직류발전기에는 타여자 방식보다는 자여자 방식이 적용되며, 자여자 발전기는 발전기 스스로 발전한 전압을 전기자 권선 또는 계자 권선에 접속하여 여자전류(exciting current)[7]를 사용하여 발전을 시작합니다. 자여자 발전기는 직류전동기의 분류와 같이 계자 코일(권선)과 전기자 코일(권선)의 연결방식에 따라 직권발전기, 분권발전기, 복권발전기로 분류됩니다.

7 계자전류 또는 전기자 전류라고도 함.

(3) 계자 플래싱

계자 플래싱(field flashing)은 처음 발전을 시작할 때 계자에 남아 있는 자기장, 즉 잔류자기(residual magnetism)를 사용하는 것을 말합니다. 잔류자기가 전혀 남아 있지 않아 여자시키지 못할 때는 외부전원인 축전지로부터 계자 코일에 잠시 동안 전류를 흘려줍니다.

13.2.2 직권발전기

직권발전기(series-wound generator)의 구조는 [그림 13.9]와 같습니다. 계자 코일(field coil)을 통해 흐르는 계자전류(여자전류)를 증가시키면 자계가 강해지기 때문에 발전기에서 생성되는 유도기전력이 증가하므로 발전 전압도 상승합니다.[8]

직권발전기의 계자 코일은 전기자 코일에 비해 굵고, 권수는 적게 감겨 있어 계자

8 직권전동기는 부하증가에 따라 회전속도가 증가하며, 발전기에서는 발전전압이 상승함.

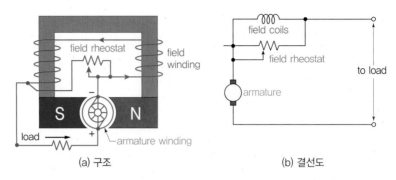

(a) 구조　　　　　　　　　　　(b) 결선도

[그림 13.9] 직권발전기의 구조 및 결선도

코일의 저항이 낮습니다. 따라서 계자 자기장의 세기는 권선의 감은 수보다 계자전류에 의존하기 때문에 부하가 결합되어야 전류가 흐르게 되고 발전전압이 출력됩니다.

 직권발전기(series-wound generator)

- 전기자 코일, 계자 코일, 부하가 직렬로 연결된다.
- 부하가 증가하면(부하전류가 증가하면) 계자전류가 증가하므로 발전전압도 상승한다.

9 가변저항으로 계자전류를 조절하여 계자 자기장의 세기를 조절할 수 있음.

계자 쪽에 가변저항(field rheostat)을 연결하여 계자 자기장의 세기를 조절[9]함으로써 발전되는 전압을 조절할 수 있으나, 부하 변동에 따른 전압 조절이 어렵기 때문에 항공기에는 잘 사용하지 않는 발전기입니다.

13.2.3 분권발전기

분권발전기(shunt-wound generator)는 [그림 13.10]과 같이 전기자 코일과 계자 코일이 병렬로 연결되어 있습니다. 계자 코일은 전기자 코일보다 가늘고 권수가 많이 감겨 있기 때문에 계자 자기장의 세기는 코일권선에 흐르는 전류의 세기보다 코일권선을 감

10 부하전류가 정격 이하인 경우

11 단자전압 강하

 분권발전기(shunt-wound generator)

- 전기자 코일과 계자 코일이 병렬로 연결되어 있다.
- 정상 작동범위[10] 내에서는 부하에 상관없이 출력전압이 거의 일정하다.
- 부하가 정격 이상으로 걸리면 에너지 손실에 의해 출력전압이 급격히 떨어지는 특성[11]이 있다.

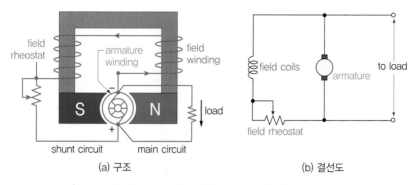

(a) 구조   (b) 결선도

[그림 13.10] 분권발전기의 구조 및 결선도

은 수(권선수)에 의존하게 됩니다. 따라서 대부분의 전기자 전류를 부하로 흐르게 유도하여 부하접속 없이도 전압 발생이 가능합니다.

13.2.4 복권발전기

마지막으로 복권발전기(compound-wound generator)의 구조와 결선도는 [그림 13.11] 과 같습니다. 부하전류가 증가할 때 출력전압이 증가하는 직권발전기의 성질과, 정격 부하 이상에서 출력전압이 감소하는 분권발전기의 성질이 조합되어 특성이 나타납니다. 정격 부하 이상의 전류가 발전기에 걸리는 경우에 분권발전기에서는 단자 전압강하가 나타나는데, 이때 직권발전기의 특성처럼 부하상승에 따른 발전전압 상승이 전하강하를 보상하게 되므로 정격 부하 이상에서도 부하전류에 관계없이 일정한 발전전압을 유지할 수 있습니다.

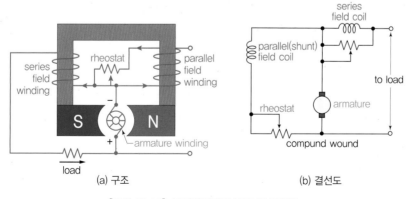

(a) 구조   (b) 결선도

[그림 13.11] 복권발전기의 구조 및 결선도

> **핵심 Point** **복권발전기**(compound-wound generator)
>
> - 전기자 코일과 계자 코일이 직렬과 병렬로 모두 연결되어 있다.
> - 직권발전기와 복권발전기의 특성을 모두 가지며, 정격 부하 이상에서도 부하전류에 관계없이 일정한 발전전압을 유지한다.

13.3 직류발전기의 보조장치

13.3.1 발전기 제어장치

발전기는 항상 일정한 전압을 발전시켜 항공기 내 장치에 전력을 공급할 수 있어야 합니다. 항공기 엔진은 비행 중에 다양한 회전수(rpm)로 운용되기 때문에 엔진의 rpm 변화는 발전전압을 변동시키므로 직접적인 영향을 미치게 됩니다. 따라서 엔진 rpm 변화에 상관없이 발전기의 회전수를 일정하게 유지하여 일정한 전압이 발전되도록 하는 제어장치가 필수적이며, 이때 사용하는 직류발전기의 보조장치가 발전기 제어장치 (GCU, Generator Control Unit)입니다. GCU는 전압 조절기(voltage regulator)라고도 부르며, [그림 13.12]와 같이 가변저항(variable resistance)인 rheostat을 이용하여 계자 권선(코일)에 흐르는 계자 전류(field current)[12]를 조절하여 계자에서 만들어지는 자기장의 세기를 제어하여 발전전압을 조절합니다.

12 여자전류(exciting current)라고도 함.

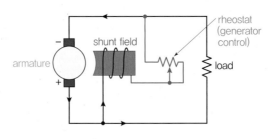

[그림 13.12] 발전기 제어장치(GCU)

GCU는 발전전압 조절기능 외에도 다음과 같은 여러 가지 기능이 있습니다.

① 과전압 보호기능(over-voltage protection)
  - 발전전압이 기준전압(reference voltage)보다 높은 과전압(over-voltage)이 발생하면 계자에 흐르는 여자전류를 감소시켜 발전전압을 낮춘다.

② 병렬 운용기능(parallel generator operation)
- 2개 이상의 발전기가 함께 운용되는 병렬 시스템에서 각 발전기의 발전전압이 같도록 조절한다.

③ 과여자 보호기능(over-excitation protection)
- 병렬 운용 시스템에서 발전기 1개가 고장나는 경우에, 남은 발전기에 과여자 (over-excitation)로 인한 과전류(over-current)가 흐르는 것을 제한한다.[13]

④ 차동전압 차단기능(differential voltage cut-out)
- 병렬 운용 발전기들의 출력전압이 기준전압에서 벗어나면 항공기로 공급되는 전기경로인 BUS로의 전력 공급을 차단한다.

⑤ 역전류 감지 및 차단 기능(reverse current sensing and cut-out)
- 정상상태에서 발전기의 출력전압은 부하(전기장치들)로 공급되고, 일부는 축전지를 충전하기 위해 공급된다.
- 이때 발전기에 어떤 이상이나 고장이 발생하여 출력전압이 기준전압보다 낮아지면 축전지나 부하에서 역전류(reverse current)가 발전기 쪽으로 유입되어 발전기에 심각한 손상을 줄 수 있으므로 역전류가 유입되는 경로를 차단하여 발전기를 보호한다.

13.3.2 3-유닛 조절기

직류발전기의 대표적인 발전기 제어장치(GCU)로 다음과 같은 3-유닛 조절기(three-unit controller)가 사용되고 있습니다.

 3-유닛 조절기(three-unit controller)

- 저출력 직류발전기(low-output generator)에서 주로 사용되는 전형적인 발전기 제어장치 (GCU)이다.
- 전압조절기(voltage regulator), 전류제한기(current limiter), 역전류 차단기(reverse current cut-out relay)의 3개 유닛으로 구성된다.

다음 [그림 13.13]의 구성도와 같이 각 유닛 조절기에는 각각 릴레이(relay)가 장착되어 있고, 발전의 출력전압을 모니터링하면서 시스템의 요구에 따라 릴레이를 On/Off시켜 각 장치의 작동을 제어합니다.

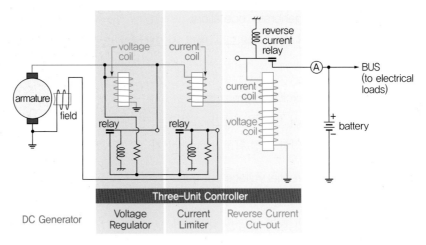

[그림 13.13] 3-유닛 조절기(3-unit controller)

(1) 전압조절기

3-유닛 조절기의 첫 번째 요소인 전압조절기(voltage regulator)는 엔진 회전수(rpm)와 부하변동에 따라 변화되는 계자 코일의 전류를 조절함으로써 발전전압을 항상 일정하게 유지합니다. 전압조절기는 진동형(vibrating type)과 카본 파일형(carbon pile type)이 사용됩니다. 진동형 전압조절기는 솔레노이드(solenoid), 즉 릴레이(relay)를 On/Off시켜 단속적으로 전압을 조절하는 방식이므로, 발전전압이 높은 발전기에서는 릴레이 개폐에 따라 코일의 역기전력에 의한 스파크(spark)가 발생하며, On/Off 개폐 방식으로는 지속적인 전압조절이 불가능하여 일부 소형 항공기에서만 사용합니다. [그림 13.14]의 진동형 전압조절기의 구성도를 보면서 작동과정을 설명하겠습니다.

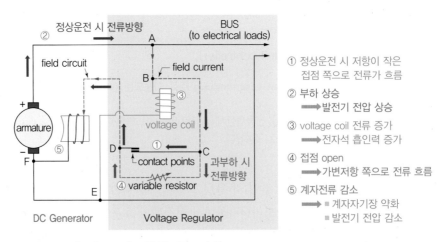

[그림 13.14] 진동형 전압조절기(vibrating type voltage regulator)

① 발전기가 정상작동 시 전류는 A점을 거쳐 부하로 공급되며, 동시에 B점에서 분류되어 일부는 솔레노이드(전자석) 쪽으로 흐르고, 일부는 C점에서 접점(contact point)을 지나 발전기의 계자 코일로 흐릅니다.[14]

② 이때 어떤 원인에 의해 부하가 상승하고 발전기의 전압이 높아지면 솔레노이드 전압코일(voltage coil)의 전류가 증가되어 전자석의 흡인력이 증가됩니다.

③ 솔레노이드의 흡인력 증가에 의해 접점이 개방(open)되어 접점 쪽 전류는 끊기게 되고, C점에서 전류는 아래쪽 가변저항을 거쳐 발전기의 계자로 흘러들어갑니다.

④ 가변저항을 거쳐 계자로 흐르는 전류는 작아지므로, 계자의 자기장을 약화시켜 발전기에서 출력되는 전압을 감소시킵니다.

> **14** 접점의 저항이 가변저항보다 매우 작으므로 거의 대부분의 전류는 접점 쪽 경로로 흐르게 됨.

두 번째 전압조절기 형태는 카본 파일형인데 일반적으로 가장 많이 사용되는 전압 조절기의 형태입니다. 카본 파일(carbon pile)은 세라믹(ceramic) 절연체로 된 원통관 안에 다수의 탄소판(carbon disk)을 여러 겹으로 배열시킨 장치로, 카본 파일이 계자 코일과 직렬로 연결되어 있어 발전기 전압 증가 시 계자 전류를 조절할 수 있습니다. [그림 13.15]의 구성도를 보면서 작동과정을 설명하겠습니다.

① 발전기가 정상작동 시 전류는 A점을 거쳐 부하로 공급되며, 동시에 B점에서 분류되어 일부는 솔레노이드(전자석)를 통과하여 접지(ground)로 빠져나가고, 일부는 카본 파일을 지나 계자 코일로 흐릅니다.

② 발전기에 연결된 부하가 상승하여 발전기의 전압이 증가하면 전자석의 전압코일에 흐르는 전류가 증가하여 전자석의 흡인력이 증가합니다.

③ 전자석의 흡인력 증가로 인해 그 옆에 설치된 카본 파일의 탄소판의 간격이 넓어져 카본 파일의 저항이 커지게 됩니다.

④ 카본 파일을 통과한 전류는 크기가 작아져, 계자에서 발생되는 자기장을 약화시키므로 발전기 전압을 감소시킵니다.

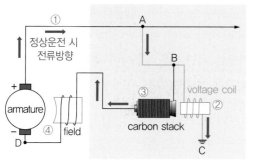

① 부하 상승 ➡ 발전기 전압 상승
② voltage coil 전류 증가 ➡ 전자석 흡인력 증가
③ 탄소판 간격 넓어짐 ➡ 카본파일 저항 증가
④ 계자전류 감소 ➡ ▪ 계자자기장 약화
　　　　　　　　　　 ▪ 발전기 전압 감소

[그림 13.15] 카본 파일형 전압 조절기(carbon pile type voltage regulator)

(2) 전류제한기

3-유닛 조절기 중 전류제한기(current limiter)는 발전기에 과전류(over-current)가 흐르는 것을 방지하는 장치입니다.

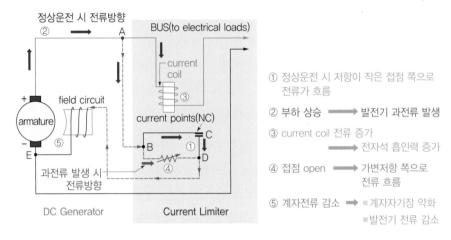

[그림 13.16] 전류제한기(current limiter)

[그림 13.16]과 같이 발전기의 전류가 증가하여 과전류가 흐르면 A점에 연결된 전자석의 전류코일(current coil)은 전류가 증가되어 전자석의 흡인력이 증가됩니다. 이때 증가된 흡인력이 C점의 접점을 잡아당겨 오픈시키고, 전류는 B점에 연결된 가변저항을 거쳐 흐르게 되므로, 크기가 작아진 전류가 계자로 흘러들어가면서 과전류를 감소시킵니다.

(3) 역전류 차단기

3-유닛 조절기의 마지막 장치인 역전류 차단기(reverse current cut-out relay)는 발전기 출력전압과 배터리 버스(BUS) 사이에 장착하는 장치로, 정상적인 발전기 운용과정에서는 발전기의 출력전압이 축전지 전압보다 높게 되어, 항공기 부하에 전류를 공급하고 일부는 축전지를 계속 충전시킵니다. 만약 어떤 원인에 의해 발전기 출력전압이 축전지 전압보다 낮은 상태가 되면, 역전류 차단기가 작동하여 축전지로부터 발전기로 전류가 역류하는 것을 차단하여 발전기를 보호합니다.

① 정상상태(발전기의 출력전압이 축전지의 전압보다 높은 상태)
　　– 전류는 A점에서 분기되어 전류코일을 거쳐 B로 흘러 나가고 전압코일의 전류는 A에서 C로 흐르게 되므로, 전자석의 자기장이 서로 상쇄되어 접점(contact

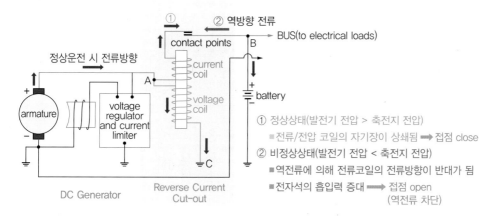

① 역방향 전류

① 정상상태(발전기 전압 > 축전지 전압)
  ■ 전류/전압 코일의 자기장이 상쇄됨 ➡ 접점 close
② 비정상상태(발전기 전압 < 축전지 전압)
  ■ 역전류에 의해 전류코일의 전류방향이 반대가 됨
  ■ 전자석의 흡입력 증대 ➡ 접점 open
                              (역전류 차단)

[그림 13.17] 역전류 차단기(reverse current cut-out relay)

point)은 닫혀진 상태(close)가 됩니다.

 – 발전기의 전압이 축전지 전압보다 높으므로 전류가 축전지 쪽으로 흘러들어가 축전지는 충전이 됩니다.

② 비정상 상태(발전기 고장으로 발전전압이 축전지 전압보다 낮은 상태)

 – 축전지로부터 발전기 쪽으로 전압이 걸리고 역전류가 유입됩니다. 전류코일에 흐르는 전류방향이 바뀌면서 전류코일의 자기장 방향도 반대가 되므로 전자석의 흡인력이 커져 접점은 개방(open)되고 유입되는 역전류가 차단됩니다.

13.3.3 이퀄라이저 회로

직류발전기의 보조장치 중 [그림 13.18]의 이퀄라이저 회로(equalizer circuit)는 2대 이상의 발전기가 병렬로 연결되어 운용될 때, 항공기의 부하로 공급되는 전류량을 각 발전기로 분담시키는 기능과 2대 발전기의 출력전압이 같도록 조절하는 기능을 함께 수행합니다.

 현재 항공기에 [그림 13.18]과 같이 2대의 발전기가 장착되어 병렬운전 중에 있으며, 왼쪽 발전기는 항공기시스템에 공급되는 300 A의 전류를 담당하고, 오른쪽 발전기는 150 A를 담당하고 있다고 가정한 후, 이퀄라이저 회로의 작동과정을 알아보겠습니다.

① 각 발전기의 E점과 접지점(ground) 사이에는 0.00167 Ω의 이퀄라이저 저항이 연결되어 있고, 정상 가동 상태에서는 이퀄라이저 저항에 0.5 V의 전압강하가 발생한다고 가정합니다.

② 만약 발전기에 이상이 발생하여 오른쪽 발전기의 이퀄라이저 전압이 0.25 V로

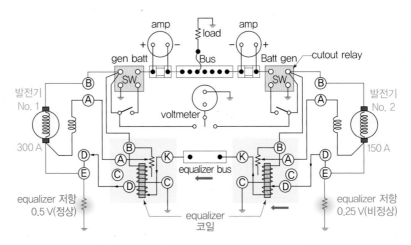

[그림 13.18] 이퀄라이저 회로(equalizer circuit)

떨어지면, 오른쪽 발전기 쪽의 전압이 높아져 전류가 equalizer bus를 통해 왼쪽
발전기 쪽으로 흐릅니다.

③ 이때 왼쪽 발전기로 흘러들어온 전류는 전압조절기 내의 전압코일(equalizer 코
일)에 흐르는 전류를 증가시킵니다.
  – 이로 인한 전자석의 흡인력 증가는 카본 파일의 저항을 증가시켜 왼쪽 발전기
    의 계자전류를 감소시켜 발전전압이 떨어지게 합니다.
④ 반면에 오른쪽 발전기의 전압조절기는 전압코일에 흐르는 전류가 감소합니다.
  – 이로 인한 전자석의 흡인력 감소는 카본 파일의 저항을 감소시켜 계자전류를
    증가시키므로 우측 발전기의 전압은 높아집니다.
⑤ 이퀄라이저 회로는 위의 과정을 반복하여 왼쪽과 오른쪽 2대의 발전기의 전압과
  전류가 같아질 때까지 작동합니다.

13.4 교류발전기

13.4.1 교류전력

교류전력(AC power)은 [그림 3.19]와 같이 단상 교류(single-phase AC)와 3상 교류
(three-phase AC)로 구분됩니다. 단상 교류는 전원과 부하가 2개의 전선으로 접속되어
1개의 교류를 공급합니다. 3상 교류는 발전소에서 만드는 전압이나 공장 등에서 동력
으로 사용하는 교류전원으로 높은 전력을 필요로 하는 곳에 주로 이용됩니다. 3상 교
류는 각각 120°의 위상차를 갖는 단상 교류 3개를 하나로 묶어 놓은 것으로, 3상으로

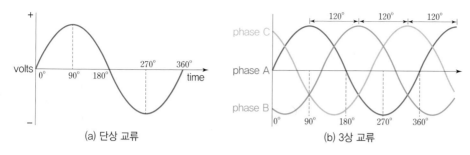

[그림 13.19] 단상 교류와 3상 교류

부하에 전력을 공급하면 3개의 단상 교류를 함께 공급하는 것과 같이 큰 전력을 공급할 수 있으므로, 전선의 수와 무게를 감소시킬 수 있는 장점이 있습니다.

13.4.2 교류발전기의 형태

(1) 회전 전기자형과 회전 계자형

　직류발전기는 [그림 13.20]과 같이 계자는 고정되어 있는 고정자가 되고, 전기자는 회전하는 회전자가 되며, 구조상 정류자와 브러시가 필수적으로 설치되어 발전된 직류 (DC) 전원을 외부로 공급합니다. 이와 달리 교류발전기는 다음과 같은 구조를 가집니다.

 핵심 Point **교류발전기의 구조**

- 직류발전기와 반대로 외각에 전기자 코일을 설치하고, 엔진 회전축에 연결되어 회전하는 회전축에 계자 코일을 감아서 자기장을 만드는 계자를 회전시킨다.
- 교류발전기에서 고정자(stator)는 전기자의 역할을 하여 전기를 만들어내며, 회전자(rotor)는 자기장을 만드는 계자이다.

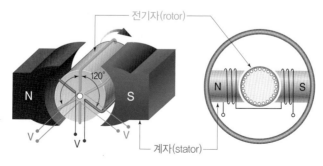

[그림 13.20] 직류발전기의 구조(고정자＝계자, 회전자＝전기자)

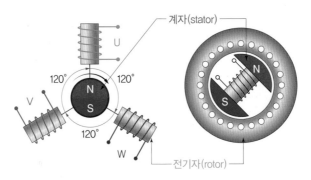

[그림 13.21] 교류발전기의 구조(고정자 = 전기자, 회전자 = 계자)

발전기는 크게 고정된 계자 내에서 전기자를 회전시키는 '회전 전기자형'과 고정된 전기자의 안쪽에서 계자를 회전시키는 '회전 계자형'으로 구분됩니다. 구조상 직류발전기는 회전 전기자형을 주로 사용하고, 교류발전기는 [그림 13.21]과 같이 회전 계자형의 구조를 채택합니다.

회전 전기자형은 교류발전기에도 채택할 수 있는 구조이지만, 발전전압이 높아지면 슬립링과 브러시의 접촉 부위에서 불꽃(arc)이 발생하여 제작이 어렵기 때문에 주로 110~220 V의 저전압·소용량 발전기에 사용합니다. 이에 반해 회전 계자형은 고정된 전기자의 안쪽에서 계자를 회전시키므로 발생한 기전력을 그대로 외부로 빼낼 수 있습니다. 또한 전기자 철심의 홈을 깊게 파 고압 절연을 충분히 할 수 있고 코일의 배열 및 결선(結線)이 편하기 때문에 고전압·대용량 교류발전에서는 모두 회전 계자형이 사용됩니다. 발전전압은 보통 3,000~22,000 V인데 30,000 V를 넘는 발전기도 있습니다.

교류발전기에서 회전 계자형을 구조상 채택하는 또다른 이유는, 3상 교류를 얻기 위해 굵고 무거운 전기자 코일을 사용하는데, 무거운 전기자가 회전할 때 나타나는 원심력에 의해 여러 가지 문제가 발생하게 됩니다. 따라서 전기자 코일을 고정시키고 엔진 회전축에 계자를 연결하여 회전시키는 것이 보다 효율적입니다. 계자로는 영구자석을 사용하거나 코일을 감은 전자석을 사용하고, 계자로 전자석을 사용하는 경우는 코일에 전원을 공급해주어야 하므로 슬립링과 브러시가 필수적으로 필요합니다.

(2) 브러시리스 교류발전기

회전 계자형 교류발전기에서 회전자인 계자를 전자석으로 사용하지 않고 영구자석으로 사용하는 교류발전기의 형태를 브러시리스(brushless) 교류발전기라고 합니다. 명칭과 같이 엔진축에 계자인 영구자석을 연결하여 회전시킴으로써, 계자로 전자석을 사용하는 형태와는 달리, 전원공급을 위한 슬립링과 브러시가 구조상 필요없습니다.

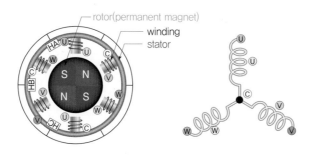

[그림 13.22] 브러시리스 교류발전기의 구조

브러시리스 교류발전기는 아크(불꽃) 발생 위험이 없고, 브러시의 마모가 없어 유지보수비가 낮으며, 슬립링과 브러시 사이의 전기저항 및 전도율의 변화가 없어 출력파형이 안정되고 고공비행 성능이 우수해집니다. 이에 반해 구조가 복잡하고 가격이 비싸지는 단점이 있습니다.

13.4.3 교류발전기의 종류

(1) 단상 교류발전기

[그림 13.23]은 단상 교류발전기(single-phase AC generator)의 구조를 보여주고 있으며, 엔진 회전축에 연결된 영구자석이 회전함에 따라 외각 고정자 코일에서 기전력이 발생합니다. 외각 고정자 코일은 2극, 4극 등으로 이루어지며 전체 계자 코일을 직렬로 연결하여 1개의 단상 교류를 얻게 됩니다.

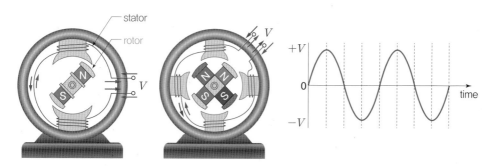

[그림 13.23] 단상 교류발전기

(2) 3상 교류발전기

[그림 13.24]의 3상 교류발전기(three-phase AC generator)는 3개의 교류를 얻기 위해 3개의 고정자 코일(U, V, W 코일)을 외각에 설치하며, 엔진 회전축에 연결된 회

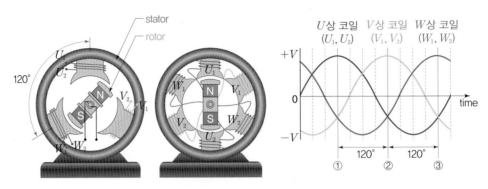

[그림 13.24] 3상 교류발전기

전자의 회전에 따라 각각 120° 위상차를 갖는 3상 교류를 발생시킵니다.

고정자 코일은 [그림 13.24]와 같이 3개의 고정자 철심에 3개의 코일을 감아서 U, V, W의 3상 교류를 얻을 수 있으며, 6개의 철심에 6개의 코일을 감고 마주보는 철심의 코일을 직렬로 연결하면 3개의 교류를 얻을 수 있는 형태로 구성할 수 있습니다.[15]

3상 교류는 앞에서 설명한 바와 같이 단상 교류에 비하여 효율이 우수하고 높은 전력의 수요를 감당하는 데 적합합니다. 한국산업규격(KS, Korean Industrial Standards)에서는 항공기 전기계통의 교류전원 정격용량이 500 VA 이상이 필요할 때 3상 교류전원을 사용하도록 규정하고 있습니다.

13.4.4 3상 교류발전기의 결선방식

[그림 13.24]에 나타낸 3상 교류발전기의 외각 고정자 코일에서는 총 6개의 코일 끝단이 나오게 되는데, 이것을 어떻게 연결하느냐에 따라 교류발전기의 특성이 달라집니다. 일반적으로 교류발전기나 전동기 외각에 단자대(terminal block)를 설치하여 사용자가 필요에 따라 결선을 달리하여 사용합니다. 3개의 코일을 연결하여 결선하는 방식은 크게 Y-결선(Y-connection)[16]과 Δ(델타)-결선(delta-connection)으로 나뉩니다.

(1) Y-결선

먼저 Y-결선방식에 대해 알아보겠습니다. Y-결선은 [그림 13.25]와 같이 3개 코일 각각의 한쪽 끝단을 한 점에서 모두 모이도록 연결한 후 단자선을 외부로 빼냅니다. 이 단자선을 중성선(neutral line)이라 하며 N으로 표기하고 항공기 기체구조물에 접지시키고, 각 코일의 나머지 한쪽 끝단도 단자선으로 각각 사용합니다. 결선 후 모양이 영문 Y자를 거꾸로 놓은 것과 같기 때문에 Y-결선이라고 하며, 성형결선(星形結線) 또는 스

---

15 (U_1, U_2 코일 연결) = U코일, (V_1, V_2 코일 연결) = V코일, (W_1, W_2 코일 연결) = W코일

16 3상 4선식으로 항공기 교류발전기에 사용되는 결선방식임.

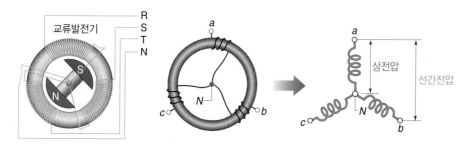

[그림 13.25] Y-결선(성형결선, 스타결선)

타결선(star connection)이라고도 부릅니다. Y-결선의 단자는 그림에서와 같이 (a, b, c, N)[17]으로 총 4개의 선이 나오므로, 3상 4선식(three-phase four-wire)이라고 합니다. 각 코일에서 출력되는 3개 교류의 주파수는 동일하며, 위상은 120° 차이가 납니다.

[그림 13.26]과 같이 상전압(phase voltage)은 3개 코일 각각에 걸리는 전압으로 각 코일 양 끝단 사이의 전압을 지칭하고, 3개 코일 각각에 흐르는 전류는 상전류(phase current)라고 합니다. 실제 발전기에서 출력되는 전압은 (a, b, c, N)선을 통해 얻게 되는데, 이 선 사이의 전압을 선간전압 또는 선전압(line voltage)이라 하고 흐르는 전류를 선전류(line current)라고 합니다.

- 상전압(V_P): V_a, V_b, V_c가 해당
- 선전압(V_L): V_{ab}, V_{bc}, V_{ca}가 해당

상전압은 코일 양단간의 전압이므로 만약 중성선 N과 c 단자선 사이의 선전압인 V_{Nc}는 상전압 V_c가 됨을 유의하기 바랍니다.

a선과 b선 사이에 흐르는 선전류를 측정해보겠습니다. [그림 13.26]에서 전류가 a 선으로 들어가 b선으로 나오는 경로를 따라가 보면, 코일 a와 b가 회로상에서 직렬로 연결되어 있음을 확인할 수 있습니다. 따라서 회로이론에서 배운 바와 같이 직렬회로에서는 전류가 일정하므로 선전류와 코일 각각에 걸리는 상전류값은 같습니다.

반면에 상전압과 선전압은 값이 다른데, 그 관계를 알아보겠습니다. 3개의 고정자 코일 a, b, c에 걸리는 각각의 상전압은 크기와 주파수는 같고, 위상만 120° 차이가 나므로 식 (13.1)과 같이 sine 함수로 표현할 수 있습니다.

$$\begin{cases} V_a = V_m \sin \omega t \\ V_b = V_m \sin(\omega t - 120°) \\ V_c = V_m \sin(\omega t - 240°) \end{cases} \tag{13.1}$$

[17] (a, b, c) 단자선은 (U, V, W) 또는 (R, S, T)로 표기하기도 함.

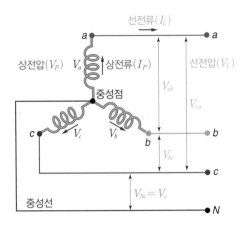

상전압(V_P) V_a 상전류(I_P)

선전류(I_L)

선전압(V_L)

중성점

V_c V_b

중성선

$V_{Nc} = V_c$

[그림 13.26] Y-결선의 전압/전류

고정자 코일 a와 b에 걸리는 상전압 V_a와 V_b를 이용하여 선전압(V_L)을 구해보겠습니다. 선전압 $V_L = (V_a - V_b)$로 구할 수 있으므로, 여기에 sine 함수로 표현된 식 (13.1)을 대입하여 정리합니다. 이때 교류에서 배운 복소수 표기법으로 sine 함수를 변환하고 정리하면 식 (13.2)로 유도됩니다.

$$
\begin{aligned}
V_L &= V_{ab} = V_a - V_b \\
&= V_m \sin \omega t - V_m \sin (\omega t - 120°) \\
&= V_m [\cos 0° + j \sin 0°] - V_m [\cos (-120°) + j \sin (-120°)] \\
&= V_m (1 + j \cdot 0) - V_m \left(-\frac{1}{2} - j\frac{\sqrt{3}}{2} \right) = V_m \left(\frac{3}{2} + j\frac{\sqrt{3}}{2} \right) \\
&= \sqrt{3}\, V_m \left(\frac{\sqrt{3}}{2} + j\frac{1}{2} \right) = \sqrt{3}\, V_m (\cos 30° + j \sin 30°) \\
&= \sqrt{3}\, V_m \sin (\omega t + 30°)
\end{aligned}
\tag{13.2}
$$

따라서 선전압 V_L의 크기는 상전압 크기(V_m)의 $\sqrt{3}$ 배가 되고 위상은 30° 앞서게 되므로, Y-결선방식의 특성은 다음과 같이 정리할 수 있습니다.

> **Y-결선(Y-connection)의 특성**
>
> - 선전류와 상전류는 크기가 같다.
> - 선전압은 상전압 크기의 $\sqrt{3}$ 배, 즉 1.732배가 된다.
> - 선전류와 상전류는 동상(in-phase)이고, 선전압은 상전압보다 위상이 30° 앞선다(lead).

$$\begin{cases} V_L = \sqrt{3}\, V_P \\ I_L = I_P \end{cases} \tag{13.3}$$

항공기의 3상 교류발전기는 일반적으로 3상 4선식, 115 V/200 V 400 Hz를 사용합니다. 여기서 115 V와 200 V는 서로 별개의 값이 아니라 Y-결선을 사용하기 때문에 나타나는 상전압과 선전압의 관계입니다.[18]

Y-결선은 중성선을 이용하여 접지하기 때문에 안정적인 운용이 가능하며, 상전압보다 높은 선전압도 사용할 수 있습니다. 반면에 어느 한 상(phase)의 고정자 코일이라도 단선되면 부하에 전압을 공급하지 못한다는 단점이 있습니다.

[18] 115 V는 상전압이 되고, 200 V는 상전압에 $\sqrt{3}$ 배한 선전압이 됨.

예제 13.1

다음과 같이 주어진 정격 220 V 3상 교류발전기의 선간전압을 구하시오.

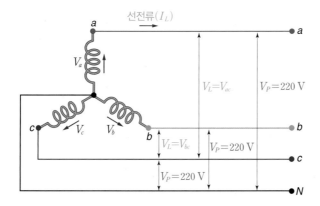

|풀이| 중성선(N)을 기준으로 각 단자를 측정한 전압 220 V는 각 고정자 코일 a, b, c에 걸리는 상전압 V_P가 되므로, 선전압 V_L은 다음과 같다.

$$V_L = \sqrt{3}\, V_P = \sqrt{3} \cdot 220\ \text{V} = 381.1\ \text{V} \cong 381\ \text{V}$$

---

(2) Δ-결선

Δ-결선은 [그림 13.27]과 같이 3개 고정자 코일의 한쪽 끝단을 바로 옆에 위치하는 코일의 한쪽 끝단과 순차적으로 연결하는 방식으로 결선 모양을 따서 삼각결선(三角結線) 또는 환상결선(環狀結線)이라고도 합니다. Y-결선을 사용하면 총 4개의 단자

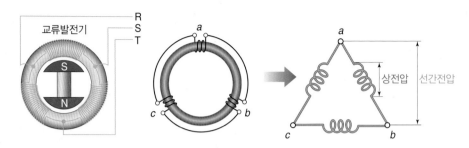

[그림 13.27] Δ-결선(삼각결선, 환상결선)

19 단자명 (a, b, c) 대
신에 (R, S, T) 또는 (U,
V, W)로 표기하기도 함.

선이 나오게 되고, Δ-결선을 사용하면 총 3개의 단자선(a, b, c)[19]이 나오게 됩니다.

Δ-결선은 선간전압과 상전압이 같은 결선입니다. a선과 b선 사이에 걸리는 선전압을 측정해보겠습니다. [그림 13.28]에서 a선으로부터 b선을 따라가 보면 코일 a, b, c가 병렬로 연결되어 있습니다. 따라서 병렬회로에서는 전압값이 일정하므로 선전압(V_L)과 코일 각각에 걸리는 상전압(V_P)은 같게 됩니다. 이에 반해 Δ-결선의 선전류는 상전류의 $\sqrt{3}$ 배가 되고, 위상은 상전류보다 30° 느려집니다.

20 앞의 Y-결선 특징에
서 전압과 전류를 바꿔
서 기억하면 됨.

Δ-결선의 특징을 정리하면 다음과 같습니다.[20]

 Δ-결선(delta connection)의 특성

- 선전압과 상전압은 크기가 같다.
- 선전류는 상전류 크기의 $\sqrt{3}$ 배, 즉 1.732배가 된다.
- 선전압과 상전압은 동상(in-phase)이고, 선전류가 상전류보다 위상이 30° 느리다(lag).

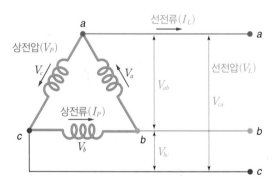

[그림 13.28] Δ-결선의 전압/전류

$$\begin{cases} V_L = V_P \\ I_L = \sqrt{3}\,I_P \end{cases} \qquad (13.4)$$

Δ-결선은 코일이 병렬로 연결되어 있으므로 어느 한 상의 코일이 단선되더라도 부하에 전력 공급이 가능합니다.

13.4.5 3상 교류의 전력

(1) 3상 교류전력

10장에서 교류전력인 피상전력(P_a), 유효전력(P), 무효전력(P_r)을 공부했습니다. 이제 교류발전기에서 출력되는 3상 교류전력을 활용하는 방법에 대해 설명하겠습니다.

10장에서 배운 식 (10.40)~(10.42)의 교류전력들은 1개 코일의 전압과 전류를 사용하여 구했으므로, 3상 교류에서는 각 전기자(고정자) 코일의 상전압(V_P)과 상전류(I_P)에 해당됩니다. 3상 교류전력은 식 (13.5)와 같이 결선방식에 상관없이 고정자 코일에 대한 전력을 각각 구한 다음에 3개를 모두 더하면 됩니다.

1개 고정자 코일의 전력
$$\begin{cases} P_a = V_P \cdot I_P \,[\text{VA}] \\ P = V_P \cdot I_P \cos\theta \,[\text{W}] \\ P_r = V_P \cdot I_P \sin\theta \,[\text{VAR}] \end{cases} \xrightarrow[\text{(코일 전력을 모두 더함)}]{\text{3상 교류에 적용}} \begin{cases} P_a = 3V_P \cdot I_P \,[\text{VA}] \\ P = 3V_P \cdot I_P \cos\theta \,[\text{W}] \\ P_r = 3V_P \cdot I_P \sin\theta \,[\text{VAR}] \end{cases} \quad (13.5)$$

만약 선전압(V_L)과 선전류(I_L)로 상기 식을 표현하고자 한다면, Y-결선의 경우는 식 (13.3)의 관계를 이용하여 다음 식 (13.6)과 같이 구할 수 있습니다.

$$\begin{cases} P_a = 3V_P \cdot I_P \,[\text{VA}] \\ P = 3V_P \cdot I_P \cos\theta \,[\text{W}] \\ P_r = 3V_P \cdot I_P \sin\theta \,[\text{VAR}] \end{cases} \xleftarrow{\text{식 (13.3)}} \begin{cases} V_L = \sqrt{3}\,V_P \\ I_L = I_P \end{cases}$$

$$(13.6)$$

$$\therefore \begin{cases} P_a = 3\left(\dfrac{V_L}{\sqrt{3}}\right) \cdot I_L = \sqrt{3}\,V_L \cdot I_L \,[\text{VA}] \\ P = 3\left(\dfrac{V_L}{\sqrt{3}}\right) \cdot I_L \cos\theta = \sqrt{3}\,V_L \cdot I_L \cos\theta \,[\text{W}] \\ P_r = 3\left(\dfrac{V_L}{\sqrt{3}}\right) \cdot I_L \sin\theta = \sqrt{3}\,V_L \cdot I_L \sin\theta \,[VAR] \end{cases}$$

Δ-결선이라면 식 (13.4)의 관계를 이용하여 다음 식 (13.7)과 같이 정리됩니다.

$$\begin{cases} P_a = 3V_P \cdot I_P \, [\text{VA}] \\ P = 3V_P \cdot I_P \cos\theta \, [\text{W}] \\ P_r = 3V_P \cdot I_P \sin\theta \, [\text{VAR}] \end{cases} \xleftarrow{\text{식 (13.4)}} \begin{cases} V_L = V_P \\ I_L = \sqrt{3}\, I_P \end{cases}$$

$$\Downarrow \tag{13.7}$$

$$\therefore \begin{cases} P_a = 3V_L \cdot \left(\dfrac{I_L}{\sqrt{3}}\right) = \sqrt{3}\, V_L \cdot I_L \, [\text{VA}] \\[2mm] P = 3V_L \cdot \left(\dfrac{I_L}{\sqrt{3}}\right)\cos\theta = \sqrt{3}\, V_L \cdot I_L \cos\theta \, [\text{W}] \\[2mm] P_r = 3V_L \cdot \left(\dfrac{I_L}{\sqrt{3}}\right)\sin\theta = \sqrt{3}\, V_L \cdot I_L \sin\theta \, [\text{VAR}] \end{cases}$$

따라서 Y 또는 Δ-결선 방식에 상관없이 3상 교류의 전력은 식 (13.8)과 같이 정리되며, 선전압, 선전류로 표현할 수도 있고 상전압과 상전류로 표현할 수도 있습니다.

$$\begin{cases} P_a = 3V_P \cdot I_P \, [\text{VA}] \\ P = 3V_P \cdot I_P \cos\theta \, [\text{W}] \\ P_r = 3V_P \cdot I_P \sin\theta \, [\text{VAR}] \end{cases} \Leftrightarrow \begin{cases} P_a = \sqrt{3}\, V_L \cdot I_L \, [\text{VA}] \\ P = \sqrt{3}\, V_L \cdot I_L \cos\theta \, [\text{W}] \\ P_r = \sqrt{3}\, V_L \cdot I_L \sin\theta \, [\text{VAR}] \end{cases} \tag{13.8}$$

Y-결선은 선전압이 상전압보다 높으므로 높은 전압을 필요로 하는 환경에서는 Y-결선을 사용하고, Δ-결선은 선전류가 상전류보다 크게 출력되므로 많은 전류가 요구되는 곳에서는 주로 Δ-결선을 사용합니다.

(2) 3상 교류의 부하접속 및 변환

부하접속이란 3상 교류발전기에서 발전된 전력을 필요로 하는 장치(부하)에 연결하여 공급하는 것을 의미합니다. 3상 교류의 부하접속은 [그림 13.29]와 같이 일반적으로 Y-결선의 발전기는 부하도 Y-결선방식을 사용하여 Y-Y 회로로 접속하고, Δ-결선의 발전기는 [그림 13.30]과 같이 부하도 Δ-결선을 사용하여 Δ-Δ 회로로 연결하면 됩니다.

부하의 Y, Δ 접속방식은 상호 변환이 가능한데, [그림 13.29]에서 Y-결선의 접속부하 중 a와 b 사이의 접속부하값 $(Z_Y)_{ab}$는 [그림 13.30]의 Δ-접속으로 바꾸었을 때 a와 b 사이의 접속부하값 $(Z_\Delta)_{ab}$[21]와 크기가 같아야 합니다. 이를 이용하여 식 (13.9)와 같이 상호 변환관계를 유도할 수 있으며, 정리하면 식 (13.10)의 관계가 됩니다.

21 $(Z_\Delta)_{ab}$는 2개의 임피던스(저항)로 이루어진 병렬회로의 합성 임피던스를 구하는 식 (10.23)을 적용함.

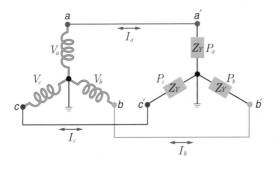

[그림 13.29] Y-Y 부하접속

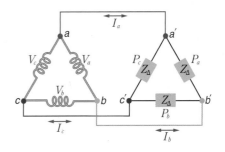

[그림 13.30] Δ-Δ 부하접속

$$\begin{cases} [Z_Y]_{ab} = Z_Y + Z_Y = 2Z_Y \\ [Z_\Delta]_{ab} = \dfrac{2[Z_\Delta]^2}{Z_\Delta + 2Z_\Delta} = \dfrac{2Z_\Delta}{3} \end{cases} \Rightarrow \begin{cases} [Z_Y]_{ab} = [Z_\Delta]_{ab} \\ \rightarrow \ 2Z_Y = \dfrac{2Z_\Delta}{3} \end{cases} \tag{13.9}$$

$$Z_\Delta = 3Z_Y \tag{13.10}$$

따라서 식 (13.10)을 이용하여 Y-접속부하를 Δ-접속부하로 변환 시에는 [그림 13.31]과 같이 Y-접속부하에 3배를 곱한 후 Δ-접속부하로 대체하고, 반대로 Δ-접속부하를 Y-접속부하로 변환 시에는 [그림 13.32]와 같이 Δ-접속부하에 1/3을 곱해주면 됩니다.

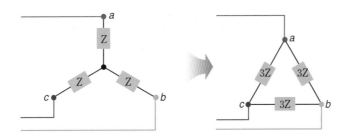

[그림 13.31] Y-Δ 부하접속 변환

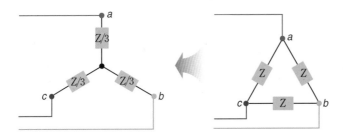

[그림 13.32] Δ-Y 부하접속 변환

13.5 교류발전기의 보조장치

교류발전기도 직류발전기와 마찬가지로 정상작동을 위한 보조장치들이 필요합니다.

(1) 전압조절기

전압조절기(voltage regulator)는 직류발전기의 전압조절기와 같이 부하에 따른 교류발전기의 전압을 일정하게 유지해 주는 장치입니다. 자기장을 만드는 계자인 회전자 코일에 흐르는 전류를 제어하여 직류발전기의 전압조절기와 비슷한 원리로 출력전압을 조절하도록 작동합니다.

(2) 정속구동장치

교류발전기의 보조장치 중 가장 중요한 장치가 [그림 13.33]에 나타낸 정속구동장치(CSD, Constant Speed Drive)입니다. 교류발전기에서는 직류발전기와는 달리 출력전압을 일정하게 유지하는 전압조절기능과 더불어 출력주파수도 일정하게 유지해주어야 하는데, 정속구동장치가 엔진 구동축과 교류발전기 사이에 장착되어 이 기능을 수행합니다. 항공기 교류전원의 정격 주파수는 400 Hz이고 정격 주파수 조절 범위에서 ±1 Hz의 오차범위 내에서 유지되어야 합니다.

 핵심 Point 정속구동장치(CSD, Constant Speed Drive)

- 항공기 엔진 구동축과 발전기축 사이에 장착되어 엔진 회전수(rpm)에 상관없이 발전기의 회전수를 항상 일정하게 유지하는 장치이다.

[그림 13.33] 정속구동장치(CSD)

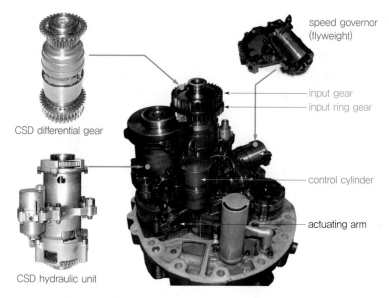

speed governor
(flyweight)

input gear
input ring gear

CSD differential gear

control cylinder

actuating arm

CSD hydraulic unit

[그림 13.34] 정속구동장치(CSD) 내부 구조 및 주요 구성품

[그림 13.34]는 정속구동장치의 내부 구조를 보여주고 있는데, 구성품 중 hydraulic unit, differential gear 및 speed governor가 중요한 역할을 합니다.

엔진 출력이 증가되어 엔진 회전수가 높아지는 경우에는 정속 구동장치의 under drive phase 모드가 작동하여 발전기로 연동되는 회전수를 줄이게 되며, 엔진 회전수가 작아지는 경우에는 over-drive phase 모드로 작동하여 발전기로 연동되는 회전수를 증가시킵니다. [그림 13.35]는 under-drive phase 모드를 보여주고 있는데 작동과정을 알아보겠습니다.

① 엔진 출력 증가(rpm 증가)

증가된 엔진 rpm은 ①-② 경로를 따라 엔진 구동축에 연결된 input gear와 carrier shaft, epicyclic gear를 통해 hydraulic unit으로 전달되며, 동시에 speed governor의 내부 flyweight는 증가된 엔진 rpm에 비례하여 control piston을 동작시키고 이에 따라 swash plate가 기울어진다. 따라서 speed governor는 유압제어밸브(hydraulic control valve) 기능[22]을 수행한다.

② variable hydraulic unit은 유압펌프로 작동

[그림 13.36]과 같이 기울어진 swash plate면을 따라 cylinder block이 회전하기 때문에 내부 reciprocating piston도 함께 회전하며 한쪽은 가압하는 방향으로, 다른 한쪽은 suction하는 방향으로 움직이게 된다.

22 엔진 회전수에 비례하여 variable hydraulic unit(그림 상단 우측)에 장착된 control cylinder의 오일 공급을 제어함.

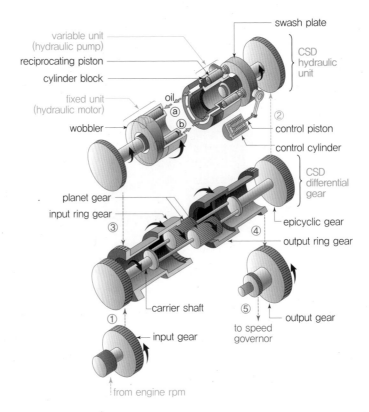

[그림 13.35] 엔진 rpm이 높은 경우의 정속구동장치 작동과정

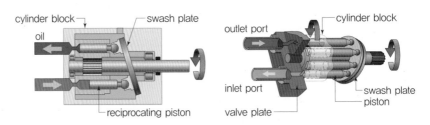

[그림 13.36] variable unit(hydraulic pump)의 작동원리

이에 따라 [그림 13.35]의 유로 ⓐ를 거쳐 fixed unit 쪽으로 저압오일이 흘러들어 가고, 유로 ⓑ를 통해 고압오일이 흘러나오므로 variable unit은 유압펌프(hydraulic pump)의 기능을 수행한다.

③ fixed unit은 유압모터가 되어 회전

이러한 오일 흐름에 의해 기울어진 wobbler면에 수직으로 가해지는 압력에 의한

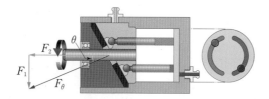

[그림 13.37] fixed unit(hydraulic motor)의 작동과정

힘(F_θ)은 [그림 13.37]과 같이 기울어진 각도(θ)에 따라 F_1과 F_2로 분해되고 힘 F_1은 중심축에 대해 회전토크로 작용하므로 fixed unit의 cylinder block이 회전하게 된다.

④ 차동기어(differential gear)의 input ring gear 회전

위의 과정을 통한 cylinder block의 회전은 ③경로를 따라 차동기어로 전달되어 엔진회전방향과 같은 방향으로 input ring gear를 회전시키게 된다.

⑤ 유성기어(planet gear)에 의해 output ring gear가 회전

Input ring gear와 유성기어의 회전방향이 반대이므로 output ring gear의 회전속도는 감속된다.

⑥ 감속된 회전수가 접속된 output gear를 통해 발전기로 전달

④-⑤경로를 따라 발전기의 회전수가 감속된다.

엔진 회전수가 낮아지는 경우에는 over-drive phase로 구동되며, 이때 유로 ⓐ는 고압오일이 흐르고 유로 ⓑ는 저압오일이 흐르게 되므로, variable unit은 유압모터로, fixed unit은 유압펌프가 되어 차동기어의 회전방향이 바뀌고 발전기의 회전수는 증가하게 됩니다.

B737NG(600/700/800/900), B777, B747 등 최근 항공기들은 정속구동장치를 별도로 장착하지 않고 교류발전기에 통합된 통합구동발전기(IDG, Integrated Drive Generator)를 사용하고 있습니다. IDG는 좌우 엔진에 각각 1개씩 장착되어(IDG1&2) AC BUS에 전력을 공급하고, 발전기 1대가 고장났을 때 backup 기능을 수행합니다. [그림 13.38]과 같이 엔진 N2 로터의 accessory gearbox에 장착되며 회전수 24,000 rpm을 계속해서 유지시킵니다.

(3) 변압정류기

변압정류기(transformer rectifier unit)는 TRU라고도 하며 교류발전기에서 발전된 교류전력 중 일부를 직류로 정류(rectifying)하여 항공기 직류전원 버스(BUS)에 전력

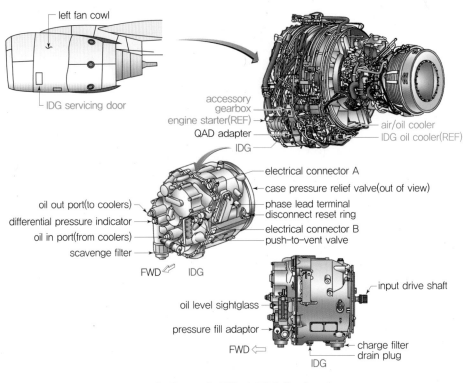

[그림 13.38] 통합구동발전기(IDG)

을 공급하는 기능을 수행합니다.

교류(AC)를 직류(DC)로 변환하는 장치를 정류기(rectifier)라고 하며, 변압기능을 수행하는 전기장치는 변압기(transformer)라고 합니다. 11장의 축전지에서 배운 바와 같이, 항공기의 직류 표준전원은 $28\,V_{DC}$를 사용하기 때문에 교류발전기에서 발전된 $115\,V_{AC}$ 또는 $200\,V_{AC}$를 $28\,V_{DC}$로 낮추고 직류로 변환해주어야 합니다. 따라서 정류기와 변압기가 합쳐져서 정류와 변압을 동시에 수행하는 장치인 변압정류기(TRU)가 사용됩니다. 정류기능과 정류기에 대해서는 다음 13.6절에서 자세히 알아보겠습니다.

(4) 역전류 차단기

정류장치에는 다이오드(diode)가 필수적인 소자로 사용됩니다. 다이오드는 6장에서 배웠던 반도체 소자인데, 전류의 흐름을 한쪽 방향으로만 흐르게 하는 기능이 있습니다. 따라서 교류발전기에서는 TRU에서 정류기능이 수행되기 때문에 다이오드가 내부에 장착되어 사용되므로, 자동적으로 역전류(inverse current)가 발전기 쪽으로 흘러들

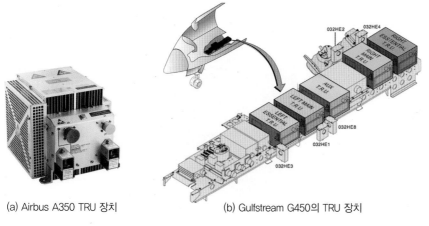

(a) Airbus A350 TRU 장치   (b) Gulfstream G450의 TRU 장치

[그림 13.39] 항공용 변압정류기(TRU)

어오는 것을 차단하여 직류발전기처럼 역전류 차단기를 추가적으로 장착할 필요가 없습니다.

(5) 인버터

야외로 캠핑을 나가서 교류 220 V_{AC}로 작동하는 장치에 전원공급을 하기 위해 다음 [그림 13.40]과 같은 인버터에 자동차 축전지를 연결하여 사용해본 경험이 있나요? 인버터(inverter)는 직류(DC)를 교류(AC)로 변환하는 장치로, 내부 스위칭 소자[23]와 제어회로를 통해 직류를 단속(斷續)시킴으로써 원하는 교류전압과 주파수를 얻을 수 있습니다. 항공기 전기시스템에서는 항공기 내에 교류를 만들어내는 발전기가 없거나, 주 교류전원 시스템에 이상이 발생하는 경우, 배터리와 같은 직류(DC) 전원에서 전력을 공급받아 교류(AC)로 변환시켜 교류전력을 공급합니다.

23 FET(Field Effect Transistor) 등이 사용됨.

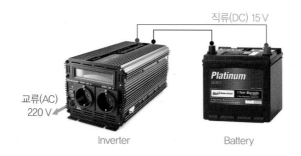

직류(DC) 15 V

교류(AC) 220 V

Inverter   Battery

[그림 13.40] 차량용 인버터(inverter)

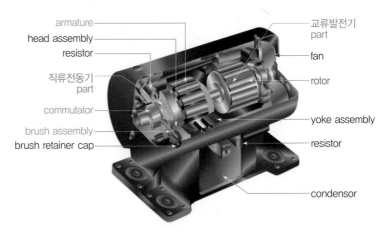

```
armature
head assembly
resistor
직류전동기
part
commutator
brush assembly
brush retainer cap

교류발전기
part
fan
rotor
yoke assembly
resistor
condensor
```

[그림 13.41] 항공용 인버터(inverter)

인버터의 종류는 회전식 인버터(rotary inverter)와 고정식 인버터가 있습니다. 회전식 인버터는 [그림 13.41]과 같이 직류전동기와 교류발전기를 조합한 것으로, 직류전동기 회전축 전기자에 교류발전기의 회전계자를 연결하여 함께 회전시키는 방식입니다.

교류발전기의 출력 주파수는 12.4절 교류전동기에서 설명한 식 (12.1)과 동일하게 다음 식 (13.11)로 계산합니다.

$$f = \frac{P}{2}\left(N_S \times \frac{1}{60}\right) = \frac{P \cdot N_S}{120} \, [\text{Hz}] \;\Rightarrow\; N_S = \frac{120\,f}{P} \, [\text{rpm}] \qquad (13.11)$$

(6) 교류발전기의 병렬운전 조건

항공기에 공급할 전력이 높은 경우에 여러 대의 발전기를 함께 사용하는데, 이때 발전기는 병렬로 연결하여 운용합니다. 교류발전기를 2대 이상 병렬로 연결하여 전력을 분담하는 경우에는 다음의 병렬운전 조건을 충족시켜야 발전된 전력의 손실이 없습니다.

> **핵심 Point 교류발전기의 병렬운전 조건**
>
> • 각 발전기가 동일한 전력을 분담하여 어느 한 쪽 발전기에 무리가 가지 않도록 해야 한다.
> • 병렬운전 시 각 발전기의 출력전압, 위상 및 출력 주파수는 모두 같아야 한다.

13.6 정류회로

13.6.1 정류기

교류(AC)를 직류(DC)로 변환하는 과정을 정류(rectifying)라 하고, 정류기능을 수행하는 전기장치를 정류기(rectifier)라 합니다. 6장에서 배웠던 *PN* 접합의 반도체 소자인 다이오드(diode)는 정방향으로는 전류를 통과시키고, 역방향으로는 전류를 차단하는 소자입니다. 이 단방향성(uni-directional) 특성을 이용하여 정류기능을 수행하기 때문에 다이오드는 정류회로(rectifier circuit)의 필수 핵심 소자로 사용되며, 부가적으로 커패시터(capacitor)와 제너 다이오드(zener diode) 등이 함께 사용되어 정류기능을 수행합니다.

 Point **정류기(rectifier)와 인버터(inverter)**

- 정류기: 교류(AC)를 직류(DC)로 변환하는 장치이다.
  - 정류(rectifying), 평활화(smoothing), 레귤레이팅(regulating) 과정을 거친다.
- 인버터: 직류(DC)를 교류(AC)로 변환하는 장치이다.

[그림 13.42]에 나타낸 전체 정류과정을 살펴보겠습니다.

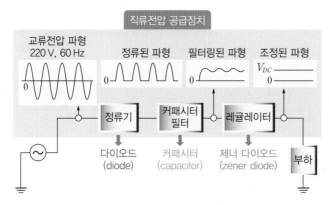

[그림 13.42] 정류기의 정류과정

① 정류(rectifying)과정
- 입력된 교류전압 파형은 다이오드를 지나면서 (−)값을 갖는 파형을 (+)로 만들어 정류합니다.

② 평활화(smoothing) 과정
- 정류된 파형은 커패시터 필터(filter)를 거치면서 약간의 리플(ripple)이 포함된 비교적 평탄한 직류전압으로 변환됩니다.

③ 레귤레이팅(regulating) 과정
- 평활화된 파형은 정전압 레귤레이터(regulator)를 거쳐 완전히 평탄한 직류전압 파형으로 변환되는데, 레귤레이터는 입력 교류전압의 변동이나 직류부하의 변동에도 일정한 전압을 유지하는 기능을 하는 장치입니다.

13.6.2 반파 정류회로

정류회로는 반파 정류회로(half-wave rectifier circuit)와 전파 정류회로(full-wave rectifier circuit)로 나뉘는데, 먼저 반파 정류회로에 대해 알아보겠습니다.

반파 정류회로는 [그림 13.43]과 같이 다이오드 1개를 사용하여 구성하고 정류된 파형은 그림과 같습니다. 입력되는 교류전압은 일정한 주기로 (+)와 (−)값이 변화하는 파형을 갖는데, (+)값을 갖고 들어오는 양(+)의 반주기(half period)에서는 다이오드가 순방향 바이어스가 되므로 입력된 파형이 그대로 출력됩니다.

[그림 13.44]와 같이 입력 교류전압의 음(−)의 반주기가 입력되면, 다이오드는 역방향 바이어스가 되므로 전류는 차단되어 교류전압은 출력되지 않습니다.

위의 과정과 같이 입력된 전체 교류는 양(+)의 반주기 파형만 출력되므로 반파 정류회로라 하고, 음(−)의 반주기가 출력되지는 않지만 전체 파형의 출력 주파수는 입

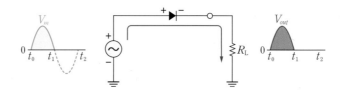

[그림 13.43] 양(+)의 반주기 입력에서의 반파 정류회로

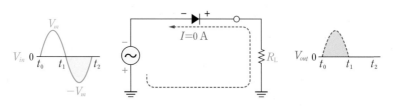

[그림 13.44] 음(−)의 반주기 입력에서의 반파 정류회로

력 교류의 주파수와 동일하며, 출력전압 크기도 동일한 특성을 갖습니다($V_{out} = V_m$).

13.6.3 중간탭 전파 정류회로

전파 정류회로 중 첫 번째는 중간탭 전파 정류회로(center tap full-wave rectifier circuit)로 [그림 13.45]와 같이 변압기 출력부 쪽에 중간탭(center tap)을 설치하여 출력 파형의 회로경로를 변경해 줄 수 있습니다. 중간탭에 의해 변경되는 각기 다른 회로경로에 총 2개의 다이오드를 사용하며 회로의 동작과정은 다음과 같습니다.

① [그림 13.45]에서와 같이 입력교류의 양(+)의 반주기가 입력되면, 상단의 D_1 다이오드를 순방향으로 통과한 후 저항(부하)을 거쳐 들어오므로 입력파형은 출력으로 그대로 통과합니다. 이때 D_2 다이오드에서는 역방향 전류를 막아줍니다.

② [그림 13.46]과 같이 입력교류의 음(−)의 반주기가 입력되면, 하단의 D_2 다이오드를 순방향으로 통과하고 저항을 거쳐 들어옵니다. 입력교류는 음(−)의 값이지만 변압기의 중간탭에서는 (+)에서 나와서 (−)로 전류가 흐르므로 그림과 같이 양(+)의 반주기 파형이 출력됩니다. 이때 D_1 다이오드에서는 역방향 전류를 막아줍니다.

중간탭 전파 정류회로의 출력 주파수는 입력교류 주파수의 2배가 되고, 출력전압 크

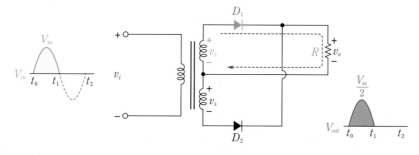

[그림 13.45] 양(+)의 반주기 입력에서의 중간탭 전파 정류회로

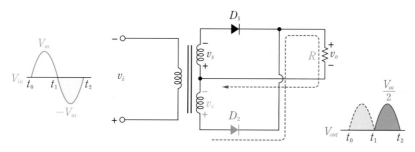

[그림 13.46] 음(−)의 반주기 입력에서의 중간탭 전파 정류회로

기는 변압기에서 권선비가 반으로 줄기 때문에 50%로 작아집니다($V_{out} = V_m/2$).

13.6.4 브리지 전파 정류회로

마지막으로 브리지 전파 정류회로(bridge full-wave rectifier circuit)에 대해 알아보겠습니다. [그림 13.47]과 같이 브리지 전파 정류회로는 4개의 다이오드를 브리지 형태로 구성한 회로를 사용합니다.

교류의 양(+)의 반주기가 입력되는 경우에 회로가 동작되는 과정을 살펴보겠습니다.

① 입력된 교류는 ⓐ점을 지나 다이오드 D_1을 순방향으로 통과하고, 다이오드 D_3는 역방향으로 전류를 차단합니다.

② D_1 다이오드를 거친 전류는 저항 R_L을 통과하면서 전압이 강하된 후에 ⓑ점을 거쳐 D_2 다이오드를 순방향으로 통과합니다.

③ D_2 다이오드를 거친 전류는 최종적으로 변압기의 출력단으로 흘러들어가 출력파형이 입력과 동일한 형태로 나타납니다.

위의 과정을 통해 D_1과 D_2 다이오드는 순방향이 되고, D_3와 D_4 다이오드는 역방향이 됨을 알 수 있습니다. 여기서 유의할 점은 ⓑ점에서 D_3 다이오드가 회로기호상으로는 순방향처럼 보이지만 역방향으로 전류를 차단하게 되어 D_2 다이오드 쪽으로 전류가 흘러나간다는 것입니다. 왜 그럴까요? ⓑ점에서의 전압은 회로 내 저항 R_L을 지나면서 ⓐ점보다 전압이 낮아지므로 D_3 다이오드는 모양상으로는 순방향처럼 보이지만 전위차로 보면 역방향이 되어[24] D_2 다이오드 쪽으로 전류가 흘러나갑니다.

음(−)의 반주기 입력교류는 이와 동일한 과정을 거치며, D_4와 D_3 다이오드는 순방향이 되고 D_1과 D_2 다이오드는 역방향이 됩니다. [그림 13.47]과 같이 입력된 음(−)의 반주기 전압은 변압기 출력단에서 (+)와 (−)의 전압 극성이 바뀌게 되므로, 출력전

24 D_3 다이오드 애노드(A)에 낮은 전압, 캐소드(K)에 높은 전압이 걸리므로 역방향 바이어스가 됨.

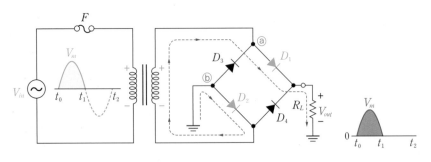

[그림 13.47] 양(+)의 반주기 입력에서의 브리지 전파 정류회로

압은 (+)극성을 가지며, 전체 전압의 파형은 주기가 반으로 줄어들면서 계속적으로 양
(+)의 극성을 가지고 출력됩니다.

양(+)의 반주기 입력교류 경우와 동일하게 D_2 다이오드는 모양 상으로는 순방향처
럼 보이지만 전위차로 보면 역방향이 된다는 것을 유의하기 바랍니다.

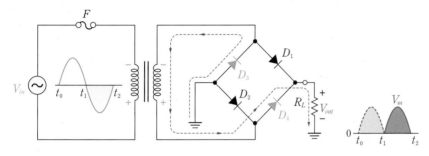

[그림 13.48] 음(−)의 반주기 입력에서의 브리지 전파 정류회로

따라서 브리지 전파 정류회로는 다음 [그림 13.49]와 같이 출력 주파수는 입력 교류
주파수의 2배($f_o = 2f_i$)가 되고, 출력전압의 크기는 동일하게 됩니다($V_{out} = V_m$).

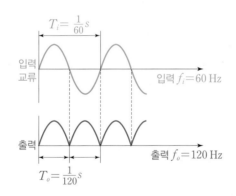

[그림 13.49] 브리지 전파 정류회로의 출력특성

13.6.5 3상 교류 브리지 전파 정류회로(bridge full-wave rectifier)

3상 교류의 정류를 위해서는 총 6개의 다이오드를 사용하여 [그림 13.50]과 같이 브리
지 형태로 정류회로를 구성합니다. 각 상(phase)에는 각각 2개씩의 다이오드가 아래와
같이 연결되고, 3상 교류의 양(+)의 반파와 음(−)의 반파가 모두 정류되어 합해지면
60° 간격의 출력파형이 형성되어 약간의 리플(ripple)이 있는 맥류가 됩니다.

① A상(+) = D_1/D_2 다이오드 통과,   A상(−) = D_5/D_4 다이오드 통과
② B상(+) = D_3/D_4 다이오드 통과,   B상(−) = D_1/D_6 다이오드 통과
③ C상(+) = D_5/D_6 다이오드 통과,   C상(−) = D_3/D_2 다이오드 통과

[그림 13.50]은 A상에서 C상으로 들어가는 경우의 정류과정을 나타낸 것으로, A상의 양(+)의 반파가 입력되면 D_1/D_2 다이오드는 정방향이 되어 전류는 다이오드를 순차적으로 통과하여 C상으로 들어갑니다. 이때 D_5/D_4 다이오드는 역방향 전압이 걸리게 되어 전류를 차단합니다. A상의 음(−)의 반파가 입력되면 전류는 C상에서 나와 A상으로 들어가므로 D_5/D_4 다이오드를 순차적으로 통과하고, 이때 D_1/D_2 다이오드는 역방향 전압이 걸리게 되어 전류를 차단합니다.

입력교류가 B상에서 A상으로 흐르는 경우는 [그림 13.51]에 나타내었고, C상에서 B상으로 흐르는 경우는 [그림 13.52]에 나타내었으니 같은 방법을 적용하여 이해하면 됩니다.

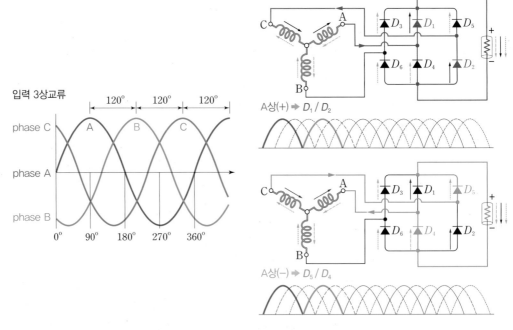

[그림 13.50] 3상 교류의 전파 정류회로(A상에서 C상으로 흐르는 경우)

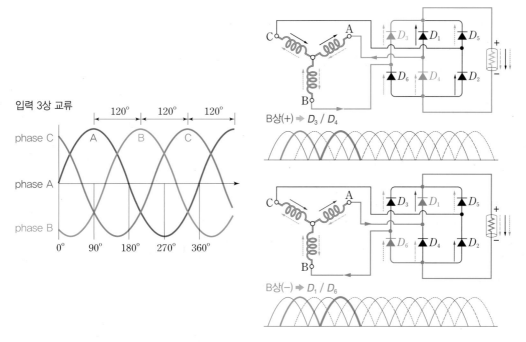

[그림 13.51] 3상 교류의 전파 정류회로(B상에서 A상으로 흐르는 경우)

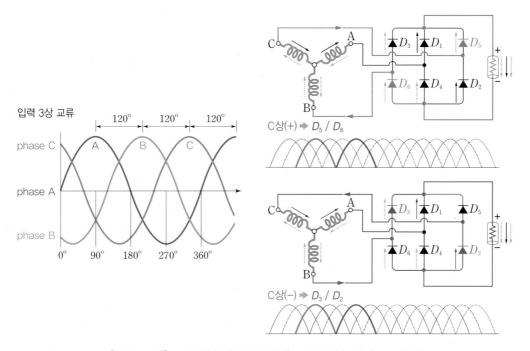

[그림 13.52] 3상 교류의 전파 정류회로(C상에서 B상으로 흐르는 경우)

13.1 발전기 개요

① 발전기(generator)
- 기계적 에너지를 변환하여 전기에너지를 생산해내는 전기장치
- 전자유도 현상 중 플레밍의 오른손법칙(Fleming's right-hand rule)이 적용됨.
  - 교류발전기는 알터네이터(alternator)라고도 함.

② 직류발전기의 구조(직류전동기와 구조가 같음)
- 전기자 코일(armature coil), 정류자(commutator), 계자(field magnet), 브러시(brush)로 구성됨.
- 회전 전기자형 구조를 가짐(고정자 = 계자, 회전자 = 전기자).

③ 교류발전기의 구조(직류발전기와 가장 큰 차이점은 정류자 대신에 슬립링이 사용되는 것임.)
- 고정자(stator), 회전자(rotor), 슬립링(slip-ring), 브러시(brush)로 구성
- 회전 계자형 구조를 가짐(고정자 = 전기자, 회전자 = 계자).

13.2 직류발전기

① 여자(exciting): 전류를 계자 권선(코일)에 흘려 외각 자기장을 생성하는 것을 말함.
- 자기여자(self exciting): 발전기 자신이 발생시킨 출력전압에 의하여 여자시키는 방식
- 계자 플래싱(field flashing): 초기 여자 시 계자에 남아 있는 잔류자기를 사용하는 것을 말함.

② 직류발전기(DC generator)의 분류
- 직권발전기(series-wound generator): 전기자 코일과 계자 코일이 직렬로 연결됨.
  - 부하가 커지면 부하전류가 커져 발전전압도 상승함.
- 분권발전기(shunt-wound generator): 전기자 코일과 계자 코일이 병렬로 연결됨.
  - 부하접속 없이도 전압 발생이 가능하며, 부하에 상관없이 출력전압이 일정함.
- 복권발전기(compound-wound generator): 전기자 코일과 계자 코일이 직렬과 병렬로 모두 연결됨.
  - 정격부하 이상에서도 일정한 발전전압을 유지함.

13.3 직류발전기의 보조장치

① 발전기 제어장치(GCU, Generator Control Unit)
- 엔진 rpm 변화에 상관없이 발전기의 회전수를 일정하게 유지하여 일정한 전압이 발전되도록 하는 제어(control)장치
  - 가변저항(variable resistance)을 통해 계자전류(여자전류, field current)를 조절하여 계자에서 만들어지는 자기장의 세기를 제어하여 발전전압을 조절함.

- 3-유닛 조절기(three-unit controller)
  - 전압조절기(voltage regulator), 전류제한기(current limiter), 역전류 차단기(reverse current cut-out relay)로 구성됨.

13.4 교류발전기

① 교류전력(AC power)
- 단상 교류(single-phase AC): 1개의 교류를 사용
- 3상 교류(three-phase AC): 120°의 위상차를 갖는 단상교류 3개를 사용

② 교류발전기(AC generator)의 종류
- 단상 교류발전기(single-phase AC generator)
- 3상 교류발전기(three-phase AC generator)
- 브러시리스(brushless) 교류발전기
  - 계자 전원공급을 위한 슬립링과 브러시가 필요 없으므로, 아크(불꽃) 발생과 브러시의 마모가 없어 출력파형이 안정되고 유지보수비가 낮음.

③ 3상 교류발전기 결선방식
- Y-결선(Y-connection) = 성형결선(星形結線) = 스타결선(star connection) = 3상 4선식
  - 선전류와 상전류는 같고, 선전압은 상전압 크기의 $\sqrt{3}$ 배(= 1.732배)가 됨.
  - 선전류와 상전류는 동상(in-phase)이고, 선전압은 상전압보다 위상이 30° 앞섬.
- Δ(델타)-결선(delta-connection) = 삼각결선 = 환상결선
  - 선전압과 상전압은 같고, 선전류는 상전류 크기의 $\sqrt{3}$ 배(= 1.732배)가 됨.
  - 선전압과 상전압은 동상(in-phase)이고, 선전류가 상전류보다 위상이 30° 느림.

④ 항공기의 3상 교류발전기는 3상 4선식, 115 V/200 V 400 Hz를 공급함.

⑤ 3상 교류의 전력
- Y-결선, Δ-결선 방식에 상관없이 각 고정자 코일에 대한 전력[상전압(V_P)과 상전류(I_P)를 사용]을 각각 구한 다음 3개를 모두 더하면 됨.

1개 고정자 코일의 전력
$$\begin{cases} P_a = V_P \cdot I_P \,[\text{VA}] \\ P = V_P \cdot I_P \cos\theta \,[\text{W}] \\ P_r = V_P \cdot I_P \sin\theta \,[\text{VAR}] \end{cases}$$

3상 교류에 적용

(코일 전력을 모두 더함)

$$\begin{cases} P_a = 3V_P \cdot I_P \,[\text{VA}] \\ P = 3V_P \cdot I_P \cos\theta \,[\text{W}] \\ P_r = 3V_P \cdot I_P \sin\theta \,[\text{VAR}] \end{cases}$$

⑥ 3상 교류의 부하 접속 및 변환: $Z_\Delta = 3Z_Y$
- Y-결선의 발전기는 부하도 Y-결선방식을 사용하여 Y-Y 회로로 접속함.
- Δ-결선의 발전기는 부하도 Δ-결선을 사용하여 Δ-Δ 회로로 접속하여 연결함.

13.5 교류발전기의 보조장치

① 정속구동장치(CSD, Constant Speed Drive)
- 엔진 회전수(rpm) 변화에 상관없이 발전기의 주파수를 일정하게 유지하는 장치
  - 항공기 교류전원의 정격 주파수를 400 Hz ± 1 Hz의 오차 이내로 유지함.
- 교류발전기의 출력 주파수(교류전동기와 동일)

$$- \ f = \frac{P \cdot N_S}{120} \ [\text{Hz}] \ \Rightarrow \ N_S = \frac{120 f}{P} \ [\text{rpm}]$$

② 교류발전기의 보조장치
- 전압조절기(voltage regulator): 부하에 따른 교류발전기의 전압을 일정하게 유지하는 장치
- 변압정류기(TRU, Transformer Rectifier Unit): 정류와 변압을 동시에 수행하는 장치
- 역전류 차단기: 교류발전기에서는 TRU에 의해 자동적으로 역전류가 차단됨
  - TRU 내 정류회로에 사용되는 다이오드에 의해 차단됨.
- 인버터(inverter): 직류(DC) 전원을 교류(AC)로 변환시키는 장치

③ 교류발전기의 병렬운전 조건
- 항공기에 공급할 전력이 높은 경우: 여러 대의 발전기를 병렬로 연결하여 운용함.
- 병렬로 연결된 발전기들의 출력전압, 위상 및 출력 주파수가 같아야 함.

발전기(generator) 정리

분류 (전원종류)	세분류	구조			
		자기장 생성	도체	브러시	슬립링
직류발전기 (DC generator)	직권형 발전기(series-wound) 분권형 발전기(shunt-wound) 복권형 발전기(compound-wound)	계자(field magnet): 영구자석 또는 전자석 ➡ 고정자(stator)	전기자(armature) = 정류자 + 코일(권선) ➡ 회전자(rotor)	O	X
교류발전기 (AC generator)	단상 발전기 (single-phase generator) 3상 발전기 (3-phase generator)	계자(field magnet) : 교류 전자석 (단상 또는 3상 교류) ➡ 회전자(rotor)	전기자(armature) 역할 = 철심+코일(권선) ➡ 고정자(stator)	O	O
브러시리스 발전기 (brushless generator)	단상 발전기 (single-phase generator) 3상 발전기 (3-phase generator)	계자(field magnet): 영구자석 ➡ 회전자(rotor)	전기자(armature) 역할 = 철심+코일(권선) ➡ 고정자(stator)	X	X

13.6 정류회로

① 정류(rectifying): 교류(AC)를 직류(DC)로 변환하는 과정을 말함.

　• 정류(rectifying), 평활화(smoothing), 레귤레이팅(regulating) 과정을 거침.

② 정류회로의 분류

　• 반파 정류회로(half-wave rectifier circuit)

　　– 다이오드 1개를 사용하여 구성하며, 입력된 전체 교류 중에 양(+)의 반주기 파형만 출력됨.

　　– 출력 주파수는 입력주파수와 같으며, 출력 전압크기도 같음.

　• 중간탭(center tap) 전파 정류회로

　　– 변압기 출력부 쪽에 중간탭(center tap)을 설치하여 출력파형의 회로경로를 변경함.

　　– 출력 주파수는 입력 교류 주파수의 2배가 되고, 출력전압 크기는 변압기 권선비에 의해 50%로 줄어듦.

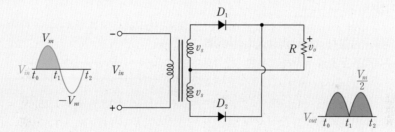

　• 브리지 전파 정류회로(bridge full-wave rectifier circuit)

　　– 4개의 다이오드를 브리지 형태로 구성한 정류회로

　　– 출력 주파수는 입력 교류 주파수의 2배가 되고, 출력 전압의 크기는 같음.

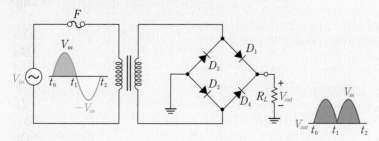

　• 3상교류 브리지 전파 정류회로(bridge full-wave rectifier circuit)

　　– 각 상에 2개의 다이오드를 연결하여 총 6개의 다이오드로 브리지 회로를 구성

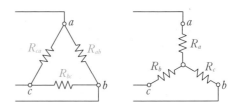

연습문제

01. 3상 교류발전기에서 발전된 전압을 정의 방향으로 순차적으로 모두 합하면 얼마가 되겠는가?

① 0   ② 1
③ $\sqrt{3}$ ④ 3

해설 교류는 (+)와 (−)의 전기적 극성과 크기가 변동하므로 정현파로 표시하며, 1개 교류를 1주기에서 값을 모두 합하면 0이 된다. 따라서 3상 교류도 3개 교류 각각이 합해지므로 0이 된다.

02. 인버터의 작동에 대한 설명으로 옳은 것은?

① 직류를 교류로 얻는 데 쓰인다.
② 교류를 직류로 얻는 데 쓰인다.
③ 시동 시 고전압을 얻는 데 쓰인다.
④ 축전지에서 전류가 역류되는 것을 막는다.

해설 인버터(inverter)는 직류(DC) 전원을 교류(AC)로 변환시키는 전기장치이다.

03. 항공기에 정속구동장치(constant speed drive)를 장착하는 주목적은 무엇을 유지하기 위한 것인가?

① 전압   ② 전류
③ 위상   ④ 주파수

해설 · 교류발전기는 전압과 주파수를 일정하게 유지하여야 하며, 발전기의 회전수는 출력 주파수에 비례하기 때문에 엔진의 회전수(rpm)가 변하게 되면 발전기의 출력 주파수도 변하게 된다.
· 따라서 엔진과 발전기 사이에 정속구동장치(CSD, Constant Speed Drive)를 설치하여 엔진의 회전수와 상관없이 발전기의 주파수를 일정하게 유지시킨다.
· CSD는 유압장치, 차동기어장치, 거버너 및 오일 등으로 구성되어 있다.

04. 16극을 가진 교류발전기에서 400 Hz를 얻기 위해서는 회전자계의 분당 회전수는 얼마인가?

① 50   ② 500
③ 3,000   ④ 6,000

해설 $N_S = \dfrac{120 f}{P} = \dfrac{120 \times 400\ \text{Hz}}{16} = 3{,}000\ \text{rpm}$

05. CSD(Constant Speed Driver)의 주된 역할에 대한 설명으로 옳은 것은?

① 유압펌프의 회전수 및 압력을 일정하게 한다.
② 연료펌프의 회전수 및 압력을 일정하게 한다.
③ 기관의 회전수에 맞추어 발전기축의 부하를 낮춘다.
④ 기관의 회전수에 관계없이 항상 일정한 회전수를 발전기 축에 전달한다.

해설 CSD(정속구동장치)는 엔진의 회전수와 상관없이 발전기의 주파수를 일정하게 유지시킨다.

06. 그림과 같은 델타(∆) 결선에서 $R_{ab} = 5\ \Omega$, $R_{bc} = 4\ \Omega$, $R_{ca} = 3\ \Omega$일 때 등가인 Y 결선 각 변의 저항은 약 몇 Ω인가?

① $R_a = 0.75$, $R_b = 1.25$, $R_c = 1.00$
② $R_a = 1.00$, $R_b = 1.67$, $R_c = 1.25$
③ $R_a = 1.33$, $R_b = 1.67$, $R_c = 0.75$
④ $R_a = 1.67$, $R_b = 1.33$, $R_c = 1.00$

해설 ∆ 접속부하를 Y 접속부하로 변환할 때는 1/3을 곱하면 된다. ($Z_\Delta = 3Z_Y$)

$R_a = \dfrac{R_{ab}}{3} = \dfrac{5\ \Omega}{3} = 1.67\ \Omega,$

$R_b = \dfrac{R_{bc}}{3} = \dfrac{4\ \Omega}{3} = 1.33\ \Omega,$

$R_c = \dfrac{R_{ca}}{3} = \dfrac{3\ \Omega}{3} = 1.0\ \Omega$

정답 1. ① 2. ① 3. ④ 4. ③ 5. ④ 6. ④

07. 3상 교류발전기에 관한 설명 중 옳은 것은?

① 높은 전압을 목적으로 한다면 Y-결선 방식을 택한다.

② Y-결선형은 상전류와 선간전류가 다르다.

③ Δ-결선형은 상전압과 선간전압이 다르다.

④ 선간전류는 상전류의 $\sqrt{2}$ 배가 될 수 있다.

해설 높은 전압을 목적으로 한다면 Y-결선 방식을 택한다.

08. Δ-결선 3상 교류발전기의 출력단자 중 임의의 두 개 단자 사이에서 출력되는 전류로 맞는 것은?

① 상전류의 $\sqrt{3}$ 배   ② 상전류의 $\sqrt{2}$ 배

③ 상전류의 2배   ④ 영(零)의 전류

해설 Δ-결선의 선전류 크기는 상전류의 $\sqrt{3}$ 배이고, 선전류의 위상은 상전류보다 30° 느리다. 선전압의 크기와 위상은 상전압과 같다.

09. 발전기의 병렬운전 조건으로 옳은 것은?

① 전압, 전류, 위상이 같아야 한다.

② 전압, 주파수, 위상이 같아야 한다.

③ 전압, 주파수, 출력이 같아야 한다.

④ 전압, 주파수, 전류가 같아야 한다.

해설 2대 이상의 교류발전기를 병렬로 연결하여 운전 시에는 각 발전기에 부하가 동일하게 분담되도록 하여야 하며, 발전기의 전압, 주파수, 위상은 일치해야 한다.

10. 다음 교류발전기에 대한 설명 중 거리가 먼 것은?

① 패러데이 전자유도법칙에 의한 유도기전력을 이용한다.

② 플레밍의 오른손법칙에 의해 유도기전력의 방향이 정해진다.

③ 유도기전력의 크기는 도체의 길이나 회전속도에 비례한다.

④ 전기자에서 발생한 전류는 정류자를 통하여 부하로 전달된다.

해설 교류발전기에는 정류자가 없다.

11. 다음 3상 결선방식에 대한 설명 중 옳지 않은 것은?

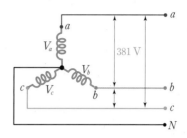

① 상전류와 선전류의 크기가 같다.

② 상전압의 크기는 115 V이다.

③ 스타결선이라고도 한다.

④ 한 상(phase)의 코일이 단선되면 부하 측에 전압을 공급하지 못한다.

해설 선전압은 상전압의 $\sqrt{3}$ 배이므로 상전압은

$$V_P = \frac{V_L}{\sqrt{3}} = \frac{381 \text{ V}}{\sqrt{3}} = 220 \text{ V}$$

12. 직류발전기의 3유닛 조절기(three unit con-troller)에 포함되지 않는 장치는?

① 정속구동장치(constant speed drive)

② 전압조절기(voltage regulator)

③ 역전류 차단기(reverse current cut-out relay)

④ 전류제한기(current limiter)

해설 직류발전기의 대표적 GCU인 3유닛 조절기(three unit controller)는 ① 전압조절기(voltage regulator), ② 전류제한기(current limiter), ③ 역전류 차단기(reverse current cut-out relay)로 구성된다.

정답   7. ①   8. ①   9. ②   10. ④   11. ②   12. ①

13. 항공기 기관의 구동축과 발전기축 사이에 장착하여 주파수를 일정하게 만들어주는 장치는?

(항공산업기사 2012년 2회, 2014년 1회)

① 출력구동장치   ② 변속구동장치
③ 정속구동장치   ④ 주파수 구동장치

해설 엔진의 회전수 변화에 상관없이 발전기의 출력 주파수를 일정하게 유지해주는 장치는 정속구동장치(CSD)이다.

14. 자여자 직류발전기의 계자권선에 잔류 자기를 회생시키는 방법은? (항공산업기사 2013년 2회)

① 브러시(brush)를 재설치한다.
② 전기자를 계속하여 회전시킨다.
③ 정류자(commutator) 편에 만들어진 자기를 제거한다.
④ 축전지를 사용하여 계자권선을 여자(exciting)시킨다.

해설 • 자여자 발전기(self exiting generator)는 자기여자(self exciting) 방식으로 자기장을 생성하는 발전기로 자신이 발생시킨 출력전압을 이용하여 계자권선을 여자시킨다.
• 계자 플래싱(field flashing)이란 발전기가 발전을 시작할 때 계자의 잔류자기를 이용하여 여자시키는 것을 의미한다.
• 잔류자기가 전혀 남아 있지 않은 경우에는 외부전원(주로 배터리 사용)으로부터 계자 코일에 잠시 동안 직류전류를 흘려 여자시키는 방법을 사용한다.

15. 항공기에서 직류를 교류로 변환시켜 주는 장치는?

(항공산업기사 2013년 1회)

① 정류기(rectifier)   ② 인버터(inverter)
③ 컨버터(converter)   ④ 변압기(transformer)

해설 인버터(inverter)는 직류(DC)를 교류(AC)로 변환시키는 장치이며, 스위치 회로, 변압 회로, 구동 회로 및 필터 회로를 거쳐 교류가 출력된다.

16. 다음 중 정류기에 대한 설명으로 틀린 것은?

(항공산업기사 2012년 4회)

① 실리콘 다이오드가 사용된다.
② 한 방향으로만 전류를 통과시키는 기능을 한다.
③ 교류의 큰 전류에서 그것에 비례하는 작은 전류를 얻는 기능을 한다.
④ 교류전력에서 직류전력을 얻기 위해 정류작용에 중점을 두고 만들어진 전기적인 회로소자이다.

해설 정류기(rectifier)는 교류(AC)를 직류(DC)로 변환하는 장치로, 한쪽 방향 흐름만 통과시키는 다이오드(diode)를 사용하여 구성한다.

17. 3상 교류발전기의 보조기기에 대한 설명으로 틀린 것은? (항공산업기사 2013년 2회)

① 교류발전기는 역전류 차단기를 통해 전류가 역류하는 것을 방지한다.
② 기관의 회전수에 관계없이 일정한 출력 주파수를 얻기 위해 정속구동장치가 이용된다.
③ 교류발전기에서 별도의 직류발전기를 설치하지 않고 변압기 정류기장치(TR unit)에 의해 직류를 공급한다.
④ 3상 교류발전기는 자계권선에 공급되는 직류전류를 조절함으로써 전압조절이 이루어진다.

해설 교류발전기에서는 TRU에서 정류기능이 수행되기 때문에 다이오드가 사용되므로 자동적으로 역전류(inverse current)가 발전기 쪽으로 들어오는 것을 차단하므로 직류발전기처럼 역전류 차단기가 필요 없다.

18. 정류기(rectifier)의 기능은 무엇인가?

(항공산업기사 2014년 1회)

① 직류를 교류로 변환
② 계기 작동에 이용
③ 교류를 직류로 변환
④ 배터리 충전에 사용

정답   **13.** ③   **14.** ④   **15.** ②   **16.** ③   **17.** ①   **18.** ③

해설 정류기(rectifier)는 교류(AC)를 직류(DC)로 변환하는 장치로 한쪽 방향 흐름만 통과시키는 다이오드(diode)를 사용하여 구성한다.

19. 직류발전기에서 정류작용을 일으키는 요소는?

(항공산업기사 2014년 2회)

① 계자권선　　　　② 전기자 권선
③ 계자철심　　　　④ 브러시와 정류자

해설 직류발전기에서는 회전하는 정류자와 고정되어 있는 브러시에 의해 회전축이 회전하더라도 브러시의 극성이 바뀌지 않으므로 (+)파형의 전류가 생성된다.

20. 대형 항공기에서 비상전원으로 사용하는 발전기로 유압펌프를 구동시켜 모든 발전기가 정지된 경우라도 유압을 사용할 수 있도록 하며, 프로펠러의 피치를 거버너로 조절해서 정주파수의 발전을 하는 발전기는? (항공산업기사 2014년 4회)

① 3상 교류발전기
② 공기 구동 교류발전기
③ 단상 교류발전기
④ 브러시 교류발전기

해설 공기 구동 교류발전기: 대형 항공기에서 비상전원으로 사용하는 발전기로, 유압펌프를 구동시켜 모든 발전기가 정지된 경우라도 유압을 사용할 수 있도록 하며, 프로펠러의 피치를 거버너로 조절하여 정주파수를 발전한다.

21. 병렬운전을 하는 직류발전기에서 1대의 직류발전기가 역극성 발전을 할 경우 발전을 멈추기 위해 작동하는 것은? (항공산업기사 2015년 2회)

① 밸런스 릴레이
② 출력 릴레이
③ 이퀄라이징 릴레이
④ 필드 릴레이

해설 병렬운전을 하는 직류발전기에서 1대의 직류발전기가 역극성 발전을 할 경우 발전을 멈추기 위해 작동하는 것은 필드 릴레이이다.

22. 직류전원을 교류전원으로 바꾸는 것은?

(항공산업기사 2016년 2회)

① static inverter
② load controller
③ battery charger
④ TRU(Transformer Rectifier Unit)

해설 인버터(inverter)는 항공기 내에 교류전원이 없는 경우와 교류발전기의 고장으로 교류전력을 공급하지 못할 때 항공기의 축전지에서 직류를 공급받아 교류로 변환시켜 최소한의 교류장비를 작동시키기 위한 장치이다.

23. 직류발전기에서 잔류자기를 잃어 발전기 출력이 나오지 않을 경우 잔류자기를 회복하는 방법으로 가장 적절한 것은? (항공산업기사 2016년 2회)

① 계자 코일을 교환한다.
② 계자권선에 직류전원을 공급한다.
③ 잔류자기가 회복될 때까지 반대방향으로 회전시킨다.
④ 잔류자기가 회복될 때까지 고속 회전시킨다.

해설 자여자 발전기에서 발전을 시작할 때 계자의 잔류자기가 전혀 남아 있지 않은 경우에는 외부전원(주로 배터리 사용)으로부터 계자 코일에 잠시 동안 직류전류를 흘려 여자시키는 방법을 사용한다.

24. 발전기와 함께 장착되는 역전류 차단장치(reverse current cut-out relay)의 설치 목적은?

(항공산업기사 2016년 4회)

① 발전기 전압의 파동을 방지한다.
② 발전기 전기자의 회전수를 조절한다.
③ 발전기 출력전류의 전압을 조절한다.
④ 축전지로부터 발전기로 전류가 흐르는 것을 방지한다.

해설 역전류 차단기(reverse current cut-out relay)는 축전지의 전압이 발전기보다 높아지면 축전지로부터 발전기로 역전류가 흐르는 것을 차단하고 방지하는 장치이다.

정답 **19.** ④ **20.** ② **21.** ④ **22.** ① **23.** ② **24.** ④

25. 발전기의 무부하(no-load)상태에서 전압을 결정하는 3가지 주요한 요소가 아닌 것은?

(항공산업기사 2016년 4회)

① 자장의 세기
② 회전자의 회전방향
③ 자장을 끊는 회전자의 수
④ 회전자가 자장을 끊는 속도

해설 발전기는 플레밍의 오른손법칙이 적용되며 유도기전력은 다음 식[4장의 식 (4.6)]에 의해 결정되므로 회전자의 회전방향은 전압을 결정짓는 요소가 아니다.

$$e = B \cdot v \cdot l \cdot \sin\theta \,[\text{V}]$$

여기서, B는 자기장의 세기인 자속밀도, v는 코일이 움직이는 속도이므로 회전속도에 비례하고, l은 코일의 길이를 의미한다.

26. 자장 내 단일 코일로 회전하는 발전기에서 중립면을 통과하는 코일에 전압이 유도되지 않는 이유로 옳은 것은? (항공산업기사 2017년 1회)

① 자력선이 존재하지 않기 때문
② 자력선이 차단되지 않기 때문
③ 자력선의 밀도가 너무 높기 때문
④ 자력선이 잘못된 방향으로 차단되기 때문

해설 발전기 회전축의 회전 중 중립면의 위치에서는 코일이 자기장의 자력선과 평행이 되므로 유도기전력이 발생하지 않기 때문에 유도되는 전류는 0 A가 된다. 따라서 자력선이 차단되지 않으면 자장 내 단일 코일로 회전하는 발전기에서 중립면을 통과하는 코일에 전압이 유도되지 않는다.

27. 교류발전기의 출력 주파수를 일정하게 유지하는 데 사용되는 것은? (항공산업기사 2017년 2회)

① brushless
② magn-amp
③ carbon pile
④ constant speed drive

해설 엔진의 회전수 변화에 상관없이 발전기의 출력 주파수를 일정하게 유지해주는 장치는 정속구동장치(CSD)이다.

28. 교류발전기의 병렬운전 시 고려해야 할 사항이 아닌 것은? (항공산업기사 2017년 4회)

① 위상 ② 전류
③ 전압 ④ 주파수

해설 2대 이상의 교류발전기를 병렬로 운전 시에 발전기의 전압, 주파수, 위상은 일치해야 한다.

▶ 필답문제

29. 항공기 교류발전기에서 3상 교류 Y결선의 특징 3가지를 기술하시오.

(항공산업기사 2005년 1회, 2009년 4회)

정답 • 선전류와 상전류는 같다.
• 선전압은 상전압 크기의 $\sqrt{3}$ 배(=1.732배)이다.
• 선전류와 상전류는 동상(in-phase)이고, 선전압은 상전압보다 위상이 30° 앞선다.

30. 다음 그림은 카본 파일형 전압조절기이다. 전류의 방향을 화살표로 표시하시오.

(항공산업기사 2005년 2회, 2016년 2회)

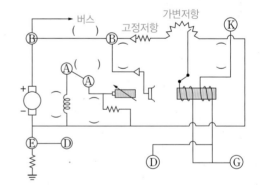

정답

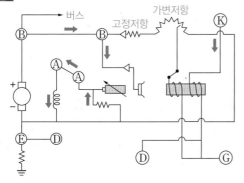

카본 파일(carbon pile)은 세라믹(ceramic) 절연체로 된 원통관 안에 다수의 탄소판(carbon disk)을 여러 겹으로 배열시킨 장치이다. 카본 파일이 계자 코일과 직렬로 연결되어 있어 발전기 전압 증가 시 아래와 같은 과정을 거쳐 계자전류를 조절하고 발전전압을 낮추게 된다.

① 발전기에 연결된 부하가 상승하여 발전기의 전압이 증가한다.
② 전류는 B, K를 거쳐 전자석으로 흐르는데 전압코일에 흐르는 전류가 증가하여 전자석의 흡인력이 커진다.
③ 전자석의 흡인력 증가로 인해 그 옆에 설치된 카본 파일의 탄소판의 간격이 넓어지며 저항이 증가하게 된다.
④ 증가된 저항을 거친 전류는 감소하여 계자(A)에서 발생되는 자기장을 약화시켜 발전기 전압을 감소시키게 된다.

31. 기관의 회전수(rpm)에 관계없이 일정한 출력 주파수를 발생할 수 있도록 하는 장치를 무엇이라고 하는지 기술하시오. (항공산업기사 2007년 1회)

정답 엔진의 회전수 변화에 상관없이 발전기의 출력 주파수를 일정하게 유지해주는 장치는 정속구동장치(CSD)이다. 정속구동장치(CSD, Constant Speed Drive)는 엔진의 회전수 변화에 상관없이 발전기의 출력 주파수를 일정하게 유지시키는 장치이다.

32. 다음 그림은 직류의 분권발전기(shunt wound generator)이다. 이를 전기회로로 표현하시오. (단, 직류발전기의 부품기호를 정확히 표기할 것)

(항공산업기사 2007년 2회, 2008년 4회, 2010년 2회)

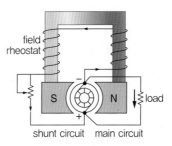

정답

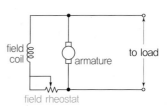

33. 그림은 3상 전파 정류기(3 phase full-wave rectifier)이다. C상에서 부하(load)를 거쳐 B상으로 흐르기 위해서 전류가 흐르는 다이오드(diode)와 전류가 차단되는 다이오드를 번호로 구분하시오.

(항공산업기사 2010년 1회)

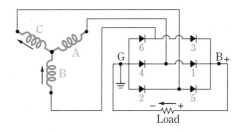

정답 • 전류가 흐르는 다이오드: 5, 6
• 전류가 차단되는 다이오드: 2, 3

34. 항공기 교류발전기의 병렬운전 조건 3가지를 기술하시오. (항공산업기사 2012년 1회)

정답 병렬로 연결되어 운용되는 교류발전기는 주파수, 전압 및 위상이 일치해야 한다.

35. 항공기 직류발전기의 고장 원인 및 조치 내용에 대하여 서술하시오. (항공산업기사 2013년 1회)

정답

고장 형태	고장 원인	조치사항
발전기의 출력 전압이 너무 높은 경우	전압조절기 기능불량	전압조절기 조절, 저항회로 점검
	전압계의 고장	전압계 점검
발전기의 출력 전압이 너무 낮은 경우	전압조절기의 부정확한 조절	전압조절기 조절
	계자 회로의 잘못된 접속	회로를 올바르게 접속
	전압조절기의 조절용 저항의 불량	조절용 저항 교환
발전기의 출력 전압이 너무 높은 경우	측정 전압계의 잘못된 연결	전압계 올바르게 연결
	전압조절기의 불충분한 기능	전압조절기 수리, 교환
	발전기 브러시의 마멸	브러시 교환
	브러시가 꽉 끼어 접촉되지 못한 상태	마멸된 브러시 교환, 브러시 홀더 교환
발전기의 출력 전압이 나오지 않는 경우	발전기 스위치의 작동 불량	스위치 부분 점검
	서로 바뀐 극성	극성을 올바르게 연결
	회로의 단선이나 단락	단선, 단락 부분을 올바르게 연결

※ 이런 문제는 못 풀어도 됩니다~

36. 항공기 전기계통에 사용되는 3상 교류발전기 극수가 8개, 6,000 rpm이다. 주파수를 구하시오. (항공산업기사 2014년 2회)

정답 교류발전기의 주파수는

$$f = \frac{P}{2}\frac{N}{60} = \frac{8}{2} \times \frac{6,000 \text{ rpm}}{60} = 400 \text{ Hz}$$

37. CSD(정속구동장치) 장착위치 및 주요 기능을 서술하시오. (항공산업기사 2015년 1회)

정답
- 장착 위치: 엔진 구동축과 교류발전기 사이에 장착한다.
- 주요 기능: 엔진 회전수에 관계없이 발전기의 출력 주파수를 일정하게 유지시킨다.

38. 다음 3상 발전기의 결선방법 중 Y결선 특징에 대해 기술한 내용 중 (   )에 알맞은 내용을 기술하시오. (항공산업기사 2016년 1회)

가. 선간전압의 크기는 상전압의 (   )배 크고, 위상은 상전압보다 (   ) 앞선다.

나. 선전류의 크기와 위상은 (   )와 같다.

정답 가. $\sqrt{3}$, 30°,
나. 상전류

39. 항공기 직류발전기의 종류 3가지를 기술하시오. (항공산업기사 2016년 4회)

정답
- 직권발전기(series-wound generator)
  - 전기자 코일과 계자 코일이 직렬로 연결되어 있으며 부하와도 직렬로 연결됨.
  - 부하전류 증가에 따라 발전 전압도 커지게 됨.
- 분권발전기(shunt-wound generator)
  - 전기자 코일과 계자 코일이 병렬로 연결됨.
  - 부하접속 없이도 전압 발생이 가능함.
  - 부하전류가 정격 이하일 경우에는 출력전압은 거의 일정함.
- 복권발전기(compound-wound generator)
  - 전기자 코일과 계자 코일(field winding)이 직렬과 병렬로 연결됨.
  - 부하전류에 관계없이 발전전압이 일정함.

40. 대형 항공기에 사용하는 3상 교류발전기의 장점을 설명하시오. (항공산업기사 2017년 4회)

정답 교류발전기는 단상에 비하여 효율이 우수하고 결선방식에 따라 전압, 전류에서 이득을 가지며, 높은 전력의 수요를 감당하기에 적합하므로 중·대형 항공기에 많이 사용된다.

CHAPTER 14 | Aircraft Electrical System
항공기 전기계통

AVIONICS
ELECTRICITY AND ELECTRONICS
FOR AIRCRAFT ENGINEERS

AVIONICS
ELECTRICITY AND ELECTRONICS

드디어 마지막 장입니다. 마지막 14장에서는 지금까지 배운 내용들을 기반으로 항공기 전기계통(electrical power system)의 개념을 이해하고, 보잉(Boeing)사의 B737을 기반으로 항공기 전기·전력시스템의 구성과 핵심 구성장치들을 알아본 다음 전력 버스(power bus)의 종류 및 운용 모드에 따른 기능을 공부하겠습니다.

아울러 전기계통에 부수적으로 사용되는 항공기 도선(wire), 도선 연결장치와 회로보호장치(circuit protection device) 및 회로제어장치(circuit control device)에 대해서도 살펴보겠습니다.

14.1 항공기 전기계통 개요

(1) ATA-100 Specification

항공기 전기·전력 계통 및 장치들은 ATA-100 Spec.(Specification)이라고 불리는 항공기 시스템 표준분류체계에서 ATA-24 Electrical Power로 분류됩니다. ATA-100 Spec.은 미국 American Airlines, United Airlines, FedEx, UPS 등 9개의 항공운송사협회인 A4A(Airlines for America)[1]에서 1956년에 제정하여 발간한 항공기 시스템 분류체계입니다. 항공기 제작사를 포함하여 항공정비사, 조종사 및 엔지니어들이 각각의 업무 분야에서 민간 항공기의 시스템을 용이하게 이해하는 표준분류체계로 활용되고 있습니다.

항공정비 분야에서는 정비 매뉴얼의 문서 분류체계로 활용되고 있으며, 현재는 2000년도에 업데이트된 ATA iSpec 2200으로 확장되어 사용되고 있습니다. ATA-100 Spec.은 다음과 같이 주요 5개 파트로 구성되어 있으며 각 파트별 ATA number는 [표 14.1]에 정리하였습니다.

[1] 1936년도에 설립된 미국항공운송협회(ATA, Air Transport Association of America)가 2012년도에 이름을 바꿈.

[표 14.1] ATA-100 Specification 분류

AIRCRAFT GENERAL (ATA 00 ~ ATA 18)			
ATA No.	ATA Chapter name	ATA No.	ATA Chapter name
ATA 00	GENERAL	ATA 03	SUPPORT
ATA 01	MAINTENANCE POLICY	ATA 04	AIRLINE USE AIRCRAFT HANDLING
ATA 02	OPERATIONS	ATA 05	TIME LIMITS/ MAINTENANCE CHECKS

[표 14.1] ATA-100 Specification 분류 (계속)

AIRCRAFT GENERAL (ATA 00 ~ ATA 18)			
ATA No.	ATA Chapter name	ATA No.	ATA Chapter name
ATA 06	DIMENSIONS AND AREAS	ATA 11	PLACARDS AND MARKINGS
ATA 07	LIFTING, SHORING AND JACKING	ATA 12	SERVICING−ROUTINE MAINTENANCE
ATA 08	LEVELING AND WEIGHING.	ATA 14	HARDWARE AND GENERAL TOOLS
ATA 09	TOWING AND TAXI	ATA 18	VIBRATION AND NOISE ANALYSIS(Helicopter Only)
ATA 10	PARKING, MOORING, STORAGE AND RETURN TO SERVICE		

AIRCRAFT SYSTEMS (ATA 20 ~ ATA 50)			
ATA No.	ATA Chapter name	ATA No.	ATA Chapter name
ATA 20	STANDARD PRACTICES−AIRFRAME	ATA 35	OXYGEN
ATA 21	AIR CONDITIONING & PRESSURIZATION	ATA 36	PNEUMATIC
ATA 22	AUTO FLIGHT	ATA 37	VACUUM
ATA 23	COMMUNICATIONS	ATA 38	WATER/WASTE
ATA 24	ELECTRICAL POWER	ATA 39	ELECTRICAL-ELECTRONIC PANELS AND MULTIPURPOSE COMPONENTS
ATA 25	EQUIPMENT	ATA 40	MULTISYSTEM
ATA 26	FIRE PROTECTION	ATA 41	WATER BALLAST
ATA 27	FLIGHT CONTROLS	ATA 42	INTEGRATED MODULAR AVIONICS
ATA 28	FUEL	ATA 44	CABIN SYSTEMS
ATA 29	HYDRAULIC POWER	ATA 45	DIAGNOSTIC AND MAINTENANCE SYSTEM
ATA 30	ICE AND RAIN PROTECTION	ATA 46	INFORMATION SYSTEMS
ATA 31	INDICATING/RECORDING SYSTEM	ATA 47	NITROGEN GENERATION SYSTEM.
ATA 32	LANDING GEAR	ATA 48	IN FLIGHT FUEL DISPENSING
ATA 33	LIGHTS	ATA 49	AIRBORNE AUXILIARY POWER
ATA 34	NAVIGATION	ATA 50	CARGO AND ACCESSORY COMPARTMENTS

[표 14.1] ATA-100 Specification 분류 (계속)

STRUCTURE (ATA 51 ~ ATA 57)			
ATA No.	ATA Chapter name	ATA No.	ATA Chapter name
ATA 51	STANDARD PRACTICES AND STRUCTURES-GENERAL	ATA 55	STABILIZERS
ATA 52	DOORS	ATA 56	WINDOWS
ATA 53	FUSELAGE	ATA 57	WINGS
ATA 54	NACELLES/PYLONS		

PROPELLER/ROTOR (ATA 60 ~ ATA 67)			
ATA No.	ATA Chapter name	ATA No.	ATA Chapter name
ATA 60	STANDARD PRACTICES-PROPELLER/ROTOR	ATA 64	TAIL ROTOR
ATA 61	PROPELLORS/PROPULSORS	ATA 65	TAIL ROTOR DRIVE
ATA 62	MAIN ROTOR(S)	ATA 66	FOLDING BLADES/PYLON
ATA 63	MAIN ROTOR DRIVE(S)	ATA 67	ROTORS FLIGHT CONTROL

POWERPLANT (ATA 71 ~ ATA 92)			
ATA No.	ATA Chapter name	ATA No.	ATA Chapter name
ATA 71	POWER PLANT	ATA 80	ENGINE STARTING
ATA 72	TURBINE/TURBOPROP ENGINES	ATA 81	TURBOCHARGING
ATA 73	ENGINE FUEL AND CONTROL	ATA 82	WATER INJECTION
ATA 74	ENGINE IGNITION	ATA 83	ACCESSORY GEARBOXES
ATA 75	ENGINE AIR	ATA 84	PROPULSION AUGMENTATION
ATA 76	ENGINE CONTROL	ATA 85	FUEL CELL SYSTEMS
ATA 77	ENGINE INDICATING	ATA 91	CHARTS
ATA 78	ENGINE EXHAUST SYSTEM	ATA 92	ELECTRICAL SYSTEM INSTALLATION
ATA 79	ENGINE OIL		

(2) 보잉 B737

보잉(Boeing)사의 B737 항공기는 1968년 처음 상업운항을 시작한 이래, B737-NG
(Next Generation) 모델을 거쳐 현재 최첨단 항공기술을 적용한 신형 모델인 B737

MAX까지 생산 중인 세계 최고의 베스트셀러 항공기입니다. B737은 현재까지 6,000대 이상 제작되었으며, 항공 역사상 단일(민간여객기) 기종으로는 가장 많은 생산대수를 자랑하는 보잉사 최장수 여객기 모델입니다.

1967년 첫 비행을 실시한 B737-100 모델은 50~60석을 기준으로 설계되었으나 독일의 루프트한자(Lufthansa) 항공사가 100인승급으로 탑승객수를 요구하자 동체 및 날개를 확장한 B737-200 모델이 개발되었습니다. B737-100/200 모델은 original 버전으로서 1988년까지 생산되었습니다. 1980년대 초반부터 엔진교체[2] 등의 대대적인 설계변경이 이루어져 2000년도까지 생산된 B737-300/400/500 모델을 2세대 classic

2 미국 GE사와 프랑스 SNECMA사의 합작회사인 CFM International사의 CFM56엔진으로 교체함.

	737-700	737-800	737-900
seats(2-class)	126	162	178
maximum seats	149	189	220
length	33.6 m(110 ft 4 in)	39.5 m(129 ft 6 in)	42.1 m(138 ft 2 in)
wingspan	38.5 m(117 ft 5 in)	38.5 m(117 ft 5 in)	38.5 m(117 ft 5 in)
height	12.5 m(41 ft 3 in)	12.5 m(41 ft 3 in)	12.5 m(41 ft 3 in)
engine	CFM-56	CFM-56	CFM-56

[그림 14.1] B737-NG

	737 MAX 7	737 MAX 8	737 MAX 9	737 MAX 10
seats(2-class)	138-153	162-178	178-193	188-204
maximum seats	172	210	220	230
range nm(km)	3,850(7,130)	3,550(6,570)	3,550(6,570)*	3,300(6,110)*
length	35.56 m(116 ft 8 in)	39.52 m(129 ft 8 in)	42.16 m(138 ft 4 in)	43.8 m(143 ft 8 in)
wingspan	35.9 m(117 ft 10 in)	35.9 m(117 ft 10 in)	35.9 m(117 ft 10 in)	35.9 m(117 ft 10 in)
engine	LEAP-1B from CFM International	LEAP-1B from CFM International	LEAP-1B from CFM International	LEAP-1B from CFM International
		210 seats: 737-8-200	*one auxiliary tank	*one auxiliary tank

[그림 14.2] B737 MAX

버전이라고 하며, 1990년대 에어버스(Airbus)사의 A320이 본격적으로 제작되면서 보잉은 B777에 사용된 설계 개념을 적극 도입[3]하여 B737-600/700/800/900 3세대 모델을 개발합니다. 현재는 4세대 모델인 B737 MAX가 개발 중으로 2016년 1월에 첫 비행을 하였고, 2017년 3월에 미연방항공청(FAA, Federal Aviation Administration)으로부터 인증(certification)을 받고 향후 500대 이상의 사전 주문을 받은 상태입니다. B737 MAX는 138~230석급이며 B737 MAX-7/8/9/10 파생형이 있습니다.

3 B737-NG(Next Generation) 프로그램

(3) 항공기 전기계통의 표준

ATA-24번으로 분류된 항공기 전기계통(electrical power system)은 비행 중에는 항공기의 각종 탑재장비 및 항공전자장치의 전력공급을 담당하며, 지상 계류 중에는 지상정비를 위한 전력공급 기능을 수행합니다. 항공기에 사용되는 전력은 크게 교류전력(AC power)과 직류전력(DC power)으로 구성되는데, 각 전력의 표준 정격값은 다음과 같습니다.

 핵심 Point 항공기의 전력분류[4]

- 교류전력(AC power): 3상 4선식, 115/200 V @400 Hz [피상전력 = 90 kVA]
- 직류전력(DC power): 28 V, 48 Ah

4 B737-NG 기준

(4) 주요 용어 및 약어

본 장의 그림 및 내용 설명 중 사용되는 중요 용어와 약자를 다음 [표 14.2]에 정리하였으니 참고하기 바랍니다.

[표 14.2] 항공기 전기계통 관련 용어 및 약어

약어	용어	약어	용어
AGCU	APU Generator Control Unit	GCB	Generator Control Breaker
AGB	Accessory Gearbox	GCU	Generator Control Unit
altn	Alternater	gen	Generator
APB	APU Breaker	GND	Ground
APU	Auxiliary Power Unit	IDG	Integrated Drive Generator
ASG	APU Starter−Generator	LRU	Line Replaceable Unit
AUX	Auxiliary	PDP	Power Distribution Panel
BATT	Battery	PWR	Power

[표 14.2] 항공기 전기계통 관련 용어 및 약어 (계속)

약어	용어	약어	용어
BPCU	Bus Power Control Unit	rly	Relay
BTB	Bus Tie Breaker	RCCB	Remote Control Circuit Breaker
CSD	Constant Speed Drive	SCU	Start Converter Unit
chgr	Charger	SPCU	Standby Power Control Unit
EE	Electronic Equipment	STBY	Standby
EPC	External Power Contactor	SVC	Service
EXT	External	TRU	Transformer Rectifier Unit
GDP	Ground Power Unit	XFR	Transfer

14.2 항공기 전기계통의 구성

14.2.1 항공기 전기계통의 전력원

B737의 전기계통은 정속구동장치(CSD)와 교류발전기(AC generator)가 합쳐진 통합구동발전기(IDG, Integrated Drive Generator)가 교류전력의 전력원(power source)으로 사용됩니다. 왼쪽과 오른쪽 엔진 각각에 장착된 IDG 1과 IDG 2에서 115/200 V_{AC}, 400 Hz의 3상 교류전력이 공급되며 운용상태에 따라 다음과 같은 우선순위를 통해 비상시에 교류전력을 공급합니다.

직류전력(DC power)은 28 V_{DC}, 48 Ah 용량으로 IDG 1과 2에서 공급된 교류전력을 변압하고 정류하여 직류전력을 공급합니다.

> **핵심 Point 항공기 운용상태에 따른 교류전력원(AC power source)**
>
> ① 비행 중 정상운용 시 주 전원(main power)
>   – 각 엔진에 장착된 통합구동발전기(IDG)를 통해 교류전력을 공급한다.
> ② 주 전원(IDG 1 & 2) 고장 시
>   – 보조동력장치(APU, Auxiliary Power Unit)의 ASG(APU Starter-Generator)를 통해 발전된 교류전력을 공급한다.
> ③ IDG 1 & 2 및 APU가 모두 고장 시
>   – 직류전원인 축전지(battery)로부터 공급된 직류를 인버터(inverter)를 이용하여 교류로 변환하여 공급한다.
> ④ 지상에서는 외부전원(external power)인 지상전원장치(GPU, Ground Power Unit)를 연결하여 공급하거나 APU 가동 시는 ASG로부터 전력을 공급한다.

Point **항공기 운용상태에 따른 직류전력원(DC power source)**

① 비행 중 정상운용 시 주 전원(main power)
  - IDG에서 발전된 교류전력을 변압정류장치(TRU, Transformer Rectifier Unit)를 통해 직류로 변환하여 공급한다.
② 주 전원(IDG 1 & 2) 고장 시
  - 보조동력장치(APU, Auxiliary Power Unit)로부터 발전된 교류전력을 TRU를 통해 직류로 변환하여 공급한다.
③ IDG 1 & 2 및 APU가 모두 고장 시
  - 주 축전지(main battery), 보조 축전지(auxiliary battery)를 통해 공급한다.

B737의 전체 전기계통 구성도는 [그림 14.3]과 같고, 주요 구성품 및 내용을 핵심사항 위주로 살펴보겠습니다.

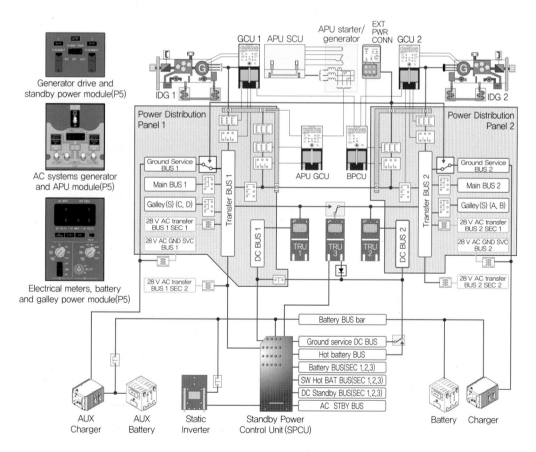

[그림 14.3] 항공기 전기계통의 계통도(B737-NG)

14.2.2 항공기 전기계통 구성장치

항공기 전기계통의 주요 구성장치는 [그림 14.4]에 나타낸 것처럼 크게 5가지로 구분할 수 있습니다. 좌우측 엔진(engine)에는 각각 IDG 1, 2가 장착되며, 후방 동체의 보조동력장치(APU)에는 ASG(APU Starter-Generator)가 장착되어 교류전력을 생산해냅니다. 지상 계류 중에는 외부전원(external power)인 지상전력장치(GPU, Ground Power Unit)가 연결되며, 전방 동체의 조종석 하부공간인 EE(Electronic Equipment) compartment에 위치한 랙(rack)에는 축전지(battery), 축전지 충전장치(battery charger), PDP(Power Distribution Panel), 각종 전원제어장치 및 릴레이, 회로보호장치인 CB(Circuit Breaker)가 설치됩니다. 조종석의 Flight compartment에는 발전기 및 전력 버스(power bus) 제어를 위한 스위치 모듈 및 상태감시를 위한 모니터링 장치가 조종석 overhead panel에 설치되어 있어 전원을 제어할 수 있습니다.

> **항공기 전기계통 구성장치**
>
> ① Engine: IDG
> ② APU: ASG(APU Starter-Generator)
> ③ External power: GPU(Ground Power Unit)
> ④ EE compartment: battery, battery charger, relay, CB, PDP and control unit
> ⑤ Flight compartment: control switch and indication

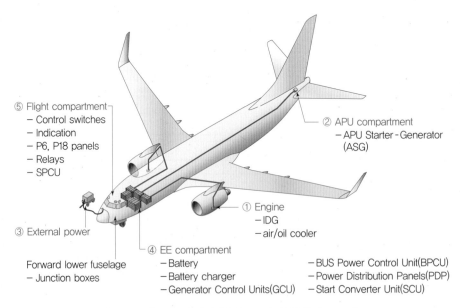

[그림 14.4] 항공기 전기계통의 주요 구성장치(B737-NG)

14.2.3 엔진(engine)-통합구동발전기(IDG)

 통합구동발전기(IDG, Integrated Drive Generator)

- 비행 중 엔진출력에 따른 회전수(rpm) 변화에 관계없이 일정한 회전수를 발전기축에 전달하는 정속구동장치(CSD, Constant Speed Drive)와 발전기를 하나로 통합한 장치이다.
- 교류전력을 생산하며, 발전기의 주파수를 400 Hz로 유지시키는 기능을 수행한다.

교류발전기의 주파수를 높일수록 효율이 좋아져 관련 전기장치의 무게와 크기를 줄일 수 있는데, 기술적으로 더 높은 주파수를 사용할 수 있지만 항공기는 400 Hz 교류발전이 규격화되어 있습니다. 400 Hz를 사용하더라도 관련 전기장치를 제조할 때 사용하는 철심이나 구리선 등이, 일반 산업용 전원에 사용되는 것보다 작은 1/6~1/8 inch 정도면 되므로 관련 항공기 탑재장치의 크기와 무게를 줄일 수 있는 이점이 있습니다.

구식 항공기들은 정속구동장치(CSD)와 교류발전기가 분리되어 사용되며, B737-NG (600/700/800/900), B777, B747 등 최신 기종들에는 통합된 IDG가 사용됩니다. IDG는 [그림 14.5]와 같이 좌·우 엔진의 N2로터 accessory gearbox에 각 1개씩, 2개가

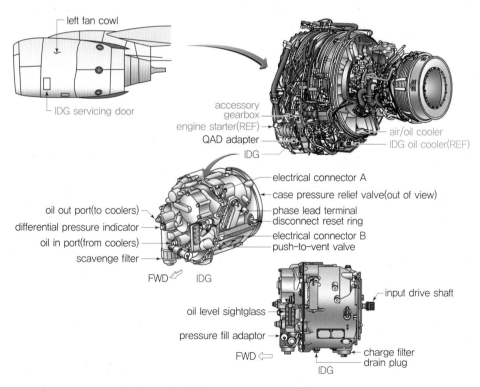

[그림 14.5] 통합구동발전기(IDG)와 장착(B737-NG)

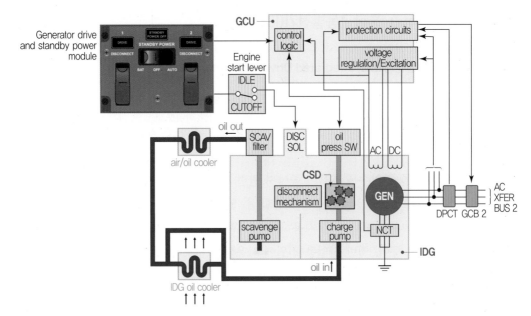

[그림 14.6] 통합구동발전기(IDG) 구성도(B737-NG)

장착(IDG 1 & 2)되어 정상 비행환경에서 교류전력을 공급하고, 1대의 IDG가 고장 시 교류전력을 계속 공급할 수 있도록 backup 기능을 수행합니다.

통합구동발전기(IDG)에는 IDG air/oil cooler가 장착되어 있어 IDG의 기계적 마찰감소 및 냉각, 윤활 작용을 수행합니다. IDG 오일은 [그림 14.6]과 같이 oil filter를 통해 240~290 psi의 압력으로 공급되며 필터가 막히면 bypass되어 냉각기(cooler)로 직접 공급됩니다. 온도가 높아진 IDG 오일은 냉각기에서 엔진 팬 에어(engine fan air)의 차가운 공기와 열교환을 통해 IDG 오일을 냉각합니다.

14.2.4 보조동력장치(APU)-APU starter-generator

APU라 불리는 보조동력장치는 소형 가스터빈엔진으로 [그림 14.7]과 같이 항공기 동체 후방에 장착되며, APU에 연결된 ASG(APU Starter-Generator)를 구동하여 엔진 시동 시에 시동전력을 공급하고, 비행 중에는 공압계통(pneumatic system)에 보조동력(auxiliary power)을 공급하거나 메인 교류발전기나 IDG 고장 시 백업 교류전력을 공급하는 기능을 합니다. ASG의 공급전력은 비행고도(altitude)에 따라 달라지는데, 32,000 ft 이하 고도까지는 90 kVA를 공급하며, 32,000~41,000 ft까지는 선형적으로 감소하여 41,000 ft에서는 66 kVA를 공급할 수 있습니다. 항공기가 지상계류 중에는 APU를 통해 정비작업 및 지상조업 시에 필요한 전력을 공급하기도 합니다.

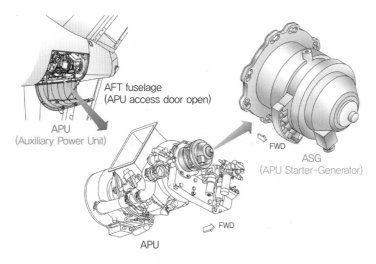

[그림 14.7] APU와 ASG(B737-NG)

14.2.5 External power-GPU

항공기의 지상 계류 중 필요한 전력의 공급은 엔진이나 APU를 가동하지 않는 경우에
[그림 14.8]과 같은 외부전원장치인 지상전력장치(GPU, Ground Power Unit)를 사용
하여 항공기에 공급합니다. [그림 14.9]와 같이 GPU에서 나온 전원선의 플러그(plug)
를 항공기 external power receptacle panel의 리셉터클(receptacle)에 접속하여 전력
을 공급합니다. GPU는 모터와 발전기를 조합하여 구성하거나 또는 엔진과 발전기를
조합하여 전력을 생산하고 공급합니다.

external power receptacle panel

external
power plug

[그림 14.8] GPU(Ground Power Unit)

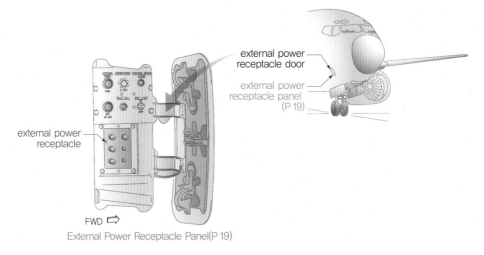

External Power Receptacle Panel(P 19)

[그림 14.9] External Power Receptacle Panel(B737-NG)

14.2.6 EE(Electronic Equipment) compartment

전방 동체 조종석 하부 공간은 EE(Electronic Equipment) compartment라고 하며, E1~E5 rack이 설치되어 있어 각종 항공전자장치 및 전기장치가 랙(rack)에 장착됩니다. 장착되는 전기장치로는 주 배터리(main battery), 보조 배터리(auxiliary battery), 주 배터리 충전장치(main battery charger) 및 보조 배터리 충전장치(auxiliary battery charger)가 있으며, 이외에도 전력 분배를 위한 PDP(Power Distribution Panel), 각종 전원제어장치 및 릴레이, 회로보호장치인 CB 등이 장착됩니다.

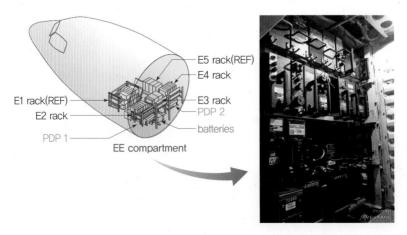

[그림 14.10] EE compartment와 LRU 장착 rack(B737-NG)

(1) 축전지

축전지는 28 V, 48 Ah 용량의 주 배터리와 보조 배터리가 각 1개씩 장착되며 20셀의 니켈-카드뮴(Ni-Cd) 축전지가 사용됩니다. 정상상태에서는 APU 시동과 연료보급을 위한 전원 및 조종석 진출입 전등과 조종석 내 전자시계 작동을 위한 전원을 공급합니다. 특히 축전지는 항공기 인증(certification) 규정에 따라 비행 중에 주전원(IDG 및 AC generator) 또는 보조동력장치의 ASG로부터 전력 공급이 불가능한 상황에서 최소 30분 이상 비행이 가능하도록,[5] 비상시 교류(AC) 및 직류(DC) 전력을 공급할 수 있는 전원 용량을 가져야 합니다. 이러한 비상 상황에서는 필요 전력량을 줄이기 위해 비행에 반드시 필요한 핵심장비(flight critical items)와 비행을 유지하기 위한 핵심계기, 무선통신기기 및 fuel booster 등에만 STBY BUS[6]로 전력을 공급합니다. 주 축전지는 APU 시동 시에만 사용되고 비상시 STBY BUS로 전력을 공급하며, 보조 축전지는 주 축전지를 보조하는 기능을 수행합니다.

[5] B737의 경우는 모델에 따라 45분 또는 60분 비행이 가능함.

[6] Standby BUS(예비전력 버스)로 비상시 사용됨.

 항공기 축전지(battery)의 기능

- 비상시 최소 30분 이상 비행할 수 있는 교류 및 직류 전력을 공급한다.
- Main battery: APU 시동 시만 사용, 비상시는 AC/DC STBY BUS로 전력을 공급한다.
- Auxiliary battery: STBY BUS 전력 공급 시 main battery를 보조한다.

주 배터리와 보조 배터리는 [그림 14.11]과 같이 EE compartment의 E3 rack 하단에 장착되며 forward cargo door를 통해 접근합니다.

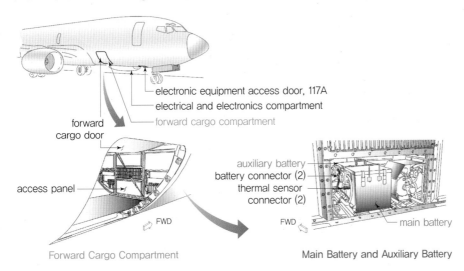

[그림 14.11] Main Battery and Auxiliary Battery(B737-NG)

(2) 축전지 충전장치

축전지는 비상시를 대비하여 비행 및 지상에서 사용을 피하고 항상 완전충전상태를 유지하여야 하므로, 비행 중에는 Main BUS에 연결되어 충전됩니다. 이를 위해 주 축전지 충전장치(main battery charger)와 보조 축전지 충전장치(auxiliary battery charger)가 각각 1개씩 장착되며, Ground Service BUS[7]로부터 교류전력을 공급받아 변압정류장치(TRU)와 같이 교류를 직류로 변압·정류하여 축전지를 충전합니다.

7 Main BUS 중 AC Transfer BUS에 연결되어 교류전력을 공급받음.

[그림 14.12]와 같이 주 축전지 충전장치는 E2 rack에 설치되고 보조 축전지 충전장치는 E3 rack 상단에 설치되며, 배터리 충전장치는 다음과 같이 2가지 모드로 작동합니다.

① TR(Transformer Rectifier) mode
- 정상 비행상태에서 작동하는 모드로 정전압 28 V로 최대 65 A를 공급한다.
- 축전지가 항상 완전충전상태를 유지하도록 정전압(28 V) 충전법을 사용하여 일부 전력을 축전지로 공급한다.
- DC 전력을 Hot Battery BUS와 Switched Hot Battery BUS 및 비상시에 Battery BUS에 공급한다.

② Charge mode
- 축전지의 전압이 23 V 이하가 되면 작동하는 모드로 정전류(50 A) 충전법을 사용하므로 충전전압이 변동한다. (완전방전상태에서 완전충전상태까지 3시간 정도 소요됨)
- 축전지의 충전전압이 일정 값 이상이 되면 overcharge period를 거쳐 TR mode로 전환된다.

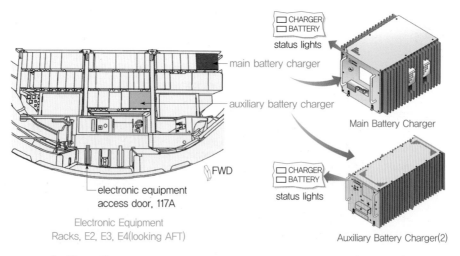

[그림 14.12] Main Battery Charger and Auxiliary Battery Charger(B737-NG)

다음과 같은 운영조건에서는 축전지 충전장치는 작동을 멈추고 충전을 중지합니다.

① APU가 시동 중인 경우

② 지상에서 연료공급(re-fueling) 중일 때 또는 fuel station door가 열려 있는 경우

③ 비상시 STBY BUS로 전력이 공급 중일 때

④ 축전지가 과열 상태인 경우(battery overheat)

⑤ 조종석 Standby Power Switch를 'BAT position'으로 선택한 경우

⑥ 조종석 Standby Power Switch를 'AUTO position'으로 선택하고 Battery Switch 를 On시킨 경우

(3) Control and protection unit

EE compartment에는 조종사의 Control Switches[8] 조작에 따른 명령을 전송하여 AC 전력 및 DC 전력을 제어하고, 자동전력제어 및 보호 기능을 수행하는 각종 LRU(Line Replaceable Unit) 장치가 rack에 장착되며, [그림 14.13]에 나타낸 주요 제어장치들을 가동시킵니다.

[8] Flight compartment 상단 overhead panel 에 위치함.

① Generator Control Unit(GCU 1 & 2)
  - Engine IDG의 voltage regulation 및 control, protection 기능 수행
  - GCB(Generator Control Breaker) 구동

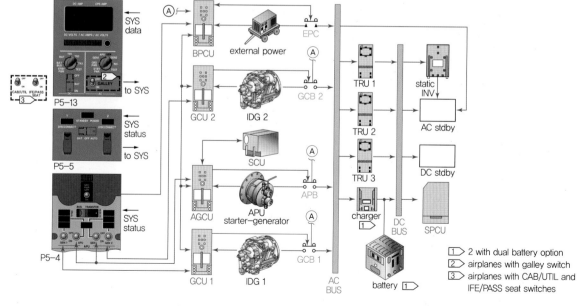

[그림 14.13] Power control LRU 구성도(B737-NG)

② APU Generator Control Unit(AGCU)

    – APU generator의 voltage regulation 및 control, protection 기능 수행

    – APB(APU Power Breaker) 구동

③ Bus Power Control Unit(BPCU)

    – External power의 control 및 protection 기능 수행

    – BTB(Bus Tie-Breaker) 구동

    – 부하에 따른 load shed 기능 수행

④ Standby Power Control Unit(SPCU)

    – Standby BUS power의 control 및 protection 기능 수행

    – RCCB(Remote Control Circuit Breaker) 구동

    – Static inverter 작동시킴

⑤ Start Converter Unit(SCU)

    – APU 시동 시 start motor의 기능 수행

    – ASG에서 발전된 전력에 대한 regulating

특히 GCU와 BPCU는 자체고장진단장치(BIT[9] equipment)로 지상 정비 시 전기계

---

9 Built-In-Test: 고장 및 결함 유무를 전자장비가 자체적으로 점검하는 기능을 말함.

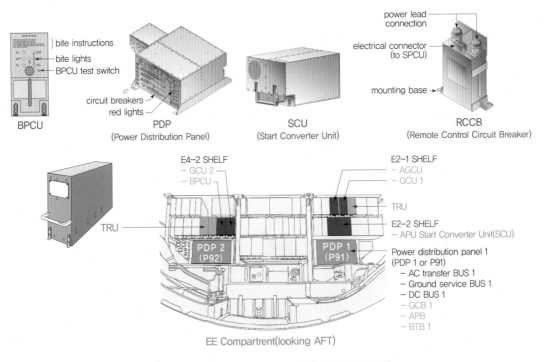

[그림 14.14] EE compartment 주요 장치(B737-NG)

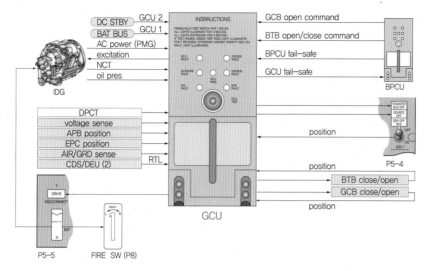

[그림 14.15] GCU(Generator Control Unit)(B737-NG)

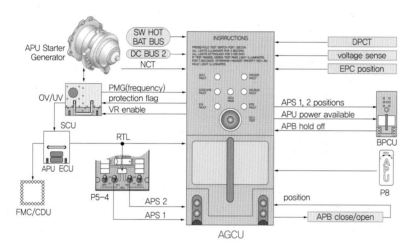

[그림 14.16] AGCU(APU Generator Control Unit)(B737-NG)

통에 대한 BIT 기능을 수행합니다. EE compartment에는 이밖에도 전력 배분을 위한
PDP, 변압정류장치인 TRU, 비상시 배터리로부터의 직류전력을 교류전력으로 변환하
는 스태틱 인버터(static inverter) 및 각종 릴레이와 breaker가 설치됩니다.

14.2.7 Flight compartment

Flight compartment 상단 overhead panel에는 [그림 14.18]과 같이 3가지 전원 및
전력제어 스위치와 상태표시장치가 장착되어 있어서 조종사는 필요한 전원을 제어할
수 있습니다.

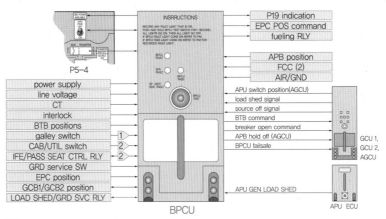

INSRRUCTIONS

RECORD ANY FAULT THAT IS ON.
PUSH AND HOLD BPCU TEST SWITCH FOR 1 SECOND.
ALL LIGHTS GO ON, THEN ALL LIGHT GO OFF.
IF BPCU FAULT LIGHT COME ON REFER TO FIM.
IF BPCU PASS LIGHT CONG ON REFER TO FIM FOR
RECORDED FAULT LIGHT.

P19 indication
EPC POS command
fueling RLY

APB position
FCC (2)
AIR/GND

power supply	APU switch position(AGCU)
line voltage	load shed signal
CT	source off signal
interlock	BTB command
BTB positions	breaker open command
galley switch	APB hold off (AGCU)
CAB/UTIL switch	BPCU failsafe
IFE/PASS SEAT CTRL RLY	
GRD service SW	
EPC position	
GCB1/GCB2 position	APU GEN LOAD SHED
LOAD SHED/GRD SVC RLY	

P5–4

BPCU

GCU 1,
GCU 2,
AGCU

APU ECU

[1]> airplanes with galley switch
[2]> airplanes with CAB/UTIL and IEF/PASS switch

[그림 14.17] BPCU(Bus Power Control Unit)(B737-NG)

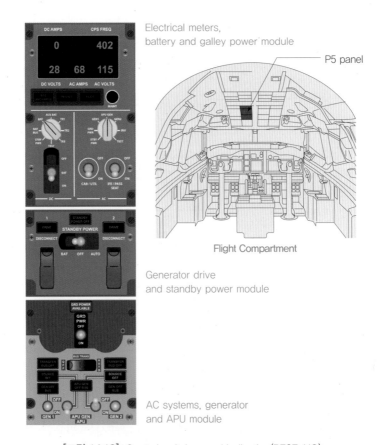

Electrical meters,
battery and galley power module

P5 panel

Flight Compartment

Generator drive
and standby power module

AC systems, generator
and APU module

[그림 14.18] Control switches and indication(B737-NG)

① Electrical meters, battery and galley power module
 - AC/DC 전력 정보 표시
 - Galley & cabin equipment 전력 On/Off
 - TRU 고장 경고 표시
 - DC & STBY BUS 전력 이상 경고 표시
 - Battery 방전 경고 표시
② Generator drive and standby power module
 - IDG & STBY 전력 On/Off
 - IDG 경고 표시
③ AC systems, generator and APU module
 - BUS On/Off, BUS switching

14.3 항공기 전력 버스(BUS)의 구성

14.3.1 Electrical wire routing

엔진의 IDG, ASG 및 배터리와 외부전원 GPU 등을 통해 공급되는 전력은 [그림 14.19]

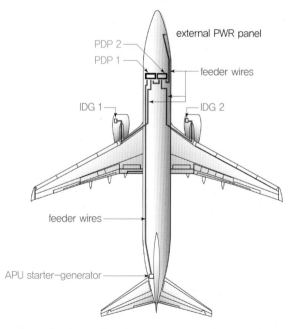

[그림 14.19] Electrical wire routing(B737-NG)

와 같이 feeder wire[10]를 통해 EE compartment의 E2 및 E3 rack 하단에 장착된 PDP(Power Distribution Panel)로 연결되며 PDP를 통해 각 전력 BUS로 배분됩니다.

① PDP 1: IDG와 APU starter-generator에서 발전된 전력을 항공기 전력 BUS에 배분
② PDP 2: external power의 전력을 배분

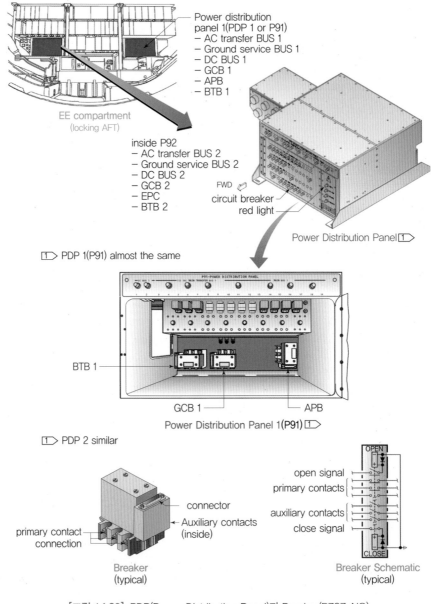

[그림 14.20] PDP(Power Distribution Panel)과 Breaker(B737-NG)

PDP 내에는 전력 배분을 위해 [그림 14.20]과 같은 breaker 및 relay가 장착되어 있어 flight compartment 상단 overhead panel의 전원 및 전력제어 스위치 조작에 따라 External Power Contactor(EPC), APU Power Breaker(APB), Generator Control Breaker(GCB)가 작동합니다.

14.3.2 전력공급 BUS의 구성

항공기에 사용되는 전력원(power source)은 앞에서 설명한 바와 같이 엔진에 연결된 IDG 1 & 2, APU에 연결된 ASG, 주 축전지 및 보조 축전지와 외부전원인 GPU로 구성되며, 이 전력원들에서 공급되는 전력은 전력 BUS[11]를 통해 각 계통 및 전기·전자 장치에 공급됩니다. BUS라는 명칭은 전력의 배분 및 전송 시 공통의 전력선으로부터 개별 장치로 전력이 분배되므로, 이들 장치에 연결된 개별 전력선들을 모은 집합적 개념이라고 생각하면 됩니다. 예를 들어, 우리가 대중 교통수단으로 이용하는 BUS는 임의의 목적지까지 개인들이 함께 이용하는 공통수단으로, 개개인들이 각기 다른 목적지인 특정 정류장에서 하차하는 개념과 비슷합니다.

항공기 전기계통에서 사용하는 전력 BUS는 공급하는 교류 및 직류 전력원의 종류에 따라 다음과 같이 구분할 수 있습니다.

① 교류전력 버스(AC power BUS)
- AC XFR[12] BUS 1 & 2
- GND[13] Service BUS 1 & 2
- Galley BUS A & B, C & D
- AC STBY[14] BUS
② 직류전력 버스(DC power BUS)
- DC BUS 1 & 2
- Battery BUS
- Hot Battery BUS
- Switched Hot Battery BUS
- DC STBY BUS

상기 9개의 전력 BUS는 사용목적에 따라 다음과 같이 분류할 수도 있습니다.

① 주 전력 버스(Main BUS)
- AC Transfer BUS 1 & 2

11 모선(母線)이라고도 함.

12 Transfer의 약어

13 Ground의 약어

14 Standby의 약어

　　　　　－ DC BUS 1 & 2

　　② 예비(비상) 전력 버스(Standby BUS)

　　　　　－ AC STBY BUS

　　　　　－ DC STBY BUS

　　　　　－ Battery BUS

　　　　　－ Hot Battery BUS

　　　　　－ Switched Hot Battery BUS

　　③ 지상 서비스 버스(Ground Service BUS)

　　　　　－ Ground Service BUS 1 & 2

　　④ 갤리 버스(Galley BUS)

　　　　　－ Galley BUS A & B

　　　　　－ Galley BUS C & D

 항공기 전력 BUS

- 주 전력 버스(Main BUS)
  - 정상 운용 상태에서 AC Transfer BUS 1 & 2와 DC BUS 1 & 2 등을 통해 교류와 직류전력이 공급된다.
- 예비 전력 버스(Standby BUS)
  - IDG 1 & 2 및 APU starter-generator 전력원에 문제가 발생했을 때 축전지를 통한 교류 및 직류전원이 공급된다.
- 갤리 버스(Galley BUS)
  - 승객 서비스를 위한 식사 및 음료를 준비하기 위해 항공기 내 주방공간[15]에 장착된 장치에 전력을 공급한다.
- 지상 서비스 버스(Ground Service BUS)
  - 지상조업 및 정비를 위한 전력을 공급한다.

---
15 Galley라고 함.

특히 지상 서비스 버스(Ground Service BUS)는 지상조업 및 정비를 위해 다음과 같은 전력을 공급하는 BUS입니다.

① 지상에서 cargo loading, towing, cleaning outlets, service interphone, lower deck cargo doors, fueling에 전력을 공급한다.

② 지상 또는 비행 시에 light, APU fuel boost pump, drain mast heaters, service (utility) outlets, weight & balance system, battery heater, main battery charger, fuel system, in-flight entertainment system에 전력을 공급한다.

14.4 항공기 전력 버스(BUS)의 작동

항공기의 전력 버스(BUS)는 2가지 모드, 즉 정상작동모드인 Normal mode와 비상시의 Alternate mode로 작동합니다.

14.4.1 Normal mode에서의 전력 BUS 작동

정상작동모드인 Normal mode에서는 교류(AC) 전력 소스원인 IDG 1 & 2가 최우선으로 사용되며, 지상에서는 APU의 ASG 및 외부전력인 GPU 중 1개의 소스원을 선택하여 전력을 공급할 수 있습니다.

(1) 전력 소스원이 IDG인 경우

좌·우측 엔진 각각의 IDG는 개별 AC XFR(Transfer) BUS를 통해 전력을 공급하는데, [그림 14.21]의 연결도와 같이 IDG 1은 AC XFR BUS 1로, IDG 2는 AC

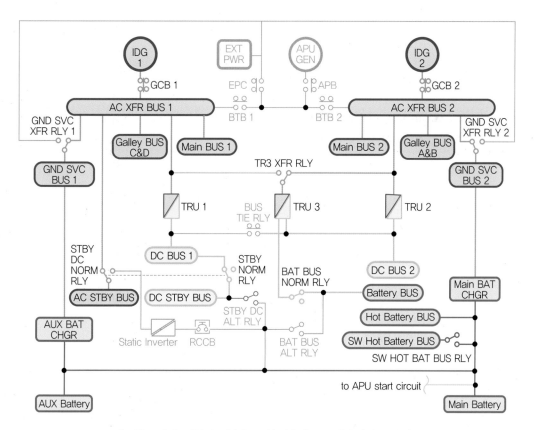

[그림 14.21] 전력 소스원이 IDG인 경우의 BUS 연결도(B737-NG)

16 Generator Control Breaker

XFR BUS 2로 각각 GCB[16]를 통해 연결됩니다. 각각의 AC XFR BUS는 교류전력 BUS인 Main BUS, Galley BUS 및 Ground SVC(service) BUS와 예비 전력 BUS 인 STBY(standby) BUS로 전력을 배분합니다. 직류전력의 경우는 AC XFR BUS부

17 Transform Rectifier Unit

터 공급된 교류전력을 TRU[17]를 통해 다음과 같이 DC BUS로 공급합니다.

① DC BUS 1은 AC XFR BUS 1에 연결된 TRU 1으로부터 전력을 공급받는다.
② DC BUS 2는 AC XFR BUS 2에 연결된 TRU 2와 3로부터 전력을 공급받는다.
③ Battery BUS는 AC XFR BUS 2에 연결된 TRU 3로부터 전력을 공급받는다.

Hot Battery BUS는 모든 화재소화계통(fire extinguishing system)과 조종석 시계 (captain's clock)에 전력을 공급하는 BUS로 Main Battery Charger를 통해 공급됩니다. 앞에서 설명한 바와 같이 축전지의 전압이 23 V 이하인 경우에 Battery Charger 는 Charge mode로 동작하여 축전지를 충전하게 되며 이외의 경우는 TR mode로 동작하여 Hot Battery BUS에 전력을 공급합니다. Switched Hot Battery BUS는 비상 시에 연결하여 사용하는 BUS로 Switched Hot Battery BUS relay를 통해 연결됩니다. Hot Battery BUS와 Switched Hot Battery BUS는 Main Battery Charger로부터 주 전력을 공급받지만 Main Battery도 함께 연결되어 보조 전력을 공급받게 됩니다.

AC XFR BUS 1, 2가 연결되어 공급하는 BUS는 다음과 같이 정리됩니다.

① AC Transfer BUS 1
 − AC Main BUS 1에 전력을 공급한다.
 − AC GND Service BUS 1에 전력을 공급한다.
 − Galley BUS C & D에 전력을 공급한다.
 − AC STBY BUS에 전력을 공급한다.
 − DC BUS 1에 전력을 공급한다. (TRU 1을 통해 DC로 정류)
② AC Transfer BUS 2
 − AC Main BUS 2에 전력을 공급한다.
 − AC GND Service BUS 2에 전력을 공급한다.
 − Galley BUS A & B에 전력을 공급한다.
 − DC BUS 2에 전력을 공급한다. (TRU 2를 통해 DC로 정류)
 − Battery BUS에 전력을 공급한다. (TRU 3를 통해 DC로 정류)

AC XFR BUS 1, 2는 정상 운용 상태에서는 [그림 14.21]처럼 서로 연결이 되지

않으며, AC XFR BUS가 서로 연결되는 경우는 아래와 같은 조건이 발생할 경우로
BTB[18] 1 & 2를 통해 연결됩니다.

18 BUS Tie Breaker

① 어떤 원인에 의해 1개의 AC XFR BUS로만 교류전력이 공급될 때
② APU의 ASG만이 유일한 전력원으로 연결되었을 때
③ 지상에서 GPU만이 유일한 전력원으로 연결되었을 때

비행 중 IDG 1과 2에 동시에 문제가 발생하면 APU의 ASG로 전력원이 자동 전
환되어 연결됩니다.

(2) 전력 소스원이 ASG인 경우

전력 소스원으로 ASG(APU Starter-Generator)가 사용되는 경우는 [그림 14.22]의
연결도와 같이 APB[19]와 BTB 1 & 2에 의해 AC XFR BUS로 연결되며 IDG 쪽의 전력

19 APU Breaker

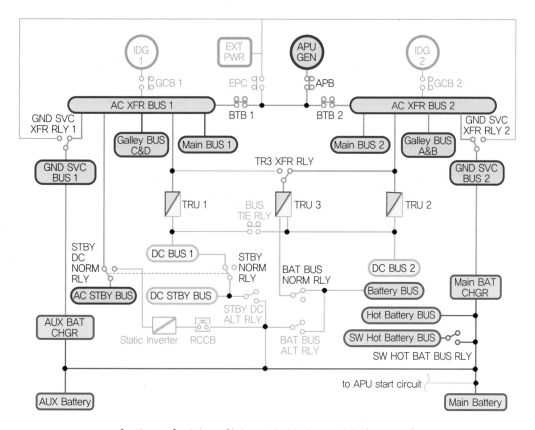

[그림 14.22] 전력 소스원이 ASG인 경우의 BUS 연결도(B737-NG)

은 GCB가 떨어져 차단됩니다. 전체 전력 BUS 연결 및 분배는 앞 절의 IDG의 연결 때와 동일합니다.

(3) 전력 소스원이 GPU인 경우

전력 소스원으로 GPU(Ground Power Unit)가 사용되는 경우는 [그림 14.23]의 연결도와 같이 EPC[20]에 의해 AC XFR BUS로 연결되며, IDG와 APU의 전력은 GCB와 APB가 떨어져 분리됩니다. 전체 전력의 BUS 연결 및 분배는 앞 절의 IDG나 ASG의 연결 때와 동일합니다.

GPU 연결 시에는 객실청소를 위한 전원 및 Quick Check를 위해서 [그림 14.24]와 같이 Ground Service Transfer Relay를 작동시켜 AC XFR BUS를 분리시키고 GND Service BUS 1 & 2만 사용이 가능합니다.

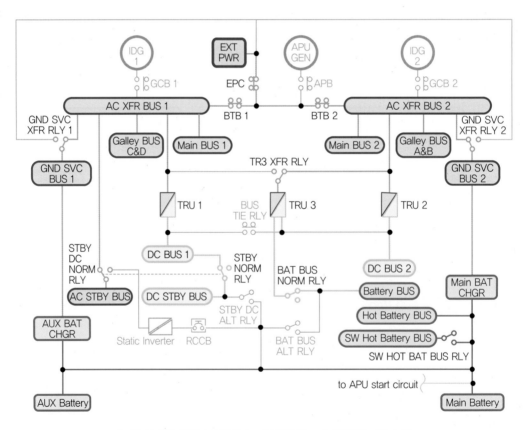

[그림 14.23] 전력 소스원이 GPU인 경우의 BUS 연결도(B737-NG)

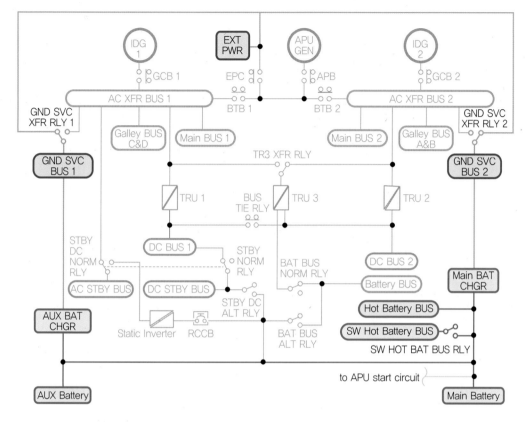

[그림 14.24] 전력 소스원이 GPU인 경우의 BUS 연결도(AC XFR BUS를 사용하지 않는 경우)

14.4.2 Alternate mode에서의 전력 BUS 작동

교류전력원(AC power)인 IDG 1 & 2 및 ASG가 어떤 원인에 의해 모두 고장이 난 경우에는 [그림 14.25]와 같이 예비(비상) 전력 BUS로 전환되어 Alternate mode로 동작합니다. 이 경우에는 주 축전지와 보조 축전지가 교류와 직류전력의 소스원이 되며, 비행에 불필요한 장비와 장치를 모두 Off시켜, 대피 공항으로 이동 시까지 최소 30분[21] 이상 비행이 가능하도록 요구되는 전력량을 줄이는 조치를 취합니다.

Alternate mode에서는 축전지로부터 공급되는 직류전력(DC power)을 RCCB[22]를 구동시켜 Static Inverter로 공급하며, 변환된 교류전력은 AC STBY BUS에 공급되어 교류전력으로 작동되는 핵심 통신장치, 항법장치, 비행장치나 계기에 전력을 공급하게 됩니다. 더불어 RCCB의 구동은 주 축전지와 보조 축전지의 BUS를 연결시켜 축전지의 모든 전력을 사용할 수 있도록 합니다. 또한 STBY Normal Relay와 Battery BUS

21 B747-NG 기종은 모델에 따라 45분 또는 60분 비행이 가능함.

22 Remote Control Circuit Breaker

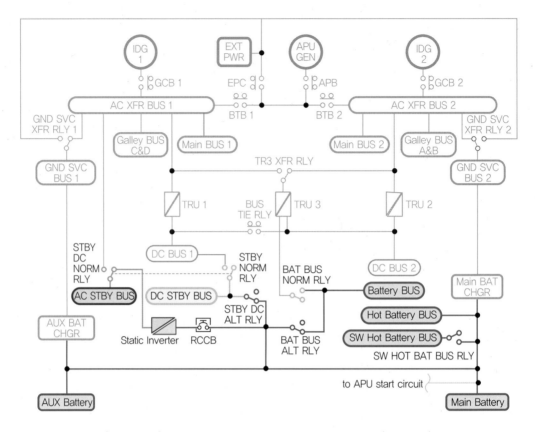

[그림 14.25] Alternate Mode에서의 Battery 전력 BUS 연결도(B737-NG)

Normal Relay가 작동하여 기존 Normal mode에서 연결되었던 AC XFR BUS로부터의 전력공급을 차단하게 됩니다.

14.5 도선

14.5.1 도선의 개요

전기의 통로인 도선(전선, electrical wire)은 내부 도체(conductor)와 절연피복(coating)으로 둘러싸여 있습니다. 일반적인 산업용 전선의 피복재료로는 고무, 폴리에틸렌, 플라스틱 등이 사용되며 항공용 도선은 화재를 방지하기 위해 내열성 피복재료를 사용합니다.

(1) 내부 도체

내부 도체는 [그림 14.26]과 같이 단선(solid conductor)과 연선(stranded conductor)으로 구분됩니다. 단선은 굵은 구리선 1가닥으로 이루어져 있는 전선을 말하고, 연선은 다수의 얇은 구리선들의 묶음으로 이루어진 전선을 말합니다. 연선은 피로(fatigue) 파괴현상을 줄여 선이 끊어지는 것을 방지하는 장점이 있으며, 절연도선(insulated wire)은 단선과 연선의 도체에 절연피복을 한 전선을 의미합니다. 항공기 전기계통에서는 단선을 사용하여 전선의 무게를 줄이는 방식을 채택합니다.

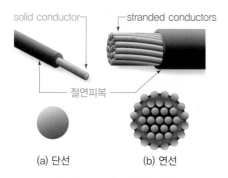

[그림 14.26] 단선과 연선

내부 도체로는 2.4절에서 배운 전도율(또는 도전율, conductivity)이 높은 금속재료를 사용하는데, 일반적으로 가장 많이 사용되는 금속은 구리(Cu)입니다. 구리선은 저항률이 낮고[23] 가격도 저렴하여 매우 우수한 도체지만 무게가 무겁습니다. 산업용 등 일반적인 도선은 구리선을 가장 많이 사용하며 항공기 전기배선에서도 일반적으로 구리선을 주로 사용합니다.

23 도전율이 높음.

• 도전율의 크기: **은(Ag) > 구리(Cu) > 금(Au) > 알루미늄(Al) > 철(Fe)**

항공기에는 알루미늄선도 많이 사용합니다. 알루미늄은 구리보다 가격이 비싸고 도전율도 작지만, 무게가 가벼워[24] 전선을 경량화시킬 수 있기 때문에 지름이 굵은 항공기 동력선에 주로 사용합니다.

24 알루미늄 전선의 중량은 일반적으로 구리 전선의 약 60% 정도임.

(2) 도금

도금(plating)은 산화방지와 납땜을 쉽게 하기 위하여 내부 금속도선인 구리에 주석(Sn), 은(Ag), 니켈(Ni) 등을 입히는 것을 말합니다. 가장 일반적인 도금 재료로 주석이 사용되며, 약 150°C까지 사용할 수 있습니다. 구리선을 은으로 도금하면 200°C까지 사용이 가능하며 니켈 도금은 260°C 이상에서도 특성을 유지합니다.

(3) 특수전선 및 케이블

특수전선과 케이블에 대해 알아보겠습니다. 우선 항공기 엔진이나 보조동력장치(APU) 주변은 항공기 내에서 온도가 가장 높은 곳으로, 이 부근에 사용되는 도선은 구리선에 니켈을 도금하고 외부 피복도 광물질을 혼합한 테플론(teflon)을 사용하여 내열성을 키우고 절연시킵니다. 테플론 재료를 사용한 피복은 260°C의 온도까지 견딜 수 있습니다.

화재경보장치의 센서에 사용되는 도선 등과 같이 화재 시의 높은 온도에서도 견뎌야 하는 도선은 구리선에 니켈 도금을 하고 유리와 테플론을 사용한 피복으로 절연시킵니다. 이러한 종류의 도선은 350°C까지 견딜 수 있고, 1,000°C에서도 5분 정도 내열성을 가집니다.

가장 온도가 높은 엔진이나 보조동력장치의 배기가스온도(EGT)를 측정할 때는 크로멜(chromel)-알루멜(alumel) 서모커플(thermocouple) 온도계를 사용하며, 서모커플 신호를 획득하기 위해 연결되는 도선도 크로멜-알루멜로 만들어진 도선을 사용합니다.

음성 신호나 미약한 레벨의 신호전송을 위해서는 실드 케이블(shield cable)을 사용하여 외부로부터의 잡음(noise)이나 전자기 간섭(EMI, Electro Magnetic Interference)[25]을 차단시킵니다. 기내 텔레비전 영상신호나 무선신호의 전송에는 동축 케이블(coaxial cable)을 사용하는데, 내부 구리선에 금도금을 하고 전선 내부 전체를 원통형 그물망인 편조실드선(braid shield), 알루미늄 포일(foil) 등으로 감싸 외부 잡음이나 전자기 간섭을 차단하므로 고주파 전송에 적합합니다.

> 25 방사 또는 전도되는 전자파가 다른 기기의 기능에 장애를 주는 현상.

편조실드	
알루미늄 실드	PVC피복
그라운드	알루미늄 실드
	+마일러(폴리에틸렌필름)

도체
테플론 절연
외피
편조실드

(a) shield cable   (b) coaxial cable

[그림 14.27] 실드 케이블과 동축 케이블

14.5.2 도선의 규격

도선의 규격은 [표 14.3]과 같이 미국도선규격인 AWG(American Wire Gauge)를 채택하여 사용합니다.

도선규격(AWG)

• AWG 번호가 작을수록 도선이 굵고, 허용 전류량이 커진다.
• 항공기에서는 00~26번까지의 짝수 번호 도선을 주로 사용한다.

[표 14.3] 미국도선규격(AWG)

gauge number	diameter(mil)	circular mil(CMA)	square inches	25°C(77°F)	65°C(149°F)
0000	460.0	212,000.0	0.166	0.0500	0.0577
000	410.0	168,000.0	0.132	0.0630	0.0727
00	365.0	133,000.0	0.105	0.0795	0.0917
0	325.0	106,000.0	0.0829	0.100	0.166
1	289.0	83,700.0	0.0657	0.126	0.146
2	258.0	66,400.0	0.0521	0.159	0.184
3	229.0	52,600.0	0.0413	0.201	0.232
4	204.0	41,700.0	0.0328	0.253	0.292
5	182.0	33,100.0	0.0260	0.319	0.369
6	162.0	26,300.0	0.0206	0.403	0.465
7	144.0	20,800.0	0.0164	0.508	0.586
8	128.0	16,500.0	0.0130	0.641	0.739
9	114.0	13,100.0	0.0103	0.808	0.932
10	102.0	10,400.0	0.00815	1.02	1.18
11	91.0	8,230.0	0.00647	1.28	1.48
12	81.0	6,530.0	0.00513	1.62	1.87
13	72.0	5,180.0	0.00407	2.04	2.36
14	64.0	4,110.0	0.00323	2.58	2.97
15	57.0	3,260.0	0.00256	3.25	3.75
16	51.0	2,580.0	0.00203	4.09	4.73
17	45.0	2,050.0	0.00161	5.16	5.96
18	40.0	1,620.0	0.00128	6.51	7.51
19	36.0	1,290.0	0.00101	8.21	9.48
20	32.0	1,020.0	0.000802	10.40	11.90
21	28.5	810.0	0.000636	13.10	15.10
22	25.3	642.0	0.000505	16.50	19.00
23	22.6	509.0	0.000400	20.80	24.00
24	20.1	404.0	0.000317	26.20	30.20
25	17.9	320.0	0.000252	33.00	38.10
26	15.9	254.0	0.000200	41.60	48.00
27	14.2	202.0	0.000158	52.50	60.60
28	12.6	160.0	0.000126	66.20	76.40
29	11.3	127.0	0.0000995	83.40	96.30
30	10.0	101.0	0.0000789	105.00	121.00
31	8.9	79.7	0.0000626	133.00	153.00

[표 14.3] 미국도선규격(AWG) (계속)

gauge number	cross section			ohms per 1,000 ft	
	diameter(mil)	circular mil(CMA)	square inches	25℃(77°F)	65℃(149°F)
32	8.0	63.2	0.0000496	167.00	193.00
33	7.1	50.1	0.0000394	211.00	243.00
34	6.3	39.8	0.0000312	266.00	307.00
35	5.6	31.5	0.0000248	335.00	387.00
36	5.0	25.0	0.0000196	423.00	488.00
37	4.5	19.8	0.0000156	533.00	616.00
38	4.0	15.7	0.0000123	673.00	776.00
39	3.5	12.5	0.0000098	848.00	979.00
40	3.1	9.9	0.0000078	1,070.00	1,230.00

[그림 14.28]은 AWG 번호에 따른 도선의 굵기를 비교한 사진으로, AWG 번호가 커질수록 도선이 가늘어짐을 알 수 있습니다. 도선의 굵기는 오른쪽에 있는 와이어 게이지(wire gage)를 사용하여 측정합니다.

사용해야 할 도선의 크기(AWG 번호)는 허용 전압강하, 전류량, 도선의 길이, 연속전류 또는 단속전류 여부 등의 조건에 따라 [그림 14.29]에 나타낸 electric wire chart에서 결정되는데, 다음 예를 통해 도선의 AWG 번호를 결정해보겠습니다.

항공기 전원 버스(BUS)에서 어떤 장치까지 전력을 공급할 도선의 길이는 50 ft, 사용 전압은 28 V이며, 부하전류는 최대 20 A를 연속적으로 공급한다는 요구조건이 주어졌다고 가정합니다. Electric wire chart의 왼쪽 수직축에서 제시된 전압 28 V와 도선의 길이 50 ft를 선정하고, chart 상단 전류축에서 20 A를 선택하여 만나는 점은 chart의 하단 가로축에서 AWG 10과 8 사이가 됩니다. 도선에 흐르는 전류량의 여유가 있는

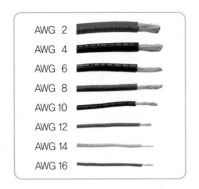

[그림 14.28] AWG 도선과 wire gage

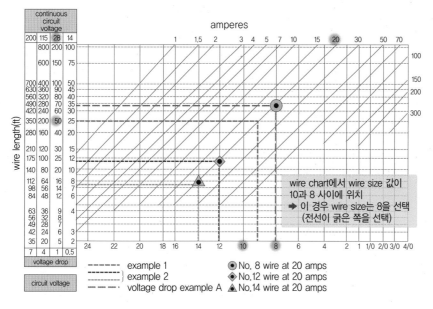

[그림 14.29] Electric wire chart

것이 좋으므로 되도록이면 지름이 더 큰 AWG 8번 도선을 선택합니다.

14.5.3 도선의 길이 및 단면적

[표 14.3]의 AWG 번호에 따른 도선의 지름과 단면적을 보면 mil과 circular mil이라는 처음 보는 단위가 표시되어 있습니다. 도선의 단면은 원형이므로 도선의 굵기를 나타내거나 비교하기 위해, 원의 단면적을 사용하거나 반지름(r)이나 지름(d)을 사용합니다. 이때 원의 단면적은 공식 πr^2을 통해 구할 수 있지만 제곱을 구하고 원주율을 곱해야 하므로 계산이 좀 번거롭습니다.

[그림 14.30]과 같이 원의 지름을 새로운 길이 단위인 mil(밀)로 나타내고 단면적은

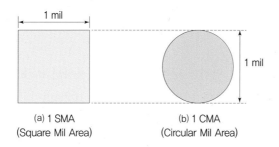

[그림 14.30] 도선의 단면적 단위(SMA와 CMA)

circular mil(cmil)이라는 새로운 단위를 도입합니다. 도선의 길이를 나타내는 새로운 단위인 1 mil은 0.0254 mm, 즉 1/1,000 inch를 나타냅니다.

 도선의 단위(mil과 cmil)

- 도선의 길이: [mil] 사용, 도선의 단면적: [cmil] = [CMA] 사용
- 1 mil = 0.0254 mm = 0.001 inch
- 1 CMA = 0.7854 SMA

[그림 14.30(a)]에서 길이가 1 mil로 주어진 직사각형의 단면적은 (가로 길이) × (세로 길이)의 공식을 그대로 적용하여 구하고, Square Mil Area의 약자인 SMA를 새로운 면적의 단위로 사용합니다.

$$1 \text{ mil} \times 1 \text{ mil} = 1 \text{ mil}^2 = 1 \text{ SMA} \tag{14.1}$$

[그림 14.30(b)]와 같이 지름이 1 mil인 원의 단면적은 원의 면적[26]을 구하는 공식 대신에 사각형의 면적을 구하는 방법을 적용하여, 가로와 세로 길이 대신에 지름과 지름을 곱하여 [cmil](circular mil)이라는 단위를 사용합니다. cmil은 Circular Mil Area의 약자인 CMA를 사용하기도 합니다.

$$1 \text{ mil} \times 1 \text{ mil} = 1 \text{ cmil} = 1 \text{ CMA} \tag{14.2}$$

이제 원의 면적 공식을 사용하여 CMA와 SMA의 관계를 구해보겠습니다. 지름(d)이 1 mil인 원의 단면적은 다음과 같이 구할 수 있습니다.

$$1 \text{ CMA} = \pi \cdot r^2 = \pi \cdot \left(\frac{d}{2}\right)^2 = \pi \cdot \left(\frac{1 \text{ mil}}{2}\right)^2$$
$$= 0.7854 \text{ mil}^2 = 0.7854 \text{ SMA} \tag{14.3}$$
$$\therefore \ 1 \text{ CMA} = 0.7854 \text{ SMA}$$

따라서, 1 CMA는 원의 면적을 구하는 공식을 적용하면 0.7854 SMA가 됨을 알 수 있습니다. [표 14.3]의 AWG 10번 도선의 지름은 102 mil이고, 도선의 단면적은 102 mil × 102 mil = 10,404 cmil ≈ 10,400 cmil로 계산됨을 확인할 수 있습니다. 다음 예제를 통해 정리해 보겠습니다.

$\overline{26} \ S = \pi r^2 = \pi \left(\dfrac{d}{2}\right)^2$

예제 14.1

다음 주어진 도선의 단면적을 구하여 CMA와 SMA로 나타내시오.

(1) 원형 도선의 지름이 0.025 in인 경우

(2) 도선의 단면이 직사각형이고 가로는 4 in, 세로는 3/8 in인 경우

|풀이| (1) 원형 도선의 지름이 0.025 in = 25 mil이므로

$$25 \text{ mil} \times 25 \text{ mil} = 625 \text{ cmil} = 625 \text{ CMA}$$

SMA로 변환하면,

$$625 \text{ CMA} = 625 \text{ CMA} \times \frac{0.7854 \text{ SMA}}{1 \text{ CMA}} = 490.88 \text{ SMA}$$

(2) $\frac{3}{8}$ in = 0.375 in = 375 mil, 4 in = 4 in $\times \dfrac{1 \text{ mil}}{0.001 \text{ in}}$ = 4,000 mil이므로

$$\therefore 375 \text{ mil} \times 4,000 \text{ mil} = 1,500,000 \text{ SMA}$$

CMA로 변환하면,

$$1,500,000 \text{ SMA} \times \frac{1 \text{ CMA}}{0.7854 \text{ SMA}} = 1,909,855 \text{ CMA}$$

14.5.4 도선의 표식

항공기는 여러 계통(system)의 결합체로, 각 계통의 장치들을 연결하는 전선과 케이블은 장치가 속한 계통을 쉽게 구분하고, 전선의 굵기, 전선에 관련된 정보를 얻을 수 있도록 부호화된 숫자와 문자가 조합된 표식(marking)을 전선 위에 부착하여 정비작업 시에 편리성을 도모합니다. 이를 식별부호(identification code)라고 하며, 도선의 표식방식(식별부호)은 보잉이나 에어버스 등 항공기 제작사에 따라 각기 다른 체계를 사용하고 있습니다.

도선의 표식은 크게 direct marking과 indirect marking으로 나누어집니다. Direct marking은 [그림 14.31]과 같이 전선 피복 자체에 표식을 마킹하는 경우로, wire의 각 끝단에서 3 in 이내에 위치하여야 하고, 표식 사이는 15 in 간격으로 마킹합니다. 도선의 길이가 3 in 이하일 경우 마킹하지 않아도 되며, 3~7 in일 경우는 중간 부분에 마킹합니다.

Indirect marking은 [그림 14.32]와 같이 전선 외곽에 씌우는 수축 튜브(shrink tube)나 슬리브(sleeve)에 표시하는 방식이며, 전선 끝에서 3 in 이내에 표시하고, 표식 사이 간격이 6 ft 이상 되지 않도록 합니다.

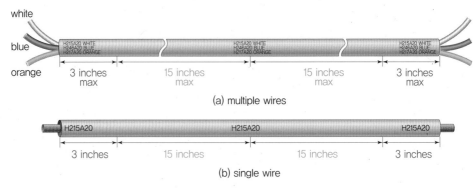

(a) multiple wires

(b) single wire

[그림 14.31] 도선의 direct marking

[그림 14.32] 도선의 indirect marking

14.6 와이어 하네스

14.6.1 도선 연결장치

27 일반산업분야에서는
'압착단자'라고도 함.

28 일반산업분야에서는
'슬리브(sleeve)'라고도
함.

도선 연결장치는 도선과 도선을 연결하는 용도로 터미널(terminal)[27], 스플라이스
(splice)[28], 커넥터(connector), 정선박스(junction box)가 사용됩니다.

[그림 14.33]과 같이 터미널과 스플라이스는 전선의 장탈 및 장착 등을 용이하게 하

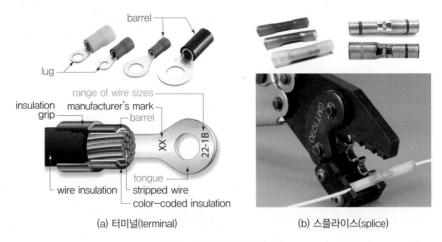

(a) 터미널(terminal)　　　　　(b) 스플라이스(splice)

[그림 14.33] 도선 연결장치

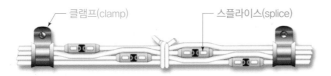

클램프(clamp)　　　스플라이스(splice)

[그림 14.34] 스태거(stagger) 접속법

는 장치로, 전선 재질과 터미널 재질은 성질이 다른 금속 간에 발생할 수 있는 부식 (corrosion)을 방지하기 위해서 동일한 것을 사용합니다. 전선의 규격에 맞는 터미널 과 스플라이스를 사용해야 하며, 터미널은 끝단 한쪽만 전선과 접속하고 스플라이스는 양쪽 모두 전선을 접속합니다. 접속은 압착기(crimping tool)를 사용하여 압착합니다.

터미널 러그(lug)에는 접속하는 도선의 규격이 표시되어 있고 도선이 접속되어 압착 하는 부위를 배럴(barrel)이라고 합니다.

스태거(stagger) 접속법이란 스플라이스로 연결된 전선다발을 bundle로 묶을 때 전 선다발의 지름을 균일하게 하기 위해 [그림 14.34]와 같이 스플라이스 체결부를 서로 엇갈리게 장착하는 방법을 말합니다.

커넥터(connector)는 [그림 14.35]의 플러그(plug)와 리셉터클(receptacle)이 한 조 가 되어 서로 체결되는데, 핀(pin)이 나와 있는 커넥터를 플러그라 하고, 핀을 받아들 이는 소켓(socket) 타입의 커넥터를 리셉터클이라 합니다.

정선박스(junction box)는 장치와 장치 사이에 많은 도선이 연결되는 상황에서 도 선의 결합 및 분배를 목적으로 사용하며, 정비의 편리함과 안정성을 추구하기 위한 장 치이기도 합니다. 정선박스 장착이나 정비 시 너트, 와셔 등이 떨어져 단락사고가 일 어나지 않도록 주의해야 합니다.

receptable　　plug

pin　　crimping tool

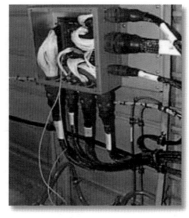

[그림 14.35] 커넥터(connector)와 정선박스(junction box)

14.6.2 와이어 하네스

도선은 각 장치에 전기를 공급하기 위해 다발로 묶여서 항공기 내벽을 따라 배분됩니다. 이처럼 여러 전선이 묶인 다발을 와이어 번들(wire bundle)이라 하고, 각 장치로 배분된 도선 전체를 와이어 하네스(wire harness)라고 합니다. [그림 14.36]은 에어버스(Airbus)사 A-380의 일부 와이어 하네스와 번들을 보여주고 있는데, A-380의 와이어 하네스는 전선의 총개수가 10만 개 이상이며, 43,000개 이상의 커넥터를 통해 연결되어 총길이가 530 km가[29] 된다고 하니 정말 복잡하고 대단한 시스템입니다.

와이어 번들을 항공기에 장착 시에는 [그림 14.37]의 클램프(clamp)를 사용하여 고정시킵니다. 클램프는 전기배선 시 전선이 처지는 것을 방지하고, 방화벽(firewall)이나 막힌 동체 구조물을 통과하는 경우에, 통로 주위의 구조물과의 접촉을 방지하여 전선을 보호하기 위한 목적으로 사용합니다. 클램프는 절연재료로 되어 있거나 절연물이 붙어 있으므로 와이어 번들의 무게에 의해 클램프가 돌아가지 않아야 하고, 전선이 클램프에 끼어 마멸(chafing)되지 않도록 주의해야 합니다. 앵글 브래킷(angle bracket)은 그림과 같이 반드시 2개 이상의 볼트 또는 리벳으로 고정합니다.

일반적으로 클램프와 클램프 사이는 24 in(약 60 cm) 간격으로 설치하고, 와이어 번들이 벌크헤드(bulk head)나 리브(lib), 방화벽 등을 관통 시에는 도선의 피복이 벗겨지지 않도록 그로밋(grommet)을 사용하여 클램핑합니다. 이때 전선이 통과하는 구멍 외각에서 와이어 번들까지는 최소 3/8 in(약 1 cm)[30]가 이격되어야 합니다. 와이어 번들은 자중에 의해서 처지게 되므로 클램프로 전선을 장착 시 적당한 장력을 갖도록 하고, wire가 끊어지지 않도록 적절하게 늘어뜨려 장착해야 합니다. 일반적으로 최대 처짐변위는 0.5 in(약 1.3 cm) 이하여야 합니다.

[29] B747은 와이어 하네스의 총길이가 150마일(241 km) 정도임.

[30] 그로밋이 있으면 3/8 in 이하, 없으면 3/8 in 이상 간격이 있어야 함.

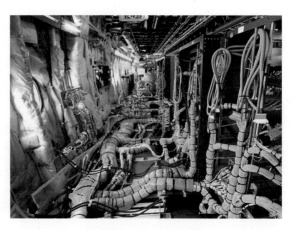

[그림 14.36] Airbus A-380의 와이어 번들 및 와이어 하네스

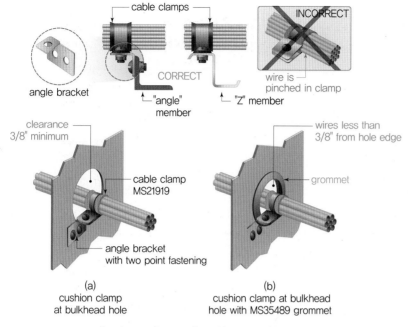

[그림 14.37] 클램프(clamp)와 그로밋(grommet)

항공기는 [그림 14.38]과 같이 진동레벨(vibration level)에 따라 3개 영역으로 나눕니다. 진동이 가장 낮은 레벨-1 영역은 여압(pressurization)이 되는 영역으로 주로 승

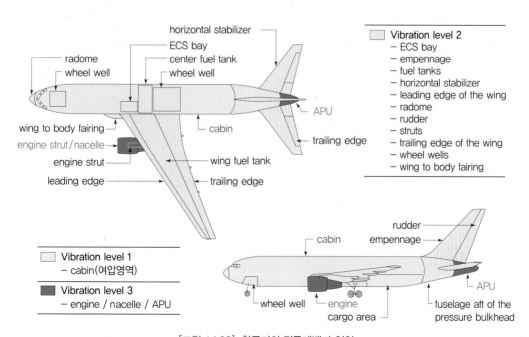

[그림 14.38] 항공기의 진동레벨과 영역

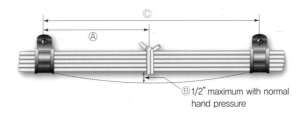

Ⓑ1/2" maximum with normal
hand pressure

[그림 14.39] 와이어 번들의 tying 간격 및 처짐 허용값

객들이 탑승하는 객실(cabin)이 되고, 진동이 가장 심한 레벨-3 영역은 엔진(engine)
과 나셀(nacelle)이 장착된 영역과 동체 후미의 APU 근처 영역입니다. 이외는 레벨-2
영역이라고 생각하면 됩니다.

진동영역 레벨에 따라 [그림 14.39]에 나타낸 와이어 번들의 tying 간격(Ⓐ)과 최대
처짐변위(Ⓑ) 및 클램프 사이의 설치 간격(Ⓒ)이 정해지는데, [표 14.4]에 정리하였습
니다. 당연히 진동레벨이 높은 레벨-3 영역일수록 tying 간격과 클램프 설치간격이 줄
어듭니다. 전선다발의 처짐은 0.5 in로 모두 동일합니다.

[표 14.4] 와이어 번들의 tying 간격 및 처짐 허용값

구분	허용값	Vibration level 3	Vibration level 2	Vibration level 1
		고진동 영역	비여압 영역	여압 영역
Wire	**Tying 간격** (Ⓐ)	< 최대 2 in (< 최대 5 cm)	6~8 in (15~20 cm)	기준 없음 (6~8 in 수준)
	처짐변위(Ⓑ)	< 최대 1/2 in(1.27 cm)		
Clamp	**Clamp 간격** (Ⓒ)	< 최대 18 in (< 최대 45 cm)	< 최대 24 in (< 최대 60 cm)	−

14.7 회로보호장치

회로보호장치(circuit protection device)로는 퓨즈(fuse), 전류제한기(current limiter),
회로차단기(CB, circuit breaker) 및 열보호장치(thermal protector) 등이 사용됩니다.

> **핵심 Point** **회로보호장치(circuit protection device)**
>
> 회로보호장치는 과전압(over-voltage)이나 단락(short)에 의한 과전류(over-current)가 전기장
> 치에 유입되어 발생시키는 과열 및 이로 인한 화재나 전기장치 및 회로의 손상을 막기 위하
> 여 이용되는 장치이다.

(1) 퓨즈

퓨즈(fuse)는 [그림 14.40]과 같이 규정 이상의 과전류가 흐르면 주석이나 비스무트로 만든 얇은 금속선이 끊어져 전류유입을 차단하는 장치로, 한 번 끊어지면 재사용이 불가능하고 교환해주어야 합니다. (자신을 희생해서 비싼 장비를 보호하므로 殺身成仁의 표본이라 할 수 있겠습니다~) 퓨즈를 사용할 때에는 도선의 규격과 정격전류에 따른 퓨즈 용량을 선정해야 하며, 단위는 암페어[A]를 사용합니다. 항공기 내에는 퓨즈 종류마다 각 사용량의 50%에 해당되는 예비 퓨즈를 항상 확보하고 있어야 합니다. 퓨즈는 회로가 차단되어도 비행에 큰 지장이 없는 조종석(cockpit)의 각종 계기 조명장치(panel light) 등에 사용됩니다.

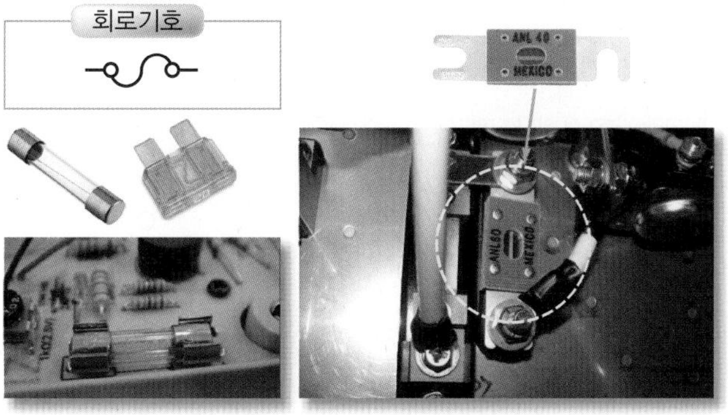

[그림 14.40] 퓨즈(fuse) 및 전류제한기(current limiter)

(2) 전류제한기

전류제한기(current limiter)는 높은 전류를 짧은 시간 동안만 흐를 수 있도록 만든 퓨즈로, 일반 퓨즈보다 녹는점이 높은 구리를 사용합니다. 동력회로와 같이 짧은 시간 동안 과전류가 흘러도 장비나 부품에 손상이 오지 않는 경우에 사용합니다.

(3) 회로차단기

[그림 14.41]의 회로차단기(circuit breaker)는 CB라고도 불리는 장치로, 회로에 규정 이상의 전류가 흐를 때 내부 접점이 열려 전류를 차단하고 장비를 보호하는 장치입니다.[31] 항공기 전기·전자장치의 전원공급라인은 CB를 통해 연결되며, 주로 항공기 조종석 overhead panel과 EE compartment의 PDP([그림 14.20])에 장착됩니다. 퓨즈가 1회용임에 반해 회로차단기는 재사용이 가능하며, 원형 head 부분 표기숫자는 허용전류용량을 나타냅니다. CB는 접속방식에 따라 [그림 14.42]와 같이 분류됩니다.

31 circuit breaker의 머리부위가 튀어나온 상태, 즉 내부 접점이 열린 상태를 'Trip'이라고 함.

[그림 14.41] 회로차단기(circuit breaker)

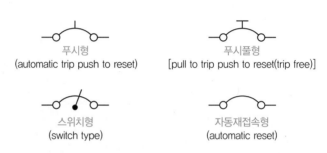

푸시형
(automatic trip push to reset)

푸시풀형
[pull to trip push to reset(trip free)]

스위치형
(switch type)

자동재접속형
(automatic reset)

[그림 14.42] 접속방식에 따른 circuit breaker 종류 및 회로기호

(4) 열보호장치

열보호장치(thermal protector)는 열스위치(thermal switch)라고도 하며, 과부하 (overload)가 걸린 기기(예를 들면 전동기 등)가 과열되면 자동으로 공급전류가 끊어지도록 하는 스위치입니다. 열스위치 내부에는 바이메탈(bimetal)[32]의 금속원판이 설치되어 있어, 과열되면 금속원판이 변형되어 접점을 떨어뜨려 회로를 차단하고, 열이 식으면 다시 본래의 위치로 돌아와 회로를 연결합니다.

14.8 회로제어장치

회로제어장치(circuit control device)는 전기회로나 장치의 작동을 On/Off하거나 전류의 흐름방향을 변경하거나 제어하기 위한 장치입니다.

(1) 스위치

대표적인 회로제어장치는 스위치(switch)입니다. 접점(contact point)을 개폐시켜

32 열팽창률이 서로 다른 2개의 금속을 맞붙여 놓은 소자로, 온도가 높아지면 한쪽 방향으로 변형이 발생함.

On/Off를 제어하기도 하고, 전류의 흐름경로(path)를 바꿔주는 기능을 하는데 다음과
같이 여러 종류로 나뉩니다.

① 토글 스위치(toggle switch)는 항공기에서 가장 많이 사용되는 스위치로 [그림
   14.43(a)]에 표시한 pole을 움직여 접점을 변경하는 방식을 사용합니다.

② 푸시버튼 스위치(push button switch)는 [그림 14.43(b)]와 같이 버튼을 눌러서
   접점을 개폐하는 방식의 스위치로 항공기 계기 패널(instrument panel)에 많이
   사용됩니다.

(a) toggle switch   (b) push button switch

[그림 14.43] 토글스위치와 푸시버튼 스위치

③ 회전선택 스위치(rotary selector switch)는 [그림 14.44(a)]와 같이 스위치 손잡
   이를 돌리면 한 개의 접점만 연결되고 다른 접점들은 개방되는 방식의 스위치로
   다수의 접점을 제어할 수 있습니다.

④ 마이크로 스위치(micro switch)는 리밋 스위치(limit switch)라고도 하며, [그림
   14.44(b)]의 가동접점이 눌려짐에 따라 개폐가 결정되는 소형 스위치로 주로 기
   계적인 가동부에 접촉시켜 사용하는 스위치입니다.

⑤ 근접 스위치(proximity switch)는 기계적으로 접점을 변경하는 방식이 아닌 비접
   촉 방식의 스위치로, 동작원리에 따라 고주파 발진식, 정전용량식, 자기식, 광전

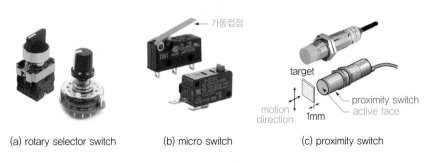

(a) rotary selector switch   (b) micro switch   (c) proximity switch

[그림 14.44] 회전선택스위치, 근접스위치 및 마이크로스위치

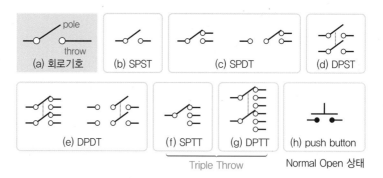

[그림 14.45] 접속방법에 따른 스위치 회로기호

식으로 분류됩니다. 항공기 랜딩기어, 승객 출입문 및 화물칸의 문이 완전히 닫히지 않았을 때의 경고용 회로에 사용합니다.

접속방법에 따른 스위치 회로기호는 [그림 14.45(a)]와 같이 입력단자와 출력단자로 구성되며, 막대기가 표시된 입력단자를 pole이라 하고 반대편 출력단자는 throw라고 합니다. [그림 14.45(b)]의 스위치는 pole과 throw가 1개씩이므로 Single Pole Single Throw이며 SPST라고 합니다. [그림 14.44(d)]의 스위치는 전체 pole이 2개이고, 각 1개의 pole은 1개의 throw에만 접속되므로 DPST(Double Pole Single Throw)가 됩니다.[33] [그림 14.45(d), (e), (g)] 회로기호 내에 표시된 점선은 전체가 1개의 소자임을 나타내는 기호입니다.

33 throw가 2개라고 하여 DPDT라고 하지 않음.

(2) 릴레이

릴레이(relay)는 계전기(繼電器)라고 하며 전기를 연결해주는 전기 스위치입니다(체육대회의 마지막 종목이 400 m 계주로 피날레를 장식하는 것처럼 계전기가 본 도서의 마지막을 장식하네요~). 릴레이는 형태와 크기가 매우 다양합니다. [그림 14.46]에 나타낸 것과 같이 릴레이 내부에는 코일(coil)이 설치되며, 이 코일에 전류를 흘리면 자력이 생겨 내부 pole을 잡아당기게 되므로 NC(Normal Close) 접점이 NO(Normal Open) 접점으로 바뀌게 됩니다.

34 릴레이 작동을 위해 코일에 흘려주는 전류를 말함.

릴레이는 큰 전류가 흐르는(전류용량이 큰) 장치나 회로를 작은 전류[34]로 제어할 수 있는 용도로 많이 사용되며, 릴레이 내부에 전자석이 되는 코일이 접점의 개폐를 담당하므로, 일종의 전자기 스위치(electromagnetic switch)라 할 수 있습니다. 즉, 대용량 전류 쪽을 릴레이의 NC, NO 단자에 연결해 놓고, 작은 전류를 코일에 흘려줌으로써 릴레이를 작동시켜 회로제어를 수행할 수 있습니다. 릴레이는 대전류를 소전류로 제어 함으로써 무선장치의 전자유도 장해나 계기의 오동작을 방지하고, 도선의 중량을 감소 시키며, 스위치 접점의 스파크(spark) 발생과 손상을 방지하여 전압강하 및 전류의 손 실을 줄일 수 있습니다.

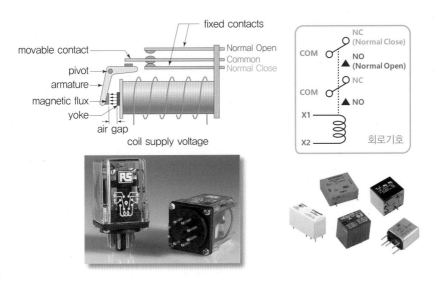

[그림 14.46] 릴레이(relay) 및 회로기호

14.1 항공기 전기계통 개요

① ATA-100 Specification
- 미국항공운송협회(ATA, Air Transport Association of America)에서 1956년에 제정하여 사용하고 있는 항공기 시스템 분류체계(항공기 전기·전력 계통은 ATA-24 Electrical Power로 분류됨.)

② 항공기 전기계통의 구성(B737 기준)
- 교류전력(AC power): 3상 4선식, 115/200 V @400 Hz　[피상전력 = 90 kVA]
- 직류전력(DC power): 28 V, 48 Ah

14.2 항공기 전기계통의 구성

① 항공기 전기계통의 교류 전력원(AC power source)
- 주 전원(main power)
  - 엔진에 장착된 교류발전기(AC generator) 또는 통합구동발전기(IDG, Integrated Drive Generator)가 사용됨.
- 주 전원(IDG) 고장 시: 보조동력장치(APU, Auxiliary Power Unit)의 ASG(APU Starter-Generator)가 사용됨.
- IDG 1 & 2 및 APU 모두 고장 시
  - 직류전원인 축전지(battery)로부터 공급된 직류를 인버터(inverter)를 이용하여 교류로 변환하여 전력을 공급함.
- 지상계류 중: 외부전원(external power)인 지상전원장치(GPU, Ground Power Unit)가 사용됨.

② 항공기 전기계통의 직류전력원(DC power source)
- 교류전력을 변압정류장치(TRU, Transformer Rectifier Unit)를 통해 직류로 변환하여 공급함.
- IDG 및 APU가 모두 고장 시: 주 축전지(main battery), 보조 축전지(auxiliary battery)가 사용됨.

③ 통합구동발전기(IDG, Integrated Drive Generator)
- 비행 중 엔진출력에 따른 회전수(rpm) 변화에 관계없이 일정한 회전수를 발전기축에 전달하는 정속구동장치(CSD, Constant Speed Drive)와 발전기를 하나로 통합한 장치

14.3 항공기 전력 버스(BUS)의 구성

① Electrical wire routing
- IDG, ASG 및 축전지와 외부전원 GPU 등을 통해 공급되는 전력은 feeder wire로 EE compartment rack 하단에 장착된 PDP(Power Distribution Panel)로 연결되고, PDP를 통해 각 전력 BUS로 배분됨.
- BUS: 전력의 배분 및 전송에 있어서 공통의 전력선을 말함.

② 항공기 전력공급 버스(BUS)의 구성(교류와 직류전력원의 종류에 따른 구분)
- 교류전력 버스(AC power BUS): AC XFR(Transfer) BUS 1 & 2, GND(Ground) Service BUS 1 & 2
  - Galley BUS A & B, C & D, AC STBY(Standby) BUS
- 직류전력 버스(DC power BUS)
  - DC BUS 1 & 2, Battery BUS, Hot Battery BUS, Switched Hot Battery BUS, DC STBY BUS

③ 항공기 전력공급 버스(BUS)의 구성(상기 9개의 전력 BUS를 사용목적에 따라 재분류)
- 주 전력 버스(Main BUS): AC Transfer BUS 1 & 2, DC BUS 1 & 2
- 예비(비상) 전력 버스(Standby BUS)

- AC STBY BUS, DC STBY BUS, Battery BUS, Hot Battery BUS, Switched Hot Battery BUS
- 지상 서비스 버스(Ground Service BUS): Ground Service BUS 1 & 2
- 갤리 버스(Galley BUS): Galley BUS A & B, Galley BUS C & D

14.4 항공기 전력 버스(BUS)의 작동

① Normal mode: 교류(AC) 전력 소스원인 IDG 1 & 2가 최우선으로 사용되며, 지상에서는 ASG 및 GPU 중 1개의 소스원을 선택하여 전력을 공급함.

② Alternate mode: 축전지의 직류전력을 Static Inverter를 통해 교류(AC) 전력으로 변환하여 공급함.

14.5 도선

① 도선(전선, electrical wire)
- 단선(solid conductor): 굵은 구리선 1가닥으로 이루어져 있는 전선
- 연선(stranded conductor): 다수의 얇은 구리선 묶음으로 이루어진 전선
- 항공기 동력선은 무게를 줄이기 위해 알루미늄 전선을 사용함.
- 도선의 내열성 향상: 구리선에 니켈을 도금하고, 외부도 테플론(teflon) 피복을 사용함.
  - 가장 온도가 높은 엔진의 배기가스온도 측정 시는 크로멜(chromel)-알루멜(alumel) 도선을 사용
- 실드 케이블(shield cable), 동축 케이블(coaxial cable)
  - 외부 잡음(noise)이나 전자기 간섭(EMI, Electro Magnetic Interference)을 차단

② 도선의 규격
- 미국도선규격인 AWG(American Wire Gauge)를 채택하여 사용
  - AWG 번호가 작을수록 도선이 굵어지고 허용전류량이 커짐.
  - 항공기에서는 00~26번까지의 짝수 번호 도선을 주로 사용함.

③ 도선의 길이 및 단면적: 길이는 밀[mil], 단면적은 circular mil[CMA]을 사용함.
- 1 mil = 0.0254 mm = 1/1,000 inch, 1 CMA = 0.7854 SMA

14.6 와이어 하네스

① 여러 전선이 묶인 다발을 와이어 번들(wire bundle)이라 하고, 각 장치로 배분된 도선 전체를 와이어 하네스(wire harness)라고 함.

② 와이어 번들을 항공기에 장착 시에는 클램프(clamp)를 사용하여 고정시킴.

14.7 회로보호장치

① 과전압(over-voltage)이나 단락(short)에 의한 과전류(over-current)의 유입을 막아 회로나 기기를 보호하거나 화재를 방지하는 장치

② 퓨즈(fuse), 전류제한기(current limiter), 회로차단기(circuit breaker), 열보호장치(thermal protector)

14.8 회로제어장치

① 전기회로나 장치의 작동을 On/Off 제어하거나 전류의 패스를 변경하는 장치

② 토글 스위치(toggle switch), 푸시버튼 스위치(push button switch), 회전선택 스위치(rotary selector switch), 근접 스위치(proximity switch) 등이 있음.

③ 릴레이(relay): 전기를 연결해주는 전자기 스위치(electromagnetic switch)로 소전류로 대전류를 제어할 수 있음.

연습문제

01. 다음 설명 중 옳지 않은 것은?

① 항공기 계통분류는 ATA-100 Spec. 체계를 사용한다.

② 항공기의 직류전원은 28V를 사용한다.

③ 항공기의 교류전원은 Δ-결선의 115 V/200 V 400 Hz를 사용한다.

④ 교류전력원으로 교류발전기를 사용한다.

해설 항공기의 교류전력은 3상 4선식, 115 V/200 V 400 Hz를 사용하므로 Y-결선이다.

02. 항공기 조종석 아래 동체 공간에 전기 및 전기장치를 장착하는 공간을 무엇이라 하는가?

① GPU

② EE compartment

③ flight compartment

④ PDU

해설 전방 동체 조종석 하부 공간은 EE(Electronic Equipment) compartment라고 하며 rack이 설치되어 있어 각종 항공전자장치 및 전기장치가 rack에 장착된다.

03. 항공기 전력을 각종 BUS에 분배하는 장치는 무엇인가?

① GPU(Ground Power Unit)

② TRU(Transformer Rectifier Unit)

③ PDP(Power Distribution Panel)

④ BTB(Bus Tie-Breaker)

해설 엔진의 통합구동발전기(IDG, Integrated Drive Generator), ASG(APU Starter-Generator) 및 축전지(battery)와 외부전원 GPU(Ground Power Unit) 등을 통해 공급되는 전력은 feeder wire로 전방 동체 하부의 EE compartment rack 하단에 장착된 PDP(Power Distribution Panel)로 연결되며 PDP를 통해 각 전력 BUS로 배분된다.

04. 항공기 BUS 중 교류전력을 공급하는 BUS가 아닌 것은?

① Galley BUS

② AC Transfer BUS

③ Hot Battery BUS

④ Ground Service BUS

해설 DC BUS, Battery BUS, Hot Battery BUS, Switched Hot Battery BUS, DC STBY BUS는 직류전력 공급 BUS이다.

05. 항공기 BUS 중 예비(비상) 전력 시 사용되는 BUS가 아닌 것은?

① AC Standby BUS

② AC Transfer BUS

③ Battery BUS

④ DC Standby BUS

해설 예비(비상) 전력 버스(Standby BUS)는 AC STBY BUS, DC STBY BUS, Battery BUS, Hot Battery BUS, Switched Hot Battery BUS이다.

06. 다음 중 가장 높은 온도에서도 견딜 수 있는 전선은 어느 것인가?

① 실드 케이블

② 테플론 피복전선

③ 니켈 도금 전선

④ 크로멜-알루멜 전선

해설 가장 온도가 높은 엔진이나 보조동력장치의 배기가스온도 EGT(Exhaust Gas Temperature) 측정 시 크로멜(chromel)-알루멜(alumel) 도선을 사용한다.

07. 전선에 영향을 미치는 외부잡음이나 전자기 간섭을 차단하기 위한 것과 연관성이 가장 작은 것은?

① 실드 케이블　　② 테플론 피복전선

③ 동축 케이블　　④ 편조실드

정답 1. ③　2. ②　3. ③　4. ③　5. ②　6. ④　7. ②

해설 외부로부터의 잡음(noise)이나 전자기 간섭(EMI, Electro Magnetic Interference)을 차단시키기 위해 실드 케이블 (shield cable)이나 동축 케이블(coaxial cable)이 사용되고, 내부 도체는 알루미늄 포일(foil)이나 편조실드(braid shield)로 감싼다.

08. 미리 설정된 정격 값 이상의 전류가 흐르면 회로를 차단하는 것으로 재사용이 가능한 회로보호장치는?

① 퓨즈(fuse)
② 릴레이(relay)
③ 서킷 브레이커(circuit braker)
④ 서큘러 커넥터(circular connector)

해설 과전류로부터 회로를 보호하는 회로보호장치에는 퓨즈 (fuse)와 회로차단기(CB, Circuit Breaker) 등이 있으며 퓨즈는 재사용이 불가능하다.

09. 비상시 사용되는 배터리의 DC 전원을 AC 전원으로 전환시켜주는 장치는?

① GPU(Ground Power Unit)
② APU(Auxiliary Power Unit)
③ 스태틱 인버터(Static Inverter)
④ TRU(Transformer Rectifier Unit)

해설 직류(DC)를 교류(AC)로 변환하는 전기장치는 인버터 (inverter)이고, 항공기 전기계통에서는 주 전원의 통합 구동발전기(IDG, Integrated Drive Generator) 및 APU 가 고장나 교류전원을 공급할 수 없을 때 축전지로부터 직류를 공급받아 static inverter를 거쳐 교류전력을 공급한다.

10. 주 전원이 직류인 항공기에서 교류를 얻기 위해서 사용되고, 교류가 주 전원인 경우에는 비상교류전원으로 사용되는 장치는?

① 정류기 　　　② 감쇠변압기
③ 인버터 　　　④ 교류전압조절기

해설 직류를 교류로 변환하는 전기장치는 인버터(inverter)이다.

11. 다음 도선 중 전류를 가장 많이 흘릴 수 있는 것은?

① AWG 22번
② AWG 16번
③ AWG 12번
④ AWG 4번

해설 도선의 AWG 번호가 작을수록 도선의 지름이 커지므로 전류량을 증가시킬 수 있다.

12. 지름이 0.026 inch인 도선의 단면적은 얼마인가?

① 26 CMA
② 531 CMA
③ 676 CMA
④ 842 CMA

해설 지름 = 0.026 inch = 26 mil이므로 circular mil은
26 mil × 26 mil = 676 cmil = 676 CMA

13. 항공기 와이어 하네스 작업 시 와이어 번들을 장착하기 위해 사용되는 부품은 무엇인가?

① clamp
② cramping tool
③ terminal
④ connector

해설 와이어 번들을 항공기에 장착할 때는 클램프(clamp)를 사용하여 고정한다.

14. 다음 중 회로제어장치가 아닌 것은?

① thermal switch
② relay
③ proximity switch
④ toggle switch

해설 열스위치(thermal switch)는 열보호장치(thermal protector)로 과부하(overload)가 걸린 기기(예를 들면 전동기 등)가 과열되면 자동으로 공급전류가 끊어지도록 하는 스위치로 회로보호장치(circuit protection device)에 속한다.

정답 8. ③ 9. ③ 10. ③ 11. ④ 12. ③ 13. ① 14. ①

▶ 기출문제

15. 다음 중 항공기에 외부전원을 접속할 때 켜지는 표시등이 아닌 것은?　(항공산업기사 2013년 1회)

① "AUTO" 표시등

② "AVAIL" 표시등

③ "AC CONNECTED" 표시등

④ "POWER NOT IN USE" 표시등

해설 항공기에 외부전원(GPU)을 접속하면 AVAIL, AC Connected, Power Not In Use 표시등이 켜진다.

16. 항공기에서 주 교류전원이 없을 때 배터리 전원으로 교류전원을 발생시키는 장치는?

(항공산업기사 2014년 1회)

① 컨버터

② DC 발전기

③ 인버터

④ 바이브레이터

해설 직류를 교류로 변환하는 장치는 인버터(inverter)이다.

17. 소형 항공기의 12V 직류전원계통에 대한 설명으로 틀린 것은?　(항공산업기사 2015년 1회)

① 직류발전기는 전원전압을 14 V로 유지한다.

② 배터리와 직류발전기는 접지귀환방식으로 연결된다.

③ 메인 버스와 배터리 버스에 연결된 전류계는 배터리 충전 시 (−)를 지시한다.

④ 배터리는 엔진시동기(starter)의 전원으로 사용된다.

해설 소형 항공기의 직류전원계통은 직류발전기의 전원전압을 14~15 V로 유지한다. 배터리와 직류발전기는 접지귀환방식으로 연결되며, 배터리는 엔진의 시동모터 전원으로 사용된다. 충전 시는 배터리로 전류가 흘러들어 가므로 전류계는 (+)를 지시한다.

18. 항공기 주 전원장치에서 주파수를 400 Hz로 사용하는 주된 이유는?　(항공산업기사 2015년 2회)

① 감압이 용이하기 때문에

② 승압이 용이하기 때문에

③ 전선의 무게를 줄이기 위해

④ 전압의 효율을 높이기 위해

해설
- 교류발전기의 주파수를 높이면 효율이 좋아져 관련 전기장치의 무게와 크기를 줄일 수 있는데, 항공기는 400 Hz 교류발전이 규격화된 상태이므로 기술적으로 더 높은 주파수를 사용할 수 있지만 현재까지도 400 Hz를 사용하고 있다.
- 400 Hz를 사용하더라도 관련 전기기계나 변압기 등을 만들 때, 철심이나 구리선 등이 일반 산업용 전원의 1/6~1/8 inch 정도면 되므로 관련 장치의 크기와 무게를 줄일 수 있다.

19. 소형 항공기의 직류전원계통에서 메인 버스(main bus)와 축전지 버스 사이에 접속되어 있는 전류계의 지침이 "+"를 지시하고 있는 의미는?

(항공산업기사 2015년 2회)

① 축전지가 과충전 상태

② 축전지가 부하에 전류 공급

③ 발전기가 부하에 전류 공급

④ 발전기의 출력전압에 의해서 축전지가 충전

해설 소형 항공기의 직류전원계통은 직류발전기에서 발전된 직류전압을 배터리에 연결하여 배터리를 충전한다. 충전 시는 배터리로 전류가 흘러들어 가므로 전류계는 (+)를 지시한다.

20. 항공기의 직류전원을 공급(source)하는 것은?

(항공산업기사 2016년 1회)

① TRU　　　　　② IDG

③ APU　　　　　④ static inverter

해설 항공기의 직류전원은 통합구동발전기(IDG, Integrated Drive Generator) 및 APU의 ASG(APU Starter-Generator)에서 발전된 교류전력을 변압정류장치인 TRU(Transformer Rectifier Unit)을 통해 직류전력으로 변환하여 공급한다.

정답 15. ①　16. ③　17. ③　18. ③　19. ④　20. ①

21. 항공기 버스(bus)에 대한 설명으로 틀린 것은?

(항공산업기사 2017년 2회)

① 로드버스(load bus)는 전기 부하에 직접 전력을 공급한다.

② 대기버스(standby bus)는 비상전원을 확보하기 위한 것이다.

③ 필수버스(essential bus)는 항공기 항법등, 점검등을 작동시키기 위한 전력을 공급한다.

④ 동기버스(synchronizing bus)는 엔진에 의해 구동되는 발전기들을 병렬 운전하기 위한 것이다.

해설 • 항공기 로드버스(load bus)는 전기 부하에 직접 전력을 공급한다.

• 대기버스(standby bus)는 비상전력용으로 사용된다.

• 동기버스(synchronizing bus)는 엔진에 의해 구동되는 발전기들을 병렬로 연결하기 위해 사용된다.

• 필수버스(essential bus)는 전기 및 계기장치 중 핵심적인 장치에 전력을 공급하는 버스이다.

▶ 필답문제

22. 항공기 전기계통에서 주파수 400 Hz를 사용하는 목적을 기술하시오. (항공산업기사 2012년 4회)

정답 • 교류발전기의 주파수를 높이면 효율이 좋아져 관련 전기장치의 무게와 크기를 줄일 수 있는데, 항공기는 400 Hz 교류발전이 규격화된 상태이므로 기술적으로 더 높은 주파수를 사용할 수 있지만 현재까지도 400 Hz를 사용하고 있다.

• 400 Hz를 사용하더라도 관련 전기기계나 변압기 등을 만들 때, 철심이나 구리선 등이 일반 산업용 전원의 1/6~1/8 inch 정도이면 되므로 관련 장치의 크기와 무게를 줄일 수 있다.

23. 항공기에 사용하는 공급전원 3가지를 기술하시오. (항공산업기사 2015년 1회)

정답 항공기 정상운용 시 전기계통의 주 전력원은 다음과 같다.

① 좌우측 엔진(engine)에 장착된 교류발전기(AC generator) 또는 통합구동발전기(IDG)

② 보조동력장치(APU)에 장착된 ASG(APU Starter-Generator)

③ 지상 계류 중 사용하는 외부전원(external power)인 지상전력장치(GPU)

24. 항공기 전기계통의 회로차단기의 종류 및 명칭, 기호를 그리시오. (항공산업기사 2005년 1회)

정답 ① 푸시형, ② 푸시풀형, ③ 스위치형, ④ 자동재접속형

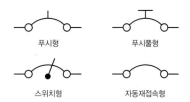

25. 회로 내에 규정 전류 이상의 전류가 흐를 때 회로를 열어 주어 전류의 흐름을 막는 것은 무엇인지 쓰고, 그 장치에 해당하는 종류 4가지를 기술하시오. (항공산업기사 2007년 1회)

정답 CB라고 불리는 회로차단기(circuit breaker)이다. 접속방식에 따라 푸시형, 푸시풀형, 스위치형, 자동 재접속형이 있다.

정답 **21.** ③

참고문헌

[01] Federal Aviation Administration, *Aviation Maintenance Technician Handbook-General*, FAA-H-8083-30, U.S. Department of Transportation, 2018.

[02] Federal Aviation Administration, *Aviation Maintenance Technician Handbook-Airframe*, FAA-H-8083-31, U.S. Department of Transportation, 2012.

[03] Federal Aviation Administration, *Aviation Maintenance Technician Handbook-Powerplant*, FAA-H-8083-32, U.S. Department of Transportation, 2012.

[04] Boeing, *A737-600/700/800/900 Aircraft Maintenance Manual*, Boeing Company, 2015.

[05] Angle of Attack, *PMDG 737NGX Ground Works-Electrical System*, Angle of Attack, 2012.

[06] Mike Tooley and David Wyatt, *Aircraft Electrical and Electronic Systems*, Elsevier Ltd., 2009.

[07] Thomas L. Floyd, *Principles of Electronic Circuits: Conventional Current Version*, Prentice Hall. 2011.

[08] Thomas K. Eismin, Ralph D. Bent, James L. Mckinley, *Aircraft Electricity and Electronics*, McGraw-Hill Company. 1989.

[09] Donald. H. Middleton, *Avionic System*, Longman Scientific & Technical, 1989.

[10] Jeppesen, *Avionics Fundamentals*, Jeppesen & Co., GmbH, 1991.

[11] Robert C. Nelson, *Flight Stability and Automatic Control,* McGraw-Hill Company, Inc. 1998.

[12] 박송배, 알기쉬운 회로이론, 문운당, 2013.

[13] 이상희, 예제로 풀어쓴 회로이론, 생능출판사, 2013.

[14] 현승엽, 전기전자통신공학 개론, 생능출판사, 2017.

[15] 권병국, 항공전기 · 전자개론, 연경문화사, 2013.

[16] 김경복, 기초 디지털공학, 생능출판사, 2009.

[17] 유치형, 디지털 논리회로, 생능출판사, 2013.

[18] 김응묵, 최신 항공전자장치, 세화출판사, 1993.

[19] 한송엽 외 5인 공저, 전기 · 전자 공학개론, 대영사, 1995.

[20] 날틀, 항공산업기사 필기+실기, 성안당, 2018.

[21] 박재홍, 노영재, 항공정비사 문제/해설, 일진사, 2017.

[22] Naver 지식백과 홈페이지, http://terms.naver.com/

[23] Wikipedia 홈페이지, http://en.wikipedia.org/

[24] 미국 연방항공청(FAA) 홈페이지, https://www.faa.gov/regulations_policies/handbooks_manuals/

찾아보기

항공전기전자

2019. 2. 20. 초 판 1쇄 발행
2023. 2. 22. 초 판 4쇄 발행

지은이 | 이상종
펴낸이 | 이종춘
펴낸곳 | BM (주)도서출판 성안당

주소 | 04032 서울시 마포구 양화로 127 첨단빌딩 3층(출판기획 R&D ~)
　　　 10881 경기도 파주시 문발로 112 파주 출판 문화도시(제작 및 물류)
전화 | 02) 3142-0036
　　　 031) 950-6300
팩스 | 031) 955-0510
등록 | 1973. 2. 1. 제406-2005-000046호
출판사 홈페이지 | www.cyber.co.kr
ISBN | 978-89-315-3616-4 (93550)
정가 | 34,000원

이 책을 만든 사람들
책임 | 최옥현
진행 | 이희영
교정·교열 | 이희영
본문 디자인 | 파워기획
표지 디자인 | 박현정, 유선영
홍보 | 김계향, 유미나, 이준영, 정단비
국제부 | 이선민, 조혜란
마케팅 | 구본철, 차정욱, 오영일, 나진호, 강호묵
마케팅 지원 | 장상범
제작 | 김유석